ACHT- UND NEUNSTELLIGE TABELLEN ZU DEN ELLIPTISCHEN FUNKTIONEN

DARGESTELLT MITTELS DES

JACOBISCHEN PARAMETERS q

VON

M. SCHULER
DR.-ING. PROFESSOR EMERITUS
UNIVERSITÄT GÖTTINGEN

H. GEBELEIN
DR. PHIL. HABIL. DOZENT
BAMBERG

MIT EINEM ENGLISCHEN TEXT VON LAURITZ S. LARSEN, B.S.

MIT 11 ABBILDUNGEN

SPRINGER-VERLAG
BERLIN · GÖTTINGEN · HEIDELBERG
1955

EIGHT AND NINE PLACE TABLES OF ELLIPTICAL FUNCTIONS

BASED ON

JACOBI'S PARAMETER q

BY

M. SCHULER
DR.-ING. PROFESSOR EMERITUS
UNIVERSITY OF GÖTTINGEN

H. GEBELEIN
DR. PHIL. HABIL.
BAMBERG

WITH AN ENGLISH TEXT BY LAURITZ S. LARSEN, B.S.

WITH 11 FIGURES

SPRINGER-VERLAG
BERLIN · GÖTTINGEN · HEIDELBERG
1955

ISBN 978-3-642-48991-4 ISBN 978-3-642-92657-0 (eBook)
DOI 10.1007/978-3-642-92657-0

ALLE RECHTE,
INSBESONDERE DAS DER ÜBERSETZUNG IN FREMDE SPRACHEN,
VORBEHALTEN

OHNE AUSDRÜCKLICHE GENEHMIGUNG DES VERLAGES
IST ES AUCH NICHT GESTATTET, DIESES BUCH ODER TEILE DARAUS
AUF PHOTOMECHANISCHEM WEGE (PHOTOKOPIE, MIKROKOPIE) ZU VERVIELFÄLTIGEN

© BY SPRINGER-VERLAG OHG.
IN BERLIN, GÖTTINGEN AND HEIDELBERG 1955

SOFTCOVER REPRINT OF THE HARDCOVER 1ST EDITION 1955

Vorwort

Mein Leben lang habe ich, insbesondere durch die Arbeit an Kreiselproblemen, viel mit der numerischen Auswertung von elliptischen Funktionen zu tun gehabt und dabei festgestellt, daß alle vorhandenen Tafeln in keiner Weise den Ansprüchen des Praktikers genügen, weil sie sich sehr schlecht zur Ermittlung von Zwischenwerten durch Interpolation eignen. Ich habe daher schon seit Jahrzehnten nach Mitarbeitern gesucht, um neue Tabellen für die elliptischen Funktionen zu schaffen, die in dieser Hinsicht besser befriedigen. Dabei war mein Leitgedanke, ob es nicht vorteilhafter sei, statt mit dem LEGENDREschen Modul Θ mit dem JACOBIschen Parameter q zu arbeiten, welcher in den außergewöhnlich gut konvergierenden Reihen der JACOBIschen Thetafunktionen auftritt.

Dieser Plan kam endlich im Frühjahr 1951 zur Ausführung, als es mir gelang, Herrn Dr. H. GEBELEIN, einen früheren Schüler und Mitarbeiter von mir, für das Problem zu gewinnen. Herr GEBELEIN arbeitete zunächst einen Entwicklungs- und Rechnungsplan aus. Durch Forschungsstipendien, die mir die Deutsche Forschungsgemeinschaft für die Jahre 1951 bis 1954 genehmigte, wurde es möglich, daß unter meiner Leitung Herr GEBELEIN zunächst allein und später unter Zuziehen eines Hilfsassistenten, Herrn stud. math. BERTHOLD SCHNEIDER, die umfangreichen Berechnungen durchführen konnte. Zur Ausrüstung des Rechenbüros für diese Arbeit stellte die Deutsche Forschungsgemeinschaft eine zehnstellige Rechenmaschine, Olivetti Divisumma, zur Verfügung, während das Mathematische Institut der Universität Göttingen leihweise eine Brunswiga 20 und die zehnstelligen Logarithmentafeln von PETERS überließ.

Bei dem neuen Tafelwerk war für mich der oberste Grundsatz die Forderung nach guter Interpolierbarkeit, so daß jeder Zwischenwert leicht mit der Genauigkeit der Tafelwerte entnommen werden kann. Dies ist deshalb hier so schwierig, weil es sich um Funktionen zweier Veränderlicher handelt. Die angestrebte Interpolierbarkeit durch Verfeinerung der Unterteilung zu erreichen, ist bei den bisher veröffentlichten Funktionentafeln aussichtslos, da dann jeder tragbare Umfang überschritten würde. Da auf jeden Fall nur ein ziemlich weitmaschiges Netz von Gitterpunkten in Frage kommt, wurde von Herrn GEBELEIN systematisch nach Funktionen gesucht, die in den interessierenden Bereichen sich nahezu linear oder quadratisch hinsichtlich beider Veränderlicher verhalten. In der Tat erwies sich hierfür der JACOBIsche Parameter q gegenüber dem LEGENDREschen Modul Θ als unvergleichlich viel besser geeignet. Allerdings hatte die Verwendung von q zur Folge, daß alle Werte der Funktionen, bei denen q als Variable vorkommt, für das vorliegende Tafelwerk vollständig neu berechnet werden mußten. Zur guten Interpolation ist bei allen Funktionen die erste Differenz und bei einem Teil der Tabellen auch die zweite Differenz mitgeteilt.

Die Bedingung der guten Interpolierbarkeit erfüllen besonders gut zwei neue Funktionen G und H, aus denen man durch kurze, elementare Rechnung die Thetafunktionen gewinnen kann. Dabei ist es aber nötig, an die Stelle der Variablen x bei den Thetafunktionen hier die Größe $z = \cos 2x$ treten zu lassen. Auch erwies es sich als vorteilhaft, statt mit q bei der Funktion G mit q^4 und bei der Funktion H mit q^3 zu arbeiten. Die Funktionen

$$G(q^4, z) \quad \text{und} \quad H(q^3, z)$$

bilden den Inhalt der Tabellen I bis IV, wo sie mit 9 Stellen hinter dem Komma wiedergegeben sind, nachdem sie zuvor auf 11 bis 12 Stellen berechnet worden waren. Beide Funktionen sind sowohl laufend nach z wie laufend nach q^4 bzw. q^3 in diesen Tabellen zusammengestellt. Sie erstrecken sich hinsichtlich q von 0 bis 0,55. Nun gehört zu $q = 0{,}55$ der LEGENDREsche Modul $\Theta = 89° 56{,}42'$, was wohl in allen Fällen genügen dürfte.

Weiter sind in den Tabellen V und VI dieses Werkes auch die JACOBIschen elliptischen Funktionen in Abhängigkeit von q dargestellt. Um bei ihnen ein möglichst bilineares Verhalten zu bekommen, wurden statt $\operatorname{sn} u$ und $\operatorname{cn} u$ die Differenzen zwischen deren Logarithmen und den Logarithmen der entsprechenden Kreisfunktionen mitgeteilt, während im Falle der Funktion $\operatorname{dn} u$ sich die Angabe der Logarithmen von $\operatorname{dn} u$ als praktisch erwies. Durch die angegebenen Größen geschieht also eine Ergänzung der Logarithmentafel zu einer solchen für die Logarithmen der JACOBIschen elliptischen Funktionen. Auch hier läuft q bis zum Werte $q = 0{,}55$. Die Logarithmen sind mit 8 Stellen hinter dem Komma mitgeteilt.

Die bei diesen Tafeln vorgenommene Umstellung von dem LEGENDREschen Modul Θ auf den JACOBIschen Parameter q erfordert nun noch Hilfsmittel für die Umrechnung zwischen diesen beiden Größen. Dazu dient die letzte Tabelle VII, welche ebenfalls fast lineare Zusammenhänge benützt. Dort werden als Funktionen der unabhängigen Veränderlichen $-\lg \cos \Theta$ die drei Größen

$$\frac{1}{1-q}; \qquad K(q) \quad \text{und} \quad \frac{K}{E}$$

wiedergegeben. Ein Teil dieser Tabelle, nämlich die Werte für K und E für $-\lg \cos \Theta > 0{,}5$ konnten hierfür einer Tabelle von KAPLAN entnommen werden.

Das vorliegende Tabellenwerk in der großen Ausgabe bringt alle Ergebnisse mit 8 oder 9 Stellen hinter dem Komma für den Gebrauch in mathematischen Instituten, größeren Rechenbüros usw., wo die Hilfsmittel und Rechenmaschinen bereitstehen, um das Zahlenmaterial auszuschöpfen, wie dies bei den Beispielen in der Einführung S. XIII bis XVIII gezeigt wird. Diese Beispiele sind so ausgewählt, daß ein Vergleich der Ergebnisse mit Werten aus den vorhandenen Funktionentafeln möglich ist, d.h. es wurden für Θ und x Winkel in ganzen Graden zugrunde gelegt. Diesen runden Werten für Θ und x entsprechen unrunde Werte für die Variablen q und z in den vorliegenden Tabellen, so daß Interpolationen erforderlich sind. Mit den neuen Tafeln sind aber diese notwendigen Interpolationen auch möglich, während es gerade nicht befriedigend möglich ist, mit den bisherigen Tabellen für die elliptischen Funktionen genaue Zwischenwerte durch Interpolation zu erhalten.

Die folgende Übersicht zeigt die Ergebnisse der auf den angegebenen Seiten berechneten Beispiele, soweit sie mit den zwölfstelligen Smithsonian Elliptic Function Tables von SPENCELEY, Washington 1947, verglichen werden konnten.

Funktion	Seite	Mittels Tabelle	Θ	x	Ergebnis	SPENCELEY
q	XIV	VII	83°	—	0,24291 2977	0,24291 297431
K	XIV	VII	83°	—	3,50042 250	3,50042 249917
E	XIV	VII	83°	—	1,02231 259	1,02231 258817
$A(x)$	XV	I–IV	83°	36°	0,50194 5286	0,50194 528654
$D(x)$	XVI	I–IV	83°	54°	2,19616 2600	2,19616 260076
$\operatorname{cn} u$	XVI	V–VI	83°	54°	0,22855 563	0,22855 561167
$\operatorname{cn} u$	XVII	I–IV	83°	54°	0,22855 5612	0,22855 561167
$F(\Phi, \Theta)$	XVII	V–VII	83°	36°	1,40016 9000	1,40016 899967
$E(\Phi, \Theta)$	XVIII	V–VII	83°	36°	0,89140 107	0,89140 110000

Man beachte, daß die Tabellen I bis IV 9 Stellen hinter dem Komma enthalten, die Tabellen V bis VII aber nur 8 Stellen. Vor allem ist aus diesem Grunde die zweite Berechnung von $\operatorname{cn} u$ mittels der Tabellen I bis IV genauer als die einfachere, erste Berechnung mittels der Tabellen V und VI. Man sieht durch Vergleich der Kolonne „Ergebnis" mit der Kolonne „SPENCELEY", daß die durch Interpolation gewonnenen Werte an Genauigkeit hinter den Tafelwerten nicht zurückstehen.

Neben dieser großen, acht- bis neunstelligen Ausgabe erscheint im gleichen Verlag noch eine kleine Ausgabe mit 5 Stellen hinter dem Komma, welche für den Gebrauch in Verbindung mit der gewöhnlichen fünfstelligen Logarithmentafel eingerichtet ist. Die geringeren Genauigkeitsansprüche dieser kleinen Ausgabe ermöglichen es, alle darin aufgenommenen Funktionen einheitlich auf den Parameter q abzustimmen und das Werk mit weiteren Interpolationshilfen auszustatten, so daß man mit den darin aufgeführten Differenzen bei den erforderlichen Interpolationen stets auskommt. Diese Ausgabe wird für den Gebrauch von Physikern, Ingenieuren usw. besonders geeignet sein.

Es ist mir eine angenehme Pflicht, allen Helfern herzlich zu danken. Vor allen Dingen gilt mein Dank der Deutschen Forschungsgemeinschaft, die durch ihre tatkräftige Unterstützung die Durchführung dieses Werkes erst ermöglichte. Besonders bin ich Herrn Dr. GEBELEIN zu Dank verpflichtet dafür, daß er das von mir angeschnittene Problem so energisch angefaßt und mit Tatkraft und Zähigkeit vier Jahre lang die mühevollen und langwierigen Rechenarbeiten fast allein durchgeführt hat. Weiterhin danke ich einer Reihe von Fachkollegen für ihren Rat und förderndes Interesse und Mr. LAURITZ S. LARSEN für die Abfassung des englischen Textes.

Der Verlagsbuchhandlung danke ich, daß sie es unternommen hat, die Herausgabe dieses Werkes in die Hand zu nehmen und für die gute Ausstattung zu sorgen.

Göttingen, im Oktober 1955.

M. SCHULER

Preface

Throughout my professional life, especially in work on gyro-mechanics, I have frequently used elliptic functions in the evaluation of results. In doing this type of work I became convinced that all of the available tables were completely inadequate to the requirements of the user, because they were very poorly adapted to the determination of intermediate values through interpolation. Consequently for the past decade I have sought co-workers to prepare new elliptic function tables which would be better suited in this respect. My main thought was that it might be more advantageous to work with JACOBI's parameter q which appears in the extraordinarily well converging series of JACOBI's theta functions, rather than with LEGENDRE's modulus Θ.

This plan was ultimately realized in the spring of 1951, when I succeeded in enlisting the assistance of Dr. H. GEBELEIN, my former student and colleague, to tackle the problem. Dr. GEBELEIN thereupon worked out the development and calculation program which found the support of the German Research Association (Die Deutsche Forschungsgemeinschaft). A research grant from this association during the years 1951 to 1954 enabled Dr. GEBELEIN to accomplish the extensive computations, first alone, and later with the aid of an assistant, BERTHOLD SCHNEIDER, a student of mathematics. As calculating equipment, an Olivetti 10-place Divisumma was furnished by the German Research Association, and a Brunswiga 20 as well as a PETER's 10-place table of logarithms by the Mathematical Institute at the University of Göttingen.

The chief purpose of the new tables was to provide the ability to make interpolations easily and with accuracy equivalent to that of the tabular values. This is rather difficult since the functions in question have two variables. To increase the subdivision of the elliptic functions used in tables available up to the present day is hopeless, because the work would then exceed all reasonable size. Since only a rather loose system of fundamental points is applicable, Dr. GEBELEIN searched systematically for functions which, within the range of interest, are almost linear or quadratic with respect to both variables. Indeed, JACOBI's parameter q in this regard proves to be much more suitable than LEGENDRE's modulus Θ. However, the use of JACOBI's parameter q necessitated that all the values dependent upon the variable q be completely computed a new for these tables. In order to satisfy the basic requirements of good interpolation, all the tables give the first differences, and some parts also the second differences. The necessary interpolation formulas are included in the Introduction.

The conditions for good interpolation are particularly well fulfilled by two new functions G and H, from which the four theta functions can be obtained by simple calculations. In this case it is necessary, however, to replace the variable x of the theta functions with the quantity $z = \cos 2x$; and to work with q^4 instead of q in the G-function, and with q^3 in the H-function. The functions

$$G(q^4, z) \quad \text{and} \quad H(q^3, z)$$

are contained in tables I through IV, where they are given to 9 decimal places, based on calculations up to the 11th or 12th place. Both functions are arranged in these tables for z as well as for q^4 and q^3. They range from $q = 0$ to $q = 0{,}55$. When $q = 0{,}55$, LEGENDRE's modulus $\Theta = 89° 56{,}42'$; this range should be quite sufficient in all practical cases.

JACOBI's elliptic functions based on q are shown in tables V and VI. In order to obtain the highest possible bilinearity, the following arrangement was made: Instead of sn u and cn u the differences between their logarithms and those of the corresponding circular functions are presented, whereas in case of the functions dn u the use of the logarithms proved practical. By this method the ordinary logarithmic table is elevated to a table of logarithms for the Jacobian elliptic functions. Here too, q goes from 0 to 0,55. The logarithms are given to the 8th place.

The use of JACOBI's parameter q instead of LEGENDRE's modulus Θ requires a conversion table for these two quantities. This is the purpose of table VII which is also based on almost linear relations, namely

$$\frac{1}{1-q}; \qquad K(q) \quad \text{and} \quad \frac{K}{E}$$

as functions of the independent variable $-\lg \cos \Theta$*. The values of K and E for $-\lg \cos \Theta > 0{,}5$ have been taken from a table by E. L. KAPLAN (Journ. of Math. Phys., Vol. 25, 1946, p. 26—36).

The tables in this edition contain the results up to the 8th or 9th decimal place. This edition is intended for use in mathematical and research institutes, larger computing offices, etc., where aids and calculating machines are available for utilizing these tables as shown in the examples of the Introduction. These examples are chosen to enable comparison of the results with values of available elliptic function tables; i.e. Θ and x are angles with whole numbers of degrees. These integral values for Θ and x correspond to infinite fractional values for the variables q and z, so that interpolation is necessary, and with these new tables also possible. With previous tables for elliptic functions it was not possible to obtain precise intermediate values by interpolation.

The results of the examples on the pages as indicated are shown in the following table, and compared with the 12-place Smithsonian Elliptic Function Tables by SPENCELEY, Washington 1947.

Function	Page	From table	Θ	x	Result	SPENCELEY's Result
q	XXI	VII	83°	—	0,24291 2977	0,24291 297431
K	XXI	VII	83°	—	3,50042 250	3,50042 249917
E	XXI	VII	83°	—	1,02231 259	1,02231 258817
$A(x)$	XXII	I—IV	83°	36°	0,50194 5286	0,50194 528654
$D(x)$	XXII	I—IV	83°	54°	2,19616 2600	2,19616 260076
cn u	XXIII	V—VI	83°	54°	0,22855 563	0,22855 561167
cn u	XXIII	I—IV	83°	54°	0,22855 5612	0,22855 561167
$F(\Phi, \Theta)$	XXIV	V—VII	83°	36°	1,40016 9000	1,40016 899967
$E(\Phi, \Theta)$	XXIV	V—VII	83°	36°	0,89140 107	0,89140 110000

* In these tables, logarithms to the base 10 are denoted by "lg".

One should note that tables I to IV have 9 decimal places but tables V to VII only 8. For this reason the second computation of cn u by means of tables I to IV is more accurate than the easier first computation by means of tables V and VI. By comparison of the last two columns one sees that the values obtained by interpolation are not less accurate than those of the tables themselves.

In addition to this large 8 to 9-place edition, a smaller 5-place edition is also published by the Springer-Verlag. The latter edition is arranged for use in connection with the ordinary 5-place logarithmic table. Because of lesser demands for accuracy all the functions included in the smaller edition are based uniformly on JACOBI's parameter q. Moreover, this edition is provided with complete aids to interpolation for all cases. It is hoped that this smaller edition will be especially useful to physicists, engineers, surveyors, etc.

I am indebted to Dr. GEBELEIN for the energetic way in which the problem was approached and solved, and for carrying out the difficult computations almost alone. Furthermore, it is a pleasure to express my gratitude to the German Research Association for its effective support, to the Mathematical Institute at the University of Göttingen for furnishing valuable mathematical equipment, to the many colleagues for their suggestions and encouraging interest, and to Mr. LAURITZ S. LARSEN for the English text. My thanks are also due to the Springer-Verlag for its endeavour in publishing the work, and for its appearance in such a handsome format.

Göttingen, October 1955.

M. SCHULER

Inhaltsverzeichnis

Contents

* In these tables logarithms to the base 10 are denoted by „lg".

Einführung

In dem vorliegenden Tafelwerk wird zum Unterschied zu den bisherigen Tafeln, die alle nach dem LEGENDREschen Modul Θ geordnet sind, der JACOBIsche Parameter q für die numerische Rechnung mit elliptischen Funktionen herangezogen. Für diese Rechenarbeit werden in den Tabellen I bis IV zwei neue Hilfsfunktionen G und H mitgeteilt, die sich für die Interpolation nach beiden Veränderlichen besonders gut eignen. In den Tabellen V und VI werden weiterhin Funktionentafeln für die Arbeit mit den praktisch besonders wichtigen JACOBIschen Funktionen $\operatorname{sn} u$, $\operatorname{cn} u$ und $\operatorname{dn} u$ geboten. Schließlich bringt Tabelle VII Hilfsmittel für die Umrechnung zwischen dem LEGENDREschen Modul Θ und dem JACOBIschen Parameter q.

Erläuterung zu den Tabellen I bis IV.

Die Funktionen G und H sind Abkömmlinge der JACOBIschen Thetafunktionen. Es ist nämlich

$$(1)\qquad G = -\frac{\vartheta_1(x) - 2q^{\frac{1}{4}}\sin x}{2q^{\frac{9}{4}}\sin x} \qquad \text{und} \qquad H = \frac{\vartheta_3(x) - 1}{q}.$$

Da es wegen der guten Interpolierbarkeit darauf ankommt, Funktionen zu verwenden, welche in den interessierenden Bereichen hinsichtlich beider Veränderlicher fast linear sind, wird statt der Variablen x bei diesen Funktionen die Variable $z = \cos 2x$ benutzt. Wenn man nämlich die bekannten FOURIER-Reihen für die Thetafunktionen nach $z = \cos 2x$ umschreibt, so erhält man für G und H Potenzreihen in z und q, die folgendermaßen beginnen:

$$(2)\qquad \begin{cases} G(q^4, z) = (1 + 2z) + q^4(1 - 2z - 4z^2) - q^{10}(1 + 4z - 4z^2 - 8z^3) + \cdots \\ H(q^3, z) = 2z - q^3(2 - 4z^2) - q^8(6z - 8z^3) + q^{15}(2 - 16z^2 + 16z^4) + \cdots . \end{cases}$$

Da diese Potenzreihen bezüglich der Veränderlichen q im Falle von G mit q^4 und im Falle von H mit q^3 beginnen, worauf dann jeweils sogleich recht hohe Potenzen sich anschließen, wurden die Größen G nach q^4 und die Größen H nach q^3 geordnet. Die außerordentlich guten Konvergenzeigenschaften der Thetareihen sind auch bei den Reihen (2) für G und H erfüllt.

Wie aus (1) und der Definition der ϑ-Funktionen folgt, kann man mittels G und H die vier Thetafunktionen und die Nullthetas folgendermaßen berechnen:

$$(3)\qquad \begin{cases} \vartheta_1(x) = 2\sqrt[4]{q}\sin x\left(1 - q^2 G(+z)\right); & \vartheta_1'(0) = 2\sqrt[4]{q}\left(1 - q^2 G(+1)\right); \\ \vartheta_2(x) = 2\sqrt[4]{q}\cos x\left(1 - q^2 G(-z)\right); & \vartheta_2(0) = 2\sqrt[4]{q}\left(1 - q^2 G(-1)\right); \\ \vartheta_3(x) = 1 + q H(+z); & \vartheta_3(0) = 1 + q H(+1); \\ \vartheta_4(x) = 1 + q H(-z); & \vartheta_4(0) = 1 + q H(-1). \end{cases}$$

Da fast alles, was an elliptischen und verwandten Funktionen vorkommt, auf elementare Weise mittels der Thetafunktionen errechnet werden kann, gilt dasselbe wegen der Beziehungen (3) auch für die Funktionen G und H. Aber auch die Ableitungen beliebiger elliptischer und verwandter Funktionen, deren Aufbau man aus den Thetafunktionen bzw. aus den G- und H-Funktionen kennt, können mittels der vorliegenden Tabellen mit großer Genauigkeit gewonnen werden. Denn wegen der fast konstanten ersten Differenzen bei G und H sind auch die Ableitungen von G und H den Tabellen gut zu entnehmen.

Die interessierenden Bereiche gehen für $z = \cos 2x$ von $z = -1$ bis $z = +1$. Für den Parameter q erstreckt sich das Intervall nach der Theorie von 0 bis 1. Für die Praxis genügt jedoch durchaus die Tabulierung von $q=0$ bis herauf zu $q=0{,}55$, denn zu dem letzteren Werte gehört bereits der LEGENDREsche Modul $\Theta=89°56{,}42'$. Dabei läuft die Tabelle I $[G(q^4, z)]$ nach z und ist geordnet nach den Werten q^4, während die Tabelle II $[G(q^4, z)]$ nach q^4 läuft und nach den Werten z geordnet ist. Bei Tabelle III $[H(q^3, z)]$ läuft die Funktion nach z und ist geordnet nach den Werten q^3. Dagegen läuft die Tabelle IV $[H(q^3, z)]$ nach q^3 und ist geordnet nach den Werten z.

Die Funktionswerte $G(q^4, z)$ und $H(q^3, z)$ sind in den Tabellen I bis IV auf 9 Dezimalen hinter dem Komma mitgeteilt. Zuvor geschah die Berechnung auf 11—12 Stellen; daher dürften Rundungsfehler kaum eingetreten sein. Zu den ersten und zweiten Differenzen, die in den Tabellen I und III aufgeführt sind, ist folgendes zu bemerken: Da während der Berechnung diese Differenzen auf 12 und mehr Stellen hinter dem Komma anfielen, sind in die Tafeln gerundete Werte dieser genauen Differenzen aufgenommen worden und nicht die entsprechenden Differenzen der gerundeten Funktionswerte. Es kommen dadurch Abweichungen um eine Einheit der letzten Stelle bei den ersten Differenzen und solche um zwei Einheiten der letzten Stelle bei den zweiten Differenzen vor zwischen den Rundungswerten der Differenzen und den Differenzen der Rundungswerte. Bei den Tabellen II und IV und bei allen übrigen Tabellen sind die beigefügten ersten Differenzen stets wie üblich die Unterschiede der aufeinanderfolgenden Funktionswerte.

Erläuterung zu den Tabellen V und VI.

Die praktisch wichtigsten elliptischen Funktionen sind die JACOBIschen Funktionen sn u, cn u und dn u. Sie hängen mit den G und H folgendermaßen zusammen:

$$(4)\qquad \left\{\begin{aligned} \frac{\operatorname{sn} u}{\sin x} &= \frac{1+qH(+1)}{1-q^2G(-1)}\cdot\frac{1-q^2G(+z)}{1+qH(-z)}\\ \frac{\operatorname{cn} u}{\cos x} &= \frac{1+qH(-1)}{1-q^2G(-1)}\cdot\frac{1-q^2G(-z)}{1+qH(-z)}\\ \operatorname{dn} u &= \frac{1+qH(-1)}{1+qH(+1)}\cdot\frac{1+qH(+z)}{1+qH(-z)}. \end{aligned}\right.$$

Hierin ist $z=\cos 2x=\cos\frac{\pi}{K}u$, wobei K das vollständige elliptische Integral erster Gattung zu dem in Rede stehenden $q(\Theta)$ bedeutet.

In den Tabellen V und VI sind die Logarithmen der drei Funktionen (4) mit 8 Stellen hinter dem Komma wiedergegeben. Dabei laufen die Tabellen V nach z, während die Tabellen VI nach q laufen. Die Mitteilung der Logarithmen statt der Funktionswerte selbst ist praktisch, weil dadurch erstens die Änderung der Differenzen geringer wird und zweitens, weil die auf diese Weise mitgeteilten Tafelwerte nichts anderes sind als Korrekturen zur Verwandlung von lg sin x in lg sn u und von lg cos x in lg cn u.

Zu den achtstelligen Funktionswerten in den Tabellen V und VI ist noch zu bemerken, daß die Ziffern der letzten Stelle nicht ganz sicher sind. Während der längeren Zwischenrechnung, die nach den Gleichungen (4) von den G und H zu den Tafelwerten führt, konnten nämlich Übertragungen von Rundungsfehlern nicht vollständig vermieden werden, so daß die durchschnittliche Unsicherheit der Tafelwerte etwas größer ist, als dies bei Rundung exakter Ergebnisse der Fall wäre. Es kommt daher vor, daß die letzte Stelle um eine Einheit falsch ist, und vielleicht mag der Fehler auch einmal zwei Einheiten betragen. Trotzdem erschien es uns zweckmäßiger, die achtstelligen Werte mit dieser kleinen Unsicherheit mitzuteilen, als auf 7 Stellen aufzurunden, wobei die Tafelwerte durchschnittlich siebenmal unsicherer geworden wären. Sollte die Genauigkeit der Tafeln V und VI einmal nicht ausreichen, so besteht übrigens noch die Möglichkeit, durch Zurückgreifen auf die Tabellen I bis IV genauere Ergebnisse zu erhalten (vgl. Aufgabe 6, S. XVII).

Erläuterung zur Tabelle VII.

Für die Arbeit mit den vorliegenden Funktionentafeln ist es unbedingt erforderlich, den Zusammenhang zwischen dem Parameter q und dem LEGENDREschen Modul Θ bequem numerisch zu beherrschen. Die mannigfaltigen vorhandenen Tafeln befriedigen in dieser Hinsicht nicht. In Tabelle VII wird nun zu diesem Zwecke ein fast linearer Zusammenhang zwischen q und Θ benutzt, indem $\frac{1}{1-q}$ als Funktion von $-\lg\cos\Theta$ dargestellt wird. Diese Variable, $-\lg\cos\Theta = -\lg k'$, ist übrigens auch geeignet, die vollständigen elliptischen Integrale erster und zweiter Gattung (K und E) besser wiederzugeben, als dies mittels Θ möglich ist. Daher enthält Tabelle VII zusätzlich auch noch die Größen K und K/E in Abhängigkeit von $-\lg k'$. Es ist bemerkenswert, daß alle drei Funktionen von Tabelle VII, die in Abb. 11 auf S. 281 graphisch dargestellt sind, für unbegrenzt wachsende Werte von $-\lg k'$ eine Asymptote besitzen, denn es ist

$$\lim_{k'\to 0} \frac{1/(1-q)}{-\ln k'} = \lim_{k'\to 0} \frac{1/(1-q)}{K} = \frac{2}{\pi^2} = 0{,}202642367.$$

Bemerkung zur Interpolation mit den vorliegenden Tafeln.

Die gute Interpolierbarkeit der vorliegenden Tafeln beruht auf der Tatsache, daß die dargestellten Funktionen alle für nicht zu große Bereiche nahezu bilinear oder biquadratisch in bezug auf die beiden jeweils gewählten Veränderlichen sind. Wollte man nun die Interpolation hinsichtlich beider Variabeln auf einmal ausführen, indem man von einer Interpolationsformel für zwei Veränderliche Gebrauch macht, so würde gerade dieser entscheidende Vorteil verlorengehen. Man muß daher stets zuerst nach der einen und dann anschließend nach der anderen Veränderlichen interpolieren, wobei es vom Einzelfall abhängt, welche Variable zweckmäßigerweise zuerst zu berücksichtigen ist. Aus diesem Grunde sind alle Funktionen zweimal mitgeteilt worden und zwar sowohl in Tabellen, welche nach den z laufen, als auch in Tabellen, in denen die Werte nach q bzw. q^4 oder q^8 laufen. Dabei sind überall die ersten Differenzen und, wo es notwendig ist, auch die zweiten Differenzen mitgeteilt, um eine Interpolation schnell ausführen zu können.

Wie man die vorkommenden Interpolationen praktisch durchführt, ist aus den folgenden Beispielen zu ersehen, bei welchen auch noch die Besonderheiten der einzelnen Tabellen zur Sprache kommen.

Beispiele

Es sollen nun an Hand einer Reihe von typischen Aufgaben verschiedene Anwendungsmöglichkeiten der Tafeln gezeigt werden. Die folgenden Aufgaben hängen miteinander zusammen, indem sie sich alle auf denselben Modul $\Theta = 83°$ und auf die beiden Komplementärwinkel $x = 36°$ und $x = 54°$ beziehen. Diesen runden Werten für Θ und x entsprechen unrunde Werte für q und z in den vorliegenden Tafeln, so daß Interpolationen erforderlich sind. Die Ergebnisse lassen sich in diesem Falle mit Werten aus den bisherigen Tafeln vergleichen. Im Vorwort sind in der Zusammenstellung auf S. VI die Ergebnisse der folgenden Aufgaben den Werten aus bereits vorhandenen Tafeln gegenübergestellt. Man ersieht daraus, daß bei diesen Tafeln die Interpolationsergebnisse dieselbe Genauigkeit aufweisen wie die Tafelwerte selbst.

Bei allen folgenden Beispielen geschieht die Interpolation stets mit der gewöhnlichen Newtonschen Interpolationsformel, die für Schrittweite Eins folgendermaßen lautet:

$$f(y) = f(y_0 + t) = f(y_0) + t\cdot\Delta f + \frac{t(t-1)}{2!}\Delta^2 f + \frac{t(t-1)(t-2)}{3!}\Delta^3 f + \cdots \tag{5}$$

mit

$$\Delta f = f(y_0+1) - f(y_0), \qquad \Delta^2 f = f(y_0+2) - 2f(y_0+1) + f(y_0) \quad \text{usw.}$$

Die ersten Differenzen stehen also in den Funktionstafeln eine halbe Zeile unter dem Funktionswert, die zweiten Differenzen wiederum eine halbe Zeile tiefer usw. Es ist praktisch, für die Anwendung der Formel (5) den Faktor t auszuklammern und korrigierte erste Differenzen

$$\bar{\Delta} f = \Delta f - \frac{1-t}{2}\Delta^2 f + \frac{(1-t)(2-t)}{6}\Delta^3 f - + \cdots \tag{6}$$

zu benutzen. Damit wird wie bei linearer Interpolation

(7) $$f(y) = f(y_0 + t) = f(y_0) + t \cdot \Delta f.$$

Dabei ist in den Formeln (5) und (7)

y das vorliegende Argument,
y_0 der vorangehende Argumentwert in der Tafel,
$f(y_0)$ der Tafelwert an der Stelle y_0 und
$f(y)$ der gesuchte Interpolationswert.

Aufgabe 1 (zu Tabelle VII).

Für den gewählten LEGENDRE*schen Modul $\Theta = 83°$ sind die Größen q, K und E bereitzustellen.*

Hierzu dient Tabelle VII, in welcher $\frac{1}{1-q}$, K und $\frac{K}{E}$ als Funktionen von $y = -\lg\cos\Theta$ dargestellt sind. Es handelt sich also hier um Interpolation nach einer einzigen Veränderlichen. Im vorliegenden Fall ist der Argumentwert $y = -\lg\cos 83° = 0{,}9141055287$. Die Intervallschritte betragen in Tabelle VII 0,005. Daher beträgt, ausgehend vom vorangehenden Argumentwert $y_0 = 0{,}91$ in der Tafel S. 286, der Bruchteil des Intervalls, längs dessen zu interpolieren ist, $t = \frac{y - 0{,}91}{0{,}005} = 0{,}82110574$. Es ist nun nach S. 286

Funktion	$\frac{1}{1-q}$	$K(q)$	$\frac{K}{E}$
$f(0{,}91)$	1,31921488	3,49111245	3,41372842
Δf	199410	1133870	1253708
$\Delta^2 f$	179	305	−1327
$\Delta^3 f$	0	−5	12
$f(y)$	1,32085212	3,50042250	3,42402367

Ergebnis: $q = 0{,}242912977$ $K = 3{,}50042250$ $E = 1{,}02231259$.

Aufgabe 2 (zu Tabelle II und IV).

Es sind die zu $\Theta = 83°$ und $z = -1$ gehörigen Werte $1 - q^2 G(-1)$ und $1 + q H(-1)$ zu berechnen.

Auch diese Aufgabe erfordert nur einfache Interpolation und zwar in den Spalten für $z = -1$ der Tabellen II und IV. Für $q^4 = 0{,}003481 7922$ hat man bei der Interpolation des G-Wertes mit $y_0 = 0{,}003$ und mit $t_1 = \frac{q^4 - 0{,}003}{0{,}001} = 0{,}4817922$ zu rechnen. Bei der Interpolation des H-Wertes hat man für $q^3 = 0{,}0143334962$ mit $y_0 = 0{,}014$ und $t_2 = \frac{q^3 - 0{,}014}{0{,}002} = 0{,}1667481$ zu rechnen. Nach S. 55 und S. 131 ist für diese Stellen der in Rede stehenden Tabellen

	G
$f_1(0{,}003)$	−1,0030000493
Δf	−1000519
$\Delta^2 f$	−237
$\Delta^3 f$	−28
$f_1(q^4)$	−1,0034822508

	H
$f_2(0{,}014)$	−1,9720222769
Δf	+3990261
$\Delta^2 f$	−2256
$\Delta^3 f$	−184
$f_2(q^3)$	−1,9713557252

Mit diesem Ergebnis für $G(q^4, -1) = f_1(q^4)$ und $H(q^3, -1) = f_2(q^3)$ ist $1 - q^2 G(-1) = 1{,}0592122205$ und $1 + qH(-1) = 0{,}5211317747$.

Aufgabe 3 (zu Tabelle I).

Für die Werte $\Theta = 83°$ und $x = 36°$ ist die Größe

$$A(x) = \frac{\vartheta_1(x)}{\vartheta_2(0)} = \sin x \frac{1 - q^2 G(z)}{1 - q^2 G(-1)}$$

zu ermitteln. (Die auf diese etwas ungewöhnliche Weise normierte Thetafunktion findet sich nämlich in den Tabellen von SPENCELEY vor.)

Zu dem Winkel $x = 36°$ gehört $z = \cos 2x = 0{,}309016994$. Bei den Interpolationen in z-Richtung, die für diesen Winkel in den folgenden Aufgaben vorkommen, ist also immer mit $y_0 = 0{,}3$ und wegen der Intervallbreite 0,05 mit $t_1 = \frac{z - 0{,}3}{0{,}05} = 0{,}180399$ zu rechnen. Für die Ermittlung von $G(q^4, z)$ wird nun aus Tabelle I, S. 4 und 5 folgender kurzer Auszug entnommen, um durch Interpolation in z-Richtung eine kleine Tabelle von $f = G(q^4, z)$ als Funktion von q^4 für das gewünschte z zu gewinnen.

q^4	0,003	0,004	0,005	0,006
$f = G(q^4, 0{,}3)$	1,6001 19199	1,6001 58357	1,6001 97129	1,6002 35471
Δf	9931 0028	9908 0058	9885 0101	9862 0159
$\Delta^2 f$	− 59969	− 79937	− 99890	− 11 9827
$f = G(q^4, z)$	1,61803 3192	1,61803 2353	1,61803 1129	1,61802 9477

Damit ist die erste Interpolation in der z-Richtung auf den Wert $z = 0{,}309016994$ gemacht.

Nun geschieht noch die zweite Interpolation in q^4-Richtung von $q^4 = 0{,}003$ aus bis zum verlangten q^4, wozu mit dem $t_1 = 0{,}4817922$ von Aufgabe 2 zu rechnen ist. Für die Funktion $f = G(q^4, z)$ in der letzten Zeile der Tabelle ist der Wert zum vorangehenden Argument

$$f(y_0) = G(0{,}003, z) = 1{,}618033192; \quad \Delta f = -839; \quad \Delta^2 f = -385 \quad \text{und} \quad \Delta^3 f = -43.$$

Für diese Interpolation ist die korrigierte erste Differenz nach Gl. (6)

$$\bar{\Delta} f = -839 + \frac{(1-t_1)}{2} 385 - \frac{(1-t_1)(2-t_1)}{6} 43 = -745.$$

Damit folgt $G(q^4, z) = 1{,}618032833$ und $1 - q^2 G(z) = 0{,}904552008$. Schließlich errechnet sich mit $\sin x = \sin 36° = 0{,}587785253$

$$A(x) = \sin x \frac{1 - q^2 G(z)}{1 - q^2 G(-1)} = 0{,}501945286.$$

Der Wert von $1 - q^2 G(-1) = 1{,}059212205$ wurde dabei der Aufgabe 2 entnommen.

Aufgabe 4 (zu Tabelle III).

Für die Werte $\Theta = 83°$ und $x = 54°$ ist die Größe

$$D(x) = \frac{\vartheta_4(x)}{\vartheta_4(0)} = \frac{1 + qH(-z)}{1 + qH(-1)}$$

zu ermitteln. (Auch diese normierte Thetafunktion ist in den Tabellen von Spenceley enthalten.)

Der zum x der Aufgabe 3 komplementäre Winkel 54° wurde hier deshalb gewählt, damit das $\bar{z} = -z$ für die Berechnung von $D(x)$ mit dem früher verwendeten z übereinstimmt. Wir beginnen also mit der Bestimmung von $H(q^3, \bar{z})$ für $\bar{z} = -\cos 108° = +0{,}309016994$ wie bei Aufgabe 3. Wieder wird zunächst in z-Richtung interpoliert, wozu hier ein Auszug aus Tabelle III, S. 88 und 89 zu benutzen ist.

q^3	0,014	0,016	0,018	0,020
$f = H(q^3; 0{,}3)$	0,57702 1966	0,57373 4253	0,57044 4752	0,56715 3318
Δf	10181 8030	10207 7187	10233 6149	10259 4900
$\Delta^2 f$	28 0478	32 0683	36 0935	40 1238
$f = H(q^3, \bar{z})$	0,59536 3090	0,59211 9141	0,58887 3367	0,58562 5617

Nun folgt die zweite Interpolation in q^3-Richtung von $q^3 = 0{,}014$ aus bis zum verlangten q^3, wozu mit dem für Aufgabe 2 ermittelten $t_2 = 0{,}1667481$ zu rechnen ist. Hierfür ist

$$f(y_0) = H(0{,}014, \bar{z}) = 0{,}595363090; \quad \Delta f = -3243949; \quad \Delta^2 f = -1825 \quad \text{und} \quad \Delta^3 f = -124.$$

Man erhält $H(q^3, \bar{z}) = 0{,}59482\,2289 = H(q^3, -z)$ für die Berechnung der Größe $D(x)$ in der gestellten Aufgabe. Weiter folgt $1 + qH(-z) = 1{,}14449\,9005$ und mit $1 + qH(-1) = 0{,}52113\,1747$, dessen Wert in Aufgabe 2 ermittelt wurde, schließlich $D(x) = 2{,}19616\,2600$.

Aufgabe 5 (zu Tabelle IV).

Gesucht sind die beiden Größen $H(z)$ und $H'(z)$ für $\Theta = 83°$ und $x = 54°$.

Da in diesem Falle für $z = \cos 2x = -0{,}30901\,6994$ und für $q^3 = 0{,}01433\,3496$ nicht nur der Funktionswert $H(z)$, sondern auch die Ableitung $H'(z)$ dieser Funktion nach z verlangt ist, muß zunächst für das richtige q^3 eine kleine Tabelle der Funktion $H(z)$ bereitgestellt werden. Dazu wird von einem Auszug aus Tabelle IV, S. 139 und 141, ausgegangen, und die erste Interpolation geschieht in diesem Falle nach q^3, wobei von $q^3 = 0{,}014$ aus mit $t_2 = 0{,}1667481$ zu rechnen ist wie in Aufgabe 4.

z	$-0{,}35$	$-0{,}30$	$-0{,}25$	$-0{,}20$
$f = H(0{,}014; z)$	−0,72111 9996	−0,62294 1965	−0,52448 5345	−0,42574 7066
Δf	−301 1444	−327 2286	−349 3303	−367 4467
$\Delta^2 f$	1983	1787	1551	1282
$\Delta^3 f$	163	148	129	106
$\Delta^4 f$	−9	−8	−7	−6
$f = H(q^3, z)$	−0,72162 2279	−0,62348 7730	−0,52506 6949	−0,42635 9861

Für die nun folgende Interpolation in z-Richtung von $z = -0{,}35$ aus bis zum verlangten z mittels $t_3 = \frac{z + 0{,}35}{0{,}05} = 0{,}8196601$ ist

$$f(y_0) = H(q^3; -0{,}35) = -0{,}72162\,2279;\ \Delta f = 9813\,4549;\ \Delta^2 f = 286241;\ \Delta^3 f = 66.$$

Durch die vier errechneten Punkte in der unteren Zeile dieser Tabelle läßt sich ein Interpolationspolynom dritten Grades legen. Für das gewünschte z hat dieses Interpolationspolynom den Wert $H(q^3, z) = -0{,}64120\,6459$; seine Ableitung nach z beträgt dort $H'(z) = 1{,}96452\,054$.

Aufgabe 6 (zu Tabelle V).

Gesucht cn u *für $\Theta = 83°$ und $x = 54°$.*

Hier ist mit $z = \cos 2x = -0{,}30901\,6994$ und $q = 0{,}24291\,2977$ zu rechnen (s. Aufgabe 1). Zwecks Interpolation in z-Richtung entnehmen wir für die Funktion $f(q, -0{,}35) = \lg \frac{\operatorname{cn} u}{\cos x}$ folgenden Auszug aus Tabelle V, S. 185—189:

q	0,24	0,25	0,26	0,27	0,28
$f(q; -0{,}35)$	−0,41320 589	−0,43734 299	−0,46217 092	−0,48771 211	−0,51399 044
Δf	1196 355	1257 948	1321 092	1385 883	1452 420
$\Delta^2 f$	15 871	16 748	17 600	18 422	19 209
$\Delta^3 f$	732	810	891	979	1 067
$\Delta^4 f$	45	50	57	62	71
$f(q, z)$	−0,40341 136	−0,42704 423	−0,45135 520	−0,47636 591	−0,50209 942

Für die Interpolation in q-Richtung ist

$$f(y_0) = -0{,}40341\,136;\ \Delta f = -2363\,287;\ \Delta^2 f = -67810;\ \Delta^3 f = -2164 \text{ und } \Delta^4 f = -142.$$

Ausgehend von $q = 0{,}24$ hat man für das betrachtete q mit $t_4 = \frac{q - 0{,}24}{0{,}01} = 0{,}2912977$ zu rechnen. Das Ergebnis ist $\lg \frac{\operatorname{cn} u}{\cos x} = -0{,}41022\,677$, woraus mit $x = 54°$ folgt $\operatorname{cn} u = 0{,}22855\,563$. Übrigens können die Jacobischen Funktionen ebensogut wie mittels Tabelle V auch unter Vertauschung der Interpolationsreihenfolge mittels Tabelle VI berechnet werden.

Schließlich ist noch darauf hinzuweisen, daß man die JACOBIschen Funktionen nach den Formeln (4) auf S. XII auch aus den G und H zusammensetzen kann und daher ihre Berechnung mittels der Tabellen I bis IV ebenfalls möglich ist. Für das hier in Rede stehende cn u ist kürzer mit den Ergebnissen der Aufgaben 3 und 4 zu rechnen:

$$\operatorname{cn} u = \frac{A(90^\circ - x)}{D(x)} = \frac{0{,}501945286}{2{,}196162600} = 0{,}228555612.$$

Man kann also die JACOBIschen Funktionen aus den Tabellen I bis IV wesentlich genauer erhalten als mit den Tabellen V und VI, allerdings auch unter mehr Rechenaufwand.

Aufgabe 7 (zu Tabelle VI).

Gesucht sind die unvollständigen elliptischen Integrale

$$F(\Phi,\Theta) = \int_0^\Phi \frac{d\Phi}{\sqrt{1-\sin^2\Theta\sin^2\Phi}} \quad \text{und} \quad E(\Phi,\Theta) = \int_0^\Phi \sqrt{1-\sin^2\Theta\sin^2\Phi}\,d\Phi$$

für $\Theta = 83^\circ$ *und* $\Phi = 62{,}566105^\circ$.

Hilfswerte für diese Aufgabe sind außer $q = 0{,}242912977$ auch noch die zugehörigen vollständigen elliptischen Integrale

$$K = 3{,}50042250 \quad \text{und} \quad E = 1{,}02231259.$$

Diese drei Werte wurden in Aufgabe 1 berechnet.

Mittels Θ und Φ läßt sich $\operatorname{dn} u = \sqrt{1-\sin^2\Theta\sin^2\Phi} = 0{,}473251477$ errechnen; daher ist $\lg \operatorname{dn} u = -0{,}32490802$. Für die Variable z, nach welcher die JACOBIschen Funktionen in Tabelle V und VI geordnet sind, gilt die Beziehung $z = \cos\frac{\pi}{K}u$, wobei $u = F(\Phi,\Theta)$ ist. Man hat also nun zum errechneten lg dn u und zum vorliegenden q das zugehörige z aus Tabelle VI, S. 258—264, zu gewinnen.

z	0,30	0,35	0,40	0,45	0,50
$f = \lg \operatorname{dn} u$	−0,32405288	−0,30262873	−0,28105492	−0,25930730	−0,23736056
Δf	−1646678	−1551550	−1454637	−1355630	−1254190
$\Delta^2 f$	−38410	−37551	−36578	−35462	−34180
$\Delta^3 f$	−2011	−1945	−1878	−1815	−1745
$\Delta^4 f$	−73	−71	−68	−63	−60
$f(q,z)$	−0,32881112	−0,30711071	−0,28525556	−0,26322065	−0,24097970

Die Werte der letzten Zeile gehören zum richtigen q. Hier ist nun zum vorliegenden Funktionswert $f = -0{,}32490802$ das zugehörige z zu ermitteln. Für diese umgekehrte Interpolation ist

$$f(q;0{,}3) = -0{,}32881112;\ \Delta f = 2170041;\ \Delta^2 f = 15474;\ \Delta^3 f = 2502;\ \Delta^4 f = 126.$$

Es ergibt sich $z = 0{,}30901699$ und dies ist genau cos 72°. Es ist also $x = 36°$. Nun ist das unvollständige elliptische Integral erster Gattung

$$F(\Phi,\Theta) = u = \frac{K}{\pi}\arccos z = \frac{K}{180^\circ}\cdot 72^\circ = 1{,}400169000.$$

Das unvollständige Integral zweiter Gattung läßt sich mittels der Formel

$$E(\Phi,\Theta) = \frac{E}{K}u + \frac{\pi}{K}q\sin\left(\frac{\pi}{K}u\right)\frac{H'(-z)}{1+qH(-z)}$$

berechnen. Mit den Werten von Aufgabe 5 ist

$$\frac{H'(-z)}{1+qH(-z)} = \frac{1{,}96452054}{0{,}844242632} = 2{,}32696202.$$

Weiter ist $\frac{E}{K} u = 0{,}40892504$ und $\frac{\pi}{K} q \sin 72^\circ = 0{,}207341599$. Daher

$$E(\Phi, \Theta) = 0{,}40892504 + 0{,}207341599 \cdot 2{,}32696202 = 0{,}89140107.$$

Obwohl die vorliegenden Funktionentafeln die Berechnung der unvollständigen elliptischen Integrale erster und zweiter Gattung nicht zum Ziele haben, zeigt dieses Beispiel, daß auch diese Größen für beliebige Φ und Θ mittels einer kurzen Rechnung den Tabellen entnommen werden können.

Introduction

These tables, which are based on JACOBI's parameter q, are intended for numerical calculations with elliptic functions. Previous tables have used LEGENDRE's modulus Θ. In tables I through IV there are introduced two new auxiliary functions G and H, which are particularly well suited for interpolation. Tables V and VI are intended for problems in connection with the Jacobian functions sn u, cn u and dn u; these are especially important in practical work. Finally, table VII affords conversion between LEGENDRE's modulus Θ and JACOBI's parameter q.

Explanations to tables I through IV.

The functions G and H are offsprings of JACOBI's theta functions. The relationship may be seen from

$$G = -\frac{\vartheta_1(x) - 2q^{\frac{1}{4}} \sin x}{2q^{\frac{9}{4}} \sin x} \quad \text{and} \quad H = \frac{\vartheta_3(x) - 1}{q}. \tag{1}$$

Good interpolation depends on choosing functions which are almost linear with respect to the two variables within the range of interest. In order to achieve this, $z = \cos 2x$ is introduced as a new variable. If the well-known FOURIER series for the theta functions are transformed by the substitution $z = \cos 2x$, one obtains for G and H power series in z and q that begin as follows:

$$\left\{\begin{aligned} G(q^4, z) &= (1 + 2z) + q^4(1 - 2z - 4z^2) - q^{10}(1 + 4z - 4z^2 - 8z^3) + \cdots \\ H(q^3, z) &= 2z - q^3(2 - 4z^2) - q^8(6z - 8z^3) + q^{15}(2 - 16z^2 + 16z^4) + \cdots. \end{aligned}\right. \tag{2}$$

In these series, the G-function has the factor q^4 in its first q-term, the H-function the factor q^3. The powers of the successive q-terms increase rapidly. The extraordinarily good quality of convergence of the theta series are also fulfilled in the series (2) for G and H. According to (1), the theta functions and the zero thetas can be calculated by means of G and H as follows:

$$\left\{\begin{aligned} \vartheta_1(x) &= 2\sqrt[4]{q} \sin x \left(1 - q^2 G(+z)\right); & \vartheta_1'(0) &= 2\sqrt{q}\left(1 - q^2 G(+1)\right); \\ \vartheta_2(x) &= 2\sqrt[4]{q} \cos x \left(1 - q^2 G(-z)\right); & \vartheta_2(0) &= 2\sqrt[4]{q}\left(1 - q^2 G(-1)\right); \\ \vartheta_3(x) &= 1 + q H(+z); & \vartheta_3(0) &= 1 + q H(+1); \\ \vartheta_4(x) &= 1 + q H(-z); & \vartheta_4(0) &= 1 + q H(-1). \end{aligned}\right. \tag{3}$$

Almost everything needed for ordinary problems involving elliptic and related functions can be acquired in an elementary way by means of the four theta functions. The same is true of the functions G and H, as can be seen from relations (3). Also, the derivatives of arbitrary elliptic and related functions, whose construction is known from the theta functions or from G and H, can be obtained with great accuracy from these tables. This is because of the fact that, due to the almost constant first differences of the functions G and H, the derivatives of G and H can readily be taken from the tables.

The range for $z = \cos 2x$ goes from $z = -1$ to $z = +1$. In theory the interval for the parameter q goes from 0 to 1. For ordinary needs, however, tables with q from 0 to 0,55 are sufficient, since when $q = 0{,}55$, LEGENDRE's modulus $\Theta = 89°56{,}42'$.

In tables I through IV the values of the functions $G(q^4, z)$ and $H(q^3, z)$ are given up the 9th decimal place, but the original computations were carried out to the 11th or 12th place. For this reason, there should hardly appear any rounding-off inaccuracy. With respect to the first and second differences, given in tables I and III, the following should be noted: During the computation the differences were obtained to 12 and more decimal places. The rounded values of these exact differences are presented in the tables, but not the corresponding differences of the rounded function values. For this reason it can happen that the first differences show a deviation of ± 1 and the second differences a deviation of ± 2 in the last decimal place, when the rounded values of the exact differences are compared with the differences of the rounded values. In tables II and IV and all other tables, the additional differences are as usual the differences of the successive function values.

Explanations to tables V and VI.

The elliptic functions most important for practical use are the Jacobian functions sn u, cn u and dn u. They are related to G and H in the following way:

$$(4)\quad \begin{cases} \dfrac{\operatorname{sn} u}{\sin x} = \dfrac{1+qH(+1)}{1-q^2G(-1)}\cdot\dfrac{1-q^2G(+z)}{1+qH(-z)}, \\ \dfrac{\operatorname{cn} u}{\cos x} = \dfrac{1+qH(-1)}{1-q^2G(-1)}\cdot\dfrac{1-q^2G(-z)}{1+qH(-z)}, \\ \operatorname{dn} u = \dfrac{1+qH(-1)}{1+qH(+1)}\cdot\dfrac{1+qH(+z)}{1+qH(-z)}. \end{cases}$$

Here $z=\cos 2x=\cos\frac{\pi}{K}u$, where K is the complete elliptic integral of the first kind with $q=q(\Theta)$.

In tables V and VI the logarithms of the three functions (4) are given to 8 places. The use of the logarithms instead of the function values themselves is preferable for two reasons: First, the variation of the differences is now smaller; second, the tabular values presented in this way are nothing other than the corrections when substituting lg sin x for lg sn u and lg cos x for lg cn u. In these tables logarithms to the base 10 are denoted by „lg".

In regard to the 8-place values of tables V and VI it should be noted that the last place is not entirely certain. During the lengthy computation from G and H to the tabular values by using equations (4), some unavoidable rounding inaccuracies influence final results, so that the average deviation of the tabular values is a little greater than it would be when rounding exact results. Therefore, it will sometimes occur that the last place is erroneous to one unit, and occasionally the error might affect two units. Yet it was thought better to present the 8-place values with this little lack of certainty, than to round off to the 7th place, which would lead to an average deviation seven times as great. If, on occasion, the accuracy of tables V and VI is not sufficient, it is possible to obtain more accurate values by using tables I to IV (see problem 6).

Explanation to table VII.

In working with these function tables, it is absolutely necessary to master numerically the relationship between JACOBI's parameter q and LEGENDRE's modulus Θ. The various existing tables do not meet this requirement. For this reason in table VII we have used an almost linear relation between q and Θ by tabulating $\frac{1}{1-q}$ as a function of $-\lg\cos\Theta$. This variable $-\lg\cos\Theta = -\lg k'$ is also suitable for better presentation of the complete elliptic integrals of the first and second kinds (K and E), than is possible by means of Θ. Thus table VII also contains the quantities K and K/E as functions of $-\lg k'$. It is noteworthy that all these three functions of table VII, which are presented graphically in figure 11 on page 281, possess asymptotes for infinitely increasing values of $-\lg k'$, due to the relation

$$\lim_{k'\to 0}\frac{1/(1-q)}{-\ln k'} = \lim_{k'\to 0}\frac{1/(1-q)}{K} = \frac{2}{\pi^2} = 0{,}2026424.$$

A note on interpolation with the presented tables.

Good interpolation with these tables is a consequence of the fact that the functions are almost bilinear or biquadratic with respect to both variables. If one tries to interpolate at once with respect to both variables, using a formula of interpolation for two variables, then this decisive advantage would be lost. Therefore interpolation must first be done with respect to the one variable and then with respect to the other. Here it depends upon the particular case which variable must be taken first. For this reason all the functions are tabulated twice, first with z as the variable, and then with q, q^3 or q^4 as the variable. The first differences and, sometimes, the second differences are attributed.

The following examples show how to perform interpolations generally needed. At the same time the particulars of the different tables are explained.

Examples

Some methods of application using these tables are now shown in connection with a number of typical problems. The following problems are related, in that they all refer to the same modulus $\Theta=83°$ and to the two complementary angles $x=36°$ and $x=54°$. As the angular values for Θ and x are whole numbers, the corresponding values of q and z are infinite fractions and therefore interpolation is necessary in these tables. The results in the selected examples are comparable to values found in ordinary elliptic function tables. In the preface on page VIII, the results of the following problems are compared with the values taken from SPENCELEY's Smithsonian tables. One sees that the results obtained by interpolation with the new tables have the same accuracy as the tabular values themselves.

In the following examples, interpolation is always accomplished by NEWTON's usual interpolation formula, the first terms of which for interval one are as follows:

$$f(y) = f(y_0 + t) = f(y_0) + t \cdot \Delta f + \frac{t(t-1)}{2!}\Delta^2 f + \frac{t(t-1)(t-2)}{3!}\Delta^3 f + \cdots \tag{5}$$

with

$$\Delta f = f(y_0 + 1) - f(y_0); \qquad \Delta^2 f = f(y_0 + 2) - 2f(y_0 + 1) + f(y_0) \quad \text{etc.}$$

The first differences are presented in the function tables half a line below the function values, and the second differences again half a line lower. For application of formula (5), it is practical to separate the factor t, and to use corrected first differences as follows:

$$\bar{\Delta} f = \Delta f - \frac{1-t}{2}\Delta^2 f + \frac{(1-t)(2-t)}{6}\Delta^3 f - + \cdots. \tag{6}$$

Then, with the linear interpolation formula one gets

$$f(y) = f(y_0 + t) = f(y_0) + t \cdot \bar{\Delta} f. \tag{7}$$

In formulas (5) and (7) the definitions are:

y = the argument in question,
y_0 = the next lower argument in the table,
$f(y_0)$ = the table value belonging to y_0,
t = fraction of the interval to the left of y, and
$f(y)$ = the desired function value.

Problem 1 (Ref. table VII).

Evaluate q, K and E when LEGENDRE's *modulus $\Theta=83°$.*

Table VII, in which $\frac{1}{1-q}$, K and $\frac{K}{E}$ are presented as functions of $y=-\lg\cos\Theta$, serves for this purpose. This is a problem of interpolation with a single variable. In this case the argument value is $y=-\lg\cos 83° = 0{,}9141055287$. The interval in table VII is 0,005. Thus, starting from the next lower argument value $y_0=0{,}91$ in the table on page 286, the fraction of the interval used in interpolation is $t=\frac{y-0{,}91}{0{,}005}=0{,}82110574$. Then, according to page 286 one gets

Function	$\frac{1}{1-q}$	$K(q)$	$\frac{K}{E}$
$f(0{,}91)$	1,31921488	3,49111245	3,41372842
Δf	199410	1133870	1253708
$\Delta^2 f$	179	305	−1327
$\Delta^3 f$	0	−5	12
$f(y)$	1,32085212	3,50042250	3,42402367

Results: $q=0{,}242912977$; $K=3{,}50042250$; $E=1{,}02231259$.

Problem 2 (Ref. tables II and IV).

For the given values $\Theta=83°$ and $z=-1$ compute $1-q^2G(-1)$ and $1+qH(-1)$.

This problem requires only simple interpolation between the values in column $z=-1$ of tables II and IV. For $q^4=0{,}00348 17922$, one interpolates with $y_0=0{,}003$ and $t_1=\frac{q^4-0{,}003}{0{,}001}=0{,}4817922$; for $q^3=0{,}01433 34962$ with $y_0=0{,}014$ and $t_2=\frac{q^3-0{,}014}{0{,}002}=0{,}1667481$. On page 55 and page 131 one takes from the tables in question

	G
$f_1(0{,}003)$	−1,003000493
Δf_1	−1000519
$\Delta^2 f_1$	−237
$\Delta^3 f_1$	−28
$f_1(q^4)$	−1,003482508

	H
$f_2(0{,}014)$	−1,972022769
Δf_2	+3990261
$\Delta^2 f_2$	−2256
$\Delta^3 f_2$	−184
$f_2(q^3)$	−1,971357252

Using these results for $G(q^4,-1)=f_1(q^4)$ and $H(q^3,-1)=f_2(q^3)$, one gets

$$1-q^2G(-1)=1{,}059212205 \quad \text{and} \quad 1+qH(-1)=0{,}521131747.$$

Problem 3 (Ref. table I).

Determine the quantity

$$A(x)=\frac{\vartheta_1(x)}{\vartheta_2(0)}=\sin x\,\frac{1-q^2G(z)}{1-q^2G(-1)}$$

for values of $\Theta=83°$ and $x=36°$. (This function is found in SPENCELEY's tables. It is a theta function normed in a somewhat unusual manner.)

When the angle $x=36°$, the value of $z=\cos 2x=0{,}309016994$. Interpolation with respect to z is accomplished with $y_0=0{,}3$, and, due to the interval step 0,05, with $t_1=\frac{z-0{,}3}{0{,}005}=0{,}180339 9$. For evaluating $G(q^4,z)$ take the following extract from table I, pages 4 and 5, in order to obtain by interpolation with respect to z some consecutive values of $f=G(q^4,z)$ as a function of q^4 for the desired z.

q^4	0,003	0,004	0,005	0,006
$f=G(q^4; 0{,}3)$	1,600119199	1,600158357	1,600197129	1,600235471
Δf	99310028	99080058	98850101	98620159
$\Delta^2 f$	−59969	−79937	−99890	−119827
$f=G(q^4,z)$	1,618033192	1,618032353	1,618031129	1,618029477

Now the second interpolation takes place with respect to q^4, beginning with $q^4=0{,}003$ up to the desired q^4, using $t_1=0{,}4817922$ as in problem 2. For function $f=G(q^4,z)$ in the bottom line of the table, we have the value of the next lower argument and the differences as follows:

$$f(y_0) = G(0{,}003, z) = 1{,}61803\,3192;\ \Delta = -839;\ \Delta^2 = -385 \text{ and } \Delta^3 = -43.$$

The corrected first difference for this interpolation is from equation (6)

$$\bar{\Delta} = -839 + \frac{1-t_1}{2} \cdot 385 - \frac{(1-t_1)(2-t_1)}{6} \cdot 43 = -745.$$

It follows that $G(q^4, z) = 1{,}61803\,2833$, and $1 - q^2 G = 0{,}90455\,2008$. Finally, with $\sin x = \sin 36° = 0{,}58778\,5253$, and $1 - q^2 G(-1) = 1{,}05921\,2205$ from problem 2, one gets

$$A(x) = \sin x \frac{1 - q^2 G(z)}{1 - q^2 G(-1)} = 0{,}50194\,5286.$$

Problem 4 (Ref. table III).

For values of $\Theta = 83°$ and $x = 54°$ determine the quantity

$$D(x) = \frac{\vartheta_4(x)}{\vartheta_4(0)} = \frac{1 + q H(-z)}{1 + q H(-1)}.$$

(This normed theta function is also presented in SPENCELEY's tables.)

Here the complementary angle $x = 54°$ is chosen so that $-z = \bar{z}$ for computation of $D(x)$ is identical with the z used in problem 3. As in problem 3, we start with evaluating $H(q^3, \bar{z})$ for $\bar{z} = -\cos 108° = 0{,}30901\,6994$. Again, interpolation first takes place with respect to z, using an extract from table III, pages 88 and 89.

q^3	0,014	0,016	0,018	0,020
$f = H(q^3; 0{,}3)$	0,57702 1966	0,57373 4253	0,57044 4752	0,56715 3318
Δf	10181 8030	10207 7187	10233 6149	10259 4900
$\Delta^2 f$	28 0478	32 0683	36 0935	40 1238
$f = H(q^3, z)$	0,59536 3090	0,59211 9141	0,58887 3367	0,58562 5617

Now the second interpolation follows with respect to q^3, starting from $q^3 = 0{,}014$ up to the desired q^3, calculating with the fraction $t_2 = 0{,}1667481$, already used in problem 2. One gets

$$f(y_0) = H(0{,}014, \bar{z}) = 0{,}595363090;\ \Delta = -3243949;\ \Delta^2 = -1825 \text{ and } \Delta^3 = -124,$$

and from this $H(q^3, -z) = 0{,}594822289$, and $1 + qH(-z) = 1{,}14449\,9005$. With $1 + qH(-1) = 0{,}52113\,1747$ from problem 2 we finally have

$$D(x) = \frac{1 + q H(-z)}{1 + q H(-1)} = 2{,}19616\,2600.$$

Problem 5 (Ref. table IV).

Evaluate the two quantities $H(z)$ and $H'(z)$ for $\Theta = 83°$ and $x = 54°$.

In this case not only the function value $H(z)$ is required, but also the derivative $H'(z)$ of this function, for $z = \cos 2x = -0{,}30901\,6994$, and for $q^3 = 0{,}01433\,3496$. A short table of the function $H(z)$ must first be prepared for the proper value q^3. Taking an extract from table IV, pages 139 and 141, the interpolation is performed towards q^3, beginning with $q^3 = 0{,}014$ and using $t_2 = 0{,}1667481$ as in problem 4.

z	−0,35	−0,30	−0,25	−0,20
$f = H(0{,}014; z)$	−0,72111 9996	−0,62294 1965	−0,52448 5345	−0,42574 7066
Δf	−301 1444	−327 2286	−349 3303	−367 4467
$\Delta^2 f$	1983	1787	1551	1282
$\Delta^3 f$	163	148	129	106
$\Delta^4 f$	−9	−8	−7	−6
$f = H(q^3, z)$	−0,72162 2279	−0,62348 7730	−0,52506 6949	−0,42635 9861

For the second interpolation with respect to z from $z=-0{,}35$ up to the desired z by means of $t_3=\frac{z+0{,}35}{0{,}05}=0{,}8196601$, one has

$$f(y_0)=H(q^3,-0{,}35)=-0{,}721622279;\ \Delta=98134549;\ \Delta^2=286241;\ \Delta^3=66.$$

The last line in the table contains four computed points. Through these points one can construct an interpolation polynomial of the third degree. For the desired z this interpolation polynomial has a value of $H(q^3,z)=-0{,}641206459$; its derivative of this place is $H'(z)=1{,}96452054$.

Problem 6 (Ref. table V).

Compute cn u *for* $\Theta=83°$ *and* $x=54°$.

Use here $z=\cos 2x=-0{,}309016994$ and $q=0{,}242912977$. For interpolation with respect to z prepare the following extract from table V, pages 185 to 189 for the function $f(q,-0{,}35)=\lg\frac{\operatorname{cn} u}{\cos x}$:

q	0,24	0,25	0,26	0,27	0,28
$f(q;-0{,}35)$	−0,41320589	−0,43034299	−0,46217092	−0,48771211	−0,51399044
Δf	1196355	1257948	1321092	1385883	1452420
$\Delta^2 f$	15871	16748	17600	18422	19209
$\Delta^3 f$	732	810	891	979	1067
$\Delta^4 f$	45	50	57	62	71
$f(q,z)$	−0,40341136	−0,42704423	−0,45135520	−0,47636591	−0,50209942

For the second interpolation with respect to q one has

$$f(y_0)=-0{,}40341136;\ \Delta=-2363287;\ \Delta^2=-67810;\ \Delta^3=-2164;\ \Delta^4=-142.$$

Starting from $q=0{,}24$ one must compute with $t_4=\frac{q-0{,}24}{0{,}01}=0{,}2912977$. The result is $\lg\frac{\operatorname{cn} u}{\cos x}=-0{,}41022677$, and with $x=54°$ one gets $\operatorname{cn} u=0{,}22855563$.

Moreover, the Jacobian functions can be calculated just as well from table V as from table VI when reversing the succession of interpolation. We also wish to point out that this Jacobian function can be constructed from G and H immediately according to formulas (4) of page XIX; hence its computation is also possible from tables I through IV. For the cn u in question, one gets quickly from the results of problems 3 and 4

$$\operatorname{cn} u=\frac{A(90°-x)}{D(x)}=\frac{0{,}501945286}{2{,}196162600}=0{,}228555612.$$

Therefore, one can obtain the Jacobian elliptic functions with higher accuracy from tables I through IV, although more computation is required.

Problem 7 (Ref. table VI).

Find the incomplete elliptic integrals of the first and second kinds

$$F(\Phi,\Theta)=\int_0^{\Phi}\frac{d\Phi}{\sqrt{1-\sin^2\Theta\sin^2\Phi}}\quad\text{and}\quad E(\Phi,\Theta)=\int_0^{\Phi}\sqrt{1-\sin^2\Theta\sin^2\Phi}\,d\Phi$$

for $\Theta=83°$ *and* $\Phi=62{,}566105°$.

Auxiliary values for this problem are $q=0{,}242912977$, and the corresponding complete elliptic integrals $K=3{,}50042250$ and $E=1{,}02231259$. These three quantities were computed in problem 1. The values of Θ and Φ enable evaluation of $\operatorname{dn} u=\sqrt{1-\sin^2\Theta\sin^2\Phi}=0{,}473251477$; hence $\lg \operatorname{dn} u=-0{,}32490802$. For the variable z, according to which the Jacobian functions in tables V and VI are arranged, the relation $z = \cos \frac{\pi}{K} u$ holds, where $u = F(\Phi, \Theta)$. The value of z which belongs to the computed lg dn u and to the q in question, must be calculated from table VI, pages 258 to 264.

z	0,30	0,35	0,40	0,45	0,50
$f = \lg \operatorname{dn} u$	−0,32405288	−0,30262873	−0,28105492	−0,25930730	−0,23736056
Δf	−1646678	−1551550	−1454637	−1355630	−1254190
$\Delta^2 f$	−38410	−37551	−36578	−35462	−34180
$\Delta^3 f$	−2011	−1945	−1878	−1815	−1745
$\Delta^4 f$	−73	−71	−68	−63	−60
$f(q, z)$	−0,32881112	−0,30711071	−0,28525556	−0,26322065	−0,24097970

The values of the last line belong to the proper q. Here the respective z must be evaluated from the obtained function value $f = -0{,}32490802$. For this inverse interpolation one has

$$f(q, 0{,}30) = -0{,}32881112;\ \Delta = 2170041;\ \Delta^2 = 15474;\ \Delta^3 = 2502;\ \Delta^4 = 126.$$

The result is $z = 0{,}30901699$, which is exactly cos 72°, and therefore $x = 36°$. Now one obtains immediately the elliptic integral of the first kind

$$F(\Phi, \Theta) = u = \frac{K}{\pi} \arccos z = \frac{K}{180°} \cdot 72° = 1{,}400169000.$$

The incomplete elliptic integral of the second kind can be computed by means of the following formula:

$$E(\Phi, \Theta) = \frac{E}{K} u + \frac{\pi}{K} q \sin\left(\frac{\pi}{K} u\right) \cdot \frac{H'(-z)}{1 + q H(-z)}.$$

Everything is at hand for evaluting this expression. One has

$$\frac{E}{K} u = 0{,}40892504, \qquad \frac{\pi}{K} q \sin\left(\frac{\pi}{K} u\right) = \frac{\pi}{K} q \sin 72° = 0{,}207341599,$$

and from problem 5

$$\frac{H'(-z)}{1 + q H(-z)} = \frac{1{,}96452054}{0{,}844242632} = 2{,}32696202.$$

Herewith one gets the final result

$$E(\Phi, \Theta) = 0{,}40892504 + 0{,}207341599 \cdot 2{,}32696202 = 0{,}89140107.$$

Although the computation of the incomplete elliptic integrals of the first and second kind is not the purpose of these tables, this example demonstrates that these values for arbitrary Φ and Θ can also be obtained by means of a short calculation.

Tabelle I

$G(q^4, z)$

Funktionen laufend nach z

$z = \cos 2x$

von $z = -1{,}00$ bis $z = +1{,}00$ in Schritten von 0,05

für die Parameterwerte $q^4 = 0{,}001$ bis 0,100

in Schritten von 0,001

mit Angabe der zugehörigen Werte q und Θ

Table I

$G(q^4, z)$

as a function of z

$z = \cos 2x$

from $z = -1{\cdot}00$ to $z = +1{\cdot}00$, with increments of 0·05

and parameter values of q^4

from $q^4 = 0{\cdot}001$ to $q^4 = 0{\cdot}100$, with increments of 0·001

with the corresponding values of q and Θ

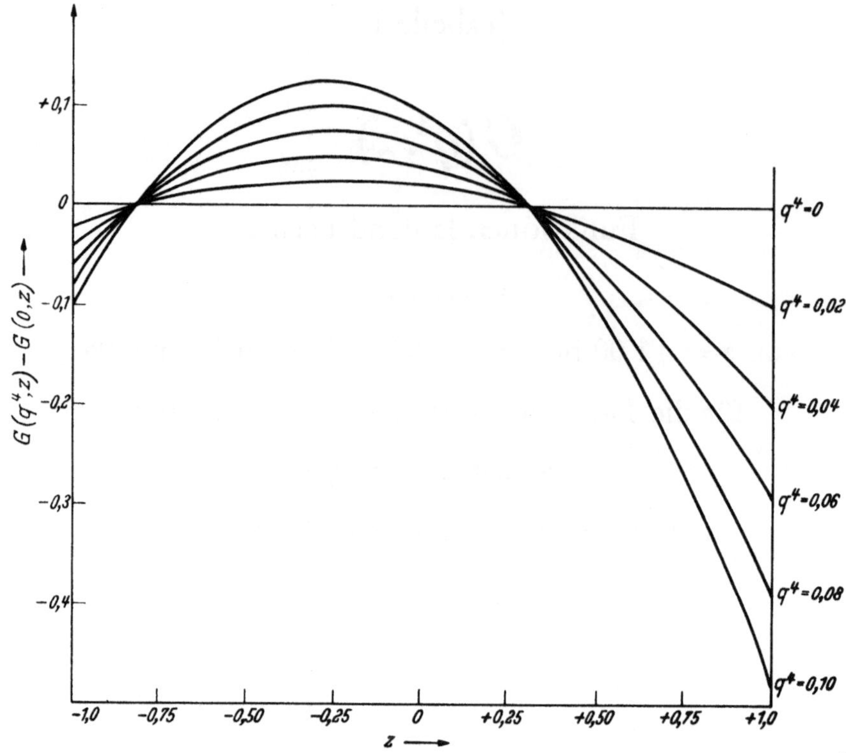

Abb. 1. Funktionen $G(q^4, z)$ laufend nach z, geordnet nach q^4.

Fig. 1. $G(q^4, z)$ as a function of z.

z	q^4= 0,001	Δ	$Δ^2$	q^4= 0,002	Δ	$Δ^2$
-1,00	-1,00100 0032	+10029 0017		-1,00200 0179	+10058 0099	
95	-0,90071 0014	10027 0014	-2 0003	-0,90142 0080	10054 0082	-4 0017
90	-0,80044 0000	10025 0012	-2 0003	-0,80087 9999	10050 0066	-4 0016
85	-0,70018 9988	10023 0009	-2 0003	-0,70037 9933	10046 0051	-4 0015
80	-0,59995 9979	10021 0007	-2 0002	-0,59991 9881	10042 0038	-4 0014
-0,75	-0,49974 9972	10019 0004	-2 0002	-0,49949 9843	10038 0025	-4 0013
70	-0,39955 9968	10017 0002	-2 0002	-0,39911 9818	10034 0014	-4 0011
65	-0,29938 9965	10015 0001	-2 0002	-0,29877 9804	10030 0003	-4 0010
60	-0,19923 9965	10012 9999	-2 0002	-0,19847 9801	10025 9994	-4 0009
55	-0,09910 9966	10010 9998	-2 0001	-0,09821 9807	10021 9986	-4 0008
-0,50	+0,00100 0032	10008 9996	-2 0001	+0,00200 0179	10017 9979	-4 0007
45	0,10109 0028	10006 9995	-2 0001	0,10218 0158	10013 9973	-4 0006
40	0,20116 0023	10004 9994	-2 0001	0,20232 0130	10009 9968	-4 0005
35	0,30121 0017	10002 9994	-2 0001	0,30242 0098	10005 9964	-4 0004
30	0,40124 0011	10000 9993	-2 0001	0,40248 0062	10001 9961	-4 0003
-0,25	0,50125 0004	9998 9993	-2 0000	0,50250 0022	9997 9959	-4 0002
20	0,60123 9997	9996 9993	-2 0000	0,60247 9981	9993 9958	-4 0001
15	0,70120 9989	9994 9993	-2 0000	0,70241 9940	9989 9959	-4 0000
10	0,80115 9982	9992 9993	-2 0000	0,80231 9898	9985 9960	-3 9999
05	0,90108 9975	9990 9993	-2 0000	0,90217 9859	9981 9963	-3 9997
0,00	1,00099 9968	9988 9994	-1 9999	1,00199 9821	9977 9966	-3 9996
05	1,10088 9962	9986 9995	-1 9999	1,10177 9787	9973 9971	-3 9995
10	1,20075 9957	9984 9996	-1 9999	1,20151 9758	9969 9977	-3 9994
15	1,30060 9953	9982 9997	-1 9999	1,30121 9735	9965 9983	-3 9993
20	1,40043 9950	9980 9998	-1 9999	1,40087 9718	9961 9991	-3 9992
0,25	1,50024 9949	9979 0000	-1 9998	1,50049 9709	9958 0000	-3 9991
30	1,60003 9949	9977 0002	-1 9998	1,60007 9709	9954 0010	-3 9990
35	1,69980 9950	9975 0004	-1 9998	1,69961 9720	9950 0021	-3 9989
40	1,79955 9954	9973 0006	-1 9998	1,79911 9741	9946 0033	-3 9988
45	1,89928 9960	9971 0008	-1 9998	1,89857 9774	9942 0047	-3 9987
0,50	1,99899 9968	9969 0011	-1 9997	1,99799 9821	9938 0061	-3 9986
55	2,09868 9979	9967 0014	-1 9997	2,09737 9882	9934 0076	-3 9985
60	2,19835 9993	9965 0016	-1 9997	2,19671 9958	9930 0093	-3 9984
65	2,29801 0009	9963 0020	-1 9997	2,29602 0051	9926 0110	-3 9982
70	2,39764 0029	9961 0023	-1 9997	2,39528 0162	9922 0129	-3 9981
0,75	2,49725 0051	9959 0026	-1 9997	2,49450 0291	9918 0149	-3 9980
80	2,59684 0078	9957 0030	-1 9996	2,59368 0439	9914 0169	-3 9979
85	2,69641 0108	9955 0034	-1 9996	2,69282 0609	9910 0191	-3 9978
90	2,79596 0141	9953 0038	-1 9996	2,79192 0800	9906 0214	-3 9977
95	2,89549 0179	9951 0042	-1 9996	2,89098 1014	9902 0238	-3 9976
1,00	2,99500 0221		-1 9996	2,99000 1252		-3 9975

q = 0,1778279 Θ = 76°54,0197' q = 0,2114743 Θ = 80°27,3446'

z	q^4= 0,003	Δ	Δ^2	q^4= 0,004	Δ	Δ^2
-1,00	-1,00300 0493	+10087 0272		-1,00400 1012	+10116 0558	
95	-0,90213 0221	10081 0225	-6 0046	-0,90284 0454	10108 0462	-8 0095
90	-0,80131 9996	10075 0182	-6 0043	-0,80175 9992	10100 0373	-8 0089
85	-0,70056 9814	10069 0141	-6 0040	-0,70075 9618	10092 0290	-8 0083
80	-0,59987 9673	10063 0104	-6 0037	-0,59983 9328	10084 0214	-8 0077
-0,75	-0,49924 9569	10057 0070	-6 0035	-0,49899 9115	10076 0143	-8 0071
70	-0,39867 9499	10051 0038	-6 0032	-0,39823 8972	10068 0078	-8 0065
65	-0,29816 9461	10045 0009	-6 0029	-0,29755 8894	10060 0019	-8 0059
60	-0,19771 9452	10038 9984	-6 0026	-0,19695 8875	10051 9967	-8 0053
55	-0,09732 9468	10032 9961	-6 0023	-0,09643 8908	10043 9920	-8 0047
-0,50	+0,00300 0493	10026 9941	-6 0020	+0,00400 1012	10035 9880	-8 0040
45	0,10327 0434	10020 9925	-6 0017	0,10436 0892	10027 9845	-8 0034
40	0,20348 0359	10014 9911	-6 0014	0,20464 0737	10019 9817	-8 0028
35	0,30363 0270	10008 9900	-6 0011	0,30484 0554	10011 9795	-8 0022
30	0,40372 0170	10002 9892	-6 0008	0,40496 0348	10003 9778	-8 0016
-0,25	0,50375 0062	9996 9887	-6 0005	0,50500 0126	9995 9768	-8 0010
20	0,60371 9949	9990 9885	-6 0002	0,60495 9895	9987 9764	-8 0004
15	0,70362 9834	9984 9886	-5 9999	0,70483 9659	9979 9766	-7 9998
10	0,80347 9720	9978 9890	-5 9996	0,80463 9425	9971 9774	-7 9992
05	0,90326 9610	9972 9897	-5 9993	0,90435 9200	9963 9789	-7 9986
0,00	1,00299 9507	9966 9907	-5 9990	1,00399 8988	9955 9809	-7 9980
05	1,10266 9414	9960 9920	-5 9987	1,10355 8797	9947 9835	-7 9974
10	1,20227 9334	9954 9935	-5 9984	1,20303 8632	9939 9867	-7 9968
15	1,30182 9269	9948 9954	-5 9981	1,30243 8499	9931 9906	-7 9961
20	1,40131 9223	9942 9976	-5 9978	1,40175 8405	9923 9950	-7 9955
0,25	1,50074 9199	9937 0000	-5 9975	1,50099 8356	9916 0001	-7 9949
30	1,60011 9199	9931 0028	-5 9972	1,60015 8357	9908 0058	-7 9943
35	1,69942 9228	9925 0059	-5 9969	1,69923 8414	9900 0120	-7 9937
40	1,79867 9286	9919 0092	-5 9966	1,79823 8535	9892 0189	-7 9931
45	1,89786 9378	9913 0129	-5 9964	1,89715 8724	9884 0264	-7 9925
0,50	1,99699 9507	9907 0168	-5 9961	1,99599 8988	9876 0345	-7 9919
55	2,09606 9675	9901 0210	-5 9958	2,09475 9333	9868 0432	-7 9913
60	2,19507 9886	9895 0256	-5 9955	2,19343 9765	9860 0525	-7 9907
65	2,29403 0141	9889 0304	-5 9952	2,29204 0290	9852 0624	-7 9901
70	2,39292 0446	9883 0355	-5 9949	2,39056 0915	9844 0730	-7 9895
0,75	2,49175 0801	9877 0410	-5 9946	2,48900 1644	9836 0841	-7 9889
80	2,59052 1211	9871 0467	-5 9943	2,58736 2485	9828 0958	-7 9883
85	2,68923 1677	9865 0527	-5 9940	2,68564 3444	9820 1082	-7 9877
90	2,78788 2204	9859 0590	-5 9937	2,78384 4525	9812 1211	-7 9870
95	2,88647 2795	9853 0656	-5 9934	2,88196 5737	9804 1347	-7 9864
1,00	2,98500 3451		-5 9931	2,98000 7083		-7 9858

q = 0,2340347 θ = 82°20,8304' q = 0,2514867 θ = 83°35,1621'

z	q^4 = 0,005	Δ	$Δ^2$	q^4 = 0,006	Δ	$Δ^2$
-1,00	-1,00500 1768	+10145 0974		-1,00600 2789	+10174 1537	
95	-0,90355 0794	10135 0808	-10 0166	-0,90426 1252	10162 1274	-12 0262
90	-0,80219 9986	10125 0652	-10 0156	-0,80263 9978	10150 1029	-12 0245
85	-0,70094 9334	10115 0507	-10 0145	-0,70113 8949	10138 0800	-12 0229
80	-0,59979 8826	10105 0373	-10 0134	-0,59975 8148	10126 0588	-12 0212
-0,75	-0,49874 8453	10095 0249	-10 0124	-0,49849 7560	10114 0393	-12 0195
70	-0,39779 8204	10085 0136	-10 0113	-0,39735 7167	10102 0215	-12 0178
65	-0,29694 8068	10075 0034	-10 0103	-0,29633 6952	10090 0053	-12 0162
60	-0,19619 8034	10064 9942	-10 0092	-0,19543 6899	10077 9908	-12 0145
55	-0,09554 8093	10054 9860	-10 0082	-0,09465 6991	10065 9780	-12 0128
-0,50	+0,00500 1768	10044 9790	-10 0071	+0,00600 2789	10053 9668	-12 0112
45	0,10545 1557	10034 9730	-10 0060	0,10654 2457	10041 9573	-12 0095
40	0,20580 1287	10024 9680	-10 0049	0,20696 2030	10029 9495	-12 0078
35	0,30605 0967	10014 9641	-10 0039	0,30726 1525	10017 9434	-12 0061
30	0,40620 0608	10004 9613	-10 0028	0,40744 0959	10005 9389	-12 0045
-0,25	0,50625 0221	9994 9595	-10 0018	0,50750 0348	9993 9361	-12 0028
20	0,60619 9816	9984 9588	-10 0007	0,60743 9710	9981 9350	-12 0011
15	0,70604 9404	9974 9592	-9 9996	0,70725 9060	9969 9356	-11 9994
10	0,80579 8996	9964 9606	-9 9986	0,80695 8416	9957 9378	-11 9978
05	0,90544 8602	9954 9631	-9 9975	0,90653 7794	9945 9417	-11 9961
0,00	1,00499 8232	9944 9666	-9 9965	1,00599 7211	9933 9473	-11 9944
05	1,10444 7898	9934 9712	-9 9954	1,10533 6684	9921 9545	-11 9927
10	1,20379 7610	9924 9768	-9 9943	1,20455 6230	9909 9635	-11 9911
15	1,30304 7378	9914 9836	-9 9933	1,30365 5865	9897 9741	-11 9894
20	1,40219 7214	9904 9913	-9 9922	1,40263 5605	9885 9863	-11 9877
0,25	1,50124 7127	9895 0002	-9 9912	1,50149 5469	9874 0003	-11 9861
30	1,60019 7129	9885 0101	-9 9901	1,60023 5471	9862 0159	-11 9844
35	1,69904 7230	9875 0210	-9 9890	1,69885 5630	9850 0332	-11 9827
40	1,79779 7440	9865 0331	-9 9880	1,79735 5962	9838 0521	-11 9810
45	1,89644 7771	9855 0461	-9 9869	1,89573 6484	9826 0728	-11 9794
0,50	1,99499 8232	9845 0603	-9 9859	1,99399 7212	9814 0951	-11 9777
55	2,09344 8835	9835 0755	-9 9848	2,09213 8163	9802 1191	-11 9760
60	2,19179 9590	9825 0917	-9 9837	2,19015 9353	9790 1447	-11 9743
65	2,29005 0507	9815 1091	-9 9827	2,28806 0800	9778 1720	-11 9727
70	2,38820 1598	9805 1275	-9 9816	2,38584 2521	9766 2010	-11 9710
0,75	2,48625 2873	9795 1469	-9 9806	2,48350 4531	9754 2317	-11 9693
80	2,58420 4342	9785 1674	-9 9795	2,58104 6849	9742 2641	-11 9677
85	2,68205 6016	9775 1890	-9 9784	2,67846 9489	9730 2981	-11 9660
90	2,77980 7905	9765 2116	-9 9774	2,77577 2470	9718 3338	-11 9643
95	2,87746 0021	9755 2352	-9 9763	2,87295 5808	9706 3711	-11 9626
1,00	2,97501 2374		-9 9753	2,97001 9519		-11 9610

q = 0,2659148 Θ = 84°28,8638' q = 0,2783158 Θ = 85° 9,9827'

z	q^4 = 0,007	Δ	$Δ^2$	q^4 = 0,008	Δ	$Δ^2$
-1,00	-1,00700 4100	+10203 2259		-1,00800 5725	+10232 3154	
95	-0,90497 1841	10189 1874	-14 0385	-0,90568 2570	10216 2616	-16 0538
90	-0,80307 9967	10175 1513	-14 0361	-0,80351 9954	10200 2112	-16 0504
85	-0,70132 8454	10161 1177	-14 0336	-0,70151 7842	10184 1643	-16 0469
80	-0,59971 7278	10147 0865	-14 0312	-0,59967 6199	10168 1208	-16 0435
-0,75	-0,49824 6413	10133 0578	-14 0287	-0,49799 4991	10152 0807	-16 0401
70	-0,39691 5835	10119 0316	-14 0262	-0,39647 4184	10136 0441	-16 0366
65	-0,29572 5519	10105 0078	-14 0238	-0,29511 3743	10120 0109	-16 0332
60	-0,19467 5441	10090 9865	-14 0213	-0,19391 3634	10103 9811	-16 0298
55	-0,09376 5576	10076 9676	-14 0189	-0,09287 3823	10087 9548	-16 0263
-0,50	+0,00700 4100	10062 9512	-14 0164	+0,00800 5724	10071 9319	-16 0229
45	0,10763 3612	10048 9373	-14 0139	0,10872 5043	10055 9124	-16 0195
40	0,20812 2984	10034 9258	-14 0115	0,20928 4167	10039 8964	-16 0160
35	0,30847 2242	10020 9168	-14 0090	0,30968 3131	10023 8838	-16 0126
30	0,40868 1410	10006 9102	-14 0066	0,40992 1969	10007 8746	-16 0092
-0,25	0,50875 0512	9992 9061	-14 0041	0,51000 0715	9991 8689	-16 0057
20	0,60867 9573	9978 9045	-14 0016	0,60991 9404	9975 8666	-16 0023
15	0,70846 8618	9964 9053	-13 9992	0,70967 8070	9959 8678	-15 9989
10	0,80811 7671	9950 9086	-13 9967	0,80927 6748	9943 8724	-15 9954
05	0,90762 6757	9936 9143	-13 9943	0,90871 5472	9927 8804	-15 9920
0,00	1,00699 5900	9922 9225	-13 9918	1,00799 4275	9911 8918	-15 9885
05	1,10622 5125	9908 9332	-13 9893	1,10711 3193	9895 9067	-15 9851
10	1,20531 4457	9894 9463	-13 9869	1,20607 2261	9879 9250	-15 9817
15	1,30426 3920	9880 9619	-13 9844	1,30487 1511	9863 9468	-15 9782
20	1,40307 3539	9866 9799	-13 9820	1,40351 0979	9847 9720	-15 9748
0,25	1,50174 3338	9853 0004	-13 9795	1,50199 0698	9832 0006	-15 9714
30	1,60027 3342	9839 0234	-13 9770	1,60031 0704	9816 0326	-15 9679
35	1,69866 3576	9825 0488	-13 9746	1,69847 1030	9800 0681	-15 9645
40	1,79691 4064	9811 0767	-13 9721	1,79647 1712	9784 1071	-15 9611
45	1,89502 4831	9797 1070	-13 9697	1,89431 2782	9768 1494	-15 9576
0,50	1,99299 5901	9783 1398	-13 9672	1,99199 4276	9752 1952	-15 9542
55	2,09082 7299	9769 1751	-13 9647	2,08951 6228	9736 2444	-15 9508
60	2,18851 9049	9755 2128	-13 9623	2,18687 8673	9720 2971	-15 9473
65	2,28607 1177	9741 2529	-13 9598	2,28408 1643	9704 3532	-15 9439
70	2,38348 3706	9727 2956	-13 9574	2,38112 5175	9688 4127	-15 9405
0,75	2,48075 6662	9713 3407	-13 9549	2,47800 9302	9672 4757	-15 9370
80	2,57789 0069	9699 3882	-13 9525	2,57473 4059	9656 5420	-15 9336
85	2,67488 3951	9685 4382	-13 9500	2,67129 9479	9640 6119	-15 9302
90	2,77173 8333	9671 4907	-13 9475	2,76770 5598	9624 6851	-15 9267
95	2,86845 3240	9657 5456	-13 9451	2,86395 2449	9608 7618	-15 9233
1,00	2,96502 8696		-13 9426	2,96004 0067		-15 9199

q = 0,2892508 Θ = 85°42,7111' q = 0,2990698 Θ = 86° 9,4953'

z	q^4 = 0,009	Δ	Δ^2	q^4 = 0,010	Δ	Δ^2
-1,00	-1,00900 7685	+10261 4235		-1,01001 0001	+10290 5511	
95	-0,90639 3450	10243 3512	-18 0722	-0,90710 4490	10270 4571	-20 0940
90	-0,80395 9938	10225 2836	-18 0676	-0,80439 9920	10250 3690	-20 0880
85	-0,70170 7102	10207 2206	-18 0630	-0,70189 6229	10230 2870	-20 0820
80	-0,59963 4897	10189 1621	-18 0584	-0,59959 3359	10210 2110	-20 0760
-0,75	-0,49774 3276	10171 1083	-18 0538	-0,49749 1249	10190 1410	-20 0700
70	-0,39603 2192	10153 0592	-18 0492	-0,39558 9839	10170 0770	-20 0640
65	-0,29450 1601	10135 0146	-18 0446	-0,29388 9069	10150 0190	-20 0580
60	-0,19315 1455	10116 9746	-18 0400	-0,19238 8879	10129 9670	-20 0520
55	-0,09198 1708	10098 9393	-18 0353	-0,09108 9210	10109 9210	-20 0460
-0,50	+0,00900 7684	10080 9085	-18 0307	+0,01001 0000	10089 8810	-20 0400
45	0,10981 6770	10062 8824	-18 0261	0,11090 8810	10069 8470	-20 0340
40	0,21044 5594	10044 8609	-18 0215	0,21160 7279	10049 8190	-20 0280
35	0,31089 4203	10026 8440	-18 0169	0,31210 5469	10029 7970	-20 0220
30	0,41116 2643	10008 8317	-18 0123	0,41240 3439	10009 7810	-20 0160
-0,25	0,51125 0960	9990 8240	-18 0077	0,51250 1249	9989 7710	-20 0100
20	0,61115 9200	9972 8210	-18 0031	0,61239 8959	9969 7670	-20 0040
15	0,71088 7410	9954 8225	-17 9985	0,71209 6629	9949 7690	-19 9980
10	0,81043 5635	9936 8286	-17 9938	0,81159 4319	9929 7770	-19 9920
05	0,90980 3921	9918 8394	-17 9892	0,91089 2089	9909 7910	-19 9860
0,00	1,00899 2315	9900 8548	-17 9846	1,00998 9999	9889 8110	-19 9800
05	1,10800 0863	9882 8748	-17 9800	1,10888 8109	9869 8370	-19 9740
10	1,20682 9610	9864 8994	-17 9754	1,20758 6480	9849 8690	-19 9680
15	1,30547 8604	9846 9286	-17 9708	1,30608 5170	9829 9070	-19 9620
20	1,40394 7890	9828 9624	-17 9662	1,40438 4240	9809 9510	-19 9560
0,25	1,50223 7513	9811 0008	-17 9616	1,50248 3751	9790 0010	-19 9500
30	1,60034 7521	9793 0438	-17 9570	1,60038 3761	9770 0570	-19 9440
35	1,69827 7959	9775 0915	-17 9524	1,69808 4331	9750 1190	-19 9380
40	1,79602 8874	9757 1437	-17 9478	1,79558 5522	9730 1870	-19 9320
45	1,89360 0311	9739 2006	-17 9431	1,89288 7392	9710 2610	-19 9260
0,50	1,99099 2317	9721 2620	-17 9385	1,98999 0002	9690 3410	-19 9200
55	2,08820 4937	9703 3281	-17 9339	2,08689 3412	9670 4270	-19 9140
60	2,18523 8218	9685 3988	-17 9293	2,18359 7682	9650 5190	-19 9080
65	2,28209 2206	9667 4741	-17 9247	2,28010 2872	9630 6169	-19 9020
70	2,37876 6947	9649 5540	-17 9201	2,37640 9041	9610 7209	-19 8960
0,75	2,47526 2487	9631 6385	-17 9155	2,47251 6250	9590 8309	-19 8900
80	2,57157 8872	9613 7276	-17 9109	2,56842 4559	9570 9469	-19 8840
85	2,66771 6148	9595 8213	-17 9063	2,66413 4028	9551 0688	-19 8780
90	2,76367 4362	9577 9197	-17 9017	2,75964 4716	9531 1968	-19 8720
95	2,85945 3559	9560 0226	-17 8971	2,85495 6684	9511 3307	-19 8660
1,00	2,95505 3785		-17 8925	2,95006 9991		-19 8601

q = 0,3080070 Θ = 86°31,8794' q = 0,3162278 Θ = 86°50,8956'

Tabelle I: Funktionen G (q^4, z), laufend nach z.

z	q^4= 0,011	Δ	$Δ^2$	q^4= 0,012	Δ	$Δ^2$
-1,00	-1,01101 2692	+10319 6994	-22 1193	-1,01201 5777	+10348 8694	-24 1483
95	-0,90781 5698	10297 5801	-22 1117	-0,90852 7083	10324 7210	-24 1389
90	-0,80483 9898	10275 4683	-22 1041	-0,80527 9873	10300 5822	-24 1294
85	-0,70208 5214	10253 3642	-22 0965	-0,70227 4051	10276 4528	-24 1199
80	-0,59955 1572	10231 2678	-22 0889	-0,59950 9523	10252 3328	-24 1104
-0,75	-0,49723 8894	10209 1789	-22 0812	-0,49698 6195	10228 2224	-24 1010
70	-0,39514 7105	10187 0977	-22 0736	-0,39470 3971	10204 1214	-24 0915
65	-0,29327 6128	10165 0241	-22 0660	-0,29266 2757	10180 0299	-24 0820
60	-0,19162 5887	10142 9581	-22 0584	-0,19086 2458	10155 9479	-24 0726
55	-0,09019 6306	10120 8997	-22 0508	-0,08930 2979	10131 8753	-24 0631
-0,50	+0,01101 2691	10098 8489	-22 0431	+0,01201 5774	10107 8122	-24 0536
45	0,11200 1180	10076 8058	-22 0355	0,11309 3897	10083 7586	-24 0442
40	0,21276 9238	10054 7703	-22 0279	0,21393 1482	10059 7144	-24 0347
35	0,31331 6940	10032 7423	-22 0203	0,31452 8627	10035 6797	-24 0252
30	0,41364 4364	10010 7221	-22 0127	0,41488 5424	10011 6545	-24 0158
-0,25	0,51375 1584	9988 7094	-22 0051	0,51500 1969	9987 6387	-24 0063
20	0,61363 8678	9966 7043	-21 9975	0,61487 8357	9963 6324	-23 9968
15	0,71330 5721	9944 7069	-21 9898	0,71451 4681	9939 6356	-23 9874
10	0,81275 2790	9922 7170	-21 9822	0,81391 1037	9915 6483	-23 9779
05	0,91197 9960	9900 7348	-21 9746	0,91306 7520	9891 6704	-23 9684
0,00	1,01098 7308	9878 7602	-21 9670	1,01198 4223	9867 7019	-23 9590
05	1,10977 4910	9856 7932	-21 9594	1,11066 1242	9843 7429	-23 9495
10	1,20834 2842	9834 8338	-21 9518	1,20909 8672	9819 7934	-23 9401
15	1,30669 1180	9812 8820	-21 9442	1,30729 6606	9795 8534	-23 9306
20	1,40482 0000	9790 9379	-21 9365	1,40525 5140	9771 9228	-23 9211
0,25	1,50272 9379	9769 0013	-21 9289	1,50297 4368	9748 0017	-23 9117
30	1,60041 9392	9747 0724	-21 9213	1,60045 4384	9724 0900	-23 9022
35	1,69789 0116	9725 1511	-21 9137	1,69769 5284	9700 1878	-23 8927
40	1,79514 1626	9703 2374	-21 9061	1,79469 7162	9676 2950	-23 8833
45	1,89217 4000	9681 3312	-21 8985	1,89146 0113	9652 4117	-23 8738
0,50	1,98898 7312	9659 4328	-21 8909	1,98798 4230	9628 5379	-23 8644
55	2,08558 1640	9637 5419	-21 8833	2,08426 9609	9604 6735	-23 8549
60	2,18195 7059	9615 6586	-21 8757	2,18031 6345	9580 8186	-23 8455
65	2,27811 3645	9593 7829	-21 8681	2,27612 4531	9556 9732	-23 8360
70	2,37405 1474	9571 9149	-21 8604	2,37169 4263	9533 1372	-23 8265
0,75	2,46977 0623	9550 0544	-21 8528	2,46702 5634	9509 3106	-23 8171
80	2,56527 1167	9528 2016	-21 8452	2,56211 8740	9485 4935	-23 8076
85	2,66055 3183	9506 3563	-21 8376	2,65697 3675	9461 6859	-23 7982
90	2,75561 6746	9484 5187	-21 8300	2,75159 0534	9437 8877	-23 7887
95	2,85046 1933	9462 6887	-21 8224	2,84596 9411	9414 0990	-23 7793
1,00	2,94508 8820			2,94011 0400		

q = 0,3238532 Θ = 87° 7,2656' q = 0,3309751 Θ = 87°21,5117'

z	q^4= 0,013	Δ	$Δ^2$	q^4= 0,014	Δ	$Δ^2$
-1,00	-1,01301 9272	+10378 0620		-1,01402 3196	+10407 2782	
95	-0,90923 8652	10351 8808	-26 1812	-0,90995 0413	10379 0601	-28 2181
90	-0,80571 9844	10325 7111	-26 1696	-0,80615 9812	10350 8559	-28 2042
85	-0,70246 2733	10299 5531	-26 1581	-0,70265 1253	10322 6657	-28 1903
80	-0,59946 7202	10273 4066	-26 1465	-0,59942 4597	10294 4893	-28 1763
-0,75	-0,49673 3136	10247 2717	-26 1349	-0,49647 9703	10266 3270	-28 1624
70	-0,39426 0420	10221 1483	-26 1234	-0,39381 6433	10238 1785	-28 1485
65	-0,29204 8936	10195 0365	-26 1118	-0,29143 4649	10210 0440	-28 1345
60	-0,19009 8571	10168 9363	-26 1002	-0,18933 4209	10181 9233	-28 1206
55	-0,08840 9208	10142 8477	-26 0886	-0,08751 4976	10153 8167	-28 1067
-0,50	+0,01301 9269	10116 7706	-26 0771	+0,01402 3191	10125 7239	-28 0928
45	0,11418 6975	10090 7051	-26 0655	0,11528 0430	10097 6450	-28 0788
40	0,21509 4026	10064 6512	-26 0539	0,21625 6880	10069 5801	-28 0649
35	0,31574 0537	10038 6088	-26 0424	0,31695 2682	10041 5291	-28 0510
30	0,41612 6625	10012 5780	-26 0308	0,41736 7973	10013 4920	-28 0371
-0,25	0,51625 2405	9986 5587	-26 0192	0,51750 2893	9985 4689	-28 0232
20	0,61611 7992	9960 5510	-26 0077	0,61735 7582	9957 4596	-28 0092
15	0,71572 3502	9934 5549	-25 9961	0,71693 2179	9929 4643	-27 9953
10	0,81506 9051	9908 5703	-25 9846	0,81622 6822	9901 4829	-27 9814
05	0,91415 4754	9882 5973	-25 9730	0,91524 1651	9873 5154	-27 9675
0,00	1,01298 0728	9856 6359	-25 9614	1,01397 6804	9845 5618	-27 9536
05	1,11154 7087	9830 6860	-25 9499	1,11243 2422	9817 6221	-27 9397
10	1,20985 3947	9804 7477	-25 9383	1,21060 8643	9789 6963	-27 9258
15	1,30790 1424	9778 8209	-25 9268	1,30850 5607	9761 7845	-27 9119
20	1,40568 9633	9752 9057	-25 9152	1,40612 3452	9733 8865	-27 8980
0,25	1,50321 8690	9727 0020	-25 9037	1,50346 2317	9706 0025	-27 8840
30	1,60048 8710	9701 1099	-25 8921	1,60052 2342	9678 1323	-27 8701
35	1,69749 9810	9675 2294	-25 8805	1,69730 3666	9650 2761	-27 8562
40	1,79425 2104	9649 3604	-25 8690	1,79380 6427	9622 4338	-27 8423
45	1,89074 5708	9623 5030	-25 8574	1,89003 0764	9594 6054	-27 8284
0,50	1,98698 0738	9597 6571	-25 8459	1,98597 6818	9566 7908	-27 8145
55	2,08295 7308	9571 8227	-25 8343	2,08164 4726	9538 9902	-27 8006
60	2,17867 5536	9546 0000	-25 8228	2,17703 4628	9511 2035	-27 7867
65	2,27413 5535	9520 1887	-25 8112	2,27214 6663	9483 4306	-27 7728
70	2,36933 7423	9494 3890	-25 7997	2,36698 0970	9455 6717	-27 7589
0,75	2,46428 1313	9468 6009	-25 7881	2,46153 7687	9427 9267	-27 7450
80	2,55896 7322	9442 8243	-25 7766	2,55581 6954	9400 1955	-27 7311
85	2,65339 5565	9417 0593	-25 7650	2,64981 8909	9372 4783	-27 7172
90	2,74756 6158	9391 3058	-25 7535	2,74354 3692	9344 7749	-27 7034
95	2,84147 9215	9365 5638	-25 7420	2,83699 1442	9317 0855	-27 6895
1,00	2,93513 4853		-25 7304	2,93016 2296		-27 6756

q = 0,3376648 Θ = 87°34,0229' q = 0,3439791 Θ = 87°45,0961'

z	q^4= 0,015	Δ	Δ²	q^4= 0,016	Δ	Δ²
-1,00	-1,01502 7563	+10436 5189		-1,01603 2390	+10465 7849	
95	-0,91066 2374	10406 2597	-30 2592	-0,91137 4541	10433 4803	-32 3046
90	-0,80659 9777	10376 0171	-30 2426	-0,80703 9737	10401 1952	-32 2851
85	-0,70283 9606	10345 7910	-30 2261	-0,70302 7785	10368 9295	-32 2657
80	-0,59938 1696	10315 5815	-30 2095	-0,59933 8490	10336 6833	-32 2462
-0,75	-0,49622 5881	10285 3885	-30 1930	-0,49597 1657	10304 4565	-32 2268
70	-0,39337 1996	10255 2121	-30 1764	-0,39292 7092	10272 2492	-32 2073
65	-0,29081 9875	10225 0522	-30 1599	-0,29020 4600	10240 0613	-32 1879
60	-0,18856 9353	10194 9089	-30 1433	-0,18780 3987	10207 8929	-32 1684
55	-0,08662 0264	10164 7821	-30 1268	-0,08572 5058	10175 7439	-32 1490
-0,50	+0,01502 7557	10134 6719	-30 1102	+0,01603 2382	10143 6144	-32 1295
45	0,11637 4276	10104 5782	-30 0937	0,11746 8526	10111 5043	-32 1101
40	0,21742 0058	10074 5011	-30 0771	0,21858 3569	10079 4137	-32 0906
35	0,31816 5068	10044 4405	-30 0606	0,31937 7706	10047 3425	-32 0712
30	0,41860 9473	10014 3964	-30 0441	0,41985 1131	10015 2907	-32 0518
-0,25	0,51875 3437	9984 3689	-30 0275	0,52000 4038	9983 2584	-32 0323
20	0,61859 7126	9954 3579	-30 0110	0,61983 6622	9951 2455	-32 0129
15	0,71814 0705	9924 3635	-29 9944	0,71934 9076	9919 2520	-31 9935
10	0,81738 4340	9894 3855	-29 9779	0,81854 1597	9887 2780	-31 9740
05	0,91632 8195	9864 4242	-29 9614	0,91741 4376	9855 3234	-31 9546
0,00	1,01497 2437	9834 4793	-29 9448	1,01596 7610	9823 3882	-31 9352
05	1,11331 7230	9804 5510	-29 9283	1,11420 1492	9791 4724	-31 9158
10	1,21136 2740	9774 6392	-29 9118	1,21211 6216	9759 5761	-31 8963
15	1,30910 9132	9744 7439	-29 8953	1,30971 1977	9727 6991	-31 8769
20	1,40655 6572	9714 8652	-29 8787	1,40698 8968	9695 8416	-31 8575
0,25	1,50370 5224	9685 0030	-29 8622	1,50394 7384	9664 0035	-31 8381
30	1,60055 5254	9655 1573	-29 8457	1,60058 7420	9632 1849	-31 8187
35	1,69710 6827	9625 3281	-29 8292	1,69690 9269	9600 3856	-31 7993
40	1,79336 0108	9595 5155	-29 8127	1,79291 3125	9568 6057	-31 7799
45	1,88931 5262	9565 7193	-29 7961	1,88859 9182	9536 8453	-31 7605
0,50	1,98497 2456	9535 9397	-29 7796	1,98396 7635	9505 1042	-31 7410
55	2,08033 1853	9506 1766	-29 7631	2,07901 8677	9473 3826	-31 7216
60	2,17539 3619	9476 4300	-29 7466	2,17375 2503	9441 6804	-31 7022
65	2,27015 7919	9446 6999	-29 7301	2,26816 9307	9409 9975	-31 6828
70	2,36462 4918	9416 9864	-29 7136	2,36226 9282	9378 3341	-31 6634
0,75	2,45879 4782	9387 2893	-29 6971	2,45605 2623	9346 6900	-31 6440
80	2,55266 7675	9357 6087	-29 6806	2,54951 9523	9315 0654	-31 6247
85	2,64624 3762	9327 9447	-29 6640	2,64267 0177	9283 4601	-31 6053
90	2,73952 3209	9298 2971	-29 6475	2,73550 4778	9251 8742	-31 5859
95	2,83250 6180	9268 6661	-29 6310	2,82802 3520	9220 3077	-31 5665
1,00	2,92519 2842		-29 6145	2,92022 6597		-31 5471

q = 0,3499636 Θ = 87°54,9625' q = 0,3556559 Θ = 88° 3,8047'

z	q^4 = 0,017	Δ	Δ^2	q^4 = 0,018	Δ	Δ^2
-1,00	-1,01703 7692	+10495 0772		-1,01804 3483	+10524 3964	
95	-0,91208 6920	10460 7227	-34 3545	-0,91279 9520	10487 9874	-36 4090
90	-0,80747 9694	10426 3908	-34 3318	-0,80791 9646	10451 6045	-36 3828
85	-0,70321 5785	10392 0817	-34 3092	-0,70340 3600	10415 2478	-36 3567
80	-0,59929 4969	10357 7951	-34 2865	-0,59925 1122	10378 9173	-36 3306
-0,75	-0,49571 7018	10323 5312	-34 2639	-0,49546 1950	10342 6128	-36 3045
70	-0,39248 1705	10289 2900	-34 2413	-0,39203 5821	10306 3345	-36 2783
65	-0,28958 8806	10255 0713	-34 2186	-0,28897 2477	10270 0823	-36 2522
60	-0,18703 8092	10220 8754	-34 1960	-0,18627 1654	10233 8562	-36 2261
55	-0,08482 9339	10186 7020	-34 1734	-0,08393 3093	10197 6562	-36 2000
-0,50	+0,01703 7681	10152 5513	-34 1507	+0,01804 3469	10161 4823	-36 1739
45	0,11856 3194	10118 4232	-34 1281	0,11965 8292	10125 3345	-36 1478
40	0,21974 7425	10084 3177	-34 1055	0,22091 1637	10089 2129	-36 1217
35	0,32059 0602	10050 2349	-34 0829	0,32180 3766	10053 1173	-36 0956
30	0,42109 2951	10016 1746	-34 0602	0,42233 4939	10017 0478	-36 0695
-0,25	0,52125 4697	9982 1370	-34 0376	0,52250 5417	9981 0044	-36 0434
20	0,62107 6067	9948 1220	-34 0150	0,62231 5461	9944 9871	-36 0173
15	0,72055 7287	9914 1296	-33 9924	0,72176 5332	9908 9959	-35 9912
10	0,81969 8583	9880 1598	-33 9698	0,82085 5292	9873 0308	-35 9651
05	0,91850 0182	9846 2127	-33 9472	0,91958 5599	9837 0917	-35 9391
0,00	1,01696 2308	9812 2881	-33 9246	1,01795 6517	9801 1788	-35 9130
05	1,11508 5189	9778 3861	-33 9020	1,11596 8304	9765 2918	-35 8869
10	1,21286 9050	9744 5067	-33 8794	1,21362 1223	9729 4310	-35 8608
15	1,31031 4117	9710 6500	-33 8568	1,31091 5533	9693 5962	-35 8348
20	1,40742 0617	9676 8158	-33 8342	1,40785 1495	9657 7875	-35 8087
0,25	1,50418 8775	9643 0042	-33 8116	1,50442 9371	9622 0049	-35 7827
30	1,60061 8816	9609 2152	-33 7890	1,60064 9419	9586 2483	-35 7566
35	1,69671 0968	9575 4487	-33 7664	1,69651 1902	9550 5177	-35 7305
40	1,79246 5455	9541 7049	-33 7438	1,79201 7079	9514 8132	-35 7045
45	1,88788 2504	9507 9836	-33 7213	1,88716 5211	9479 1348	-35 6785
0,50	1,98296 2341	9474 2850	-33 6987	1,98195 6559	9443 4823	-35 6524
55	2,07770 5190	9440 6089	-33 6761	2,07639 1382	9407 8560	-35 6264
60	2,17211 1279	9406 9553	-33 6535	2,17046 9942	9372 2556	-35 6003
65	2,26618 0832	9373 3243	-33 6310	2,26419 2498	9336 6813	-35 5743
70	2,35991 4076	9339 7159	-33 6084	2,35755 9312	9301 1330	-35 5483
0,75	2,45331 1235	9306 1301	-33 5858	2,45057 0642	9265 6108	-35 5223
80	2,54637 2536	9272 5668	-33 5633	2,54322 6749	9230 1145	-35 4962
85	2,63909 8205	9239 0261	-33 5407	2,63552 7895	9194 6443	-35 4702
90	2,73148 8466	9205 5080	-33 5182	2,72747 4338	9159 2001	-35 4442
95	2,82354 3545	9172 0124	-33 4956	2,81906 6338	9123 7819	-35 4182
1,00	2,91526 3669		-33 4731	2,91030 4157		-35 3922

q = 0,3610873 Θ = 88°11,7697' q = 0,3662842 Θ = 88°18,9773'

z	q^4= 0,019	Δ	$Δ^2$	q^4= 0,020	Δ	$Δ^2$
-1,00	-1,01904 9778			-1,02005 6591		
		+10553 7433			+10583 1189	
95	-0,91351 2345		-38 4682	-0,91422 5403		-40 5323
		10515 2751			10542 5865	
90	-0,80835 9594		-38 4383	-0,80879 9537		-40 4983
		10476 8368			10502 0882	
85	-0,70359 1225		-38 4084	-0,70377 8655		-40 4643
		10438 4285			10461 6240	
80	-0,59920 6941		-38 3785	-0,59916 2415		-40 4303
		10400 0500			10421 1937	
-0,75	-0,49520 6441		-38 3485	-0,49495 0478		-40 3963
		10361 7015			10380 7974	
70	-0,39158 9426		-38 3186	-0,39114 2504		-40 3622
		10323 3828			10340 4352	
65	-0,28835 5597		-38 2887	-0,28773 8152		-40 3282
		10285 0941			10300 1069	
60	-0,18550 4656		-38 2588	-0,18473 7083		-40 2942
		10246 8353			10259 8127	
55	-0,08303 6303		-38 2289	-0,08213 8956		-40 2603
		10208 6064			10219 5524	
-0,50	+0,01904 9760		-38 1990	+0,02005 6569		-40 2263
		10170 4073			10179 3262	
45	0,12075 3834		-38 1692	0,12184 9830		-40 1923
		10132 2382			10139 1339	
40	0,22207 6215		-38 1393	0,22324 1169		-40 1583
		10094 0989			10098 9755	
35	0,32301 7204		-38 1094	0,32423 0924		-40 1244
		10055 9895			10058 8512	
30	0,42357 7099		-38 0795	0,42481 9436		-40 0904
		10017 9100			10018 7608	
-0,25	0,52375 6199		-38 0497	0,52500 7044		-40 0564
		9979 8603			9978 7044	
20	0,62355 4802		-38 0198	0,62479 4088		-40 0225
		9941 8405			9938 6819	
15	0,72297 3207		-37 9899	0,72418 0907		-39 9885
		9903 8506			9898 6934	
10	0,82201 1713		-37 9601	0,82316 7840		-39 9546
		9865 8905			9858 7388	
05	0,92067 0619		-37 9302	0,92175 5228		-39 9207
		9827 9603			9818 8181	
0,00	1,01895 0222		-37 9004	1,01994 3409		-39 8867
		9790 0599			9778 9314	
05	1,11685 0821		-37 8705	1,11773 2723		-39 8528
		9752 1894			9739 0786	
10	1,21437 2715		-37 8407	1,21512 3508		-39 8189
		9714 3487			9699 2597	
15	1,31151 6202		-37 8109	1,31211 6105		-39 7850
		9676 5379			9659 4747	
20	1,40828 1581		-37 7810	1,40871 0852		-39 7511
		9638 7568			9619 7237	
0,25	1,50466 9149		-37 7512	1,50490 8089		-39 7172
		9601 0056			9580 0065	
30	1,60067 9206		-37 7214	1,60070 8154		-39 6833
		9563 2843			9540 3232	
35	1,69631 2049		-37 6916	1,69611 1386		-39 6494
		9525 5927			9500 6739	
40	1,79156 7976		-37 6617	1,79111 8125		-39 6155
		9487 9310			9461 0584	
45	1,88644 7285		-37 6319	1,88572 8709		-39 5816
		9450 2990			9421 4768	
0,50	1,98095 0276		-37 6021	1,97994 3477		-39 5477
		9412 6969			9381 9291	
55	2,07507 7245		-37 5723	2,07376 2767		-39 5139
		9375 1246			9342 4152	
60	2,16882 8490		-37 5425	2,16718 6920		-39 4800
		9337 5820			9302 9352	
65	2,26220 4310		-37 5127	2,26021 6272		-39 4461
		9300 0693			9263 4891	
70	2,35520 5003		-37 4830	2,35285 1163		-39 4123
		9262 5863			9224 0768	
0,75	2,44783 0866		-37 4532	2,44509 1931		-39 3784
		9225 1331			9184 6984	
80	2,54008 2198		-37 4234	2,53693 8915		-39 3446
		9187 7098			9145 3538	
85	2,63195 9295		-37 3936	2,62839 2453		-39 3107
		9150 3161			9106 0431	
90	2,72346 2457		-37 3639	2,71945 2884		-39 2769
		9112 9523			9066 7662	
95	2,81459 1979		-37 3341	2,81012 0545		-39 2431
		9075 6182			9027 5231	
1,00	2,90534 8161		-37 3043	2,90039 5776		-39 2093

q = 0,3712688 Θ = 88°25,5259' q = 0,3760603 Θ = 88°31,4975'

z	q^4 = 0,021	Δ	$Δ^2$	q^4 = 0,022	Δ	$Δ^2$
-1,00	-1,02106 3935	+10612 5237		-1,02207 1824	+10641 9585	
95	-0,91493 8698	10569 9222	-42 6015	-0,91565 2238	10597 2828	-44 6757
90	-0,80923 9476	10527 3592	-42 5630	-0,80967 9410	10552 6503	-44 6325
85	-0,70396 5884	10484 8347	-42 5246	-0,70415 2907	10508 0610	-44 5893
80	-0,59911 7537	10442 3486	-42 4861	-0,59907 2297	10463 5149	-44 5461
-0,75	-0,49469 4051	10399 9009	-42 4477	-0,49443 7148	10419 0119	-44 5029
70	-0,39069 5043	10357 4916	-42 4093	-0,39024 7028	10374 5522	-44 4598
65	-0,28712 0127	10315 1208	-42 3708	-0,28650 1507	10330 1356	-44 4166
60	-0,18396 8919	10272 7883	-42 3324	-0,18320 0151	10285 7621	-44 3734
55	-0,08124 1036	10230 4943	-42 2940	-0,08034 2530	10241 4318	-44 3303
-0,50	+0,02106 3907	10188 2387	-42 2556	+0,02207 1789	10197 1447	-44 2872
45	0,12294 6294	10146 0214	-42 2172	0,12404 3236	10152 9007	-44 2440
40	0,22440 6508	10103 8426	-42 1789	0,22557 2242	10108 6998	-44 2009
35	0,32544 4934	10061 7021	-42 1405	0,32665 9240	10064 5420	-44 1578
30	0,42606 1955	10019 6000	-42 1021	0,42730 4659	10020 4273	-44 1147
-0,25	0,52625 7955	9977 5363	-42 0637	0,52750 8932	9976 3557	-44 0716
20	0,62603 3318	9935 5109	-42 0254	0,62727 2489	9932 3272	-44 0285
15	0,72538 8426	9893 5239	-41 9870	0,72659 5762	9888 3418	-43 9854
10	0,82432 3665	9851 5752	-41 9487	0,82547 9181	9844 3995	-43 9423
05	0,92283 9417	9809 6648	-41 9103	0,92392 3174	9800 5002	-43 8993
0,00	1,02093 6065	9767 7928	-41 8720	1,02192 8176	9756 6440	-43 8562
05	1,11861 3993	9725 9591	-41 8337	1,11949 4616	9712 8308	-43 8132
10	1,21587 3584	9684 1637	-41 7954	1,21662 2925	9669 0607	-43 7701
15	1,31271 5221	9642 4067	-41 7571	1,31331 3531	9625 3336	-43 7271
20	1,40913 9288	9600 6879	-41 7188	1,40956 6867	9581 6495	-43 6841
0,25	1,50514 6167	9559 0074	-41 6805	1,50538 3363	9538 0085	-43 6411
30	1,60073 6241	9517 3653	-41 6422	1,60076 3447	9494 4104	-43 5981
35	1,69590 9894	9475 7614	-41 6039	1,69570 7552	9450 8554	-43 5551
40	1,79066 7508	9434 1958	-41 5656	1,79021 6105	9407 3433	-43 5121
45	1,88500 9465	9392 6684	-41 5273	1,88428 9538	9363 8742	-43 4691
0,50	1,97893 6149	9351 1793	-41 4891	1,97792 8281	9320 4481	-43 4261
55	2,07244 7943	9309 7285	-41 4508	2,07113 2762	9277 0650	-43 3831
60	2,16554 5228	9268 3159	-41 4126	2,16390 3412	9233 7248	-43 3402
65	2,25822 8387	9226 9416	-41 3743	2,25624 0660	9190 4276	-43 2972
70	2,35049 7803	9185 6055	-41 3361	2,34814 4935	9147 1733	-43 2543
0,75	2,44235 3858	9144 3076	-41 2979	2,43916 6668	9103 9619	-43 2114
80	2,53379 6934	9103 0480	-41 2596	2,53065 6287	9060 7934	-43 1684
85	2,62482 7414	9061 8265	-41 2214	2,62126 4221	9017 6679	-43 1255
90	2,71544 5679	9020 6433	-41 1832	2,71144 0900	8974 5853	-43 0826
95	2,80565 2112	8979 4983	-41 1450	2,80118 6753	8931 5456	-43 0397
1,00	2,89544 7095		-41 1068	2,89050 2209		-42 9968

q = 0,3806754 Θ = 88°36,9606' q = 0,3851285 Θ = 88°41,9741'

z	q^4 = 0,023	Δ	$Δ^2$	q^4 = 0,024	Δ	$Δ^2$
-1,00	-1,02308 0269	+10671 4241		-1,02408 9285	+10700 9212	
95	-0,91636 6028	10624 6689	-46 7552	-0,91708 0073	10652 0810	-48 8401
90	-0,81011 9339	10577 9620	-46 7069	-0,81055 9263	10603 2947	-48 7864
85	-0,70433 9719	10531 3033	-46 6586	-0,70452 6316	10554 5620	-48 7327
80	-0,59902 6686	10484 6930	-46 6104	-0,59898 0696	10505 8830	-48 6790
-0,75	-0,49417 9756	10438 1309	-46 5621	-0,49392 1866	10457 2578	-48 6253
70	-0,38979 8448	10391 6170	-46 5138	-0,38934 9288	10408 6862	-48 5716
65	-0,28588 2278	10345 1514	-46 4656	-0,28526 2426	10360 1683	-48 5179
60	-0,18243 0763	10298 7341	-46 4174	-0,18166 0743	10311 7041	-48 4642
55	-0,07944 3423	10252 3649	-46 3691	-0,07854 3702	10263 2935	-48 4106
-0,50	+0,02308 0227	10206 0440	-46 3209	+0,02408 9234	10214 9366	-48 3569
45	0,12514 0667	10159 7713	-46 2727	0,12623 8599	10166 6333	-48 3033
40	0,22673 8381	10113 5468	-46 2245	0,22790 4932	10118 3836	-48 2497
35	0,32787 3849	10067 3705	-46 1763	0,32908 8768	10070 1875	-48 1961
30	0,42854 7554	10021 2424	-46 1281	0,42979 0643	10022 0450	-48 1425
-0,25	0,52875 9978	9975 1624	-46 0800	0,53001 1093	9973 9561	-48 0889
20	0,62851 1602	9929 1306	-46 0318	0,62975 0654	9925 9207	-48 0354
15	0,72780 2908	9883 1469	-45 9837	0,72900 9861	9877 9389	-47 9818
10	0,82663 4377	9837 2114	-45 9355	0,82778 9250	9830 0106	-47 9283
05	0,92500 6491	9791 3240	-45 8874	0,92608 9356	9782 1359	-47 8747
0,00	1,02291 9731	9745 4847	-45 8393	1,02391 0715	9734 3147	-47 8212
05	1,12037 4578	9699 6935	-45 7912	1,12125 3862	9686 5469	-47 7677
10	1,21737 1513	9653 9504	-45 7431	1,21811 9331	9638 8327	-47 7142
15	1,31391 1017	9608 2554	-45 6950	1,31450 7658	9591 1720	-47 6608
20	1,40999 3571	9562 6085	-45 6469	1,41041 9378	9543 5647	-47 6073
0,25	1,50561 9655	9517 0096	-45 5989	1,50585 5024	9496 0108	-47 5538
30	1,60078 9751	9471 4588	-45 5508	1,60081 5133	9448 5104	-47 5004
35	1,69550 4339	9425 9560	-45 5028	1,69530 0237	9401 0635	-47 4470
40	1,78976 3899	9380 5013	-45 4547	1,78931 0872	9353 6699	-47 3935
45	1,88356 8912	9335 0946	-45 4067	1,88284 7571	9306 3298	-47 3401
0,50	1,97691 9858	9289 7359	-45 3587	1,97591 0869	9259 0430	-47 2867
55	2,06981 7217	9244 4252	-45 3107	2,06850 1300	9211 8097	-47 2334
60	2,16226 1469	9199 1625	-45 2627	2,16061 9396	9164 6297	-47 1800
65	2,25425 3094	9153 9478	-45 2147	2,25226 5693	9117 5030	-47 1266
70	2,34579 2571	9108 7810	-45 1667	2,34344 0723	9070 4297	-47 0733
0,75	2,43688 0382	9063 6623	-45 1188	2,43414 5021	9023 4097	-47 0200
80	2,52751 7004	9018 5914	-45 0708	2,52437 9118	8976 4431	-46 9667
85	2,61770 2919	8973 5685	-45 0229	2,61414 3549	8929 5297	-46 9133
90	2,70743 8604	8928 5936	-44 9750	2,70343 8846	8882 6697	-46 8601
95	2,79672 4540	8883 6666	-44 9270	2,79226 5543	8835 8629	-46 8068
1,00	2,88556 1206		-44 8791	2,88062 4172		-46 7535

q = 0,3894323   θ = 88°46,5869'   q = 0,3935979   θ = 88°50,8419'

z	q^4 = 0,025	Δ	Δ^2	q^4 = 0,026	Δ	Δ^2
-1,00	-1,02509 8883	+10730 4503		-1,02610 9075	+10760 0123	
95	-0,91779 4380	10679 5198	-50 9305	-0,91850 8952	10706 9858	-53 0265
90	-0,81099 9181	10628 6488	-50 8710	-0,81143 9094	10654 0249	-52 9608
85	-0,70471 2693	10577 8374	-50 8115	-0,70489 8845	10601 1298	-52 8952
80	-0,59893 4320	10527 0854	-50 7520	-0,59888 7548	10548 3002	-52 8295
-0,75	-0,49366 3466	10476 3929	-50 6925	-0,49340 4545	10495 5363	-52 7639
70	-0,38889 9537	10425 7599	-50 6330	-0,38844 9182	10442 8380	-52 6983
65	-0,28464 1938	10375 1863	-50 5736	-0,28402 0801	10390 2054	-52 6327
60	-0,18089 0075	10324 6722	-50 5141	-0,18011 8748	10337 6382	-52 5671
55	-0,07764 3354	10274 2175	-50 4547	-0,07674 2365	10285 1367	-52 5016
-0,50	+0,02509 8821	10223 8222	-50 3953	+0,02610 9002	10232 7007	-52 4360
45	0,12733 7043	10173 4863	-50 3359	0,12843 6009	10180 3302	-52 3705
40	0,22907 1906	10123 2098	-50 2765	0,23023 9311	10128 0252	-52 3050
35	0,33030 4004	10072 9927	-50 2171	0,33151 9563	10075 7857	-52 2395
30	0,43103 3931	10022 8349	-50 1578	0,43227 7420	10023 6117	-52 1740
-0,25	0,53126 2279	9972 7364	-50 0985	0,53251 3538	9971 5032	-52 1086
20	0,63098 9643	9922 6973	-50 0391	0,63222 8569	9919 4600	-52 0431
15	0,73021 6616	9872 7175	-49 9798	0,73142 3170	9867 4823	-51 9777
10	0,82894 3791	9822 7969	-49 9205	0,83009 7993	9815 5700	-51 9123
05	0,92717 1760	9772 9357	-49 8613	0,92825 3693	9763 7231	-51 8469
0,00	1,02490 1117	9723 1337	-49 8020	1,02589 0925	9711 9416	-51 7816
05	1,12213 2454	9673 3910	-49 7427	1,12301 0340	9660 2253	-51 7162
10	1,21886 6364	9623 7074	-49 6835	1,21961 2594	9608 5745	-51 6509
15	1,31510 3438	9574 0832	-49 6243	1,31569 8338	9556 9889	-51 5856
20	1,41084 4270	9524 5181	-49 5651	1,41126 8227	9505 4686	-51 5203
0,25	1,50608 9450	9475 0122	-49 5059	1,50632 2914	9454 0136	-51 4550
30	1,60083 9572	9425 5655	-49 4467	1,60086 3050	9402 6239	-51 3897
35	1,69509 5227	9376 1779	-49 3876	1,69488 9289	9351 2994	-51 3245
40	1,78885 7006	9326 8495	-49 3284	1,78840 2283	9300 0401	-51 2593
45	1,88212 5500	9277 5802	-49 2693	1,88140 2685	9248 8461	-51 1941
0,50	1,97490 1303	9228 3700	-49 2102	1,97389 1146	9197 7172	-51 1289
55	2,06718 5003	9179 2189	-49 1511	2,06586 8318	9146 6535	-51 0637
60	2,15897 7192	9130 1270	-49 0920	2,15733 4853	9095 6550	-50 9985
65	2,25027 8462	9081 0940	-49 0329	2,24829 1403	9044 7216	-50 9334
70	2,34108 9402	9032 1202	-48 9739	2,33873 8618	8993 8533	-50 8683
0,75	2,43141 0604	8983 2054	-48 9148	2,42867 7151	8943 0501	-50 8032
80	2,52124 2657	8934 3496	-48 8558	2,51810 7652	8892 3120	-50 7381
85	2,61058 6153	8885 5528	-48 7968	2,60703 0771	8841 6389	-50 6730
90	2,69944 1681	8836 8150	-48 7378	2,69544 7160	8791 0309	-50 6080
95	2,78780 9831	8788 1362	-48 6788	2,78335 7469	8740 4880	-50 5430
1,00	2,87569 1192		-48 6198	2,87076 2349		-50 4780

q = 0,3976354 Θ = 88°54,7757' q = 0,4015534 Θ = 88°58,4204'

z	q^4= 0,027	Δ	Δ²	q^4= 0,028	Δ	Δ²
-1,00	-1,02711 9874	+10789 6077		-1,02813 1291	+10819 2373	
95	-0,91922 3797	10734 4795	-55 1283	-0,91993 8918	10762 0015	-57 2358
90	-0,81187 9002	10679 4234	-55 0561	-0,81231 8904	10704 8447	-57 1567
85	-0,70508 4768	10624 4396	-54 9839	-0,70527 0457	10647 7671	-57 0776
80	-0,59884 0372	10569 5279	-54 9117	-0,59879 2786	10590 7685	-56 9986
-0,75	-0,49314 5094	10514 6883	-54 8396	-0,49288 5101	10533 8489	-56 9196
70	-0,38799 8211	10459 9209	-54 7674	-0,38754 6612	10477 0084	-56 8405
65	-0,28339 9002	10405 2255	-54 6953	-0,28277 6528	10420 2468	-56 7616
60	-0,17934 6747	10350 6023	-54 6232	-0,17857 4060	10363 5642	-56 6826
55	-0,07584 0724	10296 0511	-54 5512	-0,07493 8417	10306 9606	-56 6037
-0,50	+0,02711 9787	10241 5719	-54 4791	+0,02813 1188	10250 4358	-56 5248
45	0,12953 5506	10187 1648	-54 4071	0,13063 5546	10193 9899	-56 4459
40	0,23140 7154	10132 8297	-54 3351	0,23257 5446	10137 6229	-56 3670
35	0,33273 5451	10078 5665	-54 2632	0,33395 1675	10081 3348	-56 2882
30	0,43352 1116	10024 3753	-54 1912	0,43476 5022	10025 1254	-56 2094
-0,25	0,53376 4870	9970 2561	-54 1193	0,53501 6276	9968 9948	-56 1306
20	0,63346 7430	9916 2087	-54 0474	0,63470 6225	9912 9430	-56 0518
15	0,73262 9517	9862 2332	-53 9755	0,73383 5655	9856 9699	-55 9731
10	0,83125 1850	9808 3297	-53 9036	0,83240 5354	9801 0756	-55 8944
05	0,92933 5146	9754 4979	-53 8317	0,93041 6110	9745 2599	-55 8157
0,00	1,02688 0126	9700 7380	-53 7599	1,02786 8709	9689 5229	-55 7370
05	1,12388 7506	9647 0499	-53 6881	1,12476 3938	9633 8645	-55 6584
10	1,22035 8005	9593 4336	-53 6163	1,22110 2583	9578 2848	-55 5798
15	1,31629 2342	9539 8891	-53 5445	1,31688 5431	9522 7836	-55 5012
20	1,41169 1232	9486 4163	-53 4728	1,41211 3267	9467 3610	-55 4226
0,25	1,50655 5395	9433 0152	-53 4011	1,50678 6877	9412 0169	-55 3441
30	1,60088 5548	9379 6859	-53 3294	1,60090 7046	9356 7514	-55 2655
35	1,69468 2406	9326 4282	-53 2577	1,69447 4560	9301 5643	-55 1871
40	1,78794 6688	9273 2422	-53 1860	1,78749 0204	9246 4558	-55 1086
45	1,88067 9110	9220 1278	-53 1144	1,87995 4761	9191 4256	-55 0301
0,50	1,97288 0388	9167 0850	-53 0428	1,97186 9017	9136 4739	-54 9517
55	2,06455 1238	9114 1139	-52 9712	2,06323 3756	9081 6005	-54 8733
60	2,15569 2377	9061 2143	-52 8996	2,15404 9762	9026 8056	-54 7950
65	2,24630 4520	9008 3863	-52 8280	2,24431 7817	8972 0889	-54 7166
70	2,33638 8383	8955 6298	-52 7565	2,33403 8707	8917 4506	-54 6383
0,75	2,42594 4681	8902 9448	-52 6850	2,42321 3213	8862 8906	-54 5600
80	2,51497 4129	8850 3314	-52 6135	2,51184 2119	8808 4089	-54 4817
85	2,60347 7443	8797 7894	-52 5420	2,59992 6208	8754 0054	-54 4035
90	2,69145 5337	8745 3188	-52 4705	2,68746 6262	8699 6801	-54 3253
95	2,77890 8525	8692 9197	-52 3991	2,77446 3063	8645 4330	-54 2471
1,00	2,86583 7723		-52 3277	2,86091 7393		-54 1689

q = 0,4053600 Θ = 89° 1,8037' q = 0,4090623 Θ = 89° 4,9502'

z	q^4= 0,029	Δ	$Δ^2$	q^4= 0,030	Δ	$Δ^2$
-1,00	-1,02914 3338	+10848 9016		-1,03015 6025	+10878 6013	
95	-0,92065 4322	10789 5522	-59 3494	-0,92137 0012	10817 1323	-61 4690
90	-0,81275 8800	10730 2892	-59 2630	-0,81319 8689	10755 7574	-61 3749
85	-0,70545 5907	10671 1126	-59 1766	-0,70564 1115	10694 4766	-61 2808
80	-0,59874 4781	10612 0224	-59 0903	-0,59869 6349	10633 2897	-61 1868
-0,75	-0,49262 4557	10553 0184	-59 0040	-0,49236 3452	10572 1968	-61 0929
70	-0,38709 4373	10494 1007	-58 9177	-0,38664 1483	10511 1979	-60 9989
65	-0,28215 3366	10435 2693	-58 8314	-0,28152 9504	10450 2929	-60 9050
60	-0,17780 0673	10376 5240	-58 7452	-0,17702 6576	10389 4817	-60 8112
55	-0,07403 5433	10317 8650	-58 6590	-0,07313 1759	10328 7643	-60 7173
-0,50	+0,02914 3217	10259 2921	-58 5729	+0,03015 5885	10268 1408	-60 6235
45	0,13173 6138	10200 8054	-58 4867	0,13283 7293	10207 6110	-60 5298
40	0,23374 4192	10142 4048	-58 4006	0,23491 3403	10147 1750	-60 4360
35	0,33516 8240	10084 0902	-58 3146	0,33638 5153	10086 8326	-60 3423
30	0,43600 9142	10025 8617	-58 2285	0,43725 3479	10026 5840	-60 2487
-0,25	0,53626 7759	9967 7192	-58 1425	0,53751 9319	9966 4289	-60 1550
20	0,63594 4951	9909 6627	-58 0565	0,63718 3608	9906 3675	-60 0614
15	0,73504 1578	9851 6921	-57 9705	0,73624 7283	9846 3996	-59 9679
10	0,83355 8499	9793 8075	-57 8846	0,83471 1279	9786 5252	-59 8744
05	0,93149 6574	9736 0088	-57 7987	0,93257 6531	9726 7444	-59 7809
0,00	1,02885 6662	9678 2960	-57 7128	1,02984 3975	9667 0570	-59 6874
05	1,12563 9622	9602 6690	-57 6270	1,12651 4545	9607 4630	-59 5940
10	1,22184 6311	9563 1278	-57 5412	1,22258 9175	9547 9625	-59 5006
15	1,31747 7589	9505 6724	-57 4554	1,31806 8800	9488 5553	-59 4072
20	1,41253 4313	9448 3027	-57 3696	1,41295 4353	9429 2414	-59 3139
0,25	1,50701 7340	9391 0188	-57 2839	1,50724 6767	9370 0208	-59 2206
30	1,60092 7528	9333 8206	-57 1982	1,60094 6975	9310 8935	-59 1273
35	1,69426 5734	9276 7080	-57 1125	1,69405 5909	9251 8594	-59 0341
40	1,78703 2814	9219 6811	-57 0269	1,78657 4503	9192 9185	-58 9409
45	1,87922 9625	9162 7398	-56 9413	1,87850 3688	9134 0708	-58 8477
0,50	1,97085 7024	9105 8841	-56 8557	1,96984 4396	9075 3162	-58 7546
55	2,06191 5865	9049 1140	-56 7702	2,06059 7558	9016 6546	-58 6615
60	2,15240 7005	8992 4293	-56 6846	2,15076 4104	8958 0862	-58 5685
65	2,24233 1298	8935 8302	-56 5991	2,24034 4966	8899 6107	-58 4754
70	2,33168 9600	8879 3165	-56 5137	2,32934 1073	8841 2283	-58 3824
0,75	2,42048 2765	8822 8883	-56 4282	2,41775 3356	8782 9388	-58 2895
80	2,50871 1649	8766 5455	-56 3428	2,50558 2745	8724 7423	-58 1966
85	2,59637 7104	8710 2881	-56 2574	2,59283 0167	8666 6386	-58 1037
90	2,68347 9984	8654 1160	-56 1721	2,67949 6553	8608 6278	-58 0108
95	2,77002 1144	8598 0292	-56 0868	2,76558 2831	8550 7098	-57 9180
1,00	2,85600 1436		-56 0015	2,85108 9930		-57 8252

q = 0,4126668   Θ = 89° 7,8814'   q = 0,4161791   Θ = 89°10,6162'

z	q^4= 0,031	Δ	$Δ^2$	q^4= 0,032	Δ	$Δ^2$
-1,00	-1,03116 9364	+10908 3369		-1,03218 3366	+10938 1092	
95	-0,92208 5995	10844 7422	-63 5947	-0,92280 2274	10872 3825	-65 7267
90	-0,81363 8572	10781 2497	-63 4926	-0,81407 8449	10806 7664	-65 6161
85	-0,70582 6076	10717 8592	-63 3905	-0,70601 0786	10741 2608	-65 5055
80	-0,59864 7484	10654 5708	-63 2884	-0,59859 8178	10675 8658	-65 3950
-0,75	-0,49210 1776	10591 3844	-63 1864	-0,49183 9519	10610 5813	-65 2845
70	-0,38618 7932	10528 3001	-63 0844	-0,38573 3706	10545 4073	-65 1741
65	-0,28090 4931	10465 3176	-62 9824	-0,28027 9634	10480 3436	-65 0637
60	-0,17625 1755	10402 4371	-62 8805	-0,17547 6198	10415 3903	-64 9533
55	-0,07222 7383	10339 6585	-62 7786	-0,07132 2295	10350 5473	-64 8430
-0,50	+0,03116 9201	10276 9817	-62 6768	+0,03218 3179	10285 8146	-64 7327
45	0,13393 9018	10214 4067	-62 5750	0,13504 1325	10221 1921	-64 6225
40	0,23608 3085	10151 9334	-62 4733	0,23725 3246	10156 6798	-64 5123
35	0,33760 2419	10089 5619	-62 3715	0,33882 0044	10092 2776	-64 4022
30	0,43849 8037	10027 2920	-62 2699	0,43974 2820	10027 9855	-64 2921
-0,25	0,53877 0957	9965 1238	-62 1682	0,54002 2675	9963 8034	-64 1821
20	0,63842 2195	9903 0571	-62 0666	0,63966 0709	9899 7314	-64 0721
15	0,73745 2766	9841 0921	-61 9651	0,73865 8023	9835 7693	-63 9621
10	0,83586 3686	9779 2285	-61 8635	0,83701 5716	9771 9171	-63 8522
05	0,93365 5972	9717 4664	-61 7621	0,93473 4886	9708 1747	-63 7423
0,00	1,03083 0636	9655 8058	-61 6606	1,03181 6634	9644 5422	-63 6325
05	1,12738 8694	9594 2466	-61 5592	1,12826 2056	9581 0195	-63 5227
10	1,22333 1160	9532 7887	-61 4579	1,22407 2251	9517 6064	-63 4130
15	1,31865 9047	9471 4322	-61 3565	1,31924 8315	9454 3031	-63 3033
20	1,41337 3369	9410 1770	-61 2552	1,41379 1346	9391 1094	-63 1937
0,25	1,50747 5139	9349 0230	-61 1540	1,50770 2440	9328 0253	-63 0841
30	1,60096 5369	9287 9702	-61 0528	1,60098 2693	9265 0507	-62 9746
35	1,69384 5071	9227 0186	-60 9516	1,69363 3200	9202 1857	-62 8651
40	1,78611 5256	9166 1681	-60 8505	1,78565 5057	9139 4301	-62 7556
45	1,87777 6937	9105 4187	-60 7494	1,87704 9358	9076 7839	-62 6462
0,50	1,96883 1124	9044 7703	-60 6483	1,96781 7196	9014 2470	-62 5368
55	2,05927 8827	8984 2230	-60 5473	2,05795 9667	8951 8195	-62 4275
60	2,14912 1057	8923 7767	-60 4464	2,14747 7862	8889 5013	-62 3182
65	2,23835 8824	8863 4312	-60 3454	2,23637 2875	8827 2923	-62 2090
70	2,32699 3136	8803 1867	-60 2445	2,32464 5799	8765 1925	-62 0998
0,75	2,41502 5003	8743 0431	-60 1437	2,41229 7724	8703 2019	-61 9907
80	2,50245 5434	8683 0002	-60 0428	2,49932 9742	8641 3203	-61 8816
85	2,58928 5436	8623 0581	-59 9421	2,58574 2945	8579 5478	-61 7725
90	2,67551 6017	8563 2168	-59 8413	2,67153 8423	8517 8843	-61 6635
95	2,76114 8185	8503 4762	-59 7406	2,75671 7266	8456 3297	-61 5545
1,00	2,84618 2947		-59 6400	2,84128 0563		-61 4456

q = 0,4196048 Θ = 89°13,1717' q = 0,4229485 Θ = 89°15,5628'

z	q^4= 0,033	Δ	Δ²	q^4= 0,034	Δ	Δ²
-1,00	-1,03319 8042	+10967 9187		-1,03421 3402	+10997 7660	
95	-0,92351 8855	10900 0536	-67 8652	-0,92423 5742	10927 7559	-70 0101
90	-0,81451 8319	10832 3079	-67 7456	-0,81495 8183	10857 8747	-69 8812
85	-0,70619 5240	10764 6818	-67 6262	-0,70637 9435	10788 1223	-69 7524
80	-0,59854 8423	10697 1750	-67 5067	-0,59849 8213	10718 4986	-69 6237
-0,75	-0,49157 6673	10629 7876	-67 3874	-0,49131 3227	10649 0035	-69 4951
70	-0,38527 8796	10562 5196	-67 2681	-0,38482 3192	10579 6371	-69 3664
65	-0,27965 3601	10495 3708	-67 1488	-0,27902 6821	10510 3992	-69 2379
60	-0,17469 9893	10428 3412	-67 0296	-0,17392 2829	10441 2897	-69 1094
55	-0,07041 6481	10361 4308	-66 9104	-0,06950 9932	10372 3088	-68 9810
-0,50	+0,03319 7827	10294 6395	-66 7913	+0,03421 3156	10303 4561	-68 8526
45	0,13614 4221	10227 9672	-66 6723	0,13724 7717	10234 7318	-68 7243
40	0,23842 3893	10161 4140	-66 5532	0,23959 5035	10166 1357	-68 5961
35	0,34003 8033	10094 9797	-66 4343	0,34125 6392	10097 6678	-68 4679
30	0,44098 7830	10028 6643	-66 3154	0,44223 3071	10029 3281	-68 3398
-0,25	0,54127 4472	9962 4677	-66 1965	0,54252 6352	9961 1164	-68 2117
20	0,64089 9150	9896 3900	-66 0777	0,64213 7516	9893 0327	-68 0837
15	0,73986 3050	9830 4310	-65 9590	0,74106 7843	9825 0770	-67 9557
10	0,83816 7360	9764 5907	-65 8403	0,83931 8614	9757 2492	-67 8278
05	0,93581 3267	9698 8691	-65 7217	0,93689 1106	9689 5492	-67 7000
0,00	1,03280 1958	9633 2660	-65 6031	1,03378 6598	9621 9770	-67 5722
05	1,12913 4618	9567 7815	-65 4845	1,13000 6368	9554 5325	-67 4445
10	1,22481 2433	9502 4155	-65 3660	1,22555 1693	9487 2157	-67 3168
15	1,31983 6588	9437 1679	-65 2476	1,32042 3849	9420 0264	-67 1892
20	1,41420 8266	9372 0387	-65 1292	1,41462 4113	9352 9647	-67 0617
0,25	1,50792 8653	9307 0278	-65 0109	1,50815 3760	9286 0305	-66 9342
30	1,60099 8931	9242 1352	-64 8926	1,60101 4065	9219 2237	-66 8068
35	1,69342 0283	9177 3608	-64 7744	1,69320 6302	9152 5442	-66 6794
40	1,78519 3891	9112 7047	-64 6562	1,78473 1744	9085 9921	-66 5521
45	1,87632 0938	9048 1666	-64 5381	1,87559 1665	9019 5672	-66 4249
0,50	1,96680 2604	8983 7466	-64 4200	1,96578 7337	8953 2695	-66 2977
55	2,05664 0071	8919 4447	-64 3020	2,05532 0032	8887 0989	-66 1706
60	2,14583 4517	8855 2607	-64 1840	2,14419 1020	8821 0554	-66 0435
65	2,23438 7124	8791 1946	-64 0661	2,23240 1574	8755 1388	-65 9165
70	2,32229 9071	8727 2465	-63 9482	2,31995 2962	8689 3493	-65 7896
0,75	2,40957 1536	8663 4161	-63 8304	2,40684 6455	8623 6866	-65 6627
80	2,49620 5696	8599 7035	-63 7126	2,49308 3321	8558 1507	-65 5358
85	2,58220 2731	8536 1086	-63 5949	2,57866 4829	8492 7417	-65 4091
90	2,66756 3817	8472 6314	-63 4772	2,66359 2245	8427 4593	-65 2824
95	2,75229 0131	8409 2717	-63 3596	2,74786 6838	8362 3036	-65 1557
1,00	2,83638 2848		-63 2421	2,83148 9874		-65 0291

q = 0,4262148   Θ = 89°17,8031'   q = 0,4294076   Θ = 89°19,9046'

z	q^4 = 0,035	Δ	$Δ^2$	q^4 = 0,036	Δ	$Δ^2$
-1,00	-1,03522 9457	+11027 6517		-1,03624 6217	+11057 5763	
95	-0,92495 2940	10955 4901	-72 1615	-0,92567 0454	10983 2566	-74 3197
90	-0,81539 8039	10883 4672	-72 0230	-0,81583 7888	10909 0857	-74 1710
85	-0,70656 3367	10811 5827	-71 8844	-0,70674 7031	10835 0634	-74 0223
80	-0,59844 7540	10739 8367	-71 7460	-0,59839 6397	10761 1897	-73 8737
-0,75	-0,49104 9172	10668 2291	-71 6076	-0,49078 4500	10687 4646	-73 7251
70	-0,38436 6881	10596 7598	-71 4693	-0,38390 9854	10613 8880	-73 5767
65	-0,27839 9282	10525 4288	-71 3310	-0,27777 0974	10540 4597	-73 4283
60	-0,17314 4994	10454 2359	-71 1929	-0,17236 6378	10467 1797	-73 2800
55	-0,06860 2635	10383 1812	-71 0548	-0,06769 4581	10394 0479	-73 1318
-0,50	+0,03522 9176	10312 2645	-70 9167	+0,03624 5899	10321 0643	-72 9836
45	0,13835 1821	10241 4857	-70 7787	0,13945 6542	10248 2288	-72 8355
40	0,24076 6678	10170 8449	-70 6408	0,24193 8830	10175 5413	-72 6875
35	0,34247 5127	10100 3419	-70 5030	0,34369 4243	10103 0017	-72 5396
30	0,44347 8546	10029 9767	-70 3652	0,44472 4260	10030 6099	-72 3918
-0,25	0,54377 8314	9959 7492	-70 2275	0,54503 0359	9958 3659	-72 2440
20	0,64337 5806	9889 6594	-70 0899	0,64461 4018	9886 2696	-72 0963
15	0,74227 2399	9819 7071	-69 9523	0,74347 6714	9814 3209	-71 9487
10	0,84046 9470	9749 8923	-69 8148	0,84161 9924	9742 5198	-71 8011
05	0,93796 8393	9680 2150	-69 6773	0,93904 5122	9670 8661	-71 6537
0,00	1,03477 0543	9610 6750	-69 5400	1,03575 3783	9599 3598	-71 5063
05	1,13087 7293	9541 2723	-69 4027	1,13174 7381	9528 0008	-71 3590
10	1,22629 0016	9472 0069	-69 2654	1,22702 7389	9456 7891	-71 2118
15	1,32101 0085	9402 8786	-69 1283	1,32159 5280	9385 7245	-71 0646
20	1,41503 8871	9333 8875	-68 9912	1,41545 2524	9314 8070	-70 9175
0,25	1,50837 7746	9265 0334	-68 8541	1,50860 0594	9244 0364	-70 7705
30	1,60102 8080	9196 3162	-68 7172	1,60104 0958	9173 4129	-70 6236
35	1,69299 1242	9127 7359	-68 5803	1,69277 5087	9102 9361	-70 4767
40	1,78426 8601	9059 2925	-68 4434	1,78380 4448	9032 6062	-70 3300
45	1,87486 1526	8990 9859	-68 3067	1,87413 0510	8962 4229	-70 1833
0,50	1,96477 1385	8922 8159	-68 1700	1,96375 4739	8892 3863	-70 0366
55	2,05399 9544	8854 7826	-68 0333	2,05267 8601	8822 4962	-69 8901
60	2,14254 7369	8786 8858	-67 8968	2,14090 3563	8752 7525	-69 7436
65	2,23041 6227	8719 1255	-67 7603	2,22843 1088	8683 1553	-69 5972
70	2,31760 7483	8651 5017	-67 6238	2,31526 2641	8613 7044	-69 4509
0,75	2,40412 2499	8584 0142	-67 4875	2,40139 9685	8544 3997	-69 3047
80	2,48996 2641	8516 6630	-67 3512	2,48684 3682	8475 2412	-69 1585
85	2,57512 9271	8449 4480	-67 2150	2,57159 6094	8406 2288	-69 0124
90	2,65962 3752	8382 3692	-67 0788	2,65565 8381	8337 3624	-68 8664
95	2,74344 7444	8315 4265	-66 9427	2,73903 2005	8268 6419	-68 7205
1,00	2,82660 1710		-66 8067	2,82171 8424		-68 5746

q = 0,4325308 Θ = 89°21,8782' q = 0,4355877 Θ = 89°23,7337'

z	q^4= 0,037	Δ	$Δ^2$	q^4= 0,038	Δ	$Δ^2$
-1,00	-1,03726 3693	+11087 5405		-1,03828 1894	+11117 5448	
95	-0,92638 8288	11011 0558	-76 4847	-0,92710 6446	11038 8883	-78 6565
90	-0,81627 7729	10934 7305	-76 3253	-0,81671 7563	10960 4022	-78 4861
85	-0,70693 0424	10858 5645	-76 1660	-0,70711 3541	10882 0865	-78 3157
80	-0,59834 4779	10782 5578	-76 0068	-0,59829 2677	10803 9410	-78 1455
-0,75	-0,49051 9201	10706 7101	-75 8477	-0,49025 3267	10725 9657	-77 9753
70	-0,38345 2100	10631 0215	-75 6886	-0,38299 3609	10648 1605	-77 8052
65	-0,27714 1885	10555 4918	-75 5297	-0,27651 2005	10570 5252	-77 6353
60	-0,17158 6967	10480 1210	-75 3708	-0,17080 6753	10493 0598	-77 4654
55	-0,06678 5757	10404 9090	-75 2120	-0,06587 6154	10415 7642	-77 2956
-0,50	+0,03726 3332	10329 8556	-75 0533	+0,03828 1487	10338 6382	-77 1260
45	0,14056 1889	10254 9609	-74 8947	0,14166 7870	10261 6818	-76 9564
40	0,24311 1498	10180 2247	-74 7362	0,24428 4688	10184 8949	-76 7869
35	0,34491 3745	10105 6469	-74 5778	0,34613 3637	10108 2774	-76 6175
30	0,44597 0214	10031 2275	-74 4194	0,44721 6411	10031 8292	-76 4482
-0,25	0,54628 2488	9956 9663	-74 2612	0,54753 4703	9955 5501	-76 2791
20	0,64585 2151	9882 8633	-74 1030	0,64709 0204	9879 4401	-76 1100
15	0,74468 0784	9808 9184	-73 9449	0,74588 4606	9803 4992	-75 9410
10	0,84276 9968	9735 1315	-73 7869	0,84391 9598	9727 7271	-75 7721
05	0,94012 1283	9661 5025	-73 6290	0,94119 6868	9652 1238	-75 6033
0,00	1,03673 6307	9588 0313	-73 4712	1,03771 8106	9576 6892	-75 4346
05	1,13261 6620	9514 7178	-73 3134	1,13348 4998	9501 4232	-75 2660
10	1,22776 3798	9441 5620	-73 1558	1,22849 9230	9426 3257	-75 0975
15	1,32217 9419	9368 5638	-72 9982	1,32276 2487	9351 3966	-74 9291
20	1,41586 5057	9295 7231	-72 8407	1,41627 6453	9276 6358	-74 7608
0,25	1,50882 2288	9223 0397	-72 6833	1,50904 2812	9202 0433	-74 5926
30	1,60105 2685	9150 5137	-72 5260	1,60106 3244	9127 6188	-74 4245
35	1,69255 7822	9078 1449	-72 3688	1,69233 9432	9053 3624	-74 2564
40	1,78333 9271	9005 9332	-72 2117	1,78287 3056	8979 2738	-74 0885
45	1,87339 8603	8933 8786	-72 0546	1,87266 5794	8905 3531	-73 9207
0,50	1,96273 7389	8861 9809	-71 8977	1,96171 9325	8831 6001	-73 7530
55	2,05135 7197	8790 2401	-71 7408	2,05003 5327	8758 0148	-73 5854
60	2,13925 9598	8718 6561	-71 5840	2,13761 5474	8684 5969	-73 4178
65	2,22644 6159	8647 2288	-71 4273	2,22446 1444	8611 3465	-73 2504
70	2,31291 8447	8575 9581	-71 2707	2,31057 4909	8538 2635	-73 0831
0,75	2,39867 8028	8504 8439	-71 1142	2,39595 7544	8465 3476	-72 9158
80	2,48372 6467	8433 8862	-70 9577	2,48061 1020	8392 5989	-72 7487
85	2,56806 5329	8363 0848	-70 8014	2,56453 7009	8320 0173	-72 5817
90	2,65169 6177	8292 4398	-70 6451	2,64773 7182	8247 6026	-72 4147
95	2,73462 0575	8221 9509	-70 4889	2,73021 3208	8175 3547	-72 2479
1,00	2,81684 0083		-70 3328	2,81196 6755		-72 0811

q = 0,4385816 Θ = 89°25,4799' q = 0,4415154 Θ = 89°27,1249'

z	q^4 = 0,039	Δ	$Δ^2$
-1,00	-1,03930 0830	+11147 5897	
95	-0,92782 4933	11066 7544	-80 8354
90	-0,81715 7389	10986 1010	-80 6534
85	-0,70729 6379	10905 6295	-80 4715
80	-0,59824 0085	10825 3397	-80 2898
-0,75	-0,48998 6688	10745 2316	-80 1081
70	-0,38253 4372	10665 3050	-79 9266
65	-0,27588 1321	10585 5599	-79 7451
60	-0,17002 5722	10505 9961	-79 5638
55	-0,06496 5762	10426 6135	-79 3826
-0,50	+0,03930 0373	10347 4120	-79 2015
45	0,14277 4493	10268 3915	-79 0205
40	0,24545 8408	10189 5518	-78 8396
35	0,34735 3926	10110 8930	-78 6589
30	0,44846 2856	10032 4148	-78 4782
-0,25	0,54878 7004	9954 1172	-78 2976
20	0,64832 8176	9876 0000	-78 1172
15	0,74708 8175	9798 0631	-77 9369
10	0,84506 8806	9720 3065	-77 7566
05	0,94227 1871	9642 7299	-77 5765
0,00	1,03869 9170	9565 3334	-77 3965
05	1,13435 2504	9488 1168	-77 2166
10	1,22923 3672	9411 0799	-77 0368
15	1,32334 4471	9334 2228	-76 8572
20	1,41668 6699	9257 5452	-76 6776
0,25	1,50926 2150	9181 0470	-76 4981
30	1,60107 2621	9104 7282	-76 3188
35	1,69211 9903	9028 5887	-76 1396
40	1,78240 5790	8952 6282	-75 9604
45	1,87193 2072	8876 8468	-75 7814
0,50	1,96070 0540	8801 2443	-75 6025
55	2,04871 2983	8725 8206	-75 4237
60	2,13597 1190	8650 5756	-75 2450
65	2,22247 6946	8575 5092	-75 0664
70	2,30823 2037	8500 6212	-74 8880
0,75	2,39323 8249	8425 9116	-74 7096
80	2,47749 7365	8351 3803	-74 5313
85	2,56101 1168	8277 0271	-74 3532
90	2,64378 1439	8202 8519	-74 1752
95	2,72580 9957	8128 8546	-73 9972
1,00	2,80709 8504		-73 8194

q = 0,4443919   θ = 89°28,6760'

z	q^4 = 0,040	Δ	$Δ^2$
-1,00	-1,04032 0512	+11177 6759	
95	-0,92854 3753	11094 6546	-83 0213
90	-0,81759 7207	11011 8273	-82 8273
85	-0,70747 8934	10929 1938	-82 6335
80	-0,59818 6996	10846 7540	-82 4398
-0,75	-0,48971 9456	10764 5079	-82 2462
70	-0,38207 4377	10682 4552	-82 0527
65	-0,27524 9825	10600 5959	-81 8593
60	-0,16924 3866	10518 9298	-81 6661
55	-0,06405 4568	10437 4568	-81 4730
-0,50	+0,04032 0000	10356 1768	-81 2800
45	0,14388 1768	10275 0896	-81 0871
40	0,24663 2664	10194 1952	-80 8944
35	0,34857 4616	10113 4934	-80 7018
30	0,44970 9551	10032 9841	-80 5093
-0,25	0,55003 9392	9952 6672	-80 3169
20	0,64956 6064	9872 5425	-80 1247
15	0,74829 1489	9792 6099	-79 9326
10	0,84621 7588	9712 8694	-79 7406
05	0,94334 6282	9633 3207	-79 5487
0,00	1,03967 9488	9553 9637	-79 3569
05	1,13521 9125	9474 7984	-79 1653
10	1,22996 7110	9395 8246	-78 9738
15	1,32392 5356	9317 0422	-78 7824
20	1,41709 5778	9238 4510	-78 5912
0,25	1,50948 0288	9160 0510	-78 4000
30	1,60108 0799	9081 8420	-78 2090
35	1,69189 9219	9003 8239	-78 0181
40	1,78193 7458	8925 9966	-77 8273
45	1,87119 7425	8848 3599	-77 6367
0,50	1,95968 1024	8770 9138	-77. 4462
55	2,04739 0162	8693 6580	-77 2558
60	2,13432 6742	8616 5926	-77 0655
65	2,22049 2667	8539 7172	-76 8753
70	2,30588 9840	8463 0320	-76 6853
0,75	2,39052 0160	8386 5366	-76 4954
80	2,47438 5526	8310 2310	-76 3056
85	2,55748 7836	8234 1151	-76 1159
90	2,63982 8988	8158 1888	-75 9264
95	2,72141 0875	8082 4518	-75 7369
1,00	2,80223 5394		-75 5476

q = 0,4472136   θ = 89°30,1397'

z	q^4 = 0,041	Δ	$Δ^2$	q^4 = 0,042	Δ	$Δ^2$
-1,00	-1,04134 0949	+11207 8038		-1,04236 2150	+11237 9740	
95	-0,92926 2911	11122 5894	-85 2144	-0,92998 2410	11150 5592	-87 4148
90	-0,81803 7017	11037 5814	-85 0080	-0,81847 6818	11063 3638	-87 1954
85	-0,70766 1202	10952 7798	-84 8017	-0,70784 3180	10976 3876	-86 9762
80	-0,59813 3405	10868 1842	-84 5955	-0,59807 9304	10889 6305	-86 7572
-0,75	-0,48945 1562	10783 7947	-84 3895	-0,48918 2999	10803 0922	-86 5383
70	-0,38161 3615	10699 6111	-84 1836	-0,38115 2077	10716 7727	-86 3195
65	-0,27461 7504	10615 6332	-83 9779	-0,27398 4350	10630 6718	-86 1009
60	-0,16846 1173	10531 8609	-83 7723	-0,16767 7632	10544 7893	-85 8825
55	-0,06314 2564	10448 2940	-83 5668	-0,06222 9739	10459 1251	-85 6642
-0,50	+0,04134 0376	10364 9325	-83 3615	+0,04236 1512	10373 6791	-85 4461
45	0,14498 9702	10281 7762	-83 1563	0,14609 8303	10288 4510	-85 2281
40	0,24780 7463	10198 8249	-82 9513	0,24898 2812	10203 4407	-85 0103
35	0,34979 5713	10116 0785	-82 7464	0,35101 7220	10118 6481	-84 7926
30	0,45095 6498	10033 5370	-82 5416	0,45220 3701	10034 0731	-84 5751
-0,25	0,55129 1867	9951 2000	-82 3370	0,55254 4432	9949 7154	-84 3577
20	0,65080 3867	9869 0675	-82 1325	0,65204 1585	9865 5749	-84 1405
15	0,74949 4543	9787 1395	-81 9281	0,75069 7334	9781 6515	-83 9234
10	0,84736 5937	9705 4156	-81 7239	0,84851 3849	9697 9449	-83 7065
05	0,94442 0093	9623 8958	-81 5198	0,94549 3298	9614 4552	-83 4898
0,00	1,04065 9051	9542 5800	-81 3158	1,04163 7850	9531 1820	-83 2732
05	1,13608 4851	9461 4680	-81 1120	1,13694 9670	9448 1253	-83 0567
10	1,23069 9531	9380 5596	-80 9083	1,23143 0923	9365 2849	-82 8404
15	1,32450 5127	9299 8548	-80 7048	1,32508 3772	9282 6606	-82 6242
20	1,41750 3676	9219 3534	-80 5014	1,41791 0378	9200 2523	-82 4083
0,25	1,50969 7210	9139 0553	-80 2981	1,50991 2901	9118 0599	-82 1925
30	1,60108 7763	9058 9603	-80 0950	1,60109 3500	9036 0831	-81 9768
35	1,69167 7366	8979 0683	-79 8920	1,69145 4331	8954 3219	-81 7612
40	1,78146 8049	8899 3791	-79 6892	1,78099 7549	8872 7760	-81 5459
45	1,87046 1841	8819 8927	-79 4864	1,86972 5309	8791 4454	-81 3306
0,50	1,95866 0768	8740 6088	-79 2839	1,95763 9763	8710 3298	-81 1156
55	2,04606 6856	8661 5274	-79 0814	2,04474 3061	8629 4291	-80 9006
60	2,13268 2130	8582 6483	-78 8791	2,13103 7352	8548 7433	-80 6859
65	2,21850 8613	8503 9713	-78 6769	2,21652 4785	8468 2720	-80 4713
70	2,30354 8326	8425 4964	-78 4749	2,30120 7505	8388 0152	-80 2568
0,75	2,38780 3290	8347 2234	-78 2730	2,38508 7656	8307 9727	-80 0425
80	2,47127 5524	8269 1521	-78 0713	2,46816 7383	8228 1444	-79 8283
85	2,55396 7046	8191 2825	-77 8696	2,55044 8827	8148 5300	-79 6143
90	2,63587 9870	8113 6143	-77 6682	2,63193 4127	8069 1295	-79 4005
95	2,71701 6013	8036 1475	-77 4668	2,71262 5423	7989 9428	-79 1868
1,00	2,79737 7488		-77 2656	2,79252 4850		-78 9732

q = 0,4499829 $\Theta = 89^0 31,5222'$ q = 0,4527019 $\Theta = 89^0 32,8290'$

z	q^4= 0,043	Δ	Δ^2	q^4= 0,044	Δ	Δ^2
-1,00	-1,04338 4126	+11268 1870	-89 6225	-1,04440 6885	+11298 4435	-91 8377
95	-0,93070 2256	11178 5645	-89 3897	-0,93142 2451	11206 6057	-91 5911
90	-0,81891 6610	11089 1748	-89 1571	-0,81935 6394	11115 0147	-91 3446
85	-0,70802 4863	11000 0176	-88 9247	-0,70820 6247	11023 6701	-91 0983
80	-0,59802 4686	10911 0929	-88 6924	-0,59796 9546	10932 5718	-90 8521
-0,75	-0,48891 3757	10822 4005	-88 4603	-0,48864 3828	10841 7197	-90 6062
70	-0,38068 9752	10733 9401	-88 2284	-0,38022 6631	10751 1135	-90 3605
65	-0,27335 0351	10645 7117	-87 9967	-0,27271 5497	10660 7530	-90 1149
60	-0,16689 3233	10557 7150	-87 7651	-0,16610 7967	10570 6380	-89 8696
55	-0,06131 6083	10469 9500	-87 5337	-0,06040 1586	10480 7685	-89 6244
-0,50	+0,04338 3417	10382 4163	-87 3024	+0,04440 6098	10391 1441	-89 3794
45	0,14720 7579	10295 1138	-87 0714	0,14831 7539	10301 7646	-89 1346
40	0,25015 8718	10208 0425	-86 8405	0,25133 5185	10212 6300	-88 8900
35	0,35223 9142	10121 2020	-86 6097	0,35346 1485	10123 7400	-88 6456
30	0,45345 1162	10034 5923	-86 3792	0,45469 8885	10035 0943	-88 4014
-0,25	0,55379 7085	9948 2131	-86 1488	0,55504 9828	9946 6929	-88 1574
20	0,65327 9216	9862 0643	-85 9186	0,65451 6758	9858 5356	-87 9135
15	0,75189 9859	9776 1457	-85 6885	0,75310 2114	9770 6221	-87 6699
10	0,84966 1316	9690 4572	-85 4586	0,85080 8335	9682 9522	-87 4264
05	0,94656 5889	9604 9986	-85 2289	0,94763 7857	9595 5258	-87 1831
0,00	1,04261 5875	9519 7697	-84 9994	1,04359 3115	9508 3427	-86 9400
05	1,13781 3571	9434 7703	-84 7700	1,13867 6543	9421 4027	-86 6971
10	1,23216 1274	9350 0002	-84 5408	1,23289 0570	9334 7056	-86 4544
15	1,32566 1276	9265 4594	-84 3118	1,32623 7626	9248 2512	-86 2119
20	1,41831 5871	9181 1476	-84 0829	1,41872 0138	9162 0394	-85 9695
0,25	1,51012 7347	9097 0647	-83 8542	1,51034 0532	9076 0698	-85 7274
30	1,60109 7994	9013 2105	-83 6257	1,60110 1231	8990 3425	-85 4854
35	1,69123 0098	8929 5847	-83 3974	1,69100 4655	8904 8571	-85 2436
40	1,78052 5946	8846 1874	-83 1692	1,78005 3226	8819 6134	-85 0021
45	1,86898 7819	8763 0182	-82 9412	1,86824 9360	8734 6114	-84 7607
0,50	1,95661 8001	8680 0770	-82 7133	1,95559 5473	8649 8507	-84 5195
55	2,04341 8771	8597 3636	-82 4857	2,04209 3980	8565 3312	-84 2784
60	2,12939 2407	8514 8779	-82 2582	2,12774 7293	8481 0528	-84 0376
65	2,21454 1186	8432 6198	-82 0308	2,21255 7821	8397 0152	-83 7970
70	2,29886 7384	8350 5889	-81 8037	2,29652 7973	8313 2183	-83 5565
0,75	2,38237 3273	8268 7852	-81 5767	2,37966 0156	8229 6618	-83 3162
80	2,46506 1126	8187 2086	-81 3499	2,46195 6773	8146 3455	-83 0762
85	2,54693 3211	8105 8587	-81 1232	2,54342 0228	8063 2694	-82 8363
90	2,62799 1798	8024 7355	-80 8967	2,62405 2922	7980 4331	-82 5966
95	2,70823 9153	7943 8387	-80 6704	2,70385 7253	7897 8366	-82 3570
1,00	2,78767 7540			2,78283 5619		

q = 0,4553728 Θ = $89^{\circ}34,0652'$ q = 0,4579976 Θ = $89^{\circ}35,2354'$

z	q^4= 0,045	Δ	Δ^2	q^4= 0,046	Δ	Δ^2
-1,00	-1,04543 0438			-1,04645 4792		
95	-0,93214 3000	+11328 7437	-94 0605	-0,93286 3908	+11359 0885	-96 2909
90	-0,81979 6168	11234 6832	-93 7994	-0,82023 5933	11262 7975	-96 0150
85	-0,70838 7330	11140 8838	-93 5386	-0,70856 8107	11166 7825	-95 7392
80	-0,59791 3878	11047 3452	-93 2779	-0,59785 7674	11071 0433	-95 4637
-0,75	-0,48837 3204	10954 0674	-93 0174	-0,48810 1877	10975 5797	-95 1884
70	-0,37976 2705	10861 0499	-92 7572	-0,37929 7964	10880 3913	-94 9133
65	-0,27207 9777	10768 2927	-92 4971	-0,27144 3184	10785 4780	-94 6385
60	-0,16532 1822	10675 7956	-92 2373	-0,16453 4788	10690 8396	-94 3639
55	-0,05948 6239	10583 5583	-91 9777	-0,05857 0031	10596 4757	-94 0895
-0,50	+0,04542 9567	10491 5806	-91 7183	+0,04645 3831	10502 3862	-93 8153
45	0,14942 8190	10399 8623	-91 4591	0,15053 9540	10408 5709	-93 5414
40	0,25251 2222	10308 4032	-91 2001	0,25368 9834	10315 0294	-93 2677
35	0,35468 4253	10217 2031	-90 9413	0,35590 7451	10221 7617	-92 9943
30	0,45594 6872	10126 2618	-90 6827	0,45719 5125	10128 7674	-92 7211
-0,25	0,55630 2663	10035 5791	-90 4244	0,55755 5588	10036 0463	-92 4481
20	0,65575 4210	9945 1547	-90 1662	0,65699 1571	9943 5982	-92 1753
15	0,75430 4095	9854 9885	-89 9083	0,75550 5800	9851 4229	-91 9028
10	0,85195 4898	9765 0803	-89 6505	0,85310 1001	9759 5201	-91 6305
05	0,94870 9195	9675 4298	-89 3930	0,94977 9897	9667 8896	-91 3584
0,00	1,04456 9563	9586 0368	-89 1357	1,04554 5209	9576 5312	-91 0866
05	1,13953 8574	9496 9011	-88 8786	1,14039 9654	9485 4446	-90 8150
10	1,23361 8800	9408 0225	-88 6216	1,23434 5950	9394 6296	-90 5436
15	1,32681 2809	9319 4009	-88 3650	1,32738 6810	9304 0860	-90 2725
20	1,41912 3168	9231 0359	-88 1085	1,41952 4945	9213 8135	-90 0016
0,25	1,51055 2443	9142 9275	-87 8522	1,51076 3065	9123 8120	-89 7309
30	1,60110 3196	9055 0753	-87 5961	1,60110 3876	9034 0811	-89 4604
35	1,69077 7988	8967 4792	-87 3403	1,69055 0082	8944 6207	-89 1902
40	1,77957 9377	8880 1389	-87 0846	1,77910 4387	8855 4305	-88 9202
45	1,86750 9920	8793 0543	-86 8292	1,86676 9490	8766 5103	-88 6504
0,50	1,95457 2172	8706 2252	-86 5739	1,95354 8089	8677 8599	-88 3809
55	2,04076 8685	8619 6513	-86 3189	2,03944 2879	8589 4790	-88 1116
60	2,12610 2008	8533 3324	-86 0641	2,12445 6552	8501 3674	-87 8425
65	2,21057 4691	8447 2683	-85 8095	2,20859 1801	8413 5249	-87 5737
70	2,29418 9280	8361 4589	-85 5550	2,29185 1314	8325 9512	-87 3050
0,75	2,37694 8318	8275 9038	-85 3009	2,37423 7775	8238 6462	-87 0367
80	2,45885 4348	8190 6030	-85 0469	2,45575 3870	8151 6095	-86 7685
85	2,53990 9908	8105 5561	-84 7931	2,53640 2281	8064 8410	-86 5006
90	2,62011 7538	8020 7630	-84 5395	2,61618 5685	7978 3404	-86 2329
95	2,69947 9773	7936 2235	-84 2861	2,69510 6761	7892 1076	-85 9654
1,00	2,77799 9147	7851 9373	-84 0330	2,77316 8182	7806 1422	-85 6982

q = 0,4605779   θ = 89°36,3439'   q = 0,4631157   θ = 89°37,3947'

z	q^4 = 0,047	Δ	$Δ^2$	q^4 = 0,048	Δ	$Δ^2$
-1,00	-1,04747 9958	+11389 4781		-1,04850 5945	+11419 9132	
95	-0,93358 5177	11290 9490	-98 5291	-0,93430 6813	11319 1380	-100 7751
90	-0,82067 5688	11192 7112	-98 2377	-0,82111 5433	11218 6702	-100 4678
85	-0,70874 8575	11094 7647	-97 9466	-0,70892 8731	11118 5095	-100 1607
80	-0,59780 0928	10997 1090	-97 6557	-0,59774 3636	11018 6555	-99 8540
-0,75	-0,48782 9838	10899 7440	-97 3650	-0,48755 7080	10919 1081	-99 5475
70	-0,37883 2398	10802 6694	-97 0746	-0,37836 6000	10819 8668	-99 2412
65	-0,27080 5705	10705 8849	-96 7845	-0,27016 7331	10720 9316	-98 9353
60	-0,16374 6856	10609 3903	-96 4946	-0,16295 8016	10622 3019	-98 6296
55	-0,05765 2953	10513 1853	-96 2050	-0,05673 4996	10523 9777	-98 3242
-0,50	+0,04747 8899	10417 2697	-95 9156	+0,04850 4781	10425 9585	-98 0191
45	0,15165 1596	10321 6432	-95 6265	0,15276 4366	10328 2442	-97 7143
40	0,25486 8027	10226 3055	-95 3376	0,25604 6808	10230 8344	-97 4098
35	0,35713 1083	10131 2565	-95 0490	0,35835 5153	10133 7289	-97 1055
30	0,45844 3648	10036 4958	-94 7607	0,45969 2442	10036 9274	-96 8015
-0,25	0,55880 8606	9942 0233	-94 4726	0,56006 1716	9940 4296	-96 4978
20	0,65822 8838	9847 8385	-94 1847	0,65946 6012	9844 2352	-96 1944
15	0,75670 7224	9753 9414	-93 8971	0,75790 8364	9748 3439	-95 8913
10	0,85424 6638	9660 3316	-93 6098	0,85539 1803	9652 7556	-95 5884
05	0,95084 9954	9567 0089	-93 3227	0,95191 9359	9557 4698	-95 2858
0,00	1,04652 0043	9473 9730	-93 0359	1,04749 4056	9462 4863	-94 9835
05	1,14125 9773	9381 2237	-92 7493	1,14211 8919	9367 8048	-94 6815
10	1,23507 2010	9288 7607	-92 4630	1,23579 6967	9273 4251	-94 3797
15	1,32795 9618	9196 5838	-92 1769	1,32853 1219	9179 3469	-94 0782
20	1,41992 5456	9104 6927	-91 8911	1,42032 4687	9085 5698	-93 7770
0,25	1,51097 2384	9013 0872	-91 6055	1,51118 0386	8992 0937	-93 4761
30	1,60110 3256	8921 7670	-91 3202	1,60110 1323	8898 9182	-93 1755
35	1,69032 0926	8830 7318	-91 0352	1,69009 0505	8806 0431	-92 8751
40	1,77862 8244	8739 9815	-90 7504	1,77815 0936	8713 4680	-92 5751
45	1,86602 8059	8649 5157	-90 4658	1,86528 5616	8621 1928	-92 2753
0,50	1,95252 3215	8559 3341	-90 1815	1,95149 7544	8529 2171	-91 9757
55	2,03811 6557	8469 4367	-89 8975	2,03678 9715	8437 5406	-91 6765
60	2,12281 0924	8379 8230	-89 6137	2,12116 5121	8346 1631	-91 3775
65	2,20660 9154	8290 4928	-89 3301	2,20462 6751	8255 0842	-91 0788
70	2,28951 4082	8201 4460	-89 0469	2,28717 7593	8164 3038	-90 7804
0,75	2,37152 8542	8112 6821	-88 7638	2,36882 0632	8073 8215	-90 4823
80	2,45265 5363	8024 2011	-88 4811	2,44955 8847	7983 6371	-90 1844
85	2,53289 7374	7936 0026	-88 1985	2,52939 5217	7893 7502	-89 8869
90	2,61225 7400	7848 0863	-87 9163	2,60833 2720	7804 1607	-89 5896
95	2,69073 8263	7760 4521	-87 6342	2,68637 4326	7714 8681	-89 2925
1,00	2,76834 2783		-87 3525	2,76352 3007		-88 9958

q = 0,4656123 θ = 89°38,3914' q = 0,4680695 θ = 89°39,3372'

z	q^4 = 0,049	Δ	Δ²	q^4 = 0,050	Δ	Δ²
-1,00	-1,04953 2761	+11450 3942		-1,05056 0415	+11480 9217	
95	-0,93502 8819	11347 3651	-103 0291	-0,93575 1198	11375 6306	-105 2911
90	-0,82155 5168	11244 6598	-102 7053	-0,82199 4892	11270 6804	-104 9503
85	-0,70910 8570	11142 2780	-102 3818	-0,70928 8089	11166 0705	-104 6098
80	-0,59768 5789	11040 2194	-102 0586	-0,59762 7383	11061 8008	-104 2697
-0,75	-0,48728 3595	10938 4837	-101 7357	-0,48700 9375	10957 8709	-103 9299
70	-0,37789 8758	10837 0705	-101 4132	-0,37743 0666	10854 2804	-103 5905
65	-0,26952 8053	10735 9796	-101 0909	-0,26888 7861	10751 0291	-103 2514
60	-0,16216 8257	10635 2107	-100 7689	-0,16137 7571	10648 1164	-102 9126
55	-0,05581 6150	10534 7634	-100 4473	-0,05489 6406	10545 5423	-102 5742
-0,50	+0,04953 1483	10434 6374	-100 1260	+0,05055 9016	10443 3062	-102 2361
45	0,15387 7858	10334 8325	-99 8049	0,15499 2078	10341 4078	-101 8983
40	0,25722 6182	10235 3483	-99 4842	0,25840 6156	10239 8469	-101 5609
35	0,35957 9666	10136 1845	-99 1638	0,36080 4626	10138 6231	-101 2238
30	0,46094 1511	10037 3409	-98 8437	0,46219 0857	10037 7360	-100 8871
-0,25	0,56131 4920	9938 8170	-98 5238	0,56256 8217	9937 1854	-100 5507
20	0,66070 3090	9840 6127	-98 2043	0,66194 0071	9836 9708	-100 2146
15	0,75910 9217	9742 7275	-97 8852	0,76030 9779	9737 0920	-99 8788
10	0,85653 6492	9645 1613	-97 5663	0,85768 0699	9637 5486	-99 5434
05	0,95298 8105	9547 9136	-97 2477	0,95405 6184	9538 3402	-99 2084
0,00	1,04846 7241	9450 9842	-96 9294	1,04943 9586	9439 4666	-98 8736
05	1,14297 7082	9354 3727	-96 6114	1,14383 4252	9340 9274	-98 5392
10	1,23652 0810	9258 0790	-96 2938	1,23724 3526	9242 7222	-98 2051
15	1,32910 1600	9162 1026	-95 9764	1,32967 0748	9144 8508	-97 8714
20	1,42072 2625	9066 4432	-95 6594	1,42111 9256	9047 3128	-97 5380
0,25	1,51138 7057	8971 1006	-95 3426	1,51159 2385	8950 1079	-97 2050
30	1,60109 8063	8876 0744	-95 0262	1,60109 3463	8853 2356	-96 8722
35	1,68985 8807	8781 3644	-94 7100	1,68962 5819	8756 6958	-96 5398
40	1,77767 2451	8686 9702	-94 3942	1,77719 2777	8660 4880	-96 2078
45	1,86454 2153	8592 8915	-94 0787	1,86379 7658	8564 6120	-95 8761
0,50	1,95047 1068	8499 1280	-93 7635	1,94944 3777	8469 0673	-95 5447
55	2,03546 2348	8405 6795	-93 4486	2,03413 4450	8373 8537	-95 2136
60	2,11951 9142	8312 5455	-93 1339	2,11787 2987	8278 9708	-94 8829
65	2,20264 4598	8219 7259	-92 8196	2,20066 2696	8184 4183	-94 5525
70	2,28484 1856	8127 2202	-92 5056	2,28250 6879	8090 1959	-94 2224
0,75	2,36611 4059	8035 0283	-92 1919	2,36340 8838	7996 3032	-93 8927
80	2,44646 4342	7943 1497	-91 8786	2,44337 1869	7902 7398	-93 5633
85	2,52589 5839	7851 5843	-91 5655	2,52239 9267	7809 5055	-93 2343
90	2,60441 1682	7760 3316	-91 2527	2,60049 4323	7716 5999	-92 9056
95	2,68201 4997	7669 3913	-90 9402	2,67766 0322	7624 0228	-92 5772
1,00	2,75870 8911		-90 6281	2,75390 0550		-92 2491

q = 0,4704885 θ = 89°40,2354' q = 0,4728708 θ = 89°41,0888'

z	q^4 = 0,051	Δ	$Δ^2$	q^4 = 0,052	Δ	$Δ^2$
-1,00	-1,05158 8917	+11511 4961		-1,05261 8275	+11542 1180	
95	-0,93647 3956	11403 9350	-107 5611	-0,93719 7095	11432 2786	-109 8394
90	-0,82243 4606	11296 7322	-107 2028	-0,82287 4309	11322 8156	-109 4630
85	-0,70946 7284	11189 8873	-106 8449	-0,70964 6153	11213 7285	-109 0871
80	-0,59756 8411	11083 4000	-106 4873	-0,59750 8867	11105 0171	-108 7115
-0,75	-0,48673 4411	10977 2699	-106 1301	-0,48645 8697	10996 6808	-108 3363
70	-0,37696 1712	10871 4967	-105 7733	-0,37649 1889	10888 7192	-107 9615
65	-0,26824 6746	10766 0799	-105 4168	-0,26760 4697	10781 1321	-107 5872
60	-0,16058 5947	10661 0192	-105 0607	-0,15979 3376	10673 9189	-107 2132
55	-0,05397 5755	10556 3142	-104 7049	-0,05305 4187	10567 0793	-106 8396
-0,50	+0,05158 7388	10451 9647	-104 3496	+0,05261 6606	10460 6128	-106 4665
45	0,15610 7034	10347 9701	-103 9946	0,15722 2734	10354 5191	-106 0937
40	0,25958 6735	10244 3302	-103 6399	0,26076 7926	10248 7978	-105 7213
35	0,36203 0037	10141 0445	-103 2857	0,36325 5904	10143 4485	-105 3494
30	0,46344 0482	10038 1127	-102 9318	0,46469 0388	10038 4707	-104 9778
-0,25	0,56382 1609	9935 5345	-102 5782	0,56507 5095	9933 8640	-104 6066
20	0,66317 6953	9833 3094	-102 2251	0,66441 3736	9829 6282	-104 2359
15	0,76151 0047	9731 4371	-101 8723	0,76271 0017	9725 7627	-103 8655
10	0,85882 4418	9629 9172	-101 5199	0,85996 7644	9622 2671	-103 4955
05	0,95512 3590	9528 7494	-101 1678	0,95619 0315	9519 1411	-103 1260
0,00	1,05041 1085	9427 9334	-100 8161	1,05138 1727	9416 3843	-102 7568
05	1,14469 0418	9327 4686	-100 4648	1,14554 5570	9313 9963	-102 3881
10	1,23796 5104	9227 3548	-100 1138	1,23868 5533	9211 9766	-102 0197
15	1,33023 8652	9127 5916	-99 7632	1,33080 5298	9110 3248	-101 6517
20	1,42151 4568	9028 1786	-99 4130	1,42190 8547	9009 0407	-101 2842
0,25	1,51179 6354	8929 1155	-99 0631	1,51199 8953	8908 1236	-100 9170
30	1,60108 7510	8830 4019	-98 7136	1,60108 0189	8807 5734	-100 5502
35	1,68939 1529	8732 0375	-98 3645	1,68915 5923	8707 3895	-100 1839
40	1,77671 1904	8634 0218	-98 0157	1,77622 9818	8607 5716	-99 8179
45	1,86305 2121	8536 3545	-97 6673	1,86230 5534	8508 1192	-99 4524
0,50	1,94841 5666	8439 0352	-97 3193	1,94738 6727	8409 0321	-99 0872
55	2,03280 6018	8342 0636	-96 9716	2,03147 7047	8310 3096	-98 7224
60	2,11622 6655	8245 4394	-96 6243	2,11458 0144	8211 9516	-98 3580
65	2,19868 1049	8149 1620	-96 2774	2,19669 9660	8113 9575	-97 9941
70	2,28017 2669	8053 2313	-95 9308	2,27783 9235	8016 3270	-97 6305
0,75	2,36070 4982	7957 6467	-95 5845	2,35800 2505	7919 0597	-97 2673
80	2,44028 1449	7862 4080	-95 2387	2,43719 3102	7822 1552	-96 9045
85	2,51890 5530	7767 5148	-94 8932	2,51541 4654	7725 6130	-96 5422
90	2,59658 0678	7672 9667	-94 5481	2,59267 0784	7629 4328	-96 1802
95	2,67331 0345	7578 7634	-94 2033	2,66896 5112	7533 6142	-95 8186
1,00	2,74909 7979		-93 8590	2,74430 1254		-95 4574

q = 0,4752176   Θ = 89°41,9000'   q = 0,4775302   Θ = 89°42,6716'

z	q^4= 0,053	Δ	$Δ^2$	q^4= 0,054	Δ	$Δ^2$
-1,00	-1,05364 8498	+11572 7879		-1,05467 9594	+11603 5062	
95	-0,93792 0619	11460 6619	-112 1260	-0,93864 4533	11489 0853	-114 4209
90	-0,82331 4000	11348 9309	-111 7310	-0,82375 3680	11375 0785	-114 0068
85	-0,70982 4691	11237 5945	-111 3364	-0,71000 2895	11261 4854	-113 5931
80	-0,59744 8746	11126 6522	-110 9423	-0,59738 8041	11148 3056	-113 1798
-0,75	-0,48618 2224	11016 1036	-110 5486	-0,48590 4985	11035 5385	-112 7671
70	-0,37602 1188	10905 9482	-110 1554	-0,37554 9599	10923 1837	-112 3548
65	-0,26696 1705	10796 1857	-109 7626	-0,26631 7762	10811 2407	-111 9430
60	-0,15899 9849	10686 8155	-109 3702	-0,15820 5355	10699 7090	-111 5317
55	-0,05213 1693	10577 8373	-108 9782	-0,05120 8265	10588 5881	-111 1209
-0,50	+0,05364 6679	10469 2505	-108 5867	+0,05467 7616	10477 8776	-110 7105
45	0,15833 9184	10361 0548	-108 1957	0,15945 6392	10367 5770	-110 3006
40	0,26194 9733	10253 2498	-107 8051	0,26313 2162	10257 6858	-109 8912
35	0,36448 2230	10145 8349	-107 4149	0,36570 9021	10148 2036	-109 4822
30	0,46594 0579	10038 8098	-107 0251	0,46719 1057	10039 1298	-109 0738
-0,25	0,56632 8677	9932 1740	-106 6358	0,56758 2355	9930 4640	-108 6658
20	0,66565 0417	9825 9270	-106 2469	0,66688 6995	9822 2057	-108 2583
15	0,76390 9687	9720 0685	-105 8585	0,76510 9052	9714 3545	-107 8512
10	0,86111 0372	9614 5981	-105 4705	0,86225 2597	9606 9098	-107 4447
05	0,95725 6353	9509 5151	-105 0829	0,95832 1696	9499 8713	-107 0386
0,00	1,05235 1504	9404 8194	-104 6958	1,05332 0408	9393 2383	-106 6330
05	1,14639 9698	9300 5103	-104 3091	1,14725 2791	9287 0105	-106 2278
10	1,23940 4800	9196 5874	-103 9228	1,24012 2896	9181 1873	-105 8231
15	1,33137 0675	9093 0504	-103 5370	1,33193 4770	9075 7684	-105 4189
20	1,42230 1179	8989 8988	-103 1516	1,42269 2454	8970 7532	-105 0152
0,25	1,51220 0168	8887 1322	-102 7666	1,51239 9985	8866 1412	-104 6120
30	1,60107 1490	8784 7501	-102 3821	1,60106 1397	8761 9320	-104 2092
35	1,68891 8990	8682 7520	-101 9980	1,68868 0718	8658 1251	-103 8069
40	1,77574 6511	8581 1376	-101 6144	1,77526 1969	8554 7201	-103 4051
45	1,86155 7887	8479 9065	-101 2312	1,86080 9170	8451 7164	-103 0037
0,50	1,94635 6952	8379 0581	-100 8484	1,94532 6333	8349 1136	-102 6028
55	2,03014 7532	8278 5920	-100 4660	2,02881 7469	8246 9112	-102 2024
60	2,11293 3453	8178 5079	-100 0841	2,11128 6581	8145 1087	-101 8025
65	2,19471 8532	8078 8053	-99 7026	2,19273 7668	8043 7057	-101 4030
70	2,27550 6584	7979 4837	-99 3216	2,27317 4725	7942 7017	-101 0040
0,75	2,35530 1421	7880 5427	-98 9410	2,35260 1743	7842 0963	-100 6055
80	2,43410 6848	7781 9819	-98 5608	2,43102 2705	7741 8889	-100 2074
85	2,51192 6666	7683 8008	-98 1811	2,50844 1594	7642 0791	-99 8098
90	2,58876 4674	7585 9991	-97 8017	2,58486 2385	7542 6664	-99 4127
95	2,66462 4665	7488 5762	-97 4228	2,66028 9049	7443 6503	-99 0161
1,00	2,73951 0427		-97 0444	2,73472 5552		-98 6199

q = 0,4798096   Θ = 89°43,4059'   q = 0,4820571   Θ = 89°44,1048'

z	q^4= 0,055	Δ	Δ²	q^4= 0,056	Δ	Δ²
-1,00	-1,05571 1573	+11634 2734		-1,05674 4442	+11665 0901	
95	-0,93936 8839	11517 5491	-116 7243	-0,94009 3541	11546 0537	-119 0363
90	-0,82419 3348	11401 2586	-116 2904	-0,82463 3004	11427 4716	-118 5821
85	-0,71018 0762	11285 4016	-115 8570	-0,71035 8288	11309 3432	-118 1284
80	-0,59732 6746	11169 9774	-115 4242	-0,59726 4856	11191 6679	-117 6753
-0,75	-0,48562 6972	11054 9857	-114 9918	-0,48534 8177	11074 4451	-117 2228
70	-0,37507 7115	10940 4257	-114 5599	-0,37460 3726	10957 6743	-116 7708
65	-0,26567 2858	10826 2971	-114 1286	-0,26502 6983	10841 3549	-116 3194
60	-0,15740 9887	10712 5993	-113 6978	-0,15661 3434	10725 4864	-115 8685
55	-0,05028 3894	10599 3318	-113 2675	-0,04935 8570	10610 0682	-115 4182
-0,50	+0,05570 9424	10486 4941	-112 8377	+0,05674 2111	10495 0997	-114 9685
45	0,16057 4364	10374 0856	-112 4085	0,16169 3108	10380 5804	-114 5193
40	0,26431 5220	10262 1059	-111 9797	0,26549 8912	10266 5097	-114 0707
35	0,36693 6279	10150 5544	-111 5515	0,36816 4009	10152 8871	-113 6226
30	0,46844 1823	10039 4306	-111 1238	0,46969 2880	10039 7120	-113 1751
-0,25	0,56883 6129	9928 7340	-110 6966	0,57008 9999	9926 9838	-112 7282
20	0,66812 3469	9818 4641	-110 2699	0,66935 9837	9814 7020	-112 2818
15	0,76630 8110	9708 6204	-109 8437	0,76750 6857	9702 8660	-111 8360
10	0,86339 4314	9599 2023	-109 4181	0,86453 5516	9591 4753	-111 3907
05	0,95938 6337	9490 2093	-108 9929	0,96045 0269	9480 5292	-110 9460
0,00	1,05428 8430	9381 6410	-108 5683	1,05525 5561	9370 0274	-110 5019
05	1,14810 4840	9273 4968	-108 1442	1,14895 5835	9259 9691	-110 0583
10	1,24083 9808	9165 7762	-107 7206	1,24155 5526	9150 3539	-109 6152
15	1,33249 7570	9058 4786	-107 2975	1,33305 9065	9041 1811	-109 1728
20	1,42308 2356	8951 6036	-106 8750	1,42347 0876	8932 4502	-108 7309
0,25	1,51259 8393	8845 1507	-106 4529	1,51279 5378	8824 1607	-108 2895
30	1,60104 9900	8739 1193	-106 0314	1,60103 6985	8716 3120	-107 8487
35	1,68844 1093	8633 5089	-105 6104	1,68820 0105	8608 9036	-107 4085
40	1,77477 6182	8528 3191	-105 1899	1,77428 9141	8501 9348	-106 9688
45	1,86005 9373	8423 5492	-104 7699	1,85930 8488	8395 4051	-106 5296
0,50	1,94429 4865	8319 1988	-104 3504	1,94326 2540	8289 3141	-106 0911
55	2,02748 6853	8215 2674	-103 9314	2,02615 5681	8183 6610	-105 6530
60	2,10963 9527	8111 7544	-103 5130	2,10799 2291	8078 4454	-105 2156
65	2,19075 7071	8008 6594	-103 0950	2,18877 6745	7973 6668	-104 7787
70	2,27084 3665	7905 9818	-102 6776	2,26851 3413	7869 3244	-104 3423
0,75	2,34990 3484	7803 7212	-102 2607	2,34720 6657	7765 4179	-103 9065
80	2,42794 0695	7701 8769	-101 8443	2,42486 0836	7661 9466	-103 4713
85	2,50495 9464	7600 4485	-101 4284	2,50148 0303	7558 9100	-103 0366
90	2,58096 3950	7499 4356	-101 0130	2,57706 9403	7456 3075	-102 6025
95	2,65595 8306	7398 8375	-100 5981	2,65163 2478	7354 1387	-102 1689
1,00	2,72994 6680		-100 1837	2,72517 3865		-101 7359

q = 0,4842735 Θ = 89°44,7706 q = 0,4864599 Θ = 89°45,4049'

z	q^4 = 0,057	Δ	$Δ^2$	q^4 = 0,058	Δ	$Δ^2$
-1,00	-1,05777 8210			-1,05881 2886		
		+11695 9566			+11726 8735	
95	-0,94081 8644		-121 3570	-0,94154 4151		-123 6863
		11574 5997			11603 1872	
90	-0,82507 2648		-120 8818	-0,82551 2279		-123 1897
		11453 7178			11479 9975	
85	-0,71053 5469		-120 4073	-0,71071 2303		-122 6938
		11333 3105			11357 3037	
80	-0,59720 2364		-119 9334	-0,59713 9266		-122 1985
		11213 3771			11235 1052	
-0,75	-0,48506 8594		-119 4601	-0,48478 8214		-121 7039
		11093 9169			11113 4013	
70	-0,37412 9424		-118 9874	-0,37365 4201		-121 2099
		10974 9295			10992 1914	
65	-0,26438 0129		-118 5154	-0,26373 2287		-120 7166
		10856 4141			10871 4748	
60	-0,15581 5988		-118 0439	-0,15501 7539		-120 2240
		10738 3702			10751 2508	
55	-0,04843 2286		-117 5730	-0,04750 5031		-119 7320
		10620 7972			10631 5188	
-0,50	+0,05777 5686		-117 1028	+0,05881 0156		-119 2407
		10503 6944			10512 2781	
45	0,16281 2630		-116 6331	0,16393 2937		-118 7500
		10387 0613			10393 5281	
40	0,26668 3243		-116 1641	0,26786 8219		-118 2600
		10270 8972			10275 2681	
35	0,36939 2215		-115 6957	0,37062 0900		-117 7706
		10155 2015			10157 4975	
30	0,47094 4230		-115 2278	0,47219 5875		-117 2819
		10039 9737			10040 2156	
-0,25	0,57134 3967		-114 7606	0,57259 8032		-116 7938
		9925 2131			9923 4218	
20	0,67059 6098		-114 2940	0,67183 2250		-116 3064
		9810 9191			9807 1153	
15	0,76870 5289		-113 8280	0,76990 3403		-115 8197
		9697 0911			9691 2956	
10	0,86567 6200		-113 3626	0,86681 6360		-115 3336
		9583 7286			9575 9620	
05	0,96151 3486		-112 8978	0,96257 5980		-114 8482
		9470 8308			9461 1138	
0,00	1,05622 1794		-112 4336	1,05718 7118		-114 3634
		9358 3972			9346 7504	
05	1,14980 5766		-111 9700	1,15065 4623		-113 8793
		9246 4273			9232 8712	
10	1,24227 0039		-111 5070	1,24298 3335		-113 3958
		9134 9203			9119 4754	
15	1,33361 9241		-111 0446	1,33417 8088		-112 9130
		9023 8757			9006 5624	
20	1,42385 7998		-110 5828	1,42424 3712		-112 4308
		8913 2929			8894 1316	
0,25	1,51299 0927		-110 1216	1,51318 5028		-111 9493
		8803 1712			8782 1823	
30	1,60102 2639		-109 6611	1,60100 6852		-111 4684
		8693 5102			8670 7139	
35	1,68795 7741		-109 2011	1,68771 3990		-110 9882
		8584 3091			8559 7257	
40	1,77380 0832		-108 7417	1,77331 1247		-110 5087
		8475 5674			8449 2170	
45	1,85855 6506		-108 2829	1,85780 3417		-110 0297
		8367 2844			8339 1873	
0,50	1,94222 9350		-107 8248	1,94119 5290		-109 5515
		8259 4596			8229 6358	
55	2,02482 3947		-107 3672	2,02349 1648		-109 0739
		8152 0924			8120 5619	
60	2,10634 4871		-106 9103	2,10469 7267		-108 5969
		8045 1822			8011 9650	
65	2,18679 6693		-106 4539	2,18481 6917		-108 1206
		7938 7283			7903 8444	
70	2,26618 3975		-105 9981	2,26385 5361		-107 6450
		7832 7301			7796 1994	
0,75	2,34451 1277		-105 5430	2,34181 7355		-107 1700
		7727 1871			7689 0294	
80	2,42178 3148		-105 0884	2,41870 7649		-106 6956
		7622 0987			7582 3338	
85	2,49800 4135		-104 6345	2,49453 0988		-106 2219
		7517 4642			7476 1120	
90	2,57317 8778		-104 1811	2,56929 2107		-105 7488
		7413 2831			7370 3631	
95	2,64731 1609		-103 7284	2,64299 5738		-105 2764
		7309 5548			7265 0867	
1,00	2,72040 7156		-103 2762	2,71564 6605		-104 8047

q = 0,4886172 Θ = 89°46,0095' q = 0,4907463 Θ = 89°46,5862'

z	q^4 = 0,059	Δ	$Δ^2$	q^4 = 0,060	Δ	$Δ^2$
-1,00	-1,05984 8478	+11757 8413		-1,06088 4994	+11788 8604	
95	-0,94227 0065	11631 8168	-126 0245	-0,94299 6389	11660 4889	-128 3716
90	-0,82595 1896	11506 3110	-125 5058	-0,82639 1501	11532 6586	-127 8303
85	-0,71088 8786	11381 3231	-124 9879	-0,71106 4915	11405 3689	-127 2897
80	-0,59707 5555	11256 8525	-124 4707	-0,59701 1226	11278 6190	-126 7499
-0,75	-0,48450 7030	11132 8983	-123 9541	-0,48422 5036	11152 4081	-126 2109
70	-0,37317 8047	11009 4600	-123 4383	-0,37270 0955	11026 7354	-125 6727
65	-0,26308 3447	10886 5368	-122 9232	-0,26243 3601	10901 6003	-125 1352
60	-0,15421 8079	10764 1280	-122 4088	-0,15341 7598	10777 0018	-124 5984
55	-0,04657 6799	10642 2328	-121 8951	-0,04564 7580	10652 9393	-124 0625
-0,50	+0,05984 5529	10520 8507	-121 3822	+0,06088 1814	10529 4120	-123 5273
45	0,16505 4036	10399 9808	-120 8699	0,16617 5934	10406 4192	-122 9929
40	0,26905 3844	10279 6225	-120 3583	0,27024 0125	10283 9599	-122 4592
35	0,37185 0069	10159 7750	-119 8475	0,37307 9725	10162 0336	-121 9263
30	0,47344 7818	10040 4376	-119 3373	0,47470 0061	10040 6394	-121 3942
-0,25	0,57385 2195	9921 6097	-118 8279	0,57510 6455	9919 7766	-120 8628
20	0,67306 8292	9803 2905	-118 3192	0,67430 4221	9799 4444	-120 3322
15	0,77110 1197	9685 4793	-117 8112	0,77229 8666	9679 6421	-119 8024
10	0,86795 5990	9568 1755	-117 3039	0,86909 5086	9560 3688	-119 2733
05	0,96363 7745	9451 3782	-116 7973	0,96469 8774	9441 6238	-118 7450
0,00	1,05815 1527	9335 0869	-116 2914	1,05911 5012	9323 4064	-118 2174
05	1,15150 2396	9219 3007	-115 7862	1,15234 9076	9205 7158	-117 6906
10	1,24369 5403	9104 0191	-115 2817	1,24440 6234	9088 5512	-117 1646
15	1,33473 5594	8989 2412	-114 7779	1,33529 1747	8971 9120	-116 6393
20	1,42462 8006	8874 9664	-114 2748	1,42501 0866	8855 7972	-116 1148
0,25	1,51337 7670	8761 1939	-113 7724	1,51356 8838	8740 2062	-115 5910
30	1,60098 9609	8647 9232	-113 2708	1,60097 0900	8625 1381	-115 0680
35	1,68746 8841	8535 1534	-112 7698	1,68722 2281	8510 5924	-114 5458
40	1,77282 0375	8422 8839	-112 2695	1,77232 8205	8396 5681	-114 0243
45	1,85704 9213	8311 1139	-111 7700	1,85629 3885	8283 0645	-113 5036
0,50	1,94016 0352	8199 8428	-111 2711	1,93912 4530	8170 0809	-112 9836
55	2,02215 8780	8089 0698	-110 7730	2,02082 5339	8057 6164	-112 4644
60	2,10304 9478	7978 7943	-110 2755	2,10140 1503	7945 6705	-111 9460
65	2,18283 7421	7869 0155	-109 7788	2,18085 8208	7834 2422	-111 4283
70	2,26152 7576	7759 7328	-109 2827	2,25920 0629	7723 3308	-110 9113
0,75	2,33912 4904	7650 9454	-108 7874	2,33643 3938	7612 9357	-110 3952
80	2,41563 4358	7542 6527	-108 2927	2,41256 3294	7503 0559	-109 8798
85	2,49106 0885	7434 8539	-107 7988	2,48759 3853	7393 6908	-109 3651
90	2,56540 9424	7327 5484	-107 3055	2,56153 0762	7284 8396	-108 8512
95	2,63868 4908	7220 7354	-106 8130	2,63437 9158	7176 5016	-108 3380
1,00	2,71089 2261		-106 3212	2,70614 4174		-107 8256

q = 0,4928480 Θ = 89°47,1362' q = 0,4949232 Θ = 89°47,6612'

z	q^4 = 0,061	Δ	$Δ^2$	q^4 = 0,062	Δ	$Δ^2$
-1,00	-1,06192 2442	+11819 9314		-1,06296 0831	+11851 0546	
95	-0,94372 3128	11689 2037	-130 7277	-0,94445 0285	11717 9617	-133 0928
90	-0,82683 1091	11559 0406	-130 1631	-0,82727 0668	11585 4574	-132 5044
85	-0,71124 0685	11429 4413	-129 5993	-0,71141 6094	11453 5406	-131 9168
80	-0,59694 6272	11300 4049	-129 0364	-0,59688 0688	11322 2105	-131 3301
-0,75	-0,48394 2223	11171 9307	-128 4743	-0,48365 8583	11191 4662	-130 7443
70	-0,37222 2916	11044 0177	-127 9130	-0,37174 3922	11061 3068	-130 1594
65	-0,26178 2739	10916 6651	-127 3525	-0,26113 0854	10931 7314	-129 5754
60	-0,15261 6088	10789 8722	-126 7929	-0,15181 3539	10802 7392	-128 9922
55	-0,04471 7365	10663 6381	-126 2341	-0,04378 6147	10674 3292	-128 4100
-0,50	+0,06191 9016	10537 9620	-125 6761	+0,06295 7145	10546 5006	-127 8286
45	0,16729 8636	10412 8431	-125 1190	0,16842 2150	10419 2524	-127 2482
40	0,27142 7067	10288 2805	-124 5626	0,27261 4675	10292 5838	-126 6686
35	0,37430 9872	10164 2733	-124 0071	0,37554 0513	10166 4940	-126 0899
30	0,47595 2605	10040 8209	-123 4524	0,47720 5453	10040 9819	-125 5121
-0,25	0,57636 0814	9917 9224	-122 8985	0,57761 5272	9916 0468	-124 9351
20	0,67554 0038	9795 5769	-122 3455	0,67677 5740	9791 6877	-124 3591
15	0,77349 5807	9673 7836	-121 7933	0,77469 2617	9667 9038	-123 7839
10	0,87023 3643	9552 5417	-121 2419	0,87137 1655	9544 6942	-123 2096
05	0,96575 9060	9431 8504	-120 6913	0,96681 8597	9422 0579	-122 6362
0,00	1,06007 7564	9311 7089	-120 1415	1,06103 9176	9299 9942	-122 0637
05	1,15319 4653	9192 1163	-119 5926	1,15403 9118	9178 5021	-121 4921
10	1,24511 5816	9073 0718	-119 0445	1,24582 4139	9057 5808	-120 9213
15	1,33584 6535	8954 5747	-118 4972	1,33639 9947	8937 2293	-120 3515
20	1,42539 2282	8836 6240	-117 9507	1,42577 2240	8817 4468	-119 7825
0,25	1,51375 8522	8719 2190	-117 4050	1,51394 6708	8698 2324	-119 2144
30	1,60095 0711	8602 3588	-116 8602	1,60092 9033	8579 5853	-118 6471
35	1,68697 4300	8486 0427	-116 3161	1,68672 4886	8461 5045	-118 0808
40	1,77183 4727	8370 2698	-115 7729	1,77133 9931	8343 9892	-117 5153
45	1,85553 7424	8255 0393	-115 2305	1,85477 9823	8227 0384	-116 9507
0,50	1,93808 7817	8140 3503	-114 6889	1,93705 0207	8110 6514	-116 3870
55	2,01949 1320	8026 2021	-114 1482	2,01815 6721	7994 8272	-115 8242
60	2,09975 3341	7912 5939	-113 6082	2,09810 4993	7879 5650	-115 2622
65	2,17887 9280	7799 5248	-113 0691	2,17690 0642	7764 8638	-114 7012
70	2,25687 4528	7686 9940	-112 5308	2,25454 9280	7650 7228	-114 1410
0,75	2,33374 4468	7575 0007	-111 9933	2,33105 6508	7537 1412	-113 5816
80	2,40949 4476	7463 5441	-111 4566	2,40642 7920	7424 1180	-113 0232
85	2,48412 9917	7352 6234	-110 9207	2,48066 9100	7311 6524	-112 4656
90	2,55765 6151	7242 2378	-110 3857	2,55378 5624	7199 7435	-111 9089
95	2,63007 8529	7132 3863	-109 8514	2,62578 3059	7088 3904	-111 3531
1,00	2,70140 2392		-109 3180	2,69666 6963		-110 7981

q = 0,4969726 θ = 89°48,1623 q = 0,4989970 θ = 89°48,6409'

z	q^4 = 0,063	Δ	$Δ^2$	q^4 = 0,064	Δ	$Δ^2$
-1,00	-1,06400 0169	+11882 2305		-1,06504 0464	+11913 4597	
95	-0,94517 7864	11746 7633	-135 4672	-0,94590 5867	11775 6089	-137 8508
90	-0,82771 0230	11611 9091	-134 8542	-0,82814 9778	11638 3962	-137 2127
85	-0,71159 1139	11477 6670	-134 2422	-0,71176 5816	11501 8206	-136 5756
80	-0,59681 4469	11344 0358	-133 6311	-0,59674 7609	11365 8810	-135 9396
-0,75	-0,48337 4111	11211 0148	-133 0210	-0,48308 8799	11230 5765	-135 3046
70	-0,37126 3964	11078 6029	-132 4119	-0,37078 3034	11095 9059	-134 6706
65	-0,26047 7935	10946 7991	-131 8037	-0,25982 3975	10961 8683	-134 0376
60	-0,15100 9944	10815 6027	-131 1965	-0,15020 5293	10828 4626	-133 4057
55	-0,04285 3917	10685 0124	-130 5902	-0,04192 0667	10695 6878	-132 7748
-0,50	+0,06399 6207	10555 0276	-129 9849	+0,06503 6211	10563 5429	-132 1449
45	0,16954 6483	10425 6470	-129 3805	0,17067 1639	10432 0268	-131 5160
40	0,27380 2953	10296 8700	-128 7771	0,27499 1908	10301 1386	-130 8882
35	0,37677 1653	10168 6953	-128 1746	0,37800 3294	10170 8773	-130 2614
30	0,47845 8606	10041 1222	-127 5731	0,47971 2067	10041 2417	-129 6357
-0,25	0,57886 9828	9914 1497	-126 9725	0,58012 4484	9912 2309	-129 0108
20	0,67801 1325	9787 7768	-126 3729	0,67924 6792	9783 8438	-128 3870
15	0,77588 9093	9662 0025	-125 7743	0,77708 5230	9656 0795	-127 7643
10	0,87250 9118	9536 8260	-125 1765	0,87364 6026	9528 9369	-127 1426
05	0,96787 7377	9412 2462	-124 5798	0,96893 5395	9402 4150	-126 5219
0,00	1,06199 9839	9288 2622	-123 9840	1,06295 9545	9276 5128	-125 9022
05	1,15488 2461	9164 8731	-123 3891	1,15572 4673	9151 2293	-125 2836
10	1,24653 1192	9042 0780	-122 7952	1,24723 6965	9026 5633	-124 6659
15	1,33695 1972	8919 8758	-122 2022	1,33750 2599	8902 5141	-124 0493
20	1,42615 0730	8798 2656	-121 6102	1,42652 7740	8779 0804	-123 4337
0,25	1,51413 3386	8677 2466	-121 0191	1,51431 8544	8656 2613	-122 8191
30	1,60090 5852	8556 8176	-120 4289	1,60088 1157	8534 0559	-122 2055
35	1,68647 4028	8436 9779	-119 8397	1,68622 1716	8412 4630	-121 5929
40	1,77084 3807	8317 7264	-119 2515	1,77034 6345	8291 4816	-120 9814
45	1,85402 1071	8199 0622	-118 6642	1,85326 1161	8171 1108	-120 3708
0,50	1,93601 1693	8080 9844	-118 0778	1,93497 2269	8051 3495	-119 7613
55	2,01682 1537	7963 4920	-117 4924	2,01548 5764	7932 1967	-119 1528
60	2,09645 6456	7846 5840	-116 9079	2,09480 7731	7813 6515	-118 5453
65	2,17492 2296	7730 2596	-116 3244	2,17294 4246	7695 7127	-117 9388
70	2,25222 4892	7614 5178	-115 7418	2,24990 1373	7578 3794	-117 3333
0,75	2,32837 0070	7499 3576	-115 1602	2,32568 5167	7461 6506	-116 7288
80	2,40336 3647	7384 7782	-114 5795	2,40030 1673	7345 5252	-116 1254
85	2,47721 1428	7270 7785	-113 9997	2,47375 6925	7230 0023	-115 5229
90	2,54991 9213	7157 3576	-113 4209	2,54605 6948	7115 0809	-114 9215
95	2,62149 2789	7044 5146	-112 8430	2,61720 7757	7000 7599	-114 3210
1,00	2,69193 7935		-112 2660	2,68721 5355		-113 7216

q = 0,5009970 Θ = 89°49,0982' q = 0,5029734 Θ = 89°49,5351'

z	q^4 = 0,065	Δ	$Δ^2$	q^4 = 0,066	Δ	$Δ^2$
-1,00	-1,06608 1724	+11944 7425		-1,06712 3957	+11976 0795	
95	-0,94663 4299	11804 4988	-140 2437	-0,94736 3162	11833 4334	-142 6461
90	-0,82858 9311	11664 9190	-139 5799	-0,82902 8828	11691 4776	-141 9558
85	-0,71194 0121	11526 0018	-138 9171	-0,71211 4052	11550 2108	-141 2668
80	-0,59668 0103	11387 7464	-138 2555	-0,59661 1944	11409 6319	-140 5789
-0,75	-0,48280 2639	11250 1514	-137 5949	-0,48251 5625	11269 7397	-139 8922
70	-0,37030 1125	11113 2159	-136 9355	-0,36981 8227	11130 5331	-139 2067
65	-0,25916 8965	10976 9388	-136 2771	-0,25851 2897	10992 0107	-138 5223
60	-0,14939 9577	10841 3189	-135 6199	-0,14859 2789	10854 1716	-137 8392
55	-0,04098 6388	10706 3551	-134 9638	-0,04005 1073	10717 0144	-137 1572
-0,50	+0,06607 7163	10572 0464	-134 3087	+0,06711 9071	10580 5381	-136 4764
45	0,17179 7627	10438 3917	-133 6548	0,17292 4452	10444 7414	-135 7967
40	0,27618 1544	10305 3897	-133 0019	0,27737 1866	10309 6231	-135 1182
35	0,37923 5441	10173 0396	-132 3502	0,38046 8097	10175 1822	-134 4410
30	0,48096 5837	10041 3401	-131 6995	0,48221 9919	10041 4173	-133 7648
-0,25	0,58137 9238	9910 2902	-131 0499	0,58263 4092	9908 3274	-133 0899
20	0,68048 2140	9779 8887	-130 4014	0,68171 7366	9775 9113	-132 4161
15	0,77828 1027	9650 1347	-129 7541	0,77947 6480	9644 1678	-131 7435
10	0,87478 2374	9521 0269	-129 1078	0,87591 8158	9513 0957	-131 0721
05	0,96999 2643	9392 5643	-128 4626	0,97104 9115	9382 6939	-130 4018
0,00	1,06391 8286	9264 7458	-127 8185	1,06487 6054	9252 9612	-129 7327
05	1,15656 5744	9137 5704	-127 1755	1,15740 5666	9123 8964	-129 0648
10	1,24794 1448	9011 0368	-126 5335	1,24864 4630	8995 4983	-128 3980
15	1,33805 1816	8885 1441	-125 8927	1,33859 9613	8867 7659	-127 7325
20	1,42690 3257	8759 8911	-125 2530	1,42727 7272	8740 6978	-127 0680
0,25	1,51450 2169	8635 2768	-124 6143	1,51468 4250	8614 2930	-126 4048
30	1,60085 4937	8511 3001	-123 9767	1,60082 7180	8488 5504	-125 7427
35	1,68596 7938	8387 9598	-123 3403	1,68571 2684	8363 4686	-125 0818
40	1,76984 7536	8265 2549	-122 7049	1,76934 7370	8239 0466	-124 4220
45	1,85250 0086	8143 1844	-122 0706	1,85173 7835	8115 2832	-123 7634
0,50	1,93393 1929	8021 7470	-121 4374	1,93289 0667	7992 1772	-123 1060
55	2,01414 9400	7900 9418	-120 8052	2,01281 2439	7869 7275	-122 4497
60	2,09315 8818	7780 7676	-120 1742	2,09150 9715	7747 9329	-121 7946
65	2,17096 6494	7661 2234	-119 5442	2,16898 9044	7626 7923	-121 1406
70	2,24757 8728	7542 3081	-118 9153	2,24525 6967	7506 3045	-120 4878
0,75	2,32300 1810	7424 0206	-118 2875	2,32032 0012	7386 4683	-119 8362
80	2,39724 2016	7306 3598	-117 6608	2,39418 4694	7267 2825	-119 1857
85	2,47030 5614	7189 3246	-117 0352	2,46685 7519	7148 7461	-118 5364
90	2,54219 8860	7072 9140	-116 4106	2,53834 4980	7030 8578	-117 8883
95	2,61292 8001	6957 1269	-115 7871	2,60865 3559	6913 6166	-117 2413
1,00	2,68249 9270		-115 1647	2,67778 9724		-116 5954

q = 0,5049267 Θ = 89°49,9528' q = 0,5068576 Θ = 89°50,3522'

z	q^4= 0,067	Δ	$Δ^2$	q^4= 0,068	Δ	$Δ^2$
-1,00	-1,06816 7171	+12007 4711		-1,06921 1374	+12038 9177	
95	-0,94809 2460	11862 4131	-145 0580	-0,94882 2197	11891 4382	-147 4794
90	-0,82946 8329	11718 0724	-144 3407	-0,82990 7815	11744 7038	-146 7345
85	-0,71228 7605	11574 4478	-143 6247	-0,71246 0777	11598 7130	-145 9908
80	-0,59654 3127	11431 5379	-142 9099	-0,59647 3647	11453 4644	-145 2486
-0,75	-0,48222 7748	11289 3415	-142 1964	-0,48193 9003	11308 9568	-144 5076
70	-0,36933 4334	11147 8573	-141 4842	-0,36884 9436	11165 1887	-143 7681
65	-0,25785 5761	11007 0841	-140 7732	-0,25719 7549	11022 1589	-143 0298
60	-0,14778 4919	10867 0206	-140 0635	-0,14697 5960	10879 8659	-142 2929
55	-0,03911 4713	10727 6656	-139 3550	-0,03817 7300	10738 3085	-141 5574
-0,50	+0,06816 1943	10589 0178	-138 6478	+0,06920 5785	10597 4853	-140 8232
45	0,17405 2120	10451 0758	-137 9419	0,17518 0638	10457 3950	-140 0904
40	0,27856 2879	10313 8386	-137 2372	0,27975 4588	10318 0361	-139 3589
35	0,38170 1265	10177 3048	-136 5338	0,38293 4949	10179 4074	-138 6287
30	0,48347 4313	10041 4732	-135 8316	0,48472 9023	10041 5075	-137 8999
-0,25	0,58388 9045	9906 3425	-135 1307	0,58514 4098	9904 3351	-137 1724
20	0,68295 2470	9771 9114	-134 4311	0,68418 7449	9767 8888	-136 4463
15	0,78067 1584	9638 1788	-133 7327	0,78186 6338	9632 1674	-135 7215
10	0,87705 3372	9505 1433	-133 0355	0,87818 8011	9497 1694	-134 9980
05	0,97210 4805	9372 8037	-132 3396	0,97315 9705	9362 8935	-134 2759
0,00	1,06583 2841	9241 1587	-131 6449	1,06678 8639	9229 3383	-133 5551
05	1,15824 4428	9110 2072	-130 9515	1,15908 2023	9096 5027	-132 8357
10	1,24934 6500	8979 9478	-130 2594	1,25004 7050	8964 3851	-132 1176
15	1,33914 5978	8850 3793	-129 5685	1,33969 0901	8832 9843	-131 4008
20	1,42764 9771	8721 5004	-128 8788	1,42802 0744	8702 2990	-130 6853
0,25	1,51486 4775	8593 3100	-128 1904	1,51504 3734	8572 3277	-129 9712
30	1,60079 7875	8465 8067	-127 5033	1,60076 7011	8443 0693	-129 2585
35	1,68545 5943	8338 9894	-126 8174	1,68519 7704	8314 5223	-128 5470
40	1,76884 5836	8212 8567	-126 1327	1,76834 2927	8186 6854	-127 8369
45	1,85097 4403	8087 4074	-125 4493	1,85020 9780	8059 5572	-127 1281
0,50	1,93184 8477	7962 6403	-124 7671	1,93080 5353	7933 1366	-126 4207
55	2,01147 4880	7838 5542	-124 0862	2,01013 6718	7807 4220	-125 7145
60	2,08986 0422	7715 1477	-123 4065	2,08821 0939	7682 4123	-125 0097
65	2,16701 1899	7592 4197	-122 7280	2,16503 5061	7558 1060	-124 3063
70	2,24293 6095	7470 3689	-122 0508	2,24061 6121	7434 5019	-123 6041
0,75	2,31763 9784	7348 9941	-121 3748	2,31496 1140	7311 5985	-122 9033
80	2,39112 9725	7228 2940	-120 7001	2,38807 7125	7189 3947	-122 2038
85	2,46341 2664	7108 2674	-120 0266	2,45997 1072	7067 8891	-121 5057
90	2,53449 5338	6988 9130	-119 3543	2,53064 9963	6947 0803	-120 8088
95	2,60438 4468	6870 2297	-118 6833	2,60012 0766	6826 9670	-120 1133
1,00	2,67308 6765		-118 0135	2,66839 0435		-119 4191

q = 0,5087667 θ = 89°50,7341' q = 0,5106546 θ = 89°51,0997'

z	q^4 = 0,069	Δ	Δ^2	q^4 = 0,070	Δ	Δ^2
-1,00	-1,07025 6574	+12070 4198		-1,07130 2779	+12101 9780	
95	-0,94955 2376	11920 5092	-149 9106	-0,95028 2999	11949 6264	-152 3516
90	-0,83034 7283	11771 3719	-149 1373	-0,83078 6735	11798 0772	-151 5492
85	-0,71263 3564	11623 0066	-148 3654	-0,71280 5964	11647 3288	-150 7484
80	-0,59640 3499	11475 4116	-147 5949	-0,59633 2676	11497 3797	-149 9491
-0,75	-0,48164 9383	11328 5857	-146 8259	-0,48135 8879	11348 2283	-149 1514
70	-0,36836 3526	11182 5273	-146 0584	-0,36787 6596	11199 8731	-148 3552
65	-0,25653 8253	11037 2351	-145 2922	-0,25587 7864	11052 3126	-147 5605
60	-0,14616 5902	10892 7075	-144 5276	-0,14535 4738	10905 5453	-146 7674
55	-0,03723 8827	10748 9432	-143 7643	-0,03629 9285	10759 5695	-145 9758
-0,50	+0,07025 0605	10605 9407	-143 0025	+0,07129 6410	10614 3838	-145 1857
45	0,17631 0012	10463 6986	-142 2421	0,17744 0248	10469 9866	-144 3972
40	0,28094 6998	10322 2154	-141 4832	0,28214 0113	10326 3764	-143 6102
35	0,38416 9152	10181 4897	-140 7257	0,38540 3877	10183 5517	-142 8247
30	0,48598 4049	10041 5201	-139 9696	0,48723 9394	10041 5109	-142 0408
-0,25	0,58639 9251	9902 3052	-139 2150	0,58765 4503	9900 2525	-141 2584
20	0,68542 2302	9763 8434	-138 4617	0,68665 7028	9759 7750	-140 4775
15	0,78306 0737	9626 1335	-137 7100	0,78425 4778	9620 0769	-139 6981
10	0,87932 2071	9489 1738	-136 9596	0,88045 5547	9481 1566	-138 9203
05	0,97421 3810	9352 9631	-136 2107	0,97526 7112	9343 0125	-138 1440
0,00	1,06774 3441	9217 4999	-135 4632	1,06869 7238	9205 6433	-137 3692
05	1,15991 8440	9082 7828	-134 7172	1,16075 3671	9069 0474	-136 5960
10	1,25074 6268	8948 8103	-133 9725	1,25144 4144	8933 2231	-135 8242
15	1,34023 4370	8815 5810	-133 2293	1,34077 6376	8798 1691	-135 0540
20	1,42839 0180	8683 0934	-132 4875	1,42875 8067	8663 8838	-134 2853
0,25	1,51522 1114	8551 3463	-131 7471	1,51539 6905	8530 3657	-133 5181
30	1,60073 4577	8420 3381	-131 0082	1,60070 0561	8397 6132	-132 7525
35	1,68493 7958	8290 0674	-130 2707	1,68467 6693	8265 6248	-131 9883
40	1,76783 8632	8160 5328	-129 5346	1,76733 2942	8134 3991	-131 2257
45	1,84944 3960	8031 7329	-128 7999	1,84867 6933	8003 9345	-130 4646
0,50	1,92976 1288	7903 6662	-128 0667	1,92871 6279	7874 2296	-129 7050
55	2,00879 7951	7776 3314	-127 3348	2,00745 8574	7745 2826	-128 9469
60	2,08656 1265	7649 7270	-126 6044	2,08491 1400	7617 0923	-128 1903
65	2,16305 8535	7523 8516	-125 8754	2,16108 2324	7489 6570	-127 4353
70	2,23829 7052	7398 7039	-125 1478	2,23597 8894	7362 9753	-126 6817
0,75	2,31228 4090	7274 2822	-124 4216	2,30960 8647	7237 0457	-125 9297
80	2,38502 6913	7150 5854	-123 6969	2,38197 9104	7111 8665	-125 1791
85	2,45653 2766	7027 6119	-122 9735	2,45309 7769	6987 4364	-124 4301
90	2,52680 8885	6905 3603	-122 2516	2,52297 2134	6863 7539	-123 6826
95	2,59586 2488	6783 8293	-121 5310	2,59160 9672	6740 8173	-122 9366
1,00	2,66370 0781		-120 8119	2,65901 7846		-122 1920

q = 0,5125217 θ = 89°51,4496' q = 0,5143687 θ = 89°51,7843'

z	q^4 = 0,071	Δ	$Δ^2$	q^4 = 0,072	Δ	$Δ^2$
-1,00	-1,07234 9996	+12133 5925		-1,07339 8234	+12165 2639	
95	-0,95101 4071	11978 7901	-154 8024	-0,95174 5595	12008 0008	-157 2631
90	-0,83122 6170	11824 8198	-153 9703	-0,83166 5587	11851 6001	-156 4007
85	-0,71297 7972	11671 6799	-153 1399	-0,71314 9586	11696 0601	-155 5400
80	-0,59626 1173	11519 3688	-152 3111	-0,59618 8985	11541 3790	-154 6811
-0,75	-0,48106 7485	11367 8848	-151 4840	-0,48077 5195	11387 5552	-153 8239
70	-0,36738 8637	11217 2263	-150 6585	-0,36689 9643	11234 5867	-152 9684
65	-0,25521 6374	11067 3916	-149 8347	-0,25455 3776	11082 4720	-152 1147
60	-0,14454 2458	10918 3792	-149 0124	-0,14372 9056	10931 2092	-151 2628
55	-0,03535 8666	10770 1873	-148 1919	-0,03441 6963	10780 7967	-150 4126
-0,50	+0,07234 3207	10622 8144	-147 3729	+0,07339 1003	10631 2326	-149 5641
45	0,17857 1351	10476 2588	-146 5556	0,17970 3329	10482 5152	-148 7174
40	0,28333 3939	10330 5189	-145 7399	0,28452 8481	10334 6428	-147 8724
35	0,38663 9129	10185 5930	-144 9259	0,38787 4909	10187 6137	-147 0291
30	0,48849 5059	10041 4796	-144 1135	0,48975 1046	10041 4261	-146 1876
-0,25	0,58890 9855	9898 1769	-143 3027	0,59016 5306	9896 0783	-145 3478
20	0,68789 1624	9755 6834	-142 4935	0,68912 6089	9751 5685	-144 5098
15	0,78544 8458	9613 9974	-141 6860	0,78664 1774	9607 8950	-143 6735
10	0,88158 8432	9473 1174	-140 8801	0,88272 0724	9465 0561	-142 8389
05	0,97631 9606	9333 0416	-140 0758	0,97737 1285	9323 0501	-142 0060
0,00	1,06965 0022	9193 7685	-139 2731	1,07060 1786	9181 8752	-141 1749
05	1,16158 7706	9055 2964	-138 4721	1,16242 0538	9041 5297	-140 3455
10	1,25214 0670	8917 6237	-137 6727	1,25283 5834	8902 0118	-139 5179
15	1,34131 6907	8780 7488	-136 8749	1,34185 5952	8763 3199	-138 6919
20	1,42912 4394	8644 6701	-136 0787	1,42948 9151	8625 4522	-137 8677
0,25	1,51557 1095	8509 3859	-135 2842	1,51574 3673	8488 4070	-137 0452
30	1,60066 4954	8374 8947	-134 4912	1,60062 7743	8352 1826	-136 2244
35	1,68441 3900	8241 1947	-133 6999	1,68414 9569	8216 7772	-135 4054
40	1,76682 5848	8108 2845	-132 9102	1,76631 7341	8082 1891	-134 5881
45	1,84790 8693	7976 1624	-132 1221	1,84713 9232	7948 4167	-133 7724
0,50	1,92767 0317	7844 8268	-131 3356	1,92662 3399	7815 4581	-132 9585
55	2,00611 8585	7714 2760	-130 5508	2,00477 7980	7683 3118	-132 1464
60	2,08326 1345	7584 5085	-129 7675	2,08161 1098	7551 9759	-131 3359
65	2,15910 6430	7455 5226	-128 9859	2,15713 0856	7421 4487	-130 5272
70	2,23366 1656	7327 3168	-128 2058	2,23134 5343	7291 7286	-129 7201
0,75	2,30693 4823	7199 8893	-127 4274	2,30426 2629	7162 8138	-128 9148
80	2,37893 3716	7073 2387	-126 6506	2,37589 0766	7034 7026	-128 1112
85	2,44966 6104	6947 3634	-125 8754	2,44623 7792	6907 3933	-127 3093
90	2,51913 9738	6822 2616	-125 1018	2,51531 1725	6780 8842	-126 5091
95	2,58736 2354	6697 9318	-124 3298	2,58312 0567	6655 1737	-125 7106
1,00	2,65434 1672		-123 5594	2,64967 2303		-124 9138

q = 0,5161959 Θ = 89°52,1049 q = 0,5180040 Θ = 89°52,4120'

z	q^4 = 0,073	Δ	$Δ^2$	q^4 = 0,074	Δ	$Δ^2$
-1,00	-1,07444 7500	+12196 9927		-1,07549 7802	+12228 7792	
95	-0,95247 7574	12037 2588	-159 7339	-0,95321 0010	12066 5644	-162 2148
90	-0,83210 4986	11878 4184	-158 8404	-0,83254 4366	11905 2749	-161 2895
85	-0,71332 0802	11720 4696	-157 9488	-0,71349 1618	11744 9086	-160 3663
80	-0,59611 6106	11563 4106	-157 0590	-0,59604 2532	11585 4637	-159 4449
-0,75	-0,48048 2000	11407 2396	-156 1711	-0,48018 7895	11426 9380	-158 5256
70	-0,36640 9605	11251 9546	-155 2850	-0,36591 8515	11269 3298	-157 6083
65	-0,25389 0059	11097 5538	-154 4008	-0,25322 5217	11112 6369	-156 6929
60	-0,14291 4521	10944 0353	-153 5184	-0,14209 8848	10956 8574	-155 7795
55	-0,03347 4168	10791 3974	-152 6380	-0,03253 0273	10801 9894	-154 8680
-0,50	+0,07443 9805	10639 6381	-151 7593	+0,07548 9621	10648 0308	-153 9586
45	0,18083 6186	10488 7555	-150 8825	0,18196 9929	10494 9798	-153 0511
40	0,28572 3741	10338 7480	-150 0076	0,28691 9727	10342 8342	-152 1456
35	0,38911 1221	10189 6135	-149 1345	0,39034 8069	10191 5922	-151 2420
30	0,49100 7356	10041 3502	-148 2633	0,49226 3991	10041 2518	-150 3404
-0,25	0,59142 0858	9893 9563	-147 3939	0,59267 6509	9891 8110	-149 4408
20	0,69036 0421	9747 4300	-146 5263	0,69159 4619	9743 2679	-148 5431
15	0,78783 4721	9601 7694	-145 6606	0,78902 7298	9595 6205	-147 6474
10	0,88385 2416	9456 9727	-144 7967	0,88498 3503	9448 8669	-146 7537
05	0,97842 2142	9313 0379	-143 9347	0,97947 2172	9303 0050	-145 8619
0,00	1,07155 2522	9169 9634	-143 0745	1,07250 2222	9158 0330	-144 9720
05	1,16325 2156	9027 7472	-142 2162	1,16408 2552	9013 9488	-144 0841
10	1,25352 9627	8886 3875	-141 3597	1,25422 2040	8870 7506	-143 1982
15	1,34239 3502	8745 8824	-140 5050	1,34292 9546	8728 4364	-142 3142
20	1,42985 2327	8606 2302	-139 6522	1,43021 3910	8587 0041	-141 4322
0,25	1,51591 4629	8467 4290	-138 8012	1,51608 3951	8446 4520	-140 5521
30	1,60058 8919	8329 4770	-137 9520	1,60054 8471	8306 7780	-139 6740
35	1,68388 3689	8192 3723	-137 1046	1,68361 6251	8167 9801	-138 7978
40	1,76580 7412	8056 1131	-136 2592	1,76529 6052	8030 0565	-137 9236
45	1,84636 8542	7920 6976	-135 4155	1,84559 6617	7893 0052	-137 0513
0,50	1,92557 5518	7786 1239	-134 5737	1,92452 6669	7756 8243	-136 1810
55	2,00343 6757	7652 3902	-133 7336	2,00209 4912	7621 5117	-135 3125
60	2,07996 0659	7519 4948	-132 8954	2,07831 0029	7487 0656	-134 4461
65	2,15515 5607	7387 4357	-132 0591	2,15318 0685	7353 4841	-133 5815
70	2,22902 9964	7256 2112	-131 2245	2,22671 5526	7220 7651	-132 7189
0,75	2,30159 2076	7125 8194	-130 3918	2,29892 3177	7088 9069	-131 8583
80	2,37285 0271	6996 2586	-129 5609	2,36981 2246	6957 9073	-130 9995
85	2,44281 2857	6867 5268	-128 7318	2,43939 1319	6827 7646	-130 1427
90	2,51148 8125	6739 6224	-127 9045	2,50766 8965	6698 4767	-129 2879
95	2,57888 4349	6612 5433	-127 0790	2,57465 3732	6570 0418	-128 4349
1,00	2,64500 9782		-126 2554	2,64035 4150		-127 5839

q = 0,5197933 Θ = 89°52,7062' q = 0,5215644 Θ = 89°52,9880'

z	q^4 = 0,075	Δ	Δ^2	q^4 = 0,076	Δ	Δ^2
-1,00	-1,07654 9148			-1,07760 1545		
		+12260 6240			+12292 5274	
95	-0,95394 2909		-164 7059	-0,95467 6271		-167 2073
		12095 9181			12125 3201	
90	-0,83298 3728		-163 7482	-0,83342 3070		-166 2164
		11932 1699			11959 1037	
85	-0,71366 2029		-162 7925	-0,71383 2033		-165 2277
		11769 3773			11793 8760	
80	-0,59596 8256		-161 8390	-0,59589 3273		-164 2413
		11607 5383			11629 6347	
-0,75	-0,47989 2873		-160 8876	-0,47959 6926		-163 2570
		11446 6507			11466 3777	
70	-0,36542 6365		-159 9383	-0,36493 3149		-162 2751
		11286 7125			11304 1026	
65	-0,25255 9241		-158 9910	-0,25189 2122		-161 2953
		11127 7214			11142 8074	
60	-0,14128 2026		-158 0459	-0,14046 4049		-160 3178
		10969 6756			10982 4896	
55	-0,03158 5271		-157 1029	-0,03063 9153		-159 3425
		10812 5727			10823 1471	
-0,50	+0,07654 0456		-156 1619	+0,07759 2319		-158 3694
		10656 4108			10664 7778	
45	0,18310 4564		-155 2231	0,18424 0096		-157 3985
		10501 1877			10507 3793	
40	0,28811 6441		-154 2863	0,28931 3889		-156 4299
		10346 9014			10350 9494	
35	0,39158 5455		-153 3516	0,39282 3383		-155 4634
		10193 5497			10195 4859	
30	0,49352 0952		-152 4191	0,49477 8242		-154 4992
		10041 1307			10040 9867	
-0,25	0,59393 2259		-151 4886	0,59518 8109		-153 5372
		9889 6421			9887 4495	
20	0,69282 8680		-150 5602	0,69406 2604		-152 5775
		9739 0820			9734 8720	
15	0,79021 9500		-149 6338	0,79141 1324		-151 6199
		9589 4481			9583 2521	
10	0,88611 3981		-148 7096	0,88724 3846		-150 6645
		9440 7386			9432 5876	
05	0,98052 1367		-147 7874	0,98156 9722		-149 7114
		9292 9511			9282 8762	
0,00	1,07345 0879		-146 8673	1,07439 8484		-148 7604
		9146 0838			9134 1158	
05	1,16491 1717		-145 9493	1,16573 9642		-147 8117
		9000 1345			8986 3041	
10	1,25491 3062		-145 0334	1,25560 2684		-146 8651
		8855 1011			8839 4390	
15	1,34346 4073		-144 1195	1,34399 7074		-145 9208
		8710 9816			8693 5182	
20	1,43057 3890		-143 2077	1,43093 2256		-144 9786
		8567 7739			8548 5396	
0,25	1,51625 1629		-142 2980	1,51641 7652		-144 0387
		8425 4759			8404 5009	
30	1,60050 6388		-141 3903	1,60046 2660		-143 1009
		8284 0856			8261 3999	
35	1,68334 7244		-140 4847	1,68307 6659		-142 1654
		8143 6008			8119 2345	
40	1,76478 3252		-139 5812	1,76426 9005		-141 2320
		8004 0196			7978 0025	
45	1,84482 3449		-138 6798	1,84404 9030		-140 3008
		7865 3399			7837 7017	
0,50	1,92347 6847		-137 7804	1,92242 6047		-139 3719
		7727 5595			7698 3298	
55	2,00075 2442		-136 8830	1,99940 9345		-138 4451
		7590 6765			7559 8848	
60	2,07665 9207		-135 9878	2,07500 8192		-137 5204
		7454 6887			7422 3643	
65	2,15120 6094		-135 0945	2,14923 1836		-136 5980
		7319 5942			7285 7663	
70	2,22440 2035		-134 2034	2,22208 9499		-135 6777
		7185 3908			7150 0886	
0,75	2,29625 5943		-133 3143	2,29359 0385		-134 7597
		7052 0765			7015 3289	
80	2,36677 6709		-132 4272	2,36374 3674		-133 8438
		6919 6493			6881 4852	
85	2,43597 3202		-131 5422	2,43255 8526		-132 9300
		6788 1071			6748 5551	
90	2,50385 4273		-130 6592	2,50004 4077		-132 0185
		6657 4479			6616 5366	
95	2,57042 8752		-129 7783	2,56620 9443		-131 1091
		6527 6696			6485 4275	
1,00	2,63570 5448		-128 8995	2,63106 3718		-130 2019

q = 0,5233176 Θ = 89°53,2582   q = 0,5250533 Θ = 89°53,5171'

z	q^4 = 0,077	Δ	$Δ^2$	q^4 = 0,078	Δ	$Δ^2$
-1,00	-1,07865 5001	+12324 4900		-1,07970 9524	+12356 5121	
95	-0,95541 0102	12154 7709	-169 7191	-0,95614 4403	12184 2708	-172 2413
90	-0,83386 2393	11986 0766	-168 6943	-0,83430 1695	12013 0889	-171 1819
85	-0,71400 1626	11818 4048	-167 6718	-0,71417 0806	11842 9640	-170 1249
80	-0,59581 7578	11651 7531	-166 6517	-0,59574 1166	11673 8935	-169 0705
-0,75	-0,47930 0047	11486 1190	-165 6340	-0,47900 2231	11505 8748	-168 0186
70	-0,36443 8857	11321 5003	-164 6187	-0,36394 3482	11338 9056	-166 9692
65	-0,25122 3853	11157 8946	-163 6057	-0,25055 4426	11172 9833	-165 9223
60	-0,13964 4907	10995 2995	-162 5951	-0,13882 4594	11008 1053	-164 8780
55	-0,02969 1912	10833 7127	-161 5869	-0,02874 3541	10844 2692	-163 8361
-0,50	+0,07864 5215	10673 1317	-160 5810	+0,07969 9151	10681 4725	-162 7967
45	0,18537 6532	10513 5543	-159 5774	0,18651 3876	10519 7127	-161 7598
40	0,29051 2075	10354 9781	-158 5762	0,29171 1003	10358 9872	-160 7254
35	0,39406 1855	10197 4006	-157 5774	0,39530 0875	10199 2937	-159 6935
30	0,49603 5862	10040 8197	-156 5809	0,49729 3812	10040 6295	-158 6641
-0,25	0,59644 4059	9885 2329	-155 5868	0,59770 0107	9882 9923	-157 6372
20	0,69529 6388	9730 6379	-154 5950	0,69653 0030	9726 3795	-156 6128
15	0,79260 2767	9577 0323	-153 6056	0,79379 3825	9570 7886	-155 5909
10	0,88837 3091	9424 4139	-152 6185	0,88950 1712	9416 2172	-154 5714
05	0,98261 7229	9272 7802	-151 6337	0,98366 3884	9262 6628	-153 5544
0,00	1,07534 5031	9122 1288	-150 6513	1,07629 0511	9110 1228	-152 5399
05	1,16656 6320	8972 4576	-149 6712	1,16739 1739	8958 5949	-151 5279
10	1,25629 0895	8823 7641	-148 6935	1,25697 7688	8808 0765	-150 5184
15	1,34452 8537	8676 0461	-147 7181	1,34505 8453	8658 5652	-149 5113
20	1,43128 8998	8529 3011	-146 7450	1,43164 4105	8510 0585	-148 5067
0,25	1,51658 2009	8383 5268	-145 7742	1,51674 4689	8362 5539	-147 5046
30	1,60041 7277	8238 7210	-144 8058	1,60037 0228	8216 0490	-146 5049
35	1,68280 4487	8094 8813	-143 8397	1,68253 0718	8070 5413	-145 5077
40	1,76375 3300	7952 0054	-142 8760	1,76323 6130	7926 0283	-144 5130
45	1,84327 3354	7810 0909	-141 9145	1,84249 6413	7782 5076	-143 5207
0,50	1,92137 4262	7669 1355	-140 9554	1,92032 1489	7639 9767	-142 5309
55	1,99806 5617	7529 1369	-139 9986	1,99672 1256	7498 4332	-141 5435
60	2,07335 6986	7390 0929	-139 0441	2,07170 5588	7357 8746	-140 5586
65	2,14725 7915	7252 0010	-138 0919	2,14528 4335	7218 2985	-139 5761
70	2,21977 7925	7114 8590	-137 1420	2,21746 7319	7079 7024	-138 5961
0,75	2,29092 6515	6978 6645	-136 1944	2,28826 4343	6942 0838	-137 6186
80	2,36071 3160	6843 4153	-135 2492	2,35768 5181	6805 4404	-136 6434
85	2,42914 7313	6709 1091	-134 3063	2,42573 9585	6669 7696	-135 6708
90	2,49623 8404	6575 7435	-133 3656	2,49243 7281	6535 0691	-134 7005
95	2,56199 5839	6443 3162	-132 4273	2,55778 7971	6401 3363	-133 7327
1,00	2,62642 9000		-131 4912	2,62180 1335		-132 7674

q = 0,5267720 Θ = 89°53,7654' q = 0,5284740 Θ = 89°54,0035'

z	q^4 = 0,079	Δ	$Δ^2$	q^4 = 0,080	Δ	$Δ^2$
-1,00	-1,08076 5121	+12388 5943		-1,08182 1800	+12420 7369	
95	-0,95687 9178	12213 8202	-174 7741	-0,95761 4431	12243 4194	-177 3175
90	-0,83474 0977	12040 1409	-173 6793	-0,83518 0237	12067 2328	-176 1866
85	-0,71433 9568	11867 5537	-172 5872	-0,71450 7909	11892 1743	-175 0585
80	-0,59566 4030	11696 0561	-171 4977	-0,59558 6166	11718 2410	-173 9333
-0,75	-0,47870 3470	11525 6452	-170 4109	-0,47840 3756	11545 4302	-172 8108
70	-0,36344 7018	11356 3185	-169 3267	-0,36294 9455	11373 7390	-171 6912
65	-0,24988 3833	11188 0732	-168 2452	-0,24921 2065	11203 1646	-170 5744
60	-0,13800 3100	11020 9069	-167 1664	-0,13718 0419	11033 7042	-169 4604
55	-0,02779 4032	10854 8167	-166 0902	-0,02684 3377	10865 3550	-168 3492
-0,50	+0,08075 4135	10689 8000	-165 0166	+0,08181 0172	10698 1142	-167 2408
45	0,18765 2135	10525 8543	-163 9457	0,18879 1314	10531 9790	-166 1352
40	0,29291 0678	10362 9768	-162 8775	0,29411 1104	10366 9466	-165 0324
35	0,39654 0446	10201 1649	-161 8119	0,39778 0570	10203 0142	-163 9324
30	0,49855 2095	10040 4160	-160 7489	0,49981 0712	10040 1790	-162 8352
-0,25	0,59895 6255	9880 7275	-159 6886	0,60021 2502	9878 4382	-161 7408
20	0,69776 3530	9722 0966	-158 6309	0,69899 6884	9717 7891	-160 6491
15	0,79498 4496	9564 5208	-157 5758	0,79617 4774	9558 2288	-159 5603
10	0,89062 9704	9407 9975	-156 5234	0,89175 7062	9399 7545	-158 4742
05	0,98470 9678	9252 5239	-155 4735	0,98575 4607	9242 3635	-157 3910
0,00	1,07723 4917	9098 0976	-154 4263	1,07817 8242	9086 0531	-156 3105
05	1,16821 5893	8944 7158	-153 3818	1,16903 8773	8930 8204	-155 2327
10	1,25766 3052	8792 3760	-152 3398	1,25834 6977	8776 6626	-154 1578
15	1,34558 6812	8641 0755	-151 3005	1,34611 3603	8623 5770	-153 0856
20	1,43199 7566	8490 8117	-150 2638	1,43234 9373	8471 5608	-152 0162
0,25	1,51690 5684	8341 5820	-149 2297	1,51706 4981	8320 6113	-150 9495
30	1,60032 1504	8193 3838	-148 1982	1,60027 1094	8170 7256	-149 8856
35	1,68225 5342	8046 2145	-147 1693	1,68197 8350	8021 9011	-148 8245
40	1,76271 7487	7900 0714	-146 1431	1,76219 7361	7874 1350	-147 7661
45	1,84171 8201	7754 9521	-145 1194	1,84093 8711	7727 4245	-146 7105
0,50	1,91926 7722	7610 8537	-144 0983	1,91821 2956	7581 7668	-145 6577
55	1,99537 6260	7467 7739	-143 0799	1,99403 0624	7437 1593	-144 6076
60	2,07005 3999	7325 7099	-142 0640	2,06840 2217	7293 5991	-143 5602
65	2,14331 1098	7184 6592	-141 0507	2,14133 8208	7151 0835	-142 5156
70	2,21515 7690	7044 6192	-140 0400	2,21284 9043	7009 6098	-141 4737
0,75	2,28560 3881	6905 5872	-139 0319	2,28294 5141	6869 1753	-140 4346
80	2,35465 9753	6767 5608	-138 0264	2,35163 6893	6729 7771	-139 3982
85	2,42233 5361	6630 5372	-137 0235	2,41893 4664	6591 4126	-138 3645
90	2,48864 0734	6494 5141	-136 0232	2,48484 8790	6454 0790	-137 3336
95	2,55358 5874	6359 4886	-135 0254	2,54938 9580	6317 7737	-136 3054
1,00	2,61718 0760		-134 0303	2,61256 7317		-135 2799

q = 0,5301598   Θ = 89°54,2319'   q = 0,5318296   Θ = 89°54,4510'

z	q^4 = 0,081	Δ	$Δ^2$	q^4 = 0,082	Δ	$Δ^2$
-1,00	-1,08287 9568	+12452 9404	-179 8716	-1,08393 8432	+12485 2052	-182 4365
95	-0,95835 0164	12273 0688	-178 7039	-0,95908 6380	12302 7687	-181 2312
90	-0,83561 9476	12094 3649	-177 5391	-0,83605 8693	12121 5375	-180 0290
85	-0,71467 5827	11916 8258	-176 3773	-0,71484 3318	11941 5085	-178 8300
80	-0,59550 7569	11740 4484	-175 2186	-0,59542 8233	11762 6785	-177 6341
-0,75	-0,47810 3085	11565 2299	-174 0627	-0,47780 1448	11585 0444	-176 4414
70	-0,36245 0786	11391 1671	-172 9099	-0,36195 1004	11408 6030	-175 2518
65	-0,24853 9115	11218 2572	-171 7600	-0,24786 4974	11233 3512	-174 0653
60	-0,13635 6542	11046 4972	-170 6131	-0,13553 1462	11059 2859	-172 8820
55	-0,02589 1570	10875 8841	-169 4692	-0,02493 8603	10886 4039	-171 7019
-0,50	+0,08286 7270	10706 4149	-168 3282	+0,08392 5436	10714 7020	-170 5248
45	0,18993 1419	10538 0867	-167 1902	0,19107 2456	10544 1772	-169 3509
40	0,29531 2286	10370 8965	-166 0551	0,29651 4228	10374 8263	-168 1801
35	0,39902 1251	10204 8413	-164 9230	0,40026 2491	10206 6462	-167 0124
30	0,50106 9664	10039 9183	-163 7939	0,50232 8953	10039 6338	-165 8479
-0,25	0,60146 8847	9876 1244	-162 6677	0,60272 5290	9873 7859	-164 6864
20	0,70023 0091	9713 4567	-161 5444	0,70146 3149	9709 0995	-163 5281
15	0,79736 4658	9551 9123	-160 4241	0,79855 4144	9545 5713	-162 3729
10	0,89288 3781	9391 4882	-159 3067	0,89400 9857	9383 1984	-161 2208
05	0,98679 8663	9232 1815	-158 1923	0,98784 1841	9221 9776	-160 0718
0,00	1,07912 0478	9073 9892	-157 0808	1,08006 1618	9061 9058	-158 9259
05	1,16986 0370	8916 9084	-155 9722	1,17068 0676	8902 9799	-157 7831
10	1,25902 9454	8760 9362	-154 8666	1,25971 0475	8745 1968	-156 6434
15	1,34663 8816	8606 0696	-153 7639	1,34716 2443	8588 5534	-155 5068
20	1,43269 9513	8452 3058	-152 6641	1,43304 7977	8433 0466	-154 3733
0,25	1,51722 2570	8299 6417	-151 5672	1,51737 8443	8278 6733	-153 2428
30	1,60021 8988	8148 0745	-150 4732	1,60016 5176	8125 4305	-152 1155
35	1,68169 9733	7997 6013	-149 3822	1,68141 9481	7973 3150	-150 9912
40	1,76167 5746	7848 2191	-148 2941	1,76115 2631	7822 3238	-149 8700
45	1,84015 7936	7699 9250	-147 2089	1,83937 5870	7672 4538	-148 7519
0,50	1,91715 7186	7552 7161	-146 1266	1,91610 0408	7523 7019	-147 6368
55	1,99268 4348	7406 5896	-145 0472	1,99133 7428	7376 0651	-146 5249
60	2,06675 0244	7261 5424	-143 9707	2,06509 8079	7229 5403	-145 4159
65	2,13936 5668	7117 5718	-142 8971	2,13739 3481	7084 1243	-144 3101
70	2,21054 1385	6974 6747	-141 8264	2,20823 4725	6939 8143	-143 2073
0,75	2,28028 8132	6832 8483	-140 7585	2,27763 2867	6796 6070	-142 1075
80	2,34861 6616	6692 0898	-139 6936	2,34559 8937	6654 4994	-141 0109
85	2,41553 7514	6552 3962	-138 6316	2,41214 3931	6513 4886	-139 9172
90	2,48106 1476	6413 7646	-137 5724	2,47727 8817	6373 5713	-138 8266
95	2,54519 9122	6276 1921	-136 5162	2,54101 4530	6234 7447	-137 7391
1,00	2,60796 1043			2,60336 1977		

q = 0,5334838 Θ = 89°54,6613' q = 0,5351228 Θ = 89°54,8631'

z	q^4 = 0,083	Δ	Δ²	q^4 = 0,084	Δ	Δ²
-1,00	-1,08499 8401	+12517 5319		-1,08605 9482	+12549 9207	
95	-0,95982 3083	12332 5195	-185 0123	-0,96056 0275	12362 3216	-187 5991
90	-0,83649 7888	12148 7509	-183 7686	-0,83693 7059	12176 0053	-186 3163
85	-0,71501 0379	11966 2226	-182 5283	-0,71517 7006	11990 9683	-185 0370
80	-0,59534 8153	11784 9313	-181 2913	-0,59526 7323	11807 2071	-183 7612
-0,75	-0,47749 8841	11604 8738	-180 0575	-0,47719 5252	11624 7182	-182 4889
70	-0,36145 0101	11426 0466	-178 8272	-0,36094 8070	11443 4980	-181 2201
65	-0,24718 9635	11248 4465	-177 6001	-0,24651 3090	11263 5431	-179 9549
60	-0,13470 5170	11072 0702	-176 3764	-0,13387 7658	11084 8500	-178 6931
55	-0,02398 4468	10896 9142	-175 1559	-0,02302 9158	10907 4152	-177 4349
-0,50	+0,08498 4674	10722 9754	-173 9388	+0,08604 4994	10731 2351	-176 1801
45	0,19221 4429	10550 2504	-172 7250	0,19335 7344	10556 3063	-174 9288
40	0,29771 6933	10378 7359	-171 5145	0,29892 0407	10382 6253	-173 6810
35	0,40150 4293	10208 4287	-170 3073	0,40274 6660	10210 1885	-172 4367
30	0,50358 8579	10039 3253	-169 1034	0,50484 8545	10038 9926	-171 1959
-0,25	0,60398 1832	9871 4225	-167 9028	0,60523 8471	9869 0341	-169 9585
20	0,70269 6057	9704 7171	-166 7054	0,70392 8812	9700 3094	-168 7247
15	0,79974 3228	9539 2057	-165 5114	0,80093 1907	9532 8152	-167 4943
10	0,89513 5285	9374 8850	-164 3207	0,89626 0059	9366 5478	-166 2673
05	0,98888 4135	9211 7518	-163 1332	0,98992 5537	9201 5040	-165 0439
0,00	1,08100 1653	9049 8028	-161 9490	1,08194 0577	9037 6801	-163 8238
05	1,17149 9681	8889 0347	-160 7681	1,17231 7378	8875 0729	-162 6073
10	1,26039 0029	8729 4443	-159 5904	1,26106 8107	8713 6787	-161 3942
15	1,34768 4472	8571 0282	-158 4161	1,34820 4894	8553 4942	-160 1845
20	1,43339 4754	8413 7833	-157 2450	1,43373 9835	8394 5159	-158 9783
0,25	1,51753 2587	8257 7062	-156 0771	1,51768 4994	8236 7403	-157 7755
30	1,60010 9649	8102 7937	-154 9125	1,60005 2397	8080 1641	-156 5762
35	1,68113 7586	7949 0425	-153 7512	1,68085 4038	7924 7838	-155 3803
40	1,76062 8011	7796 4494	-152 5931	1,76010 1876	7770 5959	-154 1878
45	1,83859 2505	7645 0111	-151 4383	1,83780 7835	7617 5971	-152 9988
0,50	1,91504 2616	7494 7245	-150 2867	1,91398 3807	7465 7839	-151 8132
55	1,98998 9861	7345 5861	-149 1383	1,98864 1646	7315 1529	-150 6310
60	2,06344 5723	7197 5929	-147 9932	2,06179 3175	7165 7007	-149 4522
65	2,13542 1652	7050 7416	-146 8514	2,13345 0183	7017 4238	-148 2769
70	2,20592 9068	6905 0289	-145 7127	2,20362 4421	6870 3189	-147 1049
0,75	2,27497 9356	6760 4516	-144 5773	2,27232 7610	6724 3825	-145 9364
80	2,34258 3872	6617 0064	-143 4451	2,33957 1436	6579 6113	-144 7712
85	2,40875 3936	6474 6903	-142 3162	2,40536 7549	6436 0018	-143 6095
90	2,47350 0839	6333 4998	-141 1904	2,46972 7567	6293 5507	-142 4511
95	2,53683 5837	6193 4319	-140 0679	2,53266 3074	6152 2545	-141 2962
1,00	2,59877 0156		-138 9486	2,59418 5619		-140 1446

q = 0,5367469 Θ = 89°55,0568' q = 0,5383563 Θ = 89°55,2428'

z	q^4 = 0,085	Δ	$Δ^2$	q^4 = 0,086	Δ	$Δ^2$
-1,00	-1,08712 1682	+12582 3723		-1,08818 5009	+12614 8869	
95	-0,96129 7960	12392 1753	-190 1970	-0,96203 6140	12422 0809	-192 8060
90	-0,83737 6207	12203 3010	-188 8742	-0,83781 5331	12230 6384	-191 4425
85	-0,71534 3197	12015 7458	-187 5552	-0,71550 8947	12040 5553	-190 0830
80	-0,59518 5739	11829 5059	-186 2399	-0,59510 3394	11851 8279	-188 7274
-0,75	-0,47689 0679	11644 5776	-184 9283	-0,47658 5115	11664 4522	-187 3757
70	-0,36044 4903	11460 9572	-183 6204	-0,35994 0593	11478 4243	-186 0279
65	-0,24583 5331	11278 6411	-182 3162	-0,24515 6350	11293 7403	-184 6840
60	-0,13304 8920	11097 6254	-181 0157	-0,13221 8947	11110 3962	-183 3440
55	-0,02207 2666	10917 9065	-179 7188	-0,02111 4985	10928 3883	-182 0079
-0,50	+0,08710 6399	10739 4808	-178 4257	+0,08816 8898	10747 7126	-180 6757
45	0,19450 1208	10562 3446	-177 1363	0,19564 6024	10568 3652	-179 3474
40	0,30012 4653	10386 4941	-175 8505	0,30132 9676	10390 3423	-178 0229
35	0,40398 9594	10211 9257	-174 5684	0,40523 3099	10213 6400	-176 7023
30	0,50610 8851	10038 6357	-173 2900	0,50736 9499	10038 2543	-175 3856
-0,25	0,60649 5208	9866 6205	-172 0152	0,60775 2042	9864 1816	-174 0728
20	0,70516 1413	9695 8764	-170 7441	0,70639 3858	9691 4178	-172 7638
15	0,80212 0177	9526 3997	-169 4767	0,80330 8036	9519 9591	-171 4587
10	0,89738 4174	9358 1868	-168 2129	0,89850 7627	9349 8017	-170 1574
05	0,99096 6042	9191 2340	-166 9528	0,99200 5643	9180 9417	-168 8600
0,00	1,08287 8382	9025 5377	-165 6963	1,08381 5060	9013 3753	-167 5664
05	1,17313 3758	8861 0942	-164 4435	1,17394 8813	8847 0986	-166 2767
10	1,26174 4700	8697 8999	-163 1943	1,26241 9799	8682 1078	-164 9908
15	1,34872 3699	8535 9511	-161 9488	1,34924 0877	8518 3991	-163 7087
20	1,43408 3210	8375 2443	-160 7068	1,43442 4868	8355 9686	-162 4305
0,25	1,51783 5653	8215 7757	-159 4685	1,51798 4554	8194 8125	-161 1561
30	1,59999 3410	8057 5419	-158 2339	1,59993 2679	8034 9270	-159 8855
35	1,68056 8829	7900 5390	-157 0028	1,68028 1949	7876 3083	-158 6187
40	1,75957 4219	7744 7636	-155 7754	1,75904 5032	7718 9525	-157 3558
45	1,83702 1855	7590 2120	-154 5516	1,83623 4556	7562 8559	-156 0966
0,50	1,91292 3974	7436 8806	-153 3314	1,91186 3115	7408 0146	-154 8413
55	1,98729 2780	7284 7657	-152 1148	1,98594 3261	7254 4248	-153 5897
60	2,06014 0438	7133 8639	-150 9018	2,05848 7509	7102 0829	-152 3420
65	2,13147 9077	6984 1715	-149 6924	2,12950 8338	6950 9848	-151 0980
70	2,20132 0792	6835 6848	-148 4866	2,19901 8186	6801 1270	-149 8579
0,75	2,26967 7640	6688 4004	-147 2844	2,26702 9456	6652 5055	-148 6215
80	2,33656 1644	6542 3146	-146 0858	2,33355 4511	6505 1166	-147 3889
85	2,40198 4789	6397 4238	-144 8908	2,39860 5678	6358 9566	-146 1600
90	2,46595 9027	6253 7244	-143 6993	2,46219 5244	6214 0217	-144 9350
95	2,52849 6271	6111 2130	-142 5115	2,52433 5460	6070 3080	-143 7137
1,00	2,58960 8401		-141 3272	2,58503 8540		-142 4961

q = 0,5399515   θ = 89°55,4213'   q = 0,5415326   θ = 89°55,5928'

z	q^4 = 0,087	Δ	$Δ^2$	q^4 = 0,088	Δ	$Δ^2$
-1,00	-1,08924 9470	+12647 4651		-1,09031 5072	+12680 1072	
95	-0,96277 4819	12452 0389	-195 4262	-0,96351 4000	12482 0495	-198 0578
90	-0,83825 4431	12258 0176	-194 0213	-0,83869 3505	12285 4389	-196 6105
85	-0,71567 4255	12065 3971	-192 6205	-0,71583 9116	12090 2712	-195 1677
80	-0,59502 0284	11874 1733	-191 2238	-0,59493 6403	11896 5421	-193 7291
-0,75	-0,47627 8551	11684 3420	-189 8313	-0,47597 0982	11704 2471	-192 2950
70	-0,35943 5131	11495 8992	-188 4428	-0,35892 8511	11513 3820	-190 8651
65	-0,24447 6139	11308 8407	-187 0585	-0,24379 4691	11323 9425	-189 4396
60	-0,13138 7732	11123 1625	-185 6783	-0,13055 5266	11135 9241	-188 0184
55	-0,02015 6107	10938 8603	-184 3021	-0,01919 6025	10949 3226	-186 6015
-0,50	+0,08923 2497	10755 9302	-182 9301	+0,09029 7201	10764 1337	-185 1889
45	0,19679 1799	10574 3681	-181 5622	0,19793 8538	10580 3530	-183 7807
40	0,30253 5480	10394 1698	-180 1983	0,30374 2068	10397 9763	-182 3767
35	0,40647 7177	10215 3312	-178 8385	0,40772 1831	10216 9993	-180 9770
30	0,50863 0490	10037 8484	-177 4829	0,50989 1824	10037 4176	-179 5817
-0,25	0,60900 8973	9861 7171	-176 1312	0,61026 6000	9859 2270	-178 1906
20	0,70762 6145	9686 9334	-174 7837	0,70885 8271	9682 4232	-176 8038
15	0,80449 5479	9513 4932	-173 4402	0,80568 2503	9507 0019	-175 4213
10	0,89963 0411	9341 3924	-172 1008	0,90075 2522	9332 9589	-174 0431
05	0,99304 4335	9170 6270	-170 7654	0,99408 2111	9160 2898	-172 6691
0,00	1,08475 0605	9001 1929	-169 4341	1,08568 5009	8988 9904	-171 2994
05	1,17476 2534	8833 0861	-168 1068	1,17557 4914	8819 0565	-169 9339
10	1,26309 3395	8666 3025	-166 7836	1,26376 5479	8650 4838	-168 5727
15	1,34975 6420	8500 8380	-165 4644	1,35027 0316	8483 2680	-167 2158
20	1,43476 4800	8336 6888	-164 1493	1,43510 2996	8317 4048	-165 8631
0,25	1,51813 1688	8173 8506	-162 8381	1,51827 7044	8152 8902	-164 5147
30	1,59987 0194	8012 3196	-161 5310	1,59980 5946	7989 7197	-163 1704
35	1,67999 3390	7852 0917	-160 2279	1,67970 3143	7827 8893	-161 8304
40	1,75851 4307	7693 1628	-158 9289	1,75798 2036	7667 3946	-160 4947
45	1,83544 5934	7535 5290	-157 6338	1,83465 5982	7508 2315	-159 1631
0,50	1,91080 1224	7379 1862	-156 3428	1,90973 8297	7350 3957	-157 8358
55	1,98459 3086	7224 1305	-155 0557	1,98324 2254	7193 8830	-156 5127
60	2,05683 4391	7070 3579	-153 7727	2,05518 1083	7038 6892	-155 1938
65	2,12753 7970	6917 8643	-152 4936	2,12556 7975	6884 8101	-153 8791
70	2,19671 6612	6766 6458	-151 2185	2,19441 6076	6732 2415	-152 5686
0,75	2,26438 3070	6616 6983	-149 9474	2,26173 8492	6580 9793	-151 2622
80	2,33055 0053	6468 0180	-148 6803	2,32754 8284	6431 0192	-149 9601
85	2,39523 0234	6320 6009	-147 4172	2,39185 8476	6282 3570	-148 6622
90	2,45843 6242	6174 4429	-146 1580	2,45468 2047	6134 9887	-147 3684
95	2,52018 0671	6029 5401	-144 9028	2,51603 1933	5988 9099	-146 0788
1,00	2,58047 6072		-143 6515	2,57592 1032		-144 7933

q = 0,5431000 θ = 89°55,7575' q = 0,5446540 θ = 89°55,9158'

z	q^4 = 0,089	Δ	$Δ^2$	q^4 = 0,090	Δ	$Δ^2$
-1,00	-1,09138 1824			-1,09244 9731		
		+12712 8138			+12745 5853	
95	-0,96425 3685		-200 7007	-0,96499 3878		-203 3552
		12512 1131			12542 2301	
90	-0,83913 2554		-199 2104	-0,83957 1577		-201 8209
		12312 9027			12340 4091	
85	-0,71600 3527		-197 7247	-0,71616 7486		-200 2915
		12115 1780			12140 1176	
80	-0,59485 1747		-196 2435	-0,59476 6310		-198 7669
		11918 9345			11941 3507	
-0,75	-0,47566 2402		-194 7669	-0,47535 2802		-197 2471
		11724 1676			11744 1036	
70	-0,35842 0725		-193 2948	-0,35791 1766		-195 7321
		11530 8728			11548 3715	
65	-0,24311 1997		-191 8274	-0,24242 8051		-194 2219
		11339 0454			11354 1497	
60	-0,12972 1543		-190 3644	-0,12888 6554		-192 7164
		11148 6810			11161 4332	
55	-0,01823 4733		-188 9060	-0,01727 2222		-191 2158
		10959 7750			10970 2174	
-0,50	+0,09136 3017		-187 4522	+0,09242 9952		-189 7199
		10772 3228			10780 4975	
45	0,19908 6245		-186 0029	0,20023 4927		-188 2288
		10586 3199			10592 2687	
40	0,30494 9445		-184 5581	0,30615 7614		-186 7425
		10401 7619			10405 5262	
35	0,40896 7063		-183 1178	0,41021 2876		-185 2609
		10218 6440			10220 2653	
30	0,51115 3504		-181 6821	0,51241 5530		-183 7841
		10036 9620			10036 4813	
-0,25	0,61152 3124		-180 2508	0,61278 0342		-182 3120
		9856 7111			9854 1693	
20	0,71009 0235		-178 8241	0,71132 2035		-180 8446
		9677 8870			9673 3246	
15	0,80686 9105		-177 4019	0,80805 5281		-179 3820
		9500 4851			9493 9426	
10	0,90187 3956		-175 9842	0,90299 4707		-177 9242
		9324 5009			9316 0184	
05	0,99511 8965		-174 5710	0,99615 4891		-176 4710
		9149 9300			9139 5474	
0,00	1,08661 8265		-173 1622	1,08755 0365		-175 0226
		8976 7678			8964 5248	
05	1,17638 5943		-171 7579	1,17719 5613		-173 5789
		8805 0098			8790 9460	
10	1,26443 6041		-170 3582	1,26510 5073		-172 1398
		8634 6517			8618 8061	
15	1,35078 2557		-168 9629	1,35129 3134		-170 7055
		8465 6888			8448 1006	
20	1,43543 9445		-167 5720	1,43577 4139		-169 2759
		8298 1168			8278 8247	
0,25	1,51842 0613		-166 1856	1,51856 2386		-167 8510
		8131 9312			8110 9737	
30	1,59973 9925		-164 8037	1,59967 2123		-166 4307
		7967 1275			7944 5429	
35	1,67941 1200		-163 4262	1,67911 7552		-165 0152
		7803 7013			7779 5277	
40	1,75744 8213		-162 0532	1,75691 2829		-163 6043
		7641 6481			7615 9235	
45	1,83386 4694		-160 6846	1,83307 2064		-162 1981
		7480 9636			7453 7254	
0,50	1,90867 4330		-159 3204	1,90760 9318		-160 7965
		7321 6432			7292 9289	
55	1,98189 0762		-157 9607	1,98053 8607		-159 3996
		7163 6825			7133 5293	
60	2,05352 7586		-156 6054	2,05187 3901		-158 0073
		7007 0771			6975 5220	
65	2,12359 8358		-155 2545	2,12162 9121		-156 6197
		6851 8227			6818 9023	
70	2,19211 6585		-153 9080	2,18981 8145		-155 2367
		6697 9147			6663 6656	
0,75	2,25909 5732		-152 5659	2,25645 4801		-153 8584
		6545 3488			6509 8073	
80	2,32454 9220		-151 2282	2,32155 2873		-152 4846
		6394 1206			6357 3226	
85	2,38849 0425		-149 8950	2,38512 6100		-151 1155
		6244 2256			6206 2071	
90	2,45093 2681		-148 5661	2,44718 8170		-149 7511
		6095 6595			6056 4560	
95	2,51188 9277		-147 2416	2,50775 2730		-148 3912
		5948 4179			5908 0648	
1,00	2,57137 3456		-145 9215	2,56683 3379		-147 0359

q = 0,5461947 Θ = 89°56,0678' q = 0,5477226 Θ = 89°56,2139'

z	q^4= 0,091	Δ	$Δ^2$	q^4= 0,092	Δ	$Δ^2$
-1,00	-1,09351 8802	+12778 4220		-1,09458 9043	+12811 3245	
95	-0,96573 4582	12572 4008	-206 0212	-0,96647 5799	12602 6256	-208 6989
90	-0,84001 0574	12367 9586	-204 4422	-0,84044 9543	12395 5512	-207 0743
85	-0,71633 0988	12165 0902	-202 8683	-0,71649 4031	12190 0961	-205 4551
80	-0,59468 0086	11963 7908	-201 2995	-0,59459 3070	11986 2549	-203 8412
-0,75	-0,47504 2178	11764 0551	-199 7356	-0,47473 0522	11784 0223	-202 2326
70	-0,35740 1627	11565 8783	-198 1769	-0,35689 0299	11583 3930	-200 6293
65	-0,24174 2844	11369 2551	-196 6232	-0,24105 6369	11384 3618	-199 0313
60	-0,12805 0293	11174 1806	-195 0745	-0,12721 2751	11186 9232	-197 4385
55	-0,01630 8487	10980 6498	-193 5308	-0,01534 3519	10991 0721	-195 8511
-0,50	+0,09349 8012	10788 6577	-191 9922	+0,09456 7202	10796 8032	-194 2689
45	0,20138 4589	10598 1992	-190 4585	0,20253 5235	10604 1112	-192 6920
40	0,30736 6580	10409 2693	-188 9299	0,30857 6347	10412 9908	-191 1204
35	0,41145 9273	10221 8630	-187 4063	0,41270 6255	10223 4369	-189 5540
30	0,51367 7903	10035 9753	-185 8877	0,51494 0624	10035 4440	-187 9929
-0,25	0,61403 7656	9851 6013	-184 3740	0,61529 5064	9849 0070	-186 4370
20	0,71255 3669	9668 7359	-182 8654	0,71378 5134	9664 1207	-184 8863
15	0,80924 1028	9487 3742	-181 3617	0,81042 6342	9480 7799	-183 3409
10	0,90411 4770	9307 5112	-179 8630	0,90523 4140	9298 9792	-181 8007
05	0,99718 9882	9129 1420	-178 3693	0,99822 3933	9118 7136	-180 2657
0,00	1,08848 1302	8952 2615	-176 8805	1,08941 1068	8939 9777	-178 7359
05	1,17800 3917	8776 8648	-175 3966	1,17881 0845	8762 7664	-177 2113
10	1,26577 2565	8602 9471	-173 9178	1,26643 8509	8587 0745	-175 6919
15	1,35180 2036	8430 5032	-172 4438	1,35230 9254	8412 8968	-174 1777
20	1,43610 7068	8259 5284	-170 9748	1,43643 8222	8240 2281	-172 6687
0,25	1,51870 2352	8090 0177	-169 5107	1,51884 0503	8069 0633	-171 1648
30	1,59960 2529	7921 9661	-168 0516	1,59953 1136	7899 3971	-169 6662
35	1,67882 2190	7755 3688	-166 5973	1,67852 5107	7731 2245	-168 1726
40	1,75637 5878	7590 2208	-165 1480	1,75583 7351	7564 5402	-166 6843
45	1,83227 8086	7426 5172	-163 7036	1,83148 2753	7399 3391	-165 2011
0,50	1,90654 3258	7264 2532	-162 2640	1,90547 6144	7235 6161	-163 7230
55	1,97918 5789	7103 4238	-160 8294	1,97783 2306	7073 3661	-162 2501
60	2,05022 0027	6944 0242	-159 3996	2,04856 5966	6912 5838	-160 7823
65	2,11966 0269	6786 0494	-157 9747	2,11769 1804	6753 2642	-159 3196
70	2,18752 0763	6629 4947	-156 5547	2,18522 4446	6595 4022	-157 8620
0,75	2,25381 5710	6474 3551	-155 1396	2,25117 8468	6438 9927	-156 4095
80	2,31855 9261	6320 6258	-153 7293	2,31556 8395	6284 0305	-154 9622
85	2,38176 5518	6168 3019	-152 3239	2,37840 8701	6130 5106	-153 5199
90	2,44344 8538	6017 3786	-150 9233	2,43971 3807	5978 4279	-152 0827
95	2,50362 2324	5867 8511	-149 5275	2,49949 8085	5827 7772	-150 6506
1,00	2,56230 0835		-148 1366	2,55777 5858		-149 2236

q = 0,5492377 Θ = 89°56,3543 q = 0,5507404 Θ = 89°56,4893'

z	q^4 = 0,093	Δ	$Δ^2$	q^4 = 0,094	Δ	$Δ^2$
-1,00	-1,09566 0463	+12844 2931		-1,09673 3069	+12877 3284	
95	-0,96721 7532	12632 9047	-211 3884	-0,96795 9785	12663 2387	-214 0897
90	-0,84088 8484	12423 1873	-209 7174	-0,84132 7398	12450 8672	-212 3714
85	-0,71665 6611	12215 1353	-208 0520	-0,71681 8725	12240 2082	-210 6591
80	-0,59450 5258	12008 7431	-206 3922	-0,59441 6643	12031 2556	-208 9525
-0,75	-0,47441 7827	11804 0051	-204 7380	-0,47410 4087	11824 0038	-207 2519
70	-0,35637 7775	11600 9158	-203 0893	-0,35586 4049	11618 4467	-205 5571
65	-0,24036 8617	11399 4696	-201 4462	-0,23967 9582	11414 5786	-203 8681
60	-0,12637 3921	11199 6609	-199 8087	-0,12553 3796	11212 3937	-202 1849
55	-0,01437 7312	11001 4842	-198 1767	-0,01340 9859	11011 8861	-200 5076
-0,50	+0,09563 7530	10804 9340	-196 5502	+0,09670 9001	10813 0500	-198 8361
45	0,20368 6871	10610 0047	-194 9293	0,20483 9501	10615 8796	-197 1704
40	0,30978 6918	10416 6908	-193 3139	0,31099 8297	10420 3691	-195 5105
35	0,41395 3826	10224 9868	-191 7040	0,41520 1988	10226 5127	-193 8564
30	0,51620 3694	10034 8872	-190 0996	0,51746 7115	10034 3046	-192 2081
-0,25	0,61655 2566	9846 3864	-188 5008	0,61781 0161	9843 7391	-190 5655
20	0,71501 6430	9659 4790	-186 9074	0,71624 7553	9654 8104	-188 9287
15	0,81161 1219	9474 1594	-185 3195	0,81279 5657	9467 5127	-187 2977
10	0,90635 2813	9290 4223	-183 7371	0,90747 0784	9281 8403	-185 6724
05	0,99925 7036	9108 2621	-182 1602	1,00028 9187	9097 7874	-184 0529
0,00	1,09033 9657	8927 6733	-180 5888	1,09126 7061	8915 3483	-182 4391
05	1,17961 6390	8748 6506	-179 0228	1,18042 0544	8734 5172	-180 8311
10	1,26710 2896	8571 1883	-177 4622	1,26776 5717	8555 2885	-179 2287
15	1,35281 4779	8395 2812	-175 9071	1,35331 8602	8377 6564	-177 6321
20	1,43676 7591	8220 9237	-174 3575	1,43709 5166	8201 6153	-176 0412
0,25	1,51897 6828	8048 1105	-172 8133	1,51911 1319	8027 1593	-174 4560
30	1,59945 7933	7876 8360	-171 2745	1,59938 2912	7854 2829	-172 8764
35	1,67822 6293	7707 0949	-169 7411	1,67792 5741	7682 9803	-171 3026
40	1,75529 7243	7538 8819	-168 2131	1,75475 5544	7513 2459	-169 7344
45	1,83068 6061	7372 1913	-166 6905	1,82988 8003	7345 0740	-168 1719
0,50	1,90440 7974	7207 0180	-165 1734	1,90333 8743	7178 4589	-166 6151
55	1,97647 8154	7043 3564	-163 6616	1,97512 3333	7013 3951	-165 0639
60	2,04691 1718	6881 2012	-162 1552	2,04525 7284	6849 8768	-163 5183
65	2,11572 3730	6720 5471	-160 6541	2,11375 6051	6687 8984	-161 9784
70	2,18292 9201	6561 3886	-159 1585	2,18063 5035	6527 4542	-160 4441
0,75	2,24854 3088	6403 7205	-157 6682	2,24590 9578	6368 5388	-158 9155
80	2,31258 0292	6247 5372	-156 1832	2,30959 4965	6211 1464	-157 3924
85	2,37505 5665	6092 8336	-154 7036	2,37170 6429	6055 2714	-155 8750
90	2,43598 4001	5939 6043	-153 2293	2,43225 9143	5900 9083	-154 3631
95	2,49538 0044	5787 8439	-151 7604	2,49126 8226	5748 0514	-152 8569
1,00	2,55325 8482		-150 2968	2,54874 8741		-151 3562

q = 0,5522309 θ = 89°56,6190' q = 0,5537095 θ = 89°56,7438'

z	q^4= 0,095	Δ	Δ²	q^4= 0,096	Δ	Δ²
-1,00	-1,09780 6866	+12910 4307		-1,09888 1864	+12943 6004	
95	-0,96870 2560	12693 6277	-216 8029	-0,96944 5860	12724 0723	-219 5282
90	-0,84176 6282	12478 5912	-215 0366	-0,84220 5137	12506 3595	-217 7128
85	-0,71698 0370	12265 3149	-213 2763	-0,71714 1543	12290 4556	-215 9039
80	-0,59432 7222	12053 7926	-211 5223	-0,59423 6987	12076 3541	-214 1014
-0,75	-0,47378 9296	11844 0183	-209 7743	-0,47347 3446	11864 0487	-212 3054
70	-0,35534 9113	11635 9857	-208 0326	-0,35483 2959	11653 5328	-210 5158
65	-0,23898 9256	11429 6888	-206 2969	-0,23829 7631	11444 8001	-208 7327
60	-0,12469 2368	11225 1215	-204 5673	-0,12384 9630	11237 8442	-206 9559
55	-0,01244 1154	11022 2775	-202 8439	-0,01147 1188	11032 6586	-205 1856
-0,50	+0,09778 1622	10821 1510	-201 1266	+0,09885 5398	10829 2369	-203 4217
45	0,20599 3132	10621 7356	-199 4153	0,20714 7767	10627 5728	-201 6641
40	0,31221 0488	10424 0255	-197 7102	0,31342 3495	10427 6598	-199 9129
35	0,41645 0743	10228 0144	-196 0111	0,41770 0093	10229 4917	-198 1681
30	0,51873 0886	10033 6963	-194 3181	0,51999 5010	10033 0620	-196 4297
-0,25	0,61906 7849	9841 0652	-192 6311	0,62032 5630	9838 3644	-194 6976
20	0,71747 8501	9650 1150	-190 9502	0,71870 9274	9645 3925	-192 9719
15	0,81397 9651	9460 8396	-189 2753	0,81516 3198	9454 1400	-191 2525
10	0,90858 8048	9273 2331	-187 6065	0,90970 4599	9264 6007	-189 5394
05	1,00132 0379	9087 2894	-185 9437	1,00235 0605	9076 7681	-187 8326
0,00	1,09219 3273	8903 0025	-184 2869	1,09311 8286	8890 6359	-186 1321
05	1,18122 3299	8720 3664	-182 6361	1,18202 4645	8706 1980	-184 4380
10	1,26842 6963	8539 3751	-180 9913	1,26908 6625	8523 4479	-182 7501
15	1,35382 0713	8360 0225	-179 3526	1,35432 1104	8342 3794	-181 0685
20	1,43742 0938	8182 3028	-177 7197	1,43774 4898	8162 9862	-179 3932
0,25	1,51924 3966	8006 2099	-176 0929	1,51937 4760	7985 2621	-177 7241
30	1,59930 6065	7831 7378	-174 4720	1,59922 7381	7809 2009	-176 0613
35	1,67762 3443	7658 8807	-172 8571	1,67731 9390	7634 7961	-174 4047
40	1,75421 2249	7487 6325	-171 2482	1,75366 7351	7462 0418	-172 7544
45	1,82908 8574	7317 9873	-169 6452	1,82828 7769	7290 9315	-171 1103
0,50	1,90226 8448	7149 9393	-168 0481	1,90119 7084	7121 4591	-169 4724
55	1,97376 7840	6983 4823	-166 4569	1,97241 1675	6953 6184	-167 8407
60	2,04360 2664	6818 6107	-164 8717	2,04194 7859	6787 4032	-166 2152
65	2,11178 8771	6655 3183	-163 2923	2,10982 1892	6622 8073	-164 5959
70	2,17834 1954	6493 5994	-161 7189	2,17604 9965	6459 8245	-162 9828
0,75	2,24327 7948	6333 4481	-160 1514	2,24064 8211	6298 4487	-161 3758
80	2,30661 2429	6174 8584	-158 5897	2,30363 2697	6138 6736	-159 7751
85	2,36836 1013	6017 8245	-157 0339	2,36501 9434	5980 4932	-158 1804
90	2,42853 9257	5862 3405	-155 4840	2,42482 4365	5823 9012	-156 5920
95	2,48716 2662	5708 4005	-153 9399	2,48306 3378	5668 8916	-155 0096
1,00	2,54424 6667		-152 4017	2,53975 2294		-153 4334

q = 0,5551763 Θ = 89°56,8637'   q = 0,5566315 Θ = 89°56,9791'

z	q^4= 0,097	Δ	$Δ^2$	q^4= 0,098	Δ	$Δ^2$
-1,00	-1,09995 8070	+12976 8381		-1,10103 5489	+13010 1442	
95	-0,97018 9688	12754 5726	-222 2655	-0,97093 4047	12785 1291	-225 0151
90	-0,84264 3962	12534 1723	-220 4003	-0,84308 2757	12562 0300	-223 0991
85	-0,71730 2239	12315 6304	-218 5418	-0,71746 2457	12340 8397	-221 1902
80	-0,59414 5935	12098 9403	-216 6901	-0,59405 4060	12121 5513	-219 2884
-0,75	-0,47315 6532	11884 0951	-214 8452	-0,47283 8547	11904 1576	-217 3937
70	-0,35431 5581	11671 0881	-213 0070	-0,35379 6970	11688 6516	-215 5060
65	-0,23760 4700	11459 9126	-211 1755	-0,23691 0454	11475 0262	-213 6254
60	-0,12300 5574	11250 5618	-209 3508	-0,12216 0193	11263 2743	-211 7519
55	-0,01049 9955	11043 0291	-207 5327	-0,00952 7449	11053 3890	-209 8853
-0,50	+0,09993 0336	10837 3077	-205 7214	+0,10100 6441	10845 3632	-208 0258
45	0,20830 3412	10633 3909	-203 9168	0,20946 0072	10639 1898	-206 1733
40	0,31463 7321	10431 2721	-202 1188	0,31585 1971	10434 8620	-204 3278
35	0,41895 0042	10230 9445	-200 3276	0,42020 0591	10232 3726	-202 4894
30	0,52125 9487	10032 4015	-198 5430	0,52252 4317	10031 7148	-200 6578
-0,25	0,62158 3502	9835 6365	-196 7650	0,62284 1465	9832 8815	-198 8333
20	0,71993 9867	9640 6428	-194 9937	0,72117 0280	9635 8658	-197 0157
15	0,81634 6295	9447 4138	-193 2290	0,81752 8938	9440 6607	-195 2051
10	0,91082 0433	9255 9428	-191 4710	0,91193 5545	9247 2593	-193 4014
05	1,00337 9860	9066 2232	-189 7196	1,00440 8138	9055 6547	-191 6046
0,00	1,09404 2092	8878 2484	-187 9748	1,09496 4685	8865 8399	-189 8148
05	1,18282 4576	8692 0119	-186 2366	1,18362 3083	8677 8080	-188 0319
10	1,26974 4695	8507 5069	-184 5049	1,27040 1164	8491 5522	-186 2558
15	1,35481 9764	8324 7271	-182 7799	1,35531 6685	8307 0655	-184 4867
20	1,43806 7035	8143 6657	-181 0614	1,43838 7340	8124 3411	-182 7244
0,25	1,51950 3691	7964 3162	-179 3495	1,51963 0751	7943 3721	-180 9690
30	1,59914 6853	7786 6721	-177 6441	1,59906 4472	7764 1516	-179 2205
35	1,67701 3574	7610 7268	-175 9453	1,67670 5988	7586 6728	-177 4788
40	1,75312 0842	7436 4739	-174 2530	1,75257 2716	7410 9289	-175 7439
45	1,82748 5581	7263 9067	-172 5672	1,82668 2005	7236 9130	-174 0159
0,50	1,90012 4647	7093 0188	-170 8879	1,89905 1135	7064 6183	-172 2947
55	1,97105 4835	6923 8036	-169 2151	1,96969 7318	6894 0381	-170 5803
60	2,04029 2871	6756 2547	-167 5488	2,03863 7699	6725 1654	-168 8726
65	2,10785 5418	6590 3657	-165 8891	2,10588 9354	6557 9936	-167 1718
70	2,17375 9075	6426 1299	-164 2357	2,17146 9290	6392 5159	-165 4777
0,75	2,23802 0374	6263 5410	-162 5889	2,23539 4449	6228 7255	-163 7904
80	2,30065 5784	6102 5925	-160 9485	2,29768 1704	6066 6155	-162 1099
85	2,36168 1710	5943 2780	-159 3145	2,35834 7859	5906 1794	-160 4361
90	2,42111 4490	5785 5910	-157 6870	2,41740 9654	5747 4104	-158 7690
95	2,47897 0400	5629 5252	-156 0659	2,47488 3758	5590 3017	-157 1087
1,00	2,53526 5652		-154 4512	2,53078 6775		-155 4551

q = 0,5580755 Θ = 89°57,0900' q = 0,5595083 Θ = 89°57,1967'

z	q^4= 0,099	Δ	$Δ^2$	q^4= 0,100	Δ	$Δ^2$
-1,00	-1,10211 4130	+13043 5190		-1,10319 4001	+13076 9630	
95	-0,97167 8940	12815 7421	-227 7769	-0,97242 4370	12846 4119	-230 5512
90	-0,84352 1520	12589 9327	-225 8093	-0,84396 0251	12617 8809	-228 5310
85	-0,71762 2193	12366 0836	-223 8491	-0,71778 1442	12391 3623	-226 5186
80	-0,59396 1356	12144 1873	-221 8963	-0,59386 7819	12166 8483	-224 5140
-0,75	-0,47251 9483	11924 2363	-219 9510	-0,47219 9336	11944 3312	-222 5171
70	-0,35327 7120	11706 2233	-218 0130	-0,35275 6024	11723 8032	-220 5280
65	-0,23621 4887	11490 1409	-216 0824	-0,23551 7992	11505 2566	-218 5466
60	-0,12131 3479	11275 9816	-214 1592	-0,12046 5425	11288 6837	-216 5730
55	-0,00855 3663	11063 7382	-212 2434	-0,00757 8589	11074 0767	-214 6070
-0,50	+0,10208 3719	10853 4033	-210 3349	+0,10316 2178	10861 4279	-212 6487
45	0,21061 7752	10644 9695	-208 4338	0,21177 6457	10650 7297	-210 6982
40	0,31706 7447	10438 4295	-206 5400	0,31828 3754	10441 9744	-208 7553
35	0,42145 1742	10233 7760	-204 6535	0,42270 3498	10235 1544	-206 8201
30	0,52378 9502	10031 0016	-202 7743	0,52505 5042	10030 2619	-204 8925
-0,25	0,62409 9518	9830 0992	-200 9025	0,62535 7661	9827 2894	-202 9725
20	0,72240 0510	9631 0613	-199 0379	0,72363 0555	9626 2292	-201 0602
15	0,81871 1123	9433 8807	-197 1806	0,81989 2846	9427 0737	-199 1555
10	0,91304 9930	9238 5502	-195 3305	0,91416 3583	9229 8153	-197 2584
05	1,00543 5432	9045 0624	-193 4877	1,00646 1736	9034 4464	-195 3689
0,00	1,09588 6056	8853 4103	-191 6522	1,09680 6200	8840 9595	-193 4869
05	1,18442 0159	8663 5864	-189 8239	1,18521 5794	8649 3469	-191 6126
10	1,27105 6023	8475 5836	-188 0028	1,27170 9263	8459 6011	-189 7457
15	1,35581 1859	8289 3947	-186 1889	1,35630 5275	8271 7147	-187 8865
20	1,43870 5806	8105 0125	-184 3822	1,43902 2421	8085 6800	-186 0347
0,25	1,51975 5931	7922 4298	-182 5827	1,51987 9221	7901 4895	-184 1905
30	1,59898 0229	7741 6394	-180 7904	1,59889 4116	7719 1357	-182 3538
35	1,67639 6623	7562 6342	-179 0052	1,67608 5473	7538 6112	-180 5245
40	1,75202 2966	7385 4070	-177 2272	1,75147 1585	7359 9084	-178 7028
45	1,82587 7036	7209 9507	-175 4563	1,82507 0669	7183 0199	-176 8885
0,50	1,89797 6543	7036 2581	-173 6926	1,89690 0868	7007 9382	-175 0817
55	1,96833 9124	6864 3221	-171 9360	1,96698 0250	6834 6560	-173 2823
60	2,03698 2345	6694 1356	-170 1865	2,03532 6810	6663 1656	-171 4903
65	2,10392 3702	6525 6916	-168 4441	2,10195 8466	6493 4598	-169 7058
70	2,16918 0617	6358 9828	-166 7087	2,16689 3064	6325 5311	-167 9287
0,75	2,23277 0446	6194 0023	-164 9805	2,23014 8374	6159 3721	-166 1590
80	2,29471 0469	6030 7430	-163 2593	2,29174 2095	5994 9754	-164 3967
85	2,35501 7900	5869 1978	-161 5452	2,35169 1849	5832 3337	-162 6417
90	2,41370 9878	5709 3598	-159 8381	2,41001 5185	5671 4395	-160 8941
95	2,47080 3476	5551 2217	-158 1380	2,46672 9581	5512 2856	-159 1539
1,00	2,52631 5693		-156 4450	2,52185 2437		-157 4210

q = 0,5609302 θ = 89°57,2994' q = 0,5623413 θ = 89°57,3981'

Tabelle II

$G(q^4, z)$

Funktionen laufend nach q^4

von $q^4 = 0{,}000$ bis $q^4 = 0{,}100$ in Schritten von 0,001

für die Werte $z = \cos 2x$

von $z = -1{,}00$ bis $z = +1{,}00$

in Schritten von 0,05

Die zugehörigen Werte für q und Θ sind

in den Tafeln S. 81 und S. 82 enthalten

Table II

$G(q^4, z)$

as a function of q^4

from $q^4 = 0{\cdot}000$ to $q^4 = 0{\cdot}100$, with increments of 0·001

for values of $z = \cos 2x$,

when z increases from $-1{\cdot}00$ to $+1{\cdot}00$ with increments of 0·05

The corresponding values of q and Θ

are found in the tables on pages 81 and 82

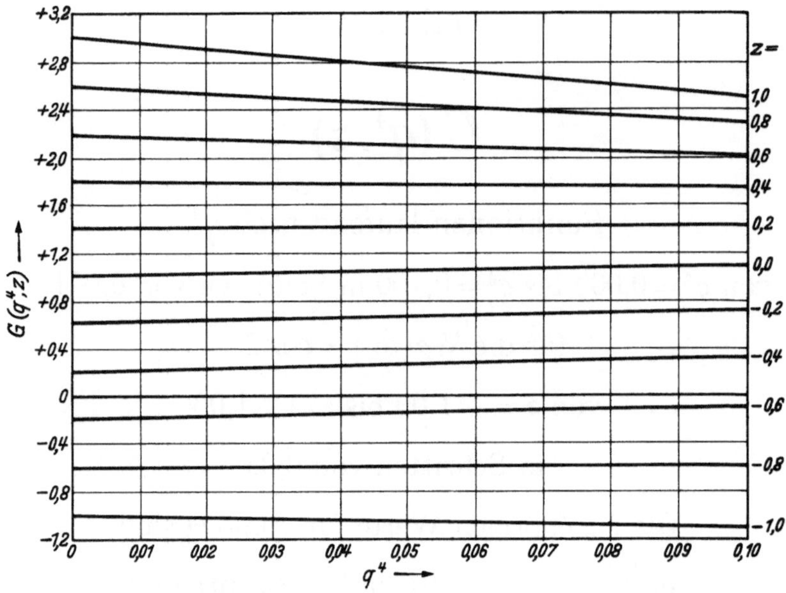

Abb. 2. Funktionen $G(q^4, z)$ laufend nach q^4, geordnet nach z.

Fig. 2. $G(q^4, z)$ as a function of q^4.

q^4	z = -1,00	Δ	z = -0,95	Δ	z = -0,90	Δ
0,000	-1,00000 0000		-0,90000 0000		-0,80000 0000	
1	-1,00100 0032	-100 0032	-0,90071 0014	-71 0014	-0,80044 0000	-44 0000
2	-1,00200 0179	-100 0147	-0,90142 0080	-71 0066	-0,80087 9999	-43 9999
3	-1,00300 0493	-100 0314	-0,90213 0221	-71 0141	-0,80131 9996	-43 9997
4	-1,00400 1012	-100 0519	-0,90284 0454	-71 0233	-0,80175 9992	-43 9996
5	-1,00500 1768	-100 0756	-0,90355 0794	-71 0340	-0,80219 9986	-43 9994
6	-1,00600 2789	-100 1021	-0,90426 1252	-71 0458	-0,80263 9978	-43 9992
7	-1,00700 4100	-100 1311	-0,90497 1841	-71 0589	-0,80307 9967	-43 9989
8	-1,00800 5725	-100 1625	-0,90568 2570	-71 0729	-0,80351 9954	-43 9987
9	-1,00900 7685	-100 1960	-0,90639 3450	-71 0880	-0,80395 9938	-43 9984
0,010	-1,01001 0001	-100 2316	-0,90710 4490	-71 1040	-0,80439 9920	-43 9982
11	-1,01101 2692	-100 2691	-0,90781 5698	-71 1208	-0,80483 9898	-43 9978
12	-1,01201 5777	-100 3085	-0,90852 7083	-71 1385	-0,80527 9873	-43 9975
13	-1,01301 9272	-100 3495	-0,90923 8652	-71 1569	-0,80571 9844	-43 9971
14	-1,01402 3196	-100 3924	-0,90995 0413	-71 1761	-0,80615 9812	-43 9968
15	-1,01502 7563	-100 4367	-0,91066 2374	-71 1961	-0,80659 9777	-43 9965
16	-1,01603 2390	-100 4827	-0,91137 4541	-71 2167	-0,80703 9737	-43 9960
17	-1,01703 7692	-100 5302	-0,91208 6920	-71 2379	-0,80747 9694	-43 9957
18	-1,01804 3483	-100 5791	-0,91279 9520	-71 2600	-0,80791 9646	-43 9952
19	-1,01904 9778	-100 6295	-0,91351 2345	-71 2825	-0,80835 9594	-43 9948
0,020	-1,02005 6591	-100 6813	-0,91422 5403	-71 3058	-0,80879 9537	-43 9943
21	-1,02106 3935	-100 7344	-0,91493 8698	-71 3295	-0,80923 9476	-43 9939
22	-1,02207 1824	-100 7889	-0,91565 2238	-71 3540	-0,80967 9410	-43 9934
23	-1,02308 0269	-100 8445	-0,91636 6028	-71 3790	-0,81011 9339	-43 9929
24	-1,02408 9285	-100 9016	-0,91708 0073	-71 4045	-0,81055 9263	-43 9924
25	-1,02509 8883	-100 9598	-0,91779 4380	-71 4307	-0,81099 9181	-43 9918
26	-1,02610 9075	-101 0192	-0,91850 8952	-71 4572	-0,81143 9094	-43 9913
27	-1,02711 9874	-101 0799	-0,91922 3797	-71 4845	-0,81187 9002	-43 9908
28	-1,02813 1291	-101 1417	-0,91993 8918	-71 5121	-0,81231 8904	-43 9902
29	-1,02914 3338	-101 2047	-0,92065 4322	-71 5404	-0,81275 8800	-43 9896
0,030	-1,03015 6025	-101 2687	-0,92137 0012	-71 5690	-0,81319 8689	-43 9889
31	-1,03116 9364	-101 3339	-0,92208 5995	-71 5983	-0,81363 8572	-43 9883
32	-1,03218 3366	-101 4002	-0,92280 2274	-71 6279	-0,81407 8449	-43 9877
33	-1,03319 8042	-101 4676	-0,92351 8855	-71 6581	-0,81451 8319	-43 9870
34	-1,03421 3402	-101 5360	-0,92423 5742	-71 6887	-0,81495 8183	-43 9864
35	-1,03522 9457	-101 6055	-0,92495 2940	-71 7198	-0,81539 8039	-43 9856
36	-1,03624 6217	-101 6760	-0,92567 0454	-71 7514	-0,81583 7888	-43 9849
37	-1,03726 3693	-101 7476	-0,92638 8288	-71 7834	-0,81627 7729	-43 9841
38	-1,03828 1894	-101 8201	-0,92710 6446	-71 8158	-0,81671 7563	-43 9834
39	-1,03930 0830	-101 8936	-0,92782 4933	-71 8487	-0,81715 7389	-43 9826
0,040	-1,04032 0512	-101 9682	-0,92854 3753	-71 8820	-0,81759 7207	-43 9818
41	-1,04134 0949	-102 0437	-0,92926 2911	-71 9158	-0,81803 7017	-43 9810
42	-1,04236 2150	-102 1201	-0,92998 2410	-71 9499	-0,81847 6818	-43 9801
43	-1,04338 4126	-102 1976	-0,93070 2256	-71 9846	-0,81891 6610	-43 9792
44	-1,04440 6885	-102 2759	-0,93142 2451	-72 0195	-0,81935 6394	-43 9784
45	-1,04543 0438	-102 3553	-0,93214 3000	-72 0549	-0,81979 6168	-43 9774
46	-1,04645 4792	-102 4354	-0,93286 3908	-72 0908	-0,82023 5933	-43 9765
47	-1,04747 9958	-102 5166	-0,93358 5177	-72 1269	-0,82067 5688	-43 9755
48	-1,04850 5945	-102 5987	-0,93430 6813	-72 1636	-0,82111 5433	-43 9745
49	-1,04953 2761	-102 6816	-0,93502 8819	-72 2006	-0,82155 5168	-43 9735
0,050	-1,05056 0415	-102 7654	-0,93575 1198	-72 2379	-0,82199 4892	-43 9724

q^4	z = -1,00	Δ	z = -0,95	Δ	z = -0,90	Δ
0,050	-1,05056 0415	-102 8502	-0,93575 1198	-72 2758	-0,82199 4892	-43 9714
51	-1,05158 8917	-102 9358	-0,93647 3956	-72 3139	-0,82243 4606	-43 9703
52	-1,05261 8275	-103 0223	-0,93719 7095	-72 3524	-0,82287 4309	-43 9691
53	-1,05364 8498	-103 1096	-0,93792 0619	-72 3914	-0,82331 4000	-43 9680
54	-1,05467 9594	-103 1979	-0,93864 4533	-72 4306	-0,82375 3680	-43 9668
55	-1,05571 1573	-103 2869	-0,93936 8839	-72 4702	-0,82419 3348	-43 9656
56	-1,05674 4442	-103 3768	-0,94009 3541	-72 5103	-0,82463 3004	-43 9644
57	-1,05777 8210	-103 4676	-0,94081 8644	-72 5507	-0,82507 2648	-43 9631
58	-1,05881 2886	-103 5592	-0,94154 4151	-72 5914	-0,82551 2279	-43 9617
59	-1,05984 8478	-103 6516	-0,94227 0065	-72 6324	-0,82595 1896	-43 9605
0,060	-1,06088 4994	-103 7448	-0,94299 6389	-72 6739	-0,82639 1501	-43 9590
61	-1,06192 2442	-103 8389	-0,94372 3128	-72 7157	-0,82683 1091	-43 9577
62	-1,06296 0831	-103 9338	-0,94445 0285	-72 7579	-0,82727 0668	-43 9562
63	-1,06400 0169	-104 0295	-0,94517 7864	-72 8003	-0,82771 0230	-43 9548
64	-1,06504 0464	-104 1260	-0,94590 5867	-72 8432	-0,82814 9778	-43 9533
65	-1,06608 1724	-104 2233	-0,94663 4299	-72 8863	-0,82858 9311	-43 9517
66	-1,06712 3957	-104 3214	-0,94736 3162	-72 9298	-0,82902 8828	-43 9501
67	-1,06816 7171	-104 4203	-0,94809 2460	-72 9737	-0,82946 8329	-43 9486
68	-1,06921 1374	-104 5200	-0,94882 2197	-73 0179	-0,82990 7815	-43 9468
69	-1,07025 6574	-104 6205	-0,94955 2376	-73 0623	-0,83034 7283	-43 9452
0,070	-1,07130 2779	-104 7217	-0,95028 2999	-73 1072	-0,83078 6735	-43 9435
71	-1,07234 9996	-104 8238	-0,95101 4071	-73 1524	-0,83122 6170	-43 9417
72	-1,07339 8234	-104 9266	-0,95174 5595	-73 1979	-0,83166 5587	-43 9399
73	-1,07444 7500	-105 0302	-0,95247 7574	-73 2436	-0,83210 4986	-43 9380
74	-1,07549 7802	-105 1346	-0,95321 0010	-73 2899	-0,83254 4366	-43 9362
75	-1,07654 9148	-105 2397	-0,95394 2909	-73 3362	-0,83298 3728	-43 9342
76	-1,07760 1545	-105 3456	-0,95467 6271	-73 3831	-0,83342 3070	-43 9323
77	-1,07865 5001	-105 4523	-0,95541 0102	-73 4301	-0,83386 2393	-43 9302
78	-1,07970 9524	-105 5597	-0,95614 4403	-73 4775	-0,83430 1695	-43 9282
79	-1,08076 5121	-105 6679	-0,95687 9178	-73 5253	-0,83474 0977	-43 9260
0,080	-1,08182 1800	-105 7768	-0,95761 4431	-73 5733	-0,83518 0237	-43 9239
81	-1,08287 9568	-105 8864	-0,95835 0164	-73 6216	-0,83561 9476	-43 9217
82	-1,08393 8432	-105 9969	-0,95908 6380	-73 6703	-0,83605 8693	-43 9195
83	-1,08499 8401	-106 1081	-0,95982 3083	-73 7192	-0,83649 7888	-43 9171
84	-1,08605 9482	-106 2200	-0,96056 0275	-73 7685	-0,83693 7059	-43 9148
85	-1,08712 1682	-106 3327	-0,96129 7960	-73 8180	-0,83737 6207	-43 9124
86	-1,08818 5009	-106 4461	-0,96203 6140	-73 8679	-0,83781 5331	-43 9100
87	-1,08924 9470	-106 5602	-0,96277 4819	-73 9181	-0,83825 4431	-43 9074
88	-1,09031 5072	-106 6752	-0,96351 4000	-73 9685	-0,83869 3505	-43 9049
89	-1,09138 1824	-106 7907	-0,96425 3685	-74 0193	-0,83913 2554	-43 9023
0,090	-1,09244 9731	-106 9071	-0,96499 3878	-74 0704	-0,83957 1577	-43 8997
91	-1,09351 8802	-107 0241	-0,96573 4582	-74 1217	-0,84001 0574	-43 8969
92	-1,09458 9043	-107 1420	-0,96647 5799	-74 1733	-0,84044 9543	-43 8941
93	-1,09566 0463	-107 2606	-0,96721 7532	-74 2253	-0,84088 8484	-43 8914
94	-1,09673 3069	-107 3797	-0,96795 9785	-74 2775	-0,84132 7398	-43 8884
95	-1,09780 6866	-107 4998	-0,96870 2560	-74 3300	-0,84176 6282	-43 8855
96	-1,09888 1864	-107 6206	-0,96944 5860	-74 3828	-0,84220 5137	-43 8825
97	-1,09995 8070	-107 7419	-0,97018 9688	-74 4359	-0,84264 3962	-43 8795
98	-1,10103 5489	-107 8641	-0,97093 4047	-74 4893	-0,84308 2757	-43 8763
99	-1,10211 4130	-107 9871	-0,97167 8940	-74 5430	-0,84352 1520	-43 8731
0,100	-1,10319 4001		-0,97242 4370		-0,84396 0251	

q^4	z = -0,85	Δ	z = -0,80	Δ	z = -0,75	Δ
0,000	-0,70000 0000	-18 9988	-0,60000 0000	+4 0021	-0,50000 0000	+25 0028
1	-0,70018 9988	-18 9945	-0,59995 9979	4 0098	-0,49974 9972	25 0129
2	-0,70037 9933	-18 9881	-0,59991 9881	4 0208	-0,49949 9843	25 0274
3	-0,70056 9814	-18 9804	-0,59987 9673	4 0345	-0,49924 9569	25 0454
4	-0,70075 9618	-18 9716	-0,59983 9328	4 0502	-0,49899 9115	25 0662
5	-0,70094 9334	-18 9615	-0,59979 8826	4 0678	-0,49874 8453	25 0893
6	-0,70113 8949	-18 9505	-0,59975 8148	4 0870	-0,49849 7560	25 1147
7	-0,70132 8454	-18 9388	-0,59971 7278	4 1079	-0,49824 6413	25 1422
8	-0,70151 7842	-18 9260	-0,59967 6199	4 1302	-0,49799 4991	25 1715
9	-0,70170 7102	-18 9127	-0,59963 4897	4 1538	-0,49774 3276	25 2027
0,010	-0,70189 6229	-18 8985	-0,59959 3359	4 1787	-0,49749 1249	25 2355
11	-0,70208 5214	-18 8837	-0,59955 1572	4 2049	-0,49723 8894	25 2699
12	-0,70227 4051	-18 8682	-0,59950 9523	4 2321	-0,49698 6195	25 3059
13	-0,70246 2733	-18 8520	-0,59946 7202	4 2605	-0,49673 3136	25 3433
14	-0,70265 1253	-18 8353	-0,59942 4597	4 2901	-0,49647 9703	25 3822
15	-0,70283 9606	-18 8179	-0,59938 1696	4 3206	-0,49622 5881	25 4224
16	-0,70302 7785	-18 8000	-0,59933 8490	4 3521	-0,49597 1657	25 4639
17	-0,70321 5785	-18 7815	-0,59929 4969	4 3847	-0,49571 7018	25 5068
18	-0,70340 3600	-18 7625	-0,59925 1122	4 4181	-0,49546 1950	25 5509
19	-0,70359 1225	-18 7430	-0,59920 6941	4 4526	-0,49520 6441	25 5963
0,020	-0,70377 8655	-18 7229	-0,59916 2415	4 4878	-0,49495 0478	25 6427
21	-0,70396 5884	-18 7023	-0,59911 7537	4 5240	-0,49469 4051	25 6903
22	-0,70415 2907	-18 6812	-0,59907 2297	4 5611	-0,49443 7148	25 7392
23	-0,70433 9719	-18 6597	-0,59902 6686	4 5990	-0,49417 9756	25 7890
24	-0,70452 6316	-18 6377	-0,59898 0696	4 6376	-0,49392 1866	25 8400
25	-0,70471 2693	-18 6152	-0,59893 4320	4 6772	-0,49366 3466	25 8921
26	-0,70489 8845	-18 5923	-0,59888 7548	4 7176	-0,49340 4545	25 9451
27	-0,70508 4768	-18 5689	-0,59884 0372	4 7586	-0,49314 5094	25 9993
28	-0,70527 0457	-18 5450	-0,59879 2786	4 8005	-0,49288 5101	26 0544
29	-0,70545 5907	-18 5208	-0,59874 4781	4 8432	-0,49262 4557	26 1105
0,030	-0,70564 1115	-18 4961	-0,59869 6349	4 8865	-0,49236 3452	26 1676
31	-0,70582 6076	-18 4710	-0,59864 7484	4 9306	-0,49210 1776	26 2257
32	-0,70601 0786	-18 4454	-0,59859 8178	4 9755	-0,49183 9519	26 2846
33	-0,70619 5240	-18 4195	-0,59854 8423	5 0210	-0,49157 6673	26 3446
34	-0,70637 9435	-18 3932	-0,59849 8213	5 0673	-0,49131 3227	26 4055
35	-0,70656 3367	-18 3664	-0,59844 7540	5 1143	-0,49104 9172	26 4672
36	-0,70674 7031	-18 3393	-0,59839 6397	5 1618	-0,49078 4500	26 5299
37	-0,70693 0424	-18 3117	-0,59834 4779	5 2102	-0,49051 9201	26 5934
38	-0,70711 3541	-18 2838	-0,59829 2677	5 2592	-0,49025 3267	26 6579
39	-0,70729 6379	-18 2555	-0,59824 0085	5 3089	-0,48998 6688	26 7232
0,040	-0,70747 8934	-18 2268	-0,59818 6996	5 3591	-0,48971 9456	26 7894
41	-0,70766 1202	-18 1978	-0,59813 3405	5 4101	-0,48945 1562	26 8563
42	-0,70784 3180	-18 1683	-0,59807 9304	5 4618	-0,48918 2999	26 9242
43	-0,70802 4863	-18 1384	-0,59802 4686	5 5140	-0,48891 3757	26 9929
44	-0,70820 6247	-18 1083	-0,59796 9546	5 5668	-0,48864 3828	27 0624
45	-0,70838 7330	-18 0777	-0,59791 3878	5 6204	-0,48837 3204	27 1327
46	-0,70856 8107	-18 0468	-0,59785 7674	5 6746	-0,48810 1877	27 2039
47	-0,70874 8575	-18 0156	-0,59780 0928	5 7292	-0,48782 9838	27 2758
48	-0,70892 8731	-17 9839	-0,59774 3636	5 7847	-0,48755 7080	27 3485
49	-0,70910 8570	-17 9519	-0,59768 5789	5 8406	-0,48728 3595	27 4220
0,050	-0,70928 8089		-0,59762 7383		-0,48700 9375	

q^4	z = -0,85	Δ	z = -0,80	Δ	z = -0,75	Δ
0,050	-0,70928 8089	-17 9195	-0,59762 7383	+5 8972	-0,48700 9375	+27 4964
51	-0,70946 7284	-17 8869	-0,59756 8411	5 9544	-0,48673 4411	27 5714
52	-0,70964 6153	-17 8538	-0,59750 8867	6 0121	-0,48645 8697	27 6473
53	-0,70982 4691	-17 8204	-0,59744 8746	6 0705	-0,48618 2224	27 7239
54	-0,71000 2895	-17 7867	-0,59738 8041	6 1295	-0,48590 4985	27 8013
55	-0,71018 0762	-17 7526	-0,59732 6746	6 1890	-0,48562 6972	27 8795
56	-0,71035 8288	-17 7181	-0,59726 4856	6 2492	-0,48534 8177	27 9583
57	-0,71053 5469	-17 6834	-0,59720 2364	6 3098	-0,48506 8594	28 0380
58	-0,71071 2303	-17 6483	-0,59713 9266	6 3711	-0,48478 8214	28 1184
59	-0,71088 8786	-17 6129	-0,59707 5555	6 4329	-0,48450 7030	28 1994
0,060	-0,71106 4915	-17 5770	-0,59701 1226	6 4954	-0,48422 5036	28 2813
61	-0,71124 0685	-17 5409	-0,59694 6272	6 5584	-0,48394 2223	28 3640
62	-0,71141 6094	-17 5045	-0,59688 0688	6 6219	-0,48365 8583	28 4472
63	-0,71159 1139	-17 4677	-0,59681 4469	6 6860	-0,48337 4111	28 5312
64	-0,71176 5816	-17 4305	-0,59674 7609	6 7506	-0,48308 8799	28 6160
65	-0,71194 0121	-17 3931	-0,59668 0103	6 8159	-0,48280 2639	28 7014
66	-0,71211 4052	-17 3553	-0,59661 1944	6 8817	-0,48251 5625	28 7877
67	-0,71228 7605	-17 3172	-0,59654 3127	6 9480	-0,48222 7748	28 8745
68	-0,71246 0777	-17 2787	-0,59647 3647	7 0148	-0,48193 9003	28 9620
69	-0,71263 3564	-17 2400	-0,59640 3499	7 0823	-0,48164 9383	29 0504
0,070	-0,71280 5964	-17 2008	-0,59633 2676	7 1503	-0,48135 8879	29 1394
71	-0,71297 7972	-17 1614	-0,59626 1173	7 2188	-0,48106 7485	29 2290
72	-0,71314 9586	-17 1216	-0,59618 8985	7 2879	-0,48077 5195	29 3195
73	-0,71332 0802	-17 0816	-0,59611 6106	7 3574	-0,48048 2000	29 4105
74	-0,71349 1618	-17 0411	-0,59604 2532	7 4276	-0,48018 7895	29 5022
75	-0,71366 2029	-17 0004	-0,59596 8256	7 4983	-0,47989 2873	29 5947
76	-0,71383 2033	-16 9593	-0,59589 3273	7 5695	-0,47959 6926	29 6879
77	-0,71400 1626	-16 9180	-0,59581 7578	7 6412	-0,47930 0047	29 7816
78	-0,71417 0806	-16 8762	-0,59574 1166	7 7136	-0,47900 2231	29 8761
79	-0,71433 9568	-16 8341	-0,59566 4030	7 7864	-0,47870 3470	29 9714
0,080	-0,71450 7909	-16 7918	-0,59558 6166	7 8597	-0,47840 3756	30 0671
81	-0,71467 5827	-16 7491	-0,59550 7569	7 9336	-0,47810 3085	30 1637
82	-0,71484 3318	-16 7061	-0,59542 8233	8 0080	-0,47780 1448	30 2607
83	-0,71501 0379	-16 6627	-0,59534 8153	8 0830	-0,47749 8841	30 3589
84	-0,71517 7006	-16 6191	-0,59526 7323	8 1584	-0,47719 5252	30 4573
85	-0,71534 3197	-16 5750	-0,59518 5739	8 2345	-0,47689 0679	30 5564
86	-0,71550 8947	-16 5308	-0,59510 3394	8 3110	-0,47658 5115	30 6564
87	-0,71567 4255	-16 4861	-0,59502 0284	8 3881	-0,47627 8551	30 7569
88	-0,71583 9116	-16 4411	-0,59493 6403	8 4656	-0,47597 0982	30 8580
89	-0,71600 3527	-16 3959	-0,59485 1747	8 5437	-0,47566 2402	30 9600
0,090	-0,71616 7486	-16 3502	-0,59476 6310	8 6224	-0,47535 2802	31 0624
91	-0,71633 0988	-16 3043	-0,59468 0086	8 7016	-0,47504 2178	31 1656
92	-0,71649 4031	-16 2580	-0,59459 3070	8 7812	-0,47473 0522	31 2695
93	-0,71665 6611	-16 2114	-0,59450 5258	8 8615	-0,47441 7827	31 3740
94	-0,71681 8725	-16 1645	-0,59441 6643	8 9421	-0,47410 4087	31 4791
95	-0,71698 0370	-16 1173	-0,59432 7222	9 0235	-0,47378 9296	31 5850
96	-0,71714 1543	-16 0696	-0,59423 6987	9 1052	-0,47347 3446	31 6914
97	-0,71730 2239	-16 0218	-0,59414 5935	9 1875	-0,47315 6532	31 7985
98	-0,71746 2457	-15 9736	-0,59405 4060	9 2704	-0,47283 8547	31 9064
99	-0,71762 2193	-15 9249	-0,59396 1356	9 3537	-0,47251 9483	32 0147
0,100	-0,71778 1442		-0,59386 7819		-0,47219 9336	

q^4	z = -0,70	Δ	z = -0,65	Δ	z = -0,60	Δ
0,000	-0,40000 0000	+44 0032	-0,30000 0000	+61 0035	-0,20000 0000	+76 0035
1	-0,39955 9968	44 0150	-0,29938 9965	61 0161	-0,19923 9965	76 0164
2	-0,39911 9818	44 0319	-0,29877 9804	61 0343	-0,19847 9801	76 0349
3	-0,39867 9499	44 0527	-0,29816 9461	61 0567	-0,19771 9452	76 0577
4	-0,39823 8972	44 0768	-0,29755 8894	61 0826	-0,19695 8875	76 0841
5	-0,39779 8204	44 1037	-0,29694 8068	61 1116	-0,19619 8034	76 1135
6	-0,39735 7167	44 1332	-0,29633 6952	61 1433	-0,19543 6899	76 1458
7	-0,39691 5835	44 1651	-0,29572 5519	61 1776	-0,19467 5441	76 1807
8	-0,39647 4184	44 1992	-0,29511 3743	61 2142	-0,19391 3634	76 2179
9	-0,39603 2192	44 2353	-0,29450 1601	61 2532	-0,19315 1455	76 2576
0,010	-0,39558 9839	44 2734	-0,29388 9069	61 2941	-0,19238 8879	76 2992
11	-0,39514 7105	44 3134	-0,29327 6128	61 3371	-0,19162 5887	76 3429
12	-0,39470 3971	44 3551	-0,29266 2757	61 3821	-0,19086 2458	76 3887
13	-0,39426 0420	44 3987	-0,29204 8936	61 4287	-0,19009 8571	76 4362
14	-0,39381 6433	44 4437	-0,29143 4649	61 4774	-0,18933 4209	76 4856
15	-0,39337 1996	44 4904	-0,29081 9875	61 5275	-0,18856 9353	76 5366
16	-0,39292 7092	44 5387	-0,29020 4600	61 5794	-0,18780 3987	76 5895
17	-0,39248 1705	44 5884	-0,28958 8806	61 6329	-0,18703 8092	76 6438
18	-0,39203 5821	44 6395	-0,28897 2477	61 6880	-0,18627 1654	76 6998
19	-0,39158 9426	44 6922	-0,28835 5597	61 7445	-0,18550 4656	76 7573
0,020	-0,39114 2504	44 7461	-0,28773 8152	61 8025	-0,18473 7083	76 8164
21	-0,39069 5043	44 8015	-0,28712 0127	61 8620	-0,18396 8919	76 8768
22	-0,39024 7028	44 8580	-0,28650 1507	61 9229	-0,18320 0151	76 9388
23	-0,38979 8448	44 9160	-0,28588 2278	61 9852	-0,18243 0763	77 0020
24	-0,38934 9288	44 9751	-0,28526 2426	62 0488	-0,18166 0743	77 0668
25	-0,38889 9537	45 0355	-0,28464 1938	62 1137	-0,18089 0075	77 1327
26	-0,38844 9182	45 0971	-0,28402 0801	62 1799	-0,18011 8748	77 2001
27	-0,38799 8211	45 1599	-0,28339 9002	62 2474	-0,17934 6747	77 2687
28	-0,38754 6612	45 2239	-0,28277 6528	62 3162	-0,17857 4060	77 3387
29	-0,38709 4373	45 2890	-0,28215 3366	62 3862	-0,17780 0673	77 4097
0,030	-0,38664 1483	45 3551	-0,28152 9504	62 4573	-0,17702 6576	77 4821
31	-0,38618 7932	45 4226	-0,28090 4931	62 5297	-0,17625 1755	77 5557
32	-0,38573 3706	45 4910	-0,28027 9634	62 6033	-0,17547 6198	77 6305
33	-0,38527 8796	45 5604	-0,27965 3601	62 6780	-0,17469 9893	77 7064
34	-0,38482 3192	45 6311	-0,27902 6821	62 7539	-0,17392 2829	77 7835
35	-0,38436 6881	45 7027	-0,27839 9282	62 8308	-0,17314 4994	77 8616
36	-0,38390 9854	45 7754	-0,27777 0974	62 9089	-0,17236 6378	77 9411
37	-0,38345 2100	45 8491	-0,27714 1885	62 9880	-0,17158 6967	78 0214
38	-0,38299 3609	45 9237	-0,27651 2005	63 0684	-0,17080 6753	78 1031
39	-0,38253 4372	45 9995	-0,27588 1321	63 1496	-0,17002 5722	78 1856
0,040	-0,38207 4377	46 0762	-0,27524 9825	63 2321	-0,16924 3866	78 2693
41	-0,38161 3615	46 1538	-0,27461 7504	63 3154	-0,16846 1173	78 3541
42	-0,38115 2077	46 2325	-0,27398 4350	63 3999	-0,16767 7632	78 4399
43	-0,38068 9752	46 3121	-0,27335 0351	63 4854	-0,16689 3233	78 5266
44	-0,38022 6631	46 3926	-0,27271 5497	63 5720	-0,16610 7967	78 6145
45	-0,37976 2705	46 4741	-0,27207 9777	63 6593	-0,16532 1822	78 7034
46	-0,37929 7964	46 5566	-0,27144 3184	63 7479	-0,16453 4788	78 7932
47	-0,37883 2398	46 6398	-0,27080 5705	63 8374	-0,16374 6856	78 8840
48	-0,37836 6000	46 7242	-0,27016 7331	63 9278	-0,16295 8016	78 9759
49	-0,37789 8758	46 8092	-0,26952 8053	64 0192	-0,16216 8257	79 0686
0,050	-0,37743 0666		-0,26888 7861		-0,16137 7571	

q^4	z = -0,70	Δ	z = -0,65	Δ	z = -0,60	Δ
0,050	-0,37743 0666	+46 8954	-0,26888 7861	+64 1115	-0,16137 7571	+79 1624
51	-0,37696 1712	46 9823	-0,26824 6746	64 2049	-0,16058 5947	79 2571
52	-0,37649 1889	47 0701	-0,26760 4697	64 2992	-0,15979 3376	79 3527
53	-0,37602 1188	47 1589	-0,26696 1705	64 3943	-0,15899 9849	79 4494
54	-0,37554 9599	47 2484	-0,26631 7762	64 4904	-0,15820 5355	79 5468
55	-0,37507 7115	47 3389	-0,26567 2858	64 5875	-0,15740 9887	79 6453
56	-0,37460 3726	47 4302	-0,26502 6983	64 6854	-0,15661 3434	79 7446
57	-0,37412 9424	47 5223	-0,26438 0129	64 7842	-0,15581 5988	79 8449
58	-0,37365 4201	47 6154	-0,26373 2287	64 8840	-0,15501 7539	79 9460
59	-0,37317 8047	47 7092	-0,26308 3447	64 9846	-0,15421 8079	80 0481
0,060	-0,37270 0955	47 8039	-0,26243 3601	65 0862	-0,15341 7598	80 1510
61	-0,37222 2916	47 8994	-0,26178 2739	65 1885	-0,15261 6088	80 2549
62	-0,37174 3922	47 9958	-0,26113 0854	65 2919	-0,15181 3539	80 3595
63	-0,37126 3964	48 0930	-0,26047 7935	65 3960	-0,15100 9944	80 4651
64	-0,37078 3034	48 1909	-0,25982 3975	65 5010	-0,15020 5293	80 5716
65	-0,37030 1125	48 2898	-0,25916 8965	65 6068	-0,14939 9577	80 6788
66	-0,36981 8227	48 3893	-0,25851 2897	65 7136	-0,14859 2789	80 7870
67	-0,36933 4334	48 4898	-0,25785 5761	65 8212	-0,14778 4919	80 8959
68	-0,36884 9436	48 5910	-0,25719 7549	65 9296	-0,14697 5960	81 0058
69	-0,36836 3526	48 6930	-0,25653 8253	66 0389	-0,14616 5902	81 1164
0,070	-0,36787 6596	48 7959	-0,25587 7864	66 1490	-0,14535 4738	81 2280
71	-0,36738 8637	48 8994	-0,25521 6374	66 2598	-0,14454 2458	81 3402
72	-0,36689 9643	49 0038	-0,25455 3776	66 3717	-0,14372 9056	81 4535
73	-0,36640 9605	49 1090	-0,25389 0059	66 4842	-0,14291 4521	81 5673
74	-0,36591 8515	49 2150	-0,25322 5217	66 5976	-0,14209 8848	81 6822
75	-0,36542 6365	49 3216	-0,25255 9241	66 7119	-0,14128 2026	81 7977
76	-0,36493 3149	49 4292	-0,25189 2122	66 8269	-0,14046 4049	81 9142
77	-0,36443 8857	49 5375	-0,25122 3853	66 9427	-0,13964 4907	82 0313
78	-0,36394 3482	49 6464	-0,25055 4426	67 0593	-0,13882 4594	82 1494
79	-0,36344 7018	49 7563	-0,24988 3833	67 1768	-0,13800 3100	82 2681
0,080	-0,36294 9455	49 8669	-0,24921 2065	67 2950	-0,13718 0419	82 3877
81	-0,36245 0786	49 9782	-0,24853 9115	67 4141	-0,13635 6542	82 5080
82	-0,36195 1004	50 0903	-0,24786 4974	67 5339	-0,13553 1462	82 6292
83	-0,36145 0101	50 2031	-0,24718 9635	67 6545	-0,13470 5170	82 7512
84	-0,36094 8070	50 3167	-0,24651 3090	67 7759	-0,13387 7658	82 8738
85	-0,36044 4903	50 4310	-0,24583 5331	67 8981	-0,13304 8920	82 9973
86	-0,35994 0593	50 5462	-0,24515 6350	68 0211	-0,13221 8947	83 1215
87	-0,35943 5131	50 6620	-0,24447 6139	68 1448	-0,13138 7732	83 2466
88	-0,35892 8511	50 7786	-0,24379 4691	68 2694	-0,13055 5266	83 3723
89	-0,35842 0725	50 8959	-0,24311 1997	68 3946	-0,12972 1543	83 4989
0,090	-0,35791 1766	51 0139	-0,24242 8051	68 5207	-0,12888 6554	83 6261
91	-0,35740 1627	51 1328	-0,24174 2844	68 6475	-0,12805 0293	83 7542
92	-0,35689 0299	51 2524	-0,24105 6369	68 7752	-0,12721 2751	83 8830
93	-0,35637 7775	51 3726	-0,24036 8617	68 9035	-0,12637 3921	84 0125
94	-0,35586 4049	51 4936	-0,23967 9582	69 0326	-0,12553 3796	84 1428
95	-0,35534 9113	51 6154	-0,23898 9256	69 1625	-0,12469 2368	84 2738
96	-0,35483 2959	51 7378	-0,23829 7631	69 2931	-0,12384 9630	84 4056
97	-0,35431 5581	51 8611	-0,23760 4700	69 4246	-0,12300 5574	84 5381
98	-0,35379 6970	51 9850	-0,23691 0454	69 5567	-0,12216 0193	84 6714
99	-0,35327 7120	52 1096	-0,23621 4887	69 6895	-0,12131 3479	84 8054
0,100	-0,35275 6024		-0,23551 7992		-0,12046 5425	

q^4	z = -0,55	Δ	z = -0,50	Δ	z = -0,45	Δ
0,000	-0,10000 0000	+89 0034	+0,00000 0000	+100 0032	+0,10000 0000	+109 0028
1	-0,09910 9966	89 0159	0,00100 0032	100 0147	0,10109 0028	109 0130
2	-0,09821 9807	89 0339	0,00200 0179	100 0314	0,10218 0158	109 0276
3	-0,09732 9468	89 0560	0,00300 0493	100 0519	0,10327 0434	109 0458
4	-0,09643 8908	89 0815	0,00400 1012	100 0756	0,10436 0892	109 0665
5	-0,09554 8093	89 1102	0,00500 1768	100 1021	0,10545 1557	109 0900
6	-0,09465 6991	89 1415	0,00600 2789	100 1311	0,10654 2457	109 1155
7	-0,09376 5576	89 1753	0,00700 4100	100 1624	0,10763 3612	109 1431
8	-0,09287 3823	89 2115	0,00800 5724	100 1960	0,10872 5043	109 1727
9	-0,09198 1708	89 2498	0,00900 7684	100 2316	0,10981 6770	109 2040
0,010	-0,09108 9210	89 2904	0,01001 0000	100 2691	0,11090 8810	109 2370
11	-0,09019 6306	89 3327	0,01101 2691	100 3083	0,11200 1180	109 2717
12	-0,08930 2979	89 3771	0,01201 5774	100 3495	0,11309 3897	109 3078
13	-0,08840 9208	89 4232	0,01301 9269	100 3922	0,11418 6975	109 3455
14	-0,08751 4976	89 4712	0,01402 3191	100 4366	0,11528 0430	109 3846
15	-0,08662 0264	89 5206	0,01502 7557	100 4825	0,11637 4276	109 4250
16	-0,08572 5058	89 5719	0,01603 2382	100 5299	0,11746 8526	109 4668
17	-0,08482 9339	89 6246	0,01703 7681	100 5788	0,11856 3194	109 5098
18	-0,08393 3093	89 6790	0,01804 3469	100 6291	0,11965 8292	109 5542
19	-0,08303 6303	89 7347	0,01904 9760	100 6809	0,12075 3834	109 5996
0,020	-0,08213 8956	89 7920	0,02005 6569	100 7338	0,12184 9830	109 6464
21	-0,08124 1036	89 8506	0,02106 3907	100 7882	0,12294 6294	109 6942
22	-0,08034 2530	89 9107	0,02207 1789	100 8438	0,12404 3236	109 7431
23	-0,07944 3423	89 9721	0,02308 0227	100 9007	0,12514 0667	109 7932
24	-0,07854 3702	90 0348	0,02408 9234	100 9587	0,12623 8599	109 8444
25	-0,07764 3354	90 0989	0,02509 8821	101 0181	0,12733 7043	109 8966
26	-0,07674 2365	90 1641	0,02610 9002	101 0785	0,12843 6009	109 9497
27	-0,07584 0724	90 2307	0,02711 9787	101 1401	0,12953 5506	110 0040
28	-0,07493 8417	90 2984	0,02813 1188	101 2029	0,13063 5546	110 0592
29	-0,07403 5433	90 3674	0,02914 3217	101 2668	0,13173 6138	110 1155
0,030	-0,07313 1759	90 4376	0,03015 5885	101 3316	0,13283 7293	110 1725
31	-0,07222 7383	90 5088	0,03116 9201	101 3978	0,13393 9018	110 2307
32	-0,07132 2295	90 5814	0,03218 3179	101 4648	0,13504 1325	110 2896
33	-0,07041 6481	90 6549	0,03319 7827	101 5329	0,13614 4221	110 3496
34	-0,06950 9932	90 7297	0,03421 3156	101 6020	0,13724 7717	110 4104
35	-0,06860 2635	90 8054	0,03522 9176	101 6723	0,13835 1821	110 4721
36	-0,06769 4581	90 8824	0,03624 5899	101 7433	0,13945 6542	110 5347
37	-0,06678 5757	90 9603	0,03726 3332	101 8155	0,14056 1889	110 5981
38	-0,06587 6154	91 0392	0,03828 1487	101 8886	0,14166 7870	110 6623
39	-0,06496 5762	91 1194	0,03930 0373	101 9627	0,14277 4493	110 7275
0,040	-0,06405 4568	91 2004	0,04032 0000	102 0376	0,14388 1768	110 7934
41	-0,06314 2564	91 2825	0,04134 0376	102 1136	0,14498 9702	110 8601
42	-0,06222 9739	91 3656	0,04236 1512	102 1905	0,14609 8303	110 9276
43	-0,06131 6083	91 4497	0,04338 3417	102 2681	0,14720 7579	110 9960
44	-0,06040 1586	91 5347	0,04440 6098	102 3469	0,14831 7539	111 0651
45	-0,05948 6239	91 6208	0,04542 9567	102 4264	0,14942 8190	111 1350
46	-0,05857 0031	91 7078	0,04645 3831	102 5068	0,15053 9540	111 2056
47	-0,05765 2953	91 7957	0,04747 8899	102 5882	0,15165 1596	111 2770
48	-0,05673 4996	91 8846	0,04850 4781	102 6702	0,15276 4366	111 3492
49	-0,05581 6150	91 9744	0,04953 1483	102 7533	0,15387 7858	111 4220
0,050	-0,05489 6406		0,05055 9016		0,15499 2078	

q^4	z = −0,55	Δ	z = −0,50	Δ	z = −0,45	Δ
0,050	-0,05489 6406	+92 0651	+0,05055 9016	+102 8372	+0,15499 2078	+111 4956
51	-0,05397 5755	92 1568	0,05158 7388	102 9218	0,15610 7034	111 5700
52	-0,05305 4187	92 2494	0,05261 6606	103 0073	0,15722 2734	111 6450
53	-0,05213 1693	92 3428	0,05364 6679	103 0937	0,15833 9184	111 7208
54	-0,05120 8265	92 4371	0,05467 7616	103 1808	0,15945 6392	111 7972
55	-0,05028 3894	92 5324	0,05570 9424	103 2687	0,16057 4364	111 8744
56	-0,04935 8570	92 6284	0,05674 2111	103 3575	0,16169 3108	111 9522
57	-0,04843 2286	92 7255	0,05777 5686	103 4470	0,16281 2630	112 0307
58	-0,04750 5031	92 8232	0,05881 0156	103 5373	0,16393 2937	112 1099
59	-0,04657 6799	92 9219	0,05984 5529	103 6285	0,16505 4036	112 1898
0,060	-0,04564 7580	93 0215	0,06088 1814	103 7202	0,16617 5934	112 2702
61	-0,04471 7365	93 1218	0,06191 9016	103 8129	0,16729 8636	112 3514
62	-0,04378 6147	93 2230	0,06295 7145	103 9062	0,16842 2150	112 4333
63	-0,04285 3917	93 3250	0,06399 6207	104 0004	0,16954 6483	112 5156
64	-0,04192 0667	93 4279	0,06503 6211	104 0952	0,17067 1639	112 5988
65	-0,04098 6388	93 5315	0,06607 7163	104 1908	0,17179 7627	112 6825
66	-0,04005 1073	93 6360	0,06711 9071	104 2872	0,17292 4452	112 7668
67	-0,03911 4713	93 7413	0,06816 1943	104 3842	0,17405 2120	112 8518
68	-0,03817 7300	93 8473	0,06920 5785	104 4820	0,17518 0638	112 9374
69	-0,03723 8827	93 9542	0,07025 0605	104 5805	0,17631 0012	113 0236
0,070	-0,03629 9285	94 0619	0,07129 6410	104 6797	0,17744 0248	113 1103
71	-0,03535 8666	94 1703	0,07234 3207	104 7796	0,17857 1351	113 1978
72	-0,03441 6963	94 2795	0,07339 1003	104 8802	0,17970 3329	113 2857
73	-0,03347 4168	94 3895	0,07443 9805	104 9816	0,18083 6186	113 3743
74	-0,03253 0273	94 5002	0,07548 9621	105 0835	0,18196 9929	113 4635
75	-0,03158 5271	94 6118	0,07654 0456	105 1863	0,18310 4564	113 5532
76	-0,03063 9153	94 7241	0,07759 2319	105 2896	0,18424 0096	113 6436
77	-0,02969 1912	94 8371	0,07864 5215	105 3936	0,18537 6532	113 7344
78	-0,02874 3541	94 9509	0,07969 9151	105 4984	0,18651 3876	113 8259
79	-0,02779 4032	95 0655	0,08075 4135	105 6037	0,18765 2135	113 9179
0,080	-0,02684 3377	95 1807	0,08181 0172	105 7098	0,18879 1314	114 0105
81	-0,02589 1570	95 2967	0,08286 7270	105 8166	0,18993 1419	114 1037
82	-0,02493 8603	95 4135	0,08392 5436	105 9238	0,19107 2456	114 1973
83	-0,02398 4468	95 5310	0,08498 4674	106 0320	0,19221 4429	114 2915
84	-0,02302 9158	95 6492	0,08604 4994	106 1405	0,19335 7344	114 3864
85	-0,02207 2666	95 7681	0,08710 6399	106 2499	0,19450 1208	114 4816
86	-0,02111 4985	95 8878	0,08816 8898	106 3599	0,19564 6024	114 5775
87	-0,02015 6107	96 0082	0,08923 2497	106 4704	0,19679 1799	114 6739
88	-0,01919 6025	96 1292	0,09029 7201	106 5816	0,19793 8538	114 7707
89	-0,01823 4733	96 2511	0,09136 3017	106 6935	0,19908 6245	114 8682
0,090	-0,01727 2222	96 3735	0,09242 9952	106 8060	0,20023 4927	114 9662
91	-0,01630 8487	96 4968	0,09349 8012	106 9190	0,20138 4589	115 0646
92	-0,01534 3519	96 6207	0,09456 7202	107 0328	0,20253 5235	115 1636
93	-0,01437 7312	96 7453	0,09563 7530	107 1471	0,20368 6871	115 2630
94	-0,01340 9859	96 8705	0,09670 9001	107 2621	0,20483 9501	115 3631
95	-0,01244 1154	96 9966	0,09778 1622	107 3776	0,20599 3132	115 4635
96	-0,01147 1188	97 1233	0,09885 5398	107 4938	0,20714 7767	115 5645
97	-0,01049 9955	97 2506	0,09993 0336	107 6105	0,20830 3412	115 6660
98	-0,00952 7449	97 3786	0,10100 6441	107 7278	0,20946 0072	115 7680
99	-0,00855 3663	97 5074	0,10208 3719	107 8459	0,21061 7752	115 8705
0,100	-0,00757 8589		0,10316 2178		0,21177 6457	

q^4	z = -0,40	Δ	z = -0,35	Δ	z = -0,30	Δ
0,000	+0,20000 0000	+116 0023	+0,30000 0000	+121 0017	+0,40000 0000	+124 0011
1	0,20116 0023	116 0107	0,30121 0017	121 0081	0,40124 0011	124 0051
2	0,20232 0130	116 0229	0,30242 0098	121 0172	0,40248 0062	124 0108
3	0,20348 0359	116 0378	0,30363 0270	121 0284	0,40372 0170	124 0178
4	0,20464 0737	116 0550	0,30484 0554	121 0413	0,40496 0348	124 0260
5	0,20580 1287	116 0743	0,30605 0967	121 0558	0,40620 0608	124 0351
6	0,20696 2030	116 0954	0,30726 1525	121 0717	0,40744 0959	124 0451
7	0,20812 2984	116 1183	0,30847 2242	121 0889	0,40868 1410	124 0559
8	0,20928 4167	116 1427	0,30968 3131	121 1072	0,40992 1969	124 0674
9	0,21044 5594	116 1685	0,31089 4203	121 1266	0,41116 2643	124 0796
0,010	0,21160 7279	116 1959	0,31210 5469	121 1471	0,41240 3439	124 0925
11	0,21276 9238	116 2244	0,31331 6940	121 1687	0,41364 4364	124 1060
12	0,21393 1482	116 2544	0,31452 8627	121 1910	0,41488 5424	124 1201
13	0,21509 4026	116 2854	0,31574 0537	121 2145	0,41612 6625	124 1348
14	0,21625 6880	116 3178	0,31695 2682	121 2386	0,41736 7973	124 1500
15	0,21742 0058	116 3511	0,31816 5068	121 2638	0,41860 9473	124 1658
16	0,21858 3569	116 3856	0,31937 7706	121 2896	0,41985 1131	124 1820
17	0,21974 7425	116 4212	0,32059 0602	121 3164	0,42109 2951	124 1988
18	0,22091 1637	116 4578	0,32180 3766	121 3438	0,42233 4939	124 2160
19	0,22207 6215	116 4954	0,32301 7204	121 3720	0,42357 7099	124 2337
0,020	0,22324 1169	116 5339	0,32423 0924	121 4010	0,42481 9436	124 2519
21	0,22440 6508	116 5734	0,32544 4934	121 4306	0,42606 1955	124 2704
22	0,22557 2242	116 6139	0,32665 9240	121 4609	0,42730 4659	124 2895
23	0,22673 8381	116 6551	0,32787 3849	121 4919	0,42854 7554	124 3089
24	0,22790 4932	116 6974	0,32908 8768	121 5236	0,42979 0643	124 3288
25	0,22907 1906	116 7405	0,33030 4004	121 5559	0,43103 3931	124 3489
26	0,23023 9311	116 7843	0,33151 9563	121 5888	0,43227 7420	124 3696
27	0,23140 7154	116 8292	0,33273 5451	121 6224	0,43352 1116	124 3906
28	0,23257 5446	116 8746	0,33395 1675	121 6565	0,43476 5022	124 4120
29	0,23374 4192	116 9211	0,33516 8240	121 6913	0,43600 9142	124 4337
0,030	0,23491 3403	116 9682	0,33638 5153	121 7266	0,43725 3479	124 4558
31	0,23608 3085	117 0161	0,33760 2419	121 7625	0,43849 8037	124 4783
32	0,23725 3246	117 0647	0,33882 0044	121 7989	0,43974 2820	124 5010
33	0,23842 3893	117 1142	0,34003 8033	121 8359	0,44098 7830	124 5241
34	0,23959 5035	117 1643	0,34125 6392	121 8735	0,44223 3071	124 5475
35	0,24076 6678	117 2152	0,34247 5127	121 9116	0,44347 8546	124 5714
36	0,24193 8830	117 2668	0,34369 4243	121 9502	0,44472 4260	124 5954
37	0,24311 1498	117 3190	0,34491 3745	121 9892	0,44597 0214	124 6197
38	0,24428 4688	117 3720	0,34613 3637	122 0289	0,44721 6411	124 6445
39	0,24545 8408	117 4256	0,34735 3926	122 0690	0,44846 2856	124 6695
0,040	0,24663 2664	117 4799	0,34857 4616	122 1097	0,44970 9551	124 6947
41	0,24780 7463	117 5349	0,34979 5713	122 1507	0,45095 6498	124 7203
42	0,24898 2812	117 5906	0,35101 7220	122 1922	0,45220 3701	124 7461
43	0,25015 8718	117 6467	0,35223 9142	122 2343	0,45345 1162	124 7723
44	0,25133 5185	117 7037	0,35346 1485	122 2768	0,45469 8885	124 7987
45	0,25251 2222	117 7612	0,35468 4253	122 3198	0,45594 6872	124 8253
46	0,25368 9834	117 8193	0,35590 7451	122 3632	0,45719 5125	124 8523
47	0,25486 8027	117 8781	0,35713 1083	122 4070	0,45844 3648	124 8794
48	0,25604 6808	117 9374	0,35835 5153	122 4513	0,45969 2442	124 9069
49	0,25722 6182	117 9974	0,35957 9666	122 4960	0,46094 1511	124 9346
0,050	0,25840 6156		0,36080 4626		0,46219 0857	

q^4	z = -0,40	Δ	z = -0,35	Δ	z = -0,30	Δ
0,050	+0,25840 6156	+118 0579	+0,36080 4626	+122 5411	+0,46219 0857	+124 9625
51	0,25958 6735	118 1191	0,36203 0037	122 5867	0,46344 0482	124 9906
52	0,26076 7926	118 1807	0,36325 5904	122 6326	0,46469 0388	125 0191
53	0,26194 9733	118 2429	0,36448 2230	122 6791	0,46594 0579	125 0478
54	0,26313 2162	118 3058	0,36570 9021	122 7258	0,46719 1057	125 0766
55	0,26431 5220	118 3692	0,36693 6279	122 7730	0,46844 1823	125 1057
56	0,26549 8912	118 4331	0,36816 4009	122 8206	0,46969 2880	125 1350
57	0,26668 3243	118 4976	0,36939 2215	122 8685	0,47094 4230	125 1645
58	0,26786 8219	118 5625	0,37062 0900	122 9169	0,47219 5875	125 1943
59	0,26905 3844	118 6281	0,37185 0069	122 9656	0,47344 7818	125 2243
0,060	0,27024 0125	118 6942	0,37307 9725	123 0147	0,47470 0061	125 2544
61	0,27142 7067	118 7608	0,37430 9872	123 0641	0,47595 2605	125 2848
62	0,27261 4675	118 8278	0,37554 0513	123 1140	0,47720 5453	125 3153
63	0,27380 2953	118 8955	0,37677 1653	123 1641	0,47845 8606	125 3461
64	0,27499 1908	118 9636	0,37800 3294	123 2147	0,47971 2067	125 3770
65	0,27618 1544	119 0322	0,37923 5441	123 2656	0,48096 5837	125 4082
66	0,27737 1866	119 1013	0,38046 8097	123 3168	0,48221 9919	125 4394
67	0,27856 2879	119 1709	0,38170 1265	123 3684	0,48347 4313	125 4710
68	0,27975 4588	119 2410	0,38293 4949	123 4203	0,48472 9023	125 5026
69	0,28094 6998	119 3115	0,38416 9152	123 4725	0,48598 4049	125 5345
0,070	0,28214 0113	119 3826	0,38540 3877	123 5252	0,48723 9394	125 5665
71	0,28333 3939	119 4542	0,38663 9129	123 5780	0,48849 5059	125 5987
72	0,28452 8481	119 5260	0,38787 4909	123 6312	0,48975 1046	125 6310
73	0,28572 3741	119 5986	0,38911 1221	123 6848	0,49100 7356	125 6635
74	0,28691 9727	119 6714	0,39034 8069	123 7386	0,49226 3991	125 6961
75	0,28811 6441	119 7448	0,39158 5455	123 7928	0,49352 0952	125 7290
76	0,28931 3889	119 8186	0,39282 3383	123 8472	0,49477 8242	125 7620
77	0,29051 2075	119 8928	0,39406 1855	123 9020	0,49603 5862	125 7950
78	0,29171 1003	119 9675	0,39530 0875	123 9571	0,49729 3812	125 8283
79	0,29291 0678	120 0426	0,39654 0446	124 0124	0,49855 2095	125 8617
0,080	0,29411 1104	120 1182	0,39778 0570	124 0681	0,49981 0712	125 8952
81	0,29531 2286	120 1942	0,39902 1251	124 1240	0,50106 9664	125 9289
82	0,29651 4228	120 2705	0,40026 2491	124 1802	0,50232 8953	125 9626
83	0,29771 6933	120 3474	0,40150 4293	124 2367	0,50358 8579	125 9966
84	0,29892 0407	120 4246	0,40274 6660	124 2934	0,50484 8545	126 0306
85	0,30012 4653	120 5023	0,40398 9594	124 3505	0,50610 8851	126 0648
86	0,30132 9676	120 5804	0,40523 3099	124 4078	0,50736 9499	126 0991
87	0,30253 5480	120 6588	0,40647 7177	124 4654	0,50863 0490	126 1334
88	0,30374 2068	120 7377	0,40772 1831	124 5232	0,50989 1824	126 1680
89	0,30494 9445	120 8169	0,40896 7063	124 5813	0,51115 3504	126 2026
0,090	0,30615 7614	120 8966	0,41021 2876	124 6397	0,51241 5530	126 2373
91	0,30736 6580	120 9767	0,41145 9273	124 6982	0,51367 7903	126 2721
92	0,30857 6347	121 0571	0,41270 6255	124 7571	0,51494 0624	126 3070
93	0,30978 6918	121 1379	0,41395 3826	124 8162	0,51620 3694	126 3421
94	0,31099 8297	121 2191	0,41520 1988	124 8755	0,51746 7115	126 3771
95	0,31221 0488	121 3007	0,41645 0743	124 9350	0,51873 0886	126 4124
96	0,31342 3495	121 3826	0,41770 0093	124 9949	0,51999 5010	126 4477
97	0,31463 7321	121 4650	0,41895 0042	125 0549	0,52125 9487	126 4830
98	0,31585 1971	121 5476	0,42020 0591	125 1151	0,52252 4317	126 5185
99	0,31706 7447	121 6307	0,42145 1742	125 1756	0,52378 9502	126 5540
0,100	0,31828 3754		0,42270 3498		0,52505 5042	

q^4	z = -0,25	Δ	z = -0,20	Δ	z = -0,15	Δ
0,000	+0,50000 0000	+125 0004	+0,60000 0000	+123 9997	+0,70000 0000	+120 9989
1	0,50125 0004	125 0018	0,60123 9997	123 9984	0,70120 9989	120 9951
2	0,50250 0022	125 0040	0,60247 9981	123 9968	0,70241 9940	120 9894
3	0,50375 0062	125 0064	0,60371 9949	123 9946	0,70362 9834	120 9825
4	0,50500 0126	125 0095	0,60495 9895	123 9921	0,70483 9659	120 9745
5	0,50625 0221	125 0127	0,60619 9816	123 9894	0,70604 9404	120 9656
6	0,50750 0348	125 0164	0,60743 9710	123 9863	0,70725 9060	120 9558
7	0,50875 0512	125 0203	0,60867 9573	123 9831	0,70846 8618	120 9452
8	0,51000 0715	125 0245	0,60991 9404	123 9796	0,70967 8070	120 9340
9	0,51125 0960	125 0289	0,61115 9200	123 9759	0,71088 7410	120 9219
0,010	0,51250 1249	125 0335	0,61239 8959	123 9719	0,71209 6629	120 9092
11	0,51375 1584	125 0385	0,61363 8678	123 9679	0,71330 5721	120 8960
12	0,51500 1969	125 0436	0,61487 8357	123 9635	0,71451 4681	120 8821
13	0,51625 2405	125 0488	0,61611 7992	123 9590	0,71572 3502	120 8677
14	0,51750 2893	125 0544	0,61735 7582	123 9544	0,71693 2179	120 8526
15	0,51875 3437	125 0601	0,61859 7126	123 9496	0,71814 0705	120 8371
16	0,52000 4038	125 0659	0,61983 6622	123 9445	0,71934 9076	120 8211
17	0,52125 4697	125 0720	0,62107 6067	123 9394	0,72055 7287	120 8045
18	0,52250 5417	125 0782	0,62231 5461	123 9341	0,72176 5332	120 7875
19	0,52375 6199	125 0845	0,62355 4802	123 9286	0,72297 3207	120 7700
0,020	0,52500 7044	125 0911	0,62479 4088	123 9230	0,72418 0907	120 7519
21	0,52625 7955	125 0977	0,62603 3318	123 9171	0,72538 8426	120 7336
22	0,52750 8932	125 1046	0,62727 2489	123 9113	0,72659 5762	120 7146
23	0,52875 9978	125 1115	0,62851 1602	123 9052	0,72780 2908	120 6953
24	0,53001 1093	125 1186	0,62975 0654	123 8989	0,72900 9861	120 6755
25	0,53126 2279	125 1259	0,63098 9643	123 8926	0,73021 6616	120 6554
26	0,53251 3538	125 1332	0,63222 8569	123 8861	0,73142 3170	120 6347
27	0,53376 4870	125 1406	0,63346 7430	123 8795	0,73262 9517	120 6138
28	0,53501 6276	125 1483	0,63470 6225	123 8726	0,73383 5655	120 5923
29	0,53626 7759	125 1560	0,63594 4951	123 8657	0,73504 1578	120 5705
0,030	0,53751 9319	125 1638	0,63718 3608	123 8587	0,73624 7283	120 5483
31	0,53877 0957	125 1718	0,63842 2195	123 8514	0,73745 2766	120 5257
32	0,54002 2675	125 1797	0,63966 0709	123 8441	0,73865 8023	120 5027
33	0,54127 4472	125 1880	0,64089 9150	123 8366	0,73986 3050	120 4793
34	0,54252 6352	125 1962	0,64213 7516	123 8290	0,74106 7843	120 4556
35	0,54377 8314	125 2045	0,64337 5806	123 8212	0,74227 2399	120 4315
36	0,54503 0359	125 2129	0,64461 4018	123 8133	0,74347 6714	120 4070
37	0,54628 2488	125 2215	0,64585 2151	123 8053	0,74468 0784	120 3822
38	0,54753 4703	125 2301	0,64709 0204	123 7972	0,74588 4606	120 3569
39	0,54878 7004	125 2388	0,64832 8176	123 7888	0,74708 8175	120 3314
0,040	0,55003 9392	125 2475	0,64956 6064	123 7803	0,74829 1489	120 3054
41	0,55129 1867	125 2565	0,65080 3867	123 7718	0,74949 4543	120 2791
42	0,55254 4432	125 2653	0,65204 1585	123 7631	0,75069 7334	120 2525
43	0,55379 7085	125 2743	0,65327 9216	123 7542	0,75189 9859	120 2255
44	0,55504 9828	125 2835	0,65451 6758	123 7452	0,75310 2114	120 1981
45	0,55630 2663	125 2925	0,65575 4210	123 7361	0,75430 4095	120 1705
46	0,55755 5588	125 3018	0,65699 1571	123 7267	0,75550 5800	120 1424
47	0,55880 8606	125 3110	0,65822 8838	123 7174	0,75670 7224	120 1140
48	0,56006 1716	125 3204	0,65946 6012	123 7078	0,75790 8364	120 0853
49	0,56131 4920	125 3297	0,66070 3090	123 6981	0,75910 9217	120 0562
0,050	0,56256 8217		0,66194 0071		0,76030 9779	

q^4	z = -0,25	Δ	z = -0,20	Δ	z = -0,15	Δ
0,050	+0,56256 8217	+125 3392	+0,66194 0071	+123 6882	+0,76030 9779	+120 0268
51	0,56382 1609	125 3486	0,66317 6953	123 6783	0,76151 0047	119 9970
52	0,56507 5095	125 3582	0,66441 3736	123 6681	0,76271 0017	119 9670
53	0,56632 8677	125 3678	0,66565 0417	123 6578	0,76390 9687	119 9365
54	0,56758 2355	125 3774	0,66688 6995	123 6474	0,76510 9052	119 9058
55	0,56883 6129	125 3870	0,66812 3469	123 6368	0,76630 8110	119 8747
56	0,57008 9999	125 3968	0,66935 9837	123 6261	0,76750 6857	119 8432
57	0,57134 3967	125 4065	0,67059 6098	123 6152	0,76870 5289	119 8114
58	0,57259 8032	125 4163	0,67183 2250	123 6042	0,76990 3403	119 7794
59	0,57385 2195	125 4260	0,67306 8292	123 5929	0,77110 1197	119 7469
0,060	0,57510 6455	125 4359	0,67430 4221	123 5817	0,77229 8666	119 7141
61	0,57636 0814	125 4458	0,67554 0038	123 5702	0,77349 5807	119 6810
62	0,57761 5272	125 4556	0,67677 5740	123 5585	0,77469 2617	119 6476
63	0,57886 9828	125 4656	0,67801 1325	123 5467	0,77588 9093	119 6137
64	0,58012 4484	125 4754	0,67924 6792	123 5348	0,77708 5230	119 5797
65	0,58137 9238	125 4854	0,68048 2140	123 5226	0,77828 1027	119 5453
66	0,58263 4092	125 4953	0,68171 7366	123 5104	0,77947 6480	119 5104
67	0,58388 9045	125 5053	0,68295 2470	123 4979	0,78067 1584	119 4754
68	0,58514 4098	125 5153	0,68418 7449	123 4853	0,78186 6338	119 4399
69	0,58639 9251	125 5252	0,68542 2302	123 4726	0,78306 0737	119 4041
0,070	0,58765 4503	125 5352	0,68665 7028	123 4596	0,78425 4778	119 3680
71	0,58890 9855	125 5451	0,68789 1624	123 4465	0,78544 8458	119 3316
72	0,59016 5306	125 5552	0,68912 6089	123 4332	0,78664 1774	119 2947
73	0,59142 0858	125 5651	0,69036 0421	123 4198	0,78783 4721	119 2577
74	0,59267 6509	125 5750	0,69159 4619	123 4061	0,78902 7298	119 2202
75	0,59393 2259	125 5850	0,69282 8680	123 3924	0,79021 9500	119 1824
76	0,59518 8109	125 5950	0,69406 2604	123 3784	0,79141 1324	119 1443
77	0,59644 4059	125 6048	0,69529 6388	123 3642	0,79260 2767	119 1058
78	0,59770 0107	125 6148	0,69653 0030	123 3500	0,79379 3825	119 0671
79	0,59895 6255	125 6247	0,69776 3530	123 3354	0,79498 4496	119 0278
0,080	0,60021 2502	125 6345	0,69899 6884	123 3207	0,79617 4774	118 9884
81	0,60146 8847	125 6443	0,70023 0091	123 3058	0,79736 4658	118 9486
82	0,60272 5290	125 6542	0,70146 3149	123 2908	0,79855 4144	118 9084
83	0,60398 1832	125 6639	0,70269 6057	123 2755	0,79974 3228	118 8679
84	0,60523 8471	125 6737	0,70392 8812	123 2601	0,80093 1907	118 8270
85	0,60649 5208	125 6834	0,70516 1413	123 2445	0,80212 0177	118 7859
86	0,60775 2042	125 6931	0,70639 3858	123 2287	0,80330 8036	118 7443
87	0,60900 8973	125 7027	0,70762 6145	123 2126	0,80449 5479	118 7024
88	0,61026 6000	125 7124	0,70885 8271	123 1964	0,80568 2503	118 6602
89	0,61152 3124	125 7218	0,71009 0235	123 1800	0,80686 9105	118 6176
0,090	0,61278 0342	125 7314	0,71132 2035	123 1634	0,80805 5281	118 5747
91	0,61403 7656	125 7408	0,71255 3669	123 1465	0,80924 1028	118 5314
92	0,61529 5064	125 7502	0,71378 5134	123 1296	0,81042 6342	118 4877
93	0,61655 2566	125 7595	0,71501 6430	123 1123	0,81161 1219	118 4438
94	0,61781 0161	125 7688	0,71624 7553	123 0948	0,81279 5657	118 3994
95	0,61906 7849	125 7781	0,71747 8501	123 0773	0,81397 9651	118 3547
96	0,62032 5630	125 7872	0,71870 9274	123 0593	0,81516 3198	118 3097
97	0,62158 3502	125 7963	0,71993 9867	123 0413	0,81634 6295	118 2643
98	0,62284 1465	125 8053	0,72117 0280	123 0230	0,81752 8938	118 2185
99	0,62409 9518	125 8143	0,72240 0510	123 0045	0,81871 1123	118 1723
0,100	0,62535 7661		0,72363 0555		0,81989 2846	

q^4	z = -0,10	Δ	z = -0,05	Δ	z = 0,00	Δ
0,000	+0,80000 0000	+115 9982	+0,90000 0000	+108 9975	+1,00000 0000	+99 9968
1	0,80115 9982	115 9916	0,90108 9975	108 9884	1,00099 9968	99 9853
2	0,80231 9898	115 9822	0,90217 9859	108 9751	1,00199 9821	99 9686
3	0,80347 9720	115 9705	0,90326 9610	108 9590	1,00299 9507	99 9481
4	0,80463 9425	115 9571	0,90435 9200	108 9402	1,00399 8988	99 9244
5	0,80579 8996	115 9420	0,90544 8602	108 9192	1,00499 8232	99 8979
6	0,80695 8416	115 9255	0,90653 7794	108 8963	1,00599 7211	99 8689
7	0,80811 7671	115 9077	0,90762 6757	108 8715	1,00699 5900	99 8375
8	0,80927 6748	115 8887	0,90871 5472	108 8449	1,00799 4275	99 8040
9	0,81043 5635	115 8684	0,90980 3921	108 8168	1,00899 2315	99 7684
0,010	0,81159 4319	115 8471	0,91089 2089	108 7871	1,00998 9999	99 7309
11	0,81275 2790	115 8247	0,91197 9960	108 7560	1,01098 7308	99 6915
12	0,81391 1037	115 8014	0,91306 7520	108 7234	1,01198 4223	99 6505
13	0,81506 9051	115 7771	0,91415 4754	108 6897	1,01298 0728	99 6076
14	0,81622 6822	115 7518	0,91524 1651	108 6544	1,01397 6804	99 5633
15	0,81738 4340	115 7257	0,91632 8195	108 6181	1,01497 2437	99 5173
16	0,81854 1597	115 6986	0,91741 4376	108 5806	1,01596 7610	99 4698
17	0,81969 8583	115 6709	0,91850 0182	108 5417	1,01696 2308	99 4209
18	0,82085 5292	115 6421	0,91958 5599	108 5020	1,01795 6517	99 3705
19	0,82201 1713	115 6127	0,92067 0619	108 4609	1,01895 0222	99 3187
0,020	0,82316 7840	115 5825	0,92175 5228	108 4189	1,01994 3409	99 2656
21	0,82432 3665	115 5516	0,92283 9417	108 3757	1,02093 6065	99 2111
22	0,82547 9181	115 5196	0,92392 3174	108 3317	1,02192 8176	99 1555
23	0,82663 4377	115 4873	0,92500 6491	108 2865	1,02291 9731	99 0984
24	0,82778 9250	115 4541	0,92608 9356	108 2404	1,02391 0715	99 0402
25	0,82894 3791	115 4202	0,92717 1760	108 1933	1,02490 1117	98 9808
26	0,83009 7993	115 3857	0,92825 3693	108 1453	1,02589 0925	98 9201
27	0,83125 1850	115 3504	0,92933 5146	108 0964	1,02688 0126	98 8583
28	0,83240 5354	115 3145	0,93041 6110	108 0464	1,02786 8709	98 7953
29	0,83355 8499	115 2780	0,93149 6574	107 9957	1,02885 6662	98 7313
0,030	0,83471 1279	115 2407	0,93257 6531	107 9441	1,02984 3975	98 6661
31	0,83586 3686	115 2030	0,93365 5972	107 8914	1,03083 0636	98 5998
32	0,83701 5716	115 1644	0,93473 4886	107 8381	1,03181 6634	98 5324
33	0,83816 7360	115 1254	0,93581 3267	107 7839	1,03280 1958	98 4640
34	0,83931 8614	115 0856	0,93689 1106	107 7287	1,03378 6598	98 3945
35	0,84046 9470	115 0454	0,93796 8393	107 6729	1,03477 0543	98 3240
36	0,84161 9924	115 0044	0,93904 5122	107 6161	1,03575 3783	98 2524
37	0,84276 9968	114 9630	0,94012 1283	107 5585	1,03673 6307	98 1799
38	0,84391 9598	114 9208	0,94119 6868	107 5003	1,03771 8106	98 1064
39	0,84506 8806	114 8782	0,94227 1871	107 4411	1,03869 9170	98 0318
0,040	0,84621 7588	114 8349	0,94334 6282	107 3811	1,03967 9488	97 9563
41	0,84736 5937	114 7912	0,94442 0093	107 3205	1,04065 9051	97 8799
42	0,84851 3849	114 7467	0,94549 3298	107 2591	1,04163 7850	97 8025
43	0,84966 1316	114 7019	0,94656 5889	107 1968	1,04261 5875	97 7240
44	0,85080 8335	114 6563	0,94763 7857	107 1338	1,04359 3115	97 6448
45	0,85195 4898	114 6103	0,94870 9195	107 0702	1,04456 9563	97 5646
46	0,85310 1001	114 5637	0,94977 9897	107 0057	1,04554 5209	97 4834
47	0,85424 6638	114 5165	0,95084 9954	106 9405	1,04652 0043	97 4013
48	0,85539 1803	114 4689	0,95191 9359	106 8746	1,04749 4056	97 3185
49	0,85653 6492	114 4207	0,95298 8105	106 8079	1,04846 7241	97 2345
0,050	0,85768 0699		0,95405 6184		1,04943 9586	

Tabelle II: Funktionen G (q^4, z), laufend nach q^4.

q^4	z = -0,10	Δ	z = -0,05	Δ	z = 0,00	Δ
0,050	+0,85768 0699	+114 3719	+0,95405 6184	+106 7406	+1,04943 9586	+97 1499
51	0,85882 4418	114 3226	0,95512 3590	106 6725	1,05041 1085	97 0642
52	0,85996 7644	114 2728	0,95619 0315	106 6038	1,05138 1727	96 9777
53	0,86111 0372	114 2225	0,95725 6353	106 5343	1,05235 1504	96 8904
54	0,86225 2597	114 1717	0,95832 1696	106 4641	1,05332 0408	96 8022
55	0,86339 4314	114 1202	0,95938 6337	106 3932	1,05428 8430	96 7131
56	0,86453 5516	114 0684	0,96045 0269	106 3217	1,05525 5561	96 6233
57	0,86567 6200	114 0160	0,96151 3486	106 2494	1,05622 1794	96 5324
58	0,86681 6360	113 9630	0,96257 5980	106 1765	1,05718 7118	96 4409
59	0,86795 5990	113 9096	0,96363 7745	106 1029	1,05815 1527	96 3485
0,060	0,86909 5086	113 8557	0,96469 8774	106 0286	1,05911 5012	96 2552
61	0,87023 3643	113 8012	0,96575 9060	105 9537	1,06007 7564	96 1612
62	0,87137 1655	113 7463	0,96681 8597	105 8780	1,06103 9176	96 0663
63	0,87250 9118	113 6908	0,96787 7377	105 8018	1,06199 9839	95 9706
64	0,87364 6026	113 6348	0,96893 5395	105 7248	1,06295 9545	95 8741
65	0,87478 2374	113 5784	0,96999 2643	105 6472	1,06391 8286	95 7768
66	0,87591 8158	113 5214	0,97104 9115	105 5690	1,06487 6054	95 6787
67	0,87705 3372	113 4639	0,97210 4805	105 4900	1,06583 2841	95 5798
68	0,87818 8011	113 4060	0,97315 9705	105 4105	1,06678 8639	95 4802
69	0,87932 2071	113 3476	0,97421 3810	105 3302	1,06774 3441	95 3797
0,070	0,88045 5547	113 2885	0,97526 7112	105 2494	1,06869 7238	95 2784
71	0,88158 8432	113 2292	0,97631 9606	105 1679	1,06965 0022	95 1764
72	0,88272 0724	113 1692	0,97737 1285	105 0857	1,07060 1786	95 0736
73	0,88385 2416	113 1087	0,97842 2142	105 0030	1,07155 2522	94 9700
74	0,88498 3503	113 0478	0,97947 2172	104 9195	1,07250 2222	94 8657
75	0,88611 3981	112 9865	0,98052 1367	104 8355	1,07345 0879	94 7605
76	0,88724 3846	112 9245	0,98156 9722	104 7507	1,07439 8484	94 6547
77	0,88837 3091	112 8621	0,98261 7229	104 6655	1,07534 5031	94 5480
78	0,88950 1712	112 7992	0,98366 3884	104 5794	1,07629 0511	94 4406
79	0,89062 9704	112 7358	0,98470 9678	104 4929	1,07723 4917	94 3325
0,080	0,89175 7062	112 6719	0,98575 4607	104 4056	1,07817 8242	94 2236
81	0,89288 3781	112 6076	0,98679 8663	104 3178	1,07912 0478	94 1140
82	0,89400 9857	112 5428	0,98784 1841	104 2294	1,08006 1618	94 0035
83	0,89513 5285	112 4774	0,98888 4135	104 1402	1,08100 1653	93 8924
84	0,89626 0059	112 4115	0,98992 5537	104 0505	1,08194 0577	93 7805
85	0,89738 4174	112 3453	0,99096 6042	103 9601	1,08287 8382	93 6678
86	0,89850 7627	112 2784	0,99200 5643	103 8692	1,08381 5060	93 5545
87	0,89963 0411	112 2111	0,99304 4335	103 7776	1,08475 0605	93 4404
88	0,90075 2522	112 1434	0,99408 2111	103 6854	1,08568 5009	93 3256
89	0,90187 3956	112 0751	0,99511 8965	103 5926	1,08661 8265	93 2100
0,090	0,90299 4707	112 0063	0,99615 4891	103 4991	1,08755 0365	93 0937
91	0,90411 4770	111 9370	0,99718 9882	103 4051	1,08848 1302	92 9766
92	0,90523 4140	111 8673	0,99822 3933	103 3103	1,08941 1068	92 8589
93	0,90635 2813	111 7971	0,99925 7036	103 2151	1,09033 9657	92 7404
94	0,90747 0784	111 7264	1,00028 9187	103 1192	1,09126 7061	92 6212
95	0,90858 8048	111 6551	1,00132 0379	103 0226	1,09219 3273	92 5013
96	0,90970 4599	111 5834	1,00235 0605	102 9255	1,09311 8286	92 3806
97	0,91082 0433	111 5112	1,00337 9860	102 8278	1,09404 2092	92 2593
98	0,91193 5545	111 4385	1,00440 8138	102 7294	1,09496 4685	92 1371
99	0,91304 9930	111 3653	1,00543 5432	102 6304	1,09588 6056	92 0144
0,100	0,91416 3583		1,00646 1736		1,09680 6200	

q^4	z = 0,05	Δ	z = 0,10	Δ	z = 0,15	Δ
0,000	+1,10000 0000	+88 9962	+1,20000 0000	+75 9957	+1,30000 0000	+60 9953
1	1,10088 9962	88 9825	1,20075 9957	75 9801	1,30060 9953	60 9782
2	1,10177 9787	88 9627	1,20151 9758	75 9576	1,30121 9735	60 9534
3	1,10266 9414	88 9383	1,20227 9334	75 9298	1,30182 9269	60 9230
4	1,10355 8797	88 9101	1,20303 8632	75 8978	1,30243 8499	60 8879
5	1,10444 7898	88 8786	1,20379 7610	75 8620	1,30304 7378	60 8487
6	1,10533 6684	88 8441	1,20455 6230	75 8227	1,30365 5865	60 8055
7	1,10622 5125	88 8068	1,20531 4457	75 7804	1,30426 3920	60 7591
8	1,10711 3193	88 7670	1,20607 2261	75 7349	1,30487 1511	60 7093
9	1,10800 0863	88 7246	1,20682 9610	75 6870	1,30547 8604	60 6566
0,010	1,10888 8109	88 6801	1,20758 6480	75 6362	1,30608 5170	60 6010
11	1,10977 4910	88 6332	1,20834 2842	75 5830	1,30669 1180	60 5426
12	1,11066 1242	88 5845	1,20909 8672	75 5275	1,30729 6606	60 4818
13	1,11154 7087	88 5335	1,20985 3947	75 4696	1,30790 1424	60 4183
14	1,11243 2422	88 4808	1,21060 8643	75 4097	1,30850 5607	60 3525
15	1,11331 7230	88 4262	1,21136 2740	75 3476	1,30910 9132	60 2845
16	1,11420 1492	88 3697	1,21211 6216	75 2834	1,30971 1977	60 2140
17	1,11508 5189	88 3115	1,21286 9050	75 2173	1,31031 4117	60 1416
18	1,11596 8304	88 2517	1,21362 1223	75 1492	1,31091 5533	60 0669
19	1,11685 0821	88 1902	1,21437 2715	75 0793	1,31151 6202	59 9903
0,020	1,11773 2723	88 1270	1,21512 3508	75 0076	1,31211 6105	59 9116
21	1,11861 3993	88 0623	1,21587 3584	74 9341	1,31271 5221	59 8310
22	1,11949 4616	87 9962	1,21662 2925	74 8588	1,31331 3531	59 7486
23	1,12037 4578	87 9284	1,21737 1513	74 7818	1,31391 1017	59 6641
24	1,12125 3862	87 8592	1,21811 9331	74 7033	1,31450 7658	59 5780
25	1,12213 2454	87 7886	1,21886 6364	74 6230	1,31510 3438	59 4900
26	1,12301 0340	87 7166	1,21961 2594	74 5411	1,31569 8338	59 4004
27	1,12388 7506	87 6432	1,22035 8005	74 4578	1,31629 2342	59 3089
28	1,12476 3938	87 5684	1,22110 2583	74 3728	1,31688 5431	59 2158
29	1,12563 9622	87 4923	1,22184 6311	74 2864	1,31747 7589	59 1211
0,030	1,12651 4545	87 4149	1,22258 9175	74 1985	1,31806 8800	59 0247
31	1,12738 8694	87 3362	1,22333 1160	74 1091	1,31865 9047	58 9268
32	1,12826 2056	87 2562	1,22407 2251	74 0182	1,31924 8315	58 8273
33	1,12913 4618	87 1750	1,22481 2433	73 9260	1,31983 6588	58 7261
34	1,13000 6368	87 0925	1,22555 1693	73 8323	1,32042 3849	58 6236
35	1,13087 7293	87 0088	1,22629 0016	73 7373	1,32101 0085	58 5195
36	1,13174 7381	86 9239	1,22702 7389	73 6409	1,32159 5280	58 4139
37	1,13261 6620	86 8378	1,22776 3798	73 5432	1,32217 9419	58 3068
38	1,13348 4998	86 7506	1,22849 9230	73 4442	1,32276 2487	58 1984
39	1,13435 2504	86 6621	1,22923 3672	73 3438	1,32334 4471	58 0885
0,040	1,13521 9125	86 5726	1,22996 7110	73 2421	1,32392 5356	57 9771
41	1,13608 4851	86 4819	1,23069 9531	73 1392	1,32450 5127	57 8645
42	1,13694 9670	86 3901	1,23143 0923	73 0351	1,32508 3772	57 7504
43	1,13781 3571	86 2972	1,23216 1274	72 9296	1,32566 1276	57 6350
44	1,13867 6543	86 2031	1,23289 0570	72 8230	1,32623 7626	57 5183
45	1,13953 8574	86 1080	1,23361 8800	72 7150	1,32681 2809	57 4001
46	1,14039 9654	86 0119	1,23434 5950	72 6060	1,32738 6810	57 2808
47	1,14125 9773	85 9146	1,23507 2010	72 4957	1,32795 9618	57 1601
48	1,14211 8919	85 8163	1,23579 6967	72 3843	1,32853 1219	57 0381
49	1,14297 7082	85 7170	1,23652 0810	72 2716	1,32910 1600	56 9148
0,050	1,14383 4252		1,23724 3526		1,32967 0748	

q^4	z = 0,05	Δ	z = 0,10	Δ	z = 0,15	Δ
0,050	+1,14383 4252	+85 6166	+1,23724 3526	+72 1578	+1,32967 0748	+56 7904
51	1,14469 0418	85 5152	1,23796 5104	72 0429	1,33023 8652	56 6646
52	1,14554 5570	85 4128	1,23868 5533	71 9267	1,33080 5298	56 5377
53	1,14639 9698	85 3093	1,23940 4800	71 8096	1,33137 0675	56 4095
54	1,14725 2791	85 2049	1,24012 2896	71 6912	1,33193 4770	56 2800
55	1,14810 4840	85 0995	1,24083 9808	71 5718	1,33249 7570	56 1495
56	1,14895 5835	84 9931	1,24155 5526	71 4513	1,33305 9065	56 0176
57	1,14980 5766	84 8857	1,24227 0039	71 3296	1,33361 9241	55 8847
58	1,15065 4623	84 7773	1,24298 3335	71 2068	1,33417 8088	55 7506
59	1,15150 2396	84 6680	1,24369 5403	71 0831	1,33473 5594	55 6153
0,060	1,15234 9076	84 5577	1,24440 6234	70 9582	1,33529 1747	55 4788
61	1,15319 4653	84 4465	1,24511 5816	70 8323	1,33584 6535	55 3412
62	1,15403 9118	84 3343	1,24582 4139	70 7053	1,33639 9947	55 2025
63	1,15488 2461	84 2212	1,24653 1192	70 5773	1,33695 1972	55 0627
64	1,15572 4673	84 1071	1,24723 6965	70 4483	1,33750 2599	54 9217
65	1,15656 5744	83 9922	1,24794 1448	70 3182	1,33805 1816	54 7797
66	1,15740 5666	83 8762	1,24864 4630	70 1870	1,33859 9613	54 6365
67	1,15824 4428	83 7595	1,24934 6500	70 0550	1,33914 5978	54 4923
68	1,15908 2023	83 6417	1,25004 7050	69 9218	1,33969 0901	54 3469
69	1,15991 8440	83 5231	1,25074 6268	69 7876	1,34023 4370	54 2006
0,070	1,16075 3671	83 4035	1,25144 4144	69 6526	1,34077 6376	54 0531
71	1,16158 7706	83 2832	1,25214 0670	69 5164	1,34131 6907	53 9045
72	1,16242 0538	83 1618	1,25283 5834	69 3793	1,34185 5952	53 7550
73	1,16325 2156	83 0396	1,25352 9627	69 2413	1,34239 3502	53 6044
74	1,16408 2552	82 9165	1,25422 2040	69 1022	1,34292 9546	53 4527
75	1,16491 1717	82 7925	1,25491 3062	68 9622	1,34346 4073	53 3001
76	1,16573 9642	82 6678	1,25560 2684	68 8211	1,34399 7074	53 1463
77	1,16656 6320	82 5419	1,25629 0895	68 6793	1,34452 8537	52 9916
78	1,16739 1739	82 4154	1,25697 7688	68 5364	1,34505 8453	52 8359
79	1,16821 5893	82 2880	1,25766 3052	68 3925	1,34558 6812	52 6791
0,080	1,16903 8773	82 1597	1,25834 6977	68 2477	1,34611 3603	52 5213
81	1,16986 0370	82 0306	1,25902 9454	68 1021	1,34663 8816	52 3627
82	1,17068 0676	81 9005	1,25971 0475	67 9554	1,34716 2443	52 2029
83	1,17149 9681	81 7697	1,26039 0029	67 8078	1,34768 4472	52 0422
84	1,17231 7378	81 6380	1,26106 8107	67 6593	1,34820 4894	51 8805
85	1,17313 3758	81 5055	1,26174 4700	67 5099	1,34872 3699	51 7178
86	1,17394 8813	81 3721	1,26241 9799	67 3596	1,34924 0877	51 5543
87	1,17476 2534	81 2380	1,26309 3395	67 2084	1,34975 6420	51 3896
88	1,17557 4914	81 1029	1,26376 5479	67 0562	1,35027 0316	51 2241
89	1,17638 5943	80 9670	1,26443 6041	66 9032	1,35078 2557	51 0577
0,090	1,17719 5613	80 8304	1,26510 5073	66 7492	1,35129 3134	50 8902
91	1,17800 3917	80 6928	1,26577 2565	66 5944	1,35180 2036	50 7218
92	1,17881 0845	80 5545	1,26643 8509	66 4387	1,35230 9254	50 5525
93	1,17961 6390	80 4154	1,26710 2896	66 2821	1,35281 4779	50 3823
94	1,18042 0544	80 2755	1,26776 5717	66 1246	1,35331 8602	50 2111
95	1,18122 3299	80 1346	1,26842 6963	65 9662	1,35382 0713	50 0391
96	1,18202 4645	79 9931	1,26908 6625	65 8070	1,35432 1104	49 8660
97	1,18282 4576	79 8507	1,26974 4695	65 6469	1,35481 9764	49 6921
98	1,18362 3083	79 7076	1,27040 1164	65 4859	1,35531 6685	49 5174
99	1,18442 0159	79 5635	1,27105 6023	65 3240	1,35581 1859	49 3416
0,100	1,18521 5794		1,27170 9263		1,35630 5275	

q^4	z = 0,20	Δ	z = 0,25	Δ	z = 0,30	Δ
0,000	+1,40000 0000	+43 9950	+1,50000 0000	+24 9949	+1,60000 0000	+3 9949
1	1,40043 9950	43 9768	1,50024 9949	24 9760	1,60003 9949	3 9760
2	1,40087 9718	43 9505	1,50049 9709	24 9490	1,60007 9709	3 9490
3	1,40131 9223	43 9182	1,50074 9199	24 9157	1,60011 9199	3 9158
4	1,40175 8405	43 8809	1,50099 8356	24 8771	1,60015 8357	3 8772
5	1,40219 7214	43 8391	1,50124 7127	24 8342	1,60019 7129	3 8342
6	1,40263 5605	43 7934	1,50149 5469	24 7869	1,60023 5471	3 7871
7	1,40307 3539	43 7440	1,50174 3338	24 7360	1,60027 3342	3 7362
8	1,40351 0979	43 6911	1,50199 0698	24 6815	1,60031 0704	3 6817
9	1,40394 7890	43 6350	1,50223 7513	24 6238	1,60034 7521	3 6240
0,010	1,40438 4240	43 5760	1,50248 3751	24 5628	1,60038 3761	3 5631
11	1,40482 0000	43 5140	1,50272 9379	24 4989	1,60041 9392	3 4992
12	1,40525 5140	43 4493	1,50297 4368	24 4322	1,60045 4384	3 4326
13	1,40568 9633	43 3819	1,50321 8690	24 3627	1,60048 8710	3 3632
14	1,40612 3452	43 3120	1,50346 2317	24 2907	1,60052 2342	3 2912
15	1,40655 6572	43 2396	1,50370 5224	24 2160	1,60055 5254	3 2166
16	1,40698 8968	43 1649	1,50394 7384	24 1391	1,60058 7420	3 1396
17	1,40742 0617	43 0878	1,50418 8775	24 0596	1,60061 8816	3 0603
18	1,40785 1495	43 0086	1,50442 9371	23 9778	1,60064 9419	2 9787
19	1,40828 1581	42 9271	1,50466 9149	23 8940	1,60067 9206	2 8948
0,020	1,40871 0852	42 8436	1,50490 8089	23 8078	1,60070 8154	2 8087
21	1,40913 9288	42 7579	1,50514 6167	23 7196	1,60073 6241	2 7206
22	1,40956 6867	42 6704	1,50538 3363	23 6292	1,60076 3447	2 6304
23	1,40999 3571	42 5807	1,50561 9655	23 5369	1,60078 9751	2 5382
24	1,41041 9378	42 4892	1,50585 5024	23 4426	1,60081 5133	2 4439
25	1,41084 4270	42 3957	1,50608 9450	23 3464	1,60083 9572	2 3478
26	1,41126 8227	42 3005	1,50632 2914	23 2481	1,60086 3050	2 2498
27	1,41169 1232	42 2035	1,50655 5395	23 1482	1,60088 5548	2 1498
28	1,41211 3267	42 1046	1,50678 6877	23 0463	1,60090 7046	2 0482
29	1,41253 4313	42 0040	1,50701 7340	22 9427	1,60092 7528	1 9447
0,030	1,41295 4353	41 9016	1,50724 6767	22 8372	1,60094 6975	1 8394
31	1,41337 3369	41 7977	1,50747 5139	22 7301	1,60096 5369	1 7324
32	1,41379 1346	41 6920	1,50770 2440	22 6213	1,60098 2693	1 6238
33	1,41420 8266	41 5847	1,50792 8653	22 5107	1,60099 8931	1 5134
34	1,41462 4113	41 4758	1,50815 3760	22 3986	1,60101 4065	1 4015
35	1,41503 8871	41 3653	1,50837 7746	22 2848	1,60102 8080	1 2878
36	1,41545 2524	41 2533	1,50860 0594	22 1694	1,60104 0958	1 1727
37	1,41586 5057	41 1396	1,50882 2288	22 0524	1,60105 2685	1 0559
38	1,41627 6453	41 0246	1,50904 2812	21 9338	1,60106 3244	9377
39	1,41668 6699	40 9079	1,50926 2150	21 8138	1,60107 2621	8178
0,040	1,41709 5778	40 7898	1,50948 0288	21 6922	1,60108 0799	6964
41	1,41750 3676	40 6702	1,50969 7210	21 5691	1,60108 7763	5737
42	1,41791 0378	40 5493	1,50991 2901	21 4446	1,60109 3500	4494
43	1,41831 5871	40 4267	1,51012 7347	21 3185	1,60109 7994	3237
44	1,41872 0138	40 3030	1,51034 0532	21 1911	1,60110 1231	1965
45	1,41912 3168	40 1777	1,51055 2443	21 0622	1,60110 3196	+680
46	1,41952 4945	40 0511	1,51076 3065	20 9319	1,60110 3876	-620
47	1,41992 5456	39 9231	1,51097 2384	20 8002	1,60110 3256	-1933
48	1,42032 4687	39 7938	1,51118 0386	20 6671	1,60110 1323	-3260
49	1,42072 2625	39 6631	1,51138 7057	20 5328	1,60109 8063	-4600
0,050	1,42111 9256		1,51159 2385		1,60109 3463	

q^4	z = 0,20	Δ	z = 0,25	Δ	z = 0,30	Δ
0,050	+1,42111 9256	+39 5312	+1,51159 2385	+20 3969	+1,60109 3463	-5953
51	1,42151 4568	39 3979	1,51179 6354	20 2599	1,60108 7510	-7321
52	1,42190 8547	39 2632	1,51199 8953	20 1215	1,60108 0189	-8699
53	1,42230 1179	39 1275	1,51220 0168	19 9817	1,60107 1490	-1 0093
54	1,42269 2454	38 9902	1,51239 9985	19 8408	1,60106 1397	-1 1497
55	1,42308 2356	38 8520	1,51259 8393	19 6985	1,60104 9900	-1 2915
56	1,42347 0876	38 7122	1,51279 5378	19 5549	1,60103 6985	-1 4346
57	1,42385 7998	38 5714	1,51299 0927	19 4101	1,60102 2639	-1 5787
58	1,42424 3712	38 4294	1,51318 5028	19 2642	1,60100 6852	-1 7243
59	1,42462 8006	38 2860	1,51337 7670	19 1168	1,60098 9609	-1 8709
0,060	1,42501 0866	38 1416	1,51356 8838	18 9684	1,60097 0900	-2 0189
61	1,42539 2282	37 9958	1,51375 8522	18 8186	1,60095 0711	-2 1678
62	1,42577 2240	37 8490	1,51394 6708	18 6678	1,60092 9033	-2 3181
63	1,42615 0730	37 7010	1,51413 3386	18 5158	1,60090 5852	-2 4695
64	1,42652 7740	37 5517	1,51431 8544	18 3625	1,60088 1157	-2 6220
65	1,42690 3257	37 4015	1,51450 2169	18 2081	1,60085 4937	-2 7757
66	1,42727 7272	37 2499	1,51468 4250	18 0525	1,60082 7180	-2 9305
67	1,42764 9771	37 0973	1,51486 4775	17 8959	1,60079 7875	-3 0864
68	1,42802 0744	36 9436	1,51504 3734	17 7380	1,60076 7011	-3 2434
69	1,42839 0180	36 7887	1,51522 1114	17 5791	1,60073 4577	-3 4016
0,070	1,42875 8067	36 6327	1,51539 6905	17 4190	1,60070 0561	-3 5607
71	1,42912 4394	36 4757	1,51557 1095	17 2578	1,60066 4954	-3 7211
72	1,42948 9151	36 3176	1,51574 3673	17 0956	1,60062 7743	-3 8824
73	1,42985 2327	36 1583	1,51591 4629	16 9322	1,60058 8919	-4 0448
74	1,43021 3910	35 9980	1,51608 3951	16 7678	1,60054 8471	-4 2083
75	1,43057 3890	35 8366	1,51625 1629	16 6023	1,60050 6388	-4 3728
76	1,43093 2256	35 6742	1,51641 7652	16 4357	1,60046 2660	-4 5383
77	1,43128 8998	35 5107	1,51658 2009	16 2680	1,60041 7277	-4 7049
78	1,43164 4105	35 3461	1,51674 4689	16 0995	1,60037 0228	-4 8724
79	1,43199 7566	35 1807	1,51690 5684	15 9297	1,60032 1504	-5 0410
0,080	1,43234 9373	35 0140	1,51706 4981	15 7589	1,60027 1094	-5 2106
81	1,43269 9513	34 8464	1,51722 2570	15 5873	1,60021 8988	-5 3812
82	1,43304 7977	34 6777	1,51737 8443	15 4144	1,60016 5176	-5 5527
83	1,43339 4754	34 5081	1,51753 2587	15 2407	1,60010 9649	-5 7252
84	1,43373 9835	34 3375	1,51768 4994	15 0659	1,60005 2397	-5 8987
85	1,43408 3210	34 1658	1,51783 5653	14 8901	1,59999 3410	-6 0731
86	1,43442 4868	33 9932	1,51798 4554	14 7134	1,59993 2679	-6 2485
87	1,43476 4800	33 8196	1,51813 1688	14 5356	1,59987 0194	-6 4248
88	1,43510 2996	33 6449	1,51827 7044	14 3569	1,59980 5946	-6 6021
89	1,43543 9445	33 4694	1,51842 0613	14 1773	1,59973 9925	-6 7802
0,090	1,43577 4139	33 2929	1,51856 2386	13 9966	1,59967 2123	-6 9594
91	1,43610 7068	33 1154	1,51870 2352	13 8151	1,59960 2529	-7 1393
92	1,43643 8222	32 9369	1,51884 0503	13 6325	1,59953 1136	-7 3203
93	1,43676 7591	32 7575	1,51897 6828	13 4491	1,59945 7933	-7 5021
94	1,43709 5166	32 5772	1,51911 1319	13 2647	1,59938 2912	-7 6847
95	1,43742 0938	32 3960	1,51924 3966	13 0794	1,59930 6065	-7 8684
96	1,43774 4898	32 2137	1,51937 4760	12 8931	1,59922 7381	-8 0528
97	1,43806 7035	32 0305	1,51950 3691	12 7060	1,59914 6853	-8 2381
98	1,43838 7340	31 8466	1,51963 0751	12 5180	1,59906 4472	-8 4243
99	1,43870 5806	31 6615	1,51975 5931	12 3290	1,59898 0229	-8 6113
0,100	1,43902 2421		1,51987 9221		1,59889 4116	

q^4	z = 0,35	Δ	z = 0,40	Δ	z = 0,45	Δ
0,000	+1,70000 0000	-19 0050	+1,80000 0000	-44 0046	+1,90000 0000	-71 0040
1	1,69980 9950	-19 0230	1,79955 9954	-44 0213	1,89928 9960	-71 0186
2	1,69961 9720	-19 0492	1,79911 9741	-44 0455	1,89857 9774	-71 0396
3	1,69942 9228	-19 0814	1,79867 9286	-44 0751	1,89786 9378	-71 0654
4	1,69923 8414	-19 1184	1,79823 8535	-44 1095	1,89715 8724	-71 0953
5	1,69904 7230	-19 1600	1,79779 7440	-44 1478	1,89644 7771	-71 1287
6	1,69885 5630	-19 2054	1,79735 5962	-44 1898	1,89573 6484	-71 1653
7	1,69866 3576	-19 2546	1,79691 4064	-44 2352	1,89502 4831	-71 2049
8	1,69847 1030	-19 3071	1,79647 1712	-44 2838	1,89431 2782	-71 2471
9	1,69827 7959	-19 3628	1,79602 8874	-44 3352	1,89360 0311	-71 2919
0,010	1,69808 4331	-19 4215	1,79558 5522	-44 3896	1,89288 7392	-71 3392
11	1,69789 0116	-19 4832	1,79514 1626	-44 4464	1,89217 4000	-71 3887
12	1,69769 5284	-19 5474	1,79469 7162	-44 5058	1,89146 0113	-71 4405
13	1,69749 9810	-19 6144	1,79425 2104	-44 5677	1,89074 5708	-71 4944
14	1,69730 3666	-19 6839	1,79380 6427	-44 6319	1,89003 0764	-71 5502
15	1,69710 6827	-19 7558	1,79336 0108	-44 6983	1,88931 5262	-71 6080
16	1,69690 9269	-19 8301	1,79291 3125	-44 7670	1,88859 9182	-71 6678
17	1,69671 0968	-19 9066	1,79246 5455	-44 8376	1,88788 2504	-71 7293
18	1,69651 1902	-19 9853	1,79201 7079	-44 9103	1,88716 5211	-71 7926
19	1,69631 2049	-20 0663	1,79156 7976	-44 9851	1,88644 7285	-71 8576
0,020	1,69611 1386	-20 1492	1,79111 8125	-45 0617	1,88572 8709	-71 9244
21	1,69590 9894	-20 2342	1,79066 7508	-45 1403	1,88500 9465	-71 9927
22	1,69570 7552	-20 3213	1,79021 6105	-45 2206	1,88428 9538	-72 0626
23	1,69550 4339	-20 4102	1,78976 3899	-45 3027	1,88356 8912	-72 1341
24	1,69530 0237	-20 5010	1,78931 0872	-45 3866	1,88284 7571	-72 2071
25	1,69509 5227	-20 5938	1,78885 7006	-45 4723	1,88212 5500	-72 2815
26	1,69488 9289	-20 6883	1,78840 2283	-45 5595	1,88140 2685	-72 3575
27	1,69468 2406	-20 7846	1,78794 6688	-45 6484	1,88067 9110	-72 4349
28	1,69447 4560	-20 8826	1,78749 0204	-45 7390	1,87995 4761	-72 5136
29	1,69426 5734	-20 9825	1,78703 2814	-45 8311	1,87922 9625	-72 5937
0,030	1,69405 5909	-21 0838	1,78657 4503	-45 9247	1,87850 3688	-72 6751
31	1,69384 5071	-21 1871	1,78611 5256	-46 0199	1,87777 6937	-72 7579
32	1,69363 3200	-21 2917	1,78565 5057	-46 1166	1,87704 9358	-72 8420
33	1,69342 0283	-21 3981	1,78519 3891	-46 2147	1,87632 0938	-72 9273
34	1,69320 6302	-21 5060	1,78473 1744	-46 3143	1,87559 1665	-73 0139
35	1,69299 1242	-21 6155	1,78426 8601	-46 4153	1,87486 1526	-73 1016
36	1,69277 5087	-21 7265	1,78380 4448	-46 5177	1,87413 0510	-73 1907
37	1,69255 7822	-21 8390	1,78333 9271	-46 6215	1,87339 8603	-73 2809
38	1,69233 9432	-21 9529	1,78287 3056	-46 7266	1,87266 5794	-73 3722
39	1,69211 9903	-22 0684	1,78240 5790	-46 8332	1,87193 2072	-73 4647
0,040	1,69189 9219	-22 1853	1,78193 7458	-46 9409	1,87119 7425	-73 5584
41	1,69167 7366	-22 3035	1,78146 8049	-47 0500	1,87046 1841	-73 6532
42	1,69145 4331	-22 4233	1,78099 7549	-47 1603	1,86972 5309	-73 7490
43	1,69123 0098	-22 5443	1,78052 5946	-47 2720	1,86898 7819	-73 8459
44	1,69100 4655	-22 6667	1,78005 3226	-47 3849	1,86824 9360	-73 9440
45	1,69077 7988	-22 7906	1,77957 9377	-47 4990	1,86750 9920	-74 0430
46	1,69055 0082	-22 9156	1,77910 4387	-47 6143	1,86676 9490	-74 1431
47	1,69032 0926	-23 0421	1,77862 8244	-47 7308	1,86602 8059	-74 2443
48	1,69009 0505	-23 1698	1,77815 0936	-47 8485	1,86528 5616	-74 3463
49	1,68985 8807	-23 2988	1,77767 2451	-47 9674	1,86454 2153	-74 4495
0,050	1,68962 5819		1,77719 2777		1,86379 7658	

q^4	z = 0,35	Δ	z = 0,40	Δ	z = 0,45	Δ
0,050	+1,68962 5819	-23 4290	+1,77719 2777	-48 0873	+1,86379 7658	-74 5537
51	1,68939 1529	-23 5606	1,77671 1904	-48 2086	1,86305 2121	-74 6587
52	1,68915 5923	-23 6933	1,77622 9818	-48 3307	1,86230 5534	-74 7647
53	1,68891 8990	-23 8272	1,77574 6511	-48 4542	1,86155 7887	-74 8717
54	1,68868 0718	-23 9625	1,77526 1969	-48 5787	1,86080 9170	-74 9797
55	1,68844 1093	-24 0988	1,77477 6182	-48 7041	1,86005 9373	-75 0885
56	1,68820 0105	-24 2364	1,77428 9141	-48 8309	1,85930 8488	-75 1982
57	1,68795 7741	-24 3751	1,77380 0832	-48 9585	1,85855 6506	-75 3089
58	1,68771 3990	-24 5149	1,77331 1247	-49 0872	1,85780 3417	-75 4204
59	1,68746 8841	-24 6560	1,77282 0375	-49 2170	1,85704 9213	-75 5328
0,060	1,68722 2281	-24 7981	1,77232 8205	-49 3478	1,85629 3885	-75 6461
61	1,68697 4300	-24 9414	1,77183 4727	-49 4796	1,85553 7424	-75 7601
62	1,68672 4886	-25 0858	1,77133 9931	-49 6124	1,85477 9823	-75 8752
63	1,68647 4028	-25 2312	1,77084 3807	-49 7462	1,85402 1071	-75 9910
64	1,68622 1716	-25 3778	1,77034 6345	-49 8809	1,85326 1161	-76 1075
65	1,68596 7938	-25 5254	1,76984 7536	-50 0166	1,85250 0086	-76 2251
66	1,68571 2684	-25 6741	1,76934 7370	-50 1534	1,85173 7835	-76 3432
67	1,68545 5943	-25 8239	1,76884 5836	-50 2909	1,85097 4403	-76 4623
68	1,68519 7704	-25 9746	1,76834 2927	-50 4295	1,85020 9780	-76 5820
69	1,68493 7958	-26 1265	1,76783 8632	-50 5690	1,84944 3960	-76 7027
0,070	1,68467 6693	-26 2793	1,76733 2942	-50 7094	1,84867 6933	-76 8240
71	1,68441 3900	-26 4331	1,76682 5848	-50 8507	1,84790 8693	-76 9461
72	1,68414 9569	-26 5880	1,76631 7341	-50 9929	1,84713 9232	-77 0690
73	1,68388 3689	-26 7438	1,76580 7412	-51 1360	1,84636 8542	-77 1925
74	1,68361 6251	-26 9007	1,76529 6052	-51 2800	1,84559 6617	-77 3168
75	1,68334 7244	-27 0585	1,76478 3252	-51 4247	1,84482 3449	-77 4419
76	1,68307 6659	-27 2172	1,76426 9005	-51 5705	1,84404 9030	-77 5676
77	1,68280 4487	-27 3769	1,76375 3300	-51 7170	1,84327 3354	-77 6941
78	1,68253 0718	-27 5376	1,76323 6130	-51 8643	1,84249 6413	-77 8212
79	1,68225 5342	-27 6992	1,76271 7487	-52 0126	1,84171 8201	-77 9490
0,080	1,68197 8350	-27 8617	1,76219 7361	-52 1615	1,84093 8711	-78 0775
81	1,68169 9733	-28 0252	1,76167 5746	-52 3115	1,84015 7936	-78 2066
82	1,68141 9481	-28 1895	1,76115 2631	-52 4620	1,83937 5870	-78 3365
83	1,68113 7586	-28 3548	1,76062 8011	-52 6135	1,83859 2505	-78 4670
84	1,68085 4038	-28 5209	1,76010 1876	-52 7657	1,83780 7835	-78 5980
85	1,68056 8829	-28 6880	1,75957 4219	-52 9187	1,83702 1855	-78 7299
86	1,68028 1949	-28 8559	1,75904 5032	-53 0725	1,83623 4556	-78 8622
87	1,67999 3390	-29 0247	1,75851 4307	-53 2271	1,83544 5934	-78 9952
88	1,67970 3143	-29 1943	1,75798 2036	-53 3823	1,83465 5982	-79 1288
89	1,67941 1200	-29 3648	1,75744 8213	-53 5384	1,83386 4694	-79 2630
0,090	1,67911 7552	-29 5362	1,75691 2829	-53 6951	1,83307 2064	-79 3978
91	1,67882 2190	-29 7083	1,75637 5878	-53 8527	1,83227 8086	-79 5333
92	1,67852 5107	-29 8814	1,75583 7351	-54 0108	1,83148 2753	-79 6692
93	1,67822 6293	-30 0552	1,75529 7243	-54 1699	1,83068 6061	-79 8058
94	1,67792 5741	-30 2298	1,75475 5544	-54 3295	1,82988 8003	-79 9429
95	1,67762 3443	-30 4053	1,75421 2249	-54 4898	1,82908 8574	-80 0805
96	1,67731 9390	-30 5816	1,75366 7351	-54 6509	1,82828 7769	-80 2188
97	1,67701 3574	-30 7586	1,75312 0842	-54 8126	1,82748 5581	-80 3576
98	1,67670 5988	-30 9365	1,75257 2716	-54 9750	1,82668 2005	-80 4969
99	1,67639 6623	-31 1150	1,75202 2966	-55 1381	1,82587 7036	-80 6367
0,100	1,67608 5473		1,75147 1585		1,82507 0669	

q^4	z = 0,50	Δ	z = 0,55	Δ	z = 0,60	Δ
0,000	+2,00000 0000	-100 0032	+2,10000 0000	-131 0021	+2,20000 0000	-164 0007
1	1,99899 9968	-100 0147	2,09868 9979	-131 0097	2,19835 9993	-164 0035
2	1,99799 9821	-100 0314	2,09737 9882	-131 0207	2,19671 9958	-164 0072
3	1,99699 9507	-100 0519	2,09606 9675	-131 0342	2,19507 9886	-164 0121
4	1,99599 8988	-100 0756	2,09475 9333	-131 0498	2,19343 9765	-164 0175
5	1,99499 8232	-100 1020	2,09344 8835	-131 0672	2,19179 9590	-164 0237
6	1,99399 7212	-100 1311	2,09213 8163	-131 0864	2,19015 9353	-164 0304
7	1,99299 5901	-100 1625	2,09082 7299	-131 1071	2,18851 9049	-164 0376
8	1,99199 4276	-100 1959	2,08951 6228	-131 1291	2,18687 8673	-164 0455
9	1,99099 2317	-100 2315	2,08820 4937	-131 1525	2,18523 8218	-164 0536
0,010	1,98999 0002	-100 2690	2,08689 3412	-131 1772	2,18359 7682	-164 0623
11	1,98898 7312	-100 3082	2,08558 1640	-131 2031	2,18195 7059	-164 0714
12	1,98798 4230	-100 3492	2,08426 9609	-131 2301	2,18031 6345	-164 0809
13	1,98698 0738	-100 3920	2,08295 7308	-131 2582	2,17867 5536	-164 0908
14	1,98597 6818	-100 4362	2,08164 4726	-131 2873	2,17703 4628	-164 1009
15	1,98497 2456	-100 4821	2,08033 1853	-131 3176	2,17539 3619	-164 1116
16	1,98396 7635	-100 5294	2,07901 8677	-131 3487	2,17375 2503	-164 1224
17	1,98296 2341	-100 5782	2,07770 5190	-131 3808	2,17211 1279	-164 1337
18	1,98195 6559	-100 6283	2,07639 1382	-131 4137	2,17046 9942	-164 1452
19	1,98095 0276	-100 6799	2,07507 7245	-131 4478	2,16882 8490	-164 1570
0,020	1,97994 3477	-100 7328	2,07376 2767	-131 4824	2,16718 6920	-164 1692
21	1,97893 6149	-100 7868	2,07244 7943	-131 5181	2,16554 5228	-164 1816
22	1,97792 8281	-100 8423	2,07113 2762	-131 5545	2,16390 3412	-164 1943
23	1,97691 9858	-100 8989	2,06981 7217	-131 5917	2,16226 1469	-164 2073
24	1,97591 0869	-100 9566	2,06850 1300	-131 6297	2,16061 9396	-164 2204
25	1,97490 1303	-101 0157	2,06718 5003	-131 6685	2,15897 7192	-164 2339
26	1,97389 1146	-101 0758	2,06586 8318	-131 7080	2,15733 4853	-164 2476
27	1,97288 0388	-101 1371	2,06455 1238	-131 7482	2,15569 2377	-164 2615
28	1,97186 9017	-101 1993	2,06323 3756	-131 7891	2,15404 9762	-164 2757
29	1,97085 7024	-101 2628	2,06191 5865	-131 8307	2,15240 7005	-164 2901
0,030	1,96984 4396	-101 3272	2,06059 7558	-131 8731	2,15076 4104	-164 3047
31	1,96883 1124	-101 3928	2,05927 8827	-131 9160	2,14912 1057	-164 3195
32	1,96781 7196	-101 4592	2,05795 9667	-131 9596	2,14747 7862	-164 3345
33	1,96680 2604	-101 5267	2,05664 0071	-132 0039	2,14583 4517	-164 3497
34	1,96578 7337	-101 5952	2,05532 0032	-132 0488	2,14419 1020	-164 3651
35	1,96477 1385	-101 6646	2,05399 9544	-132 0943	2,14254 7369	-164 3806
36	1,96375 4739	-101 7350	2,05267 8601	-132 1404	2,14090 3563	-164 3965
37	1,96273 7389	-101 8064	2,05135 7197	-132 1870	2,13925 9598	-164 4124
38	1,96171 9325	-101 8785	2,05003 5327	-132 2344	2,13761 5474	-164 4284
39	1,96070 0540	-101 9516	2,04871 2983	-132 2821	2,13597 1190	-164 4448
0,040	1,95968 1024	-102 0256	2,04739 0162	-132 3306	2,13432 6742	-164 4612
41	1,95866 0768	-102 1005	2,04606 6856	-132 3795	2,13268 2130	-164 4778
42	1,95763 9763	-102 1762	2,04474 3061	-132 4290	2,13103 7352	-164 4945
43	1,95661 8001	-102 2528	2,04341 8771	-132 4791	2,12939 2407	-164 5114
44	1,95559 5473	-102 3301	2,04209 3980	-132 5295	2,12774 7293	-164 5285
45	1,95457 2172	-102 4083	2,04076 8685	-132 5806	2,12610 2008	-164 5456
46	1,95354 8089	-102 4874	2,03944 2879	-132 6322	2,12445 6552	-164 5628
47	1,95252 3215	-102 5671	2,03811 6557	-132 6842	2,12281 0924	-164 5803
48	1,95149 7544	-102 6476	2,03678 9715	-132 7367	2,12116 5121	-164 5979
49	1,95047 1068	-102 7291	2,03546 2348	-132 7898	2,11951 9142	-164 6155
0,050	1,94944 3777		2,03413 4450		2,11787 2987	

q^4	z = 0,50	Δ	z = 0,55	Δ	z = 0,60	Δ
0,050	+1,94944 3777	-102 8111	+2,03413 4450	-132 8432	+2,11787 2987	-164 6332
51	1,94841 5666	-102 8939	2,03280 6018	-132 8971	2,11622 6655	-164 6511
52	1,94738 6727	-102 9775	2,03147 7047	-132 9515	2,11458 0144	-164 6691
53	1,94635 6952	-103 0619	2,03014 7532	-133 0063	2,11293 3453	-164 6872
54	1,94532 6333	-103 1468	2,02881 7469	-133 0616	2,11128 6581	-164 7054
55	1,94429 4865	-103 2325	2,02748 6853	-133 1172	2,10963 9527	-164 7236
56	1,94326 2540	-103 3190	2,02615 5681	-133 1734	2,10799 2291	-164 7420
57	1,94222 9350	-103 4060	2,02482 3947	-133 2299	2,10634 4871	-164 7604
58	1,94119 5290	-103 4938	2,02349 1648	-133 2868	2,10469 7267	-164 7789
59	1,94016 0352	-103 5822	2,02215 8780	-133 3441	2,10304 9478	-164 7975
0,060	1,93912 4530	-103 6713	2,02082 5339	-133 4019	2,10140 1503	-164 8162
61	1,93808 7817	-103 7610	2,01949 1320	-133 4599	2,09975 3341	-164 8348
62	1,93705 0207	-103 8514	2,01815 6721	-133 5184	2,09810 4993	-164 8537
63	1,93601 1693	-103 9424	2,01682 1537	-133 5773	2,09645 6456	-164 8725
64	1,93497 2269	-104 0340	2,01548 5764	-133 6364	2,09480 7731	-164 8913
65	1,93393 1929	-104 1262	2,01414 9400	-133 6961	2,09315 8818	-164 9103
66	1,93289 0667	-104 2190	2,01281 2439	-133 7559	2,09150 9715	-164 9293
67	1,93184 8477	-104 3124	2,01147 4880	-133 8162	2,08986 0422	-164 9483
68	1,93080 5353	-104 4065	2,01013 6718	-133 8767	2,08821 0939	-164 9674
69	1,92976 1288	-104 5009	2,00879 7951	-133 9377	2,08656 1265	-164 9865
0,070	1,92871 6279	-104 5962	2,00745 8574	-133 9989	2,08491 1400	-165 0055
71	1,92767 0317	-104 6918	2,00611 8585	-134 0605	2,08326 1345	-165 0247
72	1,92662 3399	-104 7881	2,00477 7980	-134 1223	2,08161 1098	-165 0439
73	1,92557 5518	-104 8849	2,00343 6757	-134 1845	2,07996 0659	-165 0630
74	1,92452 6669	-104 9822	2,00209 4912	-134 2470	2,07831 0029	-165 0822
75	1,92347 6847	-105 0800	2,00075 2442	-134 3097	2,07665 9207	-165 1015
76	1,92242 6047	-105 1785	1,99940 9345	-134 3728	2,07500 8192	-165 1206
77	1,92137 4262	-105 2773	1,99806 5617	-134 4361	2,07335 6986	-165 1398
78	1,92032 1489	-105 3767	1,99672 1256	-134 4996	2,07170 5588	-165 1589
79	1,91926 7722	-105 4766	1,99537 6260	-134 5636	2,07005 3999	-165 1782
0,080	1,91821 2956	-105 5770	1,99403 0624	-134 6276	2,06840 2217	-165 1973
81	1,91715 7186	-105 6778	1,99268 4348	-134 6920	2,06675 0244	-165 2165
82	1,91610 0408	-105 7792	1,99133 7428	-134 7567	2,06509 8079	-165 2356
83	1,91504 2616	-105 8809	1,98998 9861	-134 8215	2,06344 5723	-165 2548
84	1,91398 3807	-105 9833	1,98864 1646	-134 8866	2,06179 3175	-165 2737
85	1,91292 3974	-106 0859	1,98729 2780	-134 9519	2,06014 0438	-165 2929
86	1,91186 3115	-106 1891	1,98594 3261	-135 0175	2,05848 7509	-165 3118
87	1,91080 1224	-106 2927	1,98459 3086	-135 0832	2,05683 4391	-165 3308
88	1,90973 8297	-106 3967	1,98324 2254	-135 1492	2,05518 1083	-165 3497
89	1,90867 4330	-106 5012	1,98189 0762	-135 2155	2,05352 7586	-165 3685
0,090	1,90760 9318	-106 6060	1,98053 8607	-135 2818	2,05187 3901	-165 3874
91	1,90654 3258	-106 7114	1,97918 5789	-135 3483	2,05022 0027	-165 4061
92	1,90547 6144	-106 8170	1,97783 2306	-135 4152	2,04856 5966	-165 4248
93	1,90440 7974	-106 9231	1,97647 8154	-135 4821	2,04691 1718	-165 4434
94	1,90333 8743	-107 0295	1,97512 3333	-135 5493	2,04525 7284	-165 4620
95	1,90226 8448	-107 1364	1,97376 7840	-135 6165	2,04360 2664	-165 4805
96	1,90119 7084	-107 2437	1,97241 1675	-135 6840	2,04194 7859	-165 4988
97	1,90012 4647	-107 3512	1,97105 4835	-135 7517	2,04029 2871	-165 5172
98	1,89905 1135	-107 4592	1,96969 7318	-135 8194	2,03863 7699	-165 5354
99	1,89797 6543	-107 5675	1,96833 9124	-135 8874	2,03698 2345	-165 5535
0,100	1,89690 0868		1,96698 0250		2,03532 6810	

q^4	z = 0,65	Δ	z = 0,70	Δ	z = 0,75	Δ
0,000	+2,30000 0000	-198 9991	+2,40000 0000	-235 9971	+2,50000 0000	-274 9949
1	2,29801 0009	-198 9958	2,39764 0029	-235 9867	2,49725 0051	-274 9760
2	2,29602 0051	-198 9910	2,39528 0162	-235 9716	2,49450 0291	-274 9490
3	2,29403 0141	-198 9851	2,39292 0446	-235 9531	2,49175 0801	-274 9157
4	2,29204 0290	-198 9783	2,39056 0915	-235 9317	2,48900 1644	-274 8771
5	2,29005 0507	-198 9707	2,38820 1598	-235 9077	2,48625 2873	-274 8342
6	2,28806 0800	-198 9623	2,38584 2521	-235 8815	2,48350 4531	-274 7869
7	2,28607 1177	-198 9534	2,38348 3706	-235 8531	2,48075 6662	-274 7360
8	2,28408 1643	-198 9437	2,38112 5175	-235 8228	2,47800 9302	-274 6815
9	2,28209 2206	-198 9334	2,37876 6947	-235 7906	2,47526 2487	-274 6237
0,010	2,28010 2872	-198 9227	2,37640 9041	-235 7567	2,47251 6250	-274 5627
11	2,27811 3645	-198 9114	2,37405 1474	-235 7211	2,46977 0623	-274 4989
12	2,27612 4531	-198 8996	2,37169 4263	-235 6840	2,46702 5634	-274 4321
13	2,27413 5535	-198 8872	2,36933 7423	-235 6453	2,46428 1313	-274 3626
14	2,27214 6663	-198 8744	2,36698 0970	-235 6052	2,46153 7687	-274 2905
15	2,27015 7919	-198 8612	2,36462 4918	-235 5636	2,45879 4782	-274 2159
16	2,26816 9307	-198 8475	2,36226 9282	-235 5206	2,45605 2623	-274 1388
17	2,26618 0832	-198 8334	2,35991 4076	-235 4764	2,45331 1235	-274 0593
18	2,26419 2498	-198 8188	2,35755 9312	-235 4309	2,45057 0642	-273 9776
19	2,26220 4310	-198 8038	2,35520 5003	-235 3840	2,44783 0866	-273 8935
0,020	2,26021 6272	-198 7885	2,35285 1163	-235 3360	2,44509 1931	-273 8073
21	2,25822 8387	-198 7727	2,35049 7803	-235 2868	2,44235 3858	-273 7190
22	2,25624 0660	-198 7566	2,34814 4935	-235 2364	2,43961 6668	-273 6286
23	2,25425 3094	-198 7401	2,34579 2571	-235 1848	2,43688 0382	-273 5361
24	2,25226 5693	-198 7231	2,34344 0723	-235 1321	2,43414 5021	-273 4417
25	2,25027 8462	-198 7059	2,34108 9402	-235 0784	2,43141 0604	-273 3453
26	2,24829 1403	-198 6883	2,33873 8618	-235 0235	2,42867 7151	-273 2470
27	2,24630 4520	-198 6703	2,33638 8383	-234 9676	2,42594 4681	-273 1468
28	2,24431 7817	-198 6519	2,33403 8707	-234 9107	2,42321 3213	-273 0448
29	2,24233 1298	-198 6332	2,33168 9600	-234 8527	2,42048 2765	-272 9409
0,030	2,24034 4966	-198 6142	2,32934 1073	-234 7937	2,41775 3356	-272 8353
31	2,23835 8824	-198 5949	2,32699 3136	-234 7337	2,41502 5003	-272 7279
32	2,23637 2875	-198 5751	2,32464 5799	-234 6728	2,41229 7724	-272 6188
33	2,23438 7124	-198 5550	2,32229 9071	-234 6109	2,40957 1536	-272 5081
34	2,23240 1574	-198 5347	2,31995 2962	-234 5479	2,40684 6455	-272 3956
35	2,23041 6227	-198 5139	2,31760 7483	-234 4842	2,40412 2499	-272 2814
36	2,22843 1088	-198 4929	2,31526 2641	-234 4194	2,40139 9685	-272 1657
37	2,22644 6159	-198 4715	2,31291 8447	-234 3538	2,39867 8028	-272 0484
38	2,22446 1444	-198 4498	2,31057 4909	-234 2872	2,39595 7544	-271 9295
39	2,22247 6946	-198 4279	2,30823 2037	-234 2197	2,39323 8249	-271 8089
0,040	2,22049 2667	-198 4054	2,30588 9840	-234 1514	2,39052 0160	-271 6870
41	2,21850 8613	-198 3828	2,30354 8326	-234 0821	2,38780 3290	-271 5634
42	2,21652 4785	-198 3599	2,30120 7505	-234 0121	2,38508 7656	-271 4383
43	2,21454 1186	-198 3365	2,29886 7384	-233 9411	2,38237 3273	-271 3117
44	2,21255 7821	-198 3130	2,29652 7973	-233 8693	2,37966 0156	-271 1838
45	2,21057 4691	-198 2890	2,29418 9280	-233 7966	2,37694 8318	-271 0543
46	2,20859 1801	-198 2647	2,29185 1314	-233 7232	2,37423 7775	-270 9233
47	2,20660 9154	-198 2403	2,28951 4082	-233 6489	2,37152 8542	-270 7910
48	2,20462 6751	-198 2153	2,28717 7593	-233 5737	2,36882 0632	-270 6573
49	2,20264 4598	-198 1902	2,28484 1856	-233 4977	2,36611 4059	-270 5221
0,050	2,20066 2696		2,28250 6879		2,36340 8838	

q^4	z = 0,65	Δ	z = 0,70	Δ	z = 0,75	Δ
0,050	+2,20066 2696	-198 1647	+2,28250 6879	-233 4210	+2,36340 8838	-270 3856
51	2,19868 1049	-198 1389	2,28017 2669	-233 3434	2,36070 4982	-270 2477
52	2,19669 9660	-198 1128	2,27783 9235	-233 2651	2,35800 2505	-270 1084
53	2,19471 8532	-198 0864	2,27550 6584	-233 1859	2,35530 1421	-269 9678
54	2,19273 7668	-198 0597	2,27317 4725	-233 1060	2,35260 1743	-269 8259
55	2,19075 7071	-198 0326	2,27084 3665	-233 0252	2,34990 3484	-269 6827
56	2,18877 6745	-198 0052	2,26851 3413	-232 9438	2,34720 6657	-269 5380
57	2,18679 6693	-197 9776	2,26618 3975	-232 8614	2,34451 1277	-269 3922
58	2,18481 6917	-197 9496	2,26385 5361	-232 7785	2,34181 7355	-269 2451
59	2,18283 7421	-197 9213	2,26152 7576	-232 6947	2,33912 4904	-269 0966
0,060	2,18085 8208	-197 8928	2,25920 0629	-232 6101	2,33643 3938	-268 9470
61	2,17887 9280	-197 8638	2,25687 4528	-232 5248	2,33374 4468	-268 7960
62	2,17690 0642	-197 8346	2,25454 9280	-232 4388	2,33105 6508	-268 6438
63	2,17492 2296	-197 8050	2,25222 4892	-232 3519	2,32837 0070	-268 4903
64	2,17294 4246	-197 7752	2,24990 1373	-232 2645	2,32568 5167	-268 3357
65	2,17096 6494	-197 7450	2,24757 8728	-232 1761	2,32300 1810	-268 1798
66	2,16898 9044	-197 7145	2,24525 6967	-232 0872	2,32032 0012	-268 0228
67	2,16701 1899	-197 6838	2,24293 6095	-231 9974	2,31763 9784	-267 8644
68	2,16503 5061	-197 6526	2,24061 6121	-231 9069	2,31496 1140	-267 7050
69	2,16305 8535	-197 6211	2,23829 7052	-231 8158	2,31228 4090	-267 5443
0,070	2,16108 2324	-197 5894	2,23597 8894	-231 7238	2,30960 8647	-267 3824
71	2,15910 6430	-197 5574	2,23366 1656	-231 6313	2,30693 4823	-267 2194
72	2,15713 0856	-197 5249	2,23134 5343	-231 5379	2,30426 2629	-267 0553
73	2,15515 5607	-197 4922	2,22902 9964	-231 4438	2,30159 2076	-266 8899
74	2,15318 0685	-197 4591	2,22671 5526	-231 3491	2,29892 3177	-266 7234
75	2,15120 6094	-197 4258	2,22440 2035	-231 2536	2,29625 5943	-266 5558
76	2,14923 1836	-197 3921	2,22208 9499	-231 1574	2,29359 0385	-266 3870
77	2,14725 7915	-197 3580	2,21977 7925	-231 0606	2,29092 6515	-266 2172
78	2,14528 4335	-197 3237	2,21746 7319	-230 9629	2,28826 4343	-266 0462
79	2,14331 1098	-197 2890	2,21515 7690	-230 8647	2,28560 3881	-265 8740
0,080	2,14133 8208	-197 2540	2,21284 9043	-230 7658	2,28294 5141	-265 7009
81	2,13936 5668	-197 2187	2,21054 1385	-230 6660	2,28028 8132	-265 5265
82	2,13739 3481	-197 1829	2,20823 4725	-230 5657	2,27763 2867	-265 3511
83	2,13542 1652	-197 1469	2,20592 9068	-230 4647	2,27497 9356	-265 1746
84	2,13345 0183	-197 1106	2,20362 4421	-230 3629	2,27232 7610	-264 9970
85	2,13147 9077	-197 0739	2,20132 0792	-230 2606	2,26967 7640	-264 8184
86	2,12950 8338	-197 0368	2,19901 8186	-230 1574	2,26702 9456	-264 6386
87	2,12753 7970	-196 9995	2,19671 6612	-230 0536	2,26438 3070	-264 4578
88	2,12556 7975	-196 9617	2,19441 6076	-229 9491	2,26173 8492	-264 2760
89	2,12359 8358	-196 9237	2,19211 6585	-229 8440	2,25909 5732	-264 0931
0,090	2,12162 9121	-196 8852	2,18981 8145	-229 7382	2,25645 4801	-263 9091
91	2,11966 0269	-196 8465	2,18752 0763	-229 6317	2,25381 5710	-263 7242
92	2,11769 1804	-196 8074	2,18522 4446	-229 5245	2,25117 8468	-263 5380
93	2,11572 3730	-196 7679	2,18292 9201	-229 4166	2,24854 3088	-263 3510
94	2,11375 6051	-196 7280	2,18063 5035	-229 3081	2,24590 9578	-263 1630
95	2,11178 8771	-196 6879	2,17834 1954	-229 1989	2,24327 7948	-262 9737
96	2,10982 1892	-196 6474	2,17604 9965	-229 0890	2,24064 8211	-262 7837
97	2,10785 5418	-196 6064	2,17375 9075	-228 9785	2,23802 0374	-262 5925
98	2,10588 9354	-196 5652	2,17146 9290	-228 8673	2,23539 4449	-262 4003
99	2,10392 3702	-196 5236	2,16918 0617	-228 7553	2,23277 0446	-262 2072
0,100	2,10195 8466		2,16689 3064		2,23014 8374	

q^4	z = 0,80	Δ	z = 0,85	Δ	z = 0,90	Δ
0,000	+2,60000 0000	-315 9922	+2,70000 0000	-358 9892	+2,80000 0000	-403 9859
1	2,59684 0078	-315 9639	2,69641 0108	-358 9499	2,79596 0141	-403 9341
2	2,59368 0439	-315 9228	2,69282 0609	-358 8932	2,79192 0800	-403 8596
3	2,59052 1211	-315 8726	2,68923 1677	-358 8233	2,78788 2204	-403 7679
4	2,58736 2485	-315 8143	2,68564 3444	-358 7428	2,78384 4525	-403 6620
5	2,58420 4342	-315 7493	2,68205 6016	-358 6527	2,77980 7905	-403 5435
6	2,58104 6849	-315 6780	2,67846 9489	-358 5538	2,77577 2470	-403 4137
7	2,57789 0069	-315 6010	2,67488 3951	-358 4472	2,77173 8333	-403 2735
8	2,57473 4059	-315 5187	2,67129 9479	-358 3331	2,76770 5598	-403 1236
9	2,57157 8872	-315 4313	2,66771 6148	-358 2120	2,76367 4362	-402 9646
0,010	2,56842 4559	-315 3392	2,66413 4028	-358 0845	2,75964 4716	-402 7970
11	2,56527 1167	-315 2427	2,66055 3183	-357 9508	2,75561 6746	-402 6212
12	2,56211 8740	-315 1418	2,65697 3675	-357 8110	2,75159 0534	-402 4376
13	2,55896 7322	-315 0368	2,65339 5565	-357 6656	2,74756 6158	-402 2466
14	2,55581 6954	-314 9279	2,64981 8909	-357 5147	2,74354 3692	-402 0483
15	2,55266 7675	-314 8152	2,64624 3762	-357 3585	2,73952 3209	-401 8431
16	2,54951 9523	-314 6987	2,64267 0177	-357 1972	2,73550 4778	-401 6312
17	2,54637 2536	-314 5787	2,63909 8205	-357 0310	2,73148 8466	-401 4128
18	2,54322 6749	-314 4551	2,63552 7895	-356 8600	2,72747 4338	-401 1881
19	2,54008 2198	-314 3283	2,63195 9295	-356 6842	2,72346 2457	-400 9573
0,020	2,53693 8915	-314 1981	2,62839 2453	-356 5039	2,71945 2884	-400 7205
21	2,53379 6934	-314 0647	2,62482 7414	-356 3193	2,71544 5679	-400 4779
22	2,53065 6287	-313 9283	2,62126 4221	-356 1302	2,71144 0900	-400 2296
23	2,52751 7004	-313 7886	2,61770 2919	-355 9370	2,70743 8604	-399 9758
24	2,52437 9118	-313 6461	2,61414 3549	-355 7396	2,70343 8846	-399 7165
25	2,52124 2657	-313 5005	2,61058 6153	-355 5382	2,69944 1681	-399 4521
26	2,51810 7652	-313 3523	2,60703 0771	-355 3328	2,69544 7160	-399 1823
27	2,51497 4129	-313 2010	2,60347 7443	-355 1235	2,69145 5337	-398 9075
28	2,51184 2119	-313 0470	2,59992 6208	-354 9104	2,68746 6262	-398 6278
29	2,50871 1649	-312 8904	2,59637 7104	-354 6937	2,68347 9984	-398 3431
0,030	2,50558 2745	-312 7311	2,59283 0167	-354 4731	2,67949 6553	-398 0536
31	2,50245 5434	-312 5692	2,58928 5436	-354 2491	2,67551 6017	-397 7594
32	2,49932 9742	-312 4046	2,58574 2945	-354 0214	2,67153 8423	-397 4606
33	2,49620 5696	-312 2375	2,58220 2731	-353 7902	2,66756 3817	-397 1572
34	2,49308 3321	-312 0680	2,57866 4829	-353 5558	2,66359 2245	-396 8493
35	2,48996 2641	-311 8959	2,57512 9271	-353 3177	2,65962 3752	-396 5371
36	2,48684 3682	-311 7215	2,57159 6094	-353 0765	2,65565 8381	-396 2204
37	2,48372 6467	-311 5447	2,56806 5329	-352 8320	2,65169 6177	-395 8995
38	2,48061 1020	-311 3655	2,56453 7009	-352 5841	2,64773 7182	-395 5743
39	2,47749 7365	-311 1839	2,56101 1168	-352 3332	2,64378 1439	-395 2451
0,040	2,47438 5526	-311 0002	2,55748 7836	-352 0790	2,63982 8988	-394 9118
41	2,47127 5524	-310 8141	2,55396 7046	-351 8219	2,63587 9870	-394 5743
42	2,46816 7383	-310 6257	2,55044 8827	-351 5616	2,63193 4127	-394 2329
43	2,46506 1126	-310 4353	2,54693 3211	-351 2983	2,62799 1798	-393 8876
44	2,46195 6773	-310 2425	2,54342 0228	-351 0320	2,62405 2922	-393 5384
45	2,45885 4348	-310 0478	2,53990 9908	-350 7627	2,62011 7538	-393 1853
46	2,45575 3870	-309 8507	2,53640 2281	-350 4907	2,61618 5685	-392 8285
47	2,45265 5363	-309 6516	2,53289 7374	-350 2157	2,61225 7400	-392 4680
48	2,44955 8847	-309 4505	2,52939 5217	-349 9378	2,60833 2720	-392 1038
49	2,44646 4342	-309 2473	2,52589 5839	-349 6572	2,60441 1682	-391 7359
0,050	2,44337 1869		2,52239 9267		2,60049 4323	

q^4	z = 0,80	Δ	z = 0,85	Δ	z = 0,90	Δ
0,050	+2,44337 1869	-309 0420	+2,52239 9267	-349 3737	+2,60049 4323	-391 3645
51	2,44028 1449	-308 8347	2,51890 5530	-349 0876	2,59658 0678	-390 9894
52	2,43719 3102	-308 6254	2,51541 4654	-348 7988	2,59267 0784	-390 6110
53	2,43410 6848	-308 4143	2,51192 6666	-348 5072	2,58876 4674	-390 2289
54	2,43102 2705	-308 2010	2,50844 1594	-348 2130	2,58486 2385	-389 8435
55	2,42794 0695	-307 9859	2,50495 9464	-347 9161	2,58096 3950	-389 4547
56	2,42486 0836	-307 7688	2,50148 0303	-347 6168	2,57706 9403	-389 0625
57	2,42178 3148	-307 5499	2,49800 4135	-347 3147	2,57317 8778	-388 6671
58	2,41870 7649	-307 3291	2,49453 0988	-347 0103	2,56929 2107	-388 2683
59	2,41563 4358	-307 1064	2,49106 0885	-346 7032	2,56540 9424	-387 8662
0,060	2,41256 3294	-306 8818	2,48759 3853	-346 3936	2,56153 0762	-387 4611
61	2,40949 4476	-306 6556	2,48412 9917	-346 0817	2,55765 6151	-387 0527
62	2,40642 7920	-306 4273	2,48066 9100	-345 7672	2,55378 5624	-386 6411
63	2,40336 3647	-306 1974	2,47721 1428	-345 4503	2,54991 9213	-386 2265
64	2,40030 1673	-305 9657	2,47375 6925	-345 1311	2,54605 6948	-385 8088
65	2,39724 2016	-305 7322	2,47030 5614	-344 8095	2,54219 8860	-385 3880
66	2,39418 4694	-305 4969	2,46685 7519	-344 4855	2,53834 4980	-384 9642
67	2,39112 9725	-305 2600	2,46341 2664	-344 1592	2,53449 5338	-384 5375
68	2,38807 7125	-305 0212	2,45997 1072	-343 8306	2,53064 9963	-384 1078
69	2,38502 6913	-304 7809	2,45653 2766	-343 4997	2,52680 8885	-383 6751
0,070	2,38197 9104	-304 5388	2,45309 7769	-343 1665	2,52297 2134	-383 2396
71	2,37893 3716	-304 2950	2,44966 6104	-342 8312	2,51913 9738	-382 8013
72	2,37589 0766	-304 0495	2,44623 7792	-342 4935	2,51531 1725	-382 3600
73	2,37285 0271	-303 8025	2,44281 2857	-342 1538	2,51148 8125	-381 9160
74	2,36981 2246	-303 5537	2,43939 1319	-341 8117	2,50766 8965	-381 4692
75	2,36677 6709	-303 3035	2,43597 3202	-341 4676	2,50385 4273	-381 0196
76	2,36374 3674	-303 0514	2,43255 8526	-341 1213	2,50004 4077	-380 5673
77	2,36071 3160	-302 7979	2,42914 7313	-340 7728	2,49623 8404	-380 1123
78	2,35768 5181	-302 5428	2,42573 9585	-340 4224	2,49243 7281	-379 6547
79	2,35465 9753	-302 2860	2,42233 5361	-340 0697	2,48864 0734	-379 1944
0,080	2,35163 6893	-302 0277	2,41893 4664	-339 7150	2,48484 8790	-378 7314
81	2,34861 6616	-301 7679	2,41553 7514	-339 3583	2,48106 1476	-378 2659
82	2,34559 8937	-301 5065	2,41214 3931	-338 9995	2,47727 8817	-377 7978
83	2,34258 3872	-301 2436	2,40875 3936	-338 6387	2,47350 0839	-377 3272
84	2,33957 1436	-300 9792	2,40536 7549	-338 2760	2,46972 7567	-376 8540
85	2,33656 1644	-300 7133	2,40198 4789	-337 9111	2,46595 9027	-376 3783
86	2,33355 4511	-300 4458	2,39860 5678	-337 5444	2,46219 5244	-375 9002
87	2,33055 0053	-300 1769	2,39523 0234	-337 1758	2,45843 6242	-375 4195
88	2,32754 8284	-299 9064	2,39185 8476	-336 8051	2,45468 2047	-374 9366
89	2,32454 9220	-299 6347	2,38849 0425	-336 4325	2,45093 2681	-374 4511
0,090	2,32155 2873	-299 3612	2,38512 6100	-336 0582	2,44718 8170	-373 9632
91	2,31855 9261	-299 0866	2,38176 5518	-335 6817	2,44344 8538	-373 4731
92	2,31556 8395	-298 8103	2,37840 8701	-335 3036	2,43971 3807	-372 9806
93	2,31258 0292	-298 5327	2,37505 5665	-334 9236	2,43598 4001	-372 4858
94	2,30959 4965	-298 2536	2,37170 6429	-334 5416	2,43225 9143	-371 9886
95	2,30661 2429	-297 9732	2,36836 1013	-334 1579	2,42853 9257	-371 4892
96	2,30363 2697	-297 6913	2,36501 9434	-333 7724	2,42482 4365	-370 9875
97	2,30065 5784	-297 4080	2,36168 1710	-333 3851	2,42111 4490	-370 4836
98	2,29768 1704	-297 1235	2,35834 7859	-332 9959	2,41740 9654	-369 9776
99	2,29471 0469	-296 8374	2,35501 7900	-332 6051	2,41370 9878	-369 4693
0,100	2,29174 2095		2,35169 1849		2,41001 5185	

q^4	z = 0,95	Δ	z = 1,00	Δ	Θ	q
0,000	+2,90000 0000	-450 9821	+3,00000 0000	-499 9779	0° 0,0000'	0,0000000
1	2,89549 0179	-450 9165	2,99500 0221	-499 8969	76°54,0197'	0,1778279
2	2,89098 1014	-450 8219	2,99000 1252	-499 7801	80°27,3446'	0,2114743
3	2,88647 2795	-450 7058	2,98500 3451	-499 6368	82°20,8304'	0,2340347
4	2,88196 5737	-450 5716	2,98000 7083	-499 4709	83°35,1621'	0,2514867
5	2,87746 0021	-450 4213	2,97501 2374	-499 2855	84°28,8638'	0,2659148
6	2,87295 5808	-450 2568	2,97001 9519	-499 0823	85° 9,9827'	0,2783158
7	2,86845 3240	-450 0791	2,96502 8696	-498 8629	85°42,7111'	0,2892508
8	2,86395 2449	-449 8890	2,96004 0067	-498 6282	86° 9,4953'	0,2990698
9	2,85945 3559	-449 6875	2,95505 3785	-498 3794	86°31,8794'	0,3080070
0,010	2,85495 6684	-449 4751	2,95006 9991	-498 1171	86°50,8956'	0,3162278
11	2,85046 1933	-449 2522	2,94508 8820	-497 8420	87° 7,2656'	0,3238532
12	2,84596 9411	-449 0196	2,94011 0400	-497 5547	87°21,5117'	0,3309751
13	2,84147 9215	-448 7773	2,93513 4853	-497 2557	87°34,0229'	0,3376648
14	2,83699 1442	-448 5262	2,93016 2296	-496 9454	87°45,0961'	0,3439791
15	2,83250 6180	-448 2660	2,92519 2842	-496 6245	87°54,9625'	0,3499636
16	2,82802 3520	-447 9975	2,92022 6597	-496 2928	88° 3,8047'	0,3556559
17	2,82354 3545	-447 7207	2,91526 3669	-495 9512	88°11,7697'	0,3610873
18	2,81906 6338	-447 4359	2,91030 4157	-495 5996	88°18,9773'	0,3662842
19	2,81459 1979	-447 1434	2,90534 8161	-495 2385	88°25,5259'	0,3712688
0,020	2,81012 0545	-446 8433	2,90039 5776	-494 8681	88°31,4975'	0,3760603
21	2,80565 2112	-446 5359	2,89544 7095	-494 4886	88°36,9609'	0,3806754
22	2,80118 6753	-446 2213	2,89050 2209	-494 1003	88°41,9741'	0,3851285
23	2,79672 4540	-445 8997	2,88556 1206	-493 7034	88°46,5869'	0,3894323
24	2,79226 5543	-445 5712	2,88062 4172	-493 2980	88°50,8419'	0,3935979
25	2,78780 9831	-445 2362	2,87569 1192	-492 8843	88°54,7757'	0,3976354
26	2,78335 7469	-444 8944	2,87076 2349	-492 4626	88°58,4204'	0,4015534
27	2,77890 8525	-444 5462	2,86583 7723	-492 0330	89° 1,8037'	0,4053600
28	2,77446 3063	-444 1919	2,86091 7393	-491 5957	89° 4,9502'	0,4090623
29	2,77002 1144	-443 8313	2,85600 1436	-491 1506	89° 7,8814'	0,4126668
0,030	2,76558 2831	-443 4646	2,85108 9930	-490 6983	89°10,6162'	0,4161791
31	2,76114 8185	-443 0919	2,84618 2947	-490 2384	89°13,1717'	0,4196048
32	2,75671 7266	-442 7135	2,84128 0563	-489 7715	89°15,5628'	0,4229485
33	2,75229 0131	-442 3293	2,83638 2848	-489 2974	89°17,8031'	0,4262148
34	2,74786 6838	-441 9394	2,83148 9874	-488 8164	89°19,9046'	0,4294076
35	2,74344 7444	-441 5439	2,82660 1710	-488 3286	89°21,8782'	0,4325308
36	2,73903 2005	-441 1430	2,82171 8424	-487 8341	89°23,7337'	0,4355877
37	2,73462 0575	-440 7367	2,81684 0083	-487 3328	89°25,4799'	0,4385816
38	2,73021 3208	-440 3251	2,81196 6755	-486 8251	89°27,1249'	0,4415154
39	2,72580 9957	-439 9082	2,80709 8504	-486 3110	89°28,6760'	0,4443919
0,040	2,72141 0875	-439 4862	2,80223 5394	-485 7906	89°30,1397'	0,4472136
41	2,71701 6013	-439 0590	2,79737 7488	-485 2638	89°31,5222'	0,4499829
42	2,71262 5423	-438 6270	2,79252 4850	-484 7310	89°32,8290'	0,4527019
43	2,70823 9153	-438 1900	2,78767 7540	-484 1921	89°34,0652'	0,4553728
44	2,70385 7253	-437 7480	2,78283 5619	-483 6472	89°35,2354'	0,4579976
45	2,69947 9773	-437 3012	2,77799 9147	-483 0965	89°36,3439'	0,4605779
46	2,69510 6761	-436 8498	2,77316 8182	-482 5399	89°37,3947'	0,4631157
47	2,69073 8263	-436 3937	2,76834 2783	-481 9776	89°38,3914'	0,4656123
48	2,68637 4326	-435 9329	2,76352 3007	-481 4096	89°39,3372'	0,4680695
49	2,68201 4997	-435 4675	2,75870 8911	-480 8361	89°40,2354'	0,4704885
0,050	2,67766 0322		2,75390 0550		89°41,0888'	0,4728708

q^4	z = 0,95	Δ	z = 1,00	Δ	Θ	q
0,050	+2,67766 0322	-434 9977	+2,75390 0550	-480 2571	89°41,0888'	0,4728708
51	2,67331 0345	-434 5233	2,74909 7979	-479 6725	89°41,9000'	0,4752176
52	2,66896 5112	-434 0447	2,74430 1254	-479 0827	89°42,6716'	0,4775302
53	2,66462 4665	-433 5616	2,73951 0427	-478 4875	89°43,4059'	0,4798096
54	2,66028 9049	-433 0743	2,73472 5552	-477 8872	89°44,1048'	0,4820571
55	2,65595 8306	-432 5828	2,72994 6680	-477 2815	89°44,7706'	0,4842735
56	2,65163 2478	-432 0869	2,72517 3865	-476 6709	89°45,4049'	0,4864599
57	2,64731 1609	-431 5871	2,72040 7156	-476 0551	89°46,0095'	0,4886172
58	2,64299 5738	-431 0830	2,71564 6605	-475 4344	89°46,5862'	0,4907463
59	2,63868 4908	-430 5750	2,71089 2261	-474 8087	89°47,1362'	0,4928480
0,060	2,63437 9158	-430 0629	2,70614 4174	-474 1782	89°47,6612'	0,4949232
61	2,63007 8529	-429 5470	2,70140 2392	-473 5429	89°48,1623'	0,4969726
62	2,62578 3059	-429 0270	2,69666 6963	-472 9028	89°48,6409'	0,4989970
63	2,62149 2789	-428 5032	2,69193 7935	-472 2580	89°49,0982'	0,5009970
64	2,61720 7757	-427 9756	2,68721 5355	-471 6085	89°49,5351'	0,5029734
65	2,61292 8001	-427 4442	2,68249 9270	-470 9546	89°49,9528'	0,5049267
66	2,60865 3559	-426 9091	2,67778 9724	-470 2959	89°50,3522'	0,5068576
67	2,60438 4468	-426 3702	2,67308 6765	-469 6330	89°50,7341'	0,5087667
68	2,60012 0766	-425 8278	2,66839 0435	-468 9654	89°51,0997'	0,5106546
69	2,59586 2488	-425 2816	2,66370 0781	-468 2935	89°51,4496'	0,5125217
0,070	2,59160 9672	-424 7318	2,65901 7846	-467 6174	89°51,7843'	0,5143687
71	2,58736 2354	-424 1787	2,65434 1672	-466 9369	89°52,1049'	0,5161959
72	2,58312 0567	-423 6218	2,64967 2303	-466 2521	89°52,4120'	0,5180040
73	2,57888 4349	-423 0617	2,64500 9782	-465 5632	89°52,7062'	0,5197933
74	2,57465 3732	-422 4980	2,64035 4150	-464 8702	89°52,9880'	0,5215644
75	2,57042 8752	-421 9309	2,63570 5448	-464 1730	89°53,2582'	0,5233176
76	2,56620 9443	-421 3604	2,63106 3718	-463 4718	89°53,5171'	0,5250533
77	2,56199 5839	-420 7868	2,62642 9000	-462 7665	89°53,7654'	0,5267720
78	2,55778 7971	-420 2097	2,62180 1335	-462 0575	89°54,0035'	0,5284740
79	2,55358 5874	-419 6294	2,61718 0760	-461 3443	89°54,2319'	0,5301598
0,080	2,54938 9580	-419 0458	2,61256 7317	-460 6274	89°54,4510'	0,5318296
81	2,54519 9122	-418 4592	2,60796 1043	-459 9066	89°54,6613'	0,5334838
82	2,54101 4530	-417 8693	2,60336 1977	-459 1821	89°54,8631'	0,5351228
83	2,53683 5837	-417 2763	2,59877 0156	-458 4537	89°55,0568'	0,5367469
84	2,53266 3074	-416 6803	2,59418 5619	-457 7218	89°55,2428'	0,5383563
85	2,52849 6271	-416 0811	2,58960 8401	-456 9861	89°55,4213'	0,5399515
86	2,52433 5460	-415 4789	2,58503 8540	-456 2468	89°55,5928'	0,5415326
87	2,52018 0671	-414 8738	2,58047 6072	-455 5040	89°55,7575'	0,5431000
88	2,51603 1933	-414 2656	2,57592 1032	-454 7576	89°55,9158'	0,5446540
89	2,51188 9277	-413 6547	2,57137 3456	-454 0077	89°56,0678'	0,5461947
0,090	2,50775 2730	-413 0406	2,56683 3379	-453 2544	89°56,2139'	0,5477226
91	2,50362 2324	-412 4239	2,56230 0835	-452 4977	89°56,3543'	0,5492377
92	2,49949 8085	-411 8041	2,55777 5858	-451 7376	89°56,4893'	0,5507404
93	2,49538 0044	-411 1818	2,55325 8482	-450 9741	89°56,6190'	0,5522309
94	2,49126 8226	-410 5564	2,54874 8741	-450 2074	89°56,7438'	0,5537095
95	2,48716 2662	-409 9284	2,54424 6667	-449 4373	89°56,8637'	0,5551763
96	2,48306 3378	-409 2978	2,53975 2294	-448 6642	89°56,9791'	0,5566315
97	2,47897 0400	-408 6642	2,53526 5652	-447 8877	89°57,0900'	0,5580755
98	2,47488 3758	-408 0282	2,53078 6775	-447 1082	89°57,1967'	0,5595083
99	2,47080 3476	-407 3895	2,52631 5693	-446 3256	89°57,2994'	0,5609302
0,100	2,46672 9581		2,52185 2437		89°57,3981'	0,5623413

Tabelle III

$H(q^3, z)$

Funktionen laufend nach z

$z = \cos 2x$

von $z = -1{,}00$ bis $z = +1{,}00$ in Schritten von 0,05

für die Parameterwerte $q^3 = 0{,}002$ bis 0,176

in Schritten von 0,002

mit Angabe der zugehörigen Werte q und Θ

Table III

$H(q^3, z)$

as a function of z

$z = \cos 2x$

from $z = -1{\cdot}00$ to $z = +1{\cdot}00$, with increments of 0·05

and parameter values of q^3

from $q^3 = 0{\cdot}002$ to $q^3 = 0{\cdot}176$, with increments of 0·002

with the corresponding values of q and Θ

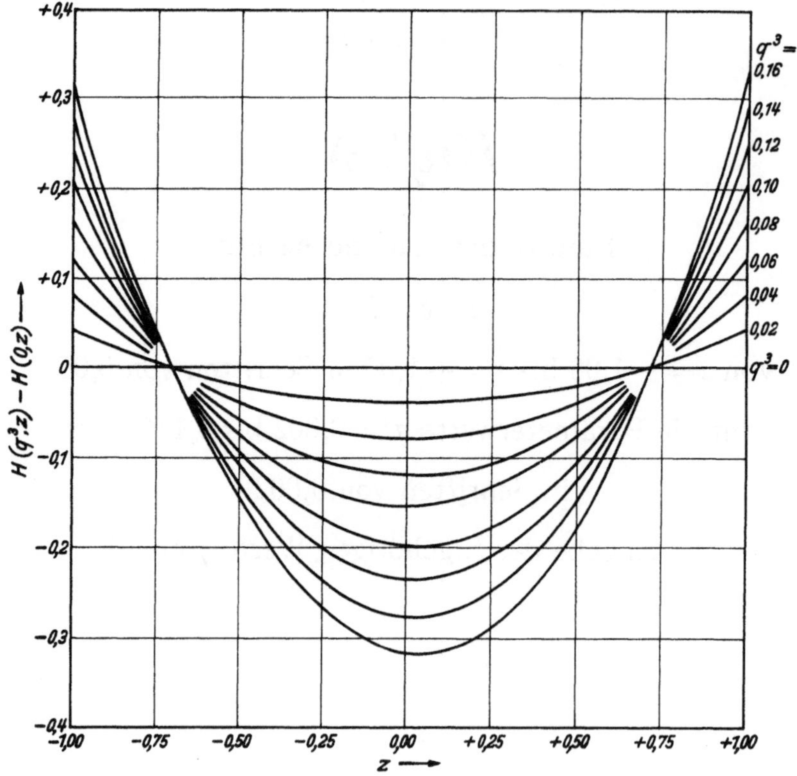

Abb. 3. Funktionen $H(q^3, z)$ laufend nach z, geordnet nach q^3.

Fig. 3. $H(q^3, z)$ as a function of z.

z	q^3 = 0,002	Δ	$Δ^2$	q^3 = 0,004	Δ	$Δ^2$
-1,00	-1,99600 0127			-1,99200 0806		
		+9922 0053			+9844 0339	
95	-1,89678 0074		+3 9993	-1,89356 0467		+7 9954
		9926 0046			9852 0293	
90	-1,79752 0027		3 9993	-1,79504 0174		7 9956
		9930 0039			9860 0250	
85	-1,69821 9988		3 9994	-1,69643 9925		7 9959
		9934 0033			9868 0208	
80	-1,59887 9955		3 9994	-1,59775 9716		7 9961
		9938 0027			9876 0170	
-0,75	-1,49949 9929		3 9994	-1,49899 9546		7 9964
		9942 0021			9884 0133	
70	-1,40007 9908		3 9995	-1,40015 9413		7 9966
		9946 0016			9892 0100	
65	-1,30061 9892		3 9995	-1,30123 9313		7 9969
		9950 0011			9900 0068	
60	-1,20111 9881		3 9996	-1,20223 9245		7 9971
		9954 0006			9908 0039	
55	-1,10157 9875		3 9996	-1,10315 9206		7 9973
		9958 0002			9916 0012	
-0,50	-1,00199 9873		3 9996	-1,00399 9194		7 9976
		9961 9998			9923 9988	
45	-0,90237 9875		3 9997	-0,90475 9205		7 9978
		9965 9995			9931 9967	
40	-0,80271 9880		3 9997	-0,80543 9239		7 9981
		9969 9992			9939 9947	
35	-0,70301 9888		3 9997	-0,70603 9292		7 9983
		9973 9989			9947 9930	
30	-0,60327 9899		3 9998	-0,60655 9361		7 9985
		9977 9987			9955 9916	
-0,25	-0,50349 9913		3 9998	-0,50699 9446		7 9988
		9981 9985			9963 9904	
20	-0,40367 9928		3 9998	-0,40735 9542		7 9990
		9985 9983			9971 9894	
15	-0,30381 9945		3 9999	-0,30763 9648		7 9993
		9989 9982			9979 9887	
10	-0,20391 9962		3 9999	-0,20783 9761		7 9995
		9993 9981			9987 9882	
05	-0,10397 9981		4 0000	-0,10795 9879		7 9998
		9997 9981			9995 9879	
0,00	-0,00400 0000		4 0000	-0,00800 0000		8 0000
		10001 9981			10003 9879	
05	+0,09601 9981		4 0000	+0,09203 9879		8 0002
		10005 9981			10011 9882	
10	0,19607 9962		4 0001	0,19215 9761		8 0005
		10009 9982			10019 9887	
15	0,29617 9945		4 0001	0,29235 9648		8 0007
		10013 9983			10027 9894	
20	0,39631 9928		4 0002	0,39263 9542		8 0010
		10017 9985			10035 9904	
0,25	0,49649 9913		4 0002	0,49299 9446		8 0012
		10021 9987			10043 9916	
30	0,59671 9899		4 0002	0,59343 9361		8 0015
		10025 9989			10051 9930	
35	0,69697 9888		4 0003	0,69395 9292		8 0017
		10029 9992			10059 9947	
40	0,79727 9880		4 0003	0,79455 9239		8 0019
		10033 9995			10067 9967	
45	0,89761 9875		4 0003	0,89523 9205		8 0022
		10037 9998			10075 9988	
0,50	0,99799 9873		4 0004	0,99599 9194		8 0024
		10042 0002			10084 0012	
55	1,09841 9875		4 0004	1,09683 9206		8 0027
		10046 0006			10092 0039	
60	1,19887 9881		4 0005	1,19775 9245		8 0029
		10050 0011			10100 0068	
65	1,29937 9892		4 0005	1,29875 9313		8 0031
		10054 0016			10108 0100	
70	1,39991 9908		4 0005	1,39983 9413		8 0034
		10058 0021			10116 0133	
0,75	1,50049 9929		4 0006	1,50099 9546		8 0036
		10062 0027			10124 0170	
80	1,60111 9955		4 0006	1,60223 9716		8 0039
		10066 0033			10132 0208	
85	1,70177 9988		4 0006	1,70355 9925		8 0041
		10070 0039			10140 0250	
90	1,80248 0027		4 0007	1,80496 0174		8 0044
		10074 0046			10148 0293	
95	1,90322 0074		4 0007	1,90644 0467		8 0046
		10078 0053			10156 0339	
1,00	2,00400 0127		4 0008	2,00800 0806		8 0048

q = 0,1259921 θ = 69° 4,4579' q = 0,1587401 θ = 74°24,2276'

z	q^3 = 0,006	Δ	$Δ^2$	q^3 = 0,008	Δ	$Δ^2$
-1,00	-1,98800 2377	+9766 1000		-1,98400 5120	+9688 2153	
95	-1,89034 1378	9778 0864	+11 9864	-1,88712 2967	9704 1861	+15 9708
90	-1,79256 0514	9790 0736	11 9872	-1,79008 1106	9720 1585	15 9724
85	-1,69465 9778	9802 0615	11 9879	-1,69287 9521	9736 1324	15 9739
80	-1,59663 9163	9814 0500	11 9886	-1,59551 8198	9752 1078	15 9754
-0,75	-1,49849 8663	9826 0393	11 9893	-1,49799 7120	9768 0847	15 9770
70	-1,40023 8269	9838 0294	11 9900	-1,40031 6273	9784 0632	15 9785
65	-1,30185 7976	9850 0201	11 9907	-1,30247 5640	9800 0433	15 9800
60	-1,20335 7775	9862 0115	11 9914	-1,20447 5208	9816 0248	15 9816
55	-1,10473 7659	9874 0037	11 9921	-1,10631 4959	9832 0079	15 9831
-0,50	-1,00599 7623	9885 9966	11 9929	-1,00799 4880	9847 9926	15 9846
45	-0,90713 7657	9897 9901	11 9936	-0,90951 4954	9863 9788	15 9862
40	-0,80815 7756	9909 9844	11 9943	-0,81087 5167	9879 9665	15 9877
35	-0,70905 7911	9921 9794	11 9950	-0,71207 5502	9895 9557	15 9892
30	-0,60983 8117	9933 9752	11 9957	-0,61311 5945	9911 9465	15 9908
-0,25	-0,51049 8366	9945 9716	11 9964	-0,51399 6480	9927 9388	15 9923
20	-0,41103 8650	9957 9687	11 9971	-0,41471 7092	9943 9327	15 9939
15	-0,31145 8962	9969 9666	11 9979	-0,31527 7765	9959 9281	15 9954
10	-0,21175 9296	9981 9652	11 9986	-0,21567 8484	9975 9250	15 9969
05	-0,11193 9645	9993 9645	11 9993	-0,11591 9234	9991 9235	15 9985
0,00	-0,01200 0000	10005 9645	12 0000	-0,01600 0000	10007 9235	16 0000
05	+0,08805 9645	10017 9652	12 0007	+0,08407 9235	10023 9250	16 0015
10	0,18823 9296	10029 9666	12 0014	0,18431 8485	10039 9281	16 0031
15	0,28853 8962	10041 9687	12 0021	0,28471 7765	10055 9327	16 0046
20	0,38895 8650	10053 9716	12 0029	0,38527 7092	10071 9388	16 0061
0,25	0,48949 8366	10065 9752	12 0036	0,48599 6480	10087 9465	16 0077
30	0,59015 8117	10077 9794	12 0043	0,58687 5945	10103 9557	16 0092
35	0,69093 7911	10089 9844	12 0050	0,68791 5502	10119 9665	16 0108
40	0,79183 7756	10101 9901	12 0057	0,78911 5167	10135 9788	16 0123
45	0,89285 7657	10113 9966	12 0064	0,89047 4954	10151 9926	16 0138
0,50	0,99399 7623	10126 0037	12 0071	0,99199 4880	10168 0079	16 0154
55	1,09525 7659	10138 0115	12 0078	1,09367 4959	10184 0248	16 0169
60	1,19663 7775	10150 0201	12 0086	1,19551 5208	10200 0433	16 0184
65	1,29813 7976	10162 0294	12 0093	1,29751 5640	10216 0632	16 0200
70	1,39975 8269	10174 0393	12 0100	1,39967 6273	10232 0847	16 0215
0,75	1,50149 8663	10186 0500	12 0107	1,50199 7120	10248 1078	16 0230
80	1,60335 9163	10198 0615	12 0114	1,60447 8198	10264 1324	16 0246
85	1,70533 9778	10210 0736	12 0121	1,70711 9521	10280 1585	16 0261
90	1,80744 0514	10222 0864	12 0128	1,80992 1106	10296 1861	16 0276
95	1,90966 1378	10234 1000	12 0136	1,91288 2967	10312 2153	16 0292
1,00	2,01200 2377		12 0143	2,01600 5120		16 0307

q = 0,1817121 θ = 77°21,7354' q = 0,2000000 θ = 79°21,0623'

z	q^3 = 0,010	Δ	Δ²	q^3 = 0,012	Δ	Δ²
-1,00	-1,98000 9283	+9610 3903		-1,97601 5095	+9532 6347	
95	-1,88390 5380	9630 3374	+19 9471	-1,88068 8748	9556 5487	+23 9140
90	-1,78760 2005	9650 2873	19 9499	-1,78512 3261	9580 4672	23 9185
85	-1,69109 9132	9670 2400	19 9527	-1,68931 8589	9604 3902	23 9230
80	-1,59439 6732	9690 1954	19 9554	-1,59327 4687	9628 3178	23 9275
-0,75	-1,49749 4778	9710 1536	19 9582	-1,49699 1509	9652 2498	23 9321
70	-1,40039 3242	9730 1146	19 9610	-1,40046 9011	9676 1864	23 9366
65	-1,30309 2096	9750 0784	19 9638	-1,30370 7147	9700 1276	23 9411
60	-1,20559 1311	9770 0450	19 9666	-1,20670 5871	9724 0732	23 9457
55	-1,10789 0861	9790 0144	19 9694	-1,10946 5139	9748 0234	23 9502
-0,50	-1,00999 0717	9809 9865	19 9722	-1,01198 4905	9771 9781	23 9547
45	-0,91189 0851	9829 9615	19 9749	-0,91426 5124	9795 9374	23 9592
40	-0,81359 1237	9849 9392	19 9777	-0,81630 5750	9819 9011	23 9638
35	-0,71509 1845	9869 9197	19 9805	-0,71810 6739	9843 8694	23 9683
30	-0,61639 2648	9889 9030	19 9833	-0,61966 8044	9867 8423	23 9728
-0,25	-0,51749 3618	9909 8891	19 9861	-0,52098 9622	9891 8196	23 9774
20	-0,41839 4727	9929 8779	19 9889	-0,42207 1425	9915 8015	23 9819
15	-0,31909 5948	9949 8696	19 9916	-0,32291 3410	9939 7879	23 9864
10	-0,21959 7252	9969 8640	19 9944	-0,22351 5531	9963 7788	23 9909
05	-0,11989 8612	9989 8612	19 9972	-0,12387 7743	9987 7743	23 9955
0,00	-0,02000 0000	10009 8612	20 0000	-0,02400 0000	10011 7743	24 0000
05	+0,08009 8612	10029 8640	20 0028	+0,07611 7744	10035 7788	24 0045
10	0,18039 7252	10049 8696	20 0056	0,17647 5532	10059 7879	24 0091
15	0,28089 5948	10069 8779	20 0084	0,27707 3411	10083 8015	24 0136
20	0,38159 4727	10089 8891	20 0111	0,37791 1426	10107 8196	24 0181
0,25	0,48249 3618	10109 9030	20 0139	0,47898 9622	10131 8422	24 0226
30	0,58359 2648	10129 9197	20 0167	0,58030 8045	10155 8694	24 0272
35	0,68489 1845	10149 9392	20 0195	0,68186 6739	10179 9011	24 0317
40	0,78639 1237	10169 9615	20 0223	0,78366 5750	10203 9373	24 0362
45	0,88809 0851	10189 9865	20 0251	0,88570 5123	10227 9781	24 0408
0,50	0,98999 0717	10210 0144	20 0278	0,98798 4904	10252 0234	24 0453
55	1,09209 0861	10230 0450	20 0306	1,09050 5138	10276 0732	24 0498
60	1,19439 1311	10250 0784	20 0334	1,19326 5870	10300 1276	24 0543
65	1,29689 2095	10270 1146	20 0362	1,29626 7146	10324 1864	24 0589
70	1,39959 3242	10290 1536	20 0390	1,39950 9010	10348 2498	24 0634
0,75	1,50249 4778	10310 1954	20 0418	1,50299 1508	10372 3178	24 0679
80	1,60559 6732	10330 2400	20 0446	1,60671 4686	10396 3902	24 0725
85	1,70889 9132	10350 2873	20 0473	1,71067 8588	10420 4672	24 0770
90	1,81240 2005	10370 3375	20 0501	1,81488 3261	10444 5487	24 0815
95	1,91610 5380	10390 3904	20 0529	1,91932 8748	10468 6348	24 0861
1,00	2,02000 9283		20 0557	2,02401 5096		24 0906

q = 0,2154435 θ = 80°48,8652' q = 0,2289428 θ = 81°57,0273'

z	q^3 = 0,014	Δ	$Δ^2$	q^3 = 0,016	Δ	$Δ^2$
-1,00	-1,97202 2769	+9454 9574	+27 8702	-1,96803 2508	+9377 3669	+31 8147
95	-1,87747 3195	9482 8276	27 8771	-1,87425 8839	9409 1816	31 8245
90	-1,78264 4919	9510 7047	27 8839	-1,78016 7023	9441 0061	31 8342
85	-1,68753 7872	9538 5886	27 8907	-1,68575 6962	9472 8403	31 8440
80	-1,59215 1986	9566 4793	27 8975	-1,59102 8558	9504 6843	31 8537
-0,75	-1,49648 7193	9594 3768	27 9044	-1,49598 1715	9536 5380	31 8635
70	-1,40054 3424	9622 2812	27 9112	-1,40061 6335	9568 4015	31 8732
65	-1,30432 0612	9650 1924	27 9180	-1,30493 2320	9600 2747	31 8830
60	-1,20781 8688	9678 1105	27 9249	-1,20892 9572	9632 1577	31 8927
55	-1,11103 7583	9706 0353	27 9317	-1,11260 7995	9664 0504	31 9025
-0,50	-1,01397 7230	9733 9670	27 9385	-1,01596 7491	9695 9529	31 9122
45	-0,91663 7560	9761 9055	27 9454	-0,91900 7962	9727 8651	31 9220
40	-0,81901 8505	9789 8509	27 9522	-0,82172 9311	9759 7871	31 9317
35	-0,72111 9996	9817 8031	27 9590	-0,72413 1440	9791 7188	31 9415
30	-0,62294 1965	9845 7621	27 9658	-0,62621 4251	9823 6603	31 9512
-0,25	-0,52448 4345	9873 7279	27 9727	-0,52797 7648	9855 6115	31 9610
20	-0,42574 7066	9901 7006	27 9795	-0,42942 1533	9887 5725	31 9707
15	-0,32673 0060	9929 6801	27 9863	-0,33054 5808	9919 5433	31 9805
10	-0,22743 3259	9957 6664	27 9932	-0,23135 0375	9951 5237	31 9902
05	-0,12785 6595	9985 6596	28 0000	-0,13183 5138	9983 5140	32 0000
0,00	-0,02799 9999	10013 6596	28 0068	-0,03199 9998	10015 5140	32 0097
05	+0,07213 6597	10041 6664	28 0137	+0,06815 5142	10047 5237	32 0195
10	0,17255 3261	10069 6801	28 0205	0,16863 0379	10079 5432	32 0293
15	0,27325 0062	10097 7006	28 0273	0,26942 5811	10111 5725	32 0390
20	0,37422 7067	10125 7279	28 0342	0,37054 1536	10143 6115	32 0488
0,25	0,47548 4346	10153 7620	28 0410	0,47197 7651	10175 6602	32 0585
30	0,57702 1966	10181 8030	28 0478	0,57373 4253	10207 7187	32 0683
35	0,67883 9996	10209 8508	28 0546	0,67581 1440	10239 7870	32 0780
40	0,78093 8505	10237 9055	28 0615	0,77820 9310	10271 8650	32 0878
45	0,88331 7559	10265 9670	28 0683	0,88092 7961	10303 9528	32 0975
0,50	0,98597 7229	10294 0353	28 0751	0,98396 7489	10336 0504	32 1073
55	1,08891 7582	10322 1104	28 0820	1,08732 7992	10368 1576	32 1170
60	1,19213 8686	10350 1924	28 0888	1,19100 9569	10400 2747	32 1268
65	1,29564 0610	10378 2812	28 0956	1,29501 2316	10432 4015	32 1366
70	1,39942 3422	10406 3769	28 1025	1,39933 6331	10464 5380	32 1463
0,75	1,50348 7191	10434 4793	28 1093	1,50398 1711	10496 6844	32 1561
80	1,60783 1984	10462 5886	28 1161	1,60894 8555	10528 8404	32 1658
85	1,71245 7870	10490 7048	28 1230	1,71423 6959	10561 0063	32 1756
90	1,81736 4918	10518 8278	28 1298	1,81984 7022	10593 1818	32 1853
95	1,92255 3196	10546 9576	28 1366	1,92577 8840	10625 3672	32 1951
1,00	2,02802 2772			2,03203 2512		

q = 0,2410142 θ = 82°51,8649' q = 0,2519842 θ = 83°37,1256'

z	q^3 = 0,018	Δ	$Δ^2$	q^3 = 0,020	Δ	$Δ^2$
-1,00	-1,96404 4503	+9299 8712		-1,96005 8938	+9222 4782	
95	-1,87104 5790	9335 6176	+35 7464	-1,86783 4156	9262 1423	+39 6641
90	-1,77768 9614	9371 3773	35 7597	-1,77521 2733	9301 8241	39 6818
85	-1,68397 5841	9407 1504	35 7731	-1,68219 4493	9341 5236	39 6995
80	-1,58990 4337	9442 9368	35 7864	-1,58877 9257	9381 2407	39 7171
-0,75	-1,49547 4969	9478 7366	35 7998	-1,49496 6850	9420 9755	39 7348
70	-1,40068 7603	9514 5497	35 8131	-1,40075 7095	9460 7280	39 7525
65	-1,30554 2106	9550 3761	35 8264	-1,30614 9815	9500 4982	39 7702
60	-1,21003 8345	9586 2159	35 8398	-1,21114 4833	9540 2860	39 7878
55	-1,11417 6186	9622 0691	35 8531	-1,11574 1974	9580 0915	39 8055
-0,50	-1,01795 5495	9657 9355	35 8665	-1,01994 1059	9619 9147	39 8232
45	-0,92137 6140	9693 8154	35 8798	-0,92374 1912	9659 7555	39 8409
40	-0,82443 7986	9729 7086	35 8932	-0,82714 4357	9699 6141	39 8585
35	-0,72714 0901	9765 6151	35 9065	-0,73014 8216	9739 4903	39 8762
30	-0,62948 4750	9801 5350	35 9199	-0,63275 3314	9779 3841	39 8939
-0,25	-0,53146 9400	9837 4682	35 9332	-0,53495 9472	9819 2957	39 9116
20	-0,43309 4718	9873 4148	35 9466	-0,43676 6515	9859 2250	39 9292
15	-0,33436 0570	9909 3747	35 9599	-0,33817 4265	9899 1719	39 9469
10	-0,23526 6823	9945 3480	35 9733	-0,23918 2547	9939 1365	39 9646
05	-0,13581 3343	9981 3346	35 9866	-0,13979 1182	9979 1188	39 9823
0,00	-0,03599 9996	10017 3346	36 0000	-0,03999 9994	10019 1188	40 0000
05	+0,06417 3350	10053 3480	36 0133	+0,06019 1194	10059 1364	40 0177
10	0,16470 6830	10089 3746	36 0267	0,16078 2558	10099 1718	40 0353
15	0,26560 0576	10125 4147	36 0400	0,26177 4276	10139 2248	40 0530
20	0,36685 4723	10161 4681	36 0534	0,36316 6524	10179 2955	40 0707
0,25	0,46846 9404	10197 5348	36 0668	0,46495 9479	10219 3839	40 0884
30	0,57044 4752	10233 6149	36 0801	0,56715 3318	10259 4900	40 1061
35	0,67278 0902	10269 7084	36 0935	0,66974 8218	10299 6138	40 1238
40	0,77547 7986	10305 8152	36 1068	0,77274 4356	10339 7552	40 1415
45	0,87853 6138	10341 9354	36 1202	0,87614 1908	10379 9144	40 1592
0,50	0,98195 5492	10378 0689	36 1335	0,97994 1052	10420 0912	40 1768
55	1,08573 6181	10414 2158	36 1469	1,08414 1965	10460 2858	40 1945
60	1,18987 8339	10450 3760	36 1602	1,18874 4823	10500 4980	40 2122
65	1,29438 2099	10486 5496	36 1736	1,29374 9803	10540 7279	40 2299
70	1,39924 7595	10522 7366	36 1870	1,39915 7082	10580 9756	40 2476
0,75	1,50447 4961	10558 9369	36 2003	1,50496 6838	10621 2409	40 2653
80	1,61006 4331	10595 1506	36 2137	1,61117 9246	10661 5239	40 2830
85	1,71601 5836	10631 3776	36 2270	1,71779 4485	10701 8246	40 3007
90	1,82232 9613	10667 6180	36 2404	1,82481 2731	10742 1430	40 3184
95	1,92900 5793	10703 8718	36 2538	1,93223 4160	10782 4791	40 3361
1,00	2,03604 4510		36 2671	2,04005 8951		40 3538

q = 0,2620741   Θ = 84°15,2086'   q = 0,2714418   Θ = 84°47,7381'

z	q^3 = 0,022	Δ	$Δ^2$	q^3 = 0,024	Δ	$Δ^2$
-1,00	-1,95607 5991	+9145 1951		-1,95209 5834	+9068 0294	
95	-1,86462 4040	9188 7621	+43 5670	-1,86141 5541	9115 4833	+47 4539
90	-1,77273 6419	9232 3519	43 5897	-1,77026 0707	9162 9660	47 4827
85	-1,68041 2900	9275 9644	43 6125	-1,67863 1048	9210 4773	47 5114
80	-1,58765 3256	9319 5997	43 6353	-1,58652 6274	9258 0174	47 5401
-0,75	-1,49445 7259	9363 2578	43 6581	-1,49394 6100	9305 5863	47 5688
70	-1,40082 4681	9406 9387	43 6809	-1,40089 0237	9353 1838	47 5976
65	-1,30675 5294	9450 6423	43 7037	-1,30735 8399	9400 8101	47 6263
60	-1,21224 8871	9494 3688	43 7264	-1,21335 0298	9448 4651	47 6550
55	-1,11730 5183	9538 1180	43 7492	-1,11886 5646	9496 1489	47 6837
-0,50	-1,02192 4003	9581 8900	43 7720	-1,02390 4158	9543 8613	47 7125
45	-0,92610 5103	9625 6848	43 7948	-0,92846 5544	9591 6026	47 7412
40	-0,82984 8255	9669 5024	43 8176	-0,83254 9519	9639 3725	47 7700
35	-0,73315 3231	9713 3428	43 8404	-0,73615 5793	9687 1712	47 7987
30	-0,63601 9803	9757 2060	43 8632	-0,63928 4081	9734 9987	47 8274
-0,25	-0,53844 7743	9801 0919	43 8860	-0,54193 4094	9782 8548	47 8562
20	-0,44043 6824	9845 0007	43 9088	-0,44410 5546	9830 7398	47 8849
15	-0,34198 6817	9888 9323	43 9316	-0,34579 8148	9878 6535	47 9137
10	-0,24309 7494	9932 8866	43 9544	-0,24701 1614	9926 5959	47 9424
05	-0,14376 8628	9976 8638	43 9772	-0,14774 5655	9974 5671	47 9712
0,00	-0,04399 9990	10020 8638	44 0000	-0,04799 9984	10022 5670	47 9999
05	+0,05620 8648	10064 8865	44 0228	+0,05222 5686	10070 5957	48 0287
10	0,15685 7513	10108 9321	44 0456	0,15293 1643	10118 6531	48 0575
15	0,25794 6834	10153 0004	44 0684	0,25411 8174	10166 7394	48 0862
20	0,35947 6838	10197 0916	44 0912	0,35578 5568	10214 8543	48 1150
0,25	0,46144 7754	10241 2056	44 1140	0,45793 4111	10262 9981	48 1437
30	0,56385 9810	10285 3424	44 1368	0,56056 4092	10311 1706	48 1725
35	0,66671 3234	10329 5020	44 1596	0,66367 5798	10359 3718	48 2013
40	0,77000 8254	10373 6844	44 1824	0,76726 9516	10407 6019	48 2300
45	0,87374 5097	10417 8896	44 2052	0,87134 5535	10455 8607	48 2588
0,50	0,97792 3993	10462 1176	44 2280	0,97590 4142	10504 1483	48 2876
55	1,08254 5169	10506 3684	44 2508	1,08094 5624	10552 4646	48 3164
60	1,18760 8854	10550 6421	44 2737	1,18647 0271	10600 8098	48 3451
65	1,29311 5275	10594 9386	44 2965	1,29247 8368	10649 1837	48 3739
70	1,39906 4660	10639 2579	44 3193	1,39897 0205	10697 5864	48 4027
0,75	1,50545 7239	10683 6000	44 3421	1,50594 6069	10746 0178	48 4315
80	1,61229 3239	10727 9649	44 3649	1,61340 6247	10794 4781	48 4603
85	1,71957 2888	10772 3526	44 3877	1,72135 1028	10842 9672	48 4890
90	1,82729 6414	10816 7632	44 4106	1,82978 0700	10891 4850	48 5178
95	1,93546 4046	10861 1966	44 4334	1,93869 5550	10940 0316	48 5466
1,00	2,04407 6012		44 4562	2,04809 5866		48 5754

q = 0,2802039 θ = 85°15,8623' q = 0,2884499 θ = 85°40,4205'

z	q^3 = 0,026	Δ	$Δ^2$	q^3 = 0,028	Δ	$Δ^2$
-1,00	-1,94811 8633	+8990 9878	+51 3241	-1,94414 4549	+8914 0773	+55 1765
95	-1,85820 8755	9042 3119	51 3596	-1,85500 3776	8969 2538	55 2198
90	-1,76778 5635	9093 6715	51 3952	-1,76531 1238	9024 4736	55 2631
85	-1,67684 8920	9145 0667	51 4307	-1,67506 6502	9079 7367	55 3064
80	-1,58539 8253	9196 4974	51 4663	-1,58426 9136	9135 0430	55 3497
-0,75	-1,49343 3279	9247 9637	51 5018	-1,49291 8705	9190 3927	55 3930
70	-1,40095 3642	9299 4655	51 5374	-1,40101 4778	9245 7858	55 4363
65	-1,30795 8986	9351 0029	51 5729	-1,30855 6920	9301 2221	55 4797
60	-1,21444 8957	9402 5759	51 6085	-1,21554 4699	9356 7018	55 5230
55	-1,12042 3199	9454 1844	51 6441	-1,12197 7681	9412 2248	55 5663
-0,50	-1,02588 1355	9505 8284	51 6796	-1,02785 5434	9467 7911	55 6097
45	-0,93082 3071	9557 5081	51 7152	-0,93317 7523	9523 4007	55 6530
40	-0,83524 7990	9609 2233	51 7508	-0,83794 3516	9579 0537	55 6963
35	-0,73915 5757	9660 9741	51 7864	-0,74215 2979	9634 7501	55 7397
30	-0,64254 6016	9712 7605	51 8220	-0,64580 5478	9690 4897	55 7830
-0,25	-0,54541 8411	9764 5824	51 8575	-0,54890 0581	9746 2728	55 8264
20	-0,44777 2587	9816 4400	51 8931	-0,45143 7853	9802 0992	55 8698
15	-0,34960 8187	9868 3331	51 9287	-0,35341 6861	9857 9689	55 9131
10	-0,25092 4856	9920 2618	51 9643	-0,25483 7172	9913 8821	55 9565
05	-0,15172 2238	9972 2261	51 9999	-0,15569 8351	9969 8385	55 9999
0,00	-0,05199 9976	10024 2260	52 0355	-0,05599 9966	10025 8384	56 0432
05	+0,04824 2284	10076 2615	52 0711	+0,04425 8419	10081 8817	56 0866
10	0,14900 4899	10128 3326	52 1067	0,14507 7235	10137 9683	56 1300
15	0,25028 8226	10180 4394	52 1423	0,24645 6918	10194 0983	56 1734
20	0,35209 2619	10232 5817	52 1779	0,34839 7901	10250 2717	56 2168
0,25	0,45441 8436	10284 7596	52 2135	0,45090 0617	10306 4885	56 2602
30	0,55726 6032	10336 9731	52 2492	0,55396 5502	10362 7486	56 3036
35	0,66063 5763	10389 2223	52 2848	0,65759 2988	10419 0522	56 3470
40	0,76452 7986	10441 5071	52 3204	0,76178 3511	10475 3992	56 3904
45	0,86894 3057	10493 8275	52 3560	0,86653 7503	10531 7896	56 4338
0,50	0,97388 1331	10546 1835	52 3916	0,97185 5400	10588 2235	56 4772
55	1,07934 3166	10598 5751	52 4273	1,07773 7634	10644 7007	56 5207
60	1,18532 8917	10651 0024	52 4629	1,18418 4641	10701 2214	56 5641
65	1,29183 8941	10703 4653	52 4985	1,29119 6855	10757 7854	56 6075
70	1,39887 3594	10755 9638	52 5342	1,39877 4709	10814 3930	56 6510
0,75	1,50643 3233	10808 4980	52 5698	1,50691 8639	10871 0439	56 6944
80	1,61451 8213	10861 0678	52 6055	1,61562 9078	10927 7383	56 7378
85	1,72312 8891	10913 6733	52 6411	1,72490 6461	10984 4761	56 7813
90	1,83226 5624	10966 3144	52 6768	1,83475 1222	11041 2574	56 8247
95	1,94192 8769	11018 9912	52 7124	1,94516 3796	11098 0822	56 8682
1,00	2,05211 8680			2,05614 4618		

q = 0,2962496 θ = 86° 2,0441' q = 0,3036589 θ = 86°21,2186'

z	q^3= 0,030	Δ	$Δ^2$	q^3= 0,032	Δ	$Δ^2$
-1,00	-1,94017 3739	+8837 3044		-1,93620 6358	+8760 6755	
95	-1,85180 0696	8896 3146	+59 0103	-1,84859 9604	8823 5000	+62 8246
90	-1,76283 7549	8955 3769	59 0623	-1,76036 4603	8886 3864	62 8863
85	-1,67328 3780	9014 4913	59 1143	-1,67150 0740	8949 3345	62 9481
80	-1,58313 8868	9073 6576	59 1664	-1,58200 7395	9012 3444	63 0099
-0,75	-1,49240 2291	9132 8760	59 2184	-1,49188 3951	9075 4161	63 0717
70	-1,40107 3531	9192 1465	59 2705	-1,40112 9789	9138 5497	63 1335
65	-1,30915 2066	9251 4690	59 3225	-1,30974 4293	9201 7450	63 1954
60	-1,21663 7375	9310 8436	59 3746	-1,21772 6842	9265 0022	63 2572
55	-1,12352 8939	9370 2703	59 4267	-1,12507 6820	9328 3212	63 3190
-0,50	-1,02982 6236	9429 7490	59 4787	-1,03179 3608	9391 7021	63 3809
45	-0,93552 8746	9489 2798	59 5308	-0,93787 6587	9455 1448	63 4427
40	-0,84063 5948	9548 8627	59 5829	-0,84332 5139	9518 6494	63 5046
35	-0,74514 7320	9608 4977	59 6350	-0,74813 8646	9582 2158	63 5664
30	-0,64906 2343	9668 1848	59 6871	-0,65231 6488	9645 8441	63 6283
-0,25	-0,55238 0495	9727 9240	59 7392	-0,55585 8047	9709 5343	63 6902
20	-0,45510 1255	9787 7153	59 7913	-0,45876 2704	9773 2864	63 7521
15	-0,35722 4101	9847 5587	59 8434	-0,36102 9840	9837 1004	63 8140
10	-0,25874 8514	9907 4543	59 8955	-0,26265 8836	9900 9763	63 8759
05	-0,15967 3971	9967 4020	59 9477	-0,16364 9074	9964 9141	63 9378
0,00	-0,05999 9951	10027 4018	59 9998	-0,06399 9933	10028 9138	63 9997
05	+0,04027 4066	10087 4537	60 0519	+0,03628 9205	10092 9755	64 0617
10	0,14114 8603	10147 5578	60 1041	0,13721 8960	10157 0991	64 1236
15	0,24262 4182	10207 7140	60 1562	0,23878 9951	10221 2846	64 1856
20	0,34470 1322	10267 9224	60 2084	0,34100 2797	10285 5321	64 2475
0,25	0,44738 0547	10328 1830	60 2606	0,44385 8118	10349 8416	64 3095
30	0,55066 2377	10388 4957	60 3127	0,54735 6534	10414 2130	64 3714
35	0,65454 7334	10448 8606	60 3649	0,65149 8665	10478 6465	64 4335
40	0,75903 5940	10509 2777	60 4171	0,75628 5129	10543 1419	64 4954
45	0,86412 8718	10569 7470	60 4693	0,86171 6548	10607 6993	64 5574
0,50	0,96982 6188	10630 2685	60 5215	0,96779 3541	10672 3187	64 6194
55	1,07612 8872	10690 8421	60 5737	1,07451 6728	10737 0001	64 6814
60	1,18303 7293	10751 4680	60 6259	1,18188 6729	10801 7436	64 7434
65	1,29055 1973	10812 1461	60 6781	1,28990 4165	10866 5490	64 8055
70	1,39867 3434	10872 8763	60 7303	1,39856 9655	10931 4165	64 8675
0,75	1,50740 2197	10933 6588	60 7825	1,50788 3821	10996 3461	64 9296
80	1,61673 8786	10994 4936	60 8347	1,61784 7282	11061 3377	64 9916
85	1,72668 3721	11055 3806	60 8869	1,72846 0659	11126 3914	65 0537
90	1,83723 7527	11116 3198	60 9392	1,83972 4572	11191 5071	65 1157
95	1,94840 0725	11177 3112	60 9915	1,95163 9643	11256 6849	65 1778
1,00	2,06017 3837		61 0437	2,06420 6493		65 2399

q = 0,3107233 θ = 86°38,3247' q = 0,3174802 θ = 86°53,6663'

z	q^3= 0,034	Δ	$Δ^2$	q^3= 0,036	Δ	$Δ^2$
-1,00	-1,93224 2555	+8684 1969		-1,92828 2478	+8607 8748	
95	-1,84540 0587	8750 8154	+66 6185	-1,84220 3730	8678 2661	+70 3913
90	-1,75789 2433	8817 5065	66 6911	-1,75542 1069	8748 7419	70 4758
85	-1,66971 7367	8884 2702	66 7637	-1,66793 3650	8819 3023	70 5604
80	-1,58087 4665	8951 1066	66 8363	-1,57974 0627	8889 9472	70 6449
-0,75	-1,49136 3599	9018 0155	66 9090	-1,49084 1155	8960 6766	70 7295
70	-1,40118 3444	9084 9971	66 9816	-1,40123 4389	9031 4907	70 8140
65	-1,31033 3473	9152 0513	67 0542	-1,31091 9482	9102 3893	70 8986
60	-1,21881 2960	9219 1782	67 1269	-1,21989 5590	9173 3725	70 9832
55	-1,12662 1177	9286 3778	67 1996	-1,12816 1865	9244 4403	71 0678
-0,50	-1,03375 7399	9353 6501	67 2722	-1,03571 7462	9315 5927	71 1524
45	-0,94022 0899	9420 9950	67 3449	-0,94256 1534	9386 8298	71 2371
40	-0,84601 0949	9488 4126	67 4176	-0,84869 3236	9458 1516	71 3217
35	-0,75112 6822	9555 9030	67 4903	-0,75411 1720	9529 5580	71 4064
30	-0,65556 7793	9623 4660	67 5631	-0,65881 6140	9601 0491	71 4911
-0,25	-0,55933 3132	9691 1018	67 6358	-0,56280 5649	9672 6249	71 5758
20	-0,46242 2114	9758 8104	67 7085	-0,46607 9400	9744 2854	71 6605
15	-0,36483 4010	9826 5917	67 7813	-0,36863 6546	9816 0307	71 7452
10	-0,26656 8093	9894 4458	67 8541	-0,27047 6239	9887 8606	71 8300
05	-0,16762 3635	9962 3726	67 9268	-0,17159 7633	9959 7754	71 9147
0,00	-0,06799 9909	10030 3723	67 9996	-0,07199 9879	10031 7749	71 9995
05	+0,03230 3813	10098 4447	68 0724	+0,02831 7870	10103 8592	72 0843
10	0,13328 8260	10166 5899	68 1452	0,12935 6462	10176 0283	72 1691
15	0,23495 4160	10234 8080	68 2181	0,23111 6745	10248 2822	72 2539
20	0,33730 2240	10303 0989	68 2909	0,33359 9568	10320 6210	72 3388
0,25	0,44033 3229	10371 4627	68 3637	0,43680 5778	10393 0446	72 4236
30	0,54404 7855	10439 8992	68 4366	0,54073 6224	10465 5530	72 5085
35	0,64844 6848	10508 4087	68 5095	0,64539 1754	10538 1464	72 5933
40	0,75353 0935	10576 9910	68 5823	0,75077 3218	10610 8246	72 6782
45	0,85930 0845	10645 6463	68 6552	0,85688 1464	10683 5877	72 7631
0,50	0,96575 7308	10714 3744	68 7281	0,96371 7341	10756 4358	72 8480
55	1,07290 1052	10783 1754	68 8010	1,07128 1698	10829 3687	72 9330
60	1,18073 2806	10852 0494	68 8739	1,17957 5386	10902 3866	73 0179
65	1,28925 3300	10920 9963	68 9469	1,28859 9252	10975 4895	73 1029
70	1,39846 3263	10990 0161	69 0198	1,39835 4147	11048 6774	73 1879
0,75	1,50836 3423	11059 1088	69 0928	1,50884 0921	11121 9502	73 2728
80	1,61895 4512	11128 2746	69 1657	1,62006 0423	11195 3081	73 3578
85	1,73023 7258	11197 5133	69 2387	1,73201 3504	11268 7509	73 4429
90	1,84221 2391	11266 8250	69 3117	1,84470 1013	11342 2788	73 5279
95	1,95488 0640	11336 2097	69 3847	1,95812 3802	11415 8918	73 6129
1,00	2,06824 2737		69 4577	2,07228 2720		73 6980

q = 0,3239612 Θ = 87° 7,4890' q = 0,3301927 Θ = 87°19,9943'

z	q^3 = 0,038	Δ	Δ²	q^3 = 0,040	Δ	Δ²
-1,00	-1,92432 6269	+8531 7151		-1,92037 4069	+8455 7238	
95	-1,83900 9118	8605 8573	+74 1422	-1,83581 6831	8533 5941	+77 8703
90	-1,75295 0545	8680 0970	74 2397	-1,75048 0891	8611 5762	77 9821
85	-1,66614 9575	8754 4344	74 3373	-1,66436 5129	8689 6701	78 0939
80	-1,57860 5231	8828 8693	74 4350	-1,57746 8428	8767 8759	78 2058
-0,75	-1,49031 6538	8903 4019	74 5326	-1,48978 9669	8846 1936	78 3177
70	-1,40128 2519	8978 0321	74 6302	-1,40132 7733	8924 6233	78 4296
65	-1,31150 2198	9052 7600	74 7279	-1,31208 1500	9003 1648	78 5416
60	-1,22097 4598	9127 5856	74 8256	-1,22204 9852	9081 8184	78 6536
55	-1,12969 8742	9202 5089	74 9233	-1,13123 1668	9160 5840	78 7656
-0,50	-1,03767 3652	9277 5300	75 0210	-1,03962 5828	9239 4616	78 8776
45	-0,94489 8352	9352 6488	75 1188	-0,94723 1213	9318 4512	78 9896
40	-0,85137 1865	9427 8653	75 2166	-0,85404 6701	9397 5529	79 1017
35	-0,75709 3212	9503 1796	75 3143	-0,76007 1171	9476 7667	79 2138
30	-0,66206 1415	9578 5918	75 4121	-0,66530 3504	9556 0927	79 3259
-0,25	-0,56627 5497	9654 1018	75 5100	-0,56974 2578	9635 5307	79 4381
20	-0,46973 4480	9729 7096	75 6078	-0,47338 7270	9715 0810	79 5503
15	-0,37243 7384	9805 4152	75 7057	-0,37623 6461	9794 7434	79 6624
10	-0,27438 3232	9881 2188	75 8035	-0,27828 9026	9874 5181	79 7747
05	-0,17557 1044	9957 1202	75 9014	-0,17954 3845	9954 4050	79 8869
0,00	-0,07599 9842	10033 1196	75 9994	-0,07999 9795	10034 4042	79 9992
05	+0,02433 1354	10109 2169	76 0973	+0,02034 4247	10114 5157	80 1115
10	0,12542 3523	10185 4122	76 1953	0,12148 9403	10194 7395	80 2238
15	0,22727 7645	10261 7054	76 2932	0,22343 6798	10275 0756	80 3361
20	0,32989 4699	10338 0966	76 3912	0,32618 7554	10355 5241	80 4485
0,25	0,43327 5666	10414 5859	76 4892	0,42974 2795	10436 0850	80 5609
30	0,53742 1524	10491 1732	76 5873	0,53410 3645	10516 7583	80 6733
35	0,64233 3256	10567 8585	76 6853	0,63927 1229	10597 5441	80 7858
40	0,74801 1841	10644 6419	76 7834	0,74524 6670	10678 4423	80 8982
45	0,85445 8260	10721 5234	76 8815	0,85203 1093	10759 4530	81 0107
0,50	0,96167 3494	10798 5030	76 9796	0,95962 5623	10840 5763	81 1232
55	1,06965 8523	10875 5807	77 0777	1,06803 1386	10921 8121	81 2358
60	1,17841 4331	10952 7566	77 1759	1,17724 9507	11003 1604	81 3483
65	1,28794 1896	11030 0306	77 2740	1,28728 1110	11084 6213	81 4609
70	1,39824 2203	11107 4029	77 3722	1,39812 7324	11166 1949	81 5735
0,75	1,50931 6231	11184 8733	77 4704	1,50978 9272	11247 8810	81 6862
80	1,62116 4964	11262 4419	77 5687	1,62226 8083	11329 6799	81 7988
85	1,73378 9383	11340 1088	77 6669	1,73556 4882	11411 5914	81 9115
90	1,84719 0472	11417 8740	77 7652	1,84968 0796	11493 6157	82 0242
95	1,96136 9211	11495 7374	77 8634	1,96461 6953	11575 7527	82 1370
1,00	2,07632 6586		77 9617	2,08037 4479		82 2497

q = 0,3361975 θ = 87°31,3488' q = 0,3419952 θ = 87°41,6919'

z	q^3 = 0,042	Δ	$Δ^2$	q^3 = 0,044	Δ	$Δ^2$
-1,00	-1,91642 6018	+8379 9067		-1,91248 2251	+8304 2693	
95	-1,83262 6952	8461 4815	+81 5748	-1,82943 9558	8389 5244	+85 2551
90	-1,74801 2137	8543 1836	81 7021	-1,74554 4314	8474 9236	85 3992
85	-1,66258 0301	8625 0131	81 8295	-1,66079 5078	8560 4668	85 5432
80	-1,57633 0170	8706 9699	81 9568	-1,57519 0409	8646 1542	85 6874
-0,75	-1,48926 0471	8789 0541	82 0842	-1,48872 8868	8731 9857	85 8315
70	-1,40136 9929	8871 2658	82 2117	-1,40140 9010	8817 9614	85 9757
65	-1,31265 7272	8953 6049	82 3391	-1,31322 9396	8904 0814	86 1200
60	-1,22312 1222	9036 0715	82 4666	-1,22418 8582	8990 3456	86 2642
55	-1,13276 0507	9118 6656	82 5941	-1,13428 5126	9076 7542	86 4086
-0,50	-1,04157 3851	9201 3873	82 7217	-1,04351 7584	9163 3071	86 5529
45	-0,94955 9978	9284 2366	82 8493	-0,95188 4512	9250 0044	86 6973
40	-0,85671 7612	9367 2135	82 9769	-0,85938 4468	9336 8462	86 8418
35	-0,76304 5477	9450 3180	83 1045	-0,76601 6006	9423 8324	86 9862
30	-0,66854 2296	9533 5502	83 2322	-0,67177 7682	9510 9632	87 1308
-0,25	-0,57320 6794	9616 9102	83 3599	-0,57666 8050	9598 2385	87 2753
20	-0,47703 7692	9700 3979	83 4877	-0,48068 5665	9685 6584	87 4199
15	-0,38003 3713	9784 0133	83 6154	-0,38382 9081	9773 2229	87 5645
10	-0,28219 3581	9867 7565	83 7433	-0,28609 6852	9860 9321	87 7092
05	-0,18351 6015	9951 6276	83 8711	-0,18748 7531	9948 7861	87 8539
0,00	-0,08399 9739	10035 6266	83 9990	-0,08799 9670	10036 7848	87 9987
05	+0,01635 6527	10119 7535	84 1269	+0,01236 8177	10124 9282	88 1435
10	0,11755 4062	10204 0082	84 2548	0,11361 7460	10213 2165	88 2883
15	0,21959 4144	10288 3910	84 3827	0,21574 9625	10301 6497	88 4332
20	0,32247 8054	10372 9017	84 5107	0,31876 6122	10390 2278	88 5781
0,25	0,42620 7072	10457 5405	84 6388	0,42266 8401	10478 9509	88 7231
30	0,53078 2477	10542 3073	84 7668	0,52745 7909	10567 8189	88 8680
35	0,63620 5550	10627 2022	84 8949	0,63313 6099	10656 8320	89 0131
40	0,74247 7572	10712 2253	85 0230	0,73970 4418	10745 9901	89 1581
45	0,84959 9825	10797 3765	85 1512	0,84716 4320	10835 2934	89 3033
0,50	0,95757 3590	10882 6558	85 2794	0,95551 7254	10924 7418	89 4484
55	1,06640 0148	10968 0634	85 4076	1,06476 4672	11014 3354	89 5936
60	1,17608 0782	11053 5992	85 5358	1,17490 8026	11104 0742	89 7388
65	1,28661 6774	11139 2633	85 6641	1,28594 8768	11193 9583	89 8841
70	1,39800 9407	11225 0557	85 7924	1,39788 8351	11283 9877	90 0294
0,75	1,51025 9964	11310 9765	85 9208	1,51072 8228	11374 1625	90 1748
80	1,62336 9729	11397 0256	86 0491	1,62446 9853	11464 4826	90 3201
85	1,73733 9985	11483 2031	86 1775	1,73911 4679	11554 9482	90 4656
90	1,85217 2016	11569 5091	86 3059	1,85466 4161	11645 5592	90 6110
95	1,96786 7107	11655 9435	86 4344	1,97111 9753	11736 3158	90 7565
1,00	2,08442 6541		86 5629	2,08848 2911		90 9021

q = 0,3476027 Θ = $87^{\circ}51,1415'$ q = 0,3530348 Θ = $87^{\circ}59,7974'$

z	q^3= 0,046	Δ	$Δ^2$	q^3= 0,048	Δ	$Δ^2$
-1,00	-1,90854 2902	+8228 8174		-1,90460 8102	+8153 5562	
95	-1,82625 4729	8317 7277	+88 9104	-1,82307 2539	8246 0962	+92 5399
90	-1,74307 7451	8406 8002	89 0725	-1,74061 1578	8338 8175	92 7214
85	-1,65900 9449	8496 0348	89 2346	-1,65722 3403	8431 7204	92 9029
80	-1,57404 9101	8585 4316	89 3968	-1,57290 6198	8524 8049	93 0845
-0,75	-1,48819 4785	8674 9906	89 5590	-1,48765 8150	8618 0710	93 2661
70	-1,40144 4879	8764 7119	89 7213	-1,40147 7440	8711 5188	93 4478
65	-1,31379 7760	8854 5955	89 8836	-1,31436 2253	8805 1483	93 6296
60	-1,22525 1805	8944 6415	90 0460	-1,22631 0770	8898 9597	93 8114
55	-1,13580 5391	9034 8499	90 2084	-1,13732 1173	8992 9529	93 9932
-0,50	-1,04545 6892	9125 2208	90 3709	-1,04739 1644	9087 1281	94 1752
45	-0,95420 4684	9215 7542	90 5334	-0,95652 0362	9181 4853	94 3572
40	-0,86204 7143	9306 4502	90 6960	-0,86470 5509	9276 0246	94 5393
35	-0,76898 2641	9397 3088	90 8586	-0,77194 5264	9370 7459	94 7214
30	-0,67500 9553	9488 3300	91 0213	-0,67823 7804	9465 6495	94 9036
-0,25	-0,58012 6253	9579 5141	91 1840	-0,58358 1309	9560 7353	95 0858
20	-0,48433 1112	9670 8608	91 3468	-0,48797 3956	9656 0035	95 2681
15	-0,38762 2504	9762 3704	91 5096	-0,39141 3921	9751 4539	95 4505
10	-0,28999 8800	9854 0429	91 6725	-0,29389 9382	9847 0869	95 6329
05	-0,19145 8371	9945 8783	91 8354	-0,19542 8513	9942 9023	95 8154
0,00	-0,09199 9588	10037 8766	91 9984	-0,09599 9490	10038 9002	95 9980
05	+0,00837 9178	10130 0380	92 1614	+0,00438 9512	10135 0808	96 1806
10	0,10967 9558	10222 3625	92 3244	0,10574 0320	10231 4441	96 3633
15	0,21190 3183	10314 8500	92 4876	0,20805 4761	10327 9901	96 5460
20	0,31505 1683	10407 5007	92 6507	0,31133 4662	10424 7189	96 7288
0,25	0,41912 6691	10500 3147	92 8139	0,41558 1851	10521 6305	96 9116
30	0,52412 9837	10593 2919	92 9772	0,52079 8156	10618 7251	97 0946
35	0,63006 2756	10686 4324	93 1405	0,62698 5406	10716 0026	97 2775
40	0,73692 7081	10779 7363	93 3039	0,73414 5433	10813 4632	97 4606
45	0,84472 4444	10873 2036	93 4673	0,84228 0065	10911 1069	97 6437
0,50	0,95345 6480	10966 8344	93 6308	0,95139 1134	11008 9338	97 8269
55	1,06312 4824	11060 6287	93 7943	1,06148 0472	11106 9439	98 0101
60	1,17373 1111	11154 5865	93 9578	1,17254 9910	11205 1372	98 1934
65	1,28527 6976	11248 7080	94 1215	1,28460 1282	11303 5139	98 3767
70	1,39776 4056	11342 9931	94 2851	1,39763 6422	11402 0741	98 5601
0,75	1,51119 3987	11437 4419	94 4488	1,51165 7162	11500 8177	98 7436
80	1,62556 8406	11532 0545	94 6126	1,62666 5339	11599 7448	98 9271
85	1,74088 8951	11626 8309	94 7764	1,74266 2787	11698 8555	99 1107
90	1,85715 7261	11721 7712	94 9403	1,85965 1342	11798 1499	99 2944
95	1,97437 4972	11816 8754	95 1042	1,97763 2841	11897 6280	99 4781
1,00	2,09254 3726		95 2681	2,09660 9121		99 6619

q = 0,3583048 Θ = 88° 7,7455' q = 0,3634241 Θ = 88°15,0598'

z	q^3 = 0,050	Δ	$Δ^2$	q^3 = 0,052	Δ	$Δ^2$
-1,00	-1,90067 7979	+8078 4913		-1,89675 2663	+8003 6279	
95	-1,81989 3066	8174 6343	+96 1430	-1,81671 6384	8103 3468	+99 7189
90	-1,73814 6723	8270 9795	96 3452	-1,73568 2915	8203 2901	99 9433
85	-1,65543 6928	8367 5270	96 5475	-1,65365 0014	8303 4578	100 1677
80	-1,57176 1658	8464 2768	96 7498	-1,57061 5436	8403 8500	100 3922
-0,75	-1,48711 8890	8561 2290	96 9522	-1,48657 6936	8504 4668	100 6168
70	-1,40150 6600	8658 3837	97 1547	-1,40153 2268	8605 3084	100 8415
65	-1,31492 2763	8755 7410	97 3573	-1,31547 9184	8706 3747	101 0663
60	-1,22736 5353	8853 3009	97 5599	-1,22841 5437	8807 6659	101 2912
55	-1,13883 2344	8951 0636	97 7626	-1,14033 8778	8909 1821	101 5162
-0,50	-1,04932 1708	9049 0290	97 9654	-1,05124 6957	9010 9234	101 7413
45	-0,95883 1418	9147 1973	98 1683	-0,96113 7724	9112 8898	101 9664
40	-0,86735 9445	9245 5686	98 3713	-0,87000 8826	9215 0814	102 1917
35	-0,77490 3759	9344 1429	98 5743	-0,77785 8011	9317 4985	102 4170
30	-0,68146 2330	9442 9202	98 7774	-0,68468 3027	9420 1409	102 6424
-0,25	-0,58703 3128	9541 9008	98 9805	-0,59048 1618	9523 0089	102 8680
20	-0,49161 4120	9641 0846	99 1838	-0,49525 1529	9626 1025	103 0936
15	-0,39520 3274	9740 4717	99 3871	-0,39899 0504	9729 4218	103 3193
10	-0,29779 8558	9840 0622	99 5905	-0,30169 6287	9832 9669	103 5451
05	-0,19939 7936	9939 8561	99 7940	-0,20336 6618	9936 7378	103 7710
0,00	-0,09999 9375	10039 8536	99 9975	-0,10399 9240	10040 7348	103 9970
05	+0,00039 9161	10140 0547	100 2011	-0,00359 1891	10144 9578	104 2230
10	0,10179 9709	10240 4596	100 4048	+0,09785 7687	10249 4071	104 4492
15	0,20420 4304	10341 0682	100 6086	0,20035 1758	10354 0825	104 6755
20	0,30761 4986	10441 8806	100 8124	0,30389 2583	10458 9843	104 9018
0,25	0,41203 3792	10542 8969	101 0163	0,40848 2426	10564 1126	105 1282
30	0,51746 2761	10644 1173	101 2203	0,51412 3551	10669 4673	105 3548
35	0,62390 3934	10745 5417	101 4244	0,62081 8224	10775 0487	105 5814
40	0,73135 9351	10847 1702	101 6286	0,72856 8712	10880 8568	105 8081
45	0,83983 1053	10949 0030	101 8328	0,83737 7280	10986 8917	106 0349
0,50	0,94932 1083	11051 0401	102 0371	0,94724 6197	11093 1535	106 2618
55	1,05983 1484	11153 2815	102 2414	1,05817 7732	11199 6423	106 4888
60	1,17136 4299	11255 7274	102 4459	1,17017 4155	11306 3582	106 7159
65	1,28392 1573	11358 3778	102 6504	1,28323 7736	11413 3012	106 9430
70	1,39750 5351	11461 2328	102 8550	1,39737 0748	11520 4715	107 1703
0,75	1,51211 7679	11564 2925	103 0597	1,51257 5463	11627 8691	107 3976
80	1,62776 0604	11667 5569	103 2644	1,62885 4154	11735 4942	107 6251
85	1,74443 6173	11771 0261	103 4692	1,74620 9096	11843 3468	107 8526
90	1,86214 6434	11874 7002	103 6741	1,86464 2564	11951 4270	108 0802
95	1,98089 3436	11978 5793	103 8791	1,98415 6834	12059 7350	108 3080
1,00	2,10067 9229		104 0841	2,10475 4184		108 5358

q = 0,3684031 Θ = 88°21,8040' q = 0,3732511 Θ = 88°28,0342'

z	$q^3 = 0{,}054$	Δ	$Δ^2$	$q^3 = 0{,}056$	Δ	$Δ^2$
-1,00	-1,89283 2277	+7928 9712		-1,88891 6945	+7854 5263	
95	-1,81354 2565	8032 2382	+103 2670	-1,81037 1682	7961 3129	+106 7866
90	-1,73322 0182	8135 7532	103 5149	-1,73075 8553	8068 3725	107 0596
85	-1,65186 2651	8239 5161	103 7630	-1,65007 4828	8175 7052	107 3327
80	-1,56946 7490	8343 5272	104 0111	-1,56831 7776	8283 3111	107 6059
-0,75	-1,48603 2217	8447 7866	104 2594	-1,48548 4666	8391 1903	107 8793
70	-1,40155 4351	8552 2943	104 5077	-1,40157 2763	8499 3431	108 1528
65	-1,31603 1409	8657 0505	104 7562	-1,31657 9332	8607 7695	108 4264
60	-1,22946 0904	8762 0552	105 0048	-1,23050 1637	8716 4696	108 7002
55	-1,14184 0351	8867 3087	105 2535	-1,14333 6941	8825 4437	108 9740
-0,50	-1,05316 7264	8972 8110	105 5023	-1,05508 2504	8934 6917	109 2481
45	-0,96343 9154	9078 5621	105 7512	-0,96573 5587	9044 2140	109 5222
40	-0,87265 3533	9184 5623	106 0002	-0,87529 3447	9154 0105	109 7965
35	-0,78080 7910	9290 8117	106 2493	-0,78375 3342	9264 0814	110 0709
30	-0,68789 9793	9397 3102	106 4986	-0,69111 2527	9374 4270	110 3455
-0,25	-0,59392 6691	9504 0582	106 7479	-0,59736 8258	9485 0471	110 6202
20	-0,49888 6109	9611 0555	106 9974	-0,50251 7787	9595 9421	110 8950
15	-0,40277 5554	9718 3025	107 2470	-0,40655 8365	9707 1121	111 1700
10	-0,30559 2529	9825 7991	107 4966	-0,30948 7244	9818 5571	111 4450
05	-0,20733 4537	9933 5456	107 7464	-0,21130 1673	9930 2774	111 7203
0,00	-0,10799 9082	10041 5419	107 9963	-0,11199 8899	10042 2730	111 9956
05	-0,00758 3663	10149 7883	108 2463	-0,01157 6168	10154 5441	112 2711
10	+0,09391 4220	10258 2847	108 4965	+0,08996 9273	10267 0908	112 5467
15	0,19649 7067	10367 0314	108 7467	0,19264 0180	10379 9132	112 8224
20	0,30016 7382	10476 0285	108 9971	0,29643 9313	10493 0116	113 0983
0,25	0,40492 7666	10585 2760	109 2475	0,40136 9428	10606 3859	113 3743
30	0,51078 0426	10694 7741	109 4981	0,50743 3287	10720 0363	113 6505
35	0,61772 8167	10804 5228	109 7487	0,61463 3650	10833 9631	113 9267
40	0,72577 3395	10914 5223	109 9995	0,72297 3281	10948 1662	114 2031
45	0,83491 8618	11024 7728	110 2504	0,83245 4944	11062 6459	114 4797
0,50	0,94516 6346	11135 2742	110 5014	0,94308 1403	11177 4023	114 7564
55	1,05651 9088	11246 0267	110 7525	1,05485 5425	11292 4354	115 0332
60	1,16897 9355	11357 0305	111 0038	1,16777 9780	11407 7455	115 3101
65	1,28254 9660	11468 2856	111 2551	1,28185 7235	11523 3327	115 5872
70	1,39723 2516	11579 7922	111 5066	1,39709 0561	11639 1970	115 8644
0,75	1,51303 0438	11691 5503	111 7581	1,51348 2532	11755 3387	116 1417
80	1,62994 5941	11803 5601	112 0098	1,63103 5919	11871 7579	116 4192
85	1,74798 1542	11915 8216	112 2616	1,74975 3497	11988 4546	116 6967
90	1,86713 9758	12028 3351	112 5134	1,86963 8043	12105 4291	116 9745
95	1,98742 3108	12141 1005	112 7654	1,99069 2334	12222 6814	117 2523
1,00	2,10883 4114		113 0176	2,11291 9148		117 5303

q = 0,3779763 θ = 88°33,7994' q = 0,3825862 θ = 88°39,1426'

z	q^3 = 0,058	Δ	$Δ^2$	q^3 = 0,060	Δ	$Δ^2$
-1,00	-1,88500 6790	+7780 2983		-1,88110 1931	+7706 2921	
95	-1,80720 3807	7890 5753	+110 2770	-1,80403 9009	7820 0297	+113 7376
90	-1,72829 8053	8001 1518	110 5765	-1,72583 8712	7934 0949	114 0652
85	-1,64828 6535	8112 0280	110 8762	-1,64649 7763	8048 4879	114 3930
80	-1,56716 6255	8223 2041	111 1760	-1,56601 2884	8163 2088	114 7209
-0,75	-1,48493 4214	8334 6801	111 4760	-1,48438 0796	8278 2579	115 0491
70	-1,40158 7413	8446 4563	111 7762	-1,40159 8216	8393 6354	115 3774
65	-1,31712 2850	8558 5327	112 0765	-1,31766 1862	8509 3414	115 7060
60	-1,23153 7523	8670 9097	112 3769	-1,23256 8449	8625 3760	116 0347
55	-1,14482 8426	8783 5872	112 6776	-1,14631 4688	8741 7396	116 3636
-0,50	-1,05699 2554	8896 5656	112 9783	-1,05889 7292	8858 4323	116 6927
45	-0,96802 6899	9009 8448	113 2793	-0,97031 2969	8975 4542	117 0219
40	-0,87792 8450	9123 4252	113 5804	-0,88055 8427	9092 8056	117 3514
35	-0,78669 4198	9237 3068	113 8816	-0,78963 0370	9210 4867	117 6810
30	-0,69432 1131	9351 4898	114 1830	-0,69752 5504	9328 4976	118 0109
-0,25	-0,60080 6232	9465 9744	114 4846	-0,60424 0528	9446 8385	118 3409
20	-0,50614 6489	9580 7607	114 7863	-0,50977 2143	9565 5096	118 6711
15	-0,41033 8882	9695 8489	115 0882	-0,41411 7047	9684 5111	119 0015
10	-0,31338 0393	9811 2391	115 3902	-0,31727 1936	9803 8432	119 3321
05	-0,21526 8002	9926 9315	115 6924	-0,21923 3505	9923 5060	119 6628
0,00	-0,11599 8687	10042 9263	115 9948	-0,11999 8445	10043 4998	119 9938
05	-0,01556 9425	10159 2235	116 2973	-0,01956 3447	10163 8247	120 3249
10	+0,08602 2811	10275 8235	116 5999	+0,08207 4800	10284 4810	120 6563
15	0,18878 1045	10392 7262	116 9028	0,18491 9610	10405 4688	120 9878
20	0,29270 8308	10509 9320	117 2057	0,28897 4298	10526 7882	121 3195
0,25	0,39780 7627	10627 4409	117 5089	0,39424 2180	10648 4396	121 6514
30	0,50408 2036	10745 2530	117 8122	0,50072 6576	10770 4230	121 9834
35	0,61153 4566	10863 3687	118 1156	0,60843 0806	10892 7387	122 3157
40	0,72016 8253	10981 7879	118 4192	0,71735 8193	11015 3868	122 6481
45	0,82998 6132	11100 5109	118 7230	0,82751 2061	11138 3676	122 9808
0,50	0,94099 1241	11219 5379	119 0269	0,93889 5737	11261 6812	123 3135
55	1,05318 6620	11338 8689	119 3310	1,05151 2549	11385 3278	123 6466
60	1,16657 5309	11458 5042	119 6353	1,16536 5826	11509 3075	123 9798
65	1,28116 0351	11578 4439	119 9397	1,28045 8901	11633 6207	124 3132
70	1,39694 4790	11698 6881	120 2442	1,39679 5108	11758 2674	124 6467
0,75	1,51393 1670	11819 2370	120 5489	1,51437 7782	11883 2479	124 9805
80	1,63212 4041	11940 0909	120 8538	1,63321 0261	12008 5623	125 3144
85	1,75152 4949	12061 2497	121 1589	1,75329 5885	12134 2109	125 6485
90	1,87213 7446	12182 7138	121 4640	1,87463 7993	12260 1937	125 9829
95	1,99396 4584	12304 4831	121 7694	1,99723 9930	12386 5111	126 3174
1,00	2,11700 9415		122 0749	2,12110 5041		126 6520

q = 0,3870877 $\theta = 88^0 44,1018'$ q = 0,3914868 $\theta = 88^0 48,7108'$

z	q^3 = 0,062	Δ	$Δ^2$	q^3 = 0,064	Δ	$Δ^2$
-1,00	-1,87720 2486	+7632 5126		-1,87330 8573	+7558 9647	
95	-1,80087 7360	7749 6804	+117 1677	-1,79771 8926	7679 5315	+120 5668
90	-1,72338 0556	7867 2054	117 5250	-1,72092 3612	7800 4868	120 9553
85	-1,64470 8502	7985 0878	117 8824	-1,64291 8744	7921 8307	121 3440
80	-1,56485 7625	8103 3279	118 2401	-1,56370 0437	8043 5637	121 7330
-0,75	-1,48382 4346	8221 9259	118 5980	-1,48326 4800	8165 6859	122 1222
70	-1,40160 5087	8340 8820	118 9561	-1,40160 7941	8288 1975	122 5117
65	-1,31819 6267	8460 1964	119 3144	-1,31872 5966	8411 0989	122 9014
60	-1,23359 4303	8579 8694	119 6730	-1,23461 4977	8534 3903	123 2914
55	-1,14779 5610	8699 9011	120 0317	-1,14927 1074	8658 0720	123 6816
-0,50	-1,06079 6598	8820 2918	120 3907	-1,06269 0354	8782 1441	124 0722
45	-0,97259 3680	8941 0418	120 7499	-0,97486 8913	8906 6070	124 4629
40	-0,88318 3262	9062 1512	121 1094	-0,88580 2842	9031 4610	124 8540
35	-0,79256 1750	9183 6202	121 4690	-0,79548 8232	9156 7062	125 2452
30	-0,70072 5549	9305 4490	121 8289	-0,70392 1170	9282 3430	125 6368
-0,25	-0,60767 1058	9427 6380	122 1890	-0,61109 7740	9408 3716	126 0286
20	-0,51339 4678	9550 1873	122 5493	-0,51701 4024	9534 7922	126 4206
15	-0,41789 2806	9673 0971	122 9098	-0,42166 6101	9661 6052	126 8129
10	-0,32116 1835	9796 3676	123 2705	-0,32505 0050	9788 8107	127 2055
05	-0,22319 8159	9919 9991	123 6315	-0,22716 1943	9916 4090	127 5983
0,00	-0,12399 8168	10043 9918	123 9927	-0,12799 7853	10044 4005	127 9914
05	-0,02355 8250	10168 3459	124 3541	-0,02755 3848	10172 7852	128 3848
10	+0,07812 5209	10293 0616	124 7157	+0,07417 4005	10301 5636	128 7784
15	0,18105 5825	10418 1392	125 0776	0,17718 9641	10430 7359	129 1722
20	0,28523 7217	10543 5788	125 4396	0,28149 6999	10560 3022	129 5664
0,25	0,39067 3005	10669 3807	125 8019	0,38710 0021	10690 2629	129 9607
30	0,49736 6812	10795 5451	126 1644	0,49400 2651	10820 6183	130 3554
35	0,60532 2264	10922 0723	126 5271	0,60220 8834	10951 3686	130 7503
40	0,71454 2986	11048 9624	126 8901	0,71172 2519	11082 5140	131 1454
45	0,82503 2610	11176 2156	127 2532	0,82254 7659	11214 0548	131 5408
0,50	0,93679 4766	11303 8322	127 6166	0,93468 8207	11345 9912	131 9365
55	1,04983 3089	11431 8125	127 9802	1,04814 8119	11478 3236	132 3324
60	1,16415 1213	11560 1565	128 3441	1,16293 1355	11611 0522	132 7286
65	1,27975 2779	11688 8647	128 7081	1,27904 1877	11744 1772	133 1250
70	1,39664 1425	11817 9370	129 0724	1,39648 3650	11877 6989	133 5217
0,75	1,51482 0796	11947 3739	129 4369	1,51526 0639	12011 6176	133 9187
80	1,63429 4535	12077 1755	129 8016	1,63537 6815	12145 9335	134 3159
85	1,75506 6289	12207 3420	130 1665	1,75683 6150	12280 6468	134 7134
90	1,87713 9709	12337 8736	130 5316	1,87964 2619	12415 7579	135 1111
95	2,00051 8445	12468 7706	130 8970	2,00380 0198	12551 2670	135 5091
1,00	2,12520 6151		131 2626	2,12931 2868		135 9073

q = 0,3957892 θ = 88°52,9997' q = 0,4000000 θ = 88°56,9953'

z	q^3= 0,066	Δ	$Δ^2$	q^3= 0,068	Δ	$Δ^2$
-1,00	-1,86942 0307	+7485 6530		-1,86553 7801	+7412 5822	
95	-1,79456 3777	7609 5872	+123 9342	-1,79141 1980	7539 8515	+127 2693
90	-1,71846 7906	7733 9427	124 3555	-1,71601 3465	7667 5766	127 7251
85	-1,64112 8479	7858 7197	124 7771	-1,63933 7699	7795 7577	128 1812
80	-1,56254 1282	7983 9187	125 1990	-1,56138 0122	7924 3954	128 6376
-0,75	-1,48270 2095	8109 5399	125 6212	-1,48213 6168	8053 4898	129 0945
70	-1,40160 6696	8235 5835	126 0437	-1,40160 1269	8183 0415	129 5516
65	-1,31925 0861	8362 0500	126 4664	-1,31977 0855	8313 0506	130 0091
60	-1,23563 0361	8488 9395	126 8895	-1,23664 0349	8443 5176	130 4670
55	-1,15074 0966	8616 2524	127 3129	-1,15220 5173	8574 4427	130 9252
-0,50	-1,06457 8442	8743 9890	127 7366	-1,06646 0746	8705 8265	131 3837
45	-0,97713 8552	8872 1496	128 1606	-0,97940 2482	8837 6691	131 8426
40	-0,88841 7056	9000 7345	128 5849	-0,89102 5791	8969 9709	132 3019
35	-0,79840 9711	9129 7440	129 0094	-0,80132 6081	9102 7324	132 7615
30	-0,70711 2271	9259 1783	129 4344	-0,71029 8757	9235 9538	133 2214
-0,25	-0,61452 0488	9389 0379	129 8596	-0,61793 9219	9369 6355	133 6817
20	-0,52063 0109	9519 3229	130 2850	-0,52424 2864	9503 7779	134 1423
15	-0,42543 6880	9650 0338	130 7108	-0,42920 5085	9638 3812	134 6033
10	-0,32893 6542	9781 1707	131 1369	-0,33282 1273	9773 4459	135 0647
05	-0,23112 4835	9912 7340	131 5633	-0,23508 6814	9908 9722	135 5264
0,00	-0,13199 7495	10044 7240	131 9900	-0,13599 7092	10044 9606	135 9884
05	-0,03155 0255	10177 1410	132 4169	-0,03554 7486	10181 4114	136 4508
10	+0,07022 1155	10309 9853	132 8443	+0,06626 6628	10318 3249	136 9135
15	0,17332 1008	10443 2572	133 2719	0,16944 9878	10455 7015	137 3766
20	0,27775 3579	10576 9570	133 6998	0,27400 6893	10593 5416	137 8400
0,25	0,38352 3149	10711 0849	134 1280	0,37994 2309	10731 8454	138 3038
30	0,49063 3998	10845 6414	134 5565	0,48726 0763	10870 6133	138 7679
35	0,59909 0412	10980 6267	134 9853	0,59596 6896	11009 8458	139 2324
40	0,70889 6679	11116 0410	135 4144	0,70606 5353	11149 5430	139 6973
45	0,82005 7089	11251 8848	135 8438	0,81756 0784	11289 7055	140 1624
0,50	0,93257 5937	11388 1583	136 2735	0,93045 7838	11430 3334	140 6280
55	1,04645 7520	11524 8617	136 7035	1,04476 1172	11571 4273	141 0938
60	1,16170 6137	11661 9955	137 1338	1,16047 5445	11712 9873	141 5601
65	1,27832 6092	11799 5599	137 5644	1,27760 5318	11855 0140	142 0266
70	1,39632 1691	11937 5551	137 9953	1,39615 5458	11997 5076	142 4936
0,75	1,51569 7242	12075 9816	138 4265	1,51613 0534	12140 4684	142 9609
80	1,63645 7058	12214 8396	138 8580	1,63753 5218	12283 8969	143 4285
85	1,75860 5454	12354 1294	139 2898	1,76037 4187	12427 7933	143 8965
90	1,88214 6748	12493 8513	139 7219	1,88465 2120	12572 1581	144 3648
95	2,00708 5260	12634 0056	140 1543	2,01037 3701	12716 9916	144 8335
1,00	2,13342 5316	12774 5926	140 5870	2,13754 3617		145 3025

q = 0,4041240 Θ = 89° 0,7218' q = 0,4081655 Θ = 89° 4,2008'

z	q^3= 0,070	Δ	$Δ^2$	q^3= 0,072	Δ	$Δ^2$
-1,00	-1,86166 1169			-1,85779 0521		
		+7339 7569			+7267 1818	
95	-1,78826 3600		+130 5715	-1,78511 8703		+133 8403
		7470 3285			7401 0221	
90	-1,71356 0315		131 0634	-1,71110 8482		134 3700
		7601 3919			7535 3921	
85	-1,63754 6396		131 5557	-1,63575 4560		134 9002
		7732 9477			7670 2924	
80	-1,56021 6919		132 0485	-1,55905 1637		135 4309
		7864 9961			7805 7233	
-0,75	-1,48156 6958		132 5416	-1,48099 4404		135 9620
		7997 5377			7941 6853	
70	-1,40159 1581		133 0351	-1,40157 7550		136 4936
		8130 5728			8078 1790	
65	-1,32028 5853		133 5290	-1,32079 5761		137 0257
		8264 1018			8215 2046	
60	-1,23764 4835		134 0233	-1,23864 3715		137 5582
		8398 1251			8352 7628	
55	-1,15366 3584		134 5180	-1,15511 6086		138 0912
		8532 6432			8490 8540	
-0,50	-1,06833 7152		135 0132	-1,07020 7546		138 6246
		8667 6563			8629 4786	
45	-0,98166 0589		135 5087	-0,98391 2760		139 1585
		8803 1650			8768 6371	
40	-0,89362 8938		136 0046	-0,89622 6389		139 6929
		8939 1697			8908 3300	
35	-0,80423 7241		136 5010	-0,80714 3089		140 2277
		9075 6706			9048 5578	
30	-0,71348 0535		136 9977	-0,71665 7511		140 7630
		9212 6683			9189 3208	
-0,25	-0,62135 3851		137 4948	-0,62476 4303		141 2988
		9350 1632			9330 6196	
20	-0,52785 2220		137 9924	-0,53145 8107		141 8350
		9488 1556			9472 4546	
15	-0,43297 0664		138 4903	-0,43673 3561		142 3717
		9626 6459			9614 8263	
10	-0,33670 4205		138 9887	-0,34058 5298		142 9089
		9765 6346			9757 7352	
05	-0,23904 7859		139 4874	-0,24300 7947		143 4465
		9905 1220			9901 1816	
0,00	-0,13999 6639		139 9866	-0,14399 6130		143 9846
		10045 1086			10045 1662	
05	-0,03954 5553		140 4861	-0,04354 4468		144 5231
		10185 5948			10189 6893	
10	+0,06231 0395		140 9861	+0,05835 2425		145 0621
		10326 5809			10334 7514	
15	0,16557 6204		141 4865	0,16169 9939		145 6016
		10468 0673			10480 3530	
20	0,27025 6877		141 9872	0,26650 3469		146 1415
		10610 0546			10626 4945	
0,25	0,37635 7423		142 4884	0,37276 8415		146 6819
		10752 5430			10773 1765	
30	0,48388 2853		142 9900	0,48050 0179		147 2228
		10895 5330			10920 3993	
35	0,59283 8183		143 4920	0,58970 4172		147 7641
		11039 0250			11068 1634	
40	0,70322 8433		143 9944	0,70038 5807		148 3059
		11183 0193			11216 4694	
45	0,81505 8626		144 4971	0,81255 0501		148 8482
		11327 5165			11365 3176	
0,50	0,92833 3791		145 0003	0,92620 3677		149 3909
		11472 5168			11514 7085	
55	1,04305 8959		145 5039	1,04135 0762		149 9341
		11618 0207			11664 6427	
60	1,15923 9166		146 0079	1,15799 7189		150 4778
		11764 0287			11815 1205	
65	1,27687 9453		146 5123	1,27614 8393		151 0219
		11910 5410			11966 1424	
70	1,39598 4863		147 0171	1,39580 9817		151 5665
		12057 5582			12117 7089	
0,75	1,51656 0445		147 5224	1,51698 6906		152 1116
		12205 0805			12269 8205	
80	1,63861 1250		148 0280	1,63968 5111		152 6571
		12353 1085			12422 4776	
85	1,76214 2335		148 5340	1,76390 9886		153 2031
		12501 6425			12575 6806	
90	1,88715 8760		149 0404	1,88966 6692		153 7495
		12650 6829			12729 4302	
95	2,01366 5590		149 5473	2,01696 0994		154 2964
		12800 2302			12883 7266	
1,00	2,14166 7892		150 0545	2,14579 8261		154 8438

q = 0,4121285 Θ = 89° 7,4518' q = 0,4160168 Θ = 89°10,4924'

z	q^3 = 0,074	Δ	$Δ^2$	q^3 = 0,076	Δ	$Δ^2$
-1,00	-1,85392 5966	+7194 8612		-1,85006 7614	+7122 7996	
95	-1,78197 7354	7331 9363	+137 0751	-1,77883 9619	7263 0748	+140 2752
90	-1,70865 7992	7469 5806	137 6443	-1,70620 8871	7403 9606	140 8858
85	-1,63396 2186	7607 7947	138 2142	-1,63216 9265	7545 4575	141 4970
80	-1,55788 4239	7746 5792	138 7845	-1,55671 4689	7687 5663	142 1087
-0,75	-1,48041 8446	7885 9346	139 3554	-1,47983 9026	7830 2874	142 7211
70	-1,40155 9100	8025 8614	139 9268	-1,40153 6152	7973 6215	143 3341
65	-1,32130 0486	8166 3601	140 4987	-1,32179 9937	8117 5693	143 9477
60	-1,23963 6885	8307 4313	141 0712	-1,24062 4244	8262 1312	144 5619
55	-1,15656 2572	8449 0755	141 6442	-1,15800 2933	8407 3079	145 1767
-0,50	-1,07207 1817	8591 2932	142 2177	-1,07392 9854	8553 1001	145 7922
45	-0,98615 8885	8734 0850	142 7918	-0,98839 8853	8699 5082	146 4082
40	-0,89881 8035	8877 4514	143 3664	-0,90140 3770	8846 5331	147 0248
35	-0,81004 3521	9021 3929	143 9415	-0,81293 8440	8994 1751	147 6421
30	-0,71982 9593	9165 9100	144 5172	-0,72299 6689	9142 4350	148 2599
-0,25	-0,62817 0492	9311 0034	145 0934	-0,63157 2338	9291 3134	148 8784
20	-0,53506 0458	9456 6735	145 6701	-0,53865 9205	9440 8108	149 4974
15	-0,44049 3723	9602 9208	146 2473	-0,44425 1097	9590 9279	150 1171
10	-0,34446 4515	9749 7459	146 8251	-0,34834 1817	9741 6653	150 7374
05	-0,24696 7056	9897 1494	147 4034	-0,25092 5165	9893 0236	151 3583
0,00	-0,14799 5562	10045 1317	147 9823	-0,15199 4929	10045 0033	151 9798
05	-0,04754 4245	10193 6933	148 5617	-0,05154 4896	10197 6052	152 6019
10	+0,05439 2688	10342 8349	149 1416	+0,05043 1156	10350 8298	153 2246
15	0,15782 1038	10492 5570	149 7220	0,15393 9454	10504 6777	153 8479
20	0,26274 6607	10642 8600	150 3030	0,25898 6231	10659 1495	154 4718
0,25	0,36917 5208	10793 7446	150 8845	0,36557 7726	10814 2459	155 0964
30	0,47711 2653	10945 2111	151 4666	0,47372 0186	10969 9675	155 7215
35	0,58656 4765	11097 2603	152 0492	0,58341 9860	11126 3148	156 3473
40	0,69753 7368	11249 8926	152 6323	0,69468 3008	11283 2884	156 9737
45	0,81003 6294	11403 1085	153 2159	0,80751 5892	11440 8891	157 6006
0,50	0,92406 7379	11556 9087	153 8001	0,92192 4782	11599 1173	158 2282
55	1,03963 6466	11711 2935	154 3848	1,03791 5955	11757 9737	158 8564
60	1,15674 9401	11866 2636	154 9701	1,15549 5693	11917 4590	159 4852
65	1,27541 2037	12021 8195	155 5559	1,27467 0282	12077 5736	160 1147
70	1,39563 0231	12177 9616	156 1422	1,39544 6018	12238 3183	160 7447
0,75	1,51740 9848	12334 6907	156 7290	1,51782 9201	12399 6936	161 3753
80	1,64075 6754	12492 0071	157 3164	1,64182 6137	12561 7002	162 0066
85	1,76567 6825	12649 9114	157 9043	1,76744 3139	12724 3386	162 6384
90	1,89217 5940	12808 4042	158 4928	1,89468 6526	12887 6095	163 2709
95	2,02025 9982	12967 4860	159 0818	2,02356 2621	13051 5135	163 9040
1,00	2,14993 4843		159 6713	2,15407 7756		164 5377

q = 0,4198336 Θ = 89°13,3385' q = 0,4235824 Θ = 89°16,0049'

z	q^3 = 0,078	Δ	Δ^2	q^3 = 0,080	Δ	Δ^2
-1,00	-1,84621 5571	+7051 0013		-1,84236 9943	+6979 4706	
95	-1,77570 5559	7194 4415	+143 4403	-1,77257 5238	7126 0402	+146 5697
90	-1,70376 1143	7338 5354	144 0939	-1,70131 4836	7273 3083	147 2681
85	-1,63037 5789	7483 2836	144 7482	-1,62858 1753	7421 2756	147 9673
80	-1,55554 2954	7628 6867	145 4032	-1,55436 8997	7569 9429	148 6673
-0,75	-1,47925 6086	7774 7456	146 0588	-1,47866 9568	7719 3109	149 3681
70	-1,40150 8630	7921 4608	146 7152	-1,40147 6459	7869 3806	150 0696
65	-1,32229 4022	8068 8331	147 3723	-1,32278 2653	8020 1525	150 7720
60	-1,24160 5692	8216 8631	148 0300	-1,24258 1128	8171 6276	151 4751
55	-1,15943 7061	8365 5515	148 6884	-1,16086 4851	8323 8066	152 1790
-0,50	-1,07578 1546	8514 8991	149 3476	-1,07762 6785	8476 6904	152 8837
45	-0,99063 2554	8664 9065	150 0074	-0,99285 9881	8630 2795	153 5892
40	-0,90398 3489	8815 5745	150 6679	-0,90655 7086	8784 5750	154 2955
35	-0,81582 7744	8966 9036	151 3291	-0,81871 1336	8939 5775	155 0025
30	-0,72615 8708	9118 8946	151 9910	-0,72931 5561	9095 2879	155 7103
-0,25	-0,63496 9762	9271 5483	152 6536	-0,63836 2682	9251 7068	156 4190
20	-0,54225 4279	9424 8652	153 3169	-0,54584 5614	9408 8352	157 1284
15	-0,44800 5627	9578 8461	153 9809	-0,45175 7262	9566 6737	157 8386
10	-0,35221 7167	9733 4916	154 6455	-0,35609 0525	9725 2233	158 5495
05	-0,25488 2251	9888 8025	155 3109	-0,25883 8292	9884 4846	159 2613
0,00	-0,15599 4226	10044 7795	155 9770	-0,15999 3446	10044 4584	159 9739
05	-0,05554 6431	10201 4232	156 6437	-0,05954 8862	10205 1456	160 6872
10	+0,04646 7801	10358 7343	157 3111	+0,04250 2594	10366 5469	161 4013
15	0,15005 5144	10516 7136	157 9793	0,14616 8063	10528 6631	162 1162
20	0,25522 2280	10675 3617	158 6481	0,25145 4695	10691 4951	162 8319
0,25	0,36197 5897	10834 6793	159 3176	0,35836 9646	10855 0435	163 5484
30	0,47032 2690	10994 6671	159 9878	0,46692 0080	11019 3091	164 2657
35	0,58026 9362	11155 3259	160 6587	0,57711 3172	11184 2929	164 9837
40	0,69182 2621	11316 6562	161 3303	0,68895 6100	11349 9954	165 7026
45	0,80498 9183	11478 6589	162 0026	0,80245 6055	11516 4177	166 4222
0,50	0,91977 5771	11641 3345	162 6756	0,91762 0231	11683 5603	167 1426
55	1,03618 9116	11804 6838	163 3493	1,03445 5834	11851 4241	167 8638
60	1,15423 5954	11968 7075	164 0237	1,15297 0076	12020 0100	168 5858
65	1,27392 3029	12133 4062	164 6988	1,27317 0176	12189 3186	169 3086
70	1,39525 7091	12298 7807	165 3745	1,39506 3362	12359 3508	170 0322
0,75	1,51824 4898	12464 8317	166 0510	1,51865 6871	12530 1074	170 7566
80	1,64289 3216	12631 5599	166 7281	1,64395 7945	12701 5892	171 4817
85	1,76920 8814	12798 9659	167 4060	1,77097 3837	12873 7969	172 2077
90	1,89719 8473	12967 0504	168 0846	1,89971 1805	13046 7313	172 9344
95	2,02686 8978	13135 8142	168 7638	2,03017 9118	13220 3932	173 6619
1,00	2,15822 7120		169 4437	2,16238 3050		174 3903

q = 0,4272659 Θ = 89°18,5045' q = 0,4308869 Θ = 89°20,8494'

z	q^3 = 0,082	Δ	Δ^2	q^3 = 0,084	Δ	Δ^2
-1,00	-1,83853 0835	+6908 2117		-1,83469 8349	+6837 2288	
95	-1,76944 8718	7057 8745	+149 6629	-1,76632 6061	6989 9481	+152 7194
90	-1,69886 9973	7208 2824	150 4079	-1,69642 6580	7143 4610	153 5128
85	-1,62678 7148	7359 4363	151 1538	-1,62499 1970	7297 7683	154 3073
80	-1,55319 2786	7511 3369	151 9007	-1,55201 4287	7452 8711	155 1028
-0,75	-1,47807 9416	7663 9853	152 6484	-1,47748 5575	7608 7704	155 8993
70	-1,40143 9563	7817 3822	153 3970	-1,40139 7871	7765 4672	156 6968
65	-1,32326 5741	7971 5287	154 1464	-1,32374 3198	7922 9625	157 4953
60	-1,24355 0454	8126 4255	154 8968	-1,24451 3574	8081 2572	158 2947
55	-1,16228 6199	8282 0735	155 6480	-1,16370 1001	8240 3525	159 0952
-0,50	-1,07946 5464	8438 4737	156 4002	-1,08129 7476	8400 2492	159 8967
45	-0,99508 0727	8595 6269	157 1532	-0,99729 4985	8560 9484	160 6992
40	-0,90912 4458	8753 5341	157 9071	-0,91168 5501	8722 4511	161 5027
35	-0,82158 9117	8912 1960	158 6619	-0,82446 0990	8884 7582	162 3072
30	-0,73246 7157	9071 6136	159 4176	-0,73561 3408	9047 8709	163 1127
-0,25	-0,64175 1021	9231 7878	160 1742	-0,64513 4699	9211 7900	163 9191
20	-0,54943 3143	9392 7195	160 9317	-0,55301 6799	9376 5166	164 7266
15	-0,45550 5949	9554 4095	161 6900	-0,45925 1633	9542 0518	165 5351
10	-0,35996 1854	9716 8587	162 4493	-0,36383 1115	9708 3964	166 3446
05	-0,26279 3266	9880 0681	163 2094	-0,26674 7151	9875 5515	167 1551
0,00	-0,16399 2585	10044 0385	163 9704	-0,16799 1636	10043 5181	167 9666
05	-0,06355 2200	10208 7709	164 7323	-0,06755 6454	10212 2973	168 7791
10	+0,03853 5509	10374 2660	165 4951	+0,03456 6519	10381 8899	169 5926
15	0,14227 8169	10540 5248	166 2588	0,13838 5418	10552 2971	170 4072
20	0,24768 3417	10707 5482	167 0234	0,24390 8389	10723 5198	171 2227
0,25	0,35475 8899	10875 3371	167 7889	0,35114 3586	10895 5590	172 0392
30	0,46351 2270	11043 8924	168 5552	0,46009 9176	11068 4157	172 8567
35	0,57395 1194	11213 2149	169 3225	0,57078 3333	11242 0910	173 6753
40	0,68608 3342	11383 3055	170 0906	0,68320 4243	11416 5858	174 4948
45	0,79991 6397	11554 1652	170 8597	0,79737 0101	11591 9011	175 3154
0,50	0,91545 8049	11725 7948	171 6296	0,91328 9112	11768 0381	176 1369
55	1,03271 5997	11898 1953	172 4004	1,03096 9493	11944 9975	176 9595
60	1,15169 7950	12071 3674	173 1722	1,15041 9468	12122 7806	177 7830
65	1,27241 1624	12245 3122	173 9448	1,27164 7274	12301 3882	178 6076
70	1,39486 4746	12420 0304	174 7183	1,39466 1156	12480 8214	179 4332
0,75	1,51906 5050	12595 5231	175 4927	1,51946 9369	12661 0812	180 2598
80	1,64502 0281	12771 7911	176 2680	1,64608 0181	12842 1686	181 0874
85	1,77273 8192	12948 8352	177 0441	1,77450 1867	13024 0845	181 9160
90	1,90222 6544	13126 6564	177 8212	1,90474 2712	13206 8301	182 7456
95	2,03349 3108	13305 2556	178 5992	2,03681 1014	13390 4064	183 5762
1,00	2,16654 5664		179 3780	2,17071 5077		184 4079

q = 0,4344481 Θ = 89°23,0507' q = 0,4379519 Θ = 89°25,1184'

z	q^3 = 0,086	Δ	$Δ^2$	q^3 = 0,088	Δ	$Δ^2$
-1,00	-1,83087 2588	+6766 5260		-1,82705 3653	+6696 1074	
95	-1,76320 7328	6922 2647	+155 7387	-1,76009 2579	6854 8276	+158 7203
90	-1,69398 4681	7078 8471	156 5824	-1,69154 4303	7014 4438	159 6162
85	-1,62319 6211	7236 2744	157 4273	-1,62139 9865	7174 9571	160 5133
80	-1,55083 3467	7394 5477	158 2733	-1,54965 0294	7336 3688	161 4117
-0,75	-1,47688 7990	7553 6682	159 1205	-1,47628 6606	7498 6802	162 3114
70	-1,40135 1308	7713 6369	159 9687	-1,40129 9804	7661 8925	163 2123
65	-1,32421 4939	7874 4550	160 8181	-1,32468 0878	7826 0070	164 1145
60	-1,24547 0390	8036 1235	161 6686	-1,24642 0808	7991 0250	165 0180
55	-1,16510 9154	8198 6438	162 5202	-1,16651 0558	8156 9477	165 9227
-0,50	-1,08312 2717	8362 0167	163 3730	-1,08494 1081	8323 7763	166 8287
45	-0,99950 2550	8526 2436	164 2268	-1,00170 3317	8491 5122	167 7359
40	-0,91424 0114	8691 3254	165 0819	-0,91678 8195	8660 1566	168 6444
35	-0,82732 6860	8857 2634	165 9380	-0,83018 6629	8829 7108	169 5541
30	-0,73875 4226	9024 0586	166 7952	-0,74188 9521	9000 1759	170 4652
-0,25	-0,64851 3639	9191 7123	167 6536	-0,65188 7762	9171 5534	171 3775
20	-0,55659 6516	9360 2254	168 5131	-0,56017 2228	9343 8444	172 2910
15	-0,46299 4262	9529 5992	169 3738	-0,46673 3784	9517 0503	173 2058
10	-0,36769 8270	9699 8347	170 2355	-0,37156 3282	9691 1722	174 1219
05	-0,27069 9923	9870 9332	171 0984	-0,27465 1560	9866 2114	175 0393
0,00	-0,17199 0591	10042 8956	171 9625	-0,17598 9445	10042 1693	175 9579
05	-0,07156 1635	10215 7232	172 8276	-0,07556 7752	10219 0471	176 8778
10	+0,03059 5597	10389 4171	173 6939	+0,02662 2719	10396 8460	177 7989
15	0,13448 9769	10563 9784	174 5613	0,13059 1179	10575 5674	178 7213
20	0,24012 9553	10739 4083	175 4298	0,23634 6853	10755 2124	179 6450
0,25	0,34752 3636	10915 7078	176 2995	0,34389 8976	10935 7824	180 5700
30	0,45668 0714	11092 8781	177 1703	0,45325 6800	11117 2785	181 4962
35	0,56760 9495	11270 9204	178 0423	0,56442 9585	11299 7022	182 4237
40	0,68031 8699	11449 8357	178 9153	0,67742 6608	11483 0547	183 3524
45	0,79481 7056	11629 6252	179 7895	0,79225 7155	11667 3372	184 2825
0,50	0,91111 3308	11810 2901	180 6649	0,90893 0526	11852 5509	185 2138
55	1,02921 6209	11991 8314	181 5413	1,02745 6036	12038 6973	186 1464
60	1,14913 4523	12174 2503	182 4189	1,14784 3008	12225 7775	187 0802
65	1,27087 7026	12357 5480	183 2976	1,27010 0783	12413 7928	188 0153
70	1,39445 2506	12541 7255	184 1775	1,39423 8711	12602 7445	188 9517
0,75	1,51986 9761	12726 7840	185 0585	1,52026 6156	12792 6338	189 8894
80	1,64713 7600	12912 7246	185 9406	1,64819 2494	12983 4621	190 8283
85	1,77626 4846	13099 5485	186 8239	1,77802 7116	13175 2306	191 7685
90	1,90726 0331	13287 2568	187 7083	1,90977 9422	13367 9406	192 7100
95	2,04013 2899	13475 8506	188 5938	2,04345 8829	13561 5933	193 6527
1,00	2,17489 1405		189 4805	2,17907 4762		194 5968

q = 0,4414005   Θ = 89°27,0617'   q = 0,4447960   Θ = 89°28,8890'

z	q^3= 0,090	Δ	Δ²	q^3= 0,092	Δ	Δ²
-1,00	-1,82324 1643	+6625 9769	+161 6637	-1,81943 6657	+6556 1384	+164 5685
95	-1,75698 1874	6787 6406	162 6136	-1,75387 5273	6720 7069	165 5743
90	-1,68910 5469	6950 2541	163 5649	-1,68666 8204	6886 2812	166 5816
85	-1,61960 2927	7113 8190	164 5176	-1,61780 5392	7052 8628	167 5905
80	-1,54846 4737	7278 3366	165 4717	-1,54727 6765	7220 4533	168 6010
-0,75	-1,47568 1371	7443 8084	166 4272	-1,47507 2232	7389 0543	169 6131
70	-1,40124 3287	7610 2356	167 3842	-1,40118 1689	7558 6674	170 6267
65	-1,32514 0931	7777 6198	168 3425	-1,32559 5015	7729 2941	171 6419
60	-1,24736 4734	7945 9623	169 3023	-1,24830 2074	7900 9360	172 6587
55	-1,16790 5111	8115 2646	170 2634	-1,16929 2714	8073 5947	173 6771
-0,50	-1,08675 2465	8285 5280	171 2260	-1,08855 6767	8247 2718	174 6970
45	-1,00389 7185	8456 7540	172 1900	-1,00608 4050	8421 9688	175 7185
40	-0,91932 9644	8628 9441	173 1554	-0,92186 4362	8597 6873	176 7416
35	-0,83304 0204	8802 0995	174 1222	-0,83588 7489	8774 4289	177 7663
30	-0,74501 9209	8976 2217	175 0905	-0,74814 3201	8952 1951	178 7925
-0,25	-0,65525 6991	9151 3122	176 0601	-0,65862 1250	9130 9876	179 8203
20	-0,56374 3869	9327 3724	177 0312	-0,56731 1374	9310 8079	180 8497
15	-0,47047 0146	9504 4035	178 0037	-0,47420 3294	9491 6576	181 8807
10	-0,37542 6110	9682 4072	178 9776	-0,37928 6718	9673 5383	182 9133
05	-0,27860 2038	9861 3848	179 9529	-0,28255 1334	9856 4516	183 9474
0,00	-0,17998 8190	10041 3377	180 9296	-0,18398 6818	10040 3990	184 9831
05	-0,07957 4814	10222 2673	181 9078	-0,08358 2828	10225 3821	186 0204
10	+0,02264 7859	10404 1750	182 8873	+0,01867 0993	10411 4026	187 0593
15	0,12668 9609	10587 0623	183 8683	0,12278 5019	10598 4619	188 0998
20	0,23256 0233	10770 9306	184 8507	0,22876 9638	10786 5617	189 1419
0,25	0,34026 9539	10955 7814	185 8345	0,33663 5255	10975 7036	190 1855
30	0,44982 7353	11141 6159	186 8198	0,44639 2291	11165 8891	191 2307
35	0,56124 3512	11328 4357	187 8064	0,55805 1182	11357 1198	192 2775
40	0,67452 7868	11516 2421	188 7945	0,67162 2379	11549 3973	193 3259
45	0,78969 0289	11705 0366	189 7840	0,78711 6353	11742 7233	194 3759
0,50	0,90674 0655	11894 8206	190 7750	0,90454 3586	11937 0992	195 4275
55	1,02568 8862	12085 5956	191 7673	1,02391 4578	12132 5267	196 4807
60	1,14654 4818	12277 3629	192 7611	1,14523 9845	12329 0074	197 5354
65	1,26931 8447	12470 1240	193 7563	1,26852 9919	12526 5428	198 5918
70	1,39401 9687	12663 8803	194 7529	1,39379 5347	12725 1346	199 6497
0,75	1,52065 8489	12858 6332	195 7510	1,52104 6692	12924 7843	200 7092
80	1,64924 4821	13054 3841	196 7504	1,65029 4535	13125 4935	201 7703
85	1,77978 8662	13251 1346	197 7513	1,78154 9470	13327 2639	202 8331
90	1,91230 0008	13448 8859	198 7537	1,91482 2109	13530 0969	203 8974
95	2,04678 8867	13647 6396	199 7574	2,05012 3078	13733 9943	204 9633
1,00	2,18326 5263			2,18746 3021		

q = 0,4481405 Θ = 89°30,6083' q = 0,4514357 Θ = 89°32,2267'

z	q^3= 0,094	Δ	$Δ^2$	q^3= 0,096	Δ	$Δ^2$
-1,00	-1,81563 8793			-1,81184 8147		
		+6486 5959	+167 4342		+6417 3532	+170 2603
95	-1,75077 2834			-1,74767 4615		
		6654 0301	168 4977		6587 6135	171 3835
90	-1,68423 2533			-1,68179 8480		
		6822 5278	169 5630		6758 9970	172 5087
85	-1,61600 7255			-1,61420 8510		
		6992 0908	170 6301		6931 5057	173 6358
80	-1,54608 6347			-1,54489 3453		
		7162 7209	171 6989		7105 1416	174 7649
-0,75	-1,47445 9138			-1,47384 2037		
		7334 4198	172 7694		7279 9065	175 8960
70	-1,40111 4940			-1,40104 2972		
		7507 1892	173 8417		7455 8025	177 0289
65	-1,32604 3047			-1,32648 4947		
		7681 0310	174 9158		7632 8314	178 1639
60	-1,24923 2738			-1,25015 6633		
		7855 9468	175 9916		7810 9953	179 3007
55	-1,17067 3270			-1,17204 6680		
		8031 9384	177 0692		7990 2960	180 4395
-0,50	-1,09035 3886			-1,09214 3721		
		8209 0076	178 1485		8170 7355	181 5803
45	-1,00826 3810			-1,01043 6365		
		8387 1561	179 2296		8352 3158	182 7230
40	-0,92439 2249			-0,92691 3207		
		8566 3857	180 3124		8535 0388	183 8677
35	-0,83872 8392			-0,84156 2819		
		8746 6981	181 3970		8718 9065	185 0143
30	-0,75126 1411			-0,75437 3755		
		8928 0951	182 4833		8903 9207	186 1628
-0,25	-0,66198 0461			-0,66533 4548		
		9110 5784	183 5714		9090 0835	187 3133
20	-0,57087 4676			-0,57443 3712		
		9294 1499	184 6613		9277 3969	188 4658
15	-0,47793 3178			-0,48165 9743		
		9478 8112	185 7529		9465 8627	189 6202
10	-0,38314 5066			-0,38700 1117		
		9664 5641	186 8463		9655 4829	190 7766
05	-0,28649 9426			-0,29044 6288		
		9851 4104	187 9414		9846 2595	191 9349
0,00	-0,18798 5322			-0,19198 3693		
		10039 3518	189 0383		10038 1944	193 0952
05	-0,08759 1804			-0,09160 1748		
		10228 3901	190 1370		10231 2897	194 2575
10	+0,01469 2097			+0,01071 1148		
		10418 5271	191 2374		10425 5471	195 4217
15	0,11887 7369			0,11496 6620		
		10609 7646	192 3396		10620 9688	196 5878
20	0,22497 5014			0,22117 6308		
		10802 1042	193 4436		10817 5566	197 7560
0,25	0,33299 6056			0,32935 1874		
		10995 5477	194 5493		11015 3126	198 9261
30	0,44295 1533			0,43950 5000		
		11190 0970	195 6568		11214 2387	200 0981
35	0,55485 2504			0,55164 7387		
		11385 7538	196 7660		11414 3368	201 2721
40	0,66871 0041			0,66579 0755		
		11582 5198	197 8770		11615 6089	202 4481
45	0,78453 5239			0,78194 6843		
		11780 3968	198 9898		11818 0570	203 6260
0,50	0,90233 9208			0,90012 7413		
		11979 3867	200 1044		12021 6830	204 8059
55	1,02213 3074			1,02034 4243		
		12179 4910	201 2207		12226 4889	205 9878
60	1,14392 7985			1,14260 9132		
		12380 7117	202 3388		12432 4767	207 1716
65	1,26773 5102			1,26693 3900		
		12583 0505	203 4587		12639 6484	208 3575
70	1,39356 5607			1,39333 0383		
		12786 5092	204 5803		12848 0058	209 5452
0,75	1,52143 0699			1,52181 0442		
		12991 0895	205 7037		13057 5511	210 7350
80	1,65134 1594			1,65238 5952		
		13196 7932	206 8289		13268 2860	211 9267
85	1,78330 9525			1,78506 8812		
		13403 6221	207 9558		13480 2127	213 1204
90	1,91734 5746			1,91987 0940		
		13611 5779	209 0845		13693 3331	214 3160
95	2,05346 1525			2,05680 4271		
		13820 6625	210 2151		13907 6492	215 5137
1,00	2,19166 8150			2,19588 0762		

q = 0,4546836 Θ = 89°33,7507' q = 0,4578857 Θ = 89°35,1864'

z	q^3= 0,098	Δ	Δ^2	q^3= 0,100	Δ	Δ^2
-1,00	-1,80806 4815	+6348 4140		-1,80428 8889	+6279 7821	
95	-1,74458 0674	6521 4604	+173 0464	-1,74149 1068	6455 5741	+175 7920
90	-1,67936 6070	6695 6917	174 2312	-1,67693 5327	6632 6146	177 0405
85	-1,61240 9154	6871 1099	175 4183	-1,61060 9181	6810 9059	178 2913
80	-1,54369 8054	7047 7174	176 6075	-1,54250 0122	6990 4504	179 5445
-0,75	-1,47322 0881	7225 5162	177 7988	-1,47259 5618	7171 2504	180 8001
70	-1,40096 5719	7404 5085	178 9923	-1,40088 3114	7353 3085	182 0580
65	-1,32692 0634	7584 6964	180 1879	-1,32735 0029	7536 6268	183 3184
60	-1,25107 3670	7766 0821	181 3857	-1,25198 3761	7721 2079	184 5811
55	-1,17341 2849	7948 6678	182 5857	-1,17477 1682	7907 0541	185 8462
-0,50	-1,09392 6172	8132 4556	183 7878	-1,09570 1141	8094 1678	187 1137
45	-1,01260 1616	8317 4476	184 9921	-1,01475 9463	8282 5514	188 3836
40	-0,92942 7140	8503 6461	186 1985	-0,93193 3949	8472 2072	189 6559
35	-0,84439 0678	8691 0532	187 4071	-0,84721 1877	8663 1377	190 9305
30	-0,75748 0146	8879 6711	188 6179	-0,76058 0499	8855 3453	192 2076
-0,25	-0,66868 3435	9069 5019	189 8308	-0,67202 7046	9048 8323	193 4870
20	-0,57798 8416	9260 5477	191 0459	-0,58153 8723	9243 6012	194 7689
15	-0,48538 2939	9452 8108	192 2631	-0,48910 2711	9439 6543	196 0531
10	-0,39085 4830	9646 2934	193 4825	-0,39470 6168	9636 9940	197 3397
05	-0,29439 1896	9840 9975	194 7041	-0,29833 6228	9835 6228	198 6288
0,00	-0,19598 1922	10036 9254	195 9279	-0,19998 0000	10035 5430	199 9202
05	-0,09561 2668	10234 0791	197 1538	-0,09962 4570	10236 7570	201 2140
10	+0,00672 8123	10432 4610	198 3819	+0,00274 3000	10439 2673	202 5103
15	0,11105 2734	10632 0732	199 6121	0,10713 5673	10643 0762	203 8089
20	0,21737 3465	10832 9178	200 8446	0,21356 6435	10848 1861	205 1099
0,25	0,32570 2643	11034 9970	202 0792	0,32204 8296	11054 5995	206 4134
30	0,43605 2613	11238 3129	203 3160	0,43259 4291	11262 3187	207 7192
35	0,54843 5742	11442 8679	204 5549	0,54521 7479	11471 3462	209 0275
40	0,66286 4421	11648 6639	205 7961	0,65993 0941	11681 6844	210 3381
45	0,77935 1060	11855 7033	207 0394	0,77674 7785	11893 3356	211 6512
0,50	0,89790 8093	12063 9882	208 2849	0,89568 1141	12106 3023	212 9667
55	1,01854 7975	12273 5208	209 5326	1,01674 4164	12320 5869	214 2846
60	1,14128 3183	12484 3032	210 7824	1,13995 0033	12536 1918	215 6049
65	1,26612 6215	12696 3376	212 0344	1,26531 1951	12753 1195	216 9276
70	1,39308 9591	12909 6263	213 2887	1,39284 3146	12971 3722	218 2528
0,75	1,52218 5854	13124 1713	214 5451	1,52255 6868	13190 9526	219 5803
80	1,65342 7567	13339 9750	215 8036	1,65446 6394	13411 8629	220 9103
85	1,78682 7317	13557 0394	217 0644	1,78858 5023	13634 1056	222 2427
90	1,92239 7711	13775 3668	218 3274	1,92492 6079	13857 6831	223 5775
95	2,06015 1379	13994 9593	219 5925	2,06350 2910	14082 5979	224 9148
1,00	2,20010 0972		220 8599	2,20432 8889		226 2544

q = 0,4610436 Θ = 89°36,5397' q = 0,4641589 Θ = 89°37,8156'

z	q^3 = 0,102	Δ	$Δ^2$	q^3 = 0,104	Δ	$Δ^2$
-1,00	-1,80052 0465	+6211 4610		-1,79675 9633	+6143 4545	
95	-1,73840 5854	6389 9579	+178 4969	-1,73532 5088	6324 6149	+181 1604
90	-1,67450 6275	6569 7687	179 8108	-1,67207 8939	6507 1567	182 5418
85	-1,60880 8588	6750 8961	181 1274	-1,60700 7372	6691 0828	183 9261
80	-1,54129 9628	6933 3426	182 4466	-1,54009 6544	6876 3961	185 3133
-0,75	-1,47196 6202	7117 1110	183 7684	-1,47133 2583	7063 0995	186 7034
70	-1,40079 5092	7302 2038	185 0928	-1,40070 1588	7251 1958	188 0963
65	-1,32777 3053	7488 6237	186 4199	-1,32818 9630	7440 6881	189 4922
60	-1,25288 6816	7676 3733	187 7496	-1,25378 2749	7631 5790	190 8910
55	-1,17612 3083	7865 4553	189 0820	-1,17746 6959	7823 8717	192 2927
-0,50	-1,09746 8530	8055 8722	190 4169	-1,09922 8242	8017 5689	193 6972
45	-1,01690 9807	8247 6268	191 7545	-1,01905 2553	8212 6736	195 1047
40	-0,93443 3540	8440 7216	193 0948	-0,93692 5816	8409 1887	196 5151
35	-0,85002 6324	8635 1592	194 4377	-0,85283 3929	8607 1171	197 9284
30	-0,76367 4732	8830 9425	195 7832	-0,76676 2758	8806 4617	199 3446
-0,25	-0,67536 5307	9028 0738	197 1314	-0,67869 8142	9007 2253	200 7637
20	-0,58508 4569	9226 5560	198 4822	-0,58862 5888	9209 4110	202 1857
15	-0,49281 9008	9426 3917	199 8356	-0,49653 1778	9413 0216	203 6106
10	-0,39855 5092	9627 5834	201 1917	-0,40240 1562	9618 0601	205 0385
05	-0,30227 9258	9830 1339	202 5505	-0,30622 0960	9824 5293	206 4692
0,00	-0,20397 7918	10034 0458	203 9119	-0,20797 5667	10032 4323	207 9029
05	-0,10363 7460	10239 3218	205 2759	-0,10765 1344	10241 7718	209 3395
10	-0,00124 4243	10445 9644	206 6426	-0,00523 3627	10452 5508	210 7790
15	+0,10321 5401	10653 9764	208 0120	+0,09929 1881	10664 7723	212 2215
20	0,20975 5165	10863 3604	209 3840	0,20593 9604	10878 4391	213 6669
0,25	0,31838 8769	11074 1190	210 7587	0,31472 3995	11093 5543	215 1151
30	0,42912 9959	11286 2550	212 1360	0,42565 9538	11310 1207	216 5664
35	0,54199 2509	11499 7710	213 5159	0,53876 0745	11528 1412	218 0205
40	0,65699 0219	11714 6695	214 8986	0,65404 2157	11747 6188	219 4776
45	0,77413 6914	11930 9534	216 2839	0,77151 8345	11968 5564	220 9376
0,50	0,89344 6448	12148 6252	217 6718	0,89120 3909	12190 9570	222 4006
55	1,01493 2701	12367 6877	219 0625	1,01311 3479	12414 8235	223 8665
60	1,13860 9578	12588 1435	220 4557	1,13726 1714	12640 1588	225 3353
65	1,26449 1012	12809 9952	221 8517	1,26366 3302	12866 9659	226 8071
70	1,39259 0964	13033 2455	223 2503	1,39233 2961	13095 2477	228 2818
0,75	1,52292 3418	13257 8971	224 6516	1,52328 5438	13325 0071	229 7594
80	1,65550 2389	13483 9527	226 0556	1,65653 5509	13556 2471	231 2400
85	1,79034 1916	13711 4149	227 4622	1,79209 7980	13788 9707	232 7236
90	1,92745 6065	13940 2864	228 8715	1,92998 7688	14023 1808	234 2101
95	2,06685 8929	14170 5699	230 2835	2,07021 9496	14258 8803	235 6995
1,00	2,20856 4628		231 6982	2,21280 8299		237 1919

q = 0,4672329 θ = 89°39,0190' q = 0,4702669 θ = 89°40,1545'

z	q^3= 0,106	Δ	Δ²	q^3= 0,108	Δ	Δ²
-1,00	-1,79300 6484			-1,78926 1109		
		+6075 7659			+6008 3989	
95	-1,73224 8825		+183 7823	-1,72917 7120		+186 3622
		6259 5482			6194 7611	
90	-1,66965 3343		185 2331	-1,66722 9510		187 8844
		6444 7814			6382 6454	
85	-1,60520 5529		186 6871	-1,60340 3056		189 4101
		6631 4685			6572 0555	
80	-1,53889 0844		188 1443	-1,53768 2500		190 9393
		6819 6128			6762 9948	
-0,75	-1,47069 4715		189 6047	-1,47005 2552		192 4720
		7009 2175			6955 4668	
70	-1,40060 2540		191 0682	-1,40049 7884		194 0082
		7200 2858			7149 4750	
65	-1,32859 9682		192 5350	-1,32900 3135		195 5478
		7392 8208			7345 0228	
60	-1,25467 1475		194 0049	-1,25555 2906		197 0910
		7586 8257			7542 1138	
55	-1,17880 3218		195 4780	-1,18013 1768		198 6377
		7782 3037			7740 7515	
-0,50	-1,10098 0181		196 9543	-1,10272 4253		200 1879
		7979 2580			7940 9394	
45	-1,02118 7602		198 4338	-1,02331 4859		201 7416
		8177 6918			8142 6810	
40	-0,93941 0684		199 9165	-0,94188 8049		203 2987
		8377 6082			8345 9797	
35	-0,85563 4602		201 4024	-0,85842 8252		204 8594
		8579 0106			8550 8391	
30	-0,76984 4496		202 8914	-0,77291 9861		206 4236
		8781 9021			8757 2628	
-0,25	-0,68202 5475		204 3837	-0,68534 7233		207 9914
		8986 2858			8965 2542	
20	-0,59216 2617		205 8792	-0,59569 4692		209 5626
		9192 1650			9174 8168	
15	-0,50024 0967		207 3779	-0,50394 6524		211 1374
		9399 5429			9385 9541	
10	-0,40624 5538		208 8798	-0,41008 6983		212 7156
		9608 4227			9598 6698	
05	-0,31016 1311		210 3849	-0,31410 0285		214 2974
		9818 8076			9812 9672	
0,00	-0,21197 3235		211 8932	-0,21597 0613		215 8827
		10030 7008			10028 8499	
05	-0,11166 6227		213 4047	-0,11568 2114		217 4716
		10244 1055			10246 3215	
10	-0,00922 5172		214 9195	-0,01321 8899		219 0640
		10459 0250			10465 3855	
15	+0,09536 5078		216 4374	+0,09143 4956		220 6599
		10675 4624			10686 0454	
20	0,20211 9702		217 9586	0,19829 5410		222 2593
		10893 4210			10908 3047	
0,25	0,31105 3912		219 4830	0,30737 8456		223 8623
		11112 9040			11132 1670	
30	0,42218 2953		221 0106	0,41870 0126		225 4688
		11333 9146			11357 6358	
35	0,53552 2099		222 5414	0,53227 6484		227 0788
		11556 4560			11584 7146	
40	0,65108 6659		224 0755	0,64812 3630		228 6924
		11780 5315			11813 4070	
45	0,76889 1974		225 6128	0,76625 7700		230 3096
		12006 1443			12043 7166	
0,50	0,88895 3417		227 1533	0,88669 4866		231 9303
		12233 2976			12275 6469	
55	1,01128 6393		228 6970	1,00945 1335		233 5545
		12461 9946			12509 2014	
60	1,13590 6339		230 2440	1,13454 3349		235 1823
		12692 2386			12744 3837	
65	1,26282 8725		231 7942	1,26198 7185		236 8136
		12924 0329			12981 1973	
70	1,39206 9054		233 3477	1,39179 9158		238 4485
		13157 3805			13219 6458	
0,75	1,52364 2859		234 9044	1,52399 5616		240 0870
		13392 2849			13459 7327	
80	1,65756 5708		236 4643	1,65859 2943		241 7290
		13628 7492			13701 4617	
85	1,79385 3200		238 0275	1,79560 7560		243 3745
		13866 7767			13944 8362	
90	1,93252 0967		239 5939	1,93505 5922		245 0237
		14106 3706			14189 8599	
95	2,07358 4672		241 1635	2,07695 4520		246 6764
		14347 5341			14436 5362	
1,00	2,21706 0013		242 7365	2,22131 9882		248 3326

q = 0,4732623 Θ = 89°41,2262' q = 0,4762203 Θ = 89°42,2380'

z	q^3 = 0,110	Δ	$Δ^2$	q^3 = 0,112	Δ	$Δ^2$
-1,00	-1,78552 3597	+5941 3568		-1,78179 4035	+5874 6431	
95	-1,72611 0029	6130 2564	+188 8996	-1,72304 7605	6066 0373	+191 3942
90	-1,66480 7465	6320 7516	190 4952	-1,66238 7232	6259 1024	193 0652
85	-1,60159 9949	6512 8462	192 0946	-1,59979 6208	6453 8427	194 7403
80	-1,53647 1488	6706 5440	193 6978	-1,53525 7781	6650 2623	196 4196
-0,75	-1,46940 6048	6901 8489	195 3049	-1,46875 5158	6848 3654	198 1031
70	-1,40038 7559	7098 7647	196 9158	-1,40027 1504	7048 1562	199 7908
65	-1,32939 9913	7297 2952	198 5305	-1,32978 9942	7249 6388	201 4826
60	-1,25642 6961	7497 4442	200 1491	-1,25729 3555	7452 8175	203 1787
55	-1,18145 2519	7699 2157	201 7714	-1,18276 5380	7657 6964	204 8789
-0,50	-1,10446 0362	7902 6133	203 3977	-1,10618 8416	7864 2798	206 5834
45	-1,02543 4229	8107 6410	205 0277	-1,02754 5617	8072 5719	208 2920
40	-0,94435 7818	8314 3027	206 6616	-0,94681 9899	8282 5768	210 0049
35	-0,86121 4792	8522 6020	208 2994	-0,86399 4131	8494 2987	211 7220
30	-0,77598 8771	8732 5430	209 9410	-0,77905 1144	8707 7419	213 4432
-0,25	-0,68866 3341	8944 1294	211 5864	-0,69197 3725	8922 9106	215 1687
20	-0,59922 2047	9157 3651	213 2357	-0,60274 4619	9139 8090	216 8984
15	-0,50764 8395	9372 2540	214 8889	-0,51134 6529	9358 4413	218 6323
10	-0,41392 5855	9588 7999	216 5459	-0,41776 2116	9578 8117	220 3704
05	-0,31803 7856	9807 0066	218 2067	-0,32197 3998	9800 9245	222 1128
0,00	-0,21996 7790	10026 8781	219 8715	-0,22396 4753	10024 7839	223 8594
05	-0,11969 9009	10248 4182	221 5401	-0,12371 6914	10250 3941	225 6102
10	-0,01721 4827	10471 6307	223 2125	-0,02121 2974	10477 7593	227 3652
15	+0,08750 1481	10696 5196	224 8889	+0,08356 4619	10706 8838	229 1245
20	0,19446 6677	10923 0887	226 5691	0,19063 3457	10937 7718	230 8880
0,25	0,30369 7564	11151 3419	228 2532	0,30001 1175	11170 4276	232 6558
30	0,41521 0983	11381 2830	229 9411	0,41171 5450	11404 8553	234 4278
35	0,52902 3814	11612 9160	231 6330	0,52576 4004	11641 0594	236 2040
40	0,64515 2974	11846 2447	233 3287	0,64217 4598	11879 0439	237 9845
45	0,76361 5421	12081 2731	235 0283	0,76096 5037	12118 8132	239 7693
0,50	0,88442 8152	12318 0049	236 7318	0,88215 3169	12360 3715	241 5583
55	1,00760 8201	12556 4441	238 4392	1,00575 6884	12603 7231	243 3516
60	1,13317 2642	12796 5946	240 1505	1,13179 4114	12848 8722	245 1491
65	1,26113 8588	13038 4603	241 8657	1,26028 2836	13095 8231	246 9509
70	1,39152 3190	13282 0450	243 5848	1,39124 1067	13344 5800	248 7570
0,75	1,52434 3641	13527 3528	245 3077	1,52468 6867	13595 1473	250 5673
80	1,65961 7169	13774 3874	247 0346	1,66063 8341	13847 5293	252 3819
85	1,79736 1043	14023 1528	248 7654	1,79911 3633	14101 7301	254 2008
90	1,93759 2571	14273 6530	250 5001	1,94013 0934	14357 7540	256 0240
95	2,08032 9101	14525 8917	252 2387	2,08370 8474	14615 6055	257 8514
1,00	2,22558 8018		253 9813	2,22986 4529		259 6832

q - 0,4791420 Θ = 89°43,1935' q = 0,4820285 Θ = 89°44,0961'

z	q^3 = 0,114	Δ	Δ²	q^3 = 0,116	Δ	Δ²
-1,00	-1,77807 2511	+5808 2610		-1,77435 9110	+5742 2138	
95	-1,71998 9901	6002 1066	+193 8457	-1,71693 6972	5938 4674	+196 2536
90	-1,65996 8835	6197 7006	195 5940	-1,65755 2298	6136 5487	198 0813
85	-1,59799 1829	6395 0474	197 3468	-1,59618 6811	6336 4626	199 9139
80	-1,53404 1355	6594 1517	199 1042	-1,53282 2185	6538 2140	201 7515
-0,75	-1,46809 9838	6795 0179	200 8662	-1,46744 0044	6741 8080	203 5940
70	-1,40014 9659	6997 6507	202 6328	-1,40002 1964	6947 2496	205 4416
65	-1,33017 3152	7202 0546	204 4039	-1,33054 9468	7154 5437	207 2941
60	-1,25815 2605	7408 2343	206 1796	-1,25900 4031	7363 6953	209 1516
55	-1,18407 0262	7616 1942	207 9599	-1,18536 7079	7574 7094	211 0141
-0,50	-1,10790 8320	7825 9390	209 7448	-1,10961 9985	7787 5910	212 8816
45	-1,02964 8930	8037 4733	211 5343	-1,03174 4075	8002 3451	214 7541
40	-0,94927 4198	8250 8016	213 3283	-0,95172 0625	8218 9767	216 6316
35	-0,86676 6182	8465 9285	215 1269	-0,86953 0857	8437 4908	218 5141
30	-0,78210 6897	8682 8587	216 9302	-0,78515 5949	8657 8925	220 4017
-0,25	-0,69527 8310	8901 5967	218 7380	-0,69857 7024	8880 1868	222 2942
20	-0,60626 2343	9122 1472	220 5505	-0,60977 5156	9104 3786	224 1918
15	-0,51504 0871	9344 5147	222 3675	-0,51873 1370	9330 4730	226 0944
10	-0,42159 5724	9568 7039	224 1892	-0,42542 6640	9558 4750	228 0020
05	-0,32590 8685	9794 7194	226 0155	-0,32984 1890	9788 3897	229 9147
0,00	-0,22796 1492	10022 5657	227 8464	-0,23195 7993	10020 2221	231 8324
05	-0,12773 5835	10252 2476	229 6819	-0,13175 5772	10253 9772	233 7551
10	-0,02521 3359	10483 7696	231 5220	-0,02921 6000	10489 6601	235 6829
15	+0,07962 4337	10717 1363	233 3668	+0,07568 0602	10727 2759	237 6157
20	0,18679 5700	10952 3525	235 2162	0,18295 3361	10966 8295	239 5536
0,25	0,29631 9225	11189 4227	237 0702	0,29262 1656	11208 3261	241 4966
30	0,40821 3453	11428 3516	238 9289	0,40470 4917	11451 7707	243 4446
35	0,52249 6968	11669 1438	240 7922	0,51922 2624	11697 1683	245 3976
40	0,63918 8406	11911 8039	242 6601	0,63619 4307	11944 5241	247 3558
45	0,75830 6445	12156 3367	244 5327	0,75563 9548	12193 8431	249 3190
0,50	0,87986 9812	12402 7467	246 4100	0,87757 7978	12445 1303	251 2873
55	1,00389 7279	12651 0386	248 2919	1,00202 9281	12698 3910	253 2606
60	1,13040 7665	12901 2171	250 1785	1,12901 3191	12953 6300	255 2391
65	1,25941 9836	13153 2868	252 0697	1,25854 9491	13210 8526	257 2226
70	1,39095 2704	13407 2524	253 9656	1,39065 8018	13470 0639	259 2112
0,75	1,52502 5228	13663 1186	255 8662	1,52535 8656	13731 2688	261 2050
80	1,66165 6414	13920 8900	257 7714	1,66267 1344	13994 4726	263 2038
85	1,80086 5315	14180 5714	259 6813	1,80261 6070	14259 6803	265 2077
90	1,94267 1029	14442 1673	261 5959	1,94521 2874	14526 8971	267 2167
95	2,08709 2702	14705 6826	263 5152	2,09048 1844	14796 1279	269 2309
1,00	2,23414 9528		265 4392	2,23844 3124		271 2502

q = 0,4848808 Θ = 89°44,9489' q = 0,4876999 Θ = 89°45,7550'

z	q^3 = 0,118	Δ	Δ^2	q^3 = 0,120	Δ	Δ^2
-1,00	-1,77065 3917	+5676 5048		-1,76695 7016	+5611 1370	
95	-1,71388 8869	5875 1225	+198 6178	-1,71084 5646	5812 0748	+200 9377
90	-1,65513 7644	6075 6493	200 5267	-1,65272 4898	6015 0048	202 9300
85	-1,59438 1151	6278 0904	202 4411	-1,59257 4850	6219 9330	204 9282
80	-1,53160 0248	6482 4513	204 3609	-1,53037 5520	6426 8652	206 9322
-0,75	-1,46677 5735	6688 7374	206 2861	-1,46610 6868	6635 8074	208 9422
70	-1,39988 8361	6896 9541	208 2167	-1,39974 8794	6846 7654	210 9580
65	-1,33091 8821	7107 1069	210 1528	-1,33128 1140	7059 7451	212 9797
60	-1,25984 7752	7319 2011	212 0943	-1,26068 3688	7274 7525	215 0074
55	-1,18665 5741	7533 2423	214 0412	-1,18793 6163	7491 7934	217 0409
-0,50	-1,11132 3318	7749 2358	215 9935	-1,11301 8229	7710 8738	219 0804
45	-1,03383 0960	7967 1872	217 9514	-1,03590 9492	7931 9995	221 1257
40	-0,95415 9088	8187 1018	219 9146	-0,95658 9497	8155 1766	223 1771
35	-0,87228 8069	8408 9852	221 8833	-0,87503 7731	8380 4108	225 2343
30	-0,78819 8218	8632 8427	223 8575	-0,79123 3623	8607 7083	227 2975
-0,25	-0,70186 9791	8858 6798	225 8371	-0,70515 6540	8837 0749	229 3666
20	-0,61328 2993	9086 5020	227 8222	-0,61678 5791	9068 5165	231 4416
15	-0,52241 7973	9316 3149	229 8128	-0,52610 0626	9302 0392	233 5226
10	-0,42925 4824	9548 1238	231 8089	-0,43308 0234	9537 6488	235 6096
05	-0,33377 3587	9781 9342	233 8104	-0,33770 3747	9775 3513	237 7025
0,00	-0,23595 4245	10017 7516	235 8174	-0,23995 0234	10015 1527	239 8014
05	-0,13577 6729	10255 5816	237 8299	-0,13979 8706	10257 0590	241 9063
10	-0,03322 0913	10495 4295	239 8480	-0,03722 8116	10501 0762	244 0171
15	+0,07173 3382	10737 3010	241 8715	+0,06778 2646	10747 2101	246 1340
20	0,17910 6392	10981 2015	243 9005	0,17525 4747	10995 4669	248 2568
0,25	0,28891 8406	11227 1365	245 9350	0,28520 9416	11245 8525	250 3856
30	0,40118 9771	11475 1115	247 9750	0,39766 7942	11498 3729	252 5204
35	0,51594 0885	11725 1321	250 0206	0,51265 1671	11753 0341	254 6612
40	0,63319 2206	11977 2037	252 0717	0,63018 2012	12009 8421	256 8080
45	0,75296 4243	12231 3320	254 1283	0,75028 0433	12268 8030	258 9608
0,50	0,87527 7563	12487 5224	256 1904	0,87296 8463	12529 9227	261 1197
55	1,00015 2787	12745 7804	258 2581	0,99826 7690	12793 2072	263 2846
60	1,12761 0591	13006 1117	260 3313	1,12619 9762	13058 6627	265 4555
65	1,25767 1707	13268 5217	262 4100	1,25678 6389	13326 2951	267 6324
70	1,39035 6924	13533 0160	264 4943	1,39004 9341	13596 1105	269 8154
0,75	1,52568 7084	13799 6002	266 5842	1,52601 0445	13868 1149	272 0044
80	1,66368 3086	14068 2798	268 6796	1,66469 1594	14142 3143	274 1995
85	1,80436 5884	14339 0603	270 7806	1,80611 4737	14418 7149	276 4006
90	1,94775 6487	14611 9474	272 8871	1,95030 1886	14697 3227	278 6078
95	2,09387 5961	14886 9466	274 9992	2,09727 5113	14978 1437	280 8210
1,00	2,24274 5427		277 1169	2,24705 6549		283 0403

q = 0,4904868 Θ = 89°46,5169' q = 0,4932424 Θ = 89°47,2373'

z	q^3 = 0,122	Δ	Δ^2	q^3 = 0,124	Δ	Δ^2
-1,00	-1,76326 8491			-1,75958 8422		
		+5546 1137			+5481 4379	
95	-1,70780 7353		+203 2133	-1,70477 4043		+205 4440
		5749 3270			5686 8818	
90	-1,65031 4084		205 2908	-1,64790 5225		207 6089
		5954 6178			5894 4907	
85	-1,59076 7906		207 3748	-1,58896 0318		209 7807
		6161 9926			6104 2714	
80	-1,52914 7979		209 4652	-1,52791 7604		211 9594
		6371 4578			6316 2308	
-0,75	-1,46543 3401		211 5619	-1,46475 5296		214 1451
		6583 0197			6530 3759	
70	-1,39960 3204		213 6651	-1,39945 1536		216 3377
		6796 6848			6746 7136	
65	-1,33163 6356		215 7746	-1,33198 4401		218 5372
		7012 4595			6965 2508	
60	-1,26151 1761		217 8906	-1,26233 1892		220 7437
		7230 3501			7185 9945	
55	-1,18920 8260		220 0130	-1,19047 1947		222 9572
		7450 3631			7408 9517	
-0,50	-1,11470 4630		222 1418	-1,11638 2430		225 1776
		7672 5049			7634 1293	
45	-1,03797 9581		224 2770	-1,04004 1137		227 4050
		7896 7819			7861 5342	
40	-0,95901 1762		226 4187	-0,96142 5794		229 6393
		8123 2006			8091 1736	
35	-0,87777 9756		228 5668	-0,88051 4059		231 8806
		8351 7674			8323 0542	
30	-0,79426 2082		230 7213	-0,79728 3517		234 1290
		8582 4887			8557 1832	
-0,25	-0,70843 7195		232 8823	-0,71171 1685		236 3843
		8815 3711			8793 5675	
20	-0,62028 3485		235 0498	-0,62377 6011		238 6466
		9050 4209			9032 2141	
15	-0,52977 9276		237 2237	-0,53345 3870		240 9159
		9287 6446			9273 1300	
10	-0,43690 2830		239 4041	-0,44072 2570		243 1923
		9527 0487			9516 3223	
05	-0,34163 2343		241 5910	-0,34555 9347		245 4757
		9768 6397			9761 7979	
0,00	-0,24394 5946		243 7843	-0,24794 1368		247 7661
		10012 4240			10009 5640	
05	-0,14382 1706		245 9842	-0,14784 5727		250 0635
		10258 4082			10259 6275	
10	-0,04123 7624		248 1905	-0,04524 9453		252 3680
		10506 5987			10511 9955	
15	+0,06382 8362		250 4033	+0,05987 0502		254 6795
		10757 0020			10766 6750	
20	0,17139 8382		252 6226	0,16753 7252		256 9981
		11009 6246			11023 6730	
0,25	0,28149 4628		254 8485	0,27777 3982		259 3237
		11264 4730			11282 9968	
30	0,39413 9358		257 0808	0,39060 3950		261 6564
		11521 5539			11544 6532	
35	0,50935 4897		259 3197	0,50605 0482		263 9962
		11780 8736			11808 6494	
40	0,62716 3632		261 5651	0,62413 6976		266 3431
		12042 4386			12074 9925	
45	0,74758 8019		263 8170	0,74488 6901		268 6971
		12306 2557			12343 6896	
0,50	0,87065 0575		266 0755	0,86832 3797		271 0581
		12572 3312			12614 7477	
55	0,99637 3887		268 3405	0,99447 1274		273 4263
		12840 6717			12888 1740	
60	1,12478 0604		270 6121	1,12335 3014		275 8016
		13111 2838			13163 9756	
65	1,25589 3442		272 8902	1,25499 2770		278 1839
		13384 1740			13442 1595	
70	1,38973 5182		275 1749	1,38941 4365		280 5735
		13659 3489			13722 7330	
0,75	1,52632 8671		277 4662	1,52664 1695		282 9701
		13936 8151			14005 7031	
80	1,66569 6822		279 7640	1,66669 8726		285 3739
		14216 5791			14291 0770	
85	1,80786 2614		282 0684	1,80960 9495		287 7848
		14498 6475			14578 8618	
90	1,95284 9089		284 3794	1,95539 8113		290 2029
		14783 0270			14869 0646	
95	2,10067 9359		286 6970	2,10408 8759		292 6281
		15069 7240			15161 6927	
1,00	2,25137 6599		289 0212	2,25570 5687		295 0605

q = 0,4959676 Θ = 89°47,9187' q = 0,4986631 Θ = 89°48,5631'

z	q^3 = 0,126	Δ	$Δ^2$	q^3 = 0,128	Δ	$Δ^2$
-1,00	-1,75591 6891	+5417 1125		-1,75225 3978	+5353 1405	
95	-1,70174 5766	5624 7421	+207 6296	-1,69872 2573	5562 9104	+209 7699
90	-1,64549 8345	5834 6259	209 8838	-1,64309 3468	5775 0258	212 1154
85	-1,58715 2086	6046 7714	212 1455	-1,58534 3210	5989 4948	214 4690
80	-1,52668 4372	6261 1861	214 4147	-1,52544 8262	6206 3254	216 8306
-0,75	-1,46407 2511	6477 8774	216 6913	-1,46338 5007	6425 5258	219 2004
70	-1,39929 3736	6696 8530	218 9755	-1,39912 9749	6647 1041	221 5783
65	-1,33232 5207	6918 1201	221 2672	-1,33265 8708	6871 0684	223 9643
60	-1,26314 4005	7141 6866	223 5664	-1,26394 8023	7097 4269	226 3584
55	-1,19172 7139	7367 5598	225 8732	-1,19297 3755	7326 1876	228 7607
-0,50	-1,11805 1542	7595 7472	228 1875	-1,11971 1878	7557 3588	231 1712
45	-1,04209 4070	7826 2565	230 5093	-1,04413 8291	7790 9486	233 5898
40	-0,96383 1505	8059 0952	232 8387	-0,96622 8805	8026 9651	236 0165
35	-0,88324 0553	8294 2708	235 1756	-0,88595 9154	8265 4166	238 4515
30	-0,80029 7845	8531 7909	237 5201	-0,80330 4987	8506 3113	240 8946
-0,25	-0,71497 9936	8771 6631	239 8722	-0,71824 1875	8749 6572	243 3460
20	-0,62726 3305	9013 8950	242 2319	-0,63074 5303	8995 4627	245 8055
15	-0,53712 4354	9258 4942	244 5992	-0,54079 0676	9243 7359	248 2732
10	-0,44453 9413	9505 4682	246 9740	-0,44835 3317	9494 4851	250 7492
05	-0,34948 4731	9754 8247	249 3565	-0,35340 8466	9747 7185	253 2334
0,00	-0,25193 6484	10006 5712	251 7466	-0,25593 1281	10003 4443	255 7258
05	-0,15187 0772	10260 7155	254 1443	-0,15589 6838	10261 6708	258 2265
10	-0,04926 3616	10517 2651	256 5496	-0,05328 0130	10522 4062	260 7354
15	+0,05590 9035	10776 2277	258 9626	+0,05194 3932	10785 6588	263 2526
20	0,16367 1312	11037 6109	261 3832	0,15980 0520	11051 4369	265 7781
0,25	0,27404 7422	11301 4224	263 8115	0,27031 4889	11319 7487	268 3118
30	0,38706 1646	11567 6698	266 2474	0,38351 2376	11590 6026	270 8539
35	0,50273 8344	11836 3608	268 6910	0,49941 8402	11864 0068	273 4042
40	0,62110 1952	12107 5031	271 1423	0,61805 8469	12139 9696	275 9628
45	0,74217 6983	12381 1043	273 6012	0,73945 8165	12418 4994	278 5298
0,50	0,86598 8026	12657 1722	276 0679	0,86364 3159	12699 6045	281 1051
55	0,99255 9748	12935 7144	278 5422	0,99063 9204	12983 2931	283 6887
60	1,12191 6892	13216 7387	281 0243	1,12047 2135	13269 5738	286 2806
65	1,25408 4279	13500 2527	283 5140	1,25316 7873	13558 4547	288 8809
70	1,38908 6806	13786 2642	286 0115	1,38875 2420	13849 9443	291 4896
0,75	1,52694 9448	14074 7810	288 5167	1,52725 1863	14144 0510	294 1066
80	1,66769 7258	14365 8107	291 0297	1,66869 2373	14440 7830	296 7321
85	1,81135 5365	14659 3610	293 5503	1,81310 0204	14740 1489	299 3658
90	1,95794 8975	14955 4399	296 0788	1,96050 1692	15042 1569	302 0080
95	2,10750 3374	15254 0549	298 6150	2,11092 3262	15346 8155	304 6586
1,00	2,26004 3923		301 1590	2,26439 1417		307 3176

q = 0,5013298 Θ = 89°49,1728' q = 0,5039684 Θ = 89°49,7496'

z	q^3 = 0,130	Δ	$Δ^2$	q^3 = 0,132	Δ	$Δ^2$
-1,00	-1,74859 9762	+5289 5248		-1,74495 4320	+5226 2683	
95	-1,69570 4513	5501 3895	+211 8646	-1,69269 1637	5440 1817	+213 9134
90	-1,64069 0619	5715 6928	214 3033	-1,63828 9820	5656 6291	216 4474
85	-1,58353 3691	5932 4436	216 7508	-1,58172 3529	5875 6199	218 9908
80	-1,52420 9255	6151 6506	219 2070	-1,52296 7330	6097 1635	221 5436
-0,75	-1,46269 2748	6373 3226	221 6720	-1,46199 5695	6321 2693	224 1058
70	-1,39895 9522	6597 4684	224 1457	-1,39878 3002	6547 9469	226 6776
65	-1,33298 4838	6824 0966	226 6282	-1,33330 3533	6777 2056	229 2587
60	-1,26474 3872	7053 2161	229 1195	-1,26553 1477	7009 0550	231 8494
55	-1,19421 1711	7284 8357	231 6196	-1,19544 0926	7243 5045	234 4495
-0,50	-1,12136 3354	7518 9642	234 1285	-1,12300 5881	7480 5637	237 0592
45	-1,04617 3711	7755 6104	236 6462	-1,04820 0244	7720 2420	239 6783
40	-0,96861 7607	7994 7831	239 1727	-0,97099 7825	7962 5489	242 3070
35	-0,88866 9776	8236 4912	241 7081	-0,89137 2335	8207 4941	244 9451
30	-0,80630 4864	8480 7435	244 2523	-0,80929 7394	8455 0869	247 5929
-0,25	-0,72149 7429	8727 5488	246 8053	-0,72474 6525	8705 3371	250 2501
20	-0,63422 1941	8976 9161	249 3672	-0,63769 3154	8958 2541	252 9170
15	-0,54445 2780	9228 8541	251 9380	-0,54811 0613	9213 8475	255 5934
10	-0,45216 4239	9483 3718	254 5177	-0,45597 2139	9472 1269	258 2794
05	-0,35733 0522	9740 4780	257 1062	-0,36125 0870	9733 1019	260 9750
0,00	-0,25992 5741	10000 1817	259 7037	-0,26391 9851	9996 7821	263 6802
05	-0,15992 3924	10262 4918	262 3101	-0,16395 2030	10263 1771	266 3950
10	-0,05729 9006	10527 4172	264 9254	-0,06132 0259	10532 2966	269 1195
15	+0,04797 5166	10794 9668	267 5496	+0,04400 2707	10804 1502	271 8536
20	0,15592 4833	11065 1495	270 1828	0,15204 4209	11078 7475	274 5973
0,25	0,26657 6329	11337 9744	272 8249	0,26283 1684	11356 0982	277 3507
30	0,37995 6072	11613 4503	275 4759	0,37639 2665	11636 2120	280 1138
35	0,49609 0576	11891 5863	278 1360	0,49275 4785	11919 0985	282 8865
40	0,61500 6439	12172 3913	280 8050	0,61194 5770	12204 7675	285 6690
45	0,73673 0352	12455 8743	283 4830	0,73399 3445	12493 2287	288 4612
0,50	0,86128 9095	12742 0443	286 1700	0,85892 5732	12784 4917	291 2630
55	0,98870 9539	13030 9104	288 8660	0,98677 0649	13078 5664	294 0747
60	1,11901 8642	13322 4815	291 5711	1,11755 6313	13375 4624	296 8960
65	1,25224 3457	13616 7666	294 2851	1,25131 0937	13675 1895	299 7271
70	1,38841 1123	13913 7749	297 0083	1,38806 2831	13977 7574	302 5680
0,75	1,52754 8872	14213 5153	299 7404	1,52784 0406	14283 1760	305 4186
80	1,66968 4025	14515 9969	302 4816	1,67067 2166	14591 4550	308 2790
85	1,81484 3994	14821 2288	305 2319	1,81658 6716	14902 6043	311 1492
90	1,96305 6281	15129 2200	307 9913	1,96561 2759	15216 6335	314 0292
95	2,11434 8482	15439 9797	310 7597	2,11777 9093	15533 5526	316 9191
1,00	2,26874 8279		313 5372	2,27311 4619		319 8187

q = 0,5065797 Θ = 89°50,2955' q = 0,5091643 Θ = 89°50,8122'

z	q^3 = 0,134	Δ	$Δ^2$	q^3 = 0,136	Δ	$Δ^2$
-1,00	-1,74131 7731	+5163 3738	+215 9161	-1,73769 0070	+5100 8438	+217 8724
95	-1,68968 3994	5379 2898	218 5472	-1,68668 1632	5318 7162	220 6027
90	-1,63589 1095	5597 8371	221 1886	-1,63349 4470	5539 3189	223 3440
85	-1,57991 2725	5819 0256	223 8400	-1,57810 1280	5762 6629	226 0961
80	-1,52172 2468	6042 8657	226 5017	-1,52047 4651	5988 7590	228 8593
-0,75	-1,46129 3811	6269 3674	229 1735	-1,46058 7061	6217 6183	231 6334
70	-1,39860 0137	6498 5409	231 8555	-1,39841 0878	6449 2517	234 4184
65	-1,33361 4728	6730 3965	234 5478	-1,33391 8361	6683 6701	237 2144
60	-1,26631 0763	6964 9442	237 2502	-1,26708 1660	6920 8845	240 0215
55	-1,19666 1321	7202 1945	239 9629	-1,19787 2815	7160 9060	242 8395
-0,50	-1,12463 9376	7442 1574	242 6858	-1,12626 3755	7403 7455	245 6686
45	-1,05021 7802	7684 8432	245 4190	-1,05222 6299	7649 4141	248 5087
40	-0,97336 9370	7930 2623	248 1625	-0,97573 2158	7897 9228	251 3599
35	-0,89406 6748	8178 4247	250 9162	-0,89675 2929	8149 2827	254 2221
30	-0,81228 2500	8429 3409	253 6802	-0,81526 0102	8403 5048	257 0954
-0,25	-0,72798 9091	8683 0212	256 4546	-0,73122 5054	8660 6003	259 9798
20	-0,64115 8879	8939 4758	259 2392	-0,64461 9051	8920 5801	262 8754
15	-0,55176 4122	9198 7150	262 0342	-0,55541 3250	9183 4555	265 7820
10	-0,45977 6972	9460 7492	264 8395	-0,46357 8696	9449 2375	268 6998
05	-0,36516 9480	9725 5888	267 6552	-0,36908 6321	· 9717 9373	271 6287
0,00	-0,26791 3592	9993 2440	270 4813	-0,27190 6948	9989 5660	274 5688
05	-0,16798 1152	10263 7253	273 3177	-0,17201 1289	10264 1348	277 5201
10	-0,06534 3900	10537 0430	276 1646	-0,06936 9941	10541 6549	280 4826
15	+0,04002 6530	10813 2076	279 0218	+0,03604 6609	10822 1375	283 4563
20	0,14815 8606	11092 2293	281 8894	0,14426 7984	11105 5938	286 4412
0,25	0,25908 0899	11374 1188	284 7675	0,25532 3921	11392 0349	289 4373
30	0,37282 2087	11658 8863	287 6561	0,36924 4271	11681 4723	292 4447
35	0,48941 0951	11946 5424	290 5551	0,48605 8993	11973 9170	295 4634
40	0,60887 6375	12237 0974	293 4645	0,60579 8163	12269 3803	298 4933
45	0,73124 7349	12530 5620	296 3844	0,72849 1967	12567 8737	301 5345
0,50	0,85655 2969	12826 9464	299 3149	0,85417 0703	12869 4082	304 5871
55	0,98482 2433	13126 2613	302 2558	0,98286 4785	13173 9953	307 6509
60	1,11608 5045	13428 5171	305 2073	1,11460 4738	13481 6462	310 7261
65	1,25037 0216	13733 7243	308 1693	1,24942 1200	13792 3723	313 8127
70	1,38770 7460	14041 8936	311 1418	1,38734 4923	14106 1850	316 9106
0,75	1,52812 6396	14353 0354	314 1249	1,52840 6773	14423 0956	320 0199
80	1,67165 6749	14667 1603	317 1185	1,67263 7729	14743 1154	323 1405
85	1,81832 8352	14984 2788	320 1228	1,82006 8883	15066 2559	326 2726
90	1,96817 1140	15304 4016	323 1376	1,97073 1442	15392 5285	329 4161
95	2,12121 5156	15627 5392	326 1630	2,12465 6728	15721 9446	332 5710
1,00	2,27749 0548			2,28187 6174		

q = 0,5117230 Θ = $89^{o}51,3013'$ q = 0,5142563 Θ = $89^{o}51,7643'$

z	q^3 = 0,138	Δ	$Δ^2$	q^3 = 0,140	Δ	$Δ^2$
-1,00	-1,73407 1412	+5038 6813	+219 7821	-1,73046 1832	+4976 8887	+221 6449
95	-1,68368 4600	5258 4634	222 6135	-1,68069 2945	5198 5336	224 5795
90	-1,63109 9966	5481 0769	225 4567	-1,62870 7609	5423 1131	227 5266
85	-1,57628 9197	5706 5336	228 3116	-1,57447 6477	5650 6397	230 4863
80	-1,51922 3861	5934 8452	231 1783	-1,51797 0081	5881 1260	233 4586
-0,75	-1,45987 5409	6166 0236	234 0568	-1,45915 8821	6114 5846	236 4436
70	-1,39821 5173	6400 0804	236 9471	-1,39801 2974	6351 0283	239 4413
65	-1,33421 4369	6637 0275	239 8491	-1,33450 2692	6590 4695	242 4516
60	-1,26784 4095	6876 8766	242 7630	-1,26859 7997	6832 9211	245 4746
55	-1,19907 5329	7119 6396	245 6888	-1,20026 8785	7078 3958	248 5104
-0,50	-1,12787 8933	7365 3284	248 6263	-1,12948 4828	7326 9061	251 5588
45	-1,05422 5649	7613 9547	251 5758	-1,05621 5767	7578 4649	254 6200
40	-0,97808 6102	7865 5305	254 5371	-0,98043 1117	7833 0850	257 6940
35	-0,89943 0797	8120 0676	257 5104	-0,90210 0268	8090 7790	260 7808
30	-0,81823 0121	8377 5780	260 4955	-0,82119 2478	8351 5598	263 8803
-0,25	-0,73445 4341	8638 0735	263 4926	-0,73767 6880	8615 4401	266 9927
20	-0,64807 3606	8901 5661	266 5016	-0,65152 2479	8882 4329	270 1180
15	-0,55905 7945	9168 0678	269 5227	-0,56269 8150	9152 5508	273 2560
10	-0,46737 7267	9437 5904	272 5556	-0,47117 2642	9425 8068	276 4070
05	-0,37300 1363	9710 1461	275 6006	-0,37691 4574	9702 2138	279 5708
0,00	-0,27589 9902	9985 7467	278 6576	-0,27989 2435	9981 7846	282 7476
05	-0,17604 2436	10264 4043	281 7266	-0,18007 4589	10264 5322	285 9372
10	-0,07339 8393	10546 1309	284 8077	-0,07742 9267	10550 4694	289 1399
15	+0,03206 2916	10830 9386	287 9008	+0,02807 5427	10839 6093	292 3554
20	0,14037 2302	11118 8394	291 0060	0,13647 1520	11131 9647	295 5840
0,25	0,25156 0695	11409 8453	294 1233	0,24779 1167	11427 5487	298 8255
30	0,36565 9149	11703 9686	297 2527	0,36206 6654	11726 3742	302 0801
35	0,48269 8835	12001 2213	300 3942	0,47933 0397	12028 4543	305 3477
40	0,60271 1048	12301 6155	303 5478	0,59961 4940	12333 8020	308 6283
45	0,72572 7202	12605 1633	306 7136	0,72295 2960	12642 4303	311 9220
0,50	0,85177 8835	12911 8769	309 8916	0,84937 7263	12954 3524	315 2288
55	0,98089 7604	13221 7685	313 0818	0,97892 0787	13269 5812	318 5487
60	1,11311 5290	13534 8503	316 2841	1,11161 6600	13588 1300	321 8818
65	1,24846 3793	13851 1344	319 4987	1,24749 7899	13910 0118	325 2279
70	1,38697 5137	14170 6332	322 7255	1,38659 8017	14235 2397	328 5872
0,75	1,52868 1469	14493 3587	325 9646	1,52895 0414	14563 8269	331 9597
80	1,67361 5056	14819 3233	329 2159	1,67458 8683	14895 7867	335 3454
85	1,82180 8288	15148 5392	332 4795	1,82354 6550	15231 1321	338 7443
90	1,97329 3680	15481 0187	335 7554	1,97585 7870	15569 8764	342 1564
95	2,12810 3867	15816 7741	339 0436	2,13155 6634	15912 0328	345 5818
1,00	2,28627 1609			2,29067 6962		

q = 0,5167649 Θ = 89°52,2026' q = 0,5192494 Θ = 89°52,6177'

z	q^3 = 0,142	Δ	$Δ^2$	q^3 = 0,144	Δ	$Δ^2$
-1,00	-1,72686 1403			-1,72327 0196		
		+4915 4687			+4854 4237	
95	-1,67770 6716		+223 4608	-1,67472 5959		+225 2295
		5138 9295			5079 6531	
90	-1,62631 7421		226 5003	-1,62392 9428		228 3759
		5365 4298			5308 0290	
85	-1,57266 3123		229 5533	-1,57084 9138		231 5368
		5594 9831			5539 5658	
80	-1,51671 3292		232 6199	-1,51545 3480		234 7121
		5827 6030			5774 2779	
-0,75	-1,45843 7262		235 6999	-1,45771 0701		237 9020
		6063 3029			6012 1799	
70	-1,39780 4233		238 7936	-1,39758 8902		241 1064
		6302 0965			6253 2863	
65	-1,33478 3268		241 9008	-1,33505 6039		244 3254
		6543 9973			6497 6117	
60	-1,26934 3295		245 0216	-1,27007 9922		247 5589
		6789 0189			6745 1706	
55	-1,20145 3107		248 1560	-1,20262 8216		250 8070
		7037 1749			6995 9776	
-0,50	-1,13108 1357		251 3041	-1,13266 8441		254 0698
		7288 4790			7250 0473	
45	-1,05819 6567		254 4658	-1,06016 7967		257 3471
		7542 9448			7507 3945	
40	-0,98276 7119		257 6412	-0,98509 4023		260 6392
		7800 5861			7768 0336	
35	-0,90476 1258		260 8303	-0,90741 3686		263 9459
		8061 4164			8031 9795	
30	-0,82414 7094		264 0332	-0,82709 3891		267 2673
		8325 4496			8299 2468	
-0,25	-0,74089 2598		267 2497	-0,74410 1423		270 6035
		8592 6993			8569 8503	
20	-0,65496 5605		270 4800	-0,65840 2920		273 9544
		8863 1793			8843 8046	
15	-0,56633 3812		273 7241	-0,56996 4874		277 3200
		9136 9035			9121 1247	
10	-0,47496 4777		276 9820	-0,47875 3627		280 7005
		9413 8855			9401 8252	
05	-0,38082 5922		280 2537	-0,38473 5375		284 0958
		9694 1392			9685 9210	
0,00	-0,28388 4530		283 5393	-0,28787 6166		287 5059
		9977 6785			9973 4269	
05	-0,18410 7745		286 8387	-0,18814 1897		290 9309
		10264 5172			10264 3577	
10	-0,08146 2573		290 1520	-0,08549 8319		294 3707
		10554 6691			10558 7285	
15	+0,02408 4119		293 4791	+0,02008 8965		297 8255
		10848 1483			10856 5540	
20	0,13256 5601		296 8202	0,12865 4505		301 2952
		11144 9685			11157 8492	
0,25	0,24401 5286		300 1752	0,24023 2997		304 7798
		11445 1437			11462 6290	
30	0,35846 6723		303 5442	0,35485 9288		308 2795
		11748 6879			11770 9085	
35	0,47595 3602		306 9272	0,47256 8373		311 7941
		12055 6151			12082 7026	
40	0,59650 9752		310 3241	0,59339 5398		315 3237
		12365 9392			12398 0262	
45	0,72016 9144		313 7351	0,71737 5661		318 8683
		12679 6743			12716 8946	
0,50	0,84696 5887		317 1601	0,84454 4606		322 4281
		12996 8344			13039 3226	
55	0,97693 4231		320 5991	0,97493 7833		326 0029
		13317 4335			13365 3255	
60	1,11010 8566		324 0523	1,10859 1088		329 5928
		13641 4858			13694 9183	
65	1,24652 3424		327 5195	1,24554 0270		333 1978
		13969 0053			14028 1161	
70	1,38621 3477		331 0008	1,38582 1431		336 8180
		14300 0061			14364 9340	
0,75	1,52921 3538		334 4963	1,52947 0771		340 4533
		14634 5024			14705 3874	
80	1,67555 8562		338 0059	1,67652 4645		344 1039
		14972 5084			15049 4912	
85	1,82528 3646		341 5298	1,82701 9557		347 7696
		15314 0381			15397 2609	
90	1,97842 4027		345 0678	1,98099 2166		351 4506
		15659 1059			15748 7115	
95	2,13501 5086		348 6200	2,13847 9282		355 1469
		16007 7258			16103 8585	
1,00	2,29509 2345		352 1864	2,29951 7866		358 8585

q = 0.5217103 $\Theta = 89^{\circ}53{,}0108'$ q = 0,5241483 $\Theta = 89^{\circ}53{,}3831'$

z	q^3 = 0,146	Δ	$Δ^2$	q^3 = 0,148	Δ	$Δ^2$
-1,00	-1,71968 8284	+4793 7562		-1,71611 5737	+4733 4687	
95	-1,67175 0722	5020 7069	+226 9507	-1,66878 1050	4962 0931	+228 6244
90	-1,62154 3652	5250 9129	230 2059	-1,61916 0119	5194 0834	231 9903
85	-1,56903 4524	5484 3895	233 4767	-1,56721 9285	5429 4562	235 3728
80	-1,51419 0629	5721 1524	236 7629	-1,51292 4722	5668 2281	238 7719
-0,75	-1,45697 9105	5961 2170	240 0646	-1,45624 2441	5910 4157	242 1875
70	-1,39736 6934	6204 5989	243 3819	-1,39713 8285	6156 0355	245 6198
65	-1,33532 0945	6451 3137	246 7148	-1,33557 7930	6405 1043	249 0688
60	-1,27080 7808	6701 3769	250 0632	-1,27152 6887	6657 6387	252 5344
55	-1,20379 4039	6954 8043	253 4273	-1,20495 0500	6913 6555	256 0168
-0,50	-1,13424 5996	7211 6113	256 8071	-1,13581 3945	7173 1713	259 5158
45	-1,06212 9883	7471 8138	260 2025	-1,06408 2232	7436 2030	263 0317
40	-0,98741 1745	7735 4274	263 6136	-0,98972 0202	7702 7674	266 5643
35	-0,91005 7470	8002 4679	267 0404	-0,91269 2528	7972 8812	270 1138
30	-0,83003 2791	8272 9509	270 4830	-0,83296 3716	8246 5613	273 6801
-0,25	-0,74730 3282	8546 8923	273 9414	-0,75049 8104	8523 8246	277 2633
20	-0,66183 4359	8824 3078	277 4155	-0,66525 9858	8804 6880	280 8634
15	-0,57359 1281	9105 2133	280 9055	-0,57721 2978	9089 1684	284 4804
10	-0,48253 9148	9389 6247	284 4113	-0,48632 1294	9377 2828	288 1144
05	-0,38864 2901	9677 5577	287 9330	-0,39254 8466	9669 0482	291 7653
0,00	-0,29186 7324	9969 0283	291 4706	-0,29585 7984	9964 4815	295 4334
05	-0,19217 7040	10264 0525	295 0241	-0,19621 3169	10263 5999	299 1184
10	-0,08953 6516	10562 6461	298 5936	-0,09357 7169	10566 4204	302 8205
15	+0,01608 9945	10864 8251	302 1790	+0,01208 7035	10872 9601	306 5397
20	0,12473 8196	11170 6055	305 7804	0,12081 6635	11183 2361	310 2760
0,25	0,23644 4251	11480 0034	309 3979	0,23264 8996	11497 2655	314 0295
30	0,35124 4285	11793 0348	313 0314	0,34762 1651	11815 0656	317 8001
35	0,46917 4633	12109 7157	316 6809	0,46577 2307	12136 6536	321 5880
40	0,59027 1791	12430 0623	320 3466	0,58713 8843	12462 0466	325 3930
45	0,71457 2414	12754 0907	324 0284	0,71175 9309	12791 2620	329 2154
0,50	0,84211 3321	13081 8169	327 7263	0,83967 1929	13124 3171	333 0550
55	0,97293 1490	13413 2573	331 4404	0,97091 5100	13461 2291	336 9120
60	1,10706 4063	13748 4280	335 1706	1,10552 7391	13802 0154	340 7863
65	1,24454 8343	14087 3451	338 9171	1,24354 7545	14146 6934	344 6780
70	1,38542 1794	14430 0250	342 6799	1,38501 4479	14495 2805	348 5871
0,75	1,52972 2043	14776 4839	346 4589	1,52996 7284	14847 7941	352 5136
80	1,67748 6882	15126 7381	350 2542	1,67844 5225	15204 2517	356 4576
85	1,82875 4263	15480 8039	354 0658	1,83048 7742	15564 6707	360 4190
90	1,98356 2302	15838 6977	357 8938	1,98613 4450	15929 0688	364 3980
95	2,14194 9279	16200 4359	361 7381	2,14542 5137	16297 4633	368 3945
1,00	2,30395 3638		365 5989	2,30839 9769		372 4086

q = 0,5265637 Θ = 89°53,7358' q = 0,5289572 Θ = 89°54,0697'

z	q^3 = 0,150	Δ	$Δ^2$	q^3 = 0,152	Δ	$Δ^2$
-1,00	-1,71255 2623	+4673 5635		-1,70899 9013	+4614 0428	
95	-1,66581 6989	4903 8138	+230 2503	-1,66285 8585	4845 8712	+231 8284
90	-1,61677 8851	5137 5427	233 7289	-1,61439 9873	5081 2926	235 4214
85	-1,56540 3424	5374 7677	237 2251	-1,56358 6947	5320 3258	239 0332
80	-1,51165 5747	5615 5067	240 7390	-1,51038 3689	5562 9897	242 6639
-0,75	-1,45550 0680	5859 7773	244 2706	-1,45475 3792	5809 3033	246 3135
70	-1,39690 2907	6107 5973	247 8200	-1,39666 0759	6059 2854	249 9821
65	-1,33582 6935	6358 9844	251 3872	-1,33606 7905	6312 9551	253 6697
60	-1,27223 7090	6613 9566	254 9722	-1,27293 8354	6570 3315	257 3764
55	-1,20609 7524	6872 5317	258 5751	-1,20723 5039	6831 4335	261 1020
-0,50	-1,13737 2207	7134 7276	262 1958	-1,13892 0704	7096 2804	264 8468
45	-1,06602 4931	7400 5621	265 8345	-1,06795 7900	7364 8911	268 6107
40	-0,99201 9311	7670 0532	269 4912	-0,99430 8989	7637 2849	272 3938
35	-0,91531 8778	7943 2190	273 1658	-0,91793 6140	7913 4811	276 1961
30	-0,83588 6588	8220 0774	276 8584	-0,83880 1329	8193 4987	280 0176
-0,25	-0,75368 5814	8500 6464	280 5690	-0,75686 6342	8477 3571	283 8584
20	-0,66867 9350	8784 9442	284 2978	-0,67209 2771	8765 0756	287 7185
15	-0,58082 9908	9072 9888	288 0446	-0,58444 2015	9056 6735	291 5979
10	-0,49010 0020	9364 7984	291 8096	-0,49387 5280	9352 1702	295 4967
05	-0,39645 2036	9660 3911	295 5927	-0,40035 3578	9651 5851	299 4149
0,00	-0,29984 8125	9959 7851	299 3940	-0,30383 7727	9954 9376	303 3525
05	-0,20025 0274	10262 9987	303 2136	-0,20428 8350	10262 2473	307 3096
10	-0,09762 0288	10570 0500	307 0514	-0,10166 5878	10573 5335	311 2863
15	+0,00808 0213	10880 9575	310 9075	+0,00406 9458	10888 8159	315 2824
20	0,11688 9788	11195 7394	314 7819	0,11295 7617	11208 1141	319 2981
0,25	0,22884 7181	11514 4140	318 6746	0,22503 8758	11531 4475	323 3335
30	0,34399 1321	11836 9997	322 5858	0,34035 3233	11858 8360	327 3884
35	0,46236 1319	12163 5150	326 5153	0,45894 1593	12190 2991	331 4631
40	0,58399 6469	12493 9783	330 4633	0,58084 4584	12525 8566	335 5575
45	0,70893 6252	12828 4080	334 4297	0,70610 3150	12865 5282	339 6716
0,50	0,83722 0333	13166 8227	338 4147	0,83475 8431	13209 3337	343 8055
55	0,96888 8560	13509 2409	342 4182	0,96685 1768	13557 2929	347 9592
60	1,10398 0969	13855 6811	346 4402	1,10242 4697	13909 4256	352 1328
65	1,24253 7781	14206 1620	350 4809	1,24151 8953	14265 7519	356 3262
70	1,38459 9401	14560 7021	354 5401	1,38417 6472	14626 2914	360 5396
0,75	1,53020 6422	14919 3202	358 6181	1,53043 9386	14991 0644	364 7729
80	1,67939 9624	15282 0349	362 7147	1,68035 0030	15360 0906	369 0262
85	1,83221 9974	15648 8650	366 8300	1,83395 0935	15733 3901	373 2995
90	1,98870 8623	16019 8291	370 9641	1,99128 4837	16110 9830	377 5929
95	2,14890 6914	16394 9461	375 1170	2,15239 4667	16492 8895	381 9064
1,00	2,31285 6374		379 2887	2,31732 3561		386 2400

q = 0,5313293 θ = 89°54,3861' q = 0,5336803 θ = 89°54,6858'

z	q^3 = 0,154	Δ	$Δ^2$	q^3 = 0,156	Δ	$Δ^2$
-1,00	-1,70545 4973	+4554 9090		-1,70192 0570	+4496 1642	
95	-1,65990 5883	4788 2675	+233 3585	-1,65695 8928	4731 0046	+234 8404
90	-1,61202 3209	5025 3352	237 0677	-1,60964 8882	4969 6723	238 6677
85	-1,56176 9857	5266 1322	240 7971	-1,55995 2159	5212 1888	242 5165
80	-1,50910 8534	5510 6788	244 5465	-1,50783 0271	5458 5755	246 3867
-0,75	-1,45400 1746	5758 9950	248 3162	-1,45324 4516	5708 8539	250 2784
70	-1,39641 1796	6011 1011	252 1061	-1,39615 5977	5963 0455	254 1916
65	-1,33630 0786	6267 0173	255 9162	-1,33652 5521	6221 1720	258 1265
60	-1,27363 0612	6526 7640	259 7467	-1,27431 3801	6483 2550	262 0829
55	-1,20836 2972	6790 3615	263 5975	-1,20948 1252	6749 3160	266 0611
-0,50	-1,14045 9358	7057 8301	267 4686	-1,14198 8091	7019 3770	270 0609
45	-1,06988 1057	7329 1902	271 3602	-1,07179 4322	7293 4595	274 0825
40	-0,99658 9155	7604 4624	275 2722	-0,99885 9727	7571 5854	278 1259
35	-0,92054 4531	7883 6670	279 2046	-0,92314 3873	7853 7766	282 1912
30	-0,84170 7861	8166 8247	283 1577	-0,84460 6107	8140 0548	286 2783
-0,25	-0,76003 9615	8453 9559	287 1312	-0,76320 5559	8430 4421	290 3873
20	-0,67550 0056	8745 0813	291 1254	-0,67890 1138	8724 9604	294 5183
15	-0,58804 9243	9040 2215	295 1402	-0,59165 1534	9023 6317	298 6713
10	-0,49764 7028	9339 3971	299 1757	-0,50141 5217	9326 4780	302 8463
05	-0,40425 3057	9642 6290	303 2319	-0,40815 0437	9633 5215	307 0435
0,00	-0,30782 6766	9949 9378	307 3088	-0,31181 5222	9944 7842	311 2627
05	-0,20832 7388	10261 3443	311 4065	-0,21236 7379	10260 2884	315 5042
10	-0,10571 3945	10576 8694	315 5251	-0,10976 4495	10580 0562	319 7678
15	+0,00005 4749	10896 5339	319 6645	-0,00396 3933	10904 1100	324 0537
20	0,10902 0088	11220 3587	323 8248	+0,10507 7167	11232 4719	328 3620
0,25	0,22122 3676	11548 3648	328 0061	0,21740 1887	11565 1645	332 6925
30	0,33670 7324	11880 5731	332 2083	0,33305 3531	11902 2099	337 0454
35	0,45551 3055	12217 0047	336 4316	0,45207 5630	12243 6307	341 4208
40	0,57768 3102	12557 6805	340 6759	0,57451 1937	12589 4493	345 8186
45	0,70325 9907	12902 6218	344 9413	0,70040 6431	12939 6883	350 2390
0,50	0,83228 6125	13251 8496	349 2278	0,82980 3314	13294 3702	354 6819
55	0,96480 4621	13605 3851	353 5355	0,96274 7016	13653 5175	359 1474
60	1,10085 8471	13963 2494	357 8644	1,09928 2191	14017 1530	363 6355
65	1,24049 0966	14325 4640	362 2145	1,23945 3721	14385 2993	368 1463
70	1,38374 5605	14692 0499	366 5860	1,38330 6714	14757 9791	372 6798
0,75	1,53066 6105	15063 0286	370 9787	1,53088 6506	15135 2152	377 2361
80	1,68129 6391	15438 4215	375 3928	1,68223 8658	15517 0305	381 8152
85	1,83568 0606	15818 2498	379 8283	1,83740 8963	15903 4476	386 4172
90	1,99386 3104	16202 5351	384 2853	1,99644 3439	16294 4896	391 0420
95	2,15588 8455	16591 2988	388 7637	2,15938 8335	16690 1794	395 6898
1,00	2,32180 1443		393 2636	2,32629 0130		400 3606

q = 0,5360108 Θ = 89°54,9698' q = 0,5383213 Θ = 89°55,2388'

z	q^3 = 0,158	Δ	Δ²	q^3 = 0,160	Δ	Δ²
-1,00	-1,69839 5869	+4437 8105		-1,69488 0936	+4379 8501	
95	-1,65401 7764	4674 0846	+236 2741	-1,65108 2435	4617 5095	+237 6594
90	-1,60727 6918	4914 3059	240 2213	-1,60490 7339	4859 2378	241 7283
85	-1,55813 3859	5158 4972	244 1913	-1,55631 4961	5105 0592	245 8214
80	-1,50654 8886	5406 6814	248 1842	-1,50526 4369	5354 9981	249 9388
-0,75	-1,45248 2072	5658 8813	252 1999	-1,45171 4388	5609 0787	254 0806
70	-1,39589 3259	5915 1199	256 2386	-1,39562 3602	5867 3254	258 2468
65	-1,33674 2060	6175 4202	260 3003	-1,33695 0348	6129 7628	262 4374
60	-1,27498 7858	6439 8051	264 3849	-1,27565 2720	6396 4153	266 6525
55	-1,21058 9807	6708 2978	268 4927	-1,21168 8567	6667 3074	270 8921
-0,50	-1,14350 6828	6980 9214	272 6236	-1,14501 5493	6942 4638	275 1564
45	-1,07369 7614	7257 6991	276 7776	-1,07559 0855	7221 9091	279 4453
40	-1,00112 0624	7538 6540	280 9549	-1,00337 1764	7505 6680	283 7589
35	-0,92573 4084	7823 8094	285 1554	-0,92831 5084	7793 7653	288 0973
30	-0,84749 5990	8113 1887	289 3793	-0,85037 7432	8086 2257	292 4604
-0,25	-0,76636 4103	8406 8151	293 6264	-0,76951 5175	8383 0742	296 8485
20	-0,68229 5952	8704 7121	297 8970	-0,68568 4433	8684 3356	301 2614
15	-0,59524 8831	9006 9032	302 1910	-0,59884 1077	8990 0349	305 6993
10	-0,50517 9800	9313 4117	306 5086	-0,50894 0729	9300 1971	310 1622
05	-0,41204 5683	9624 2613	310 8496	-0,41593 8758	9614 8472	314 6502
0,00	-0,31580 3069	9939 4756	315 2143	-0,31979 0286	9934 0105	319 1632
05	-0,21640 8313	10259 0781	319 6025	-0,22045 0181	10257 7120	323 7015
10	-0,11381 7533	10583 0926	324 0145	-0,11787 3061	10585 9769	328 2650
15	-0,00798 6607	10911 5427	328 4501	-0,01201 3292	10918 8306	332 8537
20	+0,10112 8820	11244 4523	332 9096	+0,09717 5014	11256 2983	337 4677
0,25	0,21357 3343	11581 8451	337 3928	0,20973 7997	11598 4055	342 1072
30	0,32939 1794	11923 7451	341 9000	0,32572 2052	11945 1775	346 7720
35	0,44862 9245	12270 1761	346 4310	0,44517 3827	12296 6398	351 4623
40	0,57133 1007	12621 1621	350 9860	0,56814 0225	12652 8180	356 1782
45	0,69754 2628	12976 7271	355 5650	0,69466 8404	13013 7375	360 9196
0,50	0,82730 9899	13336 8952	360 1681	0,82480 5780	13379 4242	365 6866
55	0,96067 8850	13701 6904	364 7952	0,95860 0022	13749 9036	370 4794
60	1,09769 5754	14071 1369	369 4465	1,09609 9058	14125 2014	375 2979
65	1,23840 7122	14445 2588	374 1220	1,23735 1072	14505 3435	380 1421
70	1,38285 9711	14824 0806	378 8217	1,38240 4507	14890 3557	385 0122
0,75	1,53110 0516	15207 6263	383 5457	1,53130 8064	15280 2639	389 9082
80	1,68317 6779	15595 9204	388 2941	1,68411 0704	15675 0941	394 8301
85	1,83913 5983	15988 9872	393 0668	1,84086 1644	16074 8721	399 7780
90	1,99902 5855	16386 8512	397 8640	2,00161 0365	16479 6241	404 7520
95	2,16289 4367	16789 5368	402 6856	2,16640 6606	16889 3762	409 7521
1,00	2,33078 9734		407 5318	2,33530 0368		414 7783

q = 0,5406120 Θ = 89°55,4936' q = 0,5428835 Θ = 89°55,7351'

z	q^3 = 0,162	Δ	$Δ^2$	q^3 = 0,164	Δ	$Δ^2$
-1,00	-1,69137 5834	+4322 2850	+238 9963	-1,68788 0625	+4265 1171	+240 2846
95	-1,64815 2984	4561 2812	243 1886	-1,64522 9454	4505 4017	244 6021
90	-1,60254 0171	4804 4698	247 4066	-1,60017 5438	4750 0037	248 9469
85	-1,55449 5473	5051 8765	251 6505	-1,55267 5400	4998 9506	253 3191
80	-1,50397 6708	5303 5270	255 9203	-1,50268 5894	5252 2697	257 7188
-0,75	-1,45094 1438	5559 4473	260 2160	-1,45016 3197	5509 9885	262 1460
70	-1,39534 6966	5819 6632	264 5376	-1,39506 3312	5772 1345	266 6008
65	-1,33715 0334	6084 2008	268 8853	-1,33734 1967	6038 7353	271 0833
60	-1,27630 8325	6353 0862	273 2591	-1,27695 4614	6309 8187	275 5935
55	-1,21277 7463	6626 3453	277 6591	-1,21385 6427	6585 4122	280 1315
-0,50	-1,14651 4010	6904 0044	282 0853	-1,14800 2305	6865 5437	284 6974
45	-1,07747 3966	7186 0897	286 5377	-1,07934 6868	7150 2411	289 2911
40	-1,00561 3069	7472 6274	291 0165	-1,00784 4457	7439 5322	293 9128
35	-0,93088 6795	7763 6439	295 5216	-0,93344 9135	7733 4450	298 5626
30	-0,85325 0356	8059 1655	300 0532	-0,85611 4685	8032 0076	303 2404
-0,25	-0,77265 8701	8359 2187	304 6113	-0,77579 4609	8335 2480	307 9464
20	-0,68906 6514	8663 8300	309 1959	-0,69244 2129	8643 1944	312 6807
15	-0,60242 8215	8973 0258	313 8071	-0,60601 0185	8955 8751	317 4432
10	-0,51269 7956	9286 8330	318 4450	-0,51645 1434	9273 3183	322 2340
05	-0,41982 9627	9605 2780	323 1096	-0,42371 8251	9595 5523	327 0533
0,00	-0,32377 6847	9928 3876	327 8010	-0,32776 2728	9922 6056	331 9010
05	-0,22449 2971	10256 1886	332 5192	-0,22853 6672	10254 5066	336 7773
10	-0,12193 1085	10588 7079	337 2644	-0,12599 1606	10591 2839	341 6822
15	-0,01604 4006	10925 9722	342 0364	-0,02007 8767	10932 9661	346 6157
20	-0,09321 5716	11268 0086	346 8355	+0,08925 0894	11279 5818	351 5780
0,25	0,20589 5802	11614 8441	351 6616	0,20204 6712	11631 1597	356 5690
30	0,32204 4244	11966 5058	356 5149	0,31835 8310	11987 7287	361 5889
35	0,44170 9302	12323 0207	361 3953	0,43823 5597	12349 3176	366 6377
40	0,56493 9508	12684 4160	366 3030	0,56172 8773	12715 9553	371 7155
45	0,69178 3668	13050 7190	371 2379	0,68888 8327	13087 6708	376 8223
0,50	0,82229 0858	13421 9569	376 2003	0,81976 5034	13464 4931	381 9582
55	0,95651 0428	13798 1572	381 1900	0,95440 9965	13846 4513	387 1233
60	1,09449 2000	14179 3472	386 2071	1,09287 4478	14233 5746	392 3176
65	1,23628 5471	14565 5543	391 2518	1,23521 0223	14625 8922	397 5412
70	1,38194 1015	14956 8062	396 3241	1,38146 9145	15023 4334	402 7942
0,75	1,53150 9076	15353 1303	401 4240	1,53170 3479	15426 2275	408 0766
80	1,68504 0379	15754 5543	406 5516	1,68596 5754	15834 3041	413 3884
85	1,84258 5923	16161 1060	411 7070	1,84430 8795	16247 6925	418 7298
90	2,00419 6983	16572 8130	416 8902	2,00678 5720	16666 4223	424 1008
95	2,16992 5113	16989 7032	422 1012	2,17344 9943	17090 5232	429 5015
1,00	2,33982 2144			2,34435 5175		

q = 0,5451362 Θ = 89°55,9639' q = 0,5473704 Θ = 89°56,1806'

z	q^3 = 0,166	Δ	$Δ^2$	q^3 = 0,168	Δ	$Δ^2$
-1,00	-1,68439 5373	+4208 3483		-1,68092 0137	+4151 9806	
95	-1,64231 1889	4449 8727	+241 5243	-1,63940 0331	4394 6960	+242 7154
90	-1,59781 3163	4695 8413	245 9687	-1,59545 3371	4641 9843	247 2883
85	-1,55085 4749	4946 2833	250 4420	-1,54903 3528	4893 8762	251 8919
80	-1,50139 1916	5201 2277	254 9444	-1,50009 4766	5150 4025	256 5263
-0,75	-1,44937 9639	5460 7037	259 4760	-1,44859 0741	5411 5942	261 1917
70	-1,39477 2602	5724 7404	264 0368	-1,39447 4800	5677 4822	265 8880
65	-1,33752 5198	5993 3673	268 6268	-1,33769 9978	5948 0976	270 6154
60	-1,27759 1526	6266 6135	273 2463	-1,27821 9002	6223 4715	275 3739
55	-1,21492 5391	6544 5086	277 8951	-1,21598 4287	6503 6352	280 1637
-0,50	-1,14948 0305	6827 0821	282 5734	-1,15094 7935	6788 6198	284 9847
45	-1,08120 9484	7114 3634	287 2814	-1,08306 1737	7078 4569	289 8370
40	-1,01006 5850	7406 3823	292 0189	-1,01227 7168	7373 1777	294 7209
35	-0,93600 2027	7703 1684	296 7861	-0,93854 5391	7672 8139	299 6362
30	-0,85897 0343	8004 7516	301 5831	-0,86181 7252	7977 3970	304 5831
-0,25	-0,77892 2827	8311 1615	306 4100	-0,78204 3282	8286 9587	309 5617
20	-0,69581 1212	8622 4283	311 2667	-0,69917 3695	8601 5306	314 5720
15	-0,60958 6929	8938 5817	316 1534	-0,61315 8389	8921 1447	319 6141
10	-0,52020 1112	9259 6519	321 0702	-0,52394 6942	9245 8328	324 6881
05	-0,42760 4593	9585 6690	326 0171	-0,43148 8614	9575 6268	329 7941
0,00	-0,33174 7903	9916 6631	330 9941	-0,33573 2346	9910 5589	334 9321
05	-0,23258 1272	10252 6646	336 0014	-0,23662 6757	10250 6611	340 1022
10	-0,13005 4626	10593 7037	341 0391	-0,13412 0146	10595 9656	345 3045
15	-0,02411 7589	10939 8108	346 1071	-0,02816 0490	10946 5047	350 5391
20	+0,08528 0518	11291 0163	351 2056	+0,08130 4557	11302 3108	355 8061
0,25	0,19819 0682	11647 3509	356 3346	0,19432 7665	11663 4162	361 1054
30	0,31466 4191	12008 8451	361 4942	0,31096 1828	12029 8535	366 4373
35	0,43475 2642	12375 5295	366 6844	0,43126 0363	12401 6553	371 8017
40	0,55850 7937	12747 4350	371 9055	0,55527 6916	12778 8541	377 1988
45	0,68598 2287	13124 5922	377 1573	0,68306 5456	13161 4827	382 6286
0,50	0,81722 8209	13507 0322	382 4400	0,81468 0283	13549 5740	388 0913
55	0,95229 8531	13894 7858	387 7536	0,95017 6023	13943 1607	393 5868
60	1,09124 6389	14287 8840	393 0982	1,08960 7630	14342 2760	399 1152
65	1,23412 5229	14686 3580	398 4740	1,23303 0390	14746 9527	404 6767
70	1,38098 8809	15090 2388	403 8809	1,38049 9917	15157 2240	410 2713
0,75	1,53189 1197	15499 5578	409 3190	1,53207 2157	15573 1232	415 8991
80	1,68688 6775	15914 3462	414 7884	1,68780 3389	15994 6834	421 5602
85	1,84603 0236	16334 6353	420 2891	1,84775 0223	16421 9380	427 2546
90	2,00937 6589	16760 4566	425 8214	2,01196 9604	16854 9205	432 9825
95	2,17698 1156	17191 8417	431 3851	2,18051 8809	17293 6643	438 7438
1,00	2,34889 9573		436 9804	2,35345 5452		444 5387

q = 0,5495865 Θ = 89°56,3860' q = 0,5517848 Θ = 89°56,5806'

z	q^3 = 0,170	Δ	$Δ^2$	q^3 = 0,172	Δ	$Δ^2$
-1,00	-1,67745 4978	+4096 0157	+243 8578	-1,67399 9955	+4040 4553	+244 9514
95	-1,63649 4821	4339 8735	248 5607	-1,63359 5401	4285 4068	249 7863
90	-1,59309 6086	4588 4343	253 2965	-1,59074 1334	4535 1931	254 6556
85	-1,54721 1743	4841 7308	258 0647	-1,54538 9403	4789 8487	259 5595
80	-1,49879 4435	5099 7955	262 8658	-1,49749 0916	5049 4082	264 4981
-0,75	-1,44779 6480	5362 6613	267 6996	-1,44699 6833	5313 9064	269 4715
70	-1,39416 9867	5630 3609	272 5664	-1,39385 7770	5583 3778	274 4797
65	-1,33786 6258	5902 9273	277 4662	-1,33802 3991	5857 8575	279 5228
60	-1,27883 6985	6180 3935	282 3990	-1,27944 5416	6137 3803	284 6009
55	-1,21703 3050	6462 7925	287 3650	-1,21807 1614	6421 9812	289 7142
-0,50	-1,15240 5125	6750 1575	292 3642	-1,15385 1802	6711 6954	294 8627
45	-1,08490 3550	7042 5217	297 3968	-1,08673 4848	7006 5581	300 0465
40	-1,01447 8333	7339 9185	302 4628	-1,01666 9266	7306 6046	305 2657
35	-0,94107 9148	7642 3813	307 5622	-0,94360 3220	7611 8703	310 5204
30	-0,86465 5335	7949 9435	312 6953	-0,86748 4517	7922 3907	315 8106
-0,25	-0,78515 5900	8262 6388	317 8620	-0,78826 0610	8238 2013	321 1365
20	-0,70252 9512	8580 5007	323 0624	-0,70587 8597	8559 3378	326 4982
15	-0,61672 4505	8903 5631	328 2966	-0,62028 5218	8885 8361	331 8958
10	-0,52768 8874	9231 8598	333 5648	-0,53142 6858	9217 7318	337 3292
05	-0,43537 0276	9565 4246	338 8670	-0,43924 9540	9555 0610	342 7987
0,00	-0,33971 6031	9904 2916	344 2032	-0,34369 8929	9897 8598	348 3044
05	-0,24067 3115	10248 4947	349 5736	-0,24472 0331	10246 1642	353 8462
10	-0,13818 8168	10598 0684	354 9782	-0,14225 8690	10600 0104	359 4244
15	-0,03220 7484	10953 0466	360 4172	-0,03625 8586	10959 4348	365 0390
20	+0,07732 2982	11313 4638	365 8906	+0,07333 5762	11324 4738	370 6900
0,25	0,19045 7620	11679 3543	371 3984	0,18658 0500	11695 1638	376 3777
30	0,30725 1163	12050 7528	376 9409	0,30353 2138	12071 5415	382 1020
35	0,42775 8691	12427 6936	382 5180	0,42424 7553	12453 6435	387 8631
40	0,55203 5627	12810 2116	388 1298	0,54878 3989	12841 5067	393 6611
45	0,68013 7743	13198 3415	393 7765	0,67719 9055	13235 1678	399 4960
0,50	0,81212 1158	13592 1180	399 4581	0,80955 0733	13634 6638	405 3680
55	0,94804 2337	13991 5761	405 1747	0,94589 7372	14040 0318	411 2771
60	1,08795 8098	14396 7508	410 9264	1,08629 7690	14451 3090	417 2235
65	1,23192 5607	14807 6772	416 7133	1,23081 0780	14868 5325	423 2072
70	1,38000 2379	15224 3905	422 5354	1,37949 6105	15291 7397	429 2283
0,75	1,53224 6284	15646 9259	428 3928	1,53241 3502	15720 9680	435 2869
80	1,68871 5543	16075 3187	434 2857	1,68962 3182	16156 2549	441 3832
85	1,84946 8730	16509 6044	440 2141	1,85118 5732	16597 6381	447 5171
90	2,01456 4774	16949 8185	446 1781	2,01716 2113	17045 1552	453 6890
95	2,18406 2959	17395 9966	452 1777	2,18761 3665	17498 8441	459 8985
1,00	2,35802 2925			2,36260 2106		

q = 0,5539658 Θ = 89°56,7650' q = 0,5561298 Θ = 89°56,9397'

z	q^3 = 0,174	Δ	$Δ^2$	q^3 = 0,176	Δ	$Δ^2$
-1,00	-1,67055 5126	+3985 3013	+245 9963	-1,66712 0548	+3930 5551	+246 9924
95	-1,63070 2113	4231 2976	250 9646	-1,62781 4997	4177 5475	252 0957
90	-1,58838 9137	4482 2622	255 9693	-1,58603 9521	4429 6432	257 2374
85	-1,54356 6515	4738 2315	261 0106	-1,54174 3089	4686 8806	262 4179
80	-1,49618 4200	4999 2421	266 0886	-1,49487 4283	4949 2985	267 6371
-0,75	-1,44619 1779	5265 3307	271 2034	-1,44538 1298	5216 9356	272 8952
70	-1,39353 8472	5536 5341	276 3550	-1,39321 1941	5489 8308	278 1923
65	-1,33817 3132	5812 8891	281 5436	-1,33831 3634	5768 0231	283 5285
60	-1,28004 4241	6094 4327	286 7693	-1,28063 3403	6051 5515	288 9039
55	-1,21909 9914	6381 2020	292 0321	-1,22011 7888	6340 4554	294 3186
-0,50	-1,15528 7895	6673 2341	297 3323	-1,15671 3334	6634 7740	299 7727
45	-1,08855 5554	6970 5664	302 6698	-1,09036 5594	6934 5467	305 2664
40	-1,01884 9890	7273 2361	308 0448	-1,02102 0127	7239 8131	310 7997
35	-0,94611 7529	7581 2809	313 4573	-0,94862 1997	7550 6128	316 3728
30	-0,87030 4720	7894 7382	318 9075	-0,87311 5868	7866 9857	321 9858
-0,25	-0,79135 7338	8213 6457	324 3955	-0,79444 6012	8188 9714	327 6387
20	-0,70922 0881	8538 0412	329 9214	-0,71255 6297	8516 6102	333 3317
15	-0,62384 0469	8867 9626	335 4852	-0,62739 0195	8849 9419	339 0650
10	-0,53516 0842	9203 4479	341 0872	-0,53889 0776	9189 0069	344 8385
05	-0,44312 6364	9544 5350	346 7273	-0,44700 0708	9533 8453	350 6524
0,00	-0,34768 1013	9891 2623	352 4056	-0,35166 2255	9884 4977	356 5068
05	-0,24876 8391	10243 6679	358 1224	-0,25281 7277	10241 0046	362 4020
10	-0,14633 1711	10601 7903	363 8776	-0,15040 7231	10603 4066	368 3378
15	-0,04031 3808	10965 6679	369 6714	-0,04437 3165	10971 7444	374 3146
20	+0,06934 2871	11335 3393	375 5039	+0,06534 4279	11346 0590	380 3322
0,25	0,18269 6264	11710 8432	381 3752	0,17880 4869	11726 3912	386 3910
30	0,29980 4696	12092 2184	387 2853	0,29606 8781	12112 7822	392 4910
35	0,42072 6881	12479 5038	393 2345	0,41719 6603	12505 2732	398 6322
40	0,54552 1919	12872 7383	399 2227	0,54224 9335	12903 9054	404 8149
45	0,67424 9301	13271 9610	405 2501	0,67128 8389	13308 7203	411 0391
0,50	0,80696 8911	13677 2111	411 3168	0,80437 5592	13719 7594	417 3049
55	0,94374 1022	14088 5279	417 4229	0,94157 3186	14137 0643	423 6125
60	1,08462 6301	14505 9509	423 5685	1,08294 3829	14560 6768	429 9620
65	1,22968 5810	14929 5194	429 7537	1,22855 0597	14990 6388	436 3534
70	1,37898 1004	15359 2731	435 9786	1,37845 6985	15426 9922	442 7869
0,75	1,53257 3735	15795 2517	442 2433	1,53272 6908	15869 7791	449 2626
80	1,69052 6253	16237 4950	448 5479	1,69142 4699	16319 0418	455 7806
85	1,85290 1203	16686 0429	454 8925	1,85461 5117	16774 8224	462 3411
90	2,01976 1631	17140 9353	461 2772	2,02236 3341	17237 1635	468 9441
95	2,19117 0985	17602 2125	467 7021	2,19473 4975	17706 1075	475 5897
1,00	2,36719 3110			2,37179 6051		

q = 0,5582770   Θ = 89°57,1052'   q = 0,5604079   Θ = 89°57,2620'

Tabelle IV

$H(q^3, z)$

Funktionen laufend nach q^3

von $q^3 = 0{,}000$ bis $q^3 = 0{,}176$ in Schritten von 0,002

für die Werte $z = \cos 2x$

von $z = -1{,}00$ bis $z = +1{,}00$

in Schritten von 0,05

Die zugehörigen Werte für q und Θ sind

in den Tafeln auf S. 157 und S. 158 enthalten

Table IV

$H(q^3, z)$

as a funktion of q^3

from $q^3 = 0{\cdot}000$ to $q^3 = 0{\cdot}176$, with increments of 0·002

for values of $z = \cos 2x$

when z increases from $-1{\cdot}00$ to $+1{\cdot}00$, with increments of 0·05

The corresponding values of q and Θ

are found in the tables on pages 157 and 158

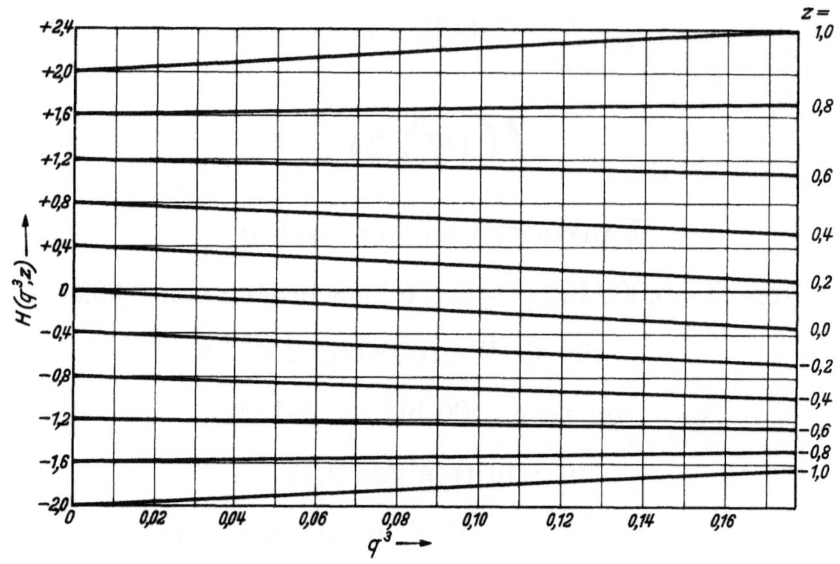

Abb. 4. Funktionen $H(q^3, z)$ laufend nach q^3, geordnet nach z.

Fig. 4. $H(q^3, z)$ as a function of q^3.

q^3	z = -1,00	Δ	z = -0,95	Δ	z = -0,90	Δ
0,000	-2,00000 0000	+399 9873	-1,90000 0000	+321 9926	-1,80000 0000	+247 9973
02	-1,99600 0127	399 9321	-1,89678 0074	321 9607	-1,79752 0027	247 9853
04	-1,99200 0806	399 8429	-1,89356 0467	321 9089	-1,79504 0174	247 9660
06	-1,98800 2377	399 7257	-1,89034 1378	321 8411	-1,79256 0514	247 9408
08	-1,98400 5120	399 5837	-1,88712 2967	321 7587	-1,79008 1106	247 9101
0,010	-1,98000 9283	399 4188	-1,88390 5380	321 6632	-1,78760 2005	247 8744
12	-1,97601 5095	399 2326	-1,88068 8748	321 5553	-1,78512 3261	247 8342
14	-1,97202 2769	399 0261	-1,87747 3195	321 4356	-1,78264 4919	247 7896
16	-1,96803 2508	398 8005	-1,87425 8839	321 3049	-1,78016 7023	247 7409
18	-1,96404 4503	398 5565	-1,87104 5790	321 1634	-1,77768 9614	247 6881
0,020	-1,96005 8938	398 2947	-1,86783 4156	321 0116	-1,77521 2733	247 6314
22	-1,95607 5991	398 0157	-1,86462 4040	320 8499	-1,77273 6419	247 5712
24	-1,95209 5834	397 7201	-1,86141 5541	320 6786	-1,77026 0707	247 5072
26	-1,94811 8633	397 4084	-1,85820 8755	320 4979	-1,76778 5635	247 4397
28	-1,94414 4549	397 0810	-1,85500 3776	320 3080	-1,76531 1238	247 3689
0,030	-1,94017 3739	396 7381	-1,85180 0696	320 1092	-1,76283 7549	247 2946
32	-1,93620 6358	396 3803	-1,84859 9604	319 9017	-1,76036 4603	247 2170
34	-1,93224 2555	396 0077	-1,84540 0587	319 6857	-1,75789 2433	247 1364
36	-1,92828 2478	395 6209	-1,84220 3730	319 4612	-1,75542 1069	247 0524
38	-1,92432 6269	395 2200	-1,83900 9118	319 2287	-1,75295 0545	246 9654
0,040	-1,92037 4069	394 8051	-1,83581 6831	318 9879	-1,75048 0891	246 8754
42	-1,91642 6018	394 3767	-1,83262 6952	318 7394	-1,74801 2137	246 7823
44	-1,91248 2251	393 9349	-1,82943 9558	318 4829	-1,74554 4314	246 6863
46	-1,90854 2902	393 4800	-1,82625 4729	318 2190	-1,74307 7451	246 5873
48	-1,90460 8102	393 0123	-1,82307 2539	317 9473	-1,74061 1578	246 4855
0,050	-1,90067 7979	392 5316	-1,81989 3066	317 6682	-1,73814 6723	246 3808
52	-1,89675 2663	392 0386	-1,81671 6384	317 3819	-1,73568 2915	246 2733
54	-1,89283 2277	391 5332	-1,81354 2565	317 0883	-1,73322 0182	246 1629
56	-1,88891 6945	391 0155	-1,81037 1682	316 7875	-1,73075 8553	246 0500
58	-1,88500 6790	390 4859	-1,80720 3807	316 4798	-1,72829 8053	245 9341
0,060	-1,88110 1931	389 9445	-1,80403 9009	316 1649	-1,72583 8712	245 8156
62	-1,87720 2486	389 3913	-1,80087 7360	315 8434	-1,72338 0556	245 6944
64	-1,87330 8573	388 8266	-1,79771 8926	315 5149	-1,72092 3612	245 5706
66	-1,86942 0307	388 2506	-1,79456 3777	315 1797	-1,71846 7906	245 4441
68	-1,86553 7801	387 6632	-1,79141 1980	314 8380	-1,71601 3465	245 3150
0,070	-1,86166 1169	387 0648	-1,78826 3600	314 4897	-1,71356 0315	245 1833
72	-1,85779 0521	386 4555	-1,78511 8703	314 1349	-1,71110 8482	245 0490
74	-1,85392 5966	385 8352	-1,78197 7354	313 7735	-1,70865 7992	244 9121
76	-1,85006 7614	385 2043	-1,77883 9619	313 4060	-1,70620 8871	244 7728
78	-1,84621 5571	384 5628	-1,77570 5559	313 0321	-1,70376 1143	244 6307
0,080	-1,84236 9943	383 9108	-1,77257 5238	312 6520	-1,70131 4836	244 4863
82	-1,83853 0835	383 2486	-1,76944 8718	312 2657	-1,69886 9973	244 3393
84	-1,83469 8349	382 5761	-1,76632 6061	311 8733	-1,69642 6580	244 1899
86	-1,83087 2588	381 8935	-1,76320 7328	311 4749	-1,69398 4681	244 0378
88	-1,82705 3653	381 2010	-1,76009 2579	311 0705	-1,69154 4303	243 8834
0,090	-1,82324 1643		-1,75698 1874		-1,68910 5469	

q^3	z = -1,00	Δ	z = -0,95	Δ	z = -0,90	Δ
0,090	-1,82324 1643	+380 4986	-1,75698 1874	+310 6601	-1,68910 5469	+243 7265
92	-1,81943 6657	379 7864	-1,75387 5273	310 2439	-1,68666 8204	243 5671
94	-1,81563 8793	379 0646	-1,75077 2834	309 8219	-1,68423 2533	243 4053
96	-1,81184 8147	378 3332	-1,74767 4615	309 3941	-1,68179 8480	243 2410
98	-1,80806 4815	377 5926	-1,74458 0674	308 9606	-1,67936 6070	243 0743
0,100	-1,80428 8889	376 8424	-1,74149 1068	308 5214	-1,67693 5327	242 9052
02	-1,80052 0465	376 0832	-1,73840 5854	308 0766	-1,67450 6275	242 7336
04	-1,79675 9633	375 3149	-1,73532 5088	307 6263	-1,67207 8939	242 5596
06	-1,79300 6484	374 5375	-1,73224 8825	307 1705	-1,66965 3343	242 3833
08	-1,78926 1109	373 7512	-1,72917 7120	306 7091	-1,66722 9510	242 2045
0,110	-1,78552 3597	372 9562	-1,72611 0029	306 2424	-1,66480 7465	242 0233
12	-1,78179 4035	372 1524	-1,72304 7605	305 7704	-1,66238 7232	241 8397
14	-1,77807 2511	371 3401	-1,71998 9901	305 2929	-1,65996 8835	241 6537
16	-1,77435 9110	370 5193	-1,71693 6972	304 8103	-1,65755 2298	241 4654
18	-1,77065 3917	369 6901	-1,71388 8869	304 3223	-1,65513 7644	241 2746
0,120	-1,76695 7016	368 8525	-1,71084 5646	303 8293	-1,65272 4898	241 0814
22	-1,76326 8491	368 0069	-1,70780 7353	303 3310	-1,65031 4084	240 8859
24	-1,75958 8422	367 1531	-1,70477 4043	302 8278	-1,64790 5225	240 6880
26	-1,75591 6891	366 2913	-1,70174 5765	302 3192	-1,64549 8345	240 4877
28	-1,75225 3978	365 4216	-1,69872 2573	301 8060	-1,64309 3468	240 2849
0,130	-1,74859 9762	364 5442	-1,69570 4513	301 2876	-1,64069 0619	240 0799
32	-1,74495 4320	363 6589	-1,69269 1637	300 7643	-1,63828 9820	239 8725
34	-1,74131 7731	362 7661	-1,68968 3994	300 2362	-1,63589 1095	239 6625
36	-1,73769 0070	361 8658	-1,68668 1632	299 7032	-1,63349 4470	239 4504
38	-1,73407 1412	360 9580	-1,68368 4600	299 1655	-1,63109 9966	239 2357
0,140	-1,73046 1832	360 0429	-1,68069 2945	298 6229	-1,62870 7609	239 0188
42	-1,72686 1403	359 1207	-1,67770 6716	298 0757	-1,62631 7421	238 7993
44	-1,72327 0196	358 1912	-1,67472 5959	297 5237	-1,62392 9428	238 5776
46	-1,71968 8284	357 2547	-1,67175 0722	296 9672	-1,62154 3652	238 3533
48	-1,71611 5737	356 3114	-1,66878 1050	296 4061	-1,61916 0119	238 1268
0,150	-1,71255 2623	355 3610	-1,66581 6989	295 8404	-1,61677 8851	237 8978
52	-1,70899 9013	354 4040	-1,66285 8585	295 2702	-1,61439 9873	237 6664
54	-1,70545 4973	353 4403	-1,65990 5883	294 6955	-1,61202 3209	237 4327
56	-1,70192 0570	352 4701	-1,65695 8928	294 1164	-1,60964 8882	237 1964
58	-1,69839 5869	351 4933	-1,65401 7764	293 5329	-1,60727 6918	236 9579
0,160	-1,69488 0936	350 5102	-1,65108 2435	292 9451	-1,60490 7339	236 7168
62	-1,69137 5834	349 5209	-1,64815 2984	292 3530	-1,60254 0171	236 4733
64	-1,68788 0625	348 5252	-1,64522 9454	291 7565	-1,60017 5438	236 2275
66	-1,68439 5373	347 5236	-1,64231 1889	291 1558	-1,59781 3163	235 9792
68	-1,68092 0137	346 5159	-1,63940 0331	290 5510	-1,59545 3371	235 7285
0,170	-1,67745 4978	345 5023	-1,63649 4821	289 9420	-1,59309 6086	235 4752
72	-1,67399 9955	344 4829	-1,63359 5401	289 3288	-1,59074 1334	235 2197
74	-1,67055 5126	343 4578	-1,63070 2113	288 7116	-1,58838 9137	234 9616
0,176	-1,66712 0548		-1,62781 4997		-1,58603 9521	

q^3	z = -0,85	Δ	z = -0,80	Δ	z = -0,75	Δ
0,000	-1,70000 0000	+178 0012	-1,60000 0000	+112 0045	-1,50000 0000	+50 0071
02	-1,69821 9988	178 0063	-1,59887 9955	112 0239	-1,49949 9929	50 0383
04	-1,69643 9925	178 0147	-1,59775 9716	112 0553	-1,49899 9546	50 0883
06	-1,69465 9778	178 0257	-1,59663 9163	112 0965	-1,49849 8663	50 1543
08	-1,69287 9521	178 0389	-1,59551 8198	112 1466	-1,49799 7120	50 2342
0,010	-1,69109 9132	178 0543	-1,59439 6732	112 2045	-1,49749 4778	50 3269
12	-1,68931 8589	178 0717	-1,59327 4687	112 2701	-1,49699 1509	50 4316
14	-1,68753 7872	178 0910	-1,59215 1986	112 3428	-1,49648 7193	50 5478
16	-1,68575 6962	178 1121	-1,59102 8558	112 4221	-1,49598 1715	50 6746
18	-1,68397 5841	178 1348	-1,58990 4337	112 5080	-1,49547 4969	50 8119
0,020	-1,68219 4493	178 1593	-1,58877 9257	112 6001	-1,49496 6850	50 9591
22	-1,68041 2900	178 1852	-1,58765 3256	112 6982	-1,49445 7259	51 1159
24	-1,67863 1048	178 2128	-1,58652 6274	112 8021	-1,49394 6100	51 2821
26	-1,67684 8920	178 2418	-1,58539 8253	112 9117	-1,49343 3279	51 4574
28	-1,67506 6502	178 2722	-1,58426 9136	113 0268	-1,49291 8705	51 6414
0,030	-1,67328 3780	178 3040	-1,58313 8868	113 1473	-1,49240 2291	51 8340
32	-1,67150 0740	178 3373	-1,58200 7395	113 2730	-1,49188 3951	52 0352
34	-1,66971 7367	178 3717	-1,58087 4665	113 4038	-1,49136 3599	52 2444
36	-1,66793 3650	178 4075	-1,57974 0627	113 5396	-1,49084 1155	52 4617
38	-1,66614 9575	178 4446	-1,57860 5231	113 6803	-1,49031 6538	52 6869
0,040	-1,66436 5129	178 4828	-1,57746 8428	113 8258	-1,48978 9669	52 9198
42	-1,66258 0301	178 5223	-1,57633 0170	113 9761	-1,48926 0471	53 1603
44	-1,66079 5078	178 5629	-1,57519 0409	114 1308	-1,48872 8868	53 4083
46	-1,65900 9449	178 6046	-1,57404 9101	114 2903	-1,48819 4785	53 6635
48	-1,65722 3403	178 6475	-1,57290 6198	114 4540	-1,48765 8150	53 9260
0,050	-1,65543 6928	178 6914	-1,57176 1658	114 6222	-1,48711 8890	54 1954
52	-1,65365 0014	178 7363	-1,57061 5436	114 7946	-1,48657 6936	54 4719
54	-1,65186 2651	178 7823	-1,56946 7490	114 9714	-1,48603 2217	54 7551
56	-1,65007 4828	178 8293	-1,56831 7776	115 1521	-1,48548 4666	55 0452
58	-1,64828 6535	178 8772	-1,56716 6255	115 3371	-1,48493 4214	55 3418
0,060	-1,64649 7763	178 9261	-1,56601 2884	115 5259	-1,48438 0796	55 6450
62	-1,64470 8502	178 9758	-1,56485 7625	115 7188	-1,48382 4346	55 9546
64	-1,64291 8744	179 0265	-1,56370 0437	115 9155	-1,48326 4800	56 2705
66	-1,64112 8479	179 0780	-1,56254 1282	116 1160	-1,48270 2095	56 5927
68	-1,63933 7699	179 1303	-1,56138 0122	116 3203	-1,48213 6168	56 9210
0,070	-1,63754 6396	179 1836	-1,56021 6919	116 5282	-1,48156 6958	57 2554
72	-1,63575 4560	179 2374	-1,55905 1637	116 7398	-1,48099 4404	57 5958
74	-1,63396 2186	179 2921	-1,55788 4239	116 9550	-1,48041 8446	57 9420
76	-1,63216 9265	179 3476	-1,55671 4689	117 1735	-1,47983 9026	58 2940
78	-1,63037 5789	179 4036	-1,55554 2954	117 3957	-1,47925 6086	58 6518
0,080	-1,62858 1753	179 4605	-1,55436 8997	117 6211	-1,47866 9568	59 0152
82	-1,62678 7148	179 5178	-1,55319 2786	117 8499	-1,47807 9416	59 3841
84	-1,62499 1970	179 5759	-1,55201 4287	118 0820	-1,47748 5575	59 7585
86	-1,62319 6211	179 6346	-1,55083 3467	118 3173	-1,47688 7990	60 1384
88	-1,62139 9865	179 6938	-1,54965 0294	118 5557	-1,47628 6606	60 5235
0,090	-1,61960 2927		-1,54846 4737		-1,47568 1371	

q^3	z = -0,85	Δ	z = -0,80	Δ	z = -0,75	Δ
0,090	-1,61960 2927	+179 7535	-1,54846 4737	+118 7972	-1,47568 1371	+ 60 9139
92	-1,61780 5392	179 8137	-1,54727 6765	119 0418	-1,47507 2232	61 3094
94	-1,61600 7255	179 8745	-1,54608 6347	119 2894	-1,47445 9138	61 7101
96	-1,61420 8510	179 9356	-1,54489 3453	119 5399	-1,47384 2037	62 1156
98	-1,61240 9154	179 9973	-1,54369 8054	119 7932	-1,47322 0881	62 5263
0,100	-1,61060 9181	180 0593	-1,54250 0122	120 0494	-1,47259 5618	62 9416
02	-1,60880 8588	180 1216	-1,54129 9628	120 3084	-1,47196 6202	63 3619
04	-1,60700 7372	180 1843	-1,54009 6544	120 5700	-1,47133 2583	63 7868
06	-1,60520 5529	180 2473	-1,53889 0844	120 8344	-1,47069 4715	64 2163
08	-1,60340 3056	180 3107	-1,53768 2500	121 1012	-1,47005 2552	64 6504
0,110	-1,60159 9949	180 3741	-1,53647 1488	121 3707	-1,46940 6048	65 0890
12	-1,59979 6208	180 4379	-1,53525 7781	121 6426	-1,46875 5158	65 5320
14	-1,59799 1829	180 5018	-1,53404 1355	121 9170	-1,46809 9838	65 9794
16	-1,59618 6811	180 5660	-1,53282 2185	122 1937	-1,46744 0044	66 4309
18	-1,59438 1151	180 6301	-1,53160 0248	122 4728	-1,46677 5735	66 8867
0,120	-1,59257 4850	180 6944	-1,53037 5520	122 7541	-1,46610 6868	67 3467
22	-1,59076 7906	180 7588	-1,52914 7979	123 0375	-1,46543 3401	67 8105
24	-1,58896 0318	180 8232	-1,52791 7604	123 3232	-1,46475 5296	68 2785
26	-1,58715 2086	180 8876	-1,52668 4372	123 6110	-1,46407 2511	68 7504
28	-1,58534 3210	180 9519	-1,52544 8262	123 9007	-1,46338 5007	69 2259
0,130	-1,58353 3691	181 0162	-1,52420 9255	124 1925	-1,46269 2748	69 7053
32	-1,58172 3529	181 0804	-1,52296 7330	124 4862	-1,46199 5695	70 1884
34	-1,57991 2725	181 1445	-1,52172 2468	124 7817	-1,46129 3811	70 6750
36	-1,57810 1280	181 2083	-1,52047 4651	125 0790	-1,46058 7061	71 1652
38	-1,57628 9197	181 2720	-1,51922 3861	125 3780	-1,45987 5409	71 6588
0,140	-1,57447 6477	181 3354	-1,51797 0081	125 6789	-1,45915 8821	72 1559
42	-1,57266 3123	181 3985	-1,51671 3292	125 9812	-1,45843 7262	72 6561
44	-1,57084 9138	181 4614	-1,51545 3480	126 2851	-1,45771 0701	73 1596
46	-1,56903 4524	181 5239	-1,51419 0629	126 5907	-1,45697 9105	73 6664
48	-1,56721 9285	181 5861	-1,51292 4722	126 8975	-1,45624 2441	74 1761
0,150	-1,56540 3424	181 6477	-1,51165 5747	127 2058	-1,45550 0680	74 6888
52	-1,56358 6947	181 7090	-1,51038 3689	127 5155	-1,45475 3792	75 2046
54	-1,56176 9857	181 7698	-1,50910 8534	127 8263	-1,45400 1746	75 7230
56	-1,55995 2159	181 8300	-1,50783 0271	128 1385	-1,45324 4516	76 2444
58	-1,55813 3859	181 8898	-1,50654 8886	128 4517	-1,45248 2072	76 7684
0,160	-1,55631 4961	181 9488	-1,50526 4369	128 7661	-1,45171 4388	77 2950
62	-1,55449 5473	182 0073	-1,50397 6708	129 0814	-1,45094 1438	77 8241
64	-1,55267 5400	182 0651	-1,50268 5894	129 3978	-1,45016 3197	78 3558
66	-1,55085 4749	182 1221	-1,50139 1916	129 7150	-1,44937 9639	78 8898
68	-1,54903 3528	182 1785	-1,50009 4766	130 0331	-1,44859 0741	79 4261
0,170	-1,54721 1743	182 2340	-1,49879 4435	130 3519	-1,44779 6480	79 9647
72	-1,54538 9403	182 2888	-1,49749 0916	130 6716	-1,44699 6833	80 5054
74	-1,54356 6515	182 3426	-1,49618 4200	130 9917	-1,44619 1779	81 0481
0,176	-1,54174 3089		-1,49487 4283		-1,44538 1298	

q^3	z = -0,70	Δ	z = -0,65	Δ	z = -0,60	Δ
0,000	-1,40000 0000	-7 9908	-1,30000 0000	-61 9892	-1,20000 0000	-111 9881
02	-1,40007 9908	-7 9505	-1,30061 9892	-61 9421	-1,20111 9881	-111 9364
04	-1,40015 9413	-7 8856	-1,30123 9313	-61 8663	-1,20223 9245	-111 8530
06	-1,40023 8269	-7 8004	-1,30185 7976	-61 7664	-1,20335 7775	-111 7433
08	-1,40031 6273	-7 6969	-1,30247 5640	-61 6456	-1,20447 5208	-111 6103
0,010	-1,40039 3242	-7 5769	-1,30309 2096	-61 5051	-1,20559 1311	-111 4560
12	-1,40046 9011	-7 4413	-1,30370 7147	-61 3465	-1,20670 5871	-111 2817
14	-1,40054 3424	-7 2911	-1,30432 0612	-61 1708	-1,20781 8688	-111 0884
16	-1,40061 6335	-7 1268	-1,30493 2320	-60 9786	-1,20892 9572	-110 8773
18	-1,40068 7603	-6 9492	-1,30554 2106	-60 7709	-1,21003 8345	-110 6488
0,020	-1,40075 7095	-6 7586	-1,30614 9815	-60 5479	-1,21114 4833	-110 4038
22	-1,40082 4681	-6 5556	-1,30675 5294	-60 3105	-1,21224 8871	-110 1427
24	-1,40089 0237	-6 3405	-1,30735 8399	-60 0587	-1,21335 0298	-109 8659
26	-1,40095 3642	-6 1136	-1,30795 8986	-59 7934	-1,21444 8957	-109 5742
28	-1,40101 4778	-5 8753	-1,30855 6920	-59 5146	-1,21554 4699	-109 2676
0,030	-1,40107 3531	-5 6258	-1,30915 2066	-59 2227	-1,21663 7375	-108 9467
32	-1,40112 9789	-5 3655	-1,30974 4293	-58 9180	-1,21772 6842	-108 6118
34	-1,40118 3444	-5 0945	-1,31033 3473	-58 6009	-1,21881 2960	-108 2630
36	-1,40123 4389	-4 8130	-1,31091 9482	-58 2716	-1,21989 5590	-107 9008
38	-1,40128 2519	-4 5214	-1,31150 2198	-57 9302	-1,22097 4598	-107 5254
0,040	-1,40132 7733	-4 2196	-1,31208 1500	-57 5772	-1,22204 9852	-107 1370
42	-1,40136 9929	-3 9081	-1,31265 7272	-57 2124	-1,22312 1222	-106 7360
44	-1,40140 9010	-3 5869	-1,31322 9396	-56 8364	-1,22418 8582	-106 3223
46	-1,40144 4879	-3 2561	-1,31379 7760	-56 4493	-1,22525 1805	-105 8965
48	-1,40147 7440	-2 9160	-1,31436 2253	-56 0510	-1,22631 0770	-105 4583
0,050	-1,40150 6600	-2 5668	-1,31492 2763	-55 6421	-1,22736 5353	-105 0084
52	-1,40153 2268	-2 2083	-1,31547 9184	-55 2225	-1,22841 5437	-104 5467
54	-1,40155 4351	-1 8412	-1,31603 1409	-54 7923	-1,22946 0904	-104 0733
56	-1,40157 2763	-1 4650	-1,31657 9332	-54 3518	-1,23050 1637	-103 5886
58	-1,40158 7413	-1 0803	-1,31712 2850	-53 9012	-1,23153 7523	-103 0926
0,060	-1,40159 8216	-6871	-1,31766 1862	-53 4405	-1,23256 8449	-102 5854
62	-1,40160 5087	-2854	-1,31819 6267	-52 9699	-1,23359 4303	-102 0674
64	-1,40160 7941	+1245	-1,31872 5966	-52 4895	-1,23461 4977	-101 5384
66	-1,40160 6696	5427	-1,31925 0861	-51 9994	-1,23563 0361	-100 9988
68	-1,40160 1269	9688	-1,31977 0855	-51 4998	-1,23664 0349	-100 4486
0,070	-1,40159 1581	1 4031	-1,32028 5853	-50 9908	-1,23764 4835	-99 8880
72	-1,40157 7550	1 8450	-1,32079 5761	-50 4725	-1,23864 3715	-99 3170
74	-1,40155 9100	2 2948	-1,32130 0486	-49 9451	-1,23963 6885	-98 7359
76	-1,40153 6152	2 7522	-1,32179 9937	-49 4085	-1,24062 4244	-98 1448
78	-1,40150 8630	3 2171	-1,32229 4022	-48 8631	-1,24160 5692	-97 5436
0,080	-1,40147 6459	3 6896	-1,32278 2653	-48 3088	-1,24258 1128	-96 9326
82	-1,40143 9563	4 1692	-1,32326 5741	-47 7457	-1,24355 0454	-96 3120
84	-1,40139 7871	4 6563	-1,32374 3198	-47 1741	-1,24451 3574	-95 6816
86	-1,40135 1308	5 1504	-1,32421 4939	-46 5939	-1,24547 0390	-95 0418
88	-1,40129 9804	5 6517	-1,32468 0878	-46 0053	-1,24642 0808	-94 3926
0,090	-1,40124 3287		-1,32514 0931		-1,24736 4734	

q^3	z = -0,70	Δ	z = -0,65	Δ	z = -0,60	Δ
0,090	-1,40124 3287	+6 1598	-1,32514 0931	-45 4084	-1,24736 4734	-93 7340
92	-1,40118 1689	6 6749	-1,32559 5015	-44 8032	-1,24830 2074	-93 0664
94	-1,40111 4940	7 1968	-1,32604 3047	-44 1900	-1,24923 2738	-92 3895
96	-1,40104 2972	7 7253	-1,32648 4947	-43 5687	-1,25015 6633	-91 7037
98	-1,40096 5719	8 2605	-1,32692 0634	-42 9395	-1,25107 3670	-91 0091
0,100	-1,40088 3114	8 8022	-1,32735 0029	-42 3024	-1,25198 3761	-90 3055
02	-1,40079 5092	9 3504	-1,32777 3053	-41 6577	-1,25288 6816	-89 5933
04	-1,40070 1588	9 9048	-1,32818 9630	-41 0052	-1,25378 2749	-88 8726
06	-1,40060 2540	10 4656	-1,32859 9682	-40 3453	-1,25467 1475	-88 1431
08	-1,40049 7884	11 0325	-1,32900 3135	-39 6778	-1,25555 2906	-87 4055
0,110	-1,40038 7559	11 6055	-1,32939 9913	-39 0029	-1,25642 6961	-86 6594
12	-1,40027 1504	12 1845	-1,32978 9942	-38 3210	-1,25729 3555	-85 9050
14	-1,40014 9659	12 7695	-1,33017 3152	-37 6316	-1,25815 2605	-85 1426
16	-1,40002 1964	13 3603	-1,33054 9468	-36 9353	-1,25900 4031	-84 3721
18	-1,39988 8361	13 9567	-1,33091 8821	-36 2319	-1,25984 7752	-83 5936
0,120	-1,39974 8794	14 5590	-1,33128 1140	-35 5216	-1,26068 3688	-82 8073
22	-1,39960 3204	15 1668	-1,33163 6356	-34 8045	-1,26151 1761	-82 0131
24	-1,39945 1536	15 7800	-1,33198 4401	-34 0806	-1,26233 1892	-81 2113
26	-1,39929 3736	16 3987	-1,33232 5207	-33 3501	-1,26314 4005	-80 4018
28	-1,39912 9749	17 0227	-1,33265 8708	-32 6130	-1,26394 8023	-79 5849
0,130	-1,39895 9522	17 6520	-1,33298 4838	-31 8695	-1,26474 3872	-78 7605
32	-1,39878 3002	18 2865	-1,33330 3533	-31 1195	-1,26553 1477	-77 9286
34	-1,39860 0137	18 9259	-1,33361 4728	-30 3633	-1,26631 0763	-77 0897
36	-1,39841 0878	19 5705	-1,33391 8361	-29 6008	-1,26708 1660	-76 2435
38	-1,39821 5173	20 2199	-1,33421 4369	-28 8323	-1,26784 4095	-75 3902
0,140	-1,39801 2974	20 8741	-1,33450 2692	-28 0576	-1,26859 7997	-74 5298
42	-1,39780 4233	21 5331	-1,33478 3268	-27 2771	-1,26934 3295	-73 6627
44	-1,39758 8902	22 1968	-1,33505 6039	-26 4906	-1,27007 9922	-72 7886
46	-1,39736 6934	22 8649	-1,33532 0945	-25 6985	-1,27080 7808	-71 9079
48	-1,39713 8285	23 5378	-1,33557 7930	-24 9005	-1,27152 6887	-71 0203
0,150	-1,39690 2907	24 2148	-1,33582 6935	-24 0970	-1,27223 7090	-70 1264
52	-1,39666 0759	24 8963	-1,33606 7905	-23 2881	-1,27293 8354	-69 2258
54	-1,39641 1796	25 5819	-1,33630 0786	-22 4735	-1,27363 0612	-68 3189
56	-1,39615 5977	26 2718	-1,33652 5521	-21 6539	-1,27431 3801	-67 4057
58	-1,39589 3259	26 9657	-1,33674 2060	-20 8288	-1,27498 7858	-66 4862
0,160	-1,39562 3602	27 6636	-1,33695 0348	-19 9986	-1,27565 2720	-65 5605
62	-1,39534 6966	28 3654	-1,33715 0334	-19 1633	-1,27630 8325	-64 6289
64	-1,39506 3312	29 0710	-1,33734 1967	-18 3231	-1,27695 4614	-63 6912
66	-1,39477 2602	29 7802	-1,33752 5198	-17 4780	-1,27759 1526	-62 7476
68	-1,39447 4800	30 4933	-1,33769 9978	-16 6280	-1,27821 9002	-61 7983
0,170	-1,39416 9867	31 2097	-1,33786 6258	-15 7733	-1,27883 6985	-60 8431
72	-1,39385 7770	31 9298	-1,33802 3991	-14 9141	-1,27944 5416	-59 8825
74	-1,39353 8472	32 6531	-1,33817 3132	-14 0502	-1,28004 4241	-58 9162
0,176	-1,39321 1941		-1,33831 3634		-1,28063 3403	

q^3	z = -0,55	Δ	z = -0,50	Δ	z = -0,45	Δ
0,000	-1,10000 0000	-157 9875	-1,00000 0000	-199 9873	-0,90000 0000	-237 9875
02	-1,10157 9875	-157 9331	-1,00199 9873	-199 9321	-0,90237 9875	-237 9330
04	-1,10315 9206	-157 8453	-1,00399 9194	-199 8429	-0,90475 9205	-237 8452
06	-1,10473 7659	-157 7300	-1,00599 7623	-199 7257	-0,90713 7657	-237 7297
08	-1,10631 4959	-157 5902	-1,00799 4880	-199 5837	-0,90951 4954	-237 5897
0,010	-1,10789 0861	-157 4278	-1,00999 0717	-199 4188	-0,91189 0851	-237 4273
12	-1,10946 5139	-157 2444	-1,01198 4905	-199 2325	-0,91426 5124	-237 2436
14	-1,11103 7583	-157 0412	-1,01397 7230	-199 0261	-0,91663 7560	-237 0402
16	-1,11260 7995	-156 8191	-1,01596 7491	-198 8004	-0,91900 7962	-236 8178
18	-1,11417 6186	-156 5788	-1,01795 5495	-198 5564	-0,92137 6140	-236 5772
0,020	-1,11574 1974	-156 3209	-1,01994 1059	-198 2944	-0,92374 1912	-236 3191
22	-1,11730 5183	-156 0463	-1,02192 4003	-198 0155	-0,92610 5103	-236 0441
24	-1,11886 5646	-155 7553	-1,02390 4158	-197 7197	-0,92846 5544	-235 7527
26	-1,12042 3199	-155 4482	-1,02588 1355	-197 4079	-0,93082 3071	-235 4452
28	-1,12197 7681	-155 1258	-1,02785 5434	-197 0802	-0,93317 7523	-235 1223
0,030	-1,12352 8939	-154 7881	-1,02982 6236	-196 7372	-0,93552 8746	-234 7841
32	-1,12507 6820	-154 4357	-1,03179 3608	-196 3791	-0,93787 6587	-234 4312
34	-1,12662 1177	-154 0688	-1,03375 7399	-196 0063	-0,94022 0899	-234 0635
36	-1,12816 1865	-153 6877	-1,03571 7462	-195 6190	-0,94256 1534	-233 6818
38	-1,12969 8742	-153 2926	-1,03767 3652	-195 2176	-0,94489 8352	-233 2861
0,040	-1,13123 1668	-152 8839	-1,03962 5828	-194 8023	-0,94723 1213	-232 8765
42	-1,13276 0507	-152 4619	-1,04157 3851	-194 3733	-0,94955 9978	-232 4534
44	-1,13428 5126	-152 0265	-1,04351 7584	-193 9308	-0,95188 4512	-232 0172
46	-1,13580 5391	-151 5782	-1,04545 6892	-193 4752	-0,95420 4684	-231 5678
48	-1,13732 1173	-151 1171	-1,04739 1644	-193 0064	-0,95652 0362	-231 1056
0,050	-1,13883 2344	-150 6434	-1,04932 1708	-192 5249	-0,95883 1418	-230 6306
52	-1,14033 8778	-150 1573	-1,05124 6957	-192 0307	-0,96113 7724	-230 1430
54	-1,14184 0351	-149 6590	-1,05316 7264	-191 5240	-0,96343 9154	-229 6433
56	-1,14333 6941	-149 1485	-1,05508 2504	-191 0050	-0,96573 5587	-229 1312
58	-1,14482 8426	-148 6262	-1,05699 2554	-190 4738	-0,96802 6899	-228 6070
0,060	-1,14631 4688	-148 0922	-1,05889 7292	-189 9306	-0,97031 2969	-228 0711
62	-1,14779 5610	-147 5464	-1,06079 6598	-189 3756	-0,97259 3680	-227 5233
64	-1,14927 1074	-146 9892	-1,06269 0354	-188 8088	-0,97486 8913	-226 9639
66	-1,15074 0966	-146 4207	-1,06457 8442	-188 2304	-0,97713 8552	-226 3930
68	-1,15220 5173	-145 8411	-1,06646 0746	-187 6406	-0,97940 2482	-225 8107
0,070	-1,15366 3584	-145 2502	-1,06833 7152	-187 0394	-0,98166 0589	-225 2171
72	-1,15511 6086	-144 6486	-1,07020 7546	-186 4271	-0,98391 2760	-224 6125
74	-1,15656 2572	-144 0361	-1,07207 1817	-185 8037	-0,98615 8885	-223 9968
76	-1,15800 2933	-143 4128	-1,07392 9854	-185 1692	-0,98839 8853	-223 3701
78	-1,15943 7061	-142 7790	-1,07578 1546	-184 5239	-0,99063 2554	-222 7327
0,080	-1,16086 4851	-142 1348	-1,07762 6785	-183 8679	-0,99285 9881	-222 0846
82	-1,16228 6199	-141 4802	-1,07946 5464	-183 2012	-0,99508 0727	-221 4258
84	-1,16370 1001	-140 8153	-1,08129 7476	-182 5241	-0,99729 4985	-220 7565
86	-1,16510 9154	-140 1404	-1,08312 2717	-181 8364	-0,99950 2550	-220 0767
88	-1,16651 0558	-139 4553	-1,08494 1081	-181 1384	-1,00170 3317	-219 3868
0,090	-1,16790 5111		-1,08675 2465		-1,00389 7185	

q^3	z = -0,55	Δ	z = -0,50	Δ	z = -0,45	Δ
0,090	-1,16790 5111	-138 7603	-1,08675 2465	-180 4302	-1,00389 7185	-218 6865
92	-1,16929 2714	-138 0556	-1,08855 6767	-179 7119	-1,00608 4050	-217 9760
94	-1,17067 3270	-137 3410	-1,09035 3886	-178 9835	-1,00826 3810	-217 2555
96	-1,17204 6680	-136 6169	-1,09214 3721	-178 2451	-1,01043 6365	-216 5251
98	-1,17341 2849	-135 8833	-1,09392 6172	-177 4969	-1,01260 1616	-215 7847
0,100	-1,17477 1682	-135 1401	-1,09570 1141	-176 7389	-1,01475 9463	-215 0344
02	-1,17612 3083	-134 3876	-1,09746 8530	-175 9712	-1,01690 9807	-214 2746
04	-1,17746 6959	-133 6259	-1,09922 8242	-175 1939	-1,01905 2553	-213 5049
06	-1,17880 3218	-132 8550	-1,10098 0181	-174 4072	-1,02118 7602	-212 7257
08	-1,18013 1768	-132 0751	-1,10272 4253	-173 6109	-1,02331 4859	-211 9370
0,110	-1,18145 2519	-131 2861	-1,10446 0362	-172 8054	-1,02543 4229	-211 1389
12	-1,18276 5380	-130 4882	-1,10618 8416	-171 9904	-1,02754 5618	-210 3312
14	-1,18407 0262	-129 6817	-1,10790 8320	-171 1665	-1,02964 8930	-209 5145
16	-1,18536 7079	-128 8662	-1,10961 9985	-170 3333	-1,03174 4075	-208 6885
18	-1,18665 5741	-128 0422	-1,11132 3318	-169 4911	-1,03383 0960	-207 8532
0,120	-1,18793 6163	-127 2097	-1,11301 8229	-168 6401	-1,03590 9492	-207 0089
22	-1,18920 8260	-126 3687	-1,11470 4630	-167 7800	-1,03797 9581	-206 1556
24	-1,19047 1947	-125 5192	-1,11638 2430	-166 9112	-1,04004 1137	-205 2933
26	-1,19172 7139	-124 6616	-1,11805 1542	-166 0336	-1,04209 4070	-204 4221
28	-1,19297 3755	-123 7956	-1,11971 1878	-165 1476	-1,04413 8291	-203 5420
0,130	-1,19421 1711	-122 9215	-1,12136 3354	-164 2527	-1,04617 3711	-202 6533
32	-1,19544 0926	-122 0395	-1,12300 5881	-163 3495	-1,04820 0244	-201 7558
34	-1,19666 1321	-121 1494	-1,12463 9376	-162 4379	-1,05021 7802	-200 8497
36	-1,19787 2815	-120 2514	-1,12626 3755	-161 5178	-1,05222 6299	-199 9350
38	-1,19907 5329	-119 3456	-1,12787 8933	-160 5895	-1,05422 5649	-199 0118
0,140	-1,20026 8785	-118 4322	-1,12948 4828	-159 6529	-1,05621 5767	-198 0800
42	-1,20145 3107	-117 5109	-1,13108 1357	-158 7084	-1,05819 6567	-197 1400
44	-1,20262 8216	-116 5823	-1,13266 8441	-157 7555	-1,06016 7967	-196 1916
46	-1,20379 4039	-115 6461	-1,13424 5996	-156 7949	-1,06212 9883	-195 2349
48	-1,20495 0500	-114 7024	-1,13581 3945	-155 8262	-1,06408 2232	-194 2699
0,150	-1,20609 7524	-113 7515	-1,13737 2207	-154 8497	-1,06602 4931	-193 2969
52	-1,20723 5039	-112 7933	-1,13892 0704	-153 8654	-1,06795 7900	-192 3157
54	-1,20836 2972	-111 8280	-1,14045 9358	-152 8733	-1,06988 1057	-191 3265
56	-1,20948 1252	-110 8555	-1,14198 8091	-151 8737	-1,07179 4322	-190 3292
58	-1,21058 9807	-109 8760	-1,14350 6828	-150 8665	-1,07369 7614	-189 3241
0,160	-1,21168 8567	-108 8896	-1,14501 5493	-149 8517	-1,07559 0855	-188 3111
62	-1,21277 7463	-107 8964	-1,14651 4010	-148 8295	-1,07747 3966	-187 2902
64	-1,21385 6427	-106 8964	-1,14800 2305	-147 8000	-1,07934 6868	-186 2616
66	-1,21492 5391	-105 8896	-1,14948 0305	-146 7630	-1,08120 9484	-185 2253
68	-1,21598 4287	-104 8763	-1,15094 7935	-145 7190	-1,08306 1737	-184 1813
0,170	-1,21703 3050	-103 8564	-1,15240 5125	-144 6677	-1,08490 3550	-183 1298
72	-1,21807 1614	-102 8300	-1,15385 1802	-143 6093	-1,08673 4848	-182 0706
74	-1,21909 9914	-101 7974	-1,15528 7895	-142 5439	-1,08855 5554	-181 0040
0,176	-1,22011 7888		-1,15671 3334		-1,09036 5594	

q^3	z = -0,40	Δ	z = -0,35	Δ	z = -0,30	Δ
0,000	-0,80000 0000	-271 9880	-0,70000 0000	-301 9888	-0,60000 0000	-327 9899
02	-0,80271 9880	-271 9359	-0,70301 9888	-301 9404	-0,60327 9899	-327 9462
04	-0,80543 9239	-271 8517	-0,70603 9292	-301 8619	-0,60655 9361	-327 8756
06	-0,80815 7756	-271 7411	-0,70905 7911	-301 7591	-0,60983 8117	-327 7828
08	-0,81087 5167	-271 6070	-0,71207 5502	-301 6343	-0,61311 5945	-327 6703
0,010	-0,81359 1237	-271 4513	-0,71509 1845	-301 4894	-0,61639 2648	-327 5396
12	-0,81630 5750	-271 2755	-0,71810 6739	-301 3257	-0,61966 8044	-327 3921
14	-0,81901 8505	-271 0806	-0,72111 9996	-301 1444	-0,62294 1965	-327 2286
16	-0,82172 9311	-270 8675	-0,72413 1440	-300 9461	-0,62621 4251	-327 0499
18	-0,82443 7986	-270 6371	-0,72714 0901	-300 7315	-0,62948 4750	-326 8564
0,020	-0,82714 4357	-270 3898	-0,73014 8216	-300 5015	-0,63275 3314	-326 6489
22	-0,82984 8255	-270 1264	-0,73315 3231	-300 2562	-0,63601 9803	-326 4278
24	-0,83254 9519	-269 8471	-0,73615 5793	-299 9964	-0,63928 4081	-326 1935
26	-0,83524 7990	-269 5526	-0,73915 5757	-299 7222	-0,64254 6016	-325 9462
28	-0,83794 3516	-269 2432	-0,74215 2979	-299 4341	-0,64580 5478	-325 6865
0,030	-0,84063 5948	-268 9191	-0,74514 7320	-299 1326	-0,64906 2343	-325 4145
32	-0,84332 5139	-268 5810	-0,74813 8646	-298 8176	-0,65231 6488	-325 1305
34	-0,84601 0949	-268 2287	-0,75112 6822	-298 4898	-0,65556 7793	-324 8347
36	-0,84869 3236	-267 8629	-0,75411 1720	-298 1492	-0,65881 6140	-324 5275
38	-0,85137 1865	-267 4836	-0,75709 3212	-297 7959	-0,66206 1415	-324 2089
0,040	-0,85404 6701	-267 0911	-0,76007 1171	-297 4306	-0,66530 3504	-323 8792
42	-0,85671 7612	-266 6856	-0,76304 5477	-297 0529	-0,66854 2296	-323 5386
44	-0,85938 4468	-266 2675	-0,76601 6006	-296 6635	-0,67177 7682	-323 1871
46	-0,86204 7143	-265 8366	-0,76898 2641	-296 2623	-0,67500 9553	-322 8251
48	-0,86470 5509	-265 3936	-0,77194 5264	-295 8495	-0,67823 7804	-322 4526
0,050	-0,86735 9445	-264 9381	-0,77490 3759	-295 4252	-0,68146 2330	-322 0697
52	-0,87000 8826	-264 4707	-0,77785 8011	-294 9899	-0,68468 3027	-321 6766
54	-0,87265 3533	-263 9914	-0,78080 7910	-294 5432	-0,68789 9793	-321 2734
56	-0,87529 3447	-263 5003	-0,78375 3342	-294 0856	-0,69111 2527	-320 8604
58	-0,87792 8450	-262 9977	-0,78669 4198	-293 6172	-0,69432 1131	-320 4373
0,060	-0,88055 8427	-262 4835	-0,78963 0370	-293 1380	-0,69752 5504	-320 0045
62	-0,88318 3262	-261 9580	-0,79256 1750	-292 6482	-0,70072 5549	-319 5621
64	-0,88580 2842	-261 4214	-0,79548 8232	-292 1479	-0,70392 1170	-319 1101
66	-0,88841 7056	-260 8735	-0,79840 9711	-291 6370	-0,70711 2271	-318 6486
68	-0,89102 5791	-260 3147	-0,80132 6081	-291 1160	-0,71029 8757	-318 1778
0,070	-0,89362 8938	-259 7451	-0,80423 7241	-290 5848	-0,71348 0535	-317 6976
72	-0,89622 6389	-259 1646	-0,80714 3089	-290 0432	-0,71665 7511	-317 2082
74	-0,89881 8035	-258 5735	-0,81004 3521	-289 4919	-0,71982 9593	-316 7096
76	-0,90140 3770	-257 9719	-0,81293 8440	-288 9304	-0,72299 6689	-316 2019
78	-0,90398 3489	-257 3597	-0,81582 7744	-288 3592	-0,72615 8708	-315 6853
0,080	-0,90655 7086	-256 7372	-0,81871 1336	-287 7781	-0,72931 5561	-315 1596
82	-0,90912 4458	-256 1043	-0,82158 9117	-287 1873	-0,73246 7157	-314 6251
84	-0,91168 5501	-255 4613	-0,82446 0990	-286 5870	-0,73561 3408	-314 0818
86	-0,91424 0114	-254 8081	-0,82732 6860	-285 9769	-0,73875 4226	-313 5295
88	-0,91678 8195	-254 1449	-0,83018 6629	-285 3575	-0,74188 9521	-312 9688
0,090	-0,91932 9644		-0,83304 0204		-0,74501 9209	

q^3	z = -0,40	Δ	z = -0,35	Δ	z = -0,30	Δ
0,090	-0,91932 9644	-253 4718	-0,83304 0204	-284 7285	-0,74501 9209	-312 3992
92	-0,92186 4362	-252 7887	-0,83588 7489	-284 0903	-0,74814 3201	-311 8210
94	-0,92439 2249	-252 0958	-0,83872 8392	-283 4427	-0,75126 1411	-311 2344
96	-0,92691 3207	-251 3933	-0,84156 2819	-282 7859	-0,75437 3755	-310 6391
98	-0,92942 7140	-250 6809	-0,84439 0678	-282 1199	-0,75748 0146	-310 0353
0,100	-0,93193 3949	-249 9591	-0,84721 1877	-281 4447	-0,76058 0499	-309 4233
02	-0,93443 3540	-249 2276	-0,85002 6324	-280 7605	-0,76367 4732	-308 8026
04	-0,93692 5816	-248 4868	-0,85283 3929	-280 0673	-0,76676 2758	-308 1738
06	-0,93941 0684	-247 7365	-0,85563 4602	-279 3650	-0,76984 4496	-307 5365
08	-0,94188 8049	-246 9769	-0,85842 8252	-278 6540	-0,77291 9861	-306 8910
0,110	-0,94435 7818	-246 2081	-0,86121 4792	-277 9339	-0,77598 8771	-306 2373
12	-0,94681 9899	-245 4299	-0,86399 4131	-277 2051	-0,77905 1144	-305 5753
14	-0,94927 4198	-244 6427	-0,86676 6182	-276 4675	-0,78210 6897	-304 9052
16	-0,95172 0625	-243 8463	-0,86953 0857	-275 7212	-0,78515 5949	-304 2269
18	-0,95415 9088	-243 0409	-0,87228 8069	-274 9662	-0,78819 8218	-303 5405
0,120	-0,95658 9497	-242 2265	-0,87503 7731	-274 2025	-0,79123 3623	-302 8459
22	-0,95901 1762	-241 4032	-0,87777 9756	-273 4303	-0,79426 2082	-302 1435
24	-0,96142 5794	-240 5711	-0,88051 4059	-272 6494	-0,79728 3517	-301 4328
26	-0,96383 1505	-239 7300	-0,88324 0553	-271 8601	-0,80029 7845	-300 7142
28	-0,96622 8805	-238 8802	-0,88595 9154	-271 0622	-0,80330 4987	-299 9877
0,130	-0,96861 7607	-238 0218	-0,88866 9776	-270 2559	-0,80630 4864	-299 2530
32	-0,97099 7825	-237 1545	-0,89137 2335	-269 4413	-0,80929 7394	-298 5106
34	-0,97336 9370	-236 2788	-0,89406 6748	-268 6181	-0,81228 2500	-297 7602
36	-0,97573 2158	-235 3944	-0,89675 2929	-267 7868	-0,81526 0102	-297 0019
38	-0,97808 6102	-234 5015	-0,89943 0797	-266 9471	-0,81823 0121	-296 2357
0,140	-0,98043 1117	-233 6002	-0,90210 0268	-266 0990	-0,82119 2478	-295 4616
42	-0,98276 7119	-232 6904	-0,90476 1258	-265 2428	-0,82414 7094	-294 6797
44	-0,98509 4023	-231 7722	-0,90741 3686	-264 3784	-0,82709 3891	-293 8900
46	-0,98741 1745	-230 8457	-0,91005 7470	-263 5058	-0,83003 2791	-293 0925
48	-0,98972 0202	-229 9109	-0,91269 2528	-262 6250	-0,83296 3716	-292 2872
0,150	-0,99201 9311	-228 9678	-0,91531 8778	-261 7362	-0,83588 6588	-291 4741
52	-0,99430 8989	-228 0166	-0,91793 6140	-260 8391	-0,83880 1329	-290 6532
54	-0,99658 9155	-227 0572	-0,92054 4531	-259 9342	-0,84170 7861	-289 8246
56	-0,99885 9727	-226 0897	-0,92314 3873	-259 0211	-0,84460 6107	-288 9883
58	-1,00112 0624	-225 1140	-0,92573 4084	-258 1000	-0,84749 5990	-288 1442
0,160	-1,00337 1764	-224 1305	-0,92831 5084	-257 1711	-0,85037 7432	-287 2924
62	-1,00561 3069	-223 1388	-0,93088 6795	-256 2340	-0,85325 0356	-286 4329
64	-1,00784 4457	-222 1393	-0,93344 9135	-255 2892	-0,85611 4685	-285 5658
66	-1,01006 5850	-221 1318	-0,93600 2027	-254 3364	-0,85897 0343	-284 6909
68	-1,01227 7168	-220 1165	-0,93854 5391	-253 3757	-0,86181 7252	-283 8083
0,170	-1,01447 8333	-219 0933	-0,94107 9148	-252 4072	-0,86465 5335	-282 9182
72	-1,01666 9266	-218 0624	-0,94360 3220	-251 4309	-0,86748 4517	-282 0203
74	-1,01884 9890	-217 0237	-0,94611 7529	-250 4468	-0,87030 4720	-281 1148
0,176	-1,02102 0127		-0,94862 1997		-0,87311 5868	

q^3	z = -0,25	Δ	z = -0,20	Δ	z = -0,15	Δ
0,000	-0,50000 0000	-349 9913	-0,40000 0000	-367 9928	-0,30000 0000	-381 9945
02	-0,50349 9913	-349 9533	-0,40367 9928	-367 9614	-0,30381 9945	-381 9703
04	-0,50699 9446	-349 8920	-0,40735 9542	-367 9108	-0,30763 9648	-381 9314
06	-0,51049 8366	-349 8114	-0,41103 8650	-367 8442	-0,31145 8962	-381 8803
08	-0,51399 6480	-349 7138	-0,41471 7092	-367 7635	-0,31527 7765	-381 8183
0,010	-0,51749 3618	-349 6004	-0,41839 4727	-367 6698	-0,31909 5948	-381 7462
12	-0,52098 9622	-349 4723	-0,42207 1425	-367 5641	-0,32291 3410	-381 6650
14	-0,52448 4345	-349 3303	-0,42574 7066	-367 4467	-0,32673 0060	-381 5748
16	-0,52797 7648	-349 1752	-0,42942 1533	-367 3185	-0,33054 5808	-381 4762
18	-0,53146 9400	-349 0072	-0,43309 4718	-367 1797	-0,33436 0570	-381 3695
0,020	-0,53495 9472	-348 8271	-0,43676 6515	-367 0309	-0,33817 4265	-381 2552
22	-0,53844 7743	-348 6351	-0,44043 6824	-366 8722	-0,34198 6817	-381 1331
24	-0,54193 4094	-348 4317	-0,44410 5546	-366 7041	-0,34579 8148	-381 0039
26	-0,54541 8411	-348 2170	-0,44777 2587	-366 5266	-0,34960 8187	-380 8674
28	-0,54890 0581	-347 9914	-0,45143 7853	-366 3402	-0,35341 6861	-380 7240
0,030	-0,55238 0495	-347 7552	-0,45510 1255	-366 1449	-0,35722 4101	-380 5739
32	-0,55585 8047	-347 5085	-0,45876 2704	-365 9410	-0,36102 9840	-380 4170
34	-0,55933 3132	-347 2517	-0,46242 2114	-365 7286	-0,36483 4010	-380 2536
36	-0,56280 5649	-346 9848	-0,46607 9400	-365 5080	-0,36863 6546	-380 0838
38	-0,56627 5497	-346 7081	-0,46973 4480	-365 2790	-0,37243 7384	-379 9077
0,040	-0,56974 2578	-346 4216	-0,47338 7270	-365 0422	-0,37623 6461	-379 7252
42	-0,57320 6794	-346 1256	-0,47703 7692	-364 7973	-0,38003 3713	-379 5368
44	-0,57666 8050	-345 8203	-0,48068 5665	-364 5447	-0,38382 9081	-379 3423
46	-0,58012 6253	-345 5056	-0,48433 1112	-364 2844	-0,38762 2504	-379 1417
48	-0,58358 1309	-345 1819	-0,48797 3956	-364 0164	-0,39141 3921	-378 9353
0,050	-0,58703 3128	-344 8490	-0,49161 4120	-363 7409	-0,39520 3274	-378 7230
52	-0,59048 1618	-344 5073	-0,49525 1529	-363 4580	-0,39899 0504	-378 5050
54	-0,59392 6691	-344 1567	-0,49888 6109	-363 1678	-0,40277 5554	-378 2811
56	-0,59736 8258	-343 7974	-0,50251 7787	-362 8702	-0,40655 8365	-378 0517
58	-0,60080 6232	-343 4296	-0,50614 6489	-362 5654	-0,41033 8882	-377 8165
0,060	-0,60424 0528	-343 0530	-0,50977 2143	-362 2535	-0,41411 7047	-377 5759
62	-0,60767 1058	-342 6682	-0,51339 4678	-361 9346	-0,41789 2806	-377 3295
64	-0,61109 7740	-342 2748	-0,51701 4024	-361 6085	-0,42166 6101	-377 0779
66	-0,61452 0488	-341 8731	-0,52063 0109	-361 2755	-0,42543 6880	-376 8205
68	-0,61793 9219	-341 4632	-0,52424 2864	-360 9356	-0,42920 5085	-376 5579
0,070	-0,62135 3851	-341 0452	-0,52785 2220	-360 5887	-0,43297 0664	-376 2897
72	-0,62476 4303	-340 6189	-0,53145 8107	-360 2351	-0,43673 3561	-376 0162
74	-0,62817 0492	-340 1846	-0,53506 0458	-359 8747	-0,44049 3723	-375 7374
76	-0,63157 2338	-339 7424	-0,53865 9205	-359 5074	-0,44425 1097	-375 4530
78	-0,63496 9762	-339 2920	-0,54225 4279	-359 1335	-0,44800 5627	-375 1635
0,080	-0,63836 2682	-338 8339	-0,54584 5614	-358 7529	-0,45175 7262	-374 8687
82	-0,64175 1021	-338 3678	-0,54943 3143	-358 3656	-0,45550 5949	-374 5684
84	-0,64513 4699	-337 8940	-0,55301 6799	-357 9717	-0,45925 1633	-374 2629
86	-0,64851 3639	-337 4123	-0,55659 6516	-357 5712	-0,46299 4262	-373 9522
88	-0,65188 7762	-336 9229	-0,56017 2228	-357 1641	-0,46673 3784	-373 6362
0,090	-0,65525 6991		-0,56374 3869		-0,47047 0146	

q^3	z = -0,25	Δ	z = -0,20	Δ	z = -0,15	Δ
0,090	-0,65525 6991	-336 4259	-0,56374 3869	-356 7505	-0,47047 0146	-373 3148
92	-0,65862 1250	-335 9211	-0,56731 1374	-356 3302	-0,47420 3294	-372 9884
94	-0,66198 0461	-335 4087	-0,57087 4676	-355 9036	-0,47793 3178	-372 6565
96	-0,66533 4548	-334 8887	-0,57443 3712	-355 4704	-0,48165 9743	-372 3196
98	-0,66868 3435	-334 3611	-0,57798 8416	-355 0307	-0,48538 2939	-371 9772
0,100	-0,67202 7046	-333 8261	-0,58153 8723	-354 5846	-0,48910 2711	-371 6297
02	-0,67536 5307	-333 2835	-0,58508 4569	-354 1319	-0,49281 9008	-371 2770
04	-0,67869 8142	-332 7333	-0,58862 5888	-353 6729	-0,49653 1778	-370 9189
06	-0,68202 5475	-332 1758	-0,59216 2617	-353 2075	-0,50024 0967	-370 5557
08	-0,68534 7233	-331 6108	-0,59569 4692	-352 7355	-0,50394 6524	-370 1871
0,110	-0,68866 3341	-331 0384	-0,59922 2047	-352 2572	-0,50764 8395	-369 8134
12	-0,69197 3725	-330 4585	-0,60274 4619	-351 7724	-0,51134 6529	-369 4342
14	-0,69527 8310	-329 8714	-0,60626 2343	-351 2813	-0,51504 0871	-369 0499
16	-0,69857 7024	-329 2767	-0,60977 5156	-350 7837	-0,51873 1370	-368 6603
18	-0,70186 9791	-328 6749	-0,61328 2993	-350 2798	-0,52241 7973	-368 2653
0,120	-0,70515 6540	-328 0655	-0,61678 5791	-349 7694	-0,52610 0626	-367 8650
22	-0,70843 7195	-327 4490	-0,62028 3485	-349 2526	-0,52977 9276	-367 4594
24	-0,71171 1685	-326 8251	-0,62377 6011	-348 7294	-0,53345 3870	-367 0484
26	-0,71497 9936	-326 1939	-0,62726 3305	-348 1998	-0,53712 4354	-366 6322
28	-0,71824 1875	-325 5554	-0,63074 5303	-347 6638	-0,54079 0676	-366 2104
0,130	-0,72149 7429	-324 9096	-0,63422 1941	-347 1213	-0,54445 2780	-365 7833
32	-0,72474 6525	-324 2566	-0,63769 3154	-346 5725	-0,54811 0613	-365 3509
34	-0,72798 9091	-323 5963	-0,64115 8879	-346 0172	-0,55176 4122	-364 9128
36	-0,73122 5054	-322 9287	-0,64461 9051	-345 4555	-0,55541 3250	-364 4695
38	-0,73445 4341	-322 2539	-0,64807 3606	-344 8873	-0,55905 7945	-364 0205
0,140	-0,73767 6880	-321 5718	-0,65152 2479	-344 3126	-0,56269 8150	-363 5662
42	-0,74089 2598	-320 8825	-0,65496 5605	-343 7315	-0,56633 3812	-363 1062
44	-0,74410 1423	-320 1859	-0,65840 2920	-343 1439	-0,56996 4874	-362 6407
46	-0,74730 3282	-319 4822	-0,66183 4359	-342 5499	-0,57359 1281	-362 1697
48	-0,75049 8104	-318 0528	-0,66525 9858	-341 9492	-0,57721 2978	-361 6930
0,150	-0,75368 5814	-317 9528	-0,66867 9350	-341 3421	-0,58082 9908	-361 2107
52	-0,75686 6342	-317 3273	-0,67209 2771	-340 7285	-0,58444 2015	-360 7228
54	-0,76003 9615	-316 5944	-0,67550 0056	-340 1082	-0,58804 9243	-360 2291
56	-0,76320 5559	-315 8544	-0,67890 1138	-339 4814	-0,59165 1534	-359 7297
58	-0,76636 4103	-315 1072	-0,68229 5952	-338 8481	-0,59524 8831	-359 2246
0,160	-0,76951 5175	-314 3526	-0,68568 4433	-338 2081	-0,59884 1077	-358 7138
62	-0,77265 8701	-313 5908	-0,68906 6514	-337 5615	-0,60242 8215	-358 1970
64	-0,77579 4609	-312 8218	-0,69244 2129	-336 9083	-0,60601 0185	-357 6744
66	-0,77892 2827	-312 0455	-0,69581 1212	-336 2483	-0,60958 6929	-357 1460
68	-0,78204 3282	-311 2618	-0,69917 3695	-335 5817	-0,61315 8389	-356 6116
0,170	-0,78515 5900	-310 4710	-0,70252 9512	-334 9085	-0,61672 4505	-356 0713
72	-0,78826 0610	-309 6728	-0,70587 8597	-334 2284	-0,62028 5218	-355 5251
74	-0,79135 7338	-308 8674	-0,70922 0881	-333 5416	-0,62384 0469	-354 9726
0,176	-0,79444 6012		-0,71255 6297		-0,62739 0195	

q^3	z = -0,10	Δ	z = -0,05	Δ	z = 0,00	Δ
0,000	-0,20000 0000	-391 9962	-0,10000 0000	-397 9981	-0,00000 0000	-400 0000
02	-0,20391 9962	-391 9799	-0,10397 9981	-397 9898	-0,00400 0000	-400 0000
04	-0,20783 9761	-391 9535	-0,10795 9879	-397 9766	-0,00800 0000	-400 0000
06	-0,21175 9296	-391 9188	-0,11193 9645	-397 9589	-0,01200 0000	-400 0000
08	-0,21567 8484	-391 8768	-0,11591 9234	-397 9378	-0,01600 0000	-400 0000
0,010	-0,21959 7252	-391 8279	-0,11989 8612	-397 9131	-0,02000 0000	-400 0000
12	-0,22351 5531	-391 7728	-0,12387 7743	-397 8852	-0,02400 0000	-399 9999
14	-0,22743 3259	-391 7116	-0,12785 6595	-397 8543	-0,02799 9999	-399 9999
16	-0,23135 0375	-391 6448	-0,13183 5138	-397 8205	-0,03199 9998	-399 9998
18	-0,23526 6823	-391 5724	-0,13581 3343	-397 7839	-0,03599 9996	-399 9998
0,020	-0,23918 2547	-391 4947	-0,13979 1182	-397 7446	-0,03999 9994	-399 9996
22	-0,24309 7494	-391 4120	-0,14376 8628	-397 7027	-0,04399 9990	-399 9994
24	-0,24701 1614	-391 3242	-0,14774 5655	-397 6583	-0,04799 9984	-399 9992
26	-0,25092 4856	-391 2316	-0,15172 2238	-397 6113	-0,05199 9976	-399 9990
28	-0,25483 7172	-391 1342	-0,15569 8351	-397 5620	-0,05599 9966	-399 9985
0,030	-0,25874 8514	-391 0322	-0,15967 3971	-397 5103	-0,05999 9951	-399 9982
32	-0,26265 8836	-390 9257	-0,16364 9074	-397 4561	-0,06399 9933	-399 9976
34	-0,26656 8093	-390 8146	-0,16762 3635	-397 3998	-0,06799 9909	-399 9970
36	-0,27047 6239	-390 6993	-0,17159 7633	-397 3411	-0,07199 9879	-399 9963
38	-0,27438 3232	-390 5794	-0,17557 1044	-397 2801	-0,07599 9842	-399 9953
0,040	-0,27828 9026	-390 4555	-0,17954 3845	-397 2170	-0,07999 9795	-399 9944
42	-0,28219 3581	-390 3271	-0,18351 6015	-397 1516	-0,08399 9739	-399 9931
44	-0,28609 6852	-390 1948	-0,18748 7531	-397 0840	-0,08799 9670	-399 9918
46	-0,28999 8800	-390 0582	-0,19145 8371	-397 0142	-0,09199 9588	-399 9902
48	-0,29389 9382	-389 9176	-0,19542 8513	-396 9423	-0,09599 9490	-399 9885
0,050	-0,29779 8558	-389 7729	-0,19939 7936	-396 8682	-0,09999 9375	-399 9865
52	-0,30169 6287	-389 6242	-0,20336 6618	-396 7919	-0,10399 9240	-399 9842
54	-0,30559 2529	-389 4715	-0,20733 4537	-396 7136	-0,10799 9082	-399 9817
56	-0,30948 7244	-389 3149	-0,21130 1673	-396 6329	-0,11199 8899	-399 9788
58	-0,31338 0393	-389 1543	-0,21526 8002	-396 5503	-0,11599 8687	-399 9758
0,060	-0,31727 1936	-388 9899	-0,21923 3505	-396 4654	-0,11999 8445	-399 9723
62	-0,32116 1835	-388 8215	-0,22319 8159	-396 3784	-0,12399 8168	-399 9685
64	-0,32505 0050	-388 6492	-0,22716 1943	-396 2892	-0,12799 7853	-399 9642
66	-0,32893 6542	-388 4731	-0,23112 4835	-396 1979	-0,13199 7495	-399 9597
68	-0,33282 1273	-388 2932	-0,23508 6814	-396 1045	-0,13599 7092	-399 9547
0,070	-0,33670 4205	-388 1093	-0,23904 7859	-396 0088	-0,13999 6639	-399 9491
72	-0,34058 5298	-387 9217	-0,24300 7947	-395 9109	-0,14399 6130	-399 9432
74	-0,34446 4515	-387 7302	-0,24696 7056	-395 8109	-0,14799 5562	-399 9367
76	-0,34834 1817	-387 5350	-0,25092 5165	-395 7086	-0,15199 4929	-399 9297
78	-0,35221 7167	-387 3358	-0,25488 2251	-395 6041	-0,15599 4226	-399 9220
0,080	-0,35609 0525	-387 1329	-0,25883 8292	-395 4974	-0,15999 3446	-399 9139
82	-0,35996 1854	-386 9261	-0,26279 3266	-395 3885	-0,16399 2585	-399 9051
84	-0,36383 1115	-386 7155	-0,26674 7151	-395 2772	-0,16799 1636	-399 8955
86	-0,36769 8270	-386 5012	-0,27069 9923	-395 1637	-0,17199 0591	-399 8854
88	-0,37156 3282	-386 2828	-0,27465 1560	-395 0478	-0,17598 9445	-399 8745
0,090	-0,37542 6110		-0,27860 2038		-0,17998 8190	

q^3	z = -0,10	Δ	z = -0,05	Δ	z = 0,00	Δ
0,090	-0,37542 6110	-386 0608	-0,27860 2038	-394 9296	-0,17998 8190	-399 8628
92	-0,37928 6718	-385 8348	-0,28255 1334	-394 8092	-0,18398 6818	-399 8504
94	-0,38314 5066	-385 6051	-0,28649 9426	-394 6862	-0,18798 5322	-399 8371
96	-0,38700 1117	-385 3713	-0,29044 6288	-394 5608	-0,19198 3693	-399 8229
98	-0,39085 4830	-385 1338	-0,29439 1896	-394 4332	-0,19598 1922	-399 8078
0,100	-0,39470 6168	-384 8924	-0,29833 6228	-394 3030	-0,19998 0000	-399 7918
02	-0,39855 5092	-384 6470	-0,30227 9258	-394 1702	-0,20397 7918	-399 7749
04	-0,40240 1562	-384 3976	-0,30622 0960	-394 0351	-0,20797 5667	-399 7568
06	-0,40624 5538	-384 1445	-0,31016 1311	-393 8974	-0,21197 3235	-399 7378
08	-0,41008 6983	-383 8872	-0,31410 0285	-393 7571	-0,21597 0613	-399 7177
0,110	-0,41392 5855	-383 6261	-0,31803 7856	-393 6142	-0,21996 7790	-399 6963
12	-0,41776 2116	-383 3608	-0,32197 3998	-393 4687	-0,22396 4753	-399 6739
14	-0,42159 5724	-383 0916	-0,32590 8685	-393 3205	-0,22796 1492	-399 6501
16	-0,42542 6640	-382 8184	-0,32984 1890	-393 1697	-0,23195 7993	-399 6252
18	-0,42925 4824	-382 5410	-0,33377 3587	-393 0160	-0,23595 4245	-399 5989
0,120	-0,43308 0234	-382 2596	-0,33770 3747	-392 8596	-0,23995 0234	-399 5712
22	-0,43690 2830	-381 9740	-0,34163 2343	-392 7004	-0,24394 5946	-399 5422
24	-0,44072 2570	-381 6843	-0,34555 9347	-392 5384	-0,24794 1368	-399 5116
26	-0,44453 9413	-381 3904	-0,34948 4731	-392 3735	-0,25193 6484	-399 4797
28	-0,44835 3317	-381 0922	-0,35340 8466	-392 2056	-0,25593 1281	-399 4460
0,130	-0,45216 4239	-380 7900	-0,35733 0522	-392 0348	-0,25992 5741	-399 4110
32	-0,45597 2139	-380 4833	-0,36125 0870	-391 8610	-0,26391 9851	-399 3741
34	-0,45977 6972	-380 1724	-0,36516 9480	-391 6841	-0,26791 3592	-399 3356
36	-0,46357 8696	-379 8571	-0,36908 6321	-391 5042	-0,27190 6948	-399 2954
38	-0,46737 7267	-379 5375	-0,37300 1363	-391 3211	-0,27589 9902	-399 2533
0,140	-0,47117 2642	-379 2135	-0,37691 4574	-391 1248	-0,27989 2435	-399 2095
42	-0,47496 4777	-378 8850	-0,38082 5822	-390 9553	-0,28388 4530	-399 1636
44	-0,47875 3627	-378 5521	-0,38473 5375	-390 7526	-0,28787 6166	-399 1158
46	-0,48253 9148	-378 2146	-0,38864 2901	-390 5565	-0,29186 7324	-399 0660
48	-0,48632 1294	-377 8726	-0,39254 8466	-390 3570	-0,29585 7984	-399 0141
0,150	-0,49010 0020	-377 5260	-0,39645 2036	-390 1542	-0,29984 8125	-398 9602
52	-0,49387 5280	-377 1748	-0,40035 3578	-389 9479	-0,30383 7727	-398 9039
54	-0,49764 7028	-376 8189	-0,40425 3057	-389 7380	-0,30782 6766	-398 8456
56	-0,50141 5217	-376 4583	-0,40815 0437	-389 5246	-0,31181 5222	-398 7847
58	-0,50517 9800	-376 0929	-0,41204 5683	-389 3075	-0,31580 3069	-398 7217
0,160	-0,50894 0729	-375 7227	-0,41593 8758	-389 0869	-0,31979 0286	-398 6561
62	-0,51269 7956	-375 3478	-0,41982 9627	-388 8624	-0,32377 6847	-398 5881
64	-0,51645 1434	-374 9678	-0,42371 8251	-388 6342	-0,32776 2728	-398 5175
66	-0,52020 1112	-374 5830	-0,42760 4593	-388 4021	-0,33174 7903	-398 4443
68	-0,52394 6942	-374 1932	-0,43148 8614	-388 1662	-0,33573 2346	-398 3685
0,170	-0,52768 8874	-373 7984	-0,43537 0276	-387 9264	-0,33971 6031	-398 2898
72	-0,53142 6858	-373 3984	-0,43924 9540	-387 6824	-0,34369 8929	-398 2084
74	-0,53516 0842	-372 9934	-0,44312 6364	-387 4344	-0,34768 1013	-398 1242
0,176	-0,53889 0776		-0,44700 0708		-0,35166 2255	

q^3	z = 0,05	Δ	z = 0,10	Δ	z = 0,15	Δ
0,000	+0,10000 0000	-398 0019	+0,20000 0000	-392 0038	+0,30000 0000	-382 0055
02	0,09601 9981	-398 0102	0,19607 9962	-392 0201	0,29617 9945	-382 0297
04	0,09203 9879	-398 0234	0,19215 9761	-392 0465	0,29235 9648	-382 0686
06	0,08805 9645	-398 0410	0,18823 9296	-392 0811	0,28853 8962	-382 1197
08	0,08407 9235	-398 0623	0,18431 8485	-392 1233	0,28471 7765	-382 1817
0,010	0,08009 8612	-398 0868	0,18039 7252	-392 1720	0,28089 5948	-382 2537
12	0,07611 7744	-398 1147	0,17647 5532	-392 2271	0,27707 3411	-382 3349
14	0,07213 6597	-398 1455	0,17255 3261	-392 2882	0,27325 0062	-382 4251
16	0,06815 5142	-398 1792	0,16863 0379	-392 3549	0,26942 5811	-382 5235
18	0,06417 3350	-398 2156	0,16470 6830	-392 4272	0,26560 0576	-382 6300
0,020	0,06019 1194	-398 2546	0,16078 2558	-392 5045	0,26177 4276	-382 7442
22	0,05620 8648	-398 2962	0,15685 7513	-392 5870	0,25794 6834	-382 8660
24	0,05222 5686	-398 3402	0,15293 1643	-392 6744	0,25411 8174	-382 9948
26	0,04824 2284	-398 3865	0,14900 4899	-392 7664	0,25028 8226	-383 1308
28	0,04425 8419	-398 4353	0,14507 7235	-392 8632	0,24645 6918	-383 2736
0,030	0,04027 4066	-398 4861	0,14114 8603	-392 9643	0,24262 4182	-383 4231
32	0,03628 9205	-398 5392	0,13721 8960	-393 0700	0,23878 9951	-383 5791
34	0,03230 3813	-398 5943	0,13328 8260	-393 1798	0,23495 4160	-383 7415
36	0,02831 7870	-398 6516	0,12935 6462	-393 2939	0,23111 6745	-383 9100
38	0,02433 1354	-398 7107	0,12542 3523	-393 4120	0,22727 7645	-384 0847
0,040	0,02034 4247	-398 7720	0,12148 9403	-393 5341	0,22343 6798	-384 2654
42	0,01635 6527	-398 8350	0,11755 4062	-393 6602	0,21959 4144	-384 4519
44	0,01236 8177	-398 8999	0,11361 7460	-393 7902	0,21574 9625	-384 6442
46	0,00837 9178	-398 9666	0,10967 9558	-393 9238	0,21190 3183	-384 8422
48	0,00438 9512	-399 0351	0,10574 0320	-394 0611	0,20805 4761	-385 0457
0,050	0,00039 9161	-399 1052	0,10179 9709	-394 2022	0,20420 4304	-385 2546
52	-0,00359 1891	-399 1772	0,09785 7687	-394 3467	0,20035 1758	-385 4691
54	-0,00758 3663	-399 2505	0,09391 4220	-394 4947	0,19649 7067	-385 6887
56	-0,01157 6168	-399 3257	0,08996 9273	-394 6462	0,19264 0180	-385 9135
58	-0,01556 9425	-399 4022	0,08602 2811	-394 8011	0,18878 1045	-386 1435
0,060	-0,01956 3447	-399 4803	0,08207 4800	-394 9591	0,18491 9610	-386 3785
62	-0,02355 8250	-399 5598	0,07812 5209	-395 1204	0,18105 5825	-386 6184
64	-0,02755 3848	-399 6407	0,07417 4005	-395 2850	0,17718 9641	-386 8633
66	-0,03155 0255	-399 7231	0,07022 1155	-395 4527	0,17332 1008	-387 1130
68	-0,03554 7486	-399 8067	0,06626 6628	-395 6233	0,16944 9878	-387 3674
0,070	-0,03954 5553	-399 8915	0,06231 0395	-395 7970	0,16557 6204	-387 6265
72	-0,04354 4468	-399 9777	0,05835 2425	-395 9737	0,16169 9939	-387 8901
74	-0,04754 4245	-400 0651	0,05439 2688	-396 1532	0,15782 1038	-388 1584
76	-0,05154 4896	-400 1535	0,05043 1156	-396 3355	0,15393 9454	-388 4310
78	-0,05554 6431	-400 2431	0,04646 7801	-396 5207	0,15005 5144	-388 7081
0,080	-0,05954 8862	-400 3338	0,04250 2594	-396 7085	0,14616 8063	-388 9894
82	-0,06355 2200	-400 4254	0,03853 5509	-396 8990	0,14227 8169	-389 2751
84	-0,06755 6454	-400 5181	0,03456 6519	-397 0922	0,13838 5418	-389 5649
86	-0,07156 1635	-400 6117	0,03059 5597	-397 2878	0,13448 9769	-389 8590
88	-0,07556 7752	-400 7062	0,02662 2719	-397 4860	0,13059 1179	-390 1570
0,090	-0,07957 4814		0,02264 7859		0,12668 9609	

q^3	z = 0,05	Δ	z = 0,10	Δ	z = 0,15	Δ
0,090	-0,07957 4814	-400 8014	+0,02264 7859	-397 6866	+0,12668 9609	-390 4590
92	-0,08358 2828	-400 8976	0,01867 0993	-397 8896	0,12278 5019	-390 7650
94	-0,08759 1804	-400 9944	0,01469 2097	-398 0949	0,11887 7369	-391 0749
96	-0,09160 1748	-401 0920	0,01071 1148	-398 3025	0,11496 6620	-391 3886
98	-0,09561 2668	-401 1902	0,00672 8123	-398 5123	0,11105 2734	-391 7061
0,100	-0,09962 4570	-401 2890	0,00274 3000	-398 7243	0,10713 5673	-392 0272
02	-0,10363 7460	-401 3884	-0,00124 4243	-398 9384	0,10321 5401	-392 3520
04	-0,10765 1344	-401 4883	-0,00523 3627	-399 1545	0,09929 1881	-392 6803
06	-0,11166 6227	-401 5887	-0,00922 5172	-399 3727	0,09536 5078	-393 0122
08	-0,11568 2114	-401 6895	-0,01321 8899	-399 5928	0,09143 4956	-393 3475
0,110	-0,11969 9009	-401 7905	-0,01721 4827	-399 8147	0,08750 1481	-393 6862
12	-0,12371 6914	-401 8921	-0,02121 2974	-400 0385	0,08356 4619	-394 0282
14	-0,12773 5835	-401 9937	-0,02521 3359	-400 2641	0,07962 4337	-394 3735
16	-0,13175 5772	-402 0957	-0,02921 6000	-400 4913	0,07568 0602	-394 7220
18	-0,13577 6729	-402 1977	-0,03322 0913	-400 7203	0,07173 3382	-395 0736
0,120	-0,13979 8706	-402 3000	-0,03722 8116	-400 9508	0,06778 2646	-395 4284
22	-0,14382 1706	-402 4021	-0,04123 7624	-401 1829	0,06382 8362	-395 7860
24	-0,14784 5727	-402 5045	-0,04524 9453	-401 4163	0,05987 0502	-396 1467
26	-0,15187 0772	-402 6066	-0,04926 3616	-401 6514	0,05590 9035	-396 5103
28	-0,15589 6838	-402 7086	-0,05328 0130	-401 8876	0,05194 3932	-396 8766
0,130	-0,15992 3924	-402 8106	-0,05729 9006	-402 1253	0,04797 5166	-397 2459
32	-0,16395 2030	-402 9122	-0,06132 0259	-402 3641	0,04400 2707	-397 6177
34	-0,16798 1152	-403 0137	-0,06534 3900	-402 6041	0,04002 6530	-397 9921
36	-0,17201 1289	-403 1147	-0,06936 9941	-402 8452	0,03604 6609	-398 3693
38	-0,17604 2436	-403 2153	-0,07339 8393	-403 0874	0,03206 2916	-398 7489
0,140	-0,18007 4589	-403 3156	-0,07742 9267	-403 3306	0,02807 5427	-399 1308
42	-0,18410 7745	-403 4152	-0,08146 2573	-403 5746	0,02408 4119	-399 5154
44	-0,18814 1897	-403 5143	-0,08549 8319	-403 8197	0,02008 8965	-399 9020
46	-0,19217 7040	-403 6129	-0,08953 6516	-404 0653	0,01608 9945	-400 2910
48	-0,19621 3169	-403 7105	-0,09357 7169	-404 3119	0,01208 7035	-400 6822
0,150	-0,20025 0274	-403 8076	-0,09762 0288	-404 5590	0,00808 0213	-401 0755
52	-0,20428 8350	-403 9038	-0,10166 5878	-404 8067	0,00406 9458	-401 4709
54	-0,20832 7388	-403 9991	-0,10571 3945	-405 0550	0,00005 4749	-401 8682
56	-0,21236 7379	-404 0934	-0,10976 4495	-405 3038	-0,00396 3933	-402 2674
58	-0,21640 8313	-404 1868	-0,11381 7533	-405 5528	-0,00798 6607	-402 6685
0,160	-0,22045 0181	-404 2790	-0,11787 3061	-405 8024	-0,01201 3292	-403 0714
62	-0,22449 2971	-404 3701	-0,12193 1085	-406 0521	-0,01604 4006	-403 4761
64	-0,22853 6672	-404 4600	-0,12599 1606	-406 3020	-0,02007 8767	-403 8822
66	-0,23258 1272	-404 5485	-0,13005 4626	-406 5520	-0,02411 7589	-404 2901
68	-0,23662 6757	-404 6358	-0,13412 0146	-406 8022	-0,02816 0490	-404 6994
0,170	-0,24067 3115	-404 7216	-0,13818 8168	-407 0522	-0,03220 7484	-405 1102
72	-0,24472 0331	-404 8060	-0,14225 8690	-407 3021	-0,03625 8586	-405 5222
74	-0,24876 8391	-404 8886	-0,14633 1711	-407 5520	-0,04031 3808	-405 9357
0,176	-0,25281 7277		-0,15040 7231		-0,04437 3165	

q^3	z = 0,20	Δ	z = 0,25	Δ	z = 0,30	Δ
0,000	+0,40000 0000	-368 0072	+0,50000 0000	-350 0087	+0,60000 0000	-328 0101
02	0,39631 9928	-368 0386	0,49649 9913	-350 0467	0,59671 9899	-328 0538
04	0,39263 9542	-368 0892	0,49299 9446	-350 1080	0,59343 9361	-328 1244
06	0,38895 8650	-368 1558	0,48949 8366	-350 1886	0,59015 8117	-328 2172
08	0,38527 7092	-368 2365	0,48599 6480	-350 2862	0,58687 5945	-328 3297
0,010	0,38159 4727	-368 3301	0,48249 3618	-350 3996	0,58359 2648	-328 4603
12	0,37791 1426	-368 4359	0,47898 9622	-350 5276	0,58030 8045	-328 6079
14	0,37422 7067	-368 5531	0,47548 4346	-350 6695	0,57702 1966	-328 7713
16	0,37054 1536	-368 6813	0,47197 7651	-350 8247	0,57373 4253	-328 9501
18	0,36685 4723	-368 8199	0,46846 9404	-350 9925	0,57044 4752	-329 1434
0,020	0,36316 6524	-368 9686	0,46495 9479	-351 1725	0,56715 3318	-329 3508
22	0,35947 6838	-369 1270	0,46144 7754	-351 3643	0,56385 9810	-329 5718
24	0,35578 5568	-369 2949	0,45793 4111	-351 5675	0,56056 4092	-329 8060
26	0,35209 2619	-369 4718	0,45441 8436	-351 7819	0,55726 6032	-330 0530
28	0,34839 7901	-369 6579	0,45090 0617	-352 0070	0,55396 5502	-330 3125
0,030	0,34470 1322	-369 8525	0,44738 0547	-352 2429	0,55066 2377	-330 5843
32	0,34100 2797	-370 0557	0,44385 8118	-352 4889	0,54735 6534	-330 8679
34	0,33730 2240	-370 2672	0,44033 3229	-352 7451	0,54404 7855	-331 1631
36	0,33359 9568	-370 4869	0,43680 5778	-353 0112	0,54073 6224	-331 4700
38	0,32989 4699	-370 7145	0,43327 5666	-353 2871	0,53742 1524	-331 7879
0,040	0,32618 7554	-370 9500	0,42974 2795	-353 5723	0,53410 3645	-332 1168
42	0,32247 8054	-371 1932	0,42620 7072	-353 8671	0,53078 2477	-332 4568
44	0,31876 6122	-371 4439	0,42266 8401	-354 1710	0,52745 7909	-332 8072
46	0,31505 1683	-371 7021	0,41912 6691	-354 4840	0,52412 9837	-333 1681
48	0,31133 4662	-371 9676	0,41558 1851	-354 8059	0,52079 8156	-333 5395
0,050	0,30761 4986	-372 2403	0,41203 3792	-355 1366	0,51746 2761	-333 9210
52	0,30389 2583	-372 5201	0,40848 2426	-355 4760	0,51412 3551	-334 3125
54	0,30016 7382	-372 8069	0,40492 7666	-355 8238	0,51078 0426	-334 7139
56	0,29643 9313	-373 1005	0,40136 9428	-356 1801	0,50743 3287	-335 1251
58	0,29270 8308	-373 4010	0,39780 7627	-356 5447	0,50408 2036	-335 5460
0,060	0,28897 4298	-373 7081	0,39424 2180	-356 9175	0,50072 6576	-335 9764
62	0,28523 7217	-374 0218	0,39067 3005	-357 2984	0,49736 6812	-336 4161
64	0,28149 6999	-374 3420	0,38710 0021	-357 6872	0,49400 2651	-336 8653
66	0,27775 3579	-374 6686	0,38352 3149	-358 0840	0,49063 3998	-337 3235
68	0,27400 6893	-375 0016	0,37994 2309	-358 4886	0,48726 0763	-337 7910
0,070	0,27025 6877	-375 3408	0,37635 7423	-358 9008	0,48388 2853	-338 2674
72	0,26650 3469	-375 6862	0,37276 8415	-359 3207	0,48050 0179	-338 7526
74	0,26274 6607	-376 0376	0,36917 5208	-359 7482	0,47711 2653	-339 2467
76	0,25898 6231	-376 3951	0,36557 7726	-360 1829	0,47372 0186	-339 7496
78	0,25522 2280	-376 7585	0,36197 5897	-360 6251	0,47032 2690	-340 2610
0,080	0,25145 4695	-377 1278	0,35836 9646	-361 0747	0,46692 0080	-340 7810
82	0,24768 3417	-377 5028	0,35475 8899	-361 5313	0,46351 2270	-341 3094
84	0,24390 8389	-377 8836	0,35114 3586	-361 9950	0,46009 9176	-341 8462
86	0,24012 9553	-378 2700	0,34752 3636	-362 4660	0,45668 0714	-342 3914
88	0,23634 6853	-378 6620	0,34389 8976	-362 9437	0,45325 6800	-342 9447
0,090	0,23256 0233		0,34026 9539		0,44982 7353	

q^3	z = 0,20	Δ	z = 0,25	Δ	z = 0,30	Δ
0,090	+0,23256 0233	-379 0595	+0,34026 9539	-363 4284	+0,44982 7353	-343 5062
92	0,22876 9638	-379 4624	0,33663 5255	-363 9199	0,44639 2291	-344 0758
94	0,22497 5014	-379 8706	0,33299 6056	-364 4182	0,44295 1533	-344 6533
96	0,22117 6308	-380 2843	0,32935 1874	-364 9231	0,43950 5000	-345 2387
98	0,21737 3465	-380 7030	0,32570 2643	-365 4347	0,43605 2613	-345 8322
0,100	0,21356 6435	-381 1270	0,32204 8296	-365 9527	0,43259 4291	-346 4332
02	0,20975 5165	-381 5561	0,31838 8769	-366 4774	0,42912 9959	-347 0421
04	0,20593 9604	-381 9902	0,31472 3995	-367 0083	0,42565 9538	-347 6585
06	0,20211 9702	-382 4292	0,31105 3912	-367 5456	0,42218 2953	-348 2827
08	0,19829 5410	-382 8733	0,30737 8456	-368 0892	0,41870 0126	-348 9143
0,110	0,19446 6677	-383 3220	0,30369 7564	-368 6389	0,41521 0983	-349 5533
12	0,19063 3457	-383 7757	0,30001 1175	-369 1950	0,41171 5450	-350 1997
14	0,18679 5700	-384 2339	0,29631 9225	-369 7569	0,40821 3453	-350 8536
16	0,18295 3361	-384 6969	0,29262 1656	-370 3250	0,40470 4917	-351 5146
18	0,17910 6392	-385 1645	0,28891 8406	-370 8990	0,40118 9771	-352 1829
0,120	0,17525 4747	-385 6365	0,28520 9416	-371 4788	0,39766 7942	-352 8584
22	0,17139 8382	-386 1130	0,28149 4628	-372 0646	0,39413 9358	-353 5408
24	0,16753 7252	-386 5940	0,27777 3982	-372 6560	0,39060 3950	-354 2304
26	0,16367 1312	-387 0792	0,27404 7422	-373 2533	0,38706 1646	-354 9270
28	0,15980 0520	-387 5687	0,27031 4889	-373 8560	0,38351 2376	-355 6304
0,130	0,15592 4833	-388 0624	0,26657 6329	-374 4645	0,37995 6072	-356 3407
32	0,15204 4209	-388 5603	0,26283 1684	-375 0785	0,37639 2665	-357 0578
34	0,14815 8606	-389 0622	0,25908 0899	-375 6978	0,37282 2087	-357 7816
36	0,14426 7984	-389 5682	0,25532 3921	-376 3226	0,36924 4271	-358 5122
38	0,14037 2302	-390 0782	0,25156 0695	-376 9528	0,36565 9149	-359 2495
0,140	0,13647 1520	-390 5919	0,24779 1167	-377 5881	0,36206 6654	-359 9931
42	0,13256 5601	-391 1096	0,24401 5286	-378 2289	0,35846 6723	-360 7435
44	0,12865 4505	-391 6309	0,24023 2997	-378 8746	0,35485 9288	-361 5003
46	0,12473 8196	-392 1561	0,23644 4251	-379 5255	0,35124 4285	-362 2634
48	0,12081 6635	-392 6847	0,23264 8996	-380 1815	0,34762 1651	-363 0330
0,150	0,11688 9788	-393 2171	0,22884 7181	-380 8423	0,34399 1321	-363 8088
52	0,11295 7617	-393 7529	0,22503 8758	-381 5082	0,34035 3233	-364 5909
54	0,10902 0088	-394 2921	0,22122 3676	-382 1789	0,33670 7324	-365 3793
56	0,10507 7167	-394 8347	0,21740 1887	-382 8544	0,33305 3531	-366 1737
58	0,10112 8820	-395 3806	0,21357 3343	-383 5346	0,32939 1794	-366 9742
0,160	0,09717 5014	-395 9298	0,20973 7997	-384 2195	0,32572 2052	-367 7808
62	0,09321 5716	-396 4822	0,20589 5802	-384 9090	0,32204 4244	-368 5934
64	0,08925 0894	-397 0376	0,20204 6712	-385 6030	0,31835 8310	-369 4119
66	0,08528 0518	-397 5961	0,19819 0682	-386 3017	0,31466 4191	-370 2363
68	0,08130 4557	-398 1575	0,19432 7665	-387 0045	0,31096 1828	-371 0665
0,170	0,07732 2982	-398 7220	0,19045 7620	-387 7120	0,30725 1163	-371 9025
72	0,07333 5762	-399 2891	0,18658 0500	-388 4236	0,30353 2138	-372 7442
74	0,06934 2871	-399 8592	0,18269 6264	-389 1395	0,29980 4696	-373 5915
0,176	0,06534 4279		0,17880 4869		0,29606 8781	

Tabelle IV: Funktionen H (q^3, z), laufend nach q^3.

q^3	z = 0,35	Δ	z = 0,40	Δ	z = 0,45	Δ
0,000	+0,70000 0000	-302 0112	+0,80000 0000	-272 0120	+0,90000 0000	-238 0125
02	0,69697 9888	-302 0596	0,79727 9880	-272 0641	0,89761 9875	-238 0670
04	0,69395 9292	-302 1381	0,79455 9239	-272 1483	0,89523 9205	-238 1548
06	0,69093 7911	-302 2409	0,79183 7756	-272 2589	0,89285 7657	-238 2703
08	0,68791 5502	-302 3657	0,78911 5167	-272 3930	0,89047 4954	-238 4103
0,010	0,68489 1845	-302 5106	0,78639 1237	-272 5487	0,88809 0851	-238 5728
12	0,68186 6739	-302 6743	0,78366 5750	-272 7245	0,88570 5123	-238 7564
14	0,67883 9996	-302 8556	0,78093 8505	-272 9195	0,88331 7559	-238 9598
16	0,67581 1440	-303 0538	0,77820 9310	-273 1324	0,88092 7961	-239 1823
18	0,67278 0902	-303 2684	0,77547 7986	-273 3630	0,87853 6138	-239 4230
0,020	0,66974 8218	-303 4984	0,77274 4356	-273 6102	0,87614 1908	-239 6811
22	0,66671 3234	-303 7436	0,77000 8254	-273 8738	0,87374 5097	-239 9562
24	0,66367 5798	-304 0035	0,76726 9516	-274 1530	0,87134 5535	-240 2478
26	0,66063 5763	-304 2775	0,76452 7986	-274 4475	0,86894 3057	-240 5554
28	0,65759 2988	-304 5654	0,76178 3511	-274 7571	0,86653 7503	-240 8785
0,030	0,65454 7334	-304 8669	0,75903 5940	-275 0811	0,86412 8718	-241 2170
32	0,65149 8665	-305 1817	0,75628 5129	-275 4194	0,86171 6548	-241 5703
34	0,64844 6848	-305 5094	0,75353 0935	-275 7717	0,85930 0845	-241 9381
36	0,64539 1754	-305 8498	0,75077 3218	-276 1377	0,85688 1464	-242 3204
38	0,64233 3256	-306 2027	0,74801 1841	-276 5171	0,85445 8260	-242 7167
0,040	0,63927 1229	-306 5679	0,74524 6670	-276 9098	0,85203 1093	-243 1268
42	0,63620 5550	-306 9451	0,74247 7572	-277 3154	0,84959 9825	-243 5505
44	0,63313 6099	-307 3343	0,73970 4418	-277 7337	0,84716 4320	-243 9876
46	0,63006 2756	-307 7350	0,73692 7081	-278 1648	0,84472 4444	-244 4379
48	0,62698 5406	-308 1472	0,73414 5433	-278 6082	0,84228 0065	-244 9012
0,050	0,62390 3934	-308 5710	0,73135 9351	-279 0639	0,83983 1053	-245 3773
52	0,62081 8224	-309 0057	0,72856 8712	-279 5317	0,83737 7280	-245 8662
54	0,61772 8167	-309 4517	0,72577 3395	-280 0114	0,83491 8618	-246 3674
56	0,61463 3650	-309 9084	0,72297 3281	-280 5028	0,83245 4944	-246 8812
58	0,61153 4566	-310 3760	0,72016 8253	-281 0060	0,82998 6132	-247 4071
0,060	0,60843 0806	-310 8542	0,71735 8193	-281 5207	0,82751 2061	-247 9451
62	0,60532 2264	-311 3430	0,71454 2986	-282 0467	0,82503 2610	-248 4951
64	0,60220 8834	-311 8422	0,71172 2519	-282 5840	0,82254 7659	-249 0570
66	0,59909 0412	-312 3516	0,70889 6679	-283 1326	0,82005 7089	-249 6305
68	0,59596 6896	-312 8713	0,70606 5353	-283 6920	0,81756 0784	-250 2158
0,070	0,59283 8183	-313 4011	0,70322 8433	-284 2626	0,81505 8626	-250 8125
72	0,58970 4172	-313 9407	0,70038 5807	-284 8439	0,81255 0501	-251 4207
74	0,58656 4765	-314 4905	0,69753 7368	-285 4360	0,81003 6294	-252 0402
76	0,58341 9860	-315 0498	0,69468 3008	-286 0387	0,80751 5892	-252 6709
78	0,58026 9362	-315 6190	0,69182 2621	-286 6521	0,80498 9183	-253 3128
0,080	0,57711 3172	-316 1978	0,68895 6100	-287 2758	0,80245 6055	-253 9658
82	0,57395 1194	-316 7861	0,68608 3342	-287 9099	0,79991 6397	-254 6296
84	0,57078 3333	-317 3838	0,68320 4243	-288 5544	0,79737 0101	-255 3045
86	0,56760 9495	-317 9910	0,68031 8699	-289 2091	0,79481 7056	-255 9901
88	0,56442 9585	-318 6073	0,67742 6608	-289 8740	0,79225 7155	-256 6866
0,090	0,56124 3512		0,67452 7868		0,78969 0289	

Tabelle IV: Funktionen H (q^3, z), laufend nach q^3.

q^3	z = 0,35	Δ	z = 0,40	Δ	z = 0,45	Δ
0,090	+0,56124 3512	-319 2330	+0,67452 7868	-290 5489	+0,78969 0289	-257 3936
92	0,55805 1182	-319 8678	0,67162 2379	-291 2338	0,78711 6353	-258 1114
94	0,55485 2504	-320 5117	0,66871 0041	-291 9286	0,78453 5239	-258 8396
96	0,55164 7387	-321 1645	0,66579 0755	-292 6334	0,78194 6843	-259 5783
98	0,54843 5742	-321 8263	0,66286 4421	-293 3480	0,77935 1060	-260 3275
0,100	0,54521 7479	-322 4970	0,65993 0941	-294 0722	0,77674 7785	-261 0871
02	0,54199 2509	-323 1764	0,65699 0219	-294 8062	0,77413 6914	-261 8569
04	0,53876 0745	-323 8646	0,65404 2157	-295 5498	0,77151 8345	-262 6371
06	0,53552 2099	-324 5615	0,65108 6659	-296 3029	0,76889 1974	-263 4274
08	0,53227 6484	-325 2670	0,64812 3630	-297 0656	0,76625 7700	-264 2279
0,110	0,52902 3814	-325 9810	0,64515 2974	-297 8376	0,76361 5421	-265 0384
12	0,52576 4004	-326 7036	0,64217 4598	-298 6192	0,76096 5037	-265 8592
14	0,52249 6968	-327 4344	0,63918 8406	-299 4099	0,75830 6445	-266 6897
16	0,51922 2624	-328 1739	0,63619 4307	-300 2101	0,75563 9548	-267 5305
18	0,51594 0885	-328 9214	0,63319 2206	-301 0194	0,75296 4243	-268 3810
0,120	0,51265 1671	-329 6774	0,63018 2012	-301 8380	0,75028 0433	-269 2414
22	0,50935 4897	-330 4415	0,62716 3632	-302 6656	0,74758 8019	-270 1118
24	0,50605 0482	-331 2138	0,62413 6976	-303 5024	0,74488 6901	-270 9918
26	0,50273 8344	-331 9942	0,62110 1952	-304 3483	0,74217 6983	-271 8818
28	0,49941 8402	-332 7826	0,61805 8469	-305 2030	0,73945 8165	-272 7813
0,130	0,49609 0576	-333 5791	0,61500 6439	-306 0669	0,73673 0352	-273 6907
32	0,49275 4785	-334 3834	0,61194 5770	-306 9395	0,73399 3445	-274 6096
34	0,48941 0951	-335 1958	0,60887 6375	-307 8212	0,73124 7349	-275 5382
36	0,48605 8993	-336 0158	0,60579 8163	-308 7115	0,72849 1967	-276 4765
38	0,48269 8835	-336 8438	0,60271 1048	-309 6108	0,72572 7202	-277 4242
0,140	0,47933 0397	-337 6795	0,59961 4940	-310 5188	0,72295 2960	-278 3816
42	0,47595 3602	-338 5229	0,59650 9752	-311 4354	0,72016 9144	-279 3483
44	0,47256 8373	-339 3740	0,59339 5398	-312 3607	0,71737 5661	-280 3247
46	0,46917 4633	-340 2326	0,59027 1791	-313 2948	0,71457 2414	-281 3105
48	0,46577 2307	-341 0988	0,58713 8843	-314 2374	0,71175 9309	-282 3057
0,150	0,46236 1319	-341 9726	0,58399 6469	-315 1885	0,70893 6252	-283 3102
52	0,45894 1593	-342 8538	0,58084 4584	-316 1482	0,70610 3150	-284 3243
54	0,45551 3055	-343 7425	0,57768 3102	-317 1165	0,70325 9907	-285 3476
56	0,45207 5630	-344 6385	0,57451 1937	-318 0930	0,70040 6431	-286 3803
58	0,44862 9245	-345 5418	0,57133 1007	-319 0782	0,69754 2628	-287 4224
0,160	0,44517 3827	-346 4525	0,56814 0225	-320 0717	0,69466 8404	-288 4736
62	0,44170 9302	-347 3705	0,56493 9508	-321 0735	0,69178 3668	-289 5341
64	0,43823 5597	-348 2955	0,56172 8773	-322 0836	0,68888 8327	-290 6040
66	0,43475 2642	-349 2279	0,55850 7937	-323 1021	0,68598 2287	-291 6831
68	0,43126 0363	-350 1672	0,55527 6916	-324 1289	0,68306 5456	-292 7713
0,170	0,42775 8691	-351 1138	0,55203 5627	-325 1638	0,68013 7743	-293 8688
72	0,42424 7553	-352 0672	0,54878 3989	-326 2070	0,67719 9055	-294 9754
74	0,42072 6881	-353 0278	0,54552 1919	-327 2584	0,67424 9301	-296 0912
0,176	0,41719 6603		0,54224 9335		0,67128 8389	

q^3	z = 0,50	Δ	z = 0,55	Δ	z = 0,60	Δ
0,000	+1,00000 0000	-200 0127	+1,10000 0000	-158 0125	+1,20000 0000	-112 0119
02	0,99799 9873	-200 0679	1,09841 9875	-158 0669	1,19887 9881	-112 0636
04	0,99599 9194	-200 1571	1,09683 9206	-158 1547	1,19775 9245	-112 1470
06	0,99399 7623	-200 2743	1,09525 7659	-158 2700	1,19663 7775	-112 2567
08	0,99199 4880	-200 4163	1,09367 4959	-158 4098	1,19551 5208	-112 3897
0,010	0,98999 0717	-200 5813	1,09209 0861	-158 5723	1,19439 1311	-112 5441
12	0,98798 4904	-200 7675	1,09050 5138	-158 7556	1,19326 5870	-112 7184
14	0,98597 7229	-200 9740	1,08891 7582	-158 9590	1,19213 8686	-112 9117
16	0,98396 7489	-201 1997	1,08732 7992	-159 1811	1,19100 9569	-113 1230
18	0,98195 5492	-201 4440	1,08573 6181	-159 4216	1,18987 8339	-113 3516
0,020	0,97994 1052	-201 7059	1,08414 1965	-159 6796	1,18874 4823	-113 5969
22	0,97792 3993	-201 9851	1,08254 5169	-159 9545	1,18760 8854	-113 8583
24	0,97590 4142	-202 2811	1,08094 5624	-160 2458	1,18647 0271	-114 1354
26	0,97388 1331	-202 5931	1,07934 3166	-160 5532	1,18532 8917	-114 4276
28	0,97185 5400	-202 9212	1,07773 7634	-160 8762	1,18418 4641	-114 7348
0,030	0,96982 6188	-203 2647	1,07612 8872	-161 2144	1,18303 7293	-115 0564
32	0,96779 3541	-203 6233	1,07451 6728	-161 5676	1,18188 6729	-115 3923
34	0,96575 7308	-203 9967	1,07290 1052	-161 9354	1,18073 2806	-115 7420
36	0,96371 7341	-204 3847	1,07128 1698	-162 3175	1,17957 5386	-116 1055
38	0,96167 3494	-204 7871	1,06965 8523	-162 7137	1,17841 4331	-116 4824
0,040	0,95962 5623	-205 2033	1,06803 1386	-163 1238	1,17724 9507	-116 8725
42	0,95757 3590	-205 6336	1,06640 0148	-163 5476	1,17608 0782	-117 2756
44	0,95551 7254	-206 0774	1,06476 4672	-163 9848	1,17490 8026	-117 6915
46	0,95345 6480	-206 5346	1,06312 4824	-164 4352	1,17373 1111	-118 1201
48	0,95139 1134	-207 0051	1,06148 0472	-164 8988	1,17254 9910	-118 5611
0,050	0,94932 1083	-207 4886	1,05983 1484	-165 3752	1,17136 4299	-119 0144
52	0,94724 6197	-207 9851	1,05817 7732	-165 8644	1,17017 4155	-119 4800
54	0,94516 6346	-208 4943	1,05651 9088	-166 3663	1,16897 9355	-119 9575
56	0,94308 1403	-209 0162	1,05485 5425	-166 8805	1,16777 9780	-120 4471
58	0,94099 1241	-209 5504	1,05318 6620	-167 4071	1,16657 5309	-120 9483
0,060	0,93889 5737	-210 0971	1,05151 2549	-167 9460	1,16536 5826	-121 4613
62	0,93679 4766	-210 6559	1,04983 3089	-168 4970	1,16415 1213	-121 9858
64	0,93468 8207	-211 2270	1,04814 8119	-169 0599	1,16293 1355	-122 5218
66	0,93257 5937	-211 8099	1,04645 7520	-169 6348	1,16170 6137	-123 0692
68	0,93045 7838	-212 4047	1,04476 1172	-170 2213	1,16047 5445	-123 6279
0,070	0,92833 3791	-213 0114	1,04305 8959	-170 8197	1,15923 9166	-124 1977
72	0,92620 3677	-213 6298	1,04135 0762	-171 4296	1,15799 7189	-124 7788
74	0,92406 7379	-214 2597	1,03963 6466	-172 0511	1,15674 9401	-125 3708
76	0,92192 4782	-214 9011	1,03791 5955	-172 6839	1,15549 5693	-125 9739
78	0,91977 5771	-215 5540	1,03618 9116	-173 3282	1,15423 5954	-126 5878
0,080	0,91762 0231	-216 2182	1,03445 5834	-173 9837	1,15297 0076	-127 2126
82	0,91545 8049	-216 8937	1,03271 5997	-174 6504	1,15169 7950	-127 8482
84	0,91328 9112	-217 5804	1,03096 9493	-175 3284	1,15041 9468	-128 4945
86	0,91111 3308	-218 2782	1,02921 6209	-176 0173	1,14913 4523	-129 1515
88	0,90893 0526	-218 9871	1,02745 6036	-176 7174	1,14784 3008	-129 8190
0,090	0,90674 0655		1,02568 8862		1,14654 4818	

q^3	z = 0,50	Δ	z = 0,55	Δ	z = 0,60	Δ
0,090	+0,90674 0655	-219 7069	+1,02568 8862	-177 4284	+1,14654 4818	-130 4973
92	0,90454 3586	-220 4378	1,02391 4578	-178 1504	1,14523 9845	-131 1860
94	0,90233 9208	-221 1795	1,02213 3074	-178 8831	1,14392 7985	-131 8853
96	0,90012 7413	-221 9320	1,02034 4243	-179 6268	1,14260 9132	-132 5949
98	0,89790 8093	-222 6952	1,01854 7975	-180 3811	1,14128 3183	-133 3150
0,100	0,89568 1141	-223 4693	1,01674 4164	-181 1463	1,13995 0033	-134 0455
02	0,89344 6448	-224 2539	1,01493 2701	-181 9222	1,13860 9578	-134 7864
04	0,89120 3909	-225 0492	1,01311 3479	-182 7086	1,13726 1714	-135 5375
06	0,88895 3417	-225 8551	1,01128 6393	-183 5058	1,13590 6339	-136 2990
08	0,88669 4866	-226 6714	1,00945 1335	-184 3134	1,13454 3349	-137 0707
0,110	0,88442 8152	-227 4983	1,00760 8201	-185 1317	1,13317 2642	-137 8528
12	0,88215 3169	-228 3357	1,00575 6884	-185 9605	1,13179 4114	-138 6449
14	0,87986 9812	-229 1834	1,00389 7279	-186 7998	1,13040 7665	-139 4474
16	0,87757 7978	-230 0415	1,00202 9281	-187 6494	1,12901 3191	-140 2600
18	0,87527 7563	-230 9100	1,00015 2787	-188 5097	1,12761 0591	-141 0829
0,120	0,87296 8463	-231 7888	0,99826 7690	-189 3803	1,12619 9762	-141 9158
22	0,87065 0575	-232 6778	0,99637 3887	-190 2613	1,12478 0604	-142 7590
24	0,86832 3797	-233 5771	0,99447 1274	-191 1526	1,12335 3014	-143 6122
26	0,86598 8026	-234 4867	0,99255 9748	-192 0544	1,12191 6892	-144 4757
28	0,86364 3159	-235 4064	0,99063 9204	-192 9665	1,12047 2135	-145 3493
0,130	0,86128 9095	-236 3363	0,98870 9539	-193 8890	1,11901 8642	-146 2329
32	0,85892 5732	-237 2763	0,98677 0649	-194 8216	1,11755 6313	-147 1268
34	0,85655 2969	-238 2266	0,98482 2433	-195 7648	1,11608 5045	-148 0307
36	0,85417 0703	-239 1868	0,98286 4785	-196 7181	1,11460 4738	-148 9448
38	0,85177 8835	-240 1572	0,98089 7604	-197 6817	1,11311 5290	-149 8690
0,140	0,84937 7263	-241 1376	0,97892 0787	-198 6556	1,11161 6600	-150 8034
42	0,84696 5887	-242 1281	0,97693 4231	-199 6398	1,11010 8566	-151 7478
44	0,84454 4606	-243 1285	0,97493 7833	-200 6343	1,10859 1088	-152 7025
46	0,84211 3321	-244 1392	0,97293 1490	-201 6390	1,10706 4063	-153 6672
48	0,83967 1929	-245 1596	0,97091 5100	-202 6540	1,10552 7391	-154 6422
0,150	0,83722 0333	-246 1902	0,96888 8560	-203 6792	1,10398 0969	-155 6272
52	0,83475 8431	-247 2306	0,96685 1768	-204 7147	1,10242 4697	-156 6226
54	0,83228 6125	-248 2811	0,96480 4621	-205 7605	1,10085 8471	-157 6280
56	0,82980 3314	-249 3415	0,96274 7016	-206 8166	1,09928 2191	-158 6437
58	0,82730 9899	-250 4119	0,96067 8850	-207 8828	1,09769 5754	-159 6696
0,160	0,82480 5780	-251 4922	0,95860 0022	-208 9594	1,09609 9058	-160 7058
62	0,82229 0858	-252 5824	0,95651 0428	-210 0463	1,09449 2000	-161 7522
64	0,81976 5034	-253 6825	0,95440 9965	-211 1434	1,09287 4478	-162 8089
66	0,81722 8209	-254 7926	0,95229 8531	-212 2508	1,09124 6389	-163 8759
68	0,81468 0283	-255 9125	0,95017 6023	-213 3686	1,08960 7630	-164 9532
0,170	0,81212 1158	-257 0425	0,94804 2337	-214 4965	1,08795 8098	-166 0408
72	0,80955 0733	-258 1822	0,94589 7372	-215 6350	1,08629 7690	-167 1389
74	0,80696 8911	-259 3319	0,94374 1022	-216 7836	1,08462 6301	-168 2472
0,176	0,80437 5592		0,94157 3186		1,08294 3829	

q^3	z = 0,65	Δ	z = 0,70	Δ	z = 0,75	Δ
0,000	+1,30000 0000	-62 0108	+1,40000 0000	-8 0092	+1,50000 0000	+49 9929
02	1,29937 9892	-62 0579	1,39991 9908	-8 0495	1,50049 9929	49 9617
04	1,29875 9313	-62 1337	1,39983 9413	-8 1144	1,50099 9546	49 9117
06	1,29813 7976	-62 2336	1,39975 8269	-8 1996	1,50149 8663	49 8457
08	1,29751 5640	-62 3545	1,39967 6273	-8 3031	1,50199 7120	49 7658
0,010	1,29689 2095	-62 4949	1,39959 3242	-8 4232	1,50249 4778	49 6730
12	1,29626 7146	-62 6536	1,39950 9010	-8 5588	1,50299 1508	49 5683
14	1,29564 0610	-62 8294	1,39942 3422	-8 7091	1,50348 7191	49 4520
16	1,29501 2316	-63 0217	1,39933 6331	-8 8736	1,50398 1711	49 3250
18	1,29438 2099	-63 2296	1,39924 7595	-9 0513	1,50447 4961	49 1877
0,020	1,29374 9803	-63 4528	1,39915 7082	-9 2422	1,50496 6838	49 0401
22	1,29311 5275	-63 6907	1,39906 4660	-9 4455	1,50545 7239	48 8830
24	1,29247 8368	-63 9427	1,39897 0205	-9 6611	1,50594 6069	48 7164
26	1,29183 8941	-64 2086	1,39887 3594	-9 8885	1,50643 3233	48 5406
28	1,29119 6855	-64 4882	1,39877 4709	-10 1275	1,50691 8639	48 3558
0,030	1,29055 1973	-64 7808	1,39867 3434	-10 3779	1,50740 2197	48 1624
32	1,28990 4165	-65 0865	1,39856 9655	-10 6392	1,50788 3821	47 9602
34	1,28925 3300	-65 4048	1,39846 3263	-10 9116	1,50836 3423	47 7498
36	1,28859 9252	-65 7356	1,39835 4147	-11 1944	1,50884 0921	47 5310
38	1,28794 1896	-66 0786	1,39824 2203	-11 4879	1,50931 6231	47 3041
0,040	1,28728 1110	-66 4336	1,39812 7324	-11 7917	1,50978 9272	47 0692
42	1,28661 6774	-66 8006	1,39800 9407	-12 1056	1,51025 9964	46 8264
44	1,28594 8768	-67 1792	1,39788 8351	-12 4295	1,51072 8228	46 5759
46	1,28527 6976	-67 5694	1,39776 4056	-12 7634	1,51119 3987	46 3175
48	1,28460 1282	-67 9709	1,39763 6422	-13 1071	1,51165 7162	46 0517
0,050	1,28392 1573	-68 3837	1,39750 5351	-13 4603	1,51211 7679	45 7784
52	1,28323 7736	-68 8076	1,39737 0748	-13 8232	1,51257 5463	45 4975
54	1,28254 9660	-69 2425	1,39723 2516	-14 1955	1,51303 0438	45 2094
56	1,28185 7235	-69 6884	1,39709 0561	-14 5771	1,51348 2532	44 9138
58	1,28116 0351	-70 1450	1,39694 4790	-14 9682	1,51393 1670	44 6112
0,060	1,28045 8901	-70 6122	1,39679 5108	-15 3683	1,51437 7782	44 3014
62	1,27975 2779	-71 0902	1,39664 1425	-15 7775	1,51482 0796	43 9843
64	1,27904 1877	-71 5785	1,39648 3650	-16 1959	1,51526 0639	43 6603
66	1,27832 6092	-72 0774	1,39632 1691	-16 6233	1,51569 7242	43 3292
68	1,27760 5318	-72 5865	1,39615 5458	-17 0595	1,51613 0534	42 9911
0,070	1,27687 9453	-73 1060	1,39598 4863	-17 5046	1,51656 0445	42 6461
72	1,27614 8393	-73 6356	1,39580 9817	-17 9586	1,51698 6906	42 2942
74	1,27541 2037	-74 1755	1,39563 0231	-18 4213	1,51740 9848	41 9353
76	1,27467 0282	-74 7253	1,39544 6018	-18 8927	1,51782 9201	41 5697
78	1,27392 3029	-75 2853	1,39525 7091	-19 3729	1,51824 4898	41 1973
0,080	1,27317 0176	-75 8552	1,39506 3362	-19 8616	1,51865 6871	40 8179
82	1,27241 1624	-76 4350	1,39486 4746	-20 5390	1,51906 5050	40 4319
84	1,27164 7274	-77 0248	1,39466 1156	-20 8650	1,51946 9369	40 0392
86	1,27087 7026	-77 6243	1,39445 2506	-21 3795	1,51986 9761	39 6395
88	1,27010 0783	-78 2336	1,39423 8711	-21 9024	1,52026 6156	39 2333
0,090	1,26931 8447		1,39401 9687		1,52065 8489	

q^3	z = 0,65	Δ	z = 0,70	Δ	z = 0,75	Δ
0,090	+1,26931 8447	-78 8528	+1,39401 9687	-22 4340	+1,52065 8489	+38 8203
92	1,26852 9919	-79 4817	1,39379 5347	-22 9740	1,52104 6692	38 4007
94	1,26773 5102	-80 1202	1,39356 5607	-23 5224	1,52143 0699	37 9743
96	1,26693 3900	-80 7685	1,39333 0383	-24 0792	1,52181 0442	37 5412
98	1,26612 6215	-81 4264	1,39308 9591	-24 6445	1,52218 5854	37 1014
0,100	1,26531 1951	-82 0939	1,39284 3146	-25 2182	1,52255 6868	36 6550
02	1,26449 1012	-82 7710	1,39259 0964	-25 8003	1,52292 3418	36 2020
04	1,26366 3302	-83 4577	1,39233 2961	-26 3907	1,52328 5438	35 7421
06	1,26282 8725	-84 1540	1,39206 9054	-26 9896	1,52364 2859	35 2757
08	1,26198 7185	-84 8597	1,39179 9158	-27 5968	1,52399 5616	34 8025
0,110	1,26113 8588	-85 5752	1,39152 3190	-28 2123	1,52434 3641	34 3226
12	1,26028 2836	-86 3000	1,39124 1067	-28 8363	1,52468 6867	33 8361
14	1,25941 9836	-87 0345	1,39095 2704	-29 4686	1,52502 5228	33 3428
16	1,25854 9491	-87 7784	1,39065 8018	-30 1094	1,52535 8656	32 8428
18	1,25767 1707	-88 5318	1,39035 6924	-30 7583	1,52568 7084	32 3361
0,120	1,25678 6389	-89 2947	1,39004 9341	-31 4159	1,52601 0445	31 8226
22	1,25589 3442	-90 0672	1,38973 5182	-32 0817	1,52632 8671	31 3024
24	1,25499 2770	-90 8491	1,38941 4365	-32 7559	1,52664 1695	30 7753
26	1,25408 4279	-91 6406	1,38908 6806	-33 4386	1,52694 9448	30 2415
28	1,25316 7873	-92 4416	1,38875 2420	-34 1297	1,52725 1863	29 7009
0,130	1,25224 3457	-93 2520	1,38841 1123	-34 8292	1,52754 8872	29 1534
32	1,25131 0937	-94 0721	1,38806 2831	-35 5371	1,52784 0406	28 5990
34	1,25037 0216	-94 9016	1,38770 7460	-36 2537	1,52812 6396	28 0377
36	1,24942 1200	-95 7407	1,38734 4923	-36 9786	1,52840 6773	27 4696
38	1,24846 3793	-96 5894	1,38697 5137	-37 7120	1,52868 1469	26 8945
0,140	1,24749 7899	-97 4475	1,38659 8017	-38 4540	1,52895 0414	26 3124
42	1,24652 3424	-98 3154	1,38621 3477	-39 2046	1,52921 3538	25 7233
44	1,24554 0270	-99 1927	1,38582 1431	-39 9637	1,52947 0771	25 1272
46	1,24454 8343	-100 0798	1,38542 1794	-40 7315	1,52972 2043	24 5241
48	1,24354 7545	-100 9764	1,38501 4479	-41 5078	1,52996 7284	23 9138
0,150	1,24253 7781	-101 8828	1,38459 9401	-42 2929	1,53020 6422	23 2964
52	1,24151 8953	-102 7987	1,38417 6472	-43 0867	1,53043 9386	22 6719
54	1,24049 0966	-103 7245	1,38374 5605	-43 8891	1,53066 6105	22 0401
56	1,23945 3721	-104 6599	1,38330 6714	-44 7003	1,53088 6506	21 4010
58	1,23840 7122	-105 6050	1,38285 9711	-45 5204	1,53110 0516	20 7548
0,160	1,23735 1072	-106 5601	1,38240 4507	-46 3492	1,53130 8064	20 1012
62	1,23628 5471	-107 5248	1,38194 1015	-47 1870	1,53150 9076	19 4403
64	1,23521 0223	-108 4994	1,38146 9145	-48 0336	1,53170 3479	18 7718
66	1,23412 5229	-109 4839	1,38098 8809	-48 8892	1,53189 1197	18 0960
68	1,23303 0390	-110 4783	1,38049 9917	-49 7538	1,53207 2157	17 4127
0,170	1,23192 5607	-111 4827	1,38000 2379	-50 6274	1,53224 6284	16 7218
72	1,23081 0780	-112 4970	1,37949 6105	-51 5101	1,53241 3502	16 0233
74	1,22968 5810	-113 5213	1,37898 1004	-52 4019	1,53257 3735	15 3173
0,176	1,22855 0597		1,37845 6985		1,53272 6908	

q^3	z = 0,80	Δ	z = 0,85	Δ	z = 0,90	Δ
0,000	+1,60000 0000	+111 9955	+1,70000 0000	+177 9988	+1,80000 0000	+248 0027
02	1,60111 9955	111 9761	1,70177 9988	177 9937	1,80248 0027	248 0147
04	1,60223 9716	111 9447	1,70355 9925	177 9853	1,80496 0174	248 0340
06	1,60335 9163	111 9035	1,70533 9778	177 9743	1,80744 0514	248 0592
08	1,60447 8198	111 8534	1,70711 9521	177 9611	1,80992 1106	248 0899
0,010	1,60559 6732	111 7954	1,70889 9132	177 9456	1,81240 2005	248 1256
12	1,60671 4686	111 7298	1,71067 8588	177 9282	1,81488 3261	248 1657
14	1,60783 1984	111 6571	1,71245 7870	177 9089	1,81736 4918	248 2104
16	1,60894 8555	111 5776	1,71423 6959	177 8877	1,81984 7022	248 2591
18	1,61006 4331	111 4915	1,71601 5836	177 8649	1,82232 9613	248 3118
0,020	1,61117 9246	111 3993	1,71779 4485	177 8403	1,82481 2731	248 3683
22	1,61229 3239	111 3008	1,71957 2888	177 8140	1,82729 6414	248 4286
24	1,61340 6247	111 1966	1,72135 1028	177 7863	1,82978 0700	248 4924
26	1,61451 8213	111 0865	1,72312 8891	177 7570	1,83226 5624	248 5598
28	1,61562 9078	110 9708	1,72490 6461	177 7260	1,83475 1222	248 6305
0,030	1,61673 8786	110 8496	1,72668 3721	177 6938	1,83723 7527	248 7045
32	1,61784 7282	110 7230	1,72846 0659	177 6599	1,83972 4572	248 7819
34	1,61895 4512	110 5911	1,73023 7258	177 6246	1,84221 2391	248 8622
36	1,62006 0423	110 4541	1,73201 3504	177 5879	1,84470 1013	248 9459
38	1,62116 4964	110 3119	1,73378 9383	177 5499	1,84719 0472	249 0324
0,040	1,62226 8083	110 1646	1,73556 4882	177 5103	1,84968 0796	249 1220
42	1,62336 9729	110 0124	1,73733 9985	177 4694	1,85217 2016	249 2145
44	1,62446 9853	109 8553	1,73911 4679	177 4272	1,85466 4161	249 3100
46	1,62556 8406	109 6933	1,74088 8951	177 3836	1,85715 7261	249 4081
48	1,62666 5339	109 5265	1,74266 2787	177 3386	1,85965 1342	249 5092
0,050	1,62776 0604	109 3550	1,74443 6173	177 2923	1,86214 6434	249 6130
52	1,62885 4154	109 1787	1,74620 9096	177 2446	1,86464 2564	249 7194
54	1,62994 5941	108 9978	1,74798 1542	177 1955	1,86713 9758	249 8285
56	1,63103 5919	108 8122	1,74975 3497	177 1452	1,86963 8043	249 9403
58	1,63212 4041	108 6220	1,75152 4949	177 0936	1,87213 7446	250 0547
0,060	1,63321 0261	108 4274	1,75329 5885	177 0404	1,87463 7993	250 1716
62	1,63429 4535	108 2280	1,75506 6289	176 9861	1,87713 9709	250 2910
64	1,63537 6815	108 0243	1,75683 6150	176 9304	1,87964 2619	250 4129
66	1,63645 7058	107 8160	1,75860 5454	176 8733	1,88214 6748	250 5372
68	1,63753 5218	107 6032	1,76037 4187	176 8148	1,88465 2120	250 6640
0,070	1,63861 1250	107 3861	1,76214 2335	176 7551	1,88715 8760	250 7932
72	1,63968 5111	107 1643	1,76390 9886	176 6939	1,88966 6692	250 9248
74	1,64075 6754	106 9383	1,76567 6825	176 6314	1,89217 5940	251 0586
76	1,64182 6137	106 7079	1,76744 3139	176 5675	1,89468 6526	251 1947
78	1,64289 3216	106 4729	1,76920 8814	176 5023	1,89719 8473	251 3332
0,080	1,64395 7945	106 2336	1,77097 3837	176 4355	1,89971 1805	251 4739
82	1,64502 0281	105 9900	1,77273 8192	176 3675	1,90222 6544	251 6168
84	1,64608 0181	105 7419	1,77450 1867	176 2979	1,90474 2712	251 7619
86	1,64713 7600	105 4894	1,77626 4846	176 2270	1,90726 0331	251 9091
88	1,64819 2494	105 2327	1,77802 7116	176 1546	1,90977 9422	252 0586
0,090	1,64924 4821		1,77978 8662		1,91230 0008	

q^3	z = 0,80	Δ	z = 0,85	Δ	z = 0,90	Δ
0,090	+1,64924 4821	+104 9714	+1,77978 8662	+176 0808	+1,91230 0008	+252 2101
92	1,65029 4535	104 7059	1,78154 9470	176 0055	1,91482 2109	252 3637
94	1,65134 1594	104 4358	1,78330 9525	175 9287	1,91734 5746	252 5194
96	1,65238 5952	104 1615	1,78506 8812	175 8505	1,91987 0940	252 6771
98	1,65342 7567	103 8827	1,78682 7317	175 7706	1,92239 7711	252 8368
0,100	1,65446 6394	103 5995	1,78858 5023	175 6893	1,92492 6079	252 9986
02	1,65550 2389	103 3120	1,79034 1916	175 6064	1,92745 6065	253 1623
04	1,65653 5509	103 0199	1,79209 7980	175 5220	1,92998 7688	253 3279
06	1,65756 5708	102 7235	1,79385 3200	175 4360	1,93252 0967	253 4955
08	1,65859 2943	102 4226	1,79560 7560	175 3483	1,93505 5922	253 6649
0,110	1,65961 7169	102 1172	1,79736 1043	175 2590	1,93759 2571	253 8363
12	1,66063 8341	101 8073	1,79911 3633	175 1682	1,94013 0934	254 0095
14	1,66165 6414	101 4930	1,80086 5315	175 0755	1,94267 1029	254 1845
16	1,66267 1344	101 1742	1,80261 6070	174 9814	1,94521 2874	254 3613
18	1,66368 3086	100 8508	1,80436 5884	174 8853	1,94775 6487	254 5399
0,120	1,66469 1594	100 5228	1,80611 4737	174 7877	1,95030 1886	254 7203
22	1,66569 6822	100 1904	1,80786 2614	174 6881	1,95284 9089	254 9024
24	1,66669 8726	99 8532	1,80960 9495	174 5870	1,95539 8113	255 0862
26	1,66769 7258	99 5115	1,81135 5365	174 4839	1,95794 8975	255 2717
28	1,66869 2373	99 1652	1,81310 0204	174 3790	1,96050 1692	255 4589
0,130	1,66968 4025	98 8141	1,81484 3994	174 2722	1,96305 6281	255 6478
32	1,67067 2166	98 4583	1,81658 6716	174 1636	1,96561 2759	255 8381
34	1,67165 6749	98 0980	1,81832 8352	174 0531	1,96817 1140	256 0302
36	1,67263 7729	97 7327	1,82006 8883	173 9405	1,97073 1442	256 2238
38	1,67361 5056	97 3627	1,82180 8288	173 8262	1,97329 3680	256 4190
0,140	1,67458 8683	96 9879	1,82354 6550	173 7096	1,97585 7870	256 6157
42	1,67555 8562	96 6083	1,82528 3646	173 5911	1,97842 4027	256 8139
44	1,67652 4645	96 2237	1,82701 9557	173 4706	1,98099 2166	257 0136
46	1,67748 6882	95 8343	1,82875 4263	173 3479	1,98356 2302	257 2148
48	1,67844 5225	95 4399	1,83048 7742	173 2232	1,98613 4450	257 4173
0,150	1,67939 9624	95 0406	1,83221 9974	173 0961	1,98870 8623	257 6214
52	1,68035 0030	94 6361	1,83395 0935	172 9671	1,99128 4837	257 8267
54	1,68129 6391	94 2267	1,83568 0606	172 8357	1,99386 3104	258 0335
56	1,68223 8658	93 8121	1,83740 8963	172 7020	1,99644 3439	258 2416
58	1,68317 6779	93 3925	1,83913 5983	172 5661	1,99902 5855	258 4510
0,160	1,68411 0704	92 9675	1,84086 1644	172 4279	2,00161 0365	258 6618
62	1,68504 0379	92 5375	1,84258 5923	172 2872	2,00419 6983	258 8737
64	1,68596 5754	92 1021	1,84430 8795	172 1441	2,00678 5720	259 0869
66	1,68688 6775	91 6614	1,84603 0236	171 9987	2,00937 6589	259 3015
68	1,68780 3389	91 2154	1,84775 0223	171 8507	2,01196 9604	259 5170
0,170	1,68871 5543	90 7639	1,84946 8730	171 7002	2,01456 4774	259 7339
72	1,68962 3182	90 3071	1,85118 5732	171 5471	2,01716 2113	259 9518
74	1,69052 6253	89 8446	1,85290 1203	171 3914	2,01976 1631	260 1710
0,176	1,69142 4699		1,85461 5117		2,02236 3341	

q^3	z = 0,95	Δ	z = 1,00	Δ	Θ	q
0,000	+1,90000 0000	+322 0074	+2,00000 0000	+400 0127	0° 0,0000'	0,0000000
02	1,90322 0074	322 0393	2,00400 0127	400 0679	69° 4,4579'	0,1259921
04	1,90644 0467	322 0911	2,00800 0806	400 1571	74°24,2276'	0,1587401
06	1,90966 1378	322 1589	2,01200 2377	400 2743	77°21,7354'	0,1817121
08	1,91288 2967	322 2413	2,01600 5120	400 4163	79°21,0623'	0,2000000
0,010	1,91610 5380	322 3368	2,02000 9283	400 5813	80°48,8652'	0,2154435
12	1,91932 8748	322 4448	2,02401 5096	400 7676	81°57,0273'	0,2289428
14	1,92255 3196	322 5644	2,02802 2772	400 9740	82°51,8649'	0,2410142
16	1,92577 8840	322 6953	2,03203 2512	401 1998	83°37,1256'	0,2519842
18	1,92900 5793	322 8367	2,03604 4510	401 4441	84°15,2086'	0,2620741
0,020	1,93223 4160	322 9886	2,04005 8951	401 7061	84°47,7381'	0,2714418
22	1,93546 4046	323 1504	2,04407 6012	401 9854	85°15,8623'	0,2802039
24	1,93869 5550	323 3219	2,04809 5866	402 2814	85°40,4205'	0,2884499
26	1,94192 8769	323 5027	2,05211 8680	402 5938	86° 2,0441'	0,2962496
28	1,94516 3796	323 6929	2,05614 4618	402 9219	86°21,2186'	0,3036589
0,030	1,94840 0725	323 8918	2,06017 3837	403 2656	86°38,3247'	0,3107233
32	1,95163 9643	324 0997	2,06420 6493	403 6244	86°53,6663'	0,3174802
34	1,95488 0640	324 3162	2,06824 2737	403 9983	87° 7,4890'	0,3239612
36	1,95812 3802	324 5409	2,07228 2720	404 3866	87°19,9943'	0,3301927
38	1,96136 9211	324 7742	2,07632 6586	404 7893	87°31,3488'	0,3361975
0,040	1,96461 6953	325 0154	2,08037 4479	405 2062	87°41,6919'	0,3419952
42	1,96786 7107	325 2646	2,08442 6541	405 6370	87°51,1415'	0,3476027
44	1,97111 9753	325 5219	2,08848 2911	406 0815	87°59,7974'	0,3530348
46	1,97437 4972	325 7869	2,09254 3726	406 5395	88° 7,7455'	0,3583048
48	1,97763 2841	326 0595	2,09660 9121	407 0108	88°15,0598'	0,3634241
0,050	1,98089 3436	326 3398	2,10067 9229	407 4955	88°21,8040'	0,3684031
52	1,98415 6834	326 6274	2,10475 4184	407 9930	88°28,0342'	0,3732511
54	1,98742 3108	326 9226	2,10883 4114	408 5034	88°33,7994'	0,3779763
56	1,99069 2334	327 2250	2,11291 9148	409 0267	88°39,1426'	0,3825862
58	1,99396 4584	327 5346	2,11700 9415	409 5626	88°44,1018'	0,3870877
0,060	1,99723 9930	327 8515	2,12110 5041	410 1110	88°48,7108'	0,3914868
62	2,00051 8445	328 1753	2,12520 6151	410 6717	88°52,9997'	0,3957892
64	2,00380 0198	328 5062	2,12931 2868	411 2448	88°56,9953'	0,4000000
66	2,00708 5260	328 8441	2,13342 5316	411 8301	89° 0,7218'	0,4041240
68	2,01037 3701	329 1889	2,13754 3617	412 4275	89° 4,2008'	0,4081655
0,070	2,01366 5590	329 5404	2,14166 7892	413 0369	89° 7,4518'	0,4121285
72	2,01696 0994	329 8988	2,14579 8261	413 6582	89°10,4924'	0,4160168
74	2,02025 9982	330 2639	2,14993 4843	414 2913	89°13,3385'	0,4198336
76	2,02356 2621	330 6357	2,15407 7756	414 9364	89°16,0049'	0,4235824
78	2,02686 8978	331 0140	2,15822 7120	415 5930	89°18,5045'	0,4272659
0,080	2,03017 9118	331 3990	2,16238 3050	416 2614	89°20,8494'	0,4308869
82	2,03349 3108	331 7906	2,16654 5664	416 9413	89°23,0507'	0,4344481
84	2,03681 1014	332 1885	2,17071 5077	417 6328	89°25,1184'	0,4379519
86	2,04013 2899	332 5930	2,17489 1405	418 3357	89°27,0617'	0,4414005
88	2,04345 8829	333 0038	2,17907 4762	419 0501	89°28,8890'	0,4447960
0,090	2,04678 8867		2,18326 5263		89°30,6083'	0,4481405

q^3	z = 0,95	Δ	z = 1,00	Δ	Θ	q
0,090	+2,04678 8867	+333 4211	+2,18326 5263	+419 7758	89°30,6083'	0,4481405
92	2,05012 3078	333 8447	2,18746 3021	420 5129	89°32,2267'	0,4514357
94	2,05346 1525	334 2746	2,19166 8150	421 2612	89°33,7507'	0,4546836
96	2,05680 4271	334 7108	2,19588 0762	422 0210	89°35,1864'	0,4578857
98	2,06015 1379	335 1531	2,20010 0972	422 7917	89°36,5397'	0,4610436
0,100	2,06350 2910	335 6019	2,20432 8889	423 5739	89°37,8156'	0,4641589
02	2,06685 8929	336 0567	2,20856 4628	424 3671	89°39,0190'	0,4672329
04	2,07021 9496	336 5176	2,21280 8299	425 1714	89°40,1545'	0,4702669
06	2,07358 4672	336 9848	2,21706 0013	425 9869	89°41,2262'	0,4732623
08	2,07695 4520	337 4581	2,22131 9882	426 8136	89°42,2380'	0,4762203
0,110	2,08032 9101	337 9373	2,22558 8018	427 6511	89°43,1935'	0,4791420
12	2,08370 8474	338 4228	2,22986 4529	428 4999	89°44,0961'	0,4820285
14	2,08709 2702	338 9142	2,23414 9528	429 3596	89°44,9489'	0,4848808
16	2,09048 1844	339 4117	2,23844 3124	430 2303	89°45,7550'	0,4876999
18	2,09387 5961	339 9152	2,24274 5427	431 1122	89°46,5169'	0,4904868
0,120	2,09727 5113	340 4246	2,24705 6549	432 0050	89°47,2373'	0,4932424
22	2,10067 9359	340 9400	2,25137 6599	432 9088	89°47,9187'	0,4959676
24	2,10408 8759	341 4615	2,25570 5687	433 8236	89°48,5631'	0,4986631
26	2,10750 3374	341 9888	2,26004 3923	434 7494	89°49,1728'	0,5013298
28	2,11092 3262	342 5220	2,26439 1417	435 6862	89°49,7496'	0,5039684
0,130	2,11434 8482	343 0611	2,26874 8279	436 6340	89°50,2955'	0,5065797
32	2,11777 9093	343 6063	2,27311 4619	437 5929	89°50,8122'	0,5091643
34	2,12121 5156	344 1572	2,27749 0548	438 5626	89°51,3013'	0,5117230
36	2,12465 6728	344 7139	2,28187 6174	439 5435	89°51,7643'	0,5142563
38	2,12810 3867	345 2767	2,28627 1609	440 5353	89°52,2026'	0,5167649
0,140	2,13155 6634	345 8452	2,29067 6962	441 5383	89°52,6177'	0,5192494
42	2,13501 5086	346 4196	2,29509 2345	442 5521	89°53,0108'	0,5217103
44	2,13847 9282	346 9997	2,29951 7866	443 5772	89°53,3831'	0,5241483
46	2,14194 9279	347 5858	2,30395 3638	444 6131	89°53,7358'	0,5265637
48	2,14542 5137	348 1777	2,30839 9769	445 6605	89°54,0697'	0,5289572
0,150	2,14890 6914	348 7753	2,31285 6374	446 7187	89°54,3861'	0,5313293
52	2,15239 4667	349 3788	2,31732 3561	447 7882	89°54,6858'	0,5336803
54	2,15588 8455	349 9880	2,32180 1443	448 8687	89°54,9698'	0,5360108
56	2,15938 8335	350 6032	2,32629 0130	449 9604	89°55,2388'	0,5383213
58	2,16289 4367	351 2239	2,33078 9734	451 0634	89°55,4936'	0,5406120
0,160	2,16640 6606	351 8507	2,33530 0368	452 1776	89°55,7351'	0,5428835
62	2,16992 5113	352 4830	2,33982 2144	453 3031	89°55,9639'	0,5451362
64	2,17344 9943	353 1213	2,34435 5175	454 4398	89°56,1806'	0,5473704
66	2,17698 1156	353 7653	2,34889 9573	455 5879	89°56,3860'	0,5495865
68	2,18051 8809	354 4150	2,35345 5452	456 7473	89°56,5806'	0,5517848
0,170	2,18406 2959	355 0706	2,35802 2925	457 9181	89°56,7650'	0,5539658
72	2,18761 3665	355 7320	2,36260 2106	459 1004	89°56,9397'	0,5561298
74	2,19117 0985	356 3990	2.36719 3110	460 2941	89°57,1052'	0,5582770
0,176	2,19473 4975		2,37179 6051		89°57,2620'	0,5604079

Tabelle V

Jacobische elliptische Funktionen
dargestellt durch

$$\lg\frac{\operatorname{sn} u}{\sin x};\qquad \lg\frac{\operatorname{cn} u}{\cos x};\qquad \lg \operatorname{dn} u$$

Funktionen laufend nach z

$$z = \cos 2x = \cos\frac{\pi}{K}u$$

von $z = -1{,}00$ bis $z = +1{,}00$ in Schritten von 0,05
für die Parameterwerte $q = 0{,}01$ bis 0,55
in Schritten von 0,01
mit Angabe der zugehörigen Werte
Θ, $-\lg\cos\Theta = -\lg k'$, K und K/E

Table V

Jacobi's Elliptical Functions
based on

$$\log\frac{\operatorname{sn} u}{\sin u};\qquad \log\frac{\operatorname{cn} u}{\cos u};\qquad \log \operatorname{dn} u$$

as functions of z

$$z = \cos 2x = \cos\frac{\pi}{K}u$$

from $z = -1{\cdot}00$ to $z = +1{\cdot}00$, with increments of 0·05
and parameter values of q
from $q = 0{\cdot}01$ to $q = 0{\cdot}55$, with increments of 0·01
with the corresponding values of
Θ, $-\log\cos\Theta = -\log k'$, K and K/E

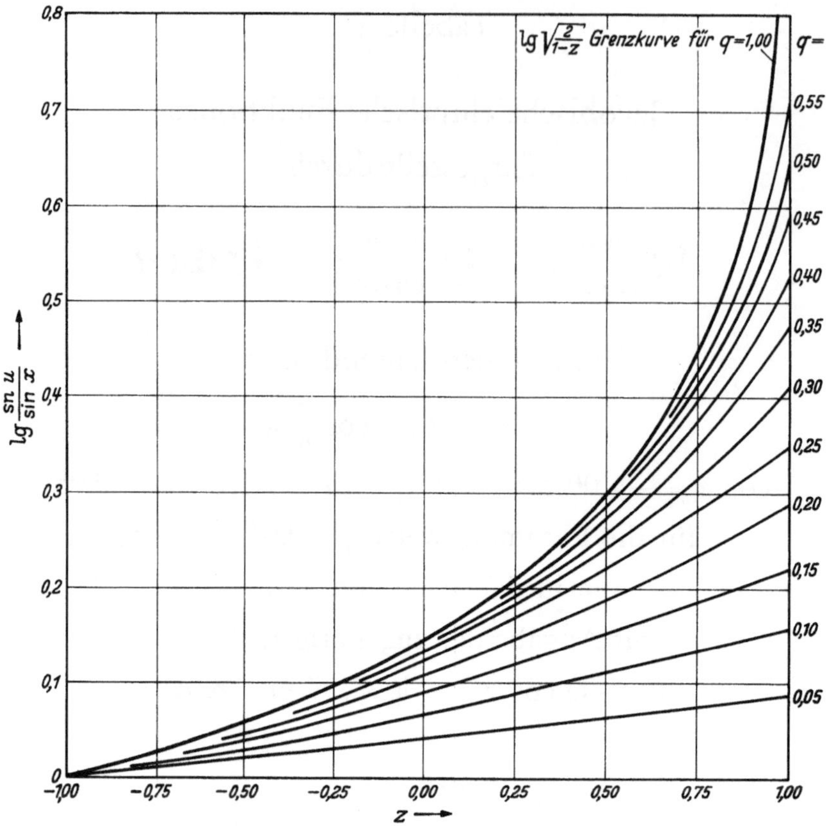

Abb. 5. $\lg \frac{\operatorname{sn} u}{\sin x}$ laufend nach z, geordnet nach q.

Fig. 5. $\log \frac{\operatorname{sn} u}{\sin x}$ as a function of z.

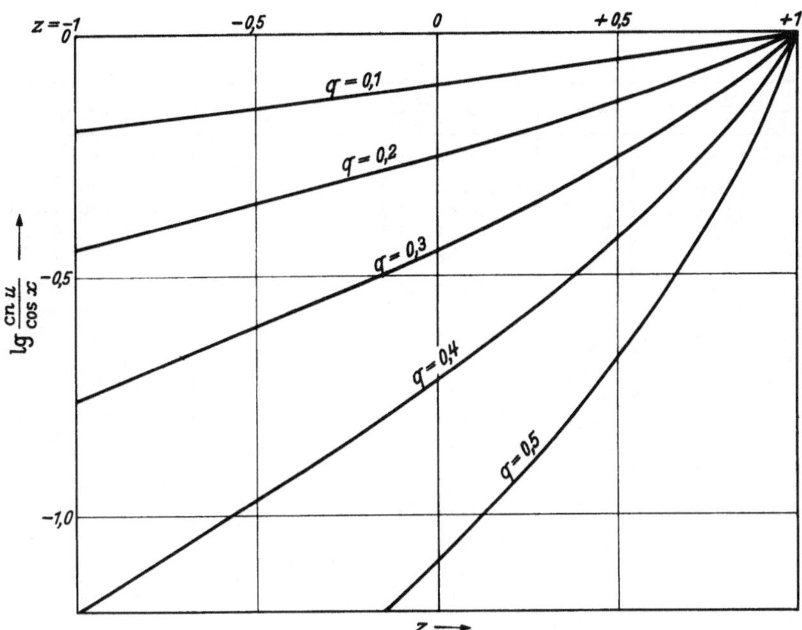

Abb. 6. $\lg \frac{\text{cn}\, u}{\cos x}$ laufend nach z, geordnet nach q.

Fig. 6. $\log \frac{\text{cn}\, u}{\cos x}$ as a function of z.

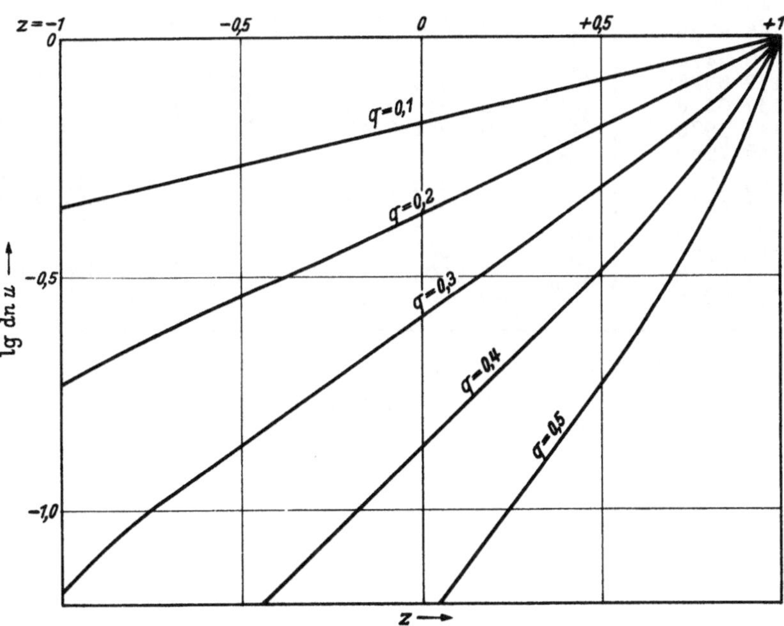

Abb. 7. lg dn u laufend nach z, geordnet nach q.

Fig. 7. log dn u as a function of z.

q = 0,01

z	lg $\frac{\text{sn } u}{\sin x}$	Δ	lg $\frac{\text{cn } u}{\cos x}$	Δ	lg dn u	Δ
-1,00	0,0000 0000	4 2165	-0,0175 4783	4 3033	-0,0347 4819	8 6892
95	0,0004 2165	4 2206	-0,0171 1750	4 3076	-0,0338 7927	8 6888
90	0,0008 4371	4 2249	-0,0166 8674	4 3117	-0,0330 1039	8 6886
85	0,0012 6620	4 2290	-0,0162 5557	4 3159	-0,0321 4153	8 6883
80	0,0016 8910	4 2332	-0,0158 2398	4 3201	-0,0312 7270	8 6879
-0,75	0,0021 1242	4 2375	-0,0153 9197	4 3243	-0,0304 0391	8 6877
70	0,0025 3617	4 2417	-0,0149 5954	4 3285	-0,0295 3514	8 6875
65	0,0029 6034	4 2459	-0,0145 2669	4 3328	-0,0286 6639	8 6873
60	0,0033 8493	4 2501	-0,0140 9341	4 3370	-0,0277 9766	8 6870
55	0,0038 0994	4 2544	-0,0136 5971	4 3413	-0,0269 2896	8 6868
-0,50	0,0042 3538	4 2587	-0,0132 2558	4 3455	-0,0260 6028	8 6867
45	0,0046 6125	4 2629	-0,0127 9103	4 3498	-0,0251 9161	8 6865
40	0,0050 8754	4 2672	-0,0123 5605	4 3541	-0,0243 2296	8 6864
35	0,0055 1426	4 2715	-0,0119 2064	4 3583	-0,0234 5432	8 6863
30	0,0059 4141	4 2757	-0,0114 8481	4 3626	-0,0225 8569	8 6861
-0,25	0,0063 6898	4 2801	-0,0110 4855	4 3670	-0,0217 1708	8 6861
20	0,0067 9699	4 2844	-0,0106 1185	4 3712	-0,0208 4847	8 6860
15	0,0072 2543	4 2887	-0,0101 7473	4 3756	-0,0199 7987	8 6859
10	0,0076 5430	4 2930	-0,0097 3717	4 3798	-0,0191 1128	8 6860
05	0,0080 8360	4 2973	-0,0092 9919	4 3842	-0,0182 4268	8 6858
0,00	0,0085 1333	4 3017	-0,0088 6077	4 3886	-0,0173 7410	8 6859
05	0,0089 4350	4 3060	-0,0084 2191	4 3929	-0,0165 0551	8 6859
10	0,0093 7410	4 3104	-0,0079 8262	4 3973	-0,0156 3692	8 6860
15	0,0098 0514	4 3148	-0,0075 4289	4 4016	-0,0147 6832	8 6860
20	0,0102 3662	4 3191	-0,0071 0273	4 4060	-0,0138 9972	8 6861
0,25	0,0106 6853	4 3235	-0,0066 6213	4 4104	-0,0130 3111	8 6861
30	0,0111 0088	4 3280	-0,0062 2109	4 4148	-0,0121 6250	8 6863
35	0,0115 3368	4 3323	-0,0057 7961	4 4192	-0,0112 9387	8 6863
40	0,0119 6691	4 3367	-0,0053 3769	4 4236	-0,0104 2524	8 6866
45	0,0124 0058	4 3412	-0,0048 9533	4 4280	-0,0095 5658	8 6866
0,50	0,0128 3470	4 3455	-0,0044 5253	4 4324	-0,0086 8792	8 6869
55	0,0132 6925	4 3501	-0,0040 0929	4 4369	-0,0078 1923	8 6870
60	0,0137 0426	4 3544	-0,0035 6560	4 4414	-0,0069 5053	8 6873
65	0,0141 3970	4 3590	-0,0031 2146	4 4457	-0,0060 8180	8 6875
70	0,0145 7560	4 3634	-0,0026 7689	4 4503	-0,0052 1305	8 6877
0,75	0,0150 1194	4 3678	-0,0022 3186	4 4547	-0,0043 4428	8 6879
80	0,0154 4872	4 3724	-0,0017 8639	4 4593	-0,0034 7549	8 6883
85	0,0158 8596	4 3768	-0,0013 4046	4 4637	-0,0026 0666	8 6885
90	0,0163 2364	4 3814	-0,0008 9409	4 4682	-0,0017 3781	8 6889
95	0,0167 6178	4 3858	-0,0004 4727	4 4727	-0,0008 6892	8 6892
1,00	0,0172 0036		-0,0000 0000		-0,0000 0000	

-lg cos Θ = 0,0347 4819   Θ = 22°36,93'

K(q) = 1,6342 5656   K/E = 1,0815 6708

q = 0,02

z	$\lg \frac{\text{sn } u}{\sin x}$	Δ	$\lg \frac{\text{cn } u}{\cos x}$	Δ	lg dn u	Δ
-1,00	0,0000 0000	8 1865	-0,0354 5724	8 5340	-0,0695 2419	17 3982
95	0,0008 1865	8 2025	-0,0346 0384	8 5501	-0,0677 8437	17 3956
90	0,0016 3890	8 2188	-0,0337 4883	8 5664	-0,0660 4481	17 3931
85	0,0024 6078	8 2349	-0,0328 9219	8 5825	-0,0643 0550	17 3907
80	0,0032 8427	8 2513	-0,0320 3394	8 5988	-0,0625 6643	17 3885
-0,75	0,0041 0940	8 2676	-0,0311 7406	8 6152	-0,0608 2758	17 3863
70	0,0049 3616	8 2840	-0,0303 1254	8 6316	-0,0590 8895	17 3845
65	0,0057 6456	8 3005	-0,0294 4938	8 6481	-0,0573 5050	17 3826
60	0,0065 9461	8 3171	-0,0285 8457	8 6646	-0,0556 1224	17 3810
55	0,0074 2632	8 3337	-0,0277 1811	8 6813	-0,0538 7414	17 3795
-0,50	0,0082 5969	8 3503	-0,0268 4998	8 6979	-0,0521 3619	17 3780
45	0,0090 9472	8 3671	-0,0259 8019	8 7146	-0,0503 9839	17 3768
40	0,0099 3143	8 3839	-0,0251 0873	8 7315	-0,0486 6071	17 3757
35	0,0107 6982	8 4008	-0,0242 3558	8 7484	-0,0469 2314	17 3747
30	0,0116 0990	8 4177	-0,0233 6074	8 7653	-0,0451 8567	17 3739
-0,25	0,0124 5167	8 4347	-0,0224 8421	8 7823	-0,0434 4828	17 3732
20	0,0132 9514	8 4518	-0,0216 0598	8 7993	-0,0417 1096	17 3727
15	0,0141 4032	8 4690	-0,0207 2605	8 8166	-0,0399 7369	17 3722
10	0,0149 8722	8 4861	-0,0198 4439	8 8337	-0,0382 3647	17 3719
05	0,0158 3583	8 5035	-0,0189 6102	8 8510	-0,0364 9928	17 3718
0,00	0,0166 8618	8 5208	-0,0180 7592	8 8684	-0,0347 6210	17 3719
05	0,0175 3826	8 5382	-0,0171 8908	8 8858	-0,0330 2491	17 3719
10	0,0183 9208	8 5557	-0,0163 0050	8 9032	-0,0312 8772	17 3722
15	0,0192 4765	8 5732	-0,0154 1018	8 9209	-0,0295 5050	17 3727
20	0,0201 0497	8 5909	-0,0145 1809	8 9384	-0,0278 1323	17 3732
0,25	0,0209 6406	8 6086	-0,0136 2425	8 9562	-0,0260 7591	17 3739
30	0,0218 2492	8 6264	-0,0127 2863	8 9740	-0,0243 3852	17 3747
35	0,0226 8756	8 6442	-0,0118 3123	8 9918	-0,0226 0105	17 3757
40	0,0235 5198	8 6622	-0,0109 3205	9 0097	-0,0208 6348	17 3768
45	0,0244 1820	8 6801	-0,0100 3108	9 0277	-0,0191 2580	17 3780
0,50	0,0252 8621	8 6982	-0,0091 2831	9 0458	-0,0173 8800	17 3795
55	0,0261 5603	8 7164	-0,0082 2373	9 0639	-0,0156 5005	17 3810
60	0,0270 2767	8 7345	-0,0073 1734	9 0821	-0,0139 1195	17 3826
65	0,0279 0112	8 7529	-0,0064 0913	9 1004	-0,0121 7369	17 3845
70	0,0287 7641	8 7712	-0,0054 9909	9 1188	-0,0104 3524	17 3863
0,75	0,0296 5353	8 7896	-0,0045 8721	9 1372	-0,0086 9661	17 3885
80	0,0305 3249	8 8082	-0,0036 7349	9 1558	-0,0069 5776	17 3907
85	0,0314 1331	8 8268	-0,0027 5791	9 1743	-0,0052 1869	17 3931
90	0,0322 9599	8 8454	-0,0018 4048	9 1930	-0,0034 7938	17 3956
95	0,0331 8053	8 8642	-0,0009 2118	9 2118	-0,0017 3982	17 3982
1,00	0,0340 6695		-0,0000 0000		-0,0000 0000	

$-\lg \cos \Theta = 0{,}0695\ 2419$ $\Theta = 31^{\circ}33{,}74'$

$K(q) = 1{,}6989\ 7435$ $K/E = 1{,}1661\ 2987$

q = 0,03

z	$\lg \frac{\mathrm{sn}\,u}{\sin x}$	Δ	$\lg \frac{\mathrm{cn}\,u}{\cos x}$	Δ	lg dn u	Δ
-1,00	0,0000 0000	11 9195	-0,0537 4280	12 7020	-0,1043 5585	26 1469
95	0,0011 9195	11 9544	-0,0524 7260	12 7368	-0,1017 4116	26 1381
90	0,0023 8739	11 9896	-0,0511 9892	12 7720	-0,0991 2735	26 1295
85	0,0035 8635	12 0248	-0,0499 2172	12 8072	-0,0965 1440	26 1216
80	0,0047 8883	12 0602	-0,0486 4100	12 8427	-0,0939 0224	26 1140
-0,75	0,0059 9485	12 0960	-0,0473 5673	12 8785	-0,0912 9084	26 1070
70	0,0072 0445	12 1319	-0,0460 6888	12 9143	-0,0886 8014	26 1004
65	0,0084 1764	12 1680	-0,0447 7745	12 9504	-0,0860 7010	26 0944
60	0,0096 3444	12 2043	-0,0434 8241	12 9868	-0,0834 6066	26 0887
55	0,0108 5487	12 2409	-0,0421 8373	13 0232	-0,0808 5179	26 0835
-0,50	0,0120 7896	12 2776	-0,0408 8141	13 0601	-0,0782 4344	26 0789
45	0,0133 0672	12 3145	-0,0395 7540	13 0969	-0,0756 3555	26 0746
40	0,0145 3817	12 3517	-0,0382 6571	13 1342	-0,0730 2809	26 0709
35	0,0157 7334	12 3892	-0,0369 5229	13 1716	-0,0704 2100	26 0676
30	0,0170 1226	12 4267	-0,0356 3513	13 2091	-0,0678 1424	26 0648
-0,25	0,0182 5493	12 4646	-0,0343 1422	13 2470	-0,0652 0776	26 0625
20	0,0195 0139	12 5026	-0,0329 8952	13 2851	-0,0626 0151	26 0606
15	0,0207 5165	12 5409	-0,0316 6101	13 3234	-0,0599 9545	26 0592
10	0,0220 0574	12 5794	-0,0303 2867	13 3618	-0,0573 8953	26 0582
05	0,0232 6368	12 6182	-0,0289 9249	13 4007	-0,0547 8371	26 0578
0,00	0,0245 2550	12 6572	-0,0276 5242	13 4395	-0,0521 7793	26 0578
05	0,0257 9122	12 6964	-0,0263 0847	13 4789	-0,0495 7215	26 0583
10	0,0270 6086	12 7358	-0,0249 6058	13 5182	-0,0469 6632	26 0592
15	0,0283 3444	12 7756	-0,0236 0876	13 5580	-0,0443 6040	26 0606
20	0,0296 1200	12 8154	-0,0222 5296	13 5979	-0,0417 5434	26 0624
0,25	0,0308 9354	12 8557	-0,0208 9317	13 6381	-0,0391 4810	26 0648
30	0,0321 7911	12 8960	-0,0195 2936	13 6785	-0,0365 4162	26 0676
35	0,0334 6871	12 9367	-0,0181 6151	13 7191	-0,0339 3486	26 0709
40	0,0347 6238	12 9777	-0,0167 8960	13 7601	-0,0313 2777	26 0747
45	0,0360 6015	13 0188	-0,0154 1359	13 8013	-0,0287 2030	26 0788
0,50	0,0373 6203	13 0603	-0,0140 3346	13 8427	-0,0261 1242	26 0836
55	0,0386 6806	13 1020	-0,0126 4919	13 8844	-0,0235 0406	26 0887
60	0,0399 7826	13 1439	-0,0112 6075	13 9263	-0,0208 9519	26 0943
65	0,0412 9265	13 1861	-0,0098 6812	13 9686	-0,0182 8576	26 1004
70	0,0426 1126	13 2285	-0,0084 7126	14 0109	-0,0156 7572	26 1070
0,75	0,0439 3411	13 2714	-0,0070 7017	14 0538	-0,0130 6502	26 1141
80	0,0452 6125	13 3143	-0,0056 6479	14 0968	-0,0104 5361	26 1215
85	0,0465 9268	13 3576	-0,0042 5511	14 1400	-0,0078 4146	26 1296
90	0,0479 2844	13 4012	-0,0028 4111	14 1836	-0,0052 2850	26 1380
95	0,0492 6856	13 4450	-0,0014 2275	14 2275	-0,0026 1470	26 1470
1,00	0,0506 1306		-0,0000 0000		-0,0000 0000	

$-\lg\cos\Theta$ = 0,1043 5585 $\Theta = 38^{\circ}8{,}97'$

K(q) = 1,7649 5215 K/E = 1,2534 6781

q = 0,04

z	lg $\frac{\text{sn u}}{\sin x}$	Δ	lg $\frac{\text{cn u}}{\cos x}$	Δ	lg dn u	Δ
-1,00	0,0000 0000	15 4250	-0,0724 1951	16 8169	-0,1392 7114	34 9554
95	0,0015 4250	15 4847	-0,0707 3782	16 8767	-0,1357 7560	34 9342
90	0,0030 9097	15 5448	-0,0690 5015	16 9369	-0,1322 8218	34 9140
85	0,0046 4545	15 6056	-0,0673 5646	16 9975	-0,1287 9078	34 8951
80	0,0062 0601	15 6666	-0,0656 5671	17 0585	-0,1253 0127	34 8772
-0,75	0,0077 7267	15 7281	-0,0639 5086	17 1202	-0,1218 1355	34 8605
70	0,0093 4548	15 7901	-0,0622 3884	17 1821	-0,1183 2750	34 8449
65	0,0109 2449	15 8527	-0,0605 2063	17 2446	-0,1148 4301	34 8305
60	0,0125 0976	15 9156	-0,0587 9617	17 3075	-0,1113 5996	34 8171
55	0,0141 0132	15 9791	-0,0570 6542	17 3711	-0,1078 7825	34 8048
-0,50	0,0156 9923	16 0430	-0,0553 2831	17 4349	-0,1043 9777	34 7938
45	0,0173 0353	16 1074	-0,0535 8482	17 4994	-0,1009 1839	34 7838
40	0,0189 1427	16 1723	-0,0518 3488	17 5643	-0,0974 4001	34 7749
35	0,0205 3150	16 2378	-0,0500 7845	17 6298	-0,0939 6252	34 7672
30	0,0221 5528	16 3038	-0,0483 1547	17 6957	-0,0904 8580	34 7606
-0,25	0,0237 8566	16 3702	-0,0465 4590	17 7622	-0,0870 0974	34 7549
20	0,0254 2268	16 4372	-0,0447 6968	17 8292	-0,0835 3425	34 7506
15	0,0270 6640	16 5047	-0,0429 8676	17 8967	-0,0800 5919	34 7472
10	0,0287 1687	16 5728	-0,0411 9709	17 9647	-0,0765 8447	34 7451
05	0,0303 7415	16 6414	-0,0394 0062	18 0334	-0,0731 0996	34 7439
0,00	0,0320 3829	16 7106	-0,0375 9728	18 1025	-0,0696 3557	34 7439
05	0,0337 0935	16 7802	-0,0357 8703	18 1723	-0,0661 6118	34 7450
10	0,0353 8737	16 8506	-0,0339 6980	18 2425	-0,0626 8668	34 7473
15	0,0370 7243	16 9214	-0,0321 4555	18 3133	-0,0592 1195	34 7505
20	0,0387 6457	16 9928	-0,0303 1422	18 3848	-0,0557 3690	34 7550
0,25	0,0404 6385	17 0648	-0,0284 7574	18 4568	-0,0522 6140	34 7606
30	0,0421 7033	17 1374	-0,0266 3006	18 5294	-0,0487 8534	34 7671
35	0,0438 8407	17 2106	-0,0247 7712	18 6025	-0,0453 0863	34 7750
40	0,0456 0513	17 2844	-0,0229 1687	18 6764	-0,0418 3113	34 7838
45	0,0473 3357	17 3588	-0,0210 4923	18 7508	-0,0383 5275	34 7937
0,50	0,0490 6945	17 4339	-0,0191 7415	18 8258	-0,0348 7338	34 8049
55	0,0508 1284	17 5095	-0,0172 9157	18 9015	-0,0313 9289	34 8171
60	0,0525 6379	17 5859	-0,0154 0142	18 9778	-0,0279 1118	34 8305
65	0,0543 2238	17 6629	-0,0135 0364	19 0548	-0,0244 2813	34 8449
70	0,0560 8867	17 7402	-0,0115 9816	19 1323	-0,0209 4364	34 8605
0,75	0,0578 6269	17 8187	-0,0096 8493	19 2107	-0,0174 5759	34 8772
80	0,0596 4456	17 8975	-0,0077 6386	19 2895	-0,0139 6987	34 8950
85	0,0614 3431	17 9772	-0,0058 3491	19 3691	-0,0104 8037	34 9141
90	0,0632 3203	18 0575	-0,0038 9800	19 4495	-0,0069 8896	34 9342
95	0,0650 3778	18 1385	-0,0019 5305	19 5305	-0,0034 9554	34 9554
1,00	0,0668 5163		-0,0000 0000		-0,0000 0000	

-lg cos Θ = 0,1392 7114 Θ = 43°28,61'

K(q) = 1,8321 9420 K/E = 1,3433 4724

q = 0,05

z	lg $\frac{\mathrm{sn}\,u}{\sin x}$	Δ	lg $\frac{\mathrm{cn}\,u}{\cos x}$	Δ	lg dn u	Δ
-1,00	0,0000 0000	18 7119	-0,0915 0292	20 8889	-0,1742 9816	43 8438
95	0,0018 7119	18 8018	-0,0894 1403	20 9787	-0,1699 1378	43 8021
90	0,0037 5137	18 8925	-0,0873 1616	21 0694	-0,1655 3357	43 7626
85	0,0056 4062	18 9840	-0,0852 0922	21 1610	-0,1611 5731	43 7255
80	0,0075 3902	19 0764	-0,0830 9312	21 2534	-0,1567 8476	43 6905
-0,75	0,0094 4666	19 1697	-0,0809 6778	21 3466	-0,1524 1571	43 6579
70	0,0113 6363	19 2638	-0,0788 3312	21 4406	-0,1480 4992	43 6273
65	0,0132 9001	19 3588	-0,0766 8906	21 5358	-0,1436 8719	43 5992
60	0,0152 2589	19 4547	-0,0745 3548	21 6316	-0,1393 2727	43 5730
55	0,0171 7136	19 5515	-0,0723 7232	21 7285	-0,1349 6997	43 5492
-0,50	0,0191 2651	19 6493	-0,0701 9947	21 8261	-0,1306 1505	43 5276
45	0,0210 9144	19 7479	-0,0680 1686	21 9249	-0,1262 6229	43 5081
40	0,0230 6623	19 8476	-0,0658 2437	22 0245	-0,1219 1148	43 4907
35	0,0250 5099	19 9482	-0,0636 2192	22 1251	-0,1175 6241	43 4757
30	0,0270 4581	20 0497	-0,0614 0941	22 2266	-0,1132 1484	43 4627
-0,25	0,0290 5078	20 1524	-0,0591 8675	22 3293	-0,1088 6857	43 4519
20	0,0310 6602	20 2559	-0,0569 5382	22 4328	-0,1045 2338	43 4433
15	0,0330 9161	20 3605	-0,0547 1054	22 5374	-0,1001 7905	43 4369
10	0,0351 2766	20 4661	-0,0524 5680	22 6430	-0,0958 3536	43 4324
05	0,0371 7427	20 5729	-0,0501 9250	22 7498	-0,0914 9212	43 4304
0,00	0,0392 3156	20 6806	-0,0479 1752	22 8575	-0,0871 4908	43 4304
05	0,0412 9962	20 7894	-0,0456 3177	22 9663	-0,0828 0604	43 4325
10	0,0433 7856	20 8995	-0,0433 3514	23 0764	-0,0784 6279	43 4368
15	0,0454 6851	21 0104	-0,0410 2750	23 1873	-0,0741 1911	43 4433
20	0,0475 6955	21 1227	-0,0387 0877	23 2996	-0,0697 7478	43 4519
0,25	0,0496 8182	21 2360	-0,0363 7881	23 4130	-0,0654 2959	43 4627
30	0,0518 0542	21 3506	-0,0340 3751	23 5274	-0,0610 8332	43 4757
35	0,0539 4048	21 4663	-0,0316 8477	23 6432	-0,0567 3575	43 4907
40	0,0560 8711	21 5832	-0,0293 2045	23 7602	-0,0523 8668	43 5081
45	0,0582 4543	21 7014	-0,0269 4443	23 8783	-0,0480 3587	43 5276
0,50	0,0604 1557	21 8208	-0,0245 5660	23 9977	-0,0436 8311	43 5492
55	0,0625 9765	21 9414	-0,0221 5683	24 1183	-0,0393 2819	43 5730
60	0,0647 9179	22 0634	-0,0197 4500	24 2404	-0,0349 7089	43 5992
65	0,0669 9813	22 1867	-0,0173 2096	24 3635	-0,0306 1097	43 6273
70	0,0692 1680	22 3113	-0,0148 8461	24 4882	-0,0262 4824	43 6579
0,75	0,0714 4793	22 4371	-0,0124 3579	24 6142	-0,0218 8245	43 6905
80	0,0736 9164	22 5646	-0,0099 7437	24 7414	-0,0175 1340	43 7255
85	0,0759 4810	22 6932	-0,0075 0023	24 8701	-0,0131 4085	43 7627
90	0,0782 1742	22 8233	-0,0050 1322	25 0003	-0,0087 6458	43 8020
95	0,0804 9975	22 9549	-0,0025 1319	25 1319	-0,0043 8438	43 8438
1,00	0,0827 9524		-0,0000 0000		-0,0000 0000	

-lg cos Θ = 0,1742 9816   Θ = 47°58,64'

K(q) = 1,9007 0675   K/E = 1,4355 2708

q = 0,06

z	lg $\frac{\text{sn u}}{\sin x}$	Δ	lg $\frac{\text{cn u}}{\cos x}$	Δ	lg dn u	Δ
-1,00	0,0000 0000	21 7893	-0,1110 0907	24 9276	-0,2094 6522	52 8324
95	0,0021 7893	21 9139	-0,1085 1631	25 0522	-0,2041 8198	52 7599
90	0,0043 7032	22 0399	-0,1060 1109	25 1783	-0,1989 0599	52 6916
85	0,0065 7431	22 1672	-0,1034 9326	25 3054	-0,1936 3683	52 6271
80	0,0087 9103	22 2961	-0,1009 6272	25 4343	-0,1883 7412	52 5666
-0,75	0,0110 2064	22 4261	-0,0984 1929	25 5645	-0,1831 1746	52 5100
70	0,0132 6325	22 5578	-0,0958 6284	25 6960	-0,1778 6646	52 4574
65	0,0155 1903	22 6909	-0,0932 9324	25 8291	-0,1726 2072	52 4084
60	0,0177 8812	22 8255	-0,0907 1033	25 9637	-0,1673 7988	52 3635
55	0,0200 7067	22 9616	-0,0881 1396	26 0998	-0,1621 4353	52 3223
-0,50	0,0223 6683	23 0992	-0,0855 0398	26 2375	-0,1569 1130	52 2849
45	0,0246 7675	23 2385	-0,0828 8023	26 3767	-0,1516 8281	52 2513
40	0,0270 0060	23 3792	-0,0802 4256	26 5174	-0,1464 5768	52 2215
35	0,0293 3852	23 5217	-0,0775 9082	26 6600	-0,1412 3553	52 1953
30	0,0316 9069	23 6659	-0,0749 2482	26 8040	-0,1360 1600	52 1731
-0,25	0,0340 5728	23 8116	-0,0722 4442	26 9498	-0,1307 9869	52 1544
20	0,0364 3844	23 9591	-0,0695 4944	27 0973	-0,1255 8325	52 1396
15	0,0388 3435	24 1084	-0,0668 3971	27 2466	-0,1203 6929	52 1285
10	0,0412 4519	24 2594	-0,0641 1505	27 3976	-0,1151 5644	52 1210
05	0,0436 7113	24 4123	-0,0613 7529	27 5504	-0,1099 4434	52 1173
0,00	0,0461 1236	24 5669	-0,0586 2025	27 7050	-0,1047 3261	52 1173
05	0,0485 6905	24 7234	-0,0558 4975	27 8617	-0,0995 2088	52 1210
10	0,0510 4139	24 8819	-0,0530 6358	28 0200	-0,0943 0878	52 1285
15	0,0535 2958	25 0422	-0,0502 6158	28 1805	-0,0890 9593	52 1396
20	0,0560 3380	25 2047	-0,0474 4353	28 3428	-0,0838 8197	52 1544
0,25	0,0585 5427	25 3690	-0,0446 0925	28 5072	-0,0786 6653	52 1731
30	0,0610 9117	25 5355	-0,0417 5853	28 6737	-0,0734 4922	52 1954
35	0,0636 4472	25 7040	-0,0388 9116	28 8422	-0,0682 2968	52 2214
40	0,0662 1512	25 8746	-0,0360 0694	29 0128	-0,0630 0754	52 2513
45	0,0688 0258	26 0474	-0,0331 0566	29 1857	-0,0577 8241	52 2849
0,50	0,0714 0732	26 2225	-0,0301 8709	29 3606	-0,0525 5392	52 3223
55	0,0740 2957	26 3998	-0,0272 5103	29 5381	-0,0473 2169	52 3635
60	0,0766 6955	26 5794	-0,0242 9722	29 7176	-0,0420 8534	52 4084
65	0,0793 2749	26 7612	-0,0213 2546	29 8995	-0,0368 4450	52 4574
70	0,0820 0361	26 9456	-0,0183 3551	30 0839	-0,0315 9876	52 5100
0,75	0,0846 9817	27 1324	-0,0153 2712	30 2706	-0,0263 4776	52 5666
80	0,0874 1141	27 3216	-0,0123 0006	30 4599	-0,0210 9110	52 6272
85	0,0901 4357	27 5133	-0,0092 5407	30 6516	-0,0158 2838	52 6915
90	0,0928 9490	27 7077	-0,0061 8891	30 8460	-0,0105 5923	52 7600
95	0,0956 6567	27 9048	-0,0031 0431	31 0431	-0,0052 8323	52 8323
1,00	0,0984 5615		-0,0000 0000		-0,0000 0000	

-lg cos Θ = 0,2094 6522 $\quad$ Θ = 51°52,61'

K(q) = 1,9704 9811 $\quad$ K/E = 1,5297 6415

q = 0,07

z	lg $\frac{\text{sn } u}{\sin x}$	Δ	lg $\frac{\text{cn } u}{\cos x}$	Δ	lg dn u	Δ
-1,00	0,0000 0000	24 6659	-0,1309 5460	28 9432	-0,2448 0089	61 9418
95	0,0024 6659	24 8292	-0,1280 6028	29 1065	-0,2386 0671	61 8262
90	0,0049 4951	24 9945	-0,1251 4963	29 2718	-0,2324 2409	61 7171
85	0,0074 4896	25 1620	-0,1222 2245	29 4392	-0,2262 5238	61 6144
80	0,0099 6516	25 3316	-0,1192 7853	29 6088	-0,2200 9094	61 5180
-0,75	0,0124 9832	25 5033	-0,1163 1765	29 7805	-0,2139 3914	61 4281
70	0,0150 4865	25 6772	-0,1133 3960	29 9543	-0,2077 9633	61 3442
65	0,0176 1637	25 8535	-0,1103 4417	30 1305	-0,2016 6191	61 2667
60	0,0202 0172	26 0318	-0,1073 3112	30 3090	-0,1955 3524	61 1952
55	0,0228 0490	26 2127	-0,1043 0022	30 4896	-0,1894 1572	61 1298
-0,50	0,0254 2617	26 3958	-0,1012 5126	30 6729	-0,1833 0274	61 0705
45	0,0280 6575	26 5813	-0,0981 8397	30 8584	-0,1771 9569	61 0173
40	0,0307 2388	26 7695	-0,0950 9813	31 0464	-0,1710 9396	60 9700
35	0,0334 0083	26 9600	-0,0919 9349	31 2370	-0,1649 9696	60 9287
30	0,0360 9683	27 1531	-0,0888 6979	31 4301	-0,1589 0409	60 8933
-0,25	0,0388 1214	27 3489	-0,0857 2678	31 6258	-0,1528 1476	60 8639
20	0,0415 4703	27 5473	-0,0825 6420	31 8243	-0,1467 2837	60 8404
15	0,0443 0176	27 7485	-0,0793 8177	32 0255	-0,1406 4433	60 8227
10	0,0470 7661	27 9525	-0,0761 7922	32 2294	-0,1345 6206	60 8110
05	0,0498 7186	28 1592	-0,0729 5628	32 4362	-0,1284 8096	60 8052
0,00	0,0526 8778	28 3690	-0,0697 1266	32 6458	-0,1224 0044	60 8051
05	0,0555 2468	28 5816	-0,0664 4808	32 8586	-0,1163 1993	60 8110
10	0,0583 8284	28 7973	-0,0631 6222	33 0742	-0,1102 3883	60 8227
15	0,0612 6257	29 0160	-0,0598 5480	33 2931	-0,1041 5656	60 8404
20	0,0641 6417	29 2381	-0,0565 2549	33 5150	-0,0980 7252	60 8639
0,25	0,0670 8798	29 4632	-0,0531 7399	33 7402	-0,0919 8613	60 8933
30	0,0700 3430	29 6917	-0,0497 9997	33 9687	-0,0858 9680	60 9287
35	0,0730 0347	29 9236	-0,0464 0310	34 2006	-0,0798 0393	60 9700
40	0,0759 9583	30 1589	-0,0429 8304	34 4358	-0,0737 0693	61 0173
45	0,0790 1172	30 3977	-0,0395 3946	34 6748	-0,0676 0520	61 0705
0,50	0,0820 5149	30 6401	-0,0360 7198	34 9172	-0,0614 9815	61 1298
55	0,0851 1550	30 8862	-0,0325 8026	35 1633	-0,0553 8517	61 1952
60	0,0882 0412	31 1362	-0,0290 6393	35 4132	-0,0492 6565	61 2667
65	0,0913 1774	31 3899	-0,0255 2261	35 6670	-0,0431 3898	61 3442
70	0,0944 5673	31 6476	-0,0219 5591	35 9248	-0,0370 0456	61 4281
0,75	0,0976 2149	31 9092	-0,0183 6343	36 1864	-0,0308 6175	61 5180
80	0,1008 1241	32 1752	-0,0147 4479	36 4524	-0,0247 0995	61 6144
85	0,1040 2993	32 4453	-0,0110 9955	36 7226	-0,0185 4851	61 7171
90	0,1072 7446	32 7197	-0,0074 2729	36 9970	-0,0123 7680	61 8262
95	0,1105 4643	32 9986	-0,0037 2759	37 2759	-0,0061 9418	61 9418
1,00	0,1138 4629		-0,0000 0000		-0,0000 0000	

-lg cos Θ = 0,2448 0089 Θ = 55°18,69'

K(q) = 2,0415 7890 K/E = 1,6258 1886

q = 0,08

z	$\lg \frac{\text{sn } u}{\sin x}$	Δ	$\lg \frac{\text{cn } u}{\cos x}$	Δ	lg dn u	Δ
-1,00	0,0000 0000	27 3502	-0,1513 5672	32 9455	-0,2803 3404	71 1930
95	0,0027 3502	27 5556	-0,1480 6217	33 1510	-0,2732 1474	71 0195
90	0,0054 9058	27 7639	-0,1447 4707	33 3591	-0,2661 1279	70 8557
85	0,0082 6697	27 9751	-0,1414 1116	33 5703	-0,2590 2722	70 7018
80	0,0110 6448	28 1894	-0,1380 5413	33 7845	-0,2519 5704	70 5575
-0,75	0,0138 8342	28 4067	-0,1346 7568	34 0018	-0,2449 0129	70 4229
70	0,0167 2409	28 6273	-0,1312 7550	34 2222	-0,2378 5900	70 2976
65	0,0195 8682	28 8509	-0,1278 5328	34 4458	-0,2308 2924	70 1817
60	0,0224 7191	29 0779	-0,1244 0870	34 6727	-0,2238 1107	70 0750
55	0,0253 7970	29 3082	-0,1209 4143	34 9030	-0,2168 0357	69 9776
-0,50	0,0283 1052	29 5420	-0,1174 5113	35 1368	-0,2098 0581	69 8892
45	0,0312 6472	29 7792	-0,1139 3745	35 3739	-0,2028 1689	69 8098
40	0,0342 4264	30 0201	-0,1104 0006	35 6148	-0,1958 3591	69 7395
35	0,0372 4465	30 2647	-0,1068 3858	35 8593	-0,1888 6196	69 6780
30	0,0402 7112	30 5128	-0,1032 5265	36 1075	-0,1818 9416	69 6254
-0,25	0,0433 2240	30 7650	-0,0996 4190	36 3595	-0,1749 3162	69 5816
20	0,0463 9890	31 0209	-0,0960 0595	36 6156	-0,1679 7346	69 5467
15	0,0495 0099	31 2810	-0,0923 4439	36 8755	-0,1610 1879	69 5204
10	0,0526 2909	31 5452	-0,0886 5684	37 1398	-0,1540 6675	69 5030
05	0,0557 8361	31 8135	-0,0849 4286	37 4080	-0,1471 1645	69 4943
0,00	0,0589 6496	32 0862	-0,0812 0206	37 6808	-0,1401 6702	69 4943
05	0,0621 7358	32 3633	-0,0774 3398	37 9578	-0,1332 1759	69 5029
10	0,0654 0991	32 6449	-0,0736 3820	38 2394	-0,1262 6730	69 5205
15	0,0686 7440	32 9311	-0,0698 1426	38 5257	-0,1193 1525	69 5467
20	0,0719 6751	33 2221	-0,0659 6169	38 8167	-0,1123 6058	69 5816
0,25	0,0752 8972	33 5179	-0,0620 8002	39 1126	-0,1054 0242	69 6254
30	0,0786 4151	33 8187	-0,0581 6876	39 4133	-0,0984 3988	69 6780
35	0,0820 2338	34 1247	-0,0542 2743	39 7194	-0,0914 7208	69 7395
40	0,0854 3585	34 4359	-0,0502 5549	40 0306	-0,0844 9813	69 8098
45	0,0888 7944	34 7525	-0,0462 5243	40 3472	-0,0775 1715	69 8892
0,50	0,0923 5469	35 0745	-0,0422 1771	40 6694	-0,0705 2823	69 9776
55	0,0958 6214	35 4023	-0,0381 5077	40 9971	-0,0635 3047	70 0750
60	0,0994 0237	35 7359	-0,0340 5106	41 3308	-0,0565 2297	70 1817
65	0,1029 7596	36 0754	-0,0299 1798	41 6703	-0,0495 0480	70 2976
70	0,1065 8350	36 4211	-0,0257 5095	42 0162	-0,0424 7504	70 4229
0,75	0,1102 2561	36 7730	-0,0215 4933	42 3681	-0,0354 3275	70 5575
80	0,1139 0291	37 1315	-0,0173 1252	42 7267	-0,0283 7700	70 7018
85	0,1176 1606	37 4966	-0,0130 3985	43 0918	-0,0213 0682	70 8557
90	0,1213 6572	37 8685	-0,0087 3067	43 4638	-0,0142 2125	71 0194
95	0,1251 5257	38 2475	-0,0043 8429	43 8429	-0,0071 1931	71 1931
1,00	0,1289 7732		-0,0000 0000		-0,0000 0000	

$-\lg \cos \Theta = 0{,}2803\ 3404 \qquad \Theta = 58^{\circ}22{,}31'$

$K(q) = 2{,}1139\ 6208 \qquad K/E = 1{,}7234\ 6014$

q = 0,09

z	$\lg \frac{\text{sn } u}{\sin x}$	Δ	$\lg \frac{\text{cn } u}{\cos x}$	Δ	lg dn u	Δ
-1,00	0,0000 0000	29 8507	-0,1722 3331	36 9450	-0,3160 9391	80 6075
95	0,0029 8507	30 1010	-0,1685 3881	37 1951	-0,3080 3316	80 3585
90	0,0059 9517	30 3552	-0,1648 1930	37 4493	-0,2999 9731	80 1240
85	0,0090 3069	30 6134	-0,1610 7437	37 7072	-0,2919 8491	79 9039
80	0,0120 9203	30 8757	-0,1573 0365	37 9693	-0,2839 9452	79 6978
-0,75	0,0151 7960	31 1422	-0,1535 0672	38 2357	-0,2760 2474	79 5054
70	0,0182 9382	31 4129	-0,1496 8315	38 5063	-0,2680 7420	79 3268
65	0,0214 3511	31 6880	-0,1458 3252	38 7813	-0,2601 4152	79 1617
60	0,0246 0391	31 9677	-0,1419 5439	39 0609	-0,2522 2535	79 0099
55	0,0278 0068	32 2519	-0,1380 4830	39 3450	-0,2443 2436	78 8713
-0,50	0,0310 2587	32 5408	-0,1341 1380	39 6338	-0,2364 3723	78 7456
45	0,0342 7995	32 8347	-0,1301 5042	39 9276	-0,2285 6267	78 6330
40	0,0375 6342	33 1335	-0,1261 5766	40 2263	-0,2206 9937	78 5330
35	0,0408 7677	33 4373	-0,1221 3503	40 5300	-0,2128 4607	78 4458
30	0,0442 2050	33 7463	-0,1180 8203	40 8391	-0,2050 0149	78 3712
-0,25	0,0475 9513	34 0608	-0,1139 9812	41 1534	-0,1971 6437	78 3091
20	0,0510 0121	34 3806	-0,1098 8278	41 4732	-0,1893 3346	78 2596
15	0,0544 3927	34 7061	-0,1057 3546	41 7987	-0,1815 0750	78 2224
10	0,0579 0988	35 0375	-0,1015 5559	42 1301	-0,1736 8526	78 1977
05	0,0614 1363	35 3747	-0,0973 4258	42 4673	-0,1658 6549	78 1854
0,00	0,0649 5110	35 7181	-0,0930 9585	42 8106	-0,1580 4695	78 1853
05	0,0685 2291	36 0676	-0,0888 1479	43 1602	-0,1502 2842	78 1977
10	0,0721 2967	36 4237	-0,0844 9877	43 5163	-0,1424 0865	78 2224
15	0,0757 7204	36 7863	-0,0801 4714	43 8789	-0,1345 8641	78 2596
20	0,0794 5067	37 1558	-0,0757 5925	44 2484	-0,1267 6045	78 3091
0,25	0,0831 6625	37 5321	-0,0713 3441	44 6249	-0,1189 2954	78 3712
30	0,0869 1946	37 9158	-0,0668 7192	45 0085	-0,1110 9242	78 4458
35	0,0907 1104	38 3067	-0,0623 7107	45 3996	-0,1032 4784	78 5330
40	0,0945 4171	38 7054	-0,0578 3111	45 7982	-0,0953 9454	78 6330
45	0,0984 1225	39 1118	-0,0532 5129	46 2048	-0,0875 3124	78 7456
0,50	0,1023 2343	39 5263	-0,0486 3081	46 6193	-0,0796 5668	78 8713
55	0,1062 7606	39 9490	-0,0439 6888	47 0422	-0,0717 6955	79 0099
60	0,1102 7096	40 3804	-0,0392 6466	47 4738	-0,0638 6856	79 1617
65	0,1143 0900	40 8206	-0,0345 1728	47 9139	-0,0559 5239	79 3268
70	0,1183 9106	41 2697	-0,0297 2589	48 3633	-0,0480 1971	79 5055
0,75	0,1225 1803	41 7284	-0,0248 8956	48 8220	-0,0400 6916	79 6977
80	0,1266 9087	42 1966	-0,0200 0736	49 2905	-0,0320 9939	79 9039
85	0,1309 1053	42 6748	-0,0150 7831	49 7688	-0,0241 0900	80 1240
90	0,1351 7801	43 1634	-0,0101 0143	50 2575	-0,0160 9660	80 3585
95	0,1394 9435	43 6625	-0,0050 7568	50 7568	-0,0080 6075	80 6075
1,00	0,1438 6060		-0,0000 0000		-0,0000 0000	

$-\lg \cos \Theta = 0{,}3160\ 9391$ $\Theta = 61^{0}7{,}29'$

$K(q) = 2{,}1876\ 6328$ $K/E = 1{,}8224\ 7012$

q = 0,10

z	$\lg \frac{\operatorname{sn} u}{\sin x}$	Δ	$\lg \frac{\operatorname{cn} u}{\cos x}$	Δ	lg dn u	Δ
-1,00	0,0000 0000	32 1758	-0,1936 0291	40 9518	-0,3521 1015	90 2069
95	0,0032 1758	32 4732	-0,1895 0773	41 2490	-0,3430 8946	89 8626
90	0,0064 6490	32 7757	-0,1853 8283	41 5512	-0,3341 0320	89 5388
85	0,0097 4247	33 0836	-0,1812 2771	41 8586	-0,3251 4932	89 2353
80	0,0130 5083	33 3966	-0,1770 4185	42 1715	-0,3162 2579	88 9513
-0,75	0,0163 9049	33 7153	-0,1728 2470	42 4898	-0,3073 3066	88 6869
70	0,0197 6202	34 0394	-0,1685 7572	42 8138	-0,2984 6197	88 4414
65	0,0231 6596	34 3695	-0,1642 9434	43 1436	-0,2896 1783	88 2148
60	0,0266 0291	34 7053	-0,1599 7998	43 4793	-0,2807 9635	88 0066
55	0,0300 7344	35 0474	-0,1556 3205	43 8211	-0,2719 9569	87 8166
-0,50	0,0335 7818	35 3957	-0,1512 4994	44 1692	-0,2632 1403	87 6447
45	0,0371 1775	35 7504	-0,1468 3302	44 5238	-0,2544 4956	87 4904
40	0,0406 9279	36 1118	-0,1423 8064	44 8850	-0,2457 0052	87 3539
35	0,0443 0397	36 4798	-0,1378 9214	45 2530	-0,2369 6513	87 2346
30	0,0479 5195	36 8549	-0,1333 6684	45 6279	-0,2282 4167	87 1328
-0,25	0,0516 3744	37 2373	-0,1288 0405	46 0102	-0,2195 2839	87 0480
20	0,0553 6117	37 6269	-0,1242 0303	46 3997	-0,2108 2359	86 9804
15	0,0591 2386	38 0241	-0,1195 6306	46 7970	-0,2021 2555	86 9297
10	0,0629 2627	38 4293	-0,1148 8336	47 2021	-0,1934 3258	86 8959
05	0,0667 6920	38 8424	-0,1101 6315	47 6152	-0,1847 4299	86 8791
0,00	0,0706 5344	39 2639	-0,1054 0163	48 0366	-0,1760 5508	86 8791
05	0,0745 7983	39 6939	-0,1005 9797	48 4667	-0,1673 6717	86 8959
10	0,0785 4922	40 1327	-0,0957 5130	48 9055	-0,1586 7758	86 9297
15	0,0825 6249	40 5806	-0,0908 6075	49 3535	-0,1499 8461	86 9804
20	0,0866 2055	41 0379	-0,0859 2540	49 8108	-0,1412 8657	87 0481
0,25	0,0907 2434	41 5048	-0,0809 4432	50 2778	-0,1325 8176	87 1327
30	0,0948 7482	41 9817	-0,0759 1654	50 7548	-0,1238 6849	87 2347
35	0,0990 7299	42 4689	-0,0708 4106	51 2422	-0,1151 4502	87 3538
40	0,1033 1988	42 9666	-0,0657 1684	51 7400	-0,1064 0964	87 4905
45	0,1076 1654	43 4755	-0,0605 4284	52 2489	-0,0976 6059	87 6446
0,50	0,1119 6409	43 9955	-0,0553 1795	52 7693	-0,0888 9613	87 8166
55	0,1163 6364	44 5273	-0,0500 4102	53 3012	-0,0801 1447	88 0066
60	0,1208 1637	45 0712	-0,0447 1090	53 8453	-0,0713 1381	88 2148
65	0,1253 2349	45 6277	-0,0393 2637	54 4020	-0,0624 9233	88 4415
70	0,1298 8626	46 1970	-0,0338 8617	54 9717	-0,0536 4818	88 6868
0,75	0,1345 0596	46 7799	-0,0283 8900	55 5547	-0,0447 7950	88 9514
80	0,1391 8395	47 3765	-0,0228 3353	56 1516	-0,0358 8436	89 2352
85	0,1439 2160	47 9877	-0,0172 1837	56 7631	-0,0269 6084	89 5388
90	0,1487 2037	48 6136	-0,0115 4206	57 3894	-0,0180 0696	89 8626
95	0,1535 8173	49 2552	-0,0058 0312	58 0312	-0,0090 2070	90 2070
1,00	0,1585 0725		-0,0000 0000		-0,0000 0000	

$-\lg \cos \Theta = 0{,}3521\ 1015$ $\Theta = 63^{\circ}36{,}45'$

$K(q) = 2{,}2627\ 0077$ $K/E = 1{,}9226\ 4826$

q = 0,11

z	$\lg \frac{\mathrm{sn}\,u}{\sin x}$	Δ	$\lg \frac{\mathrm{cn}\,u}{\cos x}$	Δ	lg dn u	Δ
-1,00	0,0000 0000		-0,2154 8479		-0,3884 1290	
		34 3335		44 9765		100 0136
95	0,0034 3335		-0,2109 8714		-0,3784 1154	
		34 6798		45 3222		99 5513
90	0,0069 0133		-0,2064 5492		-0,3684 5641	
		35 0328		45 6746		99 1172
85	0,0104 0461		-0,2018 8746		-0,3585 4469	
		35 3922		46 0336		98 7107
80	0,0139 4383		-0,1972 8410		-0,3486 7362	
		35 7585		46 3992		98 3311
-0,75	0,0175 1968		-0,1926 4418		-0,3388 4051	
		36 1317		46 7721		97 9781
70	0,0211 3285		-0,1879 6697		-0,3290 4270	
		36 5121		47 1520		97 6509
65	0,0247 8406		-0,1832 5177		-0,3192 7761	
		36 8998		47 5394		97 3489
60	0,0284 7404		-0,1784 9783		-0,3095 4272	
		37 2953		47 9344		97 0720
55	0,0322 0357		-0,1737 0439		-0,2998 3552	
		37 6985		48 3373		96 8194
-0,50	0,0359 7342		-0,1688 7066		-0,2901 5358	
		38 1096		48 7482		96 5910
45	0,0397 8438		-0,1639 9584		-0,2804 9448	
		38 5293		49 1674		96 3863
40	0,0436 3731		-0,1590 7910		-0,2708 5585	
		38 9573		49 5953		96 2052
35	0,0475 3304		-0,1541 1957		-0,2612 3533	
		39 3942		50 0320		96 0473
30	0,0514 7246		-0,1491 1637		-0,2516 3060	
		39 8401		50 4777		95 9122
-0,25	0,0554 5647		-0,1440 6860		-0,2420 3938	
		40 2955		50 9329		95 8001
20	0,0594 8602		-0,1389 7531		-0,2324 5937	
		40 7604		51 3977		95 7105
15	0,0635 6206		-0,1338 3554		-0,2228 8832	
		41 2353		51 8725		95 6434
10	0,0676 8559		-0,1286 4829		-0,2133 2398	
		41 7205		52 3577		95 5988
05	0,0718 5764		-0,1234 1252		-0,2037 6410	
		42 2163		52 8534		95 5765
0,00	0,0760 7927		-0,1181 2718		-0,1942 0645	
		42 7230		53 3601		95 5765
05	0,0803 5157		-0,1127 9117		-0,1846 4880	
		43 2412		53 8783		95 5988
10	0,0846 7569		-0,1074 0334		-0,1750 8892	
		43 7709		54 4082		95 6434
15	0,0890 5278		-0,1019 6252		-0,1655 2458	
		44 3128		54 9501		95 7105
20	0,0934 8406		-0,0964 6751		-0,1559 5353	
		44 8672		55 5046		95 8001
0,25	0,0979 7078		-0,0909 1705		-0,1463 7352	
		45 4345		56 0721		95 9122
30	0,1025 1423		-0,0853 0984		-0,1367 8230	
		46 0153		56 6530		96 0473
35	0,1071 1576		-0,0796 4454		-0,1271 7757	
		46 6099		57 2479		96 2051
40	0,1117 7675		-0,0739 1975		-0,1175 5706	
		47 2189		57 8571		96 3864
45	0,1164 9864		-0,0681 3404		-0,1079 1842	
		47 8428		58 4813		96 5910
0,50	0,1212 8292		-0,0622 8591		-0,0982 5932	
		48 4821		59 1210		96 8194
55	0,1261 3113		-0,0563 7381		-0,0885 7738	
		49 1376		59 7767		97 0719
60	0,1310 4489		-0,0503 9614		-0,0788 7019	
		49 8095		60 4491		97 3490
65	0,1360 2584		-0,0443 5123		-0,0691 3529	
		50 4988		61 1387		97 6508
70	0,1410 7572		-0,0382 3736		-0,0593 7021	
		51 2061		61 8464		97 9781
0,75	0,1461 9633		-0,0320 5272		-0,0495 7240	
		51 9319		62 5727		98 3312
80	0,1513 8952		-0,0257 9545		-0,0397 3928	
		52 6772		63 3185		98 7107
85	0,1566 5724		-0,0194 6360		-0,0298 6821	
		53 4426		64 0844		99 1172
90	0,1620 0150		-0,0130 5516		-0,0199 5649	
		54 2289		64 8714		99 5512
95	0,1674 2439		-0,0065 6802		-0,0100 0137	
		55 0373		65 6802		100 0137
1,00	0,1729 2812		-0,0000 0000		-0,0000 0000	

$-\lg \cos \Theta = 0{,}3884\ 1290$ $\Theta = 65^{0}51{,}96'$

$K(q) = 2{,}3390\ 9571$ $K/E = 2{,}0238\ 1442$

q = 0,12

z	$\lg \frac{\text{sn } u}{\sin x}$	Δ	$\lg \frac{\text{cn } u}{\cos x}$	Δ	lg dn u	Δ
-1,00	0,0000 0000	36 3318	-0,2378 9898	49 0295	-0,4250 3281	110 0505
95	0,0036 3318	36 7286	-0,2329 9603	49 4253	-0,4140 2776	109 4443
90	0,0073 0604	37 1332	-0,2280 5350	49 8290	-0,4030 8333	108 8762
85	0,0110 1936	37 5461	-0,2230 7060	50 2410	-0,3921 9571	108 3452
80	0,0147 7397	37 9674	-0,2180 4650	50 6614	-0,3813 6119	107 8501
-0,75	0,0185 7071	38 3972	-0,2129 8036	51 0905	-0,3705 7618	107 3902
70	0,0224 1043	38 8361	-0,2078 7131	51 5287	-0,3598 3716	106 9645
65	0,0262 9404	39 2841	-0,2027 1844	51 9759	-0,3491 4071	106 5722
60	0,0302 2245	39 7416	-0,1975 2085	52 4329	-0,3384 8349	106 2127
55	0,0341 9661	40 2089	-0,1922 7756	52 8995	-0,3278 6222	105 8854
-0,50	0,0382 1750	40 6862	-0,1869 8761	53 3765	-0,3172 7368	105 5895
45	0,0422 8612	41 1741	-0,1816 4996	53 8637	-0,3067 1473	105 3247
40	0,0464 0353	41 6726	-0,1762 6359	54 3620	-0,2961 8226	105 0904
35	0,0505 7079	42 1823	-0,1708 2739	54 8712	-0,2856 7322	104 8863
30	0,0547 8902	42 7035	-0,1653 4027	55 3921	-0,2751 8459	104 7119
-0,25	0,0590 5937	43 2366	-0,1598 0106	55 9249	-0,2647 1340	104 5671
20	0,0633 8303	43 7819	-0,1542 0857	56 4701	-0,2542 5669	104 4516
15	0,0677 6122	44 3399	-0,1485 6156	57 0279	-0,2438 1153	104 3651
10	0,0721 9521	44 9112	-0,1428 5877	57 5991	-0,2333 7502	104 3074
05	0,0766 8633	45 4959	-0,1370 9886	58 1838	-0,2229 4428	104 2787
0,00	0,0812 3592	46 0949	-0,1312 8048	58 7827	-0,2125 1641	104 2787
05	0,0858 4541	46 7085	-0,1254 0221	59 3963	-0,2020 8854	104 3075
10	0,0905 1626	47 3371	-0,1194 6258	60 0251	-0,1916 5779	104 3651
15	0,0952 4997	47 9815	-0,1134 6007	60 6697	-0,1812 2128	104 4515
20	0,1000 4812	48 6422	-0,1073 9310	61 3306	-0,1707 7613	104 5671
0,25	0,1049 1234	49 3199	-0,1012 6004	62 0084	-0,1603 1942	104 7120
30	0,1098 4433	50 0150	-0,0950 5920	62 7040	-0,1498 4822	104 8863
35	0,1148 4583	50 7285	-0,0887 8880	63 4178	-0,1393 5959	105 0904
40	0,1199 1868	51 4609	-0,0824 4702	64 1506	-0,1288 5055	105 3247
45	0,1250 6477	52 2131	-0,0760 3196	64 9032	-0,1183 1808	105 5895
0,50	0,1302 8608	52 9858	-0,0695 4164	65 6765	-0,1077 5913	105 8853
55	0,1355 8466	53 7798	-0,0629 7399	66 4711	-0,0971 7060	106 2128
60	0,1409 6264	54 5963	-0,0563 2688	67 2882	-0,0865 4932	106 5722
65	0,1464 2227	55 4358	-0,0495 9806	68 1284	-0,0758 9210	106 9645
70	0,1519 6585	56 2997	-0,0427 8522	68 9929	-0,0651 9565	107 3902
0,75	0,1575 9582	57 1887	-0,0358 8593	69 8828	-0,0544 5663	107 8501
80	0,1633 1469	58 1042	-0,0288 9765	70 7991	-0,0436 7162	108 3452
85	0,1691 2511	59 0472	-0,0218 1774	71 7430	-0,0328 3710	108 8762
90	0,1750 2983	60 0190	-0,0146 4344	72 7157	-0,0219 4948	109 4443
95	0,1810 3173	61 0210	-0,0073 7187	73 7187	-0,0110 0505	110 0505
1,00	0,1871 3383		-0,0000 0000		-0,0000 0000	

$-\lg \cos \Theta = 0{,}4250\ 3281$ $\Theta = 67^{\circ}55{,}54'$

$K(q) = 2{,}4168\ 7231$ $K/E = 2{,}1258\ 1171$

q = 0,13

z	$\lg \frac{\mathrm{sn}\, u}{\sin x}$	Δ	$\lg \frac{\mathrm{cn}\, u}{\cos x}$	Δ	lg dn u	Δ
-1,00	0,0000 0000		-0,2608 6637		-0,4620 0115	
95	0,0038 1786	38 1786	-0,2555 5418	53 1219	-0,4499 6705	120 3410
90	0,0076 8053	38 6267	-0,2501 9734	53 5684	-0,4380 1085	119 5620
85	0,0115 8896	39 0843	-0,2447 9490	54 0244	-0,4261 2750	118 8335
80	0,0155 4414	39 5518	-0,2393 4585	54 4905	-0,4143 1212	118 1538
-0,75	0,0195 4709	40 0295	-0,2338 4916	54 9669	-0,4025 6002	117 5210
70	0,0235 9884	40 5175	-0,2283 0379	55 4537	-0,3908 6660	116 9342
65	0,0277 0051	41 0167	-0,2227 0863	55 9516	-0,3792 2743	116 3917
60	0,0318 5320	41 5269	-0,2170 6255	56 4608	-0,3676 3816	115 8927
55	0,0360 5808	42 0488	-0,2113 6440	56 9815	-0,3560 9458	115 4358
-0,50	0,0403 1633	42 5825	-0,2056 1294	57 5146	-0,3445 9256	115 0202
45	0,0446 2922	43 1289	-0,1998 0695	58 0599	-0,3331 2806	114 6450
40	0,0489 9801	43 6879	-0,1939 4513	58 6182	-0,3216 9711	114 3095
35	0,0534 2403	44 2602	-0,1880 2614	59 1899	-0,3102 9582	114 0129
30	0,0579 0866	44 8463	-0,1820 4860	59 7754	-0,2989 2035	113 7547
-0,25	0,0624 5333	45 4467	-0,1760 1108	60 3752	-0,2875 6691	113 5344
20	0,0670 5951	46 0618	-0,1699 1209	60 9899	-0,2762 3178	113 3513
15	0,0717 2872	46 6921	-0,1637 5008	61 6201	-0,2649 1125	113 2053
10	0,0764 6257	47 3385	-0,1575 2348	62 2660	-0,2536 0163	113 0962
05	0,0812 6269	48 0012	-0,1512 3062	62 9286	-0,2422 9929	113 0234
0,00	0,0861 3079	48 6810	-0,1448 6978	63 6084	-0,2310 0058	112 9871
05	0,0910 6867	49 3788	-0,1384 3917	64 3061	-0,2197 0186	112 9872
10	0,0960 7815	50 0948	-0,1319 3695	65 0222	-0,2083 9952	113 0234
15	0,1011 6116	50 8301	-0,1253 6119	65 7576	-0,1970 8991	113 0961
20	0,1063 1969	51 5853	-0,1187 0987	66 5132	-0,1857 6937	113 2054
0,25	0,1115 5584	52 3615	-0,1119 8092	67 2895	-0,1744 3424	113 3513
30	0,1168 7175	53 1591	-0,1051 7215	68 0877	-0,1630 8081	113 5343
35	0,1222 6967	53 9792	-0,0982 8131	68 9084	-0,1517 0534	113 7547
40	0,1277 5198	54 8231	-0,0913 0604	69 7527	-0,1403 0405	114 0129
45	0,1333 2111	55 6913	-0,0842 4388	70 6216	-0,1288 7310	114 3095
0,50	0,1389 7962	56 5851	-0,0770 9226	71 5162	-0,1174 0859	114 6451
55	0,1447 3019	57 5057	-0,0698 4849	72 4377	-0,1059 0657	115 0202
60	0,1505 7561	58 4542	-0,0625 0979	73 3870	-0,0943 6299	115 4358
65	0,1565 1880	59 4319	-0,0550 7321	74 3658	-0,0827 7373	115 8926
70	0,1625 6281	60 4401	-0,0475 3571	75 3750	-0,0711 3455	116 3918
0,75	0,1687 1086	61 4805	-0,0398 9405	76 4166	-0,0594 4113	116 9342
80	0,1749 6628	62 5542	-0,0321 4489	77 4916	-0,0476 8903	117 5210
85	0,1813 3260	63 6632	-0,0242 8470	78 6019	-0,0358 7366	118 1537
90	0,1878 1351	64 8091	-0,0163 0977	79 7493	-0,0239 9031	118 8335
95	0,1944 1288	65 9937	-0,0082 1624	80 9353	-0,0120 3410	119 5621
1,00	0,2011 3479	67 2191	-0,0000 0000	82 1624	-0,0000 0000	120 3410

-lg cos Θ = 0,4620 0115 Θ = 69°48,57'

K(q) = 2,4960 5796 K/E = 2,2285 0815

q = 0,14

z	$\lg \frac{\text{sn } u}{\sin x}$	Δ	$\lg \frac{\text{cn } u}{\cos x}$	Δ	lg dn u	Δ
-1,00	0,0000 0000	39 8818	-0,2844 0867	57 2648	-0,4993 4985	130 9094
95	0,0039 8818	40 3816	-0,2786 8219	57 7621	-0,4862 5891	129 9253
90	0,0080 2634	40 8928	-0,2729 0598	58 2711	-0,4732 6638	129 0068
85	0,0121 1562	41 4158	-0,2670 7887	58 7917	-0,4603 6570	128 1515
80	0,0162 5720	41 9508	-0,2611 9970	59 3247	-0,4475 5055	127 3569
-0,75	0,0204 5228	42 4985	-0,2552 6723	59 8705	-0,4348 1486	126 6211
70	0,0247 0213	43 0592	-0,2492 8018	60 4291	-0,4221 5275	125 9421
65	0,0290 0805	43 6331	-0,2432 3727	61 0015	-0,4095 5854	125 3182
60	0,0333 7136	44 2211	-0,2371 3712	61 5880	-0,3970 2672	124 7479
55	0,0377 9347	44 8236	-0,2309 7832	62 1889	-0,3845 5193	124 2297
-0,50	0,0422 7583	45 4409	-0,2247 5943	62 8050	-0,3721 2896	123 7625
45	0,0468 1992	46 0737	-0,2184 7893	63 4366	-0,3597 5271	123 3450
40	0,0514 2729	46 7228	-0,2121 3527	64 0845	-0,3474 1821	122 9763
35	0,0560 9957	47 3883	-0,2057 2682	64 7493	-0,3351 2058	122 6555
30	0,0608 3840	48 0714	-0,1992 5189	65 4315	-0,3228 5503	122 3820
-0,25	0,0656 4554	48 7724	-0,1927 0874	66 1319	-0,3106 1683	122 1549
20	0,0705 2278	49 4921	-0,1860 9555	66 8511	-0,2984 0134	121 9739
15	0,0754 7199	50 2313	-0,1794 1044	67 5898	-0,2862 0395	121 8384
10	0,0804 9512	50 9908	-0,1726 5146	68 3491	-0,2740 2011	121 7484
05	0,0855 9420	51 7713	-0,1658 1655	69 1296	-0,2618 4527	121 7034
0,00	0,0907 7133	52 5739	-0,1589 0359	69 9320	-0,2496 7493	121 7034
05	0,0960 2872	53 3993	-0,1519 1039	70 7576	-0,2375 0459	121 7484
10	0,1013 6865	54 2486	-0,1448 3463	71 6072	-0,2253 2975	121 8385
15	0,1067 9351	55 1228	-0,1376 7391	72 4818	-0,2131 4590	121 9739
20	0,1123 0579	56 0231	-0,1304 2573	73 3825	-0,2009 4851	122 1549
0,25	0,1179 0810	56 9504	-0,1230 8748	74 3106	-0,1887 3302	122 3820
30	0,1236 0314	57 9063	-0,1156 5642	75 2672	-0,1764 9482	122 6555
35	0,1293 9377	58 8917	-0,1081 2970	76 2535	-0,1642 2927	122 9763
40	0,1352 8294	59 9084	-0,1005 0435	77 2712	-0,1519 3164	123 3450
45	0,1412 7378	60 9574	-0,0927 7723	78 3216	-0,1395 9714	123 7625
0,50	0,1473 6952	62 0409	-0,0849 4507	79 4062	-0,1272 2089	124 2297
55	0,1535 7361	63 1599	-0,0770 0445	80 5268	-0,1147 9792	124 7479
60	0,1598 8960	64 3167	-0,0689 5177	81 6850	-0,1023 2313	125 3182
65	0,1663 2127	65 5130	-0,0607 8327	82 8830	-0,0897 9131	125 9421
70	0,1728 7257	66 7506	-0,0524 9497	84 1226	-0,0771 9710	126 6211
0,75	0,1795 4763	68 0322	-0,0440 8271	85 4061	-0,0645 3499	127 3569
80	0,1863 5085	69 3597	-0,0355 4210	86 7357	-0,0517 9930	128 1515
85	0,1932 8682	70 7359	-0,0268 6853	88 1140	-0,0389 8415	129 0068
90	0,2003 6041	72 1631	-0,0180 5713	89 5437	-0,0260 8347	129 9253
95	0,2075 7672	73 6446	-0,0091 0276	91 0276	-0,0130 9094	130 9094
1,00	0,2149 4118		-0,0000 0000		-0,0000 0000	

$-\lg \cos \Theta = 0{,}4993\ 4985$ $\Theta = 71^\circ 32{,}19'$

$K(q) = 2{,}5766\ 8339$ $K/E = 2{,}3317\ 9781$

q = 0,15

z	$\lg \frac{\operatorname{sn} u}{\sin x}$	Δ	$\lg \frac{\operatorname{cn} u}{\cos x}$	Δ	lg dn u	Δ
-1,00	0,0000 0000	41 4486	-0,3085 4857	61 4695	-0,5371 1156	141 7806
95	0,0041 4486	42 0005	-0,3024 0162	62 0176	-0,5229 3350	140 5553
90	0,0083 4491	42 5657	-0,2961 9986	62 5792	-0,5088 7797	139 4143
85	0,0126 0148	43 1446	-0,2899 4194	63 1547	-0,4949 3654	138 3539
80	0,0169 1594	43 7377	-0,2836 2647	63 7447	-0,4811 0115	137 3707
-0,75	0,0212 8971	44 3456	-0,2772 5200	64 3495	-0,4673 6408	136 4621
70	0,0257 2427	44 9687	-0,2708 1705	64 9700	-0,4537 1787	135 6249
65	0,0302 2114	45 6077	-0,2643 2005	65 6064	-0,4401 5538	134 8569
60	0,0347 8191	46 2632	-0,2577 5941	66 2595	-0,4266 6969	134 1558
55	0,0394 0823	46 9357	-0,2511 3346	66 9299	-0,4132 5411	133 5197
-0,50	0,0441 0180	47 6262	-0,2444 4047	67 6182	-0,3999 0214	132 9468
45	0,0488 6442	48 3348	-0,2376 7865	68 3252	-0,3866 0746	132 4353
40	0,0536 9790	49 0628	-0,2308 4613	69 0516	-0,3733 6393	131 9842
35	0,0586 0418	49 8108	-0,2239 4097	69 7981	-0,3601 6551	131 5919
30	0,0635 8526	50 5794	-0,2169 6116	70 5656	-0,3470 0632	131 2576
-0,25	0,0686 4320	51 3698	-0,2099 0460	71 3550	-0,3338 8056	130 9804
20	0,0737 8018	52 1826	-0,2027 6910	72 1671	-0,3207 8252	130 7594
15	0,0789 9844	53 0191	-0,1955 5239	73 0029	-0,3077 0658	130 5943
10	0,0843 0035	53 8799	-0,1882 5210	73 8634	-0,2946 4715	130 4843
05	0,0896 8834	54 7665	-0,1808 6576	74 7497	-0,2815 9872	130 4294
0,00	0,0951 6499	55 6797	-0,1733 9079	75 6630	-0,2685 5578	130 4295
05	0,1007 3296	56 6209	-0,1658 2449	76 6043	-0,2555 1283	130 4842
10	0,1063 9505	57 5914	-0,1581 6406	77 5752	-0,2424 6441	130 5943
15	0,1121 5419	58 5923	-0,1504 0654	78 5768	-0,2294 0498	130 7594
20	0,1180 1342	59 6254	-0,1425 4886	79 6106	-0,2163 2904	130 9804
0,25	0,1239 7596	60 6920	-0,1345 8780	80 6781	-0,2032 3100	131 2576
30	0,1300 4516	61 7938	-0,1265 1999	81 7813	-0,1901 0524	131 5919
35	0,1362 2454	62 9326	-0,1183 4186	82 9213	-0,1769 4605	131 9842
40	0,1425 1780	64 1101	-0,1100 4973	84 1005	-0,1637 4763	132 4353
45	0,1489 2881	65 3285	-0,1016 3968	85 3206	-0,1505 0410	132 9468
0,50	0,1554 6166	66 5898	-0,0931 0762	86 5840	-0,1372 0942	133 5197
55	0,1621 2064	67 8964	-0,0844 4922	87 8926	-0,1238 5745	134 1558
60	0,1689 1028	69 2505	-0,0756 5996	89 2492	-0,1104 4187	134 8569
65	0,1758 3533	70 6549	-0,0667 3504	90 6562	-0,0969 5618	135 6249
70	0,1829 0082	72 1125	-0,0576 6942	92 1165	-0,0833 9369	136 4621
0,75	0,1901 1207	73 6262	-0,0484 5777	93 6331	-0,0697 4748	137 3708
80	0,1974 7469	75 1991	-0,0390 9446	95 2092	-0,0560 1040	138 3538
85	0,2049 9460	76 8350	-0,0295 7354	96 8486	-0,0421 7502	139 4143
90	0,2126 7810	78 5377	-0,0198 8868	98 5548	-0,0282 3359	140 5553
95	0,2205 3187	80 3112	-0,0100 3320	100 3320	-0,0141 7806	141 7806
1,00	0,2285 6299		-0,0000 0000		-0,0000 0000	

-lg cos Θ = 0,5371 1156 Θ = 73°7,35'

K(q) = 2,6587 8283 K/E = 2,4356 0138

q = 0,16

z	$\lg \frac{\text{sn } u}{\sin x}$	Δ	$\lg \frac{\text{cn } u}{\cos x}$	Δ	lg dn u	Δ
-1,00	0,0000 0000	42 8867	-0,3333 0973	65 7477	-0,5753 1974	152 9806
95	0,0042 8867	43 4906	-0,3267 3496	66 3459	-0,5600 2168	151 4739
90	0,0086 3773	44 1096	-0,3201 0037	66 9598	-0,5448 7429	150 0741
85	0,0130 4869	44 7446	-0,3134 0439	67 5898	-0,5298 6688	148 7765
80	0,0175 2315	45 3960	-0,3066 4541	68 2364	-0,5149 8923	147 5757
-0,75	0,0220 6275	46 0644	-0,2998 2177	68 9007	-0,5002 3166	146 4681
70	0,0266 6919	46 7508	-0,2929 3170	69 5828	-0,4855 8485	145 4496
65	0,0313 4427	47 4555	-0,2859 7342	70 2838	-0,4710 3989	144 5167
60	0,0360 8982	48 1794	-0,2789 4504	71 0042	-0,4565 8822	143 6664
55	0,0409 0776	48 9233	-0,2718 4462	71 7449	-0,4422 2158	142 8960
-0,50	0,0458 0009	49 6881	-0,2646 7013	72 5066	-0,4279 3198	142 2028
45	0,0507 6890	50 4744	-0,2574 1947	73 2905	-0,4137 1170	141 5850
40	0,0558 1634	51 2833	-0,2500 9042	74 0970	-0,3995 5320	141 0402
35	0,0609 4467	52 1157	-0,2426 8072	74 9274	-0,3854 4918	140 5673
30	0,0661 5624	52 9729	-0,2351 8798	75 7827	-0,3713 9245	140 1643
-0,25	0,0714 5353	53 8554	-0,2276 0971	76 6639	-0,3573 7602	139 8304
20	0,0768 3907	54 7648	-0,2199 4332	77 5722	-0,3433 9298	139 5645
15	0,0823 1555	55 7023	-0,2121 8610	78 5087	-0,3294 3653	139 3657
10	0,0878 8578	56 6690	-0,2043 3523	79 4748	-0,3154 9996	139 2335
05	0,0935 5268	57 6662	-0,1963 8775	80 4718	-0,3015 7661	139 1674
0,00	0,0993 1930	58 6956	-0,1883 4057	81 5012	-0,2876 5987	139 1674
05	0,1051 8886	59 7587	-0,1801 9045	82 5645	-0,2737 4313	139 2335
10	0,1111 6473	60 8570	-0,1719 3400	83 6634	-0,2598 1978	139 3657
15	0,1172 5043	61 9923	-0,1635 6766	84 7996	-0,2458 8321	139 5644
20	0,1234 4966	63 1665	-0,1550 8770	85 9750	-0,2319 2677	139 8304
0,25	0,1297 6631	64 3816	-0,1464 9020	87 1915	-0,2179 4373	140 1644
30	0,1362 0447	65 6398	-0,1377 7105	88 4515	-0,2039 2729	140 5672
35	0,1427 6845	66 9433	-0,1289 2590	89 7570	-0,1898 7057	141 0403
40	0,1494 6278	68 2946	-0,1199 5020	91 1106	-0,1757 6654	141 5850
45	0,1562 9224	69 6961	-0,1108 3914	92 5147	-0,1616 0804	142 2028
0,50	0,1632 6185	71 1511	-0,1015 8767	93 9727	-0,1473 8776	142 8960
55	0,1703 7696	72 6622	-0,0921 9040	95 4870	-0,1330 9816	143 6664
60	0,1776 4318	74 2329	-0,0826 4170	97 0611	-0,1187 3152	144 5167
65	0,1850 6647	75 8667	-0,0729 3559	98 6989	-0,1042 7985	145 4495
70	0,1926 5314	77 5675	-0,0630 6570	100 4036	-0,0897 3490	146 4681
0,75	0,2004 0989	79 3393	-0,0530 2534	102 1798	-0,0750 8809	147 5758
80	0,2083 4382	81 1866	-0,0428 0736	104 0318	-0,0603 3051	148 7764
85	0,2164 6248	83 1144	-0,0324 0418	105 9646	-0,0454 5287	150 0742
90	0,2247 7392	85 1280	-0,0218 0772	107 9833	-0,0304 4545	151 4738
95	0,2332 8672	87 2329	-0,0110 0939	110 0939	-0,0152 9807	152 9807
1,00	0,2420 1001		-0,0000 0000		-0,0000 0000	

$-\lg \cos \Theta = 0{,}5753\ 1974$ $\Theta = 74^{\circ}34{,}86'$

$K(q) = 2{,}7423\ 9422$ $K/E = 2{,}5398\ 6586$

q = 0,17

z	$\lg \frac{\text{sn } u}{\sin x}$	Δ	$\lg \frac{\text{cn } u}{\cos x}$	Δ	lg dn u	Δ
-1,00	0,0000 0000	44 2033	-0,3587 1687	70 1115	-0,6140 0872	164 5362
95	0,0044 2033	44 8587	-0,3517 0572	70 7586	-0,5975 5510	162 7034
90	0,0089 0620	45 5313	-0,3446 2986	71 4239	-0,5812 8476	161 0054
85	0,0134 5933	46 2220	-0,3374 8747	72 1074	-0,5651 8422	159 4348
80	0,0180 8153	46 9317	-0,3302 7673	72 8104	-0,5492 4074	157 9850
-0,75	0,0227 7470	47 6609	-0,3229 9569	73 5333	-0,5334 4224	156 6505
70	0,0275 4079	48 4105	-0,3156 4236	74 2770	-0,5177 7719	155 4254
65	0,0323 8184	49 1814	-0,3082 1466	75 0424	-0,5022 3465	154 3056
60	0,0372 9998	49 9743	-0,3007 1042	75 8303	-0,4868 0409	153 2864
55	0,0422 9741	50 7903	-0,2931 2739	76 6419	-0,4714 7545	152 3643
-0,50	0,0473 7644	51 6305	-0,2854 6320	77 4776	-0,4562 3902	151 5358
45	0,0525 3949	52 4956	-0,2777 1544	78 3391	-0,4410 8544	150 7982
40	0,0577 8905	53 3871	-0,2698 8153	79 2272	-0,4260 0562	150 1487
35	0,0631 2776	54 3059	-0,2619 5881	80 1431	-0,4109 9075	149 5850
30	0,0685 5835	55 2535	-0,2539 4450	81 0881	-0,3960 3225	149 1053
-0,25	0,0740 8370	56 2309	-0,2458 3569	82 0635	-0,3811 2172	148 7081
20	0,0797 0679	57 2398	-0,2376 2934	83 0707	-0,3662 5091	148 3917
15	0,0854 3077	58 2817	-0,2293 2227	84 1113	-0,3514 1174	148 1555
10	0,0912 5894	59 3580	-0,2209 1114	85 1868	-0,3365 9619	147 9984
05	0,0971 9474	60 4705	-0,2123 9246	86 2989	-0,3217 9635	147 9199
0,00	0,1032 4179	61 6211	-0,2037 6257	87 4494	-0,3070 0436	147 9200
05	0,1094 0390	62 8115	-0,1950 1763	88 6404	-0,2922 1236	147 9983
10	0,1156 8505	64 0442	-0,1861 5359	89 8738	-0,2774 1253	148 1555
15	0,1220 8947	65 3210	-0,1771 6621	91 1519	-0,2625 9698	148 3917
20	0,1286 2157	66 6446	-0,1680 5102	92 4772	-0,2477 5781	148 7081
0,25	0,1352 8603	68 0172	-0,1588 0330	93 8518	-0,2328 8700	149 1053
30	0,1420 8775	69 4419	-0,1494 1812	95 2791	-0,2179 7647	149 5850
35	0,1490 3194	70 9215	-0,1398 9021	96 7616	-0,2030 1797	150 1487
40	0,1561 2409	72 4590	-0,1302 1405	98 3026	-0,1880 0310	150 7982
45	0,1633 6999	74 0583	-0,1203 8379	99 9054	-0,1729 2328	151 5358
0,50	0,1707 7582	75 7225	-0,1103 9325	101 5739	-0,1577 6970	152 3644
55	0,1783 4807	77 4561	-0,1002 3586	103 3121	-0,1425 3326	153 2864
60	0,1860 9368	79 2631	-0,0899 0465	105 1242	-0,1272 0462	154 3055
65	0,1940 1999	81 1484	-0,0793 9223	107 0149	-0,1117 7407	155 4255
70	0,2021 3483	83 1172	-0,0686 9074	108 9896	-0,0962 3152	156 6504
0,75	0,2104 4655	85 1747	-0,0577 9178	111 0534	-0,0805 6648	157 9851
80	0,2189 6402	87 3273	-0,0466 8644	113 2127	-0,0647 6797	159 4347
85	0,2276 9675	89 5815	-0,0353 6517	115 4740	-0,0488 2450	161 0054
90	0,2366 5490	91 9448	-0,0238 1777	117 8448	-0,0327 2396	162 7034
95	0,2458 4938	94 4247	-0,0120 3329	120 3329	-0,0164 5362	164 5362
1,00	0,2552 9185		-0,0000 0000		-0,0000 0000	

$-\lg \cos \Theta = 0{,}6140\ 0871$ $\Theta = 75^{0}55{,}42'$

$K(q) = 2{,}8275\ 5930$ $K/E = 2{,}6445\ 6408$

q = 0,18

z	$\lg \frac{\operatorname{sn} u}{\sin x}$	Δ	$\lg \frac{\operatorname{cn} u}{\cos x}$	Δ	lg dn u	Δ
-1,00	0,0000 0000	45 4055	-0,3847 9585	74 5731	-0,6532 1378	176 4752
95	0,0045 4055	46 1116	-0,3773 3854	75 2679	-0,6355 6626	174 2670
90	0,0091 5171	46 8372	-0,3698 1175	75 9828	-0,6181 3956	172 2269
85	0,0138 3543	47 5833	-0,3622 1347	76 7189	-0,6009 1687	170 3450
80	0,0185 9376	48 3508	-0,3545 4158	77 4768	-0,5838 8237	168 6119
-0,75	0,0234 2884	49 1404	-0,3467 9390	78 2576	-0,5670 2118	167 0201
70	0,0283 4288	49 9532	-0,3389 6814	79 0622	-0,5503 1917	165 5621
65	0,0333 3820	50 7902	-0,3310 6192	79 8914	-0,5337 6296	164 2313
60	0,0384 1722	51 6524	-0,3230 7278	80 7465	-0,5173 3983	163 0227
55	0,0435 8246	52 5410	-0,3149 9813	81 6287	-0,5010 3756	161 9307
-0,50	0,0488 3656	53 4571	-0,3068 3526	82 5388	-0,4848 4449	160 9509
45	0,0541 8227	54 4020	-0,2985 8138	83 4784	-0,4687 4940	160 0797
40	0,0596 2247	55 3771	-0,2902 3354	84 4488	-0,4527 4143	159 3133
35	0,0651 6018	56 3837	-0,2817 8866	85 4513	-0,4368 1010	158 6489
30	0,0707 9855	57 4235	-0,2732 4353	86 4876	-0,4209 4521	158 0840
-0,25	0,0765 4090	58 4979	-0,2645 9477	87 5590	-0,4051 3681	157 6165
20	0,0823 9069	59 6088	-0,2558 3887	88 6676	-0,3893 7516	157 2444
15	0,0883 5157	60 7580	-0,2469 7211	89 8149	-0,3736 5072	156 9666
10	0,0944 2737	61 9474	-0,2379 9062	91 0032	-0,3579 5406	156 7819
05	0,1006 2211	63 1791	-0,2288 9030	92 2343	-0,3422 7587	156 6898
0,00	0,1069 4002	64 4555	-0,2196 6687	93 5107	-0,3266 0689	156 6898
05	0,1133 8557	65 7788	-0,2103 1580	94 8346	-0,3109 3791	156 7819
10	0,1199 6345	67 1516	-0,2008 3234	96 2086	-0,2952 5972	156 9666
15	0,1266 7861	68 5768	-0,1912 1148	97 6355	-0,2795 6306	157 2444
20	0,1335 3629	70 0574	-0,1814 4793	99 1186	-0,2638 3862	157 6165
0,25	0,1405 4203	71 5965	-0,1715 3607	100 6605	-0,2480 7697	158 0840
30	0,1477 0168	73 1977	-0,1614 7002	102 2652	-0,2322 6857	158 6489
35	0,1550 2145	74 8644	-0,1512 4350	103 9362	-0,2164 0368	159 3133
40	0,1625 0789	76 6013	-0,1408 4988	105 6777	-0,2004 7235	160 0797
45	0,1701 6802	78 4121	-0,1302 8211	107 4939	-0,1844 6438	160 9510
0,50	0,1780 0923	80 3020	-0,1195 3272	109 3896	-0,1683 6928	161 9306
55	0,1860 3943	82 2762	-0,1085 9376	111 3703	-0,1521 7622	163 0227
60	0,1942 6705	84 3399	-0,0974 5673	113 4412	-0,1358 7395	164 2314
65	0,2027 0104	86 4999	-0,0861 1261	115 6088	-0,1194 5081	165 5620
70	0,2113 5103	88 7625	-0,0745 5173	117 8796	-0,1028 9461	167 0201
0,75	0,2202 2728	91 1351	-0,0627 6377	120 2612	-0,0861 9260	168 6119
80	0,2293 4079	93 6261	-0,0507 3765	122 7617	-0,0693 3141	170 3450
85	0,2387 0340	96 2441	-0,0384 6148	125 3897	-0,0522 9691	172 2269
90	0,2483 2781	98 9992	-0,0259 2251	128 1555	-0,0350 7422	174 2670
95	0,2582 2773	101 9020	-0,0131 0696	131 0696	-0,0176 4752	176 4752
1,00	0,2684 1793		-0,0000 0000		-0,0000 0000	

$-\lg\cos\Theta = 0{,}6532\ 1378$ $\Theta = 77^{\circ}9{,}63'$

$K(q) = 2{,}9143\ 2385$ $K/E = 2{,}7496\ 9355$

q = 0,19

z	$\lg \frac{\mathrm{sn}\,u}{\sin x}$	Δ	$\lg \frac{\mathrm{cn}\,u}{\cos x}$	Δ	lg dn u	Δ
-1,00	0,0000 0000	46 5003	-0,4115 7371	79 1454	-0,6929 7126	188 8266
95	0,0046 5003	47 2560	-0,4036 5917	79 8857	-0,6740 8860	186 1884
90	0,0093 7563	48 0339	-0,3956 7060	80 6486	-0,6554 6976	183 7585
85	0,0141 7902	48 8344	-0,3876 0574	81 4353	-0,6370 9391	181 5230
80	0,0190 6246	49 6591	-0,3794 6221	82 2468	-0,6189 4161	179 4699
-0,75	0,0240 2837	50 5085	-0,3712 3753	83 0840	-0,6009 9462	177 5882
70	0,0290 7922	51 3841	-0,3629 2913	83 9481	-0,5832 3580	175 8686
65	0,0342 1763	52 2869	-0,3545 3432	84 8403	-0,5656 4894	174 3023
60	0,0394 4632	53 2183	-0,3460 5029	85 7618	-0,5482 1871	172 8820
55	0,0447 6815	54 1794	-0,3374 7411	86 7140	-0,5309 3051	171 6009
-0,50	0,0501 8609	55 1718	-0,3288 0271	87 6982	-0,5137 7042	170 4534
45	0,0557 0327	56 1968	-0,3200 3289	88 7159	-0,4967 2508	169 4340
40	0,0613 2295	57 2564	-0,3111 6130	89 7689	-0,4797 8168	168 5385
35	0,0670 4859	58 3517	-0,3021 8441	90 8586	-0,4629 2783	167 7630
30	0,0728 8376	59 4851	-0,2930 9855	91 9870	-0,4461 5153	167 1041
-0,25	0,0788 3227	60 6582	-0,2838 9985	93 1561	-0,4294 4112	166 5592
20	0,0848 9809	61 8731	-0,2745 8424	94 3677	-0,4127 8520	166 1258
15	0,0910 8540	63 1322	-0,2651 4747	95 6243	-0,3961 7262	165 8023
10	0,0973 9862	64 4376	-0,2555 8504	96 9282	-0,3795 9239	165 5874
05	0,1038 4238	65 7922	-0,2458 9222	98 2819	-0,3630 3365	165 4802
0,00	0,1104 2160	67 1983	-0,2360 6403	99 6880	-0,3464 8563	165 4802
05	0,1171 4143	68 6592	-0,2260 9523	101 1498	-0,3299 3761	165 5874
10	0,1240 0735	70 1780	-0,2159 8025	102 6702	-0,3133 7887	165 8024
15	0,1310 2515	71 7581	-0,2057 1323	104 2527	-0,2967 9863	166 1258
20	0,1382 0096	73 4031	-0,1952 8796	105 9009	-0,2801 8605	166 5591
0,25	0,1455 4127	75 1171	-0,1846 9787	107 6191	-0,2635 3014	167 1041
30	0,1530 5298	76 9043	-0,1739 3596	109 4112	-0,2468 1973	167 7630
35	0,1607 4341	78 7697	-0,1629 9484	111 2822	-0,2300 4343	168 5385
40	0,1686 2038	80 7181	-0,1518 6662	113 2371	-0,2131 8958	169 4341
45	0,1766 9219	82 7551	-0,1405 4291	115 2816	-0,1962 4617	170 4533
0,50	0,1849 6770	84 8870	-0,1290 1475	117 4216	-0,1792 0084	171 6010
55	0,1934 5640	87 1202	-0,1172 7259	119 6637	-0,1620 4074	172 8820
60	0,2021 6842	89 4620	-0,1053 0622	122 0154	-0,1447 5254	174 3023
65	0,2111 1462	91 9204	-0,0931 0468	124 4844	-0,1273 2231	175 8685
70	0,2203 0666	94 5043	-0,0806 5624	127 0797	-0,1097 3546	177 5882
0,75	0,2297 5709	97 2231	-0,0679 4827	129 8108	-0,0919 7664	179 4699
80	0,2394 7940	100 0877	-0,0549 6719	132 6886	-0,0740 2965	181 5230
85	0,2494 8817	103 1099	-0,0416 9833	135 7247	-0,0558 7735	183 7585
90	0,2597 9916	106 3028	-0,0281 2586	138 9323	-0,0375 0150	186 1885
95	0,2704 2944	109 6811	-0,0142 3263	142 3263	-0,0188 8265	188 8265
1,00	0,2813 9755		-0,0000 0000		-0,0000 0000	

-lg cos Θ = 0,6929 7125 Θ = 78°18,02'

K(q) = 3,0027 3786 K/E = 2,8552 7526

q = 0,20

z	$\lg \frac{\text{sn } u}{\sin x}$	Δ	$\lg \frac{\text{cn } u}{\cos x}$	Δ	lg dn u	Δ
-1,00	0,0000 0000	47 4943	-0,4390 7881	83 8417	-0,7333 1859	201 6205
95	0,0047 4943	48 2987	-0,4306 9464	84 6249	-0,7131 5654	198 4922
90	0,0095 7930	49 1274	-0,4222 3215	85 4334	-0,6933 0732	195 6199
85	0,0144 9204	49 9815	-0,4136 8881	86 2685	-0,6737 4533	192 9854
80	0,0194 9019	50 8623	-0,4050 6196	87 1315	-0,6544 4679	190 5722
-0,75	0,0245 7642	51 7708	-0,3963 4881	88 0232	-0,6353 8957	188 3661
70	0,0297 5350	52 7083	-0,3875 4649	88 9453	-0,6165 5296	186 3545
65	0,0350 2433	53 6765	-0,3786 5196	89 8988	-0,5979 1751	184 5262
60	0,0403 9198	54 6764	-0,3696 6208	90 8855	-0,5794 6489	182 8713
55	0,0458 5962	55 7098	-0,3605 7353	91 9067	-0,5611 7776	181 3812
-0,50	0,0514 3060	56 7784	-0,3513 8286	92 9641	-0,5430 3964	180 0484
45	0,0571 0844	57 8837	-0,3420 8645	94 0595	-0,5250 3480	178 8662
40	0,0628 9681	59 0279	-0,3326 8050	95 1948	-0,5071 4818	177 8288
35	0,0687 9960	60 2128	-0,3231 6102	96 3719	-0,4893 6530	176 9313
30	0,0748 2088	61 4405	-0,3135 2383	97 5931	-0,4716 7217	176 1696
-0,25	0,0809 6493	62 7135	-0,3037 6452	98 8604	-0,4540 5521	175 5399
20	0,0872 3628	64 0342	-0,2938 7848	100 1767	-0,4365 0122	175 0397
15	0,0936 3970	65 4051	-0,2838 6081	101 5443	-0,4189 9725	174 6664
10	0,1001 8021	66 8292	-0,2737 0638	102 9662	-0,4015 3061	174 4184
05	0,1068 6313	68 3095	-0,2634 0976	104 4454	-0,3840 8877	174 2947
0,00	0,1136 9408	69 8493	-0,2529 6522	105 9852	-0,3666 5930	174 2947
05	0,1206 7901	71 4523	-0,2423 6670	107 5893	-0,3492 2983	174 4185
10	0,1278 2424	73 1220	-0,2316 0777	109 2612	-0,3317 8798	174 6664
15	0,1351 3644	74 8630	-0,2206 8165	111 0055	-0,3143 2134	175 0396
20	0,1426 2274	76 6795	-0,2095 8110	112 8265	-0,2968 1738	175 5400
0,25	0,1502 9069	78 5765	-0,1982 9845	114 7290	-0,2792 6338	176 1696
30	0,1581 4834	80 5594	-0,1868 2555	116 7186	-0,2616 4642	176 9313
35	0,1662 0428	82 6341	-0,1751 5369	118 8009	-0,2439 5329	177 8288
40	0,1744 6769	84 8066	-0,1632 7360	120 9824	-0,2261 7041	178 8662
45	0,1829 4835	87 0843	-0,1511 7536	123 2701	-0,2082 8379	180 0484
0,50	0,1916 5678	89 4746	-0,1388 4835	125 6714	-0,1902 7895	181 3812
55	0,2006 0424	91 9858	-0,1262 8121	128 1949	-0,1721 4083	182 8713
60	0,2098 0282	94 6273	-0,1134 6172	130 8497	-0,1538 5370	184 5261
65	0,2192 6555	97 4092	-0,1003 7675	133 6461	-0,1354 0109	186 3545
70	0,2290 0647	100 3429	-0,0870 1214	136 5953	-0,1167 6564	188 3662
0,75	0,2390 4076	103 4408	-0,0733 5261	139 7100	-0,0979 2902	190 5722
80	0,2493 8484	106 7168	-0,0593 8161	143 0038	-0,0788 7180	192 9853
85	0,2600 5652	110 1865	-0,0450 8123	146 4925	-0,0595 7327	195 6200
90	0,2710 7517	113 8673	-0,0304 3198	150 1935	-0,0400 1127	198 4921
95	0,2824 6190	117 7789	-0,0154 1263	154 1263	-0,0201 6206	201 6206
1,00	0,2942 3979		-0,0000 0000		-0,0000 0000	

-lg cos Θ = 0,7333 1859 Θ = $79^{0}21{,}06'$

K(q) = 3,0928 5574 K/E = 2,9613 5199

q = 0,21

z	$\lg \frac{\text{sn } u}{\sin x}$	Δ	$\lg \frac{\text{cn } u}{\cos x}$	Δ	lg dn u	Δ
-1,00	0,0000 0000	48 3942	-0,4673 4085	88 6755	-0,7742 9447	214 8888
95	0,0048 3942	49 2458	-0,4584 7330	89 4986	-0,7528 0559	211 2036
90	0,0097 6400	50 1240	-0,4495 2344	90 3500	-0,7316 8523	207 8317
85	0,0147 7640	51 0305	-0,4404 8844	91 2308	-0,7109 0206	204 7485
80	0,0198 7945	51 9661	-0,4313 6536	92 1426	-0,6904 2721	201 9325
-0,75	0,0250 7606	52 9326	-0,4221 5110	93 0866	-0,6702 3396	199 3650
70	0,0303 6932	53 9312	-0,4128 4244	94 0642	-0,6502 9746	197 0293
65	0,0357 6244	54 9635	-0,4034 3602	95 0774	-0,6305 9453	194 9110
60	0,0412 5879	56 0314	-0,3939 2828	96 1272	-0,6111 0343	192 9974
55	0,0468 6193	57 1365	-0,3843 1556	97 2160	-0,5918 0369	191 2776
-0,50	0,0525 7558	58 2807	-0,3745 9396	98 3453	-0,5726 7593	189 7416
45	0,0584 0365	59 4662	-0,3647 5943	99 5174	-0,5537 0177	188 3811
40	0,0643 5027	60 6949	-0,3548 0769	100 7343	-0,5348 6366	187 1888
35	0,0704 1976	61 9694	-0,3447 3426	101 9984	-0,5161 4478	186 1585
30	0,0766 1670	63 2923	-0,3345 3442	103 3123	-0,4975 2893	185 2847
-0,25	0,0829 4593	64 6659	-0,3242 0319	104 6786	-0,4790 0046	184 5631
20	0,0894 1252	66 0934	-0,3137 3533	106 1001	-0,4605 4415	183 9901
15	0,0960 2186	67 5779	-0,3031 2532	107 5802	-0,4421 4514	183 5627
10	0,1027 7965	69 1227	-0,2923 6730	109 1220	-0,4237 8887	183 2789
05	0,1096 9192	70 7315	-0,2814 5510	110 7293	-0,4054 6098	183 1374
0,00	0,1167 6507	72 4081	-0,2703 8217	112 4060	-0,3871 4724	183 1375
05	0,1240 0588	74 1569	-0,2591 4157	114 1562	-0,3688 3349	183 2789
10	0,1314 2157	75 9825	-0,2477 2595	115 9848	-0,3505 0560	183 5627
15	0,1390 1982	77 8899	-0,2361 2747	117 8966	-0,3321 4933	183 9901
20	0,1468 0881	79 8846	-0,2243 3781	119 8972	-0,3137 5032	184 5631
0,25	0,1547 9727	81 9724	-0,2123 4809	121 9925	-0,2952 9401	185 2847
30	0,1629 9451	84 1600	-0,2001 4884	124 1890	-0,2767 6554	186 1584
35	0,1714 1051	86 4546	-0,1877 2994	126 4939	-0,2581 4970	187 1889
40	0,1800 5597	88 8637	-0,1750 8055	128 9150	-0,2394 3081	188 3811
45	0,1889 4234	91 3963	-0,1621 8905	131 4609	-0,2205 9270	189 7416
0,50	0,1980 8197	94 0616	-0,1490 4296	134 1411	-0,2016 1854	191 2775
55	0,2074 8813	96 8702	-0,1356 2885	136 9661	-0,1824 9079	192 9975
60	0,2171 7515	99 8337	-0,1219 3224	139 9474	-0,1631 9104	194 9110
65	0,2271 5852	102 9649	-0,1079 3750	143 0980	-0,1436 9994	197 0293
70	0,2374 5501	106 2784	-0,0936 2770	146 4325	-0,1239 9701	199 3649
0,75	0,2480 8285	109 7900	-0,0789 8445	149 9664	-0,1040 6052	201 9326
80	0,2590 6185	113 5177	-0,0639 8781	153 7180	-0,0838 6726	204 7485
85	0,2704 1362	117 4818	-0,0486 1601	157 7077	-0,0633 9241	207 8317
90	0,2821 6180	121 7050	-0,0328 4524	161 9578	-0,0426 0924	211 2036
95	0,2943 3230	126 2132	-0,0166 4946	166 4946	-0,0214 8888	214 8888
1,00	0,3069 5362		-0,0000 0000		-0,0000 0000	

$-\lg \cos \Theta = 0{,}7742\ 9447$ $\Theta = 80^{\circ}19{,}17'$

$K(q) = 3{,}1847\ 3642$ $K/E = 3{,}0679\ 8671$

q = 0,22

z	$\lg \frac{\text{sn}\, u}{\sin x}$	Δ	$\lg \frac{\text{cn}\, u}{\cos x}$	Δ	lg dn u	Δ
-1,00	0,0000 0000	49 2063	-0,4963 9103	93 6613	-0,8159 3888	228 6642
95	0,0049 2063	50 1035	-0,4870 2490	94 5207	-0,7930 7246	224 3489
90	0,0099 3098	51 0299	-0,4775 7283	95 4113	-0,7706 3757	220 4147
85	0,0150 3397	51 9871	-0,4680 3170	96 3347	-0,7485 9610	216 8294
80	0,0202 3268	52 9762	-0,4583 9823	97 2923	-0,7269 1316	213 5646
-0,75	0,0255 3030	53 9992	-0,4486 6900	98 2856	-0,7055 5670	210 5960
70	0,0309 3022	55 0576	-0,4388 4044	99 3164	-0,6844 9710	207 9023
65	0,0364 3598	56 1531	-0,4289 0880	100 3862	-0,6637 0687	205 4648
60	0,0420 5129	57 2878	-0,4188 7018	101 4972	-0,6431 6039	203 2675
55	0,0477 8007	58 4636	-0,4087 2046	102 6515	-0,6228 3364	201 2961
-0,50	0,0536 2643	59 6828	-0,3984 5531	103 8509	-0,6027 0403	199 5386
45	0,0595 9471	60 9475	-0,3880 7022	105 0981	-0,5827 5017	197 9841
40	0,0656 8946	62 2608	-0,3775 6041	106 3956	-0,5629 5176	196 6236
35	0,0719 1554	63 6247	-0,3669 2085	107 7458	-0,5432 8940	195 4491
30	0,0782 7801	65 0426	-0,3561 4627	109 1519	-0,5237 4449	194 4541
-0,25	0,0847 8227	66 5173	-0,3452 3108	110 6169	-0,5042 9908	193 6331
20	0,0914 3400	68 0526	-0,3341 6939	112 1443	-0,4849 3577	192 9814
15	0,0982 3926	69 6517	-0,3229 5496	113 7376	-0,4656 3763	192 4958
10	0,1052 0443	71 3189	-0,3115 8120	115 4008	-0,4463 8805	192 1734
05	0,1123 3632	73 0582	-0,3000 4112	117 1382	-0,4271 7071	192 0127
0,00	0,1196 4214	74 8744	-0,2883 2730	118 9544	-0,4079 6944	192 0127
05	0,1271 2958	76 7727	-0,2764 3186	120 8546	-0,3887 6817	192 1734
10	0,1348 0685	78 7582	-0,2643 4640	122 8441	-0,3695 5083	192 4958
15	0,1426 8267	80 8372	-0,2520 6199	124 9289	-0,3503 0125	192 9814
20	0,1507 6639	83 0161	-0,2395 6910	127 1157	-0,3310 0311	193 6331
0,25	0,1590 6800	85 3022	-0,2268 5753	129 4115	-0,3116 3980	194 4541
30	0,1675 9822	87 7033	-0,2139 1638	131 8244	-0,2921 9439	195 4491
35	0,1763 6855	90 2280	-0,2007 3394	134 3628	-0,2726 4948	196 6236
40	0,1853 9135	92 8860	-0,1872 9766	137 0365	-0,2529 8712	197 9841
45	0,1946 7995	95 6876	-0,1735 9401	139 8559	-0,2331 8871	199 5386
0,50	0,2042 4871	98 6448	-0,1596 0842	142 8325	-0,2132 3485	201 2961
55	0,2141 1319	101 7702	-0,1453 2517	145 9798	-0,1931 0524	203 2675
60	0,2242 9021	105 0786	-0,1307 2719	149 3117	-0,1727 7849	205 4649
65	0,2347 9807	108 5859	-0,1157 9602	152 8446	-0,1522 3200	207 9022
70	0,2456 5666	112 3104	-0,1005 1156	156 5968	-0,1314 4178	210 5960
0,75	0,2568 8770	116 2724	-0,0848 5188	160 5884	-0,1103 8218	213 5646
80	0,2685 1494	120 4946	-0,0687 9304	164 8423	-0,0890 2572	216 8294
85	0,2805 6440	125 0034	-0,0523 0881	169 3848	-0,0673 4278	220 4147
90	0,2930 6474	129 8282	-0,0353 7033	174 2454	-0,0453 0131	224 3489
95	0,3060 4756	135 0029	-0,0179 4579	179 4579	-0,0228 6642	228 6642
1,00	0,3195 4785		-0,0000 0000		-0,0000 0000	

$-\lg \cos \Theta = 0{,}8159\ 3888$ $\Theta = 81^{0}12{,}72'$

$K(q) = 3{,}2784\ 4369$ $K/E = 3{,}1752\ 6082$

q = 0,23

z	$\lg \frac{\text{sn } u}{\sin x}$	Δ	$\lg \frac{\text{cn } u}{\cos x}$	Δ	lg dn u	Δ
-1,00	0,0000 0000	49 9369	-0,5262 6208	98 8137	-0,8582 9324	242 9814
95	0,0049 9369	50 8779	-0,5163 8071	99 7052	-0,8339 9510	237 9551
90	0,0100 8148	51 8507	-0,5064 1019	100 6313	-0,8101 9959	233 3905
85	0,0152 6655	52 8570	-0,4963 4706	101 5934	-0,7868 6054	229 2450
80	0,0205 5225	53 8980	-0,4861 8772	102 5932	-0,7639 3604	225 4821
-0,75	0,0259 4205	54 9761	-0,4759 2840	103 6324	-0,7413 8783	222 0706
70	0,0314 3966	56 0925	-0,4655 6516	104 7129	-0,7191 8077	218 9829
65	0,0370 4891	57 2499	-0,4550 9387	105 8367	-0,6972 8248	216 1957
60	0,0427 7390	58 4501	-0,4445 1020	107 0060	-0,6756 6291	213 6885
55	0,0486 1891	59 6954	-0,4338 0960	108 2230	-0,6542 9406	211 4434
-0,50	0,0545 8845	60 9885	-0,4229 8730	109 4905	-0,6331 4972	209 4452
45	0,0606 8730	62 3317	-0,4120 3825	110 8108	-0,6122 0520	207 6805
40	0,0669 2047	63 7285	-0,4009 5717	112 1869	-0,5914 3715	206 1382
35	0,0732 9332	65 1814	-0,3897 3848	113 6221	-0,5708 2333	204 8083
30	0,0798 1146	66 6941	-0,3783 7627	115 1193	-0,5503 4250	203 6827
-0,25	0,0864 8087	68 2701	-0,3668 6434	116 6826	-0,5299 7423	202 7548
20	0,0933 0788	69 9132	-0,3551 9608	118 3155	-0,5096 9875	202 0188
15	0,1002 9920	71 6279	-0,3433 6453	120 0225	-0,4894 9687	201 4705
10	0,1074 6199	73 4184	-0,3313 6228	121 8080	-0,4693 4982	201 1067
05	0,1148 0383	75 2902	-0,3191 8148	123 6770	-0,4492 3915	200 9253
0,00	0,1223 3285	77 2482	-0,3068 1378	125 6353	-0,4291 4662	200 9253
05	0,1300 5767	79 2987	-0,2942 5025	127 6882	-0,4090 5409	201 1067
10	0,1379 8754	81 4480	-0,2814 8143	129 8426	-0,3889 4342	201 4705
15	0,1461 3234	83 7033	-0,2684 9717	132 1056	-0,3687 9637	202 0188
20	0,1545 0267	86 0722	-0,2552 8661	134 4847	-0,3485 9449	202 7548
0,25	0,1631 0989	88 5634	-0,2418 3814	136 9887	-0,3283 1901	203 6827
30	0,1719 6623	91 1863	-0,2281 3927	139 6268	-0,3079 5074	204 8083
35	0,1810 8486	93 9512	-0,2141 7659	142 4097	-0,2874 6991	206 1382
40	0,1904 7998	96 8698	-0,1999 3562	145 3488	-0,2668 5609	207 6805
45	0,2001 6696	99 9547	-0,1854 0074	148 4567	-0,2460 8804	209 4452
0,50	0,2101 6243	103 2203	-0,1705 5507	151 7480	-0,2251 4352	211 4434
55	0,2204 8446	106 6824	-0,1553 8027	155 2384	-0,2039 9918	213 6885
60	0,2311 5270	110 3591	-0,1398 5643	158 9458	-0,1826 3033	216 1957
65	0,2421 8861	114 2700	-0,1239 6185	162 8904	-0,1610 1076	218 9829
70	0,2536 1561	118 4382	-0,1076 7281	167 0945	-0,1391 1247	222 0706
0,75	0,2654 5943	122 8890	-0,0909 6336	171 5841	-0,1169 0541	225 4821
80	0,2777 4833	127 6515	-0,0738 0495	176 3880	-0,0943 5720	229 2450
85	0,2905 1348	132 7592	-0,0561 6615	181 5397	-0,0714 3270	233 3905
90	0,3037 8940	138 2499	-0,0380 1218	187 0773	-0,0480 9365	237 9551
95	0,3176 1439	144 1677	-0,0193 0445	193 0445	-0,0242 9814	242 9814
1,00	0,3320 3116		-0,0000 0000		-0,0000 0000	

$-\lg \cos \Theta = 0{,}8582\ 9324$ $\Theta = 82^{\circ}2{,}05'$

$K(q) = 3{,}3740\ 4631$ $K/E = 3{,}2832\ 7239$

q = 0,24

z	$\lg \frac{\text{sn } u}{\sin x}$	Δ	$\lg \frac{\text{cn } u}{\cos x}$	Δ	lg dn u	Δ
-1,00	0,0000 0000	50 5918	-0,5569 8842	104 1481	-0,9014 0052	257 8767
95	0,0050 5918	51 5748	-0,5465 7361	105 0672	-0,8756 1285	252 0505
90	0,0102 1666	52 5923	-0,5360 6689	106 0241	-0,8504 0780	246 7808
85	0,0154 7589	53 6457	-0,5254 6448	107 0205	-0,8257 2972	242 0127
80	0,0208 4046	54 7369	-0,5147 6243	108 0583	-0,8015 2845	237 6991
-0,75	0,0263 1415	55 8681	-0,5039 5660	109 1394	-0,7777 5854	233 8000
70	0,0319 0096	57 0413	-0,4930 4266	110 2660	-0,7543 7854	230 2808
65	0,0376 0509	58 2586	-0,4820 1606	111 4401	-0,7313 5046	227 1119
60	0,0434 3095	59 5228	-0,4708 7205	112 6644	-0,7086 3927	224 2675
55	0,0493 8323	60 8361	-0,4596 0561	113 9413	-0,6862 1252	221 7257
-0,50	0,0554 6684	62 2017	-0,4482 1148	115 2738	-0,6640 3995	219 4673
45	0,0616 8701	63 6223	-0,4366 8410	116 6647	-0,6420 9322	217 4762
40	0,0680 4924	65 1016	-0,4250 1763	118 1174	-0,6203 4560	215 7382
35	0,0745 5940	66 6426	-0,4132 0589	119 6355	-0,5987 7178	214 2414
30	0,0812 2366	68 2493	-0,4012 4234	121 2225	-0,5773 4764	212 9760
-0,25	0,0880 4859	69 9262	-0,3891 2009	122 8827	-0,5560 5004	211 9335
20	0,0950 4121	71 6773	-0,3768 3182	124 6208	-0,5348 5669	211 1073
15	0,1022 0894	73 5076	-0,3643 6974	126 4412	-0,5137 4596	210 4921
10	0,1095 5970	75 4225	-0,3517 2562	128 3494	-0,4926 9675	210 0841
05	0,1171 0195	77 4277	-0,3388 9068	130 3514	-0,4716 8834	209 8808
0,00	0,1248 4472	79 5294	-0,3258 5554	132 4531	-0,4507 0026	209 8808
05	0,1327 9766	81 7346	-0,3126 1023	134 6616	-0,4297 1218	210 0841
10	0,1409 7112	84 0510	-0,2991 4407	136 9846	-0,4087 0377	210 4921
15	0,1493 7622	86 4865	-0,2854 4561	139 4300	-0,3876 5456	211 1073
20	0,1580 2487	89 0508	-0,2715 0261	142 0073	-0,3665 4383	211 9335
0,25	0,1669 2995	91 7534	-0,2573 0188	144 7266	-0,3453 5048	212 9760
30	0,1761 0529	94 6061	-0,2428 2922	147 5988	-0,3240 5288	214 2415
35	0,1855 6590	97 6207	-0,2280 6934	150 6367	-0,3026 2873	215 7381
40	0,1953 2797	100 8115	-0,2130 0567	153 8538	-0,2810 5492	217 4762
45	0,2054 0912	104 1936	-0,1976 2029	157 2657	-0,2593 0730	219 4674
0,50	0,2158 2848	107 7843	-0,1818 9372	160 8895	-0,2373 6056	221 7257
55	0,2266 0691	111 6031	-0,1658 0477	164 7448	-0,2151 8799	224 2674
60	0,2377 6722	115 6718	-0,1493 3029	168 8532	-0,1927 6125	227 1119
65	0,2493 3440	120 0148	-0,1324 4497	173 2395	-0,1700 5006	230 2808
70	0,2613 3588	124 6606	-0,1151 2102	177 9319	-0,1470 2198	233 8000
0,75	0,2738 0194	129 6408	-0,0973 2783	182 9622	-0,1236 4198	237 6991
80	0,2867 6602	134 9921	-0,0790 3161	188 3670	-0,0998 7207	242 0127
85	0,3002 6523	140 7568	-0,0601 9491	194 1886	-0,0756 7080	246 7808
90	0,3143 4091	146 9833	-0,0407 7605	200 4756	-0,0509 9272	252 0505
95	0,3290 3924	153 7286	-0,0207 2849	207 2849	-0,0257 8767	257 8767
1,00	0,3444 1210		-0,0000 0000		-0,0000 0000	

$-\lg \cos \Theta = 0{,}9014\ 0052$ $\Theta = 82^{\circ}47{,}47'$

$K(q) = 3{,}4716\ 1836$ $K/E = 3{,}3921\ 3457$

q = 0,25

z	$\lg \frac{\text{sn } u}{\sin x}$	Δ	$\lg \frac{\text{cn } u}{\cos x}$	Δ	lg dn u	Δ
-1,00	0,0000 0000	51 1768	-0,5886 0628	109 6808	-0,9453 0535	273 3882
95	0,0051 1768	52 2000	-0,5776 3820	110 6219	-0,9179 6653	266 6642
90	0,0103 3768	53 2599	-0,5665 7601	111 6046	-0,8913 0011	260 6084
85	0,0156 6367	54 3586	-0,5554 1555	112 6302	-0,8652 3927	255 1500
80	0,0210 9953	55 4982	-0,5441 5253	113 7014	-0,8397 2427	250 2296
-0,75	0,0266 4935	56 6805	-0,5327 8239	114 8198	-0,8147 0131	245 7958
70	0,0323 1740	57 9084	-0,5213 0041	115 9880	-0,7901 2173	241 8054
65	0,0381 0824	59 1840	-0,5097 0161	117 2084	-0,7659 4119	238 2214
60	0,0440 2664	60 5102	-0,4979 8077	118 4838	-0,7421 1905	235 0119
55	0,0500 7766	61 8901	-0,4861 3239	119 8169	-0,7186 1786	232 1497
-0,50	0,0562 6667	63 3264	-0,4741 5070	121 2111	-0,6954 0289	229 6113
45	0,0625 9931	64 8230	-0,4620 2959	122 6697	-0,6724 4176	227 3770
40	0,0690 8161	66 3832	-0,4497 6262	124 1963	-0,6497 0406	225 4294
35	0,0757 1993	68 0113	-0,4373 4299	125 7948	-0,6271 6112	223 7543
30	0,0825 2106	69 7112	-0,4247 6351	127 4695	-0,6047 8569	222 3395
-0,25	0,0894 9218	71 4880	-0,4120 1656	129 2253	-0,5825 5174	221 1750
20	0,0966 4098	73 3467	-0,3990 9403	131 0672	-0,5604 3424	220 2528
15	0,1039 7565	75 2925	-0,3859 8731	133 0005	-0,5384 0896	219 5665
10	0,1115 0490	77 3320	-0,3726 8726	135 0315	-0,5164 5231	219 1116
05	0,1192 3810	79 4713	-0,3591 8411	137 1667	-0,4945 4115	218 8847
0,00	0,1271 8523	81 7181	-0,3454 6744	139 4134	-0,4726 5268	218 8848
05	0,1353 5704	84 0801	-0,3315 2610	141 7796	-0,4507 6420	219 1116
10	0,1437 6505	86 5660	-0,3173 4814	144 2739	-0,4288 5304	219 5664
15	0,1524 2165	89 1856	-0,3029 2075	146 9062	-0,4068 9640	220 2529
20	0,1613 4021	91 9497	-0,2882 3013	149 6870	-0,3848 7111	221 1750
0,25	0,1705 3518	94 8699	-0,2732 6143	152 6282	-0,3627 5361	222 3395
30	0,1800 2217	97 9596	-0,2579 9861	155 7431	-0,3405 1966	223 7543
35	0,1898 1813	101 2331	-0,2424 2430	159 0462	-0,3181 4423	225 4294
40	0,1999 4144	104 7073	-0,2265 1968	162 5540	-0,2956 0129	227 3769
45	0,2104 1217	108 4002	-0,2102 6428	166 2849	-0,2728 6360	229 6114
0,50	0,2212 5219	112 3328	-0,1936 3579	170 2596	-0,2499 0246	232 1497
55	0,2324 8547	116 5281	-0,1766 0983	174 5017	-0,2266 8749	235 0119
60	0,2441 3828	121 0130	-0,1591 5966	179 0374	-0,2031 8630	238 2214
65	0,2562 3958	125 8174	-0,1412 5592	183 8970	-0,1793 6416	241 8054
70	0,2688 2132	130 9760	-0,1228 6622	189 1152	-0,1551 8362	245 7958
0,75	0,2819 1892	136 5282	-0,1039 5470	194 7315	-0,1306 0404	250 2295
80	0,2955 7174	142 5198	-0,0844 8155	200 7914	-0,1055 8109	255 1501
85	0,3098 2372	149 0039	-0,0644 0241	207 3485	-0,0800 6608	260 6084
90	0,3247 2411	156 0421	-0,0436 6756	214 4641	-0,0540 0524	266 6642
95	0,3403 2832	163 7076	-0,0222 2115	222 2115	-0,0273 3882	273 3882
1,00	0,3566 9908		-0,0000 0000		-0,0000 0000	

$-\lg \cos \Theta = 0{,}9453\ 0535$ $\Theta = 83^{\circ}29{,}25'$

$K(q) = 3{,}5712\ 3929$ $K/E = 3{,}5019\ 7385$

q = 0,26

z	lg $\frac{\text{sn } u}{\sin x}$	Δ	lg $\frac{\text{cn } u}{\cos x}$	Δ	lg dn u	Δ
-1,00	0,0000 0000	51 6975	-0,6211 5378	115 4286	-0,9900 5417	289 5563
95	0,0051 6975	52 7586	-0,6096 1092	116 3857	-0,9610 9854	281 8263
90	0,0104 4561	53 8592	-0,5979 7235	117 3881	-0,9329 1591	274 8962
85	0,0158 3153	55 0011	-0,5862 3354	118 4376	-0,9054 2629	268 6753
80	0,0213 3164	56 1866	-0,5743 8978	119 5363	-0,8785 5876	263 0877
-0,75	0,0269 5030	57 4184	-0,5624 3615	120 6871	-0,8522 4999	258 0693
70	0,0326 9214	58 6987	-0,5503 6744	121 8919	-0,8264 4306	253 5664
65	0,0385 6201	60 0306	-0,5381 7825	123 1539	-0,8010 8642	249 5327
60	0,0445 6507	61 4170	-0,5258 6286	124 4760	-0,7761 3315	245 9291
55	0,0507 0677	62 8613	-0,5134 1526	125 8613	-0,7515 4024	242 7222
-0,50	0,0569 9290	64 3667	-0,5008 2913	127 3133	-0,7272 6802	239 8837
45	0,0634 2957	65 9372	-0,4880 9780	128 8358	-0,7032 7965	237 3891
40	0,0700 2329	67 5770	-0,4752 1422	130 4330	-0,6795 4074	235 2180
35	0,0767 8099	69 2905	-0,4621 7092	132 1092	-0,6560 1894	233 3530
30	0,0837 1004	71 0824	-0,4489 6000	133 8693	-0,6326 8364	231 7795
-0,25	0,0908 1828	72 9580	-0,4355 7307	135 7183	-0,6095 0569	230 4856
20	0,0981 1408	74 9233	-0,4220 0124	137 6624	-0,5864 5713	229 4616
15	0,1056 0641	76 9843	-0,4082 3500	139 7076	-0,5635 1097	228 6999
10	0,1133 0484	79 1480	-0,3942 6424	141 8606	-0,5406 4098	228 1952
05	0,1212 1964	81 4220	-0,3800 7818	144 1293	-0,5178 2146	227 9437
0,00	0,1293 6184	83 8144	-0,3656 6525	146 5218	-0,4950 2709	227 9438
05	0,1377 4328	86 3346	-0,3510 1307	149 0472	-0,4722 3271	228 1952
10	0,1463 7674	88 9924	-0,3361 0835	151 7156	-0,4494 1319	228 6999
15	0,1552 7598	91 7991	-0,3209 3679	154 5383	-0,4265 4320	229 4616
20	0,1644 5589	94 7672	-0,3054 8296	157 5275	-0,4035 9704	230 4855
0,25	0,1739 3261	97 9103	-0,2897 3021	160 6971	-0,3805 4849	231 7795
30	0,1837 2364	101 2438	-0,2736 6050	164 0626	-0,3573 7054	233 3530
35	0,1938 4802	104 7850	-0,2572 5424	167 6410	-0,3340 3524	235 2180
40	0,2043 2652	108 5533	-0,2404 9014	171 4518	-0,3105 1344	237 3892
45	0,2151 8185	112 5704	-0,2233 4496	175 5170	-0,2867 7452	239 8836
0,50	0,2264 3889	116 8609	-0,2057 9326	179 8610	-0,2627 8616	242 7223
55	0,2381 2498	121 4532	-0,1878 0716	184 5121	-0,2385 1393	245 9291
60	0,2502 7030	126 3787	-0,1693 5595	189 5020	-0,2139 2102	249 5327
65	0,2629 0817	131 6744	-0,1504 0575	194 8677	-0,1889 6775	253 5663
70	0,2760 7561	137 3824	-0,1309 1898	200 6510	-0,1636 1112	258 0694
0,75	0,2898 1385	143 5512	-0,1108 5388	206 9010	-0,1378 0418	263 0876
80	0,3041 6897	150 2378	-0,0901 6378	213 6742	-0,1114 9542	268 6753
85	0,3191 9275	157 5081	-0,0687 9636	221 0371	-0,0846 2789	274 8962
90	0,3349 4356	165 4406	-0,0466 9265	229 0677	-0,0571 3827	281 8263
95	0,3514 8762	174 1278	-0,0237 8588	237 8588	-0,0289 5564	289 5564
1,00	0,3689 0040		-0,0000 0000		-0,0000 0000	

-lg cos Θ = 0,9900 5417   Θ = 84°7,65'

K(q) = 3,6729 9444   K/E = 3,6129 2877

q = 0,27

z	$\lg \frac{\mathrm{sn}\,u}{\sin x}$	Δ	$\lg \frac{\mathrm{cn}\,u}{\cos x}$	Δ	lg dn u	Δ
-1,00	0,0000 0000	52 1591	-0,6546 7111	121 4093	-1,0356 9535	306 4232
95	0,0052 1591	53 2561	-0,6425 3018	122 3755	-1,0050 5303	297 5687
90	0,0105 4152	54 3951	-0,6302 9263	123 3909	-0,9752 9616	289 6681
85	0,0159 8103	55 5780	-0,6179 5354	124 4577	-0,9463 2935	282 6063
80	0,0215 3883	56 8075	-0,6055 0777	125 5783	-0,9180 6872	276 2877
-0,75	0,0272 1958	58 0862	-0,5929 4994	126 7552	-0,8904 3995	270 6324
70	0,0330 2820	59 4171	-0,5802 7442	127 9913	-0,8633 7671	265 5735
65	0,0389 6991	60 8030	-0,5674 7529	129 2896	-0,8368 1936	261 0541
60	0,0450 5021	62 2474	-0,5545 4633	130 6532	-0,8107 1395	257 0266
55	0,0512 7495	63 7539	-0,5414 8101	132 0860	-0,7850 1129	253 4505
-0,50	0,0576 5034	65 3264	-0,5282 7241	133 5913	-0,7596 6624	250 2910
45	0,0641 8298	66 9689	-0,5149 1328	135 1739	-0,7346 3714	247 5193
40	0,0708 7987	68 6864	-0,5013 9589	136 8378	-0,7098 8521	245 1107
35	0,0777 4851	70 4834	-0,4877 1211	138 5883	-0,6853 7414	243 0441
30	0,0847 9685	72 3655	-0,4738 5328	140 4304	-0,6610 6973	241 3026
-0,25	0,0920 3340	74 3387	-0,4598 1024	142 3705	-0,6369 3947	239 8718
20	0,0994 6727	76 4094	-0,4455 7319	144 4145	-0,6129 5229	238 7403
15	0,1071 0821	78 5846	-0,4311 3174	146 5698	-0,5890 7826	237 8992
10	0,1149 6667	80 8719	-0,4164 7476	148 8440	-0,5652 8834	237 3421
05	0,1230 5386	83 2803	-0,4015 9036	151 2458	-0,5415 5413	237 0645
0,00	0,1313 8189	85 8189	-0,3864 6578	153 7842	-0,5178 4768	237 0646
05	0,1399 6378	88 4981	-0,3710 8736	156 4701	-0,4941 4122	237 3421
10	0,1488 1359	91 3294	-0,3554 4035	159 3147	-0,4704 0701	237 8992
15	0,1579 4653	94 3257	-0,3395 0888	162 3309	-0,4466 1709	238 7403
20	0,1673 7910	97 5014	-0,3232 7579	165 5331	-0,4227 4306	239 8718
0,25	0,1771 2924	100 8721	-0,3067 2248	168 9370	-0,3987 5588	241 3025
30	0,1872 1645	104 4559	-0,2898 2878	172 5607	-0,3746 2563	243 0442
35	0,1976 6204	108 2727	-0,2725 7271	176 4243	-0,3503 2121	245 1106
40	0,2084 8931	112 3456	-0,2549 3028	180 5504	-0,3258 1015	247 5194
45	0,2197 2387	116 6996	-0,2368 7524	184 9646	-0,3010 5821	250 2910
0,50	0,2313 9383	121 3645	-0,2183 7878	189 6966	-0,2760 2911	253 4504
55	0,2435 3028	126 3734	-0,1994 0912	194 7792	-0,2506 8407	257 0267
60	0,2561 6762	131 7646	-0,1799 3120	200 2511	-0,2249 8140	261 0541
65	0,2693 4408	137 5821	-0,1599 0609	206 1564	-0,1988 7599	265 5734
70	0,2831 0229	143 8772	-0,1392 9045	212 5462	-0,1723 1865	270 6324
0,75	0,2974 9001	150 7094	-0,1180 3583	219 4802	-0,1452 5541	276 2878
80	0,3125 6095	158 1486	-0,0960 8781	227 0284	-0,1176 2663	282 6063
85	0,3283 7581	166 2772	-0,0733 8497	235 2730	-0,0893 6600	289 6681
90	0,3450 0353	175 1932	-0,0498 5767	244 3125	-0,0603 9919	297 5687
95	0,3625 2285	185 0140	-0,0254 2642	254 2642	-0,0306 4232	306 4232
1,00	0,3810 2425		-0,0000 0000		-0,0000 0000	

-lg cos Θ = 1,0356 9535 Θ = 84°42,90'

K(q) = 3,7769 7511 K/E = 3,7251 4855

q = 0,28

z	$\lg \frac{\text{sn } u}{\sin x}$	Δ	$\lg \frac{\text{cn } u}{\cos x}$	Δ	lg dn u	Δ
-1,00	0,0000 0000	52 5667	-0,6892 0066	127 6415	-1,0822 7938	324 0339
95	0,0052 5667	53 6974	-0,6764 3651	128 6091	-1,0498 7599	313 9238
90	0,0106 2641	54 8726	-0,6635 7560	129 6300	-1,0184 8361	304 9485
85	0,0161 1367	56 0943	-0,6506 1260	130 7070	-0,9879 8876	296 9619
80	0,0217 2310	57 3654	-0,6375 4190	131 8423	-0,9582 9257	289 8443
-0,75	0,0274 5964	58 6890	-0,6243 5767	133 0391	-0,9293 0814	283 4966
70	0,0333 2854	60 0679	-0,6110 5376	134 3001	-0,9009 5848	277 8364
65	0,0393 3533	61 5055	-0,5976 2375	135 6287	-0,8731 7484	272 7944
60	0,0454 8588	63 0058	-0,5840 6088	137 0284	-0,8458 9540	268 3123
55	0,0517 8646	64 5722	-0,5703 5804	138 5031	-0,8190 6417	264 3416
-0,50	0,0582 4368	66 2094	-0,5565 0773	140 0570	-0,7926 3001	260 8405
45	0,0648 6462	67 9219	-0,5425 0203	141 6948	-0,7665 4596	257 7746
40	0,0716 5681	69 7146	-0,5283 3255	143 4211	-0,7407 6850	255 1142
35	0,0786 2827	71 5932	-0,5139 9044	145 2420	-0,7152 5708	252 8347
30	0,0857 8759	73 5638	-0,4994 6624	147 1628	-0,6899 7361	250 9159
-0,25	0,0931 4397	75 6326	-0,4847 4996	149 1905	-0,6648 8202	249 3409
20	0,1007 0723	77 8071	-0,4698 3091	151 3320	-0,6399 4793	248 0964
15	0,1084 8794	80 0951	-0,4546 9771	153 5954	-0,6151 3829	247 1718
10	0,1164 9745	82 5053	-0,4393 3817	155 9890	-0,5904 2111	246 5595
05	0,1247 4798	85 0473	-0,4237 3927	158 5229	-0,5657 6516	246 2547
0,00	0,1332 5271	87 7318	-0,4078 8698	161 2074	-0,5411 3969	246 2547
05	0,1420 2589	90 5705	-0,3917 6624	164 0542	-0,5165 1422	246 5595
10	0,1510 8294	93 5765	-0,3753 6082	167 0767	-0,4918 5827	247 1718
15	0,1604 4059	96 7644	-0,3586 5315	170 2893	-0,4671 4109	248 0964
20	0,1701 1703	100 1504	-0,3416 2422	173 7083	-0,4423 3145	249 3409
0,25	0,1801 3207	103 7530	-0,3242 5339	177 3521	-0,4173 9736	250 9159
30	0,1905 0737	107 5928	-0,3065 1818	181 2415	-0,3923 0577	252 8347
35	0,2012 6665	111 6930	-0,2883 9403	185 3995	-0,3670 2230	255 1142
40	0,2124 3595	116 0798	-0,2698 5408	189 8527	-0,3415 1088	257 7745
45	0,2240 4393	120 7835	-0,2508 6881	194 6312	-0,3157 3343	260 8406
0,50	0,2361 2228	125 8385	-0,2314 0569	199 7693	-0,2896 4937	264 3416
55	0,2487 0613	131 2839	-0,2114 2876	205 3067	-0,2632 1521	268 3123
60	0,2618 3452	137 1657	-0,1908 9809	211 2887	-0,2363 8398	272 7943
65	0,2755 5109	143 5363	-0,1697 6922	217 7685	-0,2091 0455	277 8364
70	0,2899 0472	150 4576	-0,1479 9237	224 8078	-0,1813 2091	283 4967
0,75	0,3049 5048	158 0019	-0,1255 1159	232 4788	-0,1529 7124	289 8443
80	0,3207 5067	166 2549	-0,1022 6371	240 8676	-0,1239 8681	296 9619
85	0,3373 7616	175 3184	-0,0781 7695	250 0759	-0,0942 9062	304 9485
90	0,3549 0800	185 3149	-0,0531 6936	260 2264	-0,0637 9577	313 9238
95	0,3734 3949	196 3923	-0,0271 4672	271 4672	-0,0324 0339	324 0339
1,00	0,3930 7872		-0,0000 0000		-0,0000 0000	

-lg cos Θ = 1,0822 7938 Θ = 85°15,23'

K(q) = 3,8832 7901 K/E = 3,8387 9194

q = 0,29

z	$\lg \frac{\mathrm{sn}\, u}{\sin x}$	Δ	$\lg \frac{\mathrm{cn}\, u}{\cos x}$	Δ	lg dn u	Δ
-1,00	0,0000 0000	52 9250	-0,7247 8719	134 1450	-1,1298 5899	342 4355
95	0,0052 9250	54 0874	-0,7113 7269	135 1050	-1,0956 1544	330 9261
90	0,0107 0124	55 2964	-0,6978 6219	136 1232	-1,0625 2283	320 7625
85	0,0162 3088	56 5547	-0,6842 4987	137 2022	-1,0304 4658	311 7608
80	0,0218 8635	57 8651	-0,6705 2965	138 3449	-0,9992 7050	303 7721
-0,75	0,0276 7286	59 2311	-0,6566 9516	139 5540	-0,9688 9329	296 6739
70	0,0335 9597	60 6557	-0,6427 3976	140 8329	-0,9392 2590	290 3653
65	0,0396 6154	62 1427	-0,6286 5647	142 1852	-0,9101 8937	284 7620
60	0,0458 7581	63 6961	-0,6144 3795	143 6147	-0,8817 1317	279 7943
55	0,0522 4542	65 3202	-0,6000 7648	145 1254	-0,8537 3374	275 4033
-0,50	0,0587 7744	67 0197	-0,5855 6394	146 7223	-0,8261 9341	271 5397
45	0,0654 7941	68 7995	-0,5708 9171	148 4100	-0,7990 3944	268 1621
40	0,0723 5936	70 6655	-0,5560 5071	150 1941	-0,7722 2323	265 2360
35	0,0794 2591	72 6233	-0,5410 3130	152 0807	-0,7456 9963	262 7324
30	0,0866 8824	74 6799	-0,5258 2323	154 0762	-0,7194 2639	260 6270
-0,25	0,0941 5623	76 8424	-0,5104 1561	156 1879	-0,6933 6369	258 9008
20	0,1018 4047	79 1187	-0,4947 9682	158 4237	-0,6674 7361	257 5376
15	0,1097 5234	81 5180	-0,4789 5445	160 7925	-0,6417 1985	256 5256
10	0,1179 0414	84 0495	-0,4628 7520	163 3038	-0,6160 6729	255 8557
05	0,1263 0909	86 7241	-0,4465 4482	165 9683	-0,5904 8172	255 5223
0,00	0,1349 8150	89 5539	-0,4299 4799	168 7980	-0,5649 2949	255 5222
05	0,1439 3689	92 5520	-0,4130 6819	171 8063	-0,5393 7727	255 8557
10	0,1531 9209	95 7331	-0,3958 8756	175 0076	-0,5137 9170	256 5256
15	0,1627 6540	99 1139	-0,3783 8680	178 4189	-0,4881 3914	257 5376
20	0,1726 7679	102 7129	-0,3605 4491	182 0584	-0,4623 8538	258 9008
0,25	0,1829 4808	106 5508	-0,3423 3907	185 9471	-0,4364 9530	260 6271
30	0,1936 0316	110 6517	-0,3237 4436	190 1091	-0,4104 3259	262 7323
35	0,2046 6833	115 0419	-0,3047 3345	194 5706	-0,3841 5936	265 2360
40	0,2161 7252	119 7521	-0,2852 7639	199 3626	-0,3576 3576	268 1622
45	0,2281 4773	124 8175	-0,2653 4013	204 5200	-0,3308 1954	271 5397
0,50	0,2406 2948	130 2778	-0,2448 8813	210 0830	-0,3036 6557	275 4032
55	0,2536 5726	136 1796	-0,2238 7983	216 0982	-0,2761 2525	279 7943
60	0,2672 7522	142 5768	-0,2022 7001	222 6193	-0,2481 4582	284 7620
65	0,2815 3290	149 5323	-0,1800 0808	229 7096	-0,2196 6962	290 3653
70	0,2964 8613	157 1200	-0,1570 3712	237 4428	-0,1906 3309	296 6739
0,75	0,3121 9813	165 4273	-0,1332 9284	245 9070	-0,1609 6570	303 7721
80	0,3287 4086	174 5585	-0,1087 0214	255 2061	-0,1305 8849	311 7609
85	0,3461 9671	184 6393	-0,0831 8153	265 4661	-0,0994 1240	320 7624
90	0,3646 6064	195 8211	-0,0566 3492	276 8388	-0,0673 3616	330 9262
95	0,3842 4275	208 2904	-0,0289 5104	289 5104	-0,0342 4354	342 4354
1,00	0,4050 7179		-0,0000 0000		-0,0000 0000	

$-\lg \cos \Theta = 1{,}1298\ 5898$ $\Theta = 85^{0}44{,}84'$

$K(q) = 3{,}9920\ 1044$ $K/E = 3{,}9540\ 2632$

q = 0,30

z	lg $\frac{\text{sn u}}{\sin x}$	Δ	lg $\frac{\text{cn u}}{\cos x}$	Δ	lg dn u	Δ
-1,00	0,0000 0000	53 2388	-0,7614 7799	140 9406	-1,1784 8935	361 6781
95	0,0053 2388	54 4304	-0,7473 8393	141 8830	-1,1423 2154	348 6111
90	0,0107 6692	55 6711	-0,7331 9563	142 8891	-1,1074 6043	337 1359
85	0,0163 3403	56 9635	-0,7189 0672	143 9613	-1,0737 4684	327 0225
80	0,0220 3038	58 3111	-0,7045 1059	145 1025	-1,0410 4459	318 0861
-0,75	0,0278 6149	59 7170	-0,6900 0034	146 3159	-1,0092 3598	310 1762
70	0,0338 3319	61 1847	-0,6753 6875	147 6050	-0,9782 1836	303 1700
65	0,0399 5166	62 7187	-0,6606 0825	148 9737	-0,9479 0136	296 9663
60	0,0462 2353	64 3228	-0,6457 1088	150 4259	-0,9182 0473	291 4808
55	0,0526 5581	66 0019	-0,6306 6829	151 9662	-0,8890 5665	286 6435
-0,50	0,0592 5600	67 7611	-0,6154 7167	153 5997	-0,8603 9230	282 3962
45	0,0660 3211	69 6057	-0,6001 1170	155 3315	-0,8321 5268	278 6899
40	0,0729 9268	71 5422	-0,5845 7855	157 1681	-0,8042 8369	275 4842
35	0,0801 4690	73 5768	-0,5688 6174	159 1153	-0,7767 3527	272 7450
30	0,0875 0458	75 7170	-0,5529 5021	161 1810	-0,7494 6077	270 4444
-0,25	0,0950 7628	77 9708	-0,5368 3211	163 3725	-0,7224 1633	268 5596
20	0,1028 7336	80 3469	-0,5204 9486	165 6992	-0,6955 6037	267 0726
15	0,1109 0805	82 8552	-0,5039 2494	168 1701	-0,6688 5311	265 9693
10	0,1191 9357	85 5061	-0,4871 0793	170 7964	-0,6422 5618	265 2392
05	0,1277 4418	88 3120	-0,4700 2829	173 5900	-0,6157 3226	264 8758
0,00	0,1365 7538	91 2860	-0,4526 6929	176 5638	-0,5892 4468	264 8759
05	0,1457 0398	94 4428	-0,4350 1291	179 7330	-0,5627 5709	265 2392
10	0,1551 4826	97 7990	-0,4170 3961	183 1141	-0,5362 3317	265 9692
15	0,1649 2816	101 3735	-0,3987 2820	186 7257	-0,5096 3625	267 0726
20	0,1750 6551	105 1871	-0,3800 5563	190 5889	-0,4829 2899	268 5597
0,25	0,1855 8422	109 2634	-0,3609 9674	194 7273	-0,4560 7302	270 4443
30	0,1965 1056	113 6297	-0,3415 2401	199 1682	-0,4290 2859	272 7450
35	0,2078 7353	118 3161	-0,3216 0719	203 9420	-0,4017 5409	275 4842
40	0,2197 0514	123 3584	-0,3012 1299	209 0843	-0,3742 0567	278 6900
45	0,2320 4098	128 7966	-0,2803 0456	214 6351	-0,3463 3667	282 3962
0,50	0,2449 2064	134 6772	-0,2588 4105	220 6416	-0,3180 9705	286 6435
55	0,2583 8836	141 0549	-0,2367 7689	227 1579	-0,2894 3270	291 4807
60	0,2724 9385	147 9926	-0,2140 6110	234 2477	-0,2602 8463	296 9663
65	0,2872 9311	155 5651	-0,1906 3633	241 9852	-0,2305 8800	303 1701
70	0,3028 4962	163 8602	-0,1664 3781	250 4593	-0,2002 7099	310 1762
0,75	0,3192 3564	172 9836	-0,1413 9188	259 7750	-0,1692 5337	318 0860
80	0,3365 3400	183 0613	-0,1154 1438	270 0589	-0,1374 4477	327 0226
85	0,3548 4013	194 2468	-0,0884 0849	281 4648	-0,1047 4251	337 1359
90	0,3742 6481	206 7280	-0,0602 6201	294 1807	-0,0710 2892	348 6111
95	0,3949 3761	220 7376	-0,0308 4394	308 4394	-0,0361 6781	361 6781
1,00	0,4170 1137		-0,0000 0000		-0,0000 0000	

-lg cos Θ = 1,1784 8935 Θ = 86°11,91'

K(q) = 4,1032 8084 K/E = 4,0710 2691

q = 0,31

z	lg $\frac{\text{sn u}}{\sin x}$	Δ	lg $\frac{\text{cn u}}{\cos x}$	Δ	lg dn u	Δ
-1,00	0,0000 0000	53 5121	-0,7993 2306	148 0500	-1,2282 2832	381 8152
95	0,0053 5121	54 7308	-0,7845 1806	148 9641	-1,1900 4680	367 0159
90	0,0108 2429	56 0011	-0,7696 2165	149 9474	-1,1533 4521	354 0954
85	0,0164 2440	57 3253	-0,7546 2691	151 0025	-1,1179 3567	342 7666
80	0,0221 5693	58 7075	-0,7395 2666	152 1330	-1,0836 5901	332 8012
-0,75	0,0280 2768	60 1509	-0,7243 1336	153 3416	-1,0503 7889	324 0157
70	0,0340 4277	61 6595	-0,7089 7920	154 6324	-1,0179 7732	316 2614
65	0,0402 0872	63 2375	-0,6935 1596	156 0092	-0,9863 5118	309 4162
60	0,0465 3247	64 8898	-0,6779 1504	157 4765	-0,9554 0956	303 3804
55	0,0530 2145	66 6212	-0,6621 6739	159 0390	-0,9250 7152	298 0706
-0,50	0,0596 8357	68 4373	-0,6462 6349	160 7023	-0,8952 6446	293 4184
45	0,0665 2730	70 3442	-0,6301 9326	162 4721	-0,8659 2262	289 3663
40	0,0735 6172	72 3484	-0,6139 4605	164 3547	-0,8369 8599	285 8672
35	0,0807 9656	74 4570	-0,5975 1058	166 3574	-0,8083 9927	282 8813
30	0,0882 4226	76 6782	-0,5808 7484	168 4878	-0,7801 1114	280 3765
-0,25	0,0959 1008	79 0206	-0,5640 2606	170 7548	-0,7520 7349	278 3266
20	0,1038 1214	81 4940	-0,5469 5058	173 1680	-0,7242 4083	276 7104
15	0,1119 6154	84 1088	-0,5296 3378	175 7377	-0,6965 6979	275 5120
10	0,1203 7242	86 8772	-0,5120 6001	178 4761	-0,6690 1859	274 7193
05	0,1290 6014	89 8124	-0,4942 1240	181 3962	-0,6415 4666	274 3250
0,00	0,1380 4138	92 9288	-0,4760 7278	184 5126	-0,6141 1416	274 3250
05	0,1473 3426	96 2432	-0,4576 2152	187 8421	-0,5866 8166	274 7193
10	0,1569 5858	99 7743	-0,4388 3731	191 4032	-0,5592 0973	275 5120
15	0,1669 3601	103 5424	-0,4196 9699	195 2164	-0,5316 5853	276 7104
20	0,1772 9025	107 5718	-0,4001 7535	199 3060	-0,5039 8749	278 3266
0,25	0,1880 4743	111 8887	-0,3802 4475	203 6983	-0,4761 5483	280 3765
30	0,1992 3630	116 5239	-0,3598 7492	208 4243	-0,4481 1718	282 8813
35	0,2108 8869	121 5125	-0,3390 3249	213 5188	-0,4198 2905	285 8672
40	0,2230 3994	126 8943	-0,3176 8061	219 0222	-0,3912 4233	289 3663
45	0,2357 2937	132 7160	-0,2957 7839	224 9810	-0,3623 0570	293 4184
0,50	0,2490 0097	139 0316	-0,2732 8029	231 4494	-0,3329 6386	298 0706
55	0,2629 0413	145 9039	-0,2501 3535	238 4905	-0,3031 5680	303 3804
60	0,2774 9452	153 4071	-0,2262 8630	246 1788	-0,2728 1876	309 4163
65	0,2928 3523	161 6289	-0,2016 6842	254 6019	-0,2418 7713	316 2613
70	0,3089 9812	170 6741	-0,1762 0823	263 8648	-0,2102 5100	324 0157
0,75	0,3260 6553	180 6682	-0,1498 2175	274 0937	-0,1778 4943	332 8012
80	0,3441 3235	191 7640	-0,1224 1238	285 4412	-0,1445 6931	342 7666
85	0,3633 0875	204 1481	-0,0938 6826	298 0944	-0,1102 9265	354 0954
90	0,3837 2356	218 0518	-0,0640 5882	312 2851	-0,0748 8311	367 0159
95	0,4055 2874	233 7651	-0,0328 3031	328 3031	-0,0381 8152	381 8152
1,00	0,4289 0525		-0,0000 0000		-0,0000 0000	

-lg cos Θ = 1,2282 2832 Θ = 86°36,62'

K(q) = 4,2172 0904 K/E = 4,1899 7614

q = 0,32

z	$\lg \frac{\operatorname{sn} u}{\sin x}$	Δ	$\lg \frac{\operatorname{cn} u}{\cos x}$	Δ	lg dn u	Δ
-1,00	0,0000 0000	53 7490	-0,8383 7538	155 4970	-1,2791 3656	402 9030
95	0,0053 7490	54 9929	-0,8228 2568	156 3700	-1,2388 4626	386 1794
90	0,0108 7419	56 2902	-0,8071 8868	157 3187	-1,2002 2832	371 6686
85	0,0165 0321	57 6442	-0,7914 5681	158 3459	-1,1630 6146	359 0131
80	0,0222 6763	59 0585	-0,7756 2222	159 4547	-1,1271 6015	347 9329
-0,75	0,0281 7348	60 5368	-0,7596 7675	160 6485	-1,0923 6686	338 2048
70	0,0342 2716	62 0837	-0,7436 1190	161 9316	-1,0585 4638	329 6496
65	0,0404 3553	63 7034	-0,7274 1874	163 3076	-1,0255 8142	322 1216
60	0,0468 0587	65 4011	-0,7110 8798	164 7814	-0,9933 6926	315 5021
55	0,0533 4598	67 1820	-0,6946 0984	166 3584	-0,9618 1905	309 6934
-0,50	0,0600 6418	69 0524	-0,6779 7400	168 0438	-0,9308 4971	304 6150
45	0,0669 6942	71 0184	-0,6611 6962	169 8443	-0,9003 8821	300 2002
40	0,0740 7126	73 0875	-0,6441 8519	171 7667	-0,8703 6819	296 3939
35	0,0813 8001	75 2674	-0,6270 0852	173 8185	-0,8407 2880	293 1506
30	0,0889 0675	77 5665	-0,6096 2667	176 0083	-0,8114 1374	290 4330
-0,25	0,0966 6340	79 9948	-0,5920 2584	178 3455	-0,7823 7044	288 2112
20	0,1046 6288	82 5624	-0,5741 9129	180 8406	-0,7535 4932	286 4609
15	0,1129 1912	85 2814	-0,5561 0723	183 5052	-0,7249 0323	285 1637
10	0,1214 4726	88 1645	-0,5377 5671	186 3520	-0,6963 8686	284 3062
05	0,1302 6371	91 2266	-0,5191 2151	189 3960	-0,6679 5624	283 8796
0,00	0,1393 8637	94 4837	-0,5001 8191	192 6531	-0,6395 6828	283 8796
05	0,1488 3474	97 9541	-0,4809 1660	196 1416	-0,6111 8032	284 3062
10	0,1586 3015	101 6586	-0,4613 0244	199 8824	-0,5827 4970	285 1637
15	0,1687 9601	105 6202	-0,4413 1420	203 8984	-0,5542 3333	286 4609
20	0,1793 5803	109 8657	-0,4209 2436	208 2164	-0,5255 8724	288 2112
0,25	0,1903 4460	114 4247	-0,4001 0272	212 8665	-0,4967 6612	290 4330
30	0,2017 8707	119 3321	-0,3788 1607	217 8833	-0,4677 2282	293 1506
35	0,2137 2028	124 6272	-0,3570 2774	223 3063	-0,4384 0776	296 3939
40	0,2261 8300	130 3559	-0,3346 9711	229 1817	-0,4087 6837	300 2002
45	0,2392 1859	136 5711	-0,3117 7894	235 5627	-0,3787 4835	304 6150
0,50	0,2528 7570	143 3351	-0,2882 2267	242 5114	-0,3482 8685	309 6934
55	0,2672 0921	150 7207	-0,2639 7153	250 1010	-0,3173 1751	315 5021
60	0,2822 8128	158 8140	-0,2389 6143	258 4182	-0,2857 6730	322 1216
65	0,2981 6268	167 7180	-0,2131 1961	267 5659	-0,2535 5514	329 6496
70	0,3149 3448	177 5563	-0,1863 6302	277 6680	-0,2205 9018	338 2048
0,75	0,3326 9011	188 4782	-0,1585 9622	288 8745	-0,1867 6970	347 9329
80	0,3515 3793	200 6673	-0,1297 0877	301 3689	-0,1519 7641	359 0132
85	0,3716 0466	214 3497	-0,0995 7188	315 3783	-0,1160 7509	371 6685
90	0,3930 3963	229 8095	-0,0680 3405	331 1866	-0,0789 0824	386 1795
95	0,4160 2058	247 4060	-0,0349 1539	349 1539	-0,0402 9029	402 9029
1,00	0,4407 6118		-0,0000 0000		-0,0000 0000	

$-\lg \cos \Theta = 1,2791\ 3656$ $\qquad \Theta = 86^{\circ}59,14'$

$K(q) = 4,3339\ 2170$ $\qquad K/E = 4,3110\ 6330$

q = 0,33

z	$\lg \frac{\text{sn } u}{\sin x}$	Δ	$\lg \frac{\text{cn } u}{\cos x}$	Δ	lg dn u	Δ
-1,00	0,0000 0000	53 9535	-0,8786 9101	163 3060	-1,3312 7784	425 0015
95	0,0053 9535	55 2202	-0,8623 6041	164 1240	-1,2887 7769	406 1423
90	0,0109 1737	56 5426	-0,8459 4801	165 0250	-1,2481 6346	389 8834
85	0,0165 7163	57 9238	-0,8294 4551	166 0116	-1,2091 7512	375 7827
80	0,0223 6401	59 3680	-0,8128 4435	167 0872	-1,1715 9685	363 4970
-0,75	0,0283 0081	60 8789	-0,7961 3563	168 2553	-1,1352 4715	352 7562
70	0,0343 8870	62 4614	-0,7793 1010	169 5199	-1,0999 7153	343 3457
65	0,0406 3484	64 1201	-0,7623 5811	170 8852	-1,0656 3696	335 0921
60	0,0470 4685	65 8604	-0,7452 6959	172 3565	-1,0321 2775	327 8555
55	0,0536 3289	67 6881	-0,7280 3394	173 9388	-0,9993 4220	321 5211
-0,50	0,0604 0170	69 6098	-0,7106 4006	175 6385	-0,9671 9009	315 9954
45	0,0673 6268	71 6322	-0,6930 7621	177 4620	-0,9355 9055	311 2009
40	0,0745 2590	73 7632	-0,6753 3001	179 4169	-0,9044 7046	307 0741
35	0,0819 0222	76 0110	-0,6573 8832	181 5112	-0,8737 6305	303 5627
30	0,0895 0332	78 3852	-0,6392 3720	183 7542	-0,8434 0678	300 6241
-0,25	0,0973 4184	80 8962	-0,6208 6178	186 1560	-0,8133 4437	298 2238
20	0,1054 3146	83 5551	-0,6022 4618	188 7280	-0,7835 2199	296 3344
15	0,1137 8697	86 3751	-0,5833 7338	191 4827	-0,7538 8855	294 9352
10	0,1224 2448	89 3702	-0,5642 2511	194 4344	-0,7243 9503	294 0105
05	0,1313 6150	92 5565	-0,5447 8167	197 5989	-0,6949 9398	293 5506
0,00	0,1406 1715	95 9516	-0,5250 2178	200 9943	-0,6656 3892	293 5506
05	0,1502 1231	99 5761	-0,5049 2235	204 6402	-0,6362 8386	294 0105
10	0,1601 6992	103 4524	-0,4844 5833	208 5600	-0,6068 8281	294 9351
15	0,1705 1516	107 6065	-0,4636 0233	212 7793	-0,5773 8930	296 3345
20	0,1812 7581	112 0678	-0,4423 2440	217 3277	-0,5477 5585	298 2238
0,25	0,1924 8259	116 8699	-0,4205 9163	222 2388	-0,5179 3347	300 6241
30	0,2041 6958	122 0515	-0,3983 6775	227 5517	-0,4878 7106	303 5627
35	0,2163 7473	127 6572	-0,3756 1258	233 3110	-0,4575 1479	307 0740
40	0,2291 4045	133 7389	-0,3522 8148	239 5687	-0,4268 0739	311 2009
45	0,2425 1434	140 3569	-0,3283 2461	246 3856	-0,3956 8730	315 9955
0,50	0,2565 5003	147 5823	-0,3036 8605	253 8330	-0,3640 8775	321 5211
55	0,2713 0826	155 4990	-0,2783 0275	261 9950	-0,3319 3564	327 8554
60	0,2868 5816	164 2069	-0,2521 0325	270 9720	-0,2991 5010	335 0922
65	0,3032 7885	173 8258	-0,2250 0605	280 8843	-0,2656 4088	343 3456
70	0,3206 6143	184 5010	-0,1969 1762	291 8774	-0,2313 0632	352 7563
0,75	0,3391 1153	196 4097	-0,1677 2988	304 1290	-0,1960 3069	363 4970
80	0,3587 5250	209 7710	-0,1373 1698	317 8588	-0,1596 8099	375 7826
85	0,3797 2960	224 8585	-0,1055 3110	333 3409	-0,1221 0273	389 8834
90	0,4022 1545	242 0183	-0,0721 9701	350 9220	-0,0831 1439	406 1424
95	0,4264 1728	261 6955	-0,0371 0481	371 0481	-0,0425 0015	425 0015
1,00	0,4525 8683		-0,0000 0000		-0,0000 0000	

-lg cos Θ = 1,3312 7784 Θ = 87°19,62'

K(q) = 4,4535 5384 K/E = 4,4344 8428

q = 0,34

z	$\lg \frac{\text{sn}\,u}{\sin x}$	Δ	$\lg \frac{\text{cn}\,u}{\cos x}$	Δ	$\lg \text{dn}\,u$	Δ
-1,00	0,0000 0000	54 1289	-0,9203 2948	171 5036	-1,3847 1928	448 1748
95	0,0054 1289	55 4165	-0,9031 7912	172 2510	-1,3399 0180	426 9470
90	0,0109 5454	56 7618	-0,8859 5402	173 0893	-1,2972 0710	408 7693
85	0,0166 3072	58 1681	-0,8686 4509	174 0216	-1,2563 3017	393 0961
80	0,0224 4753	59 6396	-0,8512 4293	175 0509	-1,2170 2056	379 5093
-0,75	0,0284 1149	61 1808	-0,8337 3784	176 1808	-1,1790 6963	367 6830
70	0,0345 2957	62 7963	-0,8161 1976	177 4155	-1,1423 0133	357 3609
65	0,0408 0920	64 4913	-0,7983 7821	178 7595	-1,1065 6524	348 3382
60	0,0472 5833	66 2716	-0,7805 0226	180 2179	-1,0717 3142	340 4503
55	0,0538 8549	68 1434	-0,7624 8047	181 7961	-1,0376 8639	333 5636
-0,50	0,0606 9983	70 1133	-0,7443 0086	183 5010	-1,0043 3003	327 5695
45	0,0677 1116	72 1889	-0,7259 5076	185 3393	-0,9715 7308	322 3786
40	0,0749 3005	74 3787	-0,7074 1683	187 3187	-0,9393 3522	317 9182
35	0,0823 6792	76 6915	-0,6886 8496	189 4484	-0,9075 4340	314 1282
30	0,0900 3707	79 1374	-0,6697 4012	191 7379	-0,8761 3058	310 9605
-0,25	0,0979 5081	81 7277	-0,6505 6633	194 1982	-0,8450 3453	308 3755
20	0,1061 2358	84 4748	-0,6311 4651	196 8415	-0,8141 9698	306 3425
15	0,1145 7106	87 3925	-0,6114 6236	199 6816	-0,7835 6273	304 8376
10	0,1233 1031	90 4964	-0,5914 9420	202 7336	-0,7530 7897	303 8438
05	0,1323 5995	93 8038	-0,5712 2084	206 0153	-0,7226 9459	303 3495
0,00	0,1417 4033	97 3343	-0,5506 1931	209 5457	-0,6923 5964	303 3495
05	0,1514 7376	101 1100	-0,5296 6474	213 3474	-0,6620 2469	303 8437
10	0,1615 8476	105 1561	-0,5083 3000	217 4451	-0,6316 4032	304 8377
15	0,1721 0037	109 5010	-0,4865 8549	221 8677	-0,6011 5655	306 3425
20	0,1830 5047	114 1773	-0,4643 9872	226 6477	-0,5705 2230	308 3755
0,25	0,1944 6820	119 2226	-0,4417 3395	231 8231	-0,5396 8475	310 9604
30	0,2063 9046	124 6799	-0,4185 5164	237 4368	-0,5085 8871	314 1283
35	0,2188 5845	130 5994	-0,3948 0796	243 5395	-0,4771 7588	317 9182
40	0,2319 1839	137 0393	-0,3704 5401	250 1896	-0,4453 8406	322 3786
45	0,2456 2232	144 0685	-0,3454 3505	257 4562	-0,4131 4620	327 5694
0,50	0,2600 2917	151 7675	-0,3196 8943	265 4203	-0,3803 8926	333 5637
55	0,2752 0592	160 2324	-0,2931 4740	274 1787	-0,3470 3289	340 4503
60	0,2912 2916	169 5787	-0,2657 2953	283 8469	-0,3129 8786	348 3382
65	0,3081 8703	179 9454	-0,2373 4484	294 5645	-0,2781 5404	357 3609
70	0,3261 8157	191 5022	-0,2078 8839	306 5023	-0,2424 1795	367 6830
0,75	0,3453 3179	204 4584	-0,1772 3816	319 8696	-0,2056 4965	379 5092
80	0,3657 7763	219 0746	-0,1452 5120	334 9281	-0,1676 9873	393 0962
85	0,3876 8509	235 6799	-0,1117 5839	352 0076	-0,1283 8911	408 7693
90	0,4112 5308	254 6960	-0,0765 5763	371 5303	-0,0875 1218	426 9469
95	0,4367 2268	276 6713	-0,0394 0460	394 0460	-0,0448 1749	448 1749
1,00	0,4643 8981		-0,0000 0000		-0,0000 0000	

$-\lg \cos \Theta = 1{,}3847\ 1928$ $\Theta = 87^\circ 38{,}20'$

$K(q) = 4{,}5762\ 4937$ $K/E = 4{,}5604\ 4147$

q = 0,35

z	lg $\frac{\text{sn u}}{\sin x}$	Δ	lg $\frac{\text{cn u}}{\cos x}$	Δ	lg dn u	Δ
-1,00	0,0000 0000	54 2786	-0,9633 5394	180 1181	-1,4395 3161	472 4911
95	0,0054 2786	55 5851	-0,9453 4213	180 7770	-1,3922 8250	448 6377
90	0,0109 8637	56 9511	-0,9272 6443	181 5362	-1,3474 1873	428 3564
85	0,0166 8148	58 3804	-0,9091 1081	182 3987	-1,3045 8309	410 9752
80	0,0225 1952	59 8771	-0,8908 7094	183 3671	-1,2634 8557	395 9861
-0,75	0,0285 0723	61 4460	-0,8725 3423	184 4455	-1,2238 8696	382 9984
70	0,0346 5183	63 0921	-0,8540 8968	185 6376	-1,1855 8712	371 7068
65	0,0409 6104	64 8208	-0,8355 2592	186 9482	-1,1484 1644	361 8707
60	0,0474 4312	66 6383	-0,8168 3110	188 3826	-1,1122 2937	353 2971
55	0,0541 0695	68 5511	-0,7979 9284	189 9466	-1,0768 9966	345 8313
-0,50	0,0609 6206	70 5664	-0,7789 9818	191 6468	-1,0423 1653	339 3478
45	0,0680 1870	72 6923	-0,7598 3350	193 4907	-1,0083 8175	333 7442
40	0,0752 8793	74 9375	-0,7404 8443	195 4865	-0,9750 0733	328 9371
35	0,0827 8168	77 3120	-0,7209 3578	197 6437	-0,9421 1362	324 8587
30	0,0905 1288	79 8263	-0,7011 7141	199 9724	-0,9096 2775	321 4538
-0,25	0,0984 9551	82 4926	-0,6811 7417	202 4845	-0,8774 8237	318 6782
20	0,1067 4477	85 3242	-0,6609 2572	205 1933	-0,8456 1455	316 4970
15	0,1152 7719	88 3362	-0,6404 0639	208 1132	-0,8139 6485	314 8835
10	0,1241 1081	91 5454	-0,6195 9507	211 2611	-0,7824 7650	313 8182
05	0,1332 6535	94 9706	-0,5984 6896	214 6556	-0,7510 9468	313 2887
0,00	0,1427 6241	98 6330	-0,5770 0340	218 3182	-0,7197 6581	313 2887
05	0,1526 2571	102 5572	-0,5551 7158	222 2728	-0,6884 3694	313 8183
10	0,1628 8143	106 7703	-0,5329 4430	226 5472	-0,6570 5511	314 8834
15	0,1735 5846	111 3037	-0,5102 8958	231 1728	-0,6255 6677	316 4971
20	0,1846 8883	116 1937	-0,4871 7230	236 1857	-0,5939 1706	318 6782
0,25	0,1963 0820	121 4814	-0,4635 5373	241 6275	-0,5620 4924	321 4538
30	0,2084 5634	127 2151	-0,4393 9098	247 5467	-0,5299 0386	324 8587
35	0,2211 7785	133 4506	-0,4146 3631	253 9996	-0,4974 1799	328 9371
40	0,2345 2291	140 2534	-0,3892 3635	261 0518	-0,4645 2428	333 7441
45	0,2485 4825	147 7010	-0,3631 3117	268 7814	-0,4311 4987	339 3479
0,50	0,2633 1835	155 8848	-0,3362 5303	277 2803	-0,3972 1508	345 8313
55	0,2789 0683	164 9145	-0,3085 2500	286 6588	-0,3626 3195	353 2971
60	0,2953 9828	174 9223	-0,2798 5912	297 0498	-0,3273 0224	361 8706
65	0,3128 9051	186 0693	-0,2501 5414	308 6148	-0,2911 1518	371 7069
70	0,3314 9744	198 5529	-0,2192 9266	321 5523	-0,2539 4449	382 9984
0,75	0,3513 5273	212 6190	-0,1871 3743	336 1091	-0,2156 4465	395 9861
80	0,3726 1463	228 5766	-0,1535 2652	352 5948	-0,1760 4604	410 9752
85	0,3954 7229	246 8200	-0,1182 6704	371 4053	-0,1349 4852	428 3563
90	0,4201 5429	267 8608	-0,0811 2651	393 0526	-0,0921 1289	448 6378
95	0,4469 4037	292 3731	-0,0418 2125	418 2125	-0,0472 4911	472 4911
1,00	0,4761 7768		-0,0000 0000		-0,0000 0000	

-lg cos Θ = 1,4395 3161 Θ = 87°55,02'

K(q) = 4,7021 6158 K/E = 4,6891 4394

q = 0,36

z	$\lg \frac{\text{sn } u}{\sin x}$	Δ	$\lg \frac{\text{cn } u}{\cos x}$	Δ	lg dn u	Δ
-1,00	0,0000 0000	54 4955	-1,0078 3151	189 1795	-1,4957 8946	498 0230
95	0,0054 4055	55 7292	-0,9889 1356	189 7301	-1,4459 8716	471 2612
90	0,0110 1347	57 1139	-0,9699 4055	190 3918	-1,3988 6104	448 6758
85	0,0167 2486	58 5639	-0,9509 0137	191 1670	-1,3539 9346	429 4417
80	0,0225 8125	60 0836	-0,9317 8467	192 0587	-1,3110 4929	412 9443
-0,75	0,0285 8961	61 6780	-0,9125 7880	193 0704	-1,2697 5486	398 7161
70	0,0347 5741	63 3520	-0,8932 7176	194 2060	-1,2298 8325	386 3958
65	0,0410 9261	65 1120	-0,8738 5116	195 4704	-1,1912 4367	375 7007
60	0,0476 0381	66 9640	-0,8543 0412	196 8686	-1,1536 7360	366 4070
55	0,0543 0021	68 9149	-0,8346 1726	198 4070	-1,1170 3290	358 3354
-0,50	0,0611 9170	70 9727	-0,8147 7656	200 0920	-1,0811 9936	351 3417
45	0,0682 8897	73 1456	-0,7947 6736	201 9319	-1,0460 6519	345 3091
40	0,0756 0353	75 4432	-0,7745 7417	203 9349	-1,0115 3428	340 1430
35	0,0831 4785	77 8759	-0,7541 8068	206 1111	-0,9775 1998	335 7661
30	0,0909 3544	80 4551	-0,7335 6957	208 4713	-0,9439 4337	332 1166
-0,25	0,0989 8095	83 1938	-0,7127 2244	211 0283	-0,9107 3171	329 1446
20	0,1073 0033	86 1063	-0,6916 1961	213 7959	-0,8778 1725	326 8110
15	0,1159 1096	89 2090	-0,6702 4002	216 7899	-0,8451 3615	325 0857
10	0,1248 3186	92 5196	-0,6485 6103	220 0284	-0,8126 2758	323 9471
05	0,1340 8382	96 0588	-0,6265 5819	223 5316	-0,7802 3287	323 3814
0,00	0,1436 8970	99 8498	-0,6042 0503	227 3225	-0,7478 9473	323 3814
05	0,1536 7468	103 9187	-0,5814 7278	231 4276	-0,7155 5659	323 9471
10	0,1640 6655	108 2958	-0,5583 3002	235 8767	-0,6831 6188	325 0857
15	0,1748 9613	113 0150	-0,5347 4235	240 7046	-0,6506 5331	326 8109
20	0,1861 9763	118 1164	-0,5106 7189	245 9508	-0,6179 7222	329 1446
0,25	0,1980 0927	123 6452	-0,4860 7681	251 6615	-0,5850 5776	332 1167
30	0,2103 7379	129 6552	-0,4609 1066	257 8904	-0,5518 4609	335 7661
35	0,2233 3931	136 2080	-0,4351 2162	264 6997	-0,5182 6948	340 1430
40	0,2369 6011	143 3772	-0,4086 5165	272 1634	-0,4842 5518	345 3091
45	0,2512 9783	151 2497	-0,3814 3531	280 3691	-0,4497 2427	351 3417
0,50	0,2664 2280	159 9284	-0,3533 9840	289 4204	-0,4145 9010	358 3354
55	0,2824 1564	169 5383	-0,3244 5636	299 4431	-0,3787 5656	366 4070
60	0,2993 6947	180 2304	-0,2945 1205	310 5887	-0,3421 1586	375 7007
65	0,3173 9251	192 1898	-0,2634 5318	323 0437	-0,3045 4579	386 3958
70	0,3366 1149	205 6457	-0,2311 4881	337 0382	-0,2659 0621	398 7160
0,75	0,3571 7606	220 8856	-0,1974 4499	352 8607	-0,2260 3461	412 9444
80	0,3792 6462	238 2747	-0,1621 5892	370 8778	-0,1847 4017	429 4417
85	0,4030 9209	258 2839	-0,1250 7114	391 5618	-0,1417 9600	448 6758
90	0,4289 2048	281 5312	-0,0859 1496	415 5322	-0,0969 2842	471 2612
95	0,4570 7360	308 8435	-0,0443 6174	443 6174	-0,0498 0230	498 0230
1,00	0,4879 5795		-0,0000 0000		-0,0000 0000	

-lg cos Θ = 1,4957 8946 Θ = 88°10,21'

K(q) = 4,8314 5378 K/E = 4,8208 0768

q = 0,37

z	$\lg \frac{\text{sn } u}{\sin x}$	Δ	$\lg \frac{\text{cn } u}{\cos x}$	Δ	lg dn u	Δ
-1,00	0,0000 0000	54 5126	-1,0538 3359	198 7203	-1,5535 7173	524 8482
95	0,0054 5126	55 8514	-1,0339 6156	199 1401	-1,5010 8691	494 8663
90	0,0110 3640	57 2531	-1,0140 4755	199 6835	-1,4516 0028	469 7596
85	0,0167 6171	58 7218	-0,9940 7920	200 3524	-1,4046 2432	448 5185
80	0,0226 3389	60 2624	-0,9740 4396	201 1494	-1,3597 7247	430 4012
-0,75	0,0286 6013	61 8797	-0,9539 2902	202 0780	-1,3167 3235	414 8503
70	0,0348 4810	63 5798	-0,9337 2122	203 1418	-1,2752 4732	401 4403
65	0,0412 0608	65 3681	-0,9134 0704	204 3456	-1,2351 0329	389 8406
60	0,0477 4289	67 2519	-0,8929 7248	205 6946	-1,1961 1923	379 7917
55	0,0544 6808	69 2382	-0,8724 0302	207 1950	-1,1581 4006	371 0876
-0,50	0,0613 9190	71 3354	-0,8516 8352	208 8536	-1,1210 3130	363 5633
45	0,0685 2544	73 5524	-0,8307 9816	210 6788	-1,0846 7497	357 0859
40	0,0758 8068	75 8990	-0,8097 3028	212 6792	-1,0489 6638	351 5483
35	0,0834 7058	78 3864	-0,7884 6236	214 8655	-1,0138 1155	346 8638
30	0,0913 0922	81 0271	-0,7669 7581	217 2490	-0,9791 2517	342 9622
-0,25	0,0994 1193	83 8344	-0,7452 5091	219 8431	-0,9448 2895	339 7884
20	0,1077 9537	86 8241	-0,7232 6660	222 6628	-0,9108 5011	337 2980
15	0,1164 7778	90 0134	-0,7010 0032	225 7246	-0,8771 2031	335 4582
10	0,1254 7912	93 4216	-0,6784 2786	229 0483	-0,8435 7449	334 2446
05	0,1348 2128	97 0709	-0,6555 2303	232 6553	-0,8101 5003	333 6416
0,00	0,1445 2837	100 9864	-0,6322 5750	236 5708	-0,7767 8587	333 6417
05	0,1546 2701	105 1962	-0,6086 0042	240 8229	-0,7434 2170	334 2445
10	0,1651 4663	109 7335	-0,5845 1813	245 4449	-0,7099 9725	335 4582
15	0,1761 1998	114 6353	-0,5599 7364	250 4739	-0,6764 5143	337 2981
20	0,1875 8351	119 9452	-0,5349 2625	255 9539	-0,6427 2162	339 7883
0,25	0,1995 7803	125 7133	-0,5093 3086	261 9352	-0,6087 4279	342 9623
30	0,2121 4936	131 9983	-0,4831 3734	268 4773	-0,5744 4656	346 8637
35	0,2253 4919	138 8691	-0,4562 8961	275 6493	-0,5397 6019	351 5484
40	0,2392 3610	146 4072	-0,4287 2468	283 5336	-0,5046 0535	357 0859
45	0,2538 7682	154 7096	-0,4003 7132	292 2279	-0,4688 9676	363 5633
0,50	0,2693 4778	163 8926	-0,3711 4853	301 8494	-0,4325 4043	371 0876
55	0,2857 3704	174 0972	-0,3409 6359	312 5398	-0,3954 3167	379 7917
60	0,3031 4676	185 4949	-0,3097 0961	324 4725	-0,3574 5250	389 8406
65	0,3216 9625	198 2985	-0,2772 6236	337 8605	-0,3184 6844	401 4403
70	0,3415 2610	212 7723	-0,2434 7631	352 9706	-0,2783 2441	414 8503
0,75	0,3628 0333	229 2518	-0,2081 7925	370 1388	-0,2368 3938	430 4012
80	0,3857 2851	248 1661	-0,1711 6537	389 7967	-0,1937 9926	448 5185
85	0,4105 4512	270 0761	-0,1321 8570	412 5065	-0,1489 4741	469 7595
90	0,4375 5273	295 7262	-0,0909 3505	439 0148	-0,1019 7146	494 8663
95	0,4671 2535	326 1280	-0,0470 3357	470 3357	-0,0524 8483	524 8483
1,00	0,4997 3815		-0,0000 0000		-0,0000 0000	

-lg cos Θ = 1,5535 7173 Θ = $88^{0}23,89'$

K(q) = 4,9643 0004 K/E = 4,9556 5601

q = 0,38

z	lg $\frac{\text{sn } u}{\sin x}$	Δ	lg $\frac{\text{cn } u}{\cos x}$	Δ	lg dn u	Δ
-1,00	0,0000 0000	54 6023	-1,1014 3619	208 7752	-1,6129 6193	553 0501
95	0,0054 6023	55 9546	-1,0805 5867	209 0390	-1,5576 5692	519 5041
90	0,0110 5569	57 3714	-1,0596 5477	209 4408	-1,5057 0651	491 6411
85	0,0167 9283	58 8569	-1,0387 1069	209 9818	-1,4565 4240	468 2288
80	0,0226 7852	60 4162	-1,0177 1251	210 6646	-1,4097 1952	448 3743
-0,75	0,0287 2014	62 0546	-0,9966 4605	211 4917	-1,3648 8209	431 4160
70	0,0349 2560	63 7779	-0,9754 9688	212 4670	-1,3217 4049	416 8537
65	0,0413 0339	65 5924	-0,9542 5018	213 5946	-1,2800 5512	404 3029
60	0,0478 6263	67 5054	-0,9328 9072	214 8800	-1,2396 2483	393 4638
55	0,0546 1317	69 5243	-0,9114 0272	216 3292	-1,2002 7845	384 1008
-0,50	0,0615 6560	71 6579	-0,8897 6980	217 9491	-1,1618 6837	376 0256
45	0,0687 3139	73 9158	-0,8679 7489	219 7482	-1,1242 6581	369 0879
40	0,0761 2297	76 3082	-0,8460 0007	221 7358	-1,0873 5702	363 1670
35	0,0837 5379	78 8470	-0,8238 2649	223 9224	-1,0510 4032	358 1654
30	0,0916 3849	81 5453	-0,8014 3425	226 3204	-1,0152 2378	354 0051
-0,25	0,0997 9302	84 4177	-0,7788 0221	228 9436	-0,9798 2327	350 6239
20	0,1082 3479	87 4806	-0,7559 0785	231 8079	-0,9447 6088	347 9732
15	0,1169 8285	90 7523	-0,7327 2706	234 9312	-0,9099 6356	346 0159
10	0,1260 5808	94 2541	-0,7092 3394	238 3340	-0,8753 6197	344 7255
05	0,1354 8349	98 0091	-0,6854 0054	242 0398	-0,8408 8942	344 0846
0,00	0,1452 8440	102 0448	-0,6611 9656	246 0753	-0,8064 8096	344 0845
05	0,1554 8888	106 3915	-0,6365 8903	250 4715	-0,7720 7251	344 7255
10	0,1661 2803	111 0847	-0,6115 4188	255 2636	-0,7375 9996	346 0159
15	0,1772 3650	116 1653	-0,5860 1552	260 4926	-0,7029 9837	347 9732
20	0,1888 5303	121 6802	-0,5599 6626	266 2062	-0,6682 0105	350 6239
0,25	0,2010 2105	127 6848	-0,5333 4564	272 4598	-0,6331 3866	354 0051
30	0,2137 8953	134 2429	-0,5060 9966	279 3184	-0,5977 3815	358 1654
35	0,2272 1382	141 4313	-0,4781 6782	286 8588	-0,5619 2161	363 1670
40	0,2413 5695	149 3397	-0,4494 8194	295 1722	-0,5256 0491	369 0880
45	0,2562 9092	158 0764	-0,4199 6472	304 3676	-0,4886 9611	376 0255
0,50	0,2720 9856	167 7717	-0,3895 2796	314 5765	-0,4510 9356	384 1008
55	0,2888 7573	178 5839	-0,3580 7031	325 9585	-0,4126 8348	393 4639
60	0,3067 3412	190 7081	-0,3254 7446	338 7104	-0,3733 3709	404 3028
65	0,3258 0493	204 3867	-0,2916 0342	353 0758	-0,3329 0681	416 8537
70	0,3462 4360	219 9243	-0,2562 9584	369 3614	-0,2912 2144	431 4160
0,75	0,3682 3603	237 7098	-0,2193 5970	387 9581	-0,2480 7984	448 3743
80	0,3920 0701	258 2469	-0,1805 6389	409 3718	-0,2032 4241	468 2288
85	0,4178 3170	282 2005	-0,1396 2671	434 2698	-0,1564 1953	491 6411
90	0,4460 5175	310 4650	-0,0961 9973	463 5495	-0,1072 5542	519 5041
95	0,4770 9825	344 2749	-0,0498 4478	498 4478	-0,0553 0501	553 0501
1,00	0,5115 2574		-0,0000 0000		-0,0000 0000	

-lg cos Θ = 1,6129 6192 Θ = 88°36,18'

K(q) = 5,1008 8594 K/E = 5,0939 2020

q = 0,39

z	$\lg \frac{\mathrm{sn}\,u}{\sin x}$	Δ	$\lg \frac{\mathrm{cn}\,u}{\cos x}$	Δ	lg dn u	Δ
-1,00	0,0000 0000	54 6769	-1,1507 2033	219 3816	-1,6740 4855	582 7176
95	0,0054 6769	56 0412	-1,1287 8217	219 4609	-1,6157 7679	545 2282
90	0,0110 7181	57 4712	-1,1068 3608	219 6949	-1,5612 5397	514 3551
85	0,0168 1893	58 9719	-1,0848 6659	220 0843	-1,5098 1846	488 5965
80	0,0227 1612	60 5479	-1,0628 5816	220 6308	-1,4609 5881	466 8822
-0,75	0,0287 7091	62 2052	-1,0407 9508	221 3365	-1,4142 7059	448 4285
70	0,0349 9143	63 9496	-1,0186 6143	222 2046	-1,3694 2774	432 6500
65	0,0413 8639	65 7879	-0,9964 4097	223 2393	-1,3261 6274	419 1011
60	0,0479 6518	67 7274	-0,9741 1704	224 4453	-1,2842 5263	407 4369
55	0,0547 3792	69 7763	-0,9516 7251	225 8289	-1,2435 0894	397 3886
-0,50	0,0617 1555	71 9434	-0,9290 8962	227 3970	-1,2037 7008	388 7425
45	0,0689 0989	74 2391	-0,9063 4992	229 1580	-1,1648 9583	381 3296
40	0,0763 3380	76 6740	-0,8834 3412	231 1212	-1,1267 6287	375 0136
35	0,0840 0120	79 2608	-0,8603 2200	233 2982	-1,0892 6151	369 6863
30	0,0919 2728	82 0132	-0,8369 9218	235 7013	-1,0522 9288	365 2603
-0,25	0,1001 2860	84 9466	-0,8134 2205	238 3449	-1,0157 6685	361 6669
20	0,1086 2326	88 0787	-0,7895 8756	241 2462	-0,9796 0016	358 8520
15	0,1174 3113	91 4289	-0,7654 6294	244 4239	-0,9437 1496	356 7749
10	0,1265 7402	95 0195	-0,7410 2055	247 8997	-0,9080 3747	355 4059
05	0,1360 7597	98 8761	-0,7162 3058	251 6989	-0,8724 9688	354 7261
0,00	0,1459 6358	103 0272	-0,6910 6069	255 8500	-0,8370 2427	354 7260
05	0,1562 6630	107 5062	-0,6654 7569	260 3863	-0,8015 5167	355 4059
10	0,1670 1692	112 3510	-0,6394 3706	265 3460	-0,7660 1108	356 7749
15	0,1782 5202	117 6059	-0,6129 0246	270 7733	-0,7303 3359	358 8520
20	0,1900 1261	123 3219	-0,5858 2513	276 7203	-0,6944 4839	361 6669
0,25	0,2023 4480	129 5590	-0,5581 5310	283 2471	-0,6582 8170	365 2603
30	0,2153 0070	136 3881	-0,5298 2839	290 4255	-0,6217 5567	369 6863
35	0,2289 3951	143 8924	-0,5007 8584	298 3396	-0,5847 8704	375 0136
40	0,2433 2875	152 1716	-0,4709 5188	307 0905	-0,5472 8568	381 3296
45	0,2585 4591	161 3456	-0,4402 4283	316 7991	-0,5091 5272	388 7425
0,50	0,2746 8047	171 5596	-0,4085 6292	327 6123	-0,4702 8747	397 3886
55	0,2918 3643	182 9916	-0,3758 0169	339 7096	-0,4305 3961	407 4369
60	0,3101 3559	195 8618	-0,3418 3073	353 3131	-0,3897 9592	419 1011
65	0,3297 2177	210 4454	-0,3064 9942	368 7004	-0,3478 8581	432 6500
70	0,3507 6631	227 0920	-0,2696 2938	386 2233	-0,3046 2081	448 4285
0,75	0,3734 7551	246 2514	-0,2310 0705	406 3342	-0,2597 7796	466 8822
80	0,3981 0065	268 5122	-0,1903 7363	429 6248	-0,2130 8974	488 5965
85	0,4249 5187	294 6602	-0,1474 1115	456 8837	-0,1642 3009	514 3551
90	0,4544 1789	325 7673	-0,1017 2278	489 1871	-0,1127 9458	545 2282
95	0,4869 9462	363 3358	-0,0528 0407	528 0407	-0,0582 7176	582 7176
1,00	0,5233 2820		-0,0000 0000		-0,0000 0000	

-lg cos Θ = 1,6740 4855 Θ = 88°47,18'

K(q) = 5,2414 0938 K/E = 5,2358 4026

q = 0,40

z	$\lg \frac{\text{sn } u}{\sin x}$	Δ	$\lg \frac{\text{cn } u}{\cos x}$	Δ	lg dn u	Δ
-1,00	0,0000 0000	54 7385	-1,2017 7251	230 5801	-1,7369 2556	613 9463
95	0,0054 7385	56 1133	-1,1787 1450	230 4425	-1,6755 3093	572 0952
90	0,0110 8518	57 5551	-1,1556 7025	230 4795	-1,6183 2141	537 9369
85	0,0168 4069	59 0690	-1,1326 2230	230 6906	-1,5645 2772	509 6467
80	0,0227 4759	60 6601	-1,1095 5324	231 0764	-1,5135 6305	485 9439
-0,75	0,0288 1360	62 3342	-1,0864 4560	231 6384	-1,4649 6866	465 9040
70	0,0350 4702	64 0976	-1,0632 8176	232 3792	-1,4183 7826	448 8443
65	0,0414 5678	65 9573	-1,0400 4384	233 3023	-1,3734 9383	434 2496
60	0,0480 5251	67 9210	-1,0167 1361	234 4121	-1,3300 6887	421 7255
55	0,0548 4461	69 9970	-0,9932 7240	235 7146	-1,2878 9632	410 9656
-0,50	0,0618 4431	72 1951	-0,9697 0094	237 2166	-1,2467 9976	401 7293
45	0,0690 6382	74 5254	-0,9459 7928	238 9263	-1,2066 2683	393 8261
40	0,0765 1636	76 9996	-0,9220 8665	240 8537	-1,1672 4422	387 1041
35	0,0842 1632	79 6310	-0,8980 0128	243 0098	-1,1285 3381	381 4424
30	0,0921 7942	82 4337	-0,8737 0030	245 4080	-1,0903 8957	376 7444
-0,25	0,1004 2279	85 4245	-0,8491 5950	248 0634	-1,0527 1513	372 9340
20	0,1089 6524	88 6215	-0,8243 5316	250 9933	-1,0154 2173	369 9513
15	0,1178 2739	92 0459	-0,7992 5383	254 2180	-0,9784 2660	367 7518
10	0,1270 3198	95 7211	-0,7738 3203	257 7604	-0,9416 5142	366 3029
05	0,1366 0409	99 6743	-0,7480 5599	261 6473	-0,9050 2113	365 5835
0,00	0,1465 7152	103 9362	-0,7218 9126	265 9092	-0,8684 6278	365 5835
05	0,1569 6514	108 5424	-0,6953 0034	270 5817	-0,8319 0443	366 3028
10	0,1678 1938	113 5339	-0,6682 4217	275 7059	-0,7952 7415	367 7518
15	0,1791 7277	118 9580	-0,6406 7158	281 3298	-0,7584 9897	369 9514
20	0,1910 6857	124 8706	-0,6125 3860	287 5095	-0,7215 0383	372 9339
0,25	0,2035 5563	131 3364	-0,5837 8765	294 3107	-0,6842 1044	376 7444
30	0,2166 8927	138 4325	-0,5543 5658	301 8115	-0,6465 3600	381 4424
35	0,2305 3252	146 2505	-0,5241 7543	310 1044	-0,6083 9176	387 1042
40	0,2451 5757	154 8998	-0,4931 6499	319 3007	-0,5696 8134	393 8260
45	0,2606 4755	164 5127	-0,4612 3492	329 5343	-0,5302 9874	401 7294
0,50	0,2770 9882	175 2511	-0,4282 8149	340 9686	-0,4901 2580	410 9656
55	0,2946 2393	187 3133	-0,3941 8463	353 8045	-0,4490 2924	421 7255
60	0,3133 5526	200 9473	-0,3588 0418	368 2923	-0,4068 5669	434 2495
65	0,3334 4999	216 4651	-0,3219 7495	384 7466	-0,3634 3174	448 8443
70	0,3550 9650	234 2656	-0,2835 0029	403 5699	-0,3185 4731	465 9041
0,75	0,3785 2306	254 8675	-0,2431 4330	425 2838	-0,2719 5690	485 9439
80	0,4040 0981	278 9561	-0,2006 1492	450 5777	-0,2233 6251	509 6466
85	0,4319 0542	307 4574	-0,1555 5715	480 3818	-0,1723 9785	537 9370
90	0,4626 5116	341 6527	-0,1075 1897	515 9819	-0,1186 0415	572 0952
95	0,4968 1643	383 3662	-0,0559 2078	559 2078	-0,0613 9463	613 9463
1,00	0,5351 5305		-0,0000 0000		-0,0000 0000	

$-\lg \cos \Theta = 1{,}7369\ 2556$ $\Theta = 88^{\circ}57{,}00'$

$K(q) = 5{,}3860\ 8157$ $K/E = 5{,}3816\ 6574$

q = 0,41

z	lg $\frac{\text{sn } u}{\sin x}$	Δ	lg $\frac{\text{cn } u}{\cos x}$	Δ	lg dn u	Δ
-1,00	0,0000 0000	54 7891	-1,2546 8504	242 4141	-1,8016 9283	646 8388
95	0,0054 7891	56 1729	-1,2304 4363	242 0232	-1,7370 0895	600 1642
90	0,0110 9620	57 6250	-1,2062 4131	241 8302	-1,6769 9253	562 4240
85	0,0168 5870	59 1507	-1,1820 5829	241 8331	-1,6207 5013	531 4048
80	0,0227 7377	60 7549	-1,1578 7498	242 0315	-1,5676 0965	505 5792
-0,75	0,0288 4926	62 4441	-1,1336 7183	242 4253	-1,5170 5173	483 8598
70	0,0350 9367	64 2244	-1,1094 2930	243 0165	-1,4686 6575	465 4522
65	0,0415 1611	66 1034	-1,0851 2765	243 8077	-1,4221 2053	449 7641
60	0,0481 2645	68 0888	-1,0607 4688	244 8029	-1,3771 4412	436 3450
55	0,0549 3533	70 1896	-1,0362 6659	246 0076	-1,3335 0962	424 8479
-0,50	0,0619 5429	72 4156	-1,0116 6583	247 4282	-1,2910 2483	415 0021
45	0,0691 9585	74 7778	-0,9869 2301	249 0728	-1,2495 2462	406 5942
40	0,0766 7363	77 2881	-0,9620 1573	250 9514	-1,2088 6520	399 4554
35	0,0844 0244	79 9605	-0,9369 2059	253 0755	-1,1689 1966	393 4511
30	0,0923 9849	82 8102	-0,9116 1304	255 4582	-1,1295 7455	388 4749
-0,25	0,1006 7951	85 8543	-0,8860 6722	258 1157	-1,0907 2706	384 4428
20	0,1092 6494	89 1123	-0,8602 5565	261 0658	-1,0522 8278	381 2893
15	0,1181 7617	92 6064	-0,8341 4907	264 3299	-1,0141 5385	378 9650
10	0,1274 3681	96 3616	-0,8077 1608	267 9321	-0,9762 5735	377 4345
05	0,1370 7297	100 4065	-0,7809 2287	271 9007	-0,9385 1390	376 6748
0,00	0,1471 1362	104 7741	-0,7537 3280	276 2684	-0,9008 4642	376 6749
05	0,1575 9103	109 5024	-0,7261 0596	281 0729	-0,8631 7893	377 4345
10	0,1685 4127	114 6351	-0,6979 9867	286 3586	-0,8254 3548	378 9650
15	0,1800 0478	120 2235	-0,6693 6281	292 1770	-0,7875 3898	381 2893
20	0,1920 2713	126 3271	-0,6401 4511	298 5884	-0,7494 1005	384 4428
0,25	0,2046 5984	133 0167	-0,6102 8627	305 6649	-0,7109 6577	388 4749
30	0,2179 6151	140 3757	-0,5797 1978	313 4905	-0,6721 1828	393 4511
35	0,2319 9908	148 5039	-0,5483 7073	322 1672	-0,6327 7317	399 4553
40	0,2468 4947	157 5214	-0,5161 5401	331 8165	-0,5928 2764	406 5943
45	0,2626 0161	167 5739	-0,4829 7236	342 5864	-0,5521 6821	415 0021
0,50	0,2793 5900	178 8404	-0,4487 1372	354 6583	-0,5106 6800	424 8479
55	0,2972 4304	191 5420	-0,4132 4789	368 2562	-0,4681 8321	436 3450
60	0,3163 9724	205 9563	-0,3764 2227	383 6607	-0,4245 4871	449 7640
65	0,3369 9287	222 4358	-0,3380 5620	401 2278	-0,3795 7231	465 4523
70	0,3592 3645	241 4344	-0,2979 3342	421 4158	-0,3330 2708	483 8597
0,75	0,3833 7989	263 5479	-0,2557 9184	444 8242	-0,2846 4111	505 5793
80	0,4097 3468	289 5716	-0,2113 0942	472 2542	-0,2340 8318	531 4048
85	0,4386 9184	320 5937	-0,1640 8400	504 7989	-0,1809 4270	562 4240
90	0,4707 5121	358 1411	-0,1136 0411	543 9913	-0,1247 0030	600 1641
95	0,5065 6532	404 4248	-0,0592 0498	592 0498	-0,0646 8389	646 8389
1,00	0,5470 0780		-0,0000 0000		-0,0000 0000	

-lg cos Θ = 1,8016 9283   Θ = 89°5,73'

K(q) = 5,5351 2801   K/E = 5,5316 5696

q = 0,42

z	$\lg \frac{\text{sn } u}{\sin x}$	Δ	$\lg \frac{\text{cn } u}{\cos x}$	Δ	lg dn u	Δ
-1,00	0,0000 0000	54 8302	-1,3095 5669	254 9307	-1,8684 5670	681 5056
95	0,0054 8302	56 2218	-1,2840 6362	254 2453	-1,8003 0614	629 4975
90	0,0111 0520	57 6830	-1,2586 3909	253 7854	-1,7373 5639	587 8545
85	0,0168 7350	59 2187	-1,2332 6055	253 5470	-1,6785 7094	553 8977
80	0,0227 9537	60 8347	-1,2079 0585	253 5277	-1,6231 8117	525 8091
-0,75	0,0288 7884	62 5370	-1,1825 5308	253 7265	-1,5706 0026	502 3137
70	0,0351 3254	64 3325	-1,1571 8043	254 1436	-1,5203 6889	482 4910
65	0,0415 6579	66 2285	-1,1317 6607	254 7809	-1,4721 1979	465 6611
60	0,0481 8864	68 2336	-1,1062 8798	255 6417	-1,4255 5368	451 3123
55	0,0550 1200	70 3566	-1,0807 2381	256 7302	-1,3804 2245	439 0526
-0,50	0,0620 4766	72 6080	-1,0550 5079	258 0531	-1,3365 1719	428 5784
45	0,0693 0846	74 9991	-1,0292 4548	259 6179	-1,2936 5935	419 6519
40	0,0768 0837	77 5425	-1,0032 8369	261 4343	-1,2516 9416	412 0855
35	0,0845 6262	80 2527	-0,9771 4026	263 5138	-1,2104 8561	405 7309
30	0,0925 8789	83 1455	-0,9507 8888	265 8703	-1,1699 1252	400 4708
-0,25	0,1009 0244	86 2392	-0,9242 0185	268 5199	-1,1298 6544	396 2125
20	0,1095 2636	89 5541	-0,8973 4986	271 4813	-1,0902 4419	392 8848
15	0,1184 8177	93 1134	-0,8702 0173	274 7767	-1,0509 5571	390 4337
10	0,1277 9311	96 9438	-0,8427 2406	278 4318	-1,0119 1234	388 8203
05	0,1374 8749	101 0757	-0,8148 8088	282 4759	-0,9730 3031	388 0196
0,00	0,1475 9506	105 5437	-0,7866 3329	286 9440	-0,9342 2835	388 0197
05	0,1581 4943	110 3886	-0,7579 3889	291 8765	-0,8954 2638	388 8203
10	0,1691 8829	115 6569	-0,7287 5124	297 3202	-0,8565 4435	390 4336
15	0,1807 5398	121 4035	-0,6990 1922	303 3307	-0,8175 0099	392 8848
20	0,1928 9433	127 6927	-0,6686 8615	309 9734	-0,7782 1251	396 2126
0,25	0,2056 6360	134 6004	-0,6376 8881	317 3252	-0,7385 9125	400 4707
30	0,2191 2364	142 2171	-0,6059 5629	325 4783	-0,6985 4418	405 7309
35	0,2333 4535	150 6512	-0,5734 0846	334 5429	-0,6579 7109	412 0856
40	0,2484 1047	160 0340	-0,5399 5417	344 6528	-0,6167 6253	419 6518
45	0,2644 1387	170 5253	-0,5054 8889	355 9704	-0,5747 9735	428 5784
0,50	0,2814 6640	182 3224	-0,4698 9185	368 6960	-0,5319 3951	439 0526
55	0,2996 9864	195 6706	-0,4330 2225	383 0787	-0,4880 3425	451 3123
60	0,3192 6570	210 8802	-0,3947 1438	399 4326	-0,4429 0302	465 6612
65	0,3403 5372	228 3474	-0,3547 7112	418 1586	-0,3963 3690	482 4909
70	0,3631 8846	248 5872	-0,3129 5526	439 7766	-0,3480 8781	502 3137
0,75	0,3880 4718	272 2815	-0,2689 7760	464 9745	-0,2978 5644	525 8092
80	0,4152 7533	300 3506	-0,2224 8015	494 6789	-0,2452 7552	553 8976
85	0,4453 1039	334 0692	-0,1730 1226	530 1716	-0,1898 8576	587 8546
90	0,4787 1731	375 2521	-0,1199 9510	573 2756	-0,1311 0030	629 4975
95	0,5162 4252	426 5749	-0,0626 6754	626 6754	-0,0681 5055	681 5055
1,00	0,5589 0001		-0,0000 0000		-0,0000 0000	

$-\lg \cos \Theta = 1,8684\ 5670$ $\Theta = 89^0 13,46'$

$K(q) = 5,6887\ 8973$ $K/E = 5,6860\ 8611$

q = 0,43

z	$\lg \frac{\operatorname{sn} u}{\sin x}$	Δ	$\lg \frac{\operatorname{cn} u}{\cos x}$	Δ	lg dn u	Δ
-1,00	0,0000 0000		-1,3664 9321		-1,9373 3053	
95	0,0054 8634	54 8634	-1,3396 7508	268 1813	-1,8655 2402	718 0651
90	0,0111 1251	56 2617	-1,3129 5961	267 1547	-1,7995 0797	660 1605
85	0,0168 8556	57 7305	-1,2863 2099	266 3862	-1,7380 8107	614 2690
80	0,0228 1308	59 2752	-1,2597 3407	265 8692	-1,6803 6579	577 1528
-0,75	0,0289 0320	60 9012	-1,2331 7417	265 5990	-1,6257 0025	546 6554
70	0,0351 6472	62 6152	-1,2066 1688	265 5729	-1,5735 7174	521 2851
65	0,0416 0711	64 4239	-1,1800 3794	265 7894	-1,5235 7387	499 9787
60	0,0482 4063	66 3352	-1,1534 1307	266 2487	-1,4753 7798	481 9589
55	0,0550 7639	68 3576	-1,1267 1775	266 9532	-1,4287 1341	466 6457
-0,50	0,0621 2646	70 5007	-1,0999 2711	267 9064	-1,3833 5360	453 5981
45	0,0694 0394	72 7748	-1,0730 1572	269 1139	-1,3391 0588	442 4772
40	0,0769 2316	75 1922	-1,0459 5744	270 5828	-1,2958 0405	433 0183
35	0,0846 9973	77 7657	-1,0187 2516	272 3228	-1,2533 0261	425 0144
30	0,0927 5076	80 5103	-0,9912 9064	274 3452	-1,2114 7242	418 3019
-0,25	0,1010 9505	83 4429	-0,9636 2428	276 6636	-1,1701 9724	412 7518
20	0,1097 5328	86 5823	-0,9356 9478	279 2950	-1,1293 7089	408 2635
15	0,1187 4826	89 9498	-0,9074 6894	282 2584	-1,0888 9503	404 7586
10	0,1281 0526	93 5700	-0,8789 1125	285 5769	-1,0486 7719	402 1784
05	0,1378 5237	97 4711	-0,8499 8352	289 2773	-1,0086 2912	400 4807
0,00	0,1480 2083	101 6846	-0,8206 4444	293 3908	-0,9686 6526	399 6386
05	0,1586 4560	106 2477	-0,7908 4904	297 9540	-0,9287 0141	399 6385
10	0,1697 6594	111 2034	-0,7605 4807	303 0097	-0,8886 5333	400 4808
15	0,1814 2609	116 6015	-0,7296 8724	308 6083	-0,8484 3550	402 1783
20	0,1936 7610	122 5001	-0,6982 0636	314 8088	-0,8079 5964	404 7586
0,25	0,2065 7296	128 9686	-0,6660 3824	321 6812	-0,7671 3329	408 2635
30	0,2201 8178	136 0882	-0,6331 0734	329 3090	-0,7258 5810	412 7519
35	0,2345 7745	143 9567	-0,5993 2819	337 7915	-0,6840 2792	418 3018
40	0,2498 4661	152 6916	-0,5646 0332	347 2487	-0,6415 2648	425 0144
45	0,2660 9016	162 4355	-0,5288 2070	357 8262	-0,5982 2464	433 0184
0,50	0,2834 2649	173 3633	-0,4918 5047	369 7023	-0,5539 7693	442 4771
55	0,3019 9566	185 6917	-0,4535 4072	383 0975	-0,5086 1711	453 5982
60	0,3219 6491	199 6925	-0,4137 1192	398 2880	-0,4619 5255	466 6456
65	0,3435 3592	215 7101	-0,3721 4954	415 6238	-0,4137 5666	481 9589
70	0,3669 5486	234 1894	-0,3285 9407	435 5547	-0,3637 5879	499 9787
0,75	0,3925 2608	255 7122	-0,2827 2708	458 6699	-0,3116 3028	521 2851
80	0,4206 3171	281 0563	-0,2341 5166	485 7542	-0,2569 6474	546 6554
85	0,4517 6008	311 2837	-0,1823 6390	517 8776	-0,1992 4946	577 1528
90	0,4865 4836	347 8828	-0,1267 1006	556 5384	-0,1378 2256	614 2690
95	0,5258 4894	393 0058	-0,0663 2017	603 8989	-0,0718 0651	660 1605
1,00	0,5708 3732	449 8838	-0,0000 0000	663 2017	-0,0000 0000	718 0651

-lg cos Θ = 1,9373 3053 Θ = 89°20,29'

K(q) = 5,8473 2449 K/E = 5,8452 3877

q = 0,44

z	$\lg \frac{\operatorname{sn} u}{\sin x}$	Δ	$\lg \frac{\operatorname{cn} u}{\cos x}$	Δ	lg dn u	Δ
-1,00	0,0000 0000	54 8899	-1,4256 0794	282 2214	-2,0084 3539	756 6453
95	0,0054 8899	56 2939	-1,3973 8580	280 8006	-1,9327 7086	692 2223
90	0,0111 1838	57 7694	-1,3693 0574	279 6767	-1,8635 4863	641 7087
85	0,0168 9532	59 3215	-1,3413 3807	278 8395	-1,7993 7776	601 1995
80	0,0228 2747	60 9564	-1,3134 5412	278 2817	-1,7392 5781	568 1412
-0,75	0,0289 2311	62 6805	-1,2856 2595	277 9976	-1,6824 4369	540 7945
70	0,0351 9116	64 5008	-1,2578 2619	277 9840	-1,6283 6424	517 9350
65	0,0416 4124	66 4255	-1,2300 2779	278 2394	-1,5765 7074	498 6769
60	0,0482 8379	68 4633	-1,2022 0385	278 7641	-1,5267 0305	482 3648
55	0,0551 3012	70 6241	-1,1743 2744	279 5609	-1,4784 6657	468 5048
-0,50	0,0621 9253	72 9188	-1,1463 7135	280 6341	-1,4316 1609	456 7188
45	0,0694 8441	75 3596	-1,1183 0794	281 9906	-1,3859 4421	446 7145
40	0,0770 2037	77 9603	-1,0901 0888	283 6389	-1,3412 7276	438 2631
35	0,0848 1640	80 7363	-1,0617 4499	285 5904	-1,2974 4645	431 1852
30	0,0928 9003	83 7053	-1,0331 8595	287 8588	-1,2543 2793	425 3400
-0,25	0,1012 6056	86 8864	-1,0044 0007	290 4610	-1,2117 9393	420 6174
20	0,1099 4920	90 3028	-0,9753 5397	293 4168	-1,1697 3219	416 9323
15	0,1189 7948	93 9795	-0,9460 1229	296 7499	-1,1280 3896	414 2211
10	0,1283 7743	97 9461	-0,9163 3730	300 4883	-1,0866 1685	412 4380
05	0,1381 7204	102 2363	-0,8862 8847	304 6645	-1,0453 7305	411 5536
0,00	0,1483 9567	106 8891	-0,8558 2202	309 3172	-1,0042 1769	411 5535
05	0,1590 8458	111 9497	-0,8248 9030	314 4919	-0,9630 6234	412 4380
10	0,1702 7955	117 4712	-0,7934 4111	320 2416	-0,9218 1854	414 2211
15	0,1820 2667	123 5155	-0,7614 1695	326 6296	-0,8803 9643	416 9323
20	0,1943 7822	130 1564	-0,7287 5399	333 7309	-0,8387 0320	420 6174
0,25	0,2073 9386	137 4812	-0,6953 8090	341 6348	-0,7966 4146	425 3400
30	0,2211 4198	145 5948	-0,6612 1742	350 4488	-0,7541 0746	431 1852
35	0,2357 0146	154 6242	-0,6261 7254	360 3027	-0,7109 8894	438 2631
40	0,2511 6388	164 7239	-0,5901 4227	371 3550	-0,6671 6263	446 7145
45	0,2676 3627	176 0847	-0,5530 0677	383 8001	-0,6224 9118	456 7188
0,50	0,2852 4474	188 9439	-0,5146 2676	397 8806	-0,5768 1930	468 5048
55	0,3041 3913	203 6006	-0,4748 3870	413 9015	-0,5299 6882	482 3648
60	0,3244 9919	220 4376	-0,4334 4855	432 2514	-0,4817 3234	498 6769
65	0,3465 4295	239 9510	-0,3902 2341	453 4342	-0,4318 6465	517 9350
70	0,3705 3805	262 7969	-0,3448 7999	478 1141	-0,3800 7115	540 7945
0,75	0,3968 1774	289 8595	-0,2970 6858	507 1847	-0,3259 9170	568 1412
80	0,4258 0369	322 3599	-0,2463 5011	541 8779	-0,2691 7758	601 1995
85	0,4580 3968	362 0321	-0,1921 6232	583 9393	-0,2090 5763	641 7087
90	0,4942 4289	411 4217	-0,1337 6839	635 9285	-0,1448 8676	692 2223
95	0,5353 8506	474 4239	-0,0701 7554	701 7554	-0,0756 6453	756 6453
1,00	0,5828 2745		-0,0000 0000		-0,0000 0000	

-lg cos Θ = 2,0084 3539 Θ = 89°26,28'

K(q) = 6,0110 0826 K/E = 6,0094 1543

q = 0,45

z	$\lg \frac{\text{sn } u}{\sin x}$	Δ	$\lg \frac{\text{cn } u}{\cos x}$	Δ	lg dn u	Δ
-1,00	0,0000 0000	54 9108	-1,4870 2254	297 1116	-2,0819 0075	797 3841
95	0,0054 9108	56 3198	-1,4573 1138	295 2365	-2,0021 6234	725 7554
90	0,0111 2306	57 8007	-1,4277 8773	293 7043	-1,9295 8680	670 2174
85	0,0169 0313	59 3595	-1,3984 1730	292 5005	-1,8625 6506	626 0678
80	0,0228 3908	61 0018	-1,3691 6725	291 6140	-1,7999 5828	590 2910
-0,75	0,0289 3926	62 7345	-1,3400 0585	291 0358	-1,7409 2918	560 8641
70	0,0352 1271	64 5650	-1,3109 0227	290 7599	-1,6848 4277	536 3813
65	0,0416 6921	66 5015	-1,2818 2628	290 7826	-1,6312 0464	515 8363
60	0,0483 1936	68 5527	-1,2527 4802	291 1023	-1,5796 2101	498 4912
55	0,0551 7463	70 7292	-1,2236 3779	291 7200	-1,5297 7189	483 7942
-0,50	0,0622 4755	73 0422	-1,1944 6579	292 6391	-1,4813 9247	471 3257
45	0,0695 5177	75 5040	-1,1652 0188	293 8649	-1,4342 5990	460 7628
40	0,0771 0217	78 1291	-1,1358 1539	295 4056	-1,3881 8362	451 8543
35	0,0849 1508	80 9336	-1,1062 7483	297 2720	-1,3429 9819	444 4039
30	0,0930 0844	83 9352	-1,0765 4763	299 4777	-1,2985 5780	438 2583
-0,25	0,1014 0196	87 1550	-1,0465 9986	302 0394	-1,2547 3197	433 2975
20	0,1101 1746	90 6158	-1,0163 9592	304 9776	-1,2114 0222	429 4296
15	0,1191 7904	94 3447	-0,9858 9816	308 3166	-1,1684 5926	426 5852
10	0,1286 1351	98 3723	-0,9550 6650	312 0851	-1,1258 0074	424 7154
05	0,1384 5074	102 7340	-0,9238 5799	316 3175	-1,0833 2920	423 7882
0,00	0,1487 2414	107 4707	-0,8922 2624	321 0543	-1,0409 5038	423 7883
05	0,1594 7121	112 6303	-0,8601 2081	326 3431	-0,9985 7155	424 7154
10	0,1707 3424	118 2687	-0,8274 8650	332 2405	-0,9561 0001	426 5852
15	0,1825 6111	124 4519	-0,7942 6245	338 8137	-0,9134 4149	429 4295
20	0,1950 0630	131 2581	-0,7603 8108	346 1426	-0,8704 9854	433 2976
0,25	0,2081 3211	138 7806	-0,7257 6682	354 3230	-0,8271 6878	438 2582
30	0,2220 1017	147 1319	-0,6903 3452	363 4704	-0,7833 4296	444 4040
35	0,2367 2336	156 4487	-0,6539 8748	373 7251	-0,7389 0256	451 8543
40	0,2523 6823	166 8979	-0,6166 1497	385 2588	-0,6937 1713	460 7627
45	0,2690 5802	178 6866	-0,5780 8909	398 2836	-0,6476 4086	471 3258
0,50	0,2869 2668	192 0741	-0,5382 6073	413 0650	-0,6005 0828	483 7941
55	0,3061 3409	207 3889	-0,4969 5423	429 9384	-0,5521 2887	498 4912
60	0,3268 7298	225 0538	-0,4539 6039	449 3349	-0,5022 7975	515 8363
65	0,3493 7836	245 6213	-0,4090 2690	471 8162	-0,4506 9612	536 3813
70	0,3739 4049	269 8284	-0,3618 4528	498 1296	-0,3970 5799	560 8642
0,75	0,4009 2333	298 6770	-0,3120 3232	529 2892	-0,3409 7157	590 2910
80	0,4307 9103	333 5673	-0,2591 0340	566 7084	-0,2819 4247	626 0678
85	0,4641 4776	376 5131	-0,2024 3256	612 4166	-0,2193 3569	670 2173
90	0,5017 9907	430 5190	-0,1411 9090	669 4357	-0,1523 1396	725 7555
95	0,5448 5097	500 2724	-0,0742 4733	742 4733	-0,0797 3841	797 3841
1,00	0,5948 7821		-0,0000 0000		-0,0000 0000	

$-\lg \cos \Theta = 2{,}0819\ 0075$ $\Theta = 89^{0}31{,}53'$

$K(q) = 6{,}1801\ 3683$ $K/E = 6{,}1789\ 3333$

q = 0,46

z	$\lg \frac{\text{sn } u}{\sin x}$	Δ	$\lg \frac{\text{cn } u}{\cos x}$	Δ	lg dn u	Δ
-1,00	0,0000 0000		-1,5508 6773		-2,1578 6529	
		54 9273		312 9180		840 4304
95	0,0054 9273		-1,5195 7593		-2,0738 2225	
		56 3402		310 5202		760 8363
90	0,0111 2675		-1,4885 2391		-1,9977 3862	
		57 8259		308 5200		699 8403
85	0,0169 0934		-1,4576 7191		-1,9277 5459	
		59 3901		306 8978		651 7899
80	0,0228 4835		-1,4269 8213		-1,8625 7560	
		61 0388		305 6369		613 1310
-0,75	0,0289 5223		-1,3964 1844		-1,8012 6250	
		62 7791		304 7246		581 5177
70	0,0352 3014		-1,3659 4598		-1,7431 1073	
		64 6182		304 1513		555 3407
65	0,0416 9196		-1,3355 3085		-1,6875 7666	
		66 5648		303 9102		533 4602
60	0,0483 4844		-1,3051 3983		-1,6342 3064	
		68 6280		303 9974		515 0482
55	0,0552 1124		-1,2747 4009		-1,5827 2582	
		70 8182		304 4119		499 4902
-0,50	0,0622 9306		-1,2442 9890		-1,5327 7680	
		73 1471		305 1550		486 3218
45	0,0696 0777		-1,2137 8340		-1,4841 4462	
		75 6277		306 2312		475 1875
40	0,0771 7054		-1,1831 6028		-1,4366 2587	
		78 2747		307 6475		465 8125
35	0,0849 9801		-1,1523 9553		-1,3900 4462	
		81 1045		309 4137		457 9829
30	0,0931 0846		-1,1214 5416		-1,3442 4633	
		84 1360		311 5434		451 5315
-0,25	0,1015 2206		-1,0902 9982		-1,2990 9318	
		87 3905		314 0530		446 3288
20	0,1102 6111		-1,0588 9452		-1,2544 6030	
		90 8921		316 9633		442 2751
15	0,1193 5032		-1,0271 9819		-1,2102 3279	
		94 6688		320 2990		439 2958
10	0,1288 1720		-0,9951 6829		-1,1663 0321	
		98 7526		324 0899		437 3381
05	0,1386 9246		-0,9627 5930		-1,1225 6940	
		103 1807		328 3718		436 3675
0,00	0,1490 1053		-0,9299 2212		-1,0789 3265	
		107 9957		333 1869		436 3676
05	0,1598 1010		-0,8966 0343		-1,0352 9589	
		113 2481		338 5854		437 3380
10	0,1711 3491		-0,8627 4489		-0,9915 6209	
		118 9970		344 6271		439 2959
15	0,1830 3461		-0,8282 8218		-0,9476 3250	
		125 3117		351 3829		442 2751
20	0,1955 6578		-0,7931 4389		-0,9034 0499	
		132 2758		358 9384		446 3288
0,25	0,2087 9336		-0,7572 5005		-0,8587 7211	
		139 9881		367 3955		451 5315
30	0,2227 9217		-0,7205 1050		-0,8136 1896	
		148 5691		376 8783		457 9828
35	0,2376 4908		-0,6828 2267		-0,7678 2068	
		158 1652		387 5379		465 8126
40	0,2534 6560		-0,6440 6888		-0,7212 3942	
		168 9563		399 5598		475 1875
45	0,2703 6123		-0,6041 1290		-0,6737 2067	
		181 1667		413 1746		486 3217
0,50	0,2884 7790		-0,5627 9544		-0,6250 8850	
		195 0783		428 6720		499 4903
55	0,3079 8573		-0,5199 2824		-0,5751 3947	
		211 0508		446 4203		515 0482
60	0,3290 9081		-0,4752 8621		-0,5236 3465	
		229 5500		466 8954		533 4602
65	0,3520 4581		-0,4285 9667		-0,4702 8863	
		251 1894		490 7224		555 3407
70	0,3771 6475		-0,3795 2443		-0,4147 5456	
		276 7931		518 7387		581 5177
0,75	0,4048 4406		-0,3276 5056		-0,3566 0279	
		307 4941		552 0921		613 1309
80	0,4355 9347		-0,2724 4135		-0,2952 8970	
		344 8921		592 3998		651 7899
85	0,4700 8268		-0,2132 0137		-0,2301 1071	
		391 3202		642 0144		699 8403
90	0,5092 1470		-0,1489 9993		-0,1601 2668	
		450 3159		704 4962		760 8364
95	0,5542 4629		-0,0785 5031		-0,0840 4304	
		527 5127		785 5031		840 4304
1,00	0,6069 9756		-0,0000 0000		-0,0000 0000	

$-\lg \cos \Theta = 2{,}1578\ 6529$ $\Theta = 89^{\circ}36{,}10'$

$K(q) = 6{,}3550\ 2754$ $K/E = 6{,}3541\ 2835$

q = 0,47

z	$\lg \frac{\text{sn } u}{\sin x}$	Δ	$\lg \frac{\text{cn } u}{\cos x}$	Δ	lg dn u	Δ
-1,00	0,0000 0000	54 9401	-1,6172 8420	329 7128	-2,2364 7778	885 9454
95	0,0054 9401	56 3563	-1,5843 1292	326 7143	-2,1478 8324	797 5454
90	0,0111 2964	57 8459	-1,5516 4149	324 1793	-2,0681 2870	730 6252
85	0,0169 1423	59 4146	-1,5192 2356	322 0801	-1,9950 6618	678 3994
80	0,0228 5569	61 0689	-1,4870 1555	320 3944	-1,9272 2624	636 6889
-0,75	0,0289 6258	62 8153	-1,4549 7611	319 1038	-1,8635 5735	602 7811
70	0,0352 4411	64 6620	-1,4230 6573	318 1944	-1,8032 7924	574 8382
65	0,0417 1031	66 6173	-1,3912 4629	317 6557	-1,7457 9542	551 5739
60	0,0483 7204	68 6906	-1,3594 8072	317 4809	-1,6906 3803	532 0614
55	0,0552 4110	70 8931	-1,3277 3263	317 6659	-1,6374 3189	515 6186
-0,50	0,0623 3041	73 2359	-1,2959 6604	318 2102	-1,5858 7003	501 7330
45	0,0696 5400	75 7330	-1,2641 4502	319 1165	-1,5356 9673	490 0150
40	0,0772 2730	78 3993	-1,2322 3337	320 3903	-1,4866 9523	480 1644
35	0,0850 6723	81 2519	-1,2001 9434	322 0409	-1,4386 7879	471 9485
30	0,0931 9242	84 3100	-1,1679 9025	324 0807	-1,3914 8394	465 1863
-0,25	0,1016 2342	87 5958	-1,1355 8218	326 5260	-1,3449 6531	459 7379
20	0,1103 8300	91 1345	-1,1029 2958	329 3977	-1,2989 9152	455 4957
15	0,1194 9645	94 9549	-1,0699 8981	332 7210	-1,2534 4195	452 3797
10	0,1289 9194	99 0903	-1,0367 1771	336 5264	-1,2082 0398	450 3327
05	0,1389 0097	103 5794	-1,0030 6507	340 8509	-1,1631 7071	449 3182
0,00	0,1492 5891	108 4673	-0,9689 7998	345 7388	-1,1182 3889	449 3182
05	0,1601 0564	113 8063	-0,9344 0610	351 2424	-1,0733 0707	450 3327
10	0,1714 8627	119 6587	-0,8992 8186	357 4248	-1,0282 7380	452 3797
15	0,1834 5214	126 0980	-0,8635 3938	364 3612	-0,9830 3583	455 4957
20	0,1960 6194	133 2119	-0,8271 0326	372 1421	-0,9374 8626	459 7379
0,25	0,2093 8313	141 1057	-0,7898 8905	380 8763	-0,8915 1247	465 1863
30	0,2234 9370	149 9076	-0,7518 0142	390 6966	-0,8449 9384	471 9485
35	0,2384 8446	159 7740	-0,7127 3176	401 7651	-0,7977 9899	480 1644
40	0,2544 6186	170 8985	-0,6725 5525	414 2820	-0,7497 8255	490 0150
45	0,2715 5171	183 5228	-0,6311 2705	428 4971	-0,7007 8105	501 7330
0,50	0,2899 0399	197 9526	-0,5882 7734	444 7255	-0,6506 0775	515 6185
55	0,3096 9925	214 5807	-0,5438 0479	463 3708	-0,5990 4590	532 0615
60	0,3311 5732	233 9181	-0,4974 6771	484 9566	-0,5458 3975	551 5739
65	0,3545 4913	256 6438	-0,4489 7205	510 1762	-0,4906 8236	574 8382
70	0,3802 1351	283 6773	-0,3979 5443	539 9657	-0,4331 9854	602 7811
0,75	0,4085 8124	316 2946	-0,3439 5786	575 6201	-0,3729 2043	636 6889
80	0,4402 1070	356 3192	-0,2863 9585	618 9848	-0,3092 5154	678 3994
85	0,4758 4262	406 4459	-0,2244 9737	672 7793	-0,2414 1160	730 6252
90	0,5164 8721	470 8311	-0,1572 1944	741 1891	-0,1683 4908	797 5454
95	0,5635 7032	556 2327	-0,0831 0053	831 0053	-0,0885 9454	885 9454
1,00	0,6191 9359		-0,0000 0000		-0,0000 0000	

$-\lg \cos \theta = 2{,}2364\ 7778$ $\theta = 89^{0}40{,}06'$

$K(q) = 6{,}5360\ 2134$ $K/E = 6{,}5353\ 5752$

q = 0,48

z	$\lg \frac{\operatorname{sn} u}{\sin x}$	Δ	$\lg \frac{\operatorname{cn} u}{\cos x}$	Δ	lg dn u	Δ
-1,00	0,0000 0000	54 9499	-1,6864 2351	347 5747	-2,3178 9807	934 1028
95	0,0054 9499	56 3688	-1,6516 6604	343 8872	-2,2244 8779	835 9680
90	0,0111 3187	57 8616	-1,6172 7732	340 7413	-2,1408 9099	762 6220
85	0,0169 1803	59 4342	-1,5832 0319	338 1001	-2,0646 2879	705 9318
80	0,0228 6145	61 0929	-1,5493 9318	335 9332	-1,9940 3561	660 9952
-0,75	0,0289 7074	62 8447	-1,5157 9986	334 2158	-1,9279 3609	624 6822
70	0,0352 5521	64 6977	-1,4823 7828	332 9280	-1,8654 6787	594 9016
65	0,0417 2498	66 6604	-1,4490 8548	332 0551	-1,8059 7771	570 2049
60	0,0483 9102	68 7426	-1,4158 7997	331 5858	-1,7489 5722	549 5585
55	0,0552 6528	70 9553	-1,3827 2139	331 5136	-1,6940 0137	532 2074
-0,50	0,0623 6081	73 3105	-1,3495 7003	331 8345	-1,6407 8063	517 5877
45	0,0696 9186	75 8220	-1,3163 8658	332 5493	-1,5890 2186	505 2737
40	0,0772 7406	78 5052	-1,2831 3165	333 6621	-1,5384 9449	494 9384
35	0,0851 2458	81 3780	-1,2497 6544	335 1804	-1,4890 0065	486 3293
30	0,0932 6238	84 4600	-1,2162 4740	337 1158	-1,4403 6772	479 2515
-0,25	0,1017 0838	87 7739	-1,1825 3582	339 4844	-1,3924 4257	473 5534
20	0,1104 8577	91 3458	-1,1485 8738	342 3067	-1,3450 8723	469 1200
15	0,1196 2035	95 2058	-1,1143 5671	345 6079	-1,2981 7523	465 8652
10	0,1291 4093	99 3884	-1,0797 9592	349 4198	-1,2515 8871	463 7279
05	0,1390 7977	103 9336	-1,0448 5394	353 7803	-1,2052 1592	462 6689
0,00	0,1494 7313	108 8885	-1,0094 7591	358 7352	-1,1589 4903	462 6688
05	0,1603 6198	114 3081	-0,9736 0239	364 3396	-1,1126 8215	463 7279
10	0,1717 9279	120 2572	-0,9371 6843	370 6594	-1,0663 0936	465 8652
15	0,1838 1851	126 8135	-0,9001 0249	377 7742	-1,0197 2284	469 1200
20	0,1964 9986	134 0689	-0,8623 2507	385 7795	-0,9728 1084	473 5535
0,25	0,2099 0675	142 1356	-0,8237 4712	394 7915	-0,9254 5549	479 2514
30	0,2241 2031	151 1491	-0,7842 6797	404 9514	-0,8775 3035	486 3294
35	0,2392 3522	161 2762	-0,7437 7283	416 4330	-0,8288 9741	494 9383
40	0,2553 6284	172 7244	-0,7021 2953	429 4518	-0,7794 0358	505 2737
45	0,2726 3528	185 7532	-0,6591 8435	444 2773	-0,7288 7621	517 5878
0,50	0,2912 1060	200 6938	-0,6147 5662	461 2520	-0,6771 1743	532 2073
55	0,3112 7998	217 9727	-0,5686 3142	480 8159	-0,6238 9670	549 5585
60	0,3330 7725	238 1498	-0,5205 4983	503 5445	-0,5689 4085	570 2049
65	0,3568 9223	261 9736	-0,4701 9538	530 2039	-0,5119 2036	594 9016
70	0,3830 8959	290 4664	-0,4171 7499	561 8374	-0,4524 3020	624 6822
0,75	0,4121 3623	325 0621	-0,3609 9125	599 9024	-0,3899 6198	660 9952
80	0,4446 4244	367 8316	-0,3010 0101	646 4976	-0,3238 6246	705 9318
85	0,4814 2560	421 8807	-0,2363 5125	704 7604	-0,2532 6928	762 6220
90	0,5236 1367	492 0808	-0,1658 7521	779 5992	-0,1770 0708	835 9680
95	0,5728 2175	586 5281	-0,0879 1529	879 1529	-0,0934 1028	934 1028
1,00	0,6314 7456		-0,0000 0000		-0,0000 0000	

$-\lg\cos\Theta = 2{,}3178\ 9807$ $\Theta = 89^{0}43{,}47'$

$K(q) = 6{,}7234\ 8500$ $K/E = 6{,}7230\ 0108$

q = 0,49

z	$\lg \frac{\operatorname{sn} u}{\sin x}$	Δ	$\lg \frac{\operatorname{cn} u}{\cos x}$	Δ	lg dn u	Δ
-1,00	0,0000 0000	54 9574	-1,7584 4922	366 5904	-2,4022 9820	985 0917
95	0,0054 9574	56 3783	-1,7217 9018	362 1126	-2,3037 8903	876 1936
90	0,0111 3357	57 8739	-1,6855 7892	358 2705	-2,2161 6967	795 8830
85	0,0169 2096	59 4495	-1,6497 5187	355 0143	-2,1365 8137	734 4253
80	0,0228 6591	61 1120	-1,6142 5044	352 3037	-2,0631 3884	686 0821
-0,75	0,0289 7711	62 8683	-1,5790 2007	350 1057	-1,9945 3063	647 2518
70	0,0352 6394	64 7265	-1,5440 0950	348 3934	-1,9298 0545	615 5608
65	0,0417 3659	66 6956	-1,5091 7016	347 1462	-1,8682 4937	589 3834
60	0,0484 0615	68 7853	-1,4744 5554	346 3482	-1,8093 1103	567 5700
55	0,0552 8468	71 0068	-1,4398 2072	345 9881	-1,7525 5403	549 2871
-0,50	0,0623 8536	73 3725	-1,4052 2191	346 0598	-1,6976 2532	533 9168
45	0,0697 2261	75 8966	-1,3706 1593	346 5604	-1,6442 3364	520 9944
40	0,0773 1227	78 5948	-1,3359 5989	347 4922	-1,5921 3420	510 1652
35	0,0851 7175	81 4852	-1,3012 1067	348 8609	-1,5411 1768	501 1564
30	0,0933 2027	84 5882	-1,2663 2458	350 6771	-1,4910 0204	493 7575
-0,25	0,1017 7909	87 9271	-1,2312 5687	352 9560	-1,4416 2629	487 8060
20	0,1105 7180	91 5290	-1,1959 6127	355 7175	-1,3928 4569	483 1787
15	0,1197 2470	95 4247	-1,1603 8952	358 9874	-1,3445 2782	479 7832
10	0,1292 6717	99 6498	-1,1244 9078	362 7975	-1,2965 4950	477 5541
05	0,1392 3215	104 2463	-1,0882 1103	367 1871	-1,2487 9409	476 4499
0,00	0,1496 5678	109 2628	-1,0514 9232	372 2036	-1,2011 4910	476 4499
05	0,1605 8306	114 7566	-1,0142 7196	377 9043	-1,1535 0411	477 5541
10	0,1720 5872	120 7958	-0,9764 8153	384 3585	-1,1057 4870	479 7832
15	0,1841 3830	127 4612	-0,9380 4568	391 6497	-1,0577 7038	483 1787
20	0,1968 8442	134 8501	-0,8988 8071	399 8789	-1,0094 5251	487 8060
0,25	0,2103 6943	143 0803	-0,8588 9282	409 1693	-0,9606 7191	493 7575
30	0,2246 7746	152 2955	-0,8179 7589	419 6712	-0,9112 9616	501 1564
35	0,2399 0701	162 6730	-0,7760 0877	431 5704	-0,8611 8052	510 1652
40	0,2561 7431	174 4340	-0,7328 5173	445 0978	-0,8101 6400	520 9944
45	0,2736 1771	187 8571	-0,6883 4195	460 5443	-0,7580 6456	533 9168
0,50	0,2924 0342	203 2988	-0,6422 8752	478 2802	-0,7046 7288	549 2871
55	0,3127 3330	221 2220	-0,5944 5950	498 7848	-0,6497 4417	567 5700
60	0,3348 5550	242 2372	-0,5445 8102	522 6878	-0,5929 8717	589 3834
65	0,3590 7922	267 1673	-0,4923 1224	550 8343	-0,5340 4883	615 5608
70	0,3857 9595	297 1461	-0,4372 2881	584 3835	-0,4724 9275	647 2518
0,75	0,4155 1056	333 7784	-0,3787 9046	624 9701	-0,4077 6757	686 0821
80	0,4488 8840	379 4111	-0,3162 9345	674 9758	-0,3391 5936	734 4253
85	0,4868 2951	437 6125	-0,2487 9587	738 0091	-0,2657 1683	795 8830
90	0,5305 9076	514 0809	-0,1749 9496	819 8152	-0,1861 2853	876 1935
95	0,5819 9885	618 5013	-0,0930 1344	930 1344	-0,0985 0918	985 0918
1,00	0,6438 4898		-0,0000 0000		-0,0000 0000	

$-\lg \cos \Theta = 2{,}4022\ 9820$ $\Theta = 89^{\circ}46{,}39'$

$K(q) = 6{,}9178\ 1359$ $K/E = 6{,}9174\ 6549$

q = 0,50

z	$\lg \frac{\text{sn } u}{\sin x}$	Δ	$\lg \frac{\text{cn } u}{\cos x}$	Δ	lg dn u	Δ
-1,00	0,0000 0000	54 9629	-1,8335 3810	386 8551	-2,4898 6365	1039 1168
95	0,0054 9629	56 3858	-1,7948 5259	381 4719	-2,3859 5197	918 3170
90	0,0111 3487	57 8832	-1,7567 0540	376 8362	-2,2941 2027	830 4635
85	0,0169 2319	59 4615	-1,7190 2178	372 8833	-2,2110 7392	763 9205
80	0,0228 6934	61 1270	-1,6817 3345	369 5597	-2,1346 8187	711 9850
-0,75	0,0289 8204	62 8870	-1,6447 7748	366 8220	-2,0634 8337	670 5232
70	0,0352 7074	64 7496	-1,6080 9528	364 6347	-1,9964 3105	636 8489
65	0,0417 4570	66 7239	-1,5716 3181	362 9697	-1,9327 4616	609 1426
60	0,0484 1809	68 8200	-1,5353 3484	361 8054	-1,8718 3190	586 1291
55	0,0553 0009	71 0491	-1,4991 5430	361 1257	-1,8132 1899	566 8912
-0,50	0,0624 0500	73 4238	-1,4630 4173	360 9199	-1,7565 2987	550 7535
45	0,0697 4738	75 9587	-1,4269 4974	361 1823	-1,7014 5452	537 2105
40	0,0773 4325	78 6699	-1,3908 3151	361 9123	-1,6477 3347	525 8783
35	0,0852 1024	81 5756	-1,3546 4028	363 1134	-1,5951 4564	516 4628
30	0,0933 6780	84 6970	-1,3183 2894	364 7949	-1,5434 9936	508 7375
-0,25	0,1018 3750	88 0582	-1,2818 4945	366 9705	-1,4926 2561	502 5289
20	0,1106 4332	91 6866	-1,2451 5240	369 6599	-1,4423 7272	497 7045
15	0,1198 1198	95 6141	-1,2081 8641	372 8886	-1,3926 0227	494 1661
10	0,1293 7339	99 8778	-1,1708 9755	376 6888	-1,3431 8566	491 8443
05	0,1393 6117	104 5207	-1,1332 2867	381 1008	-1,2940 0123	490 6941
0,00	0,1498 1324	109 5933	-1,0951 1859	386 1734	-1,2449 3182	490 6941
05	0,1607 7257	115 1554	-1,0565 0125	391 9665	-1,1958 6241	491 8442
10	0,1722 8811	121 2775	-1,0173 0460	398 5520	-1,1466 7799	494 1661
15	0,1844 1586	128 0446	-0,9774 4940	406 0179	-1,0972 6138	497 7045
20	0,1972 2032	135 5584	-0,9368 4761	414 4707	-1,0474 9093	502 5289
0,25	0,2107 7616	143 9427	-0,8954 0054	424 0405	-0,9972 3804	508 7376
30	0,2251 7043	153 3493	-0,8529 9649	434 8871	-0,9463 6428	516 4627
35	0,2405 0536	163 9660	-0,8095 0778	447 2085	-0,8947 1801	525 8783
40	0,2569 0196	176 0282	-0,7647 8693	461 2519	-0,8421 3018	537 2105
45	0,2745 0478	189 8336	-0,7186 6174	477 3296	-0,7884 0913	550 7536
0,50	0,2934 8814	205 7655	-0,6709 2878	495 8422	-0,7333 3377	566 8911
55	0,3140 6469	224 3237	-0,6213 4456	517 3091	-0,6766 4466	586 1292
60	0,3364 9706	246 1728	-0,5696 1365	542 4186	-0,6180 3174	609 1425
65	0,3611 1434	272 2143	-0,5153 7179	572 0993	-0,5571 1749	636 8490
70	0,3883 3577	303 7012	-0,4581 6186	607 6362	-0,4934 3259	670 5232
0,75	0,4187 0589	342 4252	-0,3973 9824	650 8580	-0,4263 8027	711 9849
80	0,4529 4841	391 0373	-0,3323 1244	704 4590	-0,3551 8178	763 9205
85	0,4920 5214	453 6273	-0,2618 6654	772 5803	-0,2787 8973	830 4635
90	0,5374 1487	536 8451	-0,1846 0851	861 9313	-0,1957 4338	918 3170
95	0,5910 9938	652 2617	-0,0984 1538	984 1538	-0,1039 1168	1039 1168
1,00	0,6563 2555		-0,0000 0000		-0,0000 0000	

$-\lg \cos \Theta = 2{,}4898\ 6365$ $\Theta = 89^{\circ}48{,}87'$

$K(q) = 7{,}1194\ 3331$ $K/E = 7{,}1191\ 8643$

q = 0,51

z	lg $\frac{\text{sn u}}{\sin x}$	Δ	lg $\frac{\text{cn u}}{\cos x}$	Δ	lg dn u	Δ
-1,00	0,0000 0000	54 9671	-1,9118 8143	408 4733	-2,5807 9470	1096 4001
95	0,0054 9671	56 3912	-1,8710 3410	402 0527	-2,4711 5469	962 4385
90	0,0111 3583	57 8905	-1,8308 2883	396 5140	-2,3749 1084	866 4221
85	0,0169 2488	59 4706	-1,7911 7743	391 7728	-2,2882 6863	794 4611
80	0,0228 7194	61 1387	-1,7520 0015	387 7591	-2,2088 2252	738 7420
-0,75	0,0289 8581	62 9016	-1,7132 2424	384 4166	-2,1349 4832	694 5333
70	0,0352 7597	64 7680	-1,6747 8258	381 6989	-2,0654 9499	658 8025
65	0,0417 5277	66 7466	-1,6366 1269	379 5691	-1,9996 1474	629 5186
60	0,0484 2743	68 8480	-1,5986 5578	377 9982	-1,9366 6288	605 2722
55	0,0553 1223	71 0834	-1,5608 5596	376 9641	-1,8761 3566	585 0561
-0,50	0,0624 2057	73 4658	-1,5231 5955	376 4515	-1,8176 3005	568 1343
45	0,0697 6715	76 0099	-1,4855 1440	376 4501	-1,7608 1662	553 9583
40	0,0773 6814	78 7322	-1,4478 6939	376 9562	-1,7054 2079	542 1137
35	0,0852 4136	81 6512	-1,4101 7377	377 9711	-1,6512 0942	532 2842
30	0,0934 0648	84 7889	-1,3723 7666	379 5015	-1,5979 8100	524 2274
-0,25	0,1018 8537	88 1693	-1,3344 2651	381 5602	-1,5455 5826	517 7572
20	0,1107 0230	91 8212	-1,2962 7049	384 1658	-1,4937 8254	512 7328
15	0,1198 8442	95 7772	-1,2578 5391	387 3433	-1,4425 0926	509 0495
10	0,1294 6214	100 0751	-1,2191 1958	391 1255	-1,3916 0431	506 6331
05	0,1394 6965	104 7599	-1,1800 0703	395 5532	-1,3409 4100	505 4365
0,00	0,1499 4564	109 8833	-1,1404 5171	400 6766	-1,2903 9735	505 4365
05	0,1609 3397	115 5076	-1,1003 8405	406 5580	-1,2398 5370	506 6331
10	0,1724 8473	121 7062	-1,0597 2825	413 2723	-1,1891 9039	509 0495
15	0,1846 5535	128 5670	-1,0184 0102	420 9116	-1,1382 8544	512 7328
20	0,1975 1205	136 1971	-0,9763 0986	429 5879	-1,0870 1216	517 7572
0,25	0,2111 3176	144 7258	-0,9333 5107	439 4385	-1,0352 3644	524 2274
30	0,2256 0434	154 3132	-0,8894 0722	450 6330	-0,9828 1370	532 2842
35	0,2410 3566	165 1574	-0,8443 4392	463 3815	-0,9295 8528	542 1137
40	0,2575 5140	177 5081	-0,7980 0577	477 9484	-0,8753 7391	553 9583
45	0,2753 0221	191 6829	-0,7502 1093	494 6684	-0,8199 7808	568 1342
0,50	0,2944 7050	208 0919	-0,7007 4409	513 9728	-0,7631 6466	585 0562
55	0,3152 7969	227 2740	-0,6493 4681	536 4242	-0,7046 5904	605 2721
60	0,3380 0709	249 9496	-0,5957 0439	562 7720	-0,6441 3183	629 5187
65	0,3630 0205	277 1036	-0,5394 2719	594 0345	-0,5811 7996	658 8025
70	0,3907 1241	310 1167	-0,4800 2374	631 6316	-0,5152 9971	694 5333
0,75	0,4217 2408	350 9829	-0,4168 6058	677 6034	-0,4458 4638	738 7420
80	0,4568 2237	402 6883	-0,3491 0024	734 9904	-0,3719 7218	794 4611
85	0,4970 9120	469 9081	-0,2756 0120	808 5317	-0,2925 2607	866 4221
90	0,5440 8201	560 3858	-0,1947 4803	906 0472	-0,2058 8386	962 4384
95	0,6001 2059	687 9268	-0,1041 4331	1041 4331	-0,1096 4002	1096 4002
1,00	0,6689 1327		-0,0000 0000		-0,0000 0000	

-lg cos Θ = 2,5807 9470   Θ = 89°50,97'

K(q) = 7,3288 0467   K/E = 7,3286 3218

q = 0,52

z	$\lg \frac{\text{sn } u}{\sin x}$	Δ	$\lg \frac{\text{cn } u}{\cos x}$	Δ	lg dn u	Δ
-1,00	0,0000 0000	54 9701	-1,9936 8657	431 5603	-2,6753 0801	1157 1834
95	0,0054 9701	56 3953	-1,9505 3054	423 9514	-2,5595 8967	1008 6640
90	0,0111 3654	57 8958	-1,9081 3540	417 3858	-2,4587 2327	903 8207
85	0,0169 2612	59 4777	-1,8663 9682	411 7534	-2,3683 4120	826 0939
80	0,0228 7389	61 1476	-1,8252 2148	406 9641	-2,2857 3181	766 3956
-0,75	0,0289 8865	62 9131	-1,7845 2507	402 9450	-2,2090 9225	719 3225
70	0,0352 7996	64 7823	-1,7442 3057	399 6365	-2,1371 6000	681 4614
65	0,0417 5819	66 7646	-1,7042 6692	396 9908	-2,0690 1386	650 5518
60	0,0484 3465	68 8703	-1,6645 6784	394 9699	-2,0039 5868	625 0391
55	0,0553 2168	71 1110	-1,6250 7085	393 5447	-1,9414 5477	603 8217
-0,50	0,0624 3278	73 4999	-1,5857 1638	392 6934	-1,8810 7260	586 0986
45	0,0697 8277	76 0518	-1,5464 4704	392 4014	-1,8224 6274	571 2770
40	0,0773 8795	78 7835	-1,5072 0690	392 6607	-1,7653 3504	558 9103
35	0,0852 6630	81 7140	-1,4679 4083	393 4695	-1,7094 4401	548 6597
30	0,0934 3770	84 8655	-1,4285 9388	394 8322	-1,6545 7804	540 2653
-0,25	0,1019 2425	88 2630	-1,3891 1066	396 7596	-1,6005 5151	533 5294
20	0,1107 5055	91 9353	-1,3494 3470	399 2694	-1,5471 9857	528 3016
15	0,1199 4408	95 9162	-1,3095 0776	402 3859	-1,4943 6841	524 4707
10	0,1295 3570	100 2448	-1,2692 6917	406 1418	-1,4419 2134	521 9586
05	0,1395 6018	104 9669	-1,2286 5499	410 5785	-1,3897 2548	520 7147
0,00	0,1500 5687	110 1361	-1,1875 9714	415 7479	-1,3376 5401	520 7147
05	0,1610 7048	115 8169	-1,1460 2235	421 7138	-1,2855 8254	521 9586
10	0,1726 5217	122 0848	-1,1038 5097	428 5545	-1,2333 8668	524 4708
15	0,1848 6065	129 0322	-1,0609 9552	436 3662	-1,1809 3960	528 3016
20	0,1977 6387	136 7697	-1,0173 5890	445 2665	-1,1281 0944	533 5293
0,25	0,2114 4084	145 4332	-0,9728 3225	455 3998	-1,0747 5651	540 2654
30	0,2259 8416	155 1902	-0,9272 9227	466 9456	-1,0207 2997	548 6596
35	0,2415 0318	166 2496	-0,8805 9771	480 1269	-0,9658 6401	558 9104
40	0,2581 2814	178 8756	-0,8325 8502	495 2252	-0,9099 7297	571 2769
45	0,2760 1570	193 4053	-0,7830 6250	512 5987	-0,8528 4528	586 0987
0,50	0,2953 5623	210 2769	-0,7318 0263	532 7106	-0,7942 3541	603 8216
55	0,3163 8392	230 0692	-0,6785 3157	556 1689	-0,7338 5325	625 0392
60	0,3393 9084	253 5610	-0,6229 1468	583 7872	-0,6713 4933	650 5518
65	0,3647 4694	281 8249	-0,5645 3596	616 6790	-0,6062 9415	681 4614
70	0,3929 2943	316 3775	-0,5028 6806	656 4094	-0,5381 4801	719 3224
0,75	0,4245 6718	359 4315	-0,4372 2712	705 2480	-0,4662 1577	766 3957
80	0,4605 1033	414 3405	-0,3667 0232	766 6163	-0,3895 7620	826 0939
85	0,5019 4438	486 4350	-0,2900 4069	845 9249	-0,3069 6681	903 8207
90	0,5505 8788	584 7125	-0,2054 4820	952 2686	-0,2165 8474	1008 6639
95	0,6090 5913	725 6231	-0,1102 2134	1102 2134	-0,1157 1835	1157 1835
1,00	0,6816 2144		-0,0000 0000		-0,0000 0000	

-lg cos Θ = 2,6753 0801 Θ = 89°52,74'

K(q) = 7,5464 2601 K/E = 7,5463 0742

q = 0,53

z	$\lg \frac{\text{sn } u}{\sin x}$	Δ	$\lg \frac{\text{cn } u}{\cos x}$	Δ	lg dn u	Δ
-1,00	0,0000 0000	54 9723	-2,0791 7849	456 2418	-2,7736 3840	1221 7298
95	0,0054 9723	56 3983	-2,0335 5431	447 2734	-2,6514 6542	1057 1056
90	0,0111 3706	57 8998	-1,9888 2697	439 5402	-2,5457 5486	942 7257
85	0,0169 2704	59 4829	-1,9448 7295	432 9016	-2,4514 8229	858 8701
80	0,0228 7533	61 1544	-1,9015 8279	427 2417	-2,3655 9528	794 9915
-0,75	0,0289 9077	62 9219	-1,8588 5862	422 4670	-2,2860 9613	744 9355
70	0,0352 8296	64 7935	-1,8166 1192	418 5018	-2,2116 0258	704 8699
65	0,0417 6231	66 7786	-1,7747 6174	415 2847	-2,1411 1559	672 2859
60	0,0484 4017	68 8880	-1,7332 3327	412 7673	-2,0738 8700	645 4739
55	0,0553 2897	71 1330	-1,6919 5654	410 9112	-2,0093 3961	623 2313
-0,50	0,0624 4227	73 5273	-1,6508 6542	409 6878	-1,9470 1648	604 6898
45	0,0697 9500	76 0857	-1,6098 9664	409 0767	-1,8865 4750	589 2094
40	0,0774 0357	78 8253	-1,5689 8897	409 0650	-1,8276 2656	576 3107
35	0,0852 8610	81 7657	-1,5280 8247	409 6471	-1,7699 9549	565 6307
30	0,0934 6267	84 9289	-1,4871 1776	410 8248	-1,7134 3242	556 8931
-0,25	0,1019 5556	88 3411	-1,4460 3528	412 6065	-1,6577 4311	549 8863
20	0,1107 8967	92 0312	-1,4047 7463	415 0081	-1,6027 5448	544 4517
15	0,1199 9279	96 0341	-1,3632 7382	418 0534	-1,5483 0931	540 4709
10	0,1295 9620	100 3895	-1,3214 6848	421 7748	-1,4942 6222	537 8611
05	0,1396 3515	105 1447	-1,2792 9100	426 2142	-1,4404 7611	536 5691
0,00	0,1501 4962	110 3549	-1,2366 6958	431 4244	-1,3868 1920	536 5691
05	0,1611 8511	116 0863	-1,1935 2714	437 4716	-1,3331 6229	537 8611
10	0,1727 9374	122 4175	-1,1497 7998	444 4368	-1,2793 7618	540 4709
15	0,1850 3549	129 4435	-1,1053 3630	452 4204	-1,2253 2909	544 4517
20	0,1979 7984	137 2800	-1,0600 9426	461 5454	-1,1708 8392	549 8864
0,25	0,2117 0784	146 0682	-1,0139 3972	471 9640	-1,1158 9528	556 8930
30	0,2263 1466	155 9836	-0,9667 4332	483 8652	-1,0602 0598	565 6307
35	0,2419 1302	167 2457	-0,9183 5680	497 4853	-1,0036 4291	576 3107
40	0,2586 3759	180 1327	-0,8686 0827	513 1237	-0,9460 1184	589 2094
45	0,2766 5086	195 0019	-0,8172 9590	531 1625	-0,8870 9090	604 6898
0,50	0,2961 5105	212 3202	-0,7641 7965	552 0983	-0,8266 2192	623 2313
55	0,3173 8307	232 7067	-0,7089 6982	576 5859	-0,7642 9879	645 4739
60	0,3406 5374	257 0011	-0,6513 1123	605 5073	-0,6997 5140	672 2859
65	0,3663 5385	286 3682	-0,5907 6050	640 0764	-0,6325 2281	704 8699
70	0,3949 9067	322 4684	-0,5267 5286	682 0136	-0,5620 3582	744 9355
0,75	0,4272 3751	367 7498	-0,4585 5150	733 8371	-0,4875 4227	794 9915
80	0,4640 1249	425 9686	-0,3851 6779	799 3872	-0,4080 4312	858 8701
85	0,5066 0935	503 1854	-0,3052 2907	884 8259	-0,3221 5611	942 7257
90	0,5569 2789	609 8322	-0,2167 4648	1000 7073	-0,2278 8354	1057 1056
95	0,6179 1111	765 4861	-0,1166 7575	1166 7575	-0,1221 7298	1221 7298
1,00	0,6944 5972		-0,0000 0000		-0,0000 0000	

-lg cos Θ = 2,7736 3840 Θ = $89^\circ 54{,}21'$

K(q) = 7,7728 3759 K/E = 7,7727 5742

q = 0,54

z	lg $\frac{\text{sn u}}{\text{sin x}}$	Δ	lg $\frac{\text{cn u}}{\text{cos x}}$	Δ	lg dn u	Δ
-1,00	0,0000 0000		-2,1686 0264		-2,8760 4078	
95	0,0054 9738	54 9738	-2,1203 3621	482 6643	-2,7470 0820	1290 3258
90	0,0111 3742	56 4004	-2,0731 2281	472 1340	-2,6362 1994	1107 8826
85	0,0169 2770	57 9028	-2,0268 1541	463 0740	-2,5378 9922	983 2072
80	0,0228 7638	59 4868	-1,9812 8541	455 3000	-2,4486 1469	892 8453
-0,75	0,0289 9234	61 1596	-1,9364 1900	448 6641	-2,3661 5661	824 5808
70	0,0352 8518	62 9284	-1,8921 1430	443 0470	-2,2890 1445	771 4216
65	0,0417 6538	64 8020	-1,8482 7900	438 3530	-2,2161 0676	729 0769
60	0,0484 4434	66 7896	-1,8048 2854	434 5046	-2,1466 2981	694 7695
55	0,0553 3451	68 9017	-1,7616 8451	431 4403	-2,0799 6736	666 6245
-0,50	0,0624 4954	71 1503	-1,7187 7339	429 1112	-2,0156 3408	643 3328
45	0,0698 0445	73 5491	-1,6760 2537	427 4802	-1,9532 3860	623 9548
40	0,0774 1573	76 1128	-1,6333 7339	426 5198	-1,8924 5841	607 8019
35	0,0853 0164	78 8591	-1,5907 5222	426 2117	-1,8330 2236	594 3605
30	0,0934 8241	81 8077	-1,5480 9763	426 5459	-1,7746 9804	583 2432
-0,25	0,1019 8053	84 9812	-1,5053 4558	427 5205	-1,7172 8252	574 1552
20	0,1108 2108	88 4055	-1,4624 3147	429 1411	-1,6605 9523	566 8729
15	0,1200 3220	92 1112	-1,4192 8924	431 4223	-1,6044 7252	561 2271
10	0,1296 4550	96 1330	-1,3758 5062	434 3862	-1,5487 6316	557 0936
05	0,1396 9669	100 5119	-1,3320 4413	438 0649	-1,4933 2472	554 3844
0,00	0,1502 2631	105 2962	-1,2877 9408	442 5005	-1,4380 2039	553 0433
05	0,1612 8059	110 5428	-1,2430 1936	447 7472	-1,3827 1606	553 0433
10	0,1729 1254	116 3195	-1,1976 3213	453 8723	-1,3272 7762	554 3844
15	0,1851 8328	122 7074	-1,1515 3606	460 9607	-1,2715 6826	557 0936
20	0,1981 6377	129 8049	-1,1046 2446	469 1160	-1,2154 4555	561 2271
0,25	0,2119 3694	137 7317	-1,0567 7773	478 4673	-1,1587 5826	566 8729
30	0,2266 0041	146 6347	-1,0078 6033	489 1740	-1,1013 4274	574 1552
35	0,2422 7014	156 6973	-0,9577 1678	501 4355	-1,0430 1842	583 2432
40	0,2590 8502	168 1488	-0,9061 6664	515 5014	-0,9835 8237	594 3605
45	0,2772 1323	181 2821	-0,8529 9773	531 6891	-0,9228 0218	607 8019
0,50	0,2968 6069	196 4746	-0,7979 5716	550 4057	-0,8604 0670	623 9548
55	0,3182 8284	214 2215	-0,7407 3892	572 1824	-0,7960 7343	643 3327
60	0,3418 0127	235 1843	-0,6809 6663	597 7229	-0,7294 1097	666 6246
65	0,3678 2776	260 2649	-0,6181 6864	627 9799	-0,6599 3402	694 7695
70	0,3969 0015	290 7239	-0,5517 4114	664 2750	-0,5870 2633	729 0769
0,75	0,4297 3761	328 3746	-0,4808 9183	708 4931	-0,5098 8417	771 4216
80	0,4673 2929	375 9168	-0,4045 4971	763 4212	-0,4274 2609	824 5808
85	0,5110 8382	437 5453	-0,3212 1386	833 3585	-0,3381 4156	892 8453
90	0,5630 9713	520 1331	-0,2286 8342	925 3044	-0,2398 2084	983 2072
95	0,6266 7199	635 7486	-0,1235 3520	1051 4822	-0,1290 3258	1107 8826
1,00	0,7074 3814	807 6615	-0,0000 0000	1235 3520	-0,0000 0000	1290 3258

-lg cos Θ = 2,8760 4077 Θ = 89^{0}55,43'

K(q) = 8,0086 2608 K/E = 8,0085 7286

q = 0,55

z	$\lg \frac{\text{sn } u}{\sin x}$	Δ	$\lg \frac{\text{cn } u}{\cos x}$	Δ	lg dn u	Δ
-1,00	0,0000 0000	54 9749	-2,2622 2525	510 9782	-2,9827 9245	1363 2840
95	0,0054 9749	56 4019	-2,2111 2743	498 6599	-2,8464 6405	1161 1216
90	0,0111 3768	57 9048	-2,1612 6144	488 0925	-2,7303 5189	1025 3410
85	0,0169 2816	59 4897	-2,1124 5219	479 0383	-2,6278 1779	928 0801
80	0,0228 7713	61 1634	-2,0645 4836	471 3091	-2,5350 0978	855 2197
-0,75	0,0289 9347	62 9334	-2,0174 1745	464 7543	-2,4494 8781	798 8355
70	0,0352 8681	64 8085	-1,9709 4202	459 2530	-2,3696 0426	754 1365
65	0,0417 6766	66 7978	-1,9250 1672	454 7084	-2,2941 9061	718 0562
60	0,0484 4744	68 9124	-1,8795 4588	451 0432	-2,2223 8499	688 5439
55	0,0553 3868	71 1638	-1,8344 4156	448 1960	-2,1535 3060	664 1781
-0,50	0,0624 5506	73 5661	-1,7896 2196	446 1196	-2,0871 1279	643 9450
45	0,0698 1167	76 1344	-1,7450 1000	444 7783	-2,0227 1829	627 1054
40	0,0774 2511	78 8861	-1,7005 3217	444 1471	-1,9600 0775	613 1099
35	0,0853 1372	81 8416	-1,6561 1746	444 2110	-1,8986 9676	601 5459
30	0,0934 9788	85 0235	-1,6116 9636	444 9638	-1,8385 4217	592 1007
-0,25	0,1020 0023	88 4584	-1,5671 9998	446 4080	-1,7793 3210	584 5368
20	0,1108 4607	92 1772	-1,5225 5918	448 5558	-1,7208 7842	578 6758
15	0,1200 6379	96 2152	-1,4777 0360	451 4281	-1,6630 1084	574 3863
10	0,1296 8531	100 6145	-1,4325 6079	455 0559	-1,6055 7221	571 5754
05	0,1397 4676	105 4243	-1,3870 5520	459 4816	-1,5484 1467	570 1844
0,00	0,1502 8919	110 7028	-1,3411 0704	464 7602	-1,4913 9623	570 1845
05	0,1613 5947	116 5195	-1,2946 3102	470 9609	-1,4343 7778	571 5754
10	0,1730 1142	122 9582	-1,2475 3493	478 1710	-1,3772 2024	574 3863
15	0,1853 0724	130 1201	-1,1997 1783	486 4987	-1,3197 8161	578 6758
20	0,1983 1925	138 1287	-1,1510 6796	496 0783	-1,2619 1403	584 5368
0,25	0,2121 3212	147 1369	-1,1014 6013	507 0772	-1,2034 6035	592 1006
30	0,2268 4581	157 3350	-1,0507 5241	519 7044	-1,1442 5029	601 5460
35	0,2425 7931	168 9627	-0,9987 8197	534 2238	-1,0840 9569	613 1099
40	0,2594 7558	182 3271	-0,9453 5959	550 9710	-1,0227 8470	627 1053
45	0,2777 0829	197 8254	-0,8902 6249	570 3789	-0,9600 7417	643 9451
0,50	0,2974 9083	215 9821	-0,8332 2460	593 0142	-0,8956 7966	664 1781
55	0,3190 8904	237 5007	-0,7739 2318	619 6316	-0,8292 6185	688 5439
60	0,3428 3911	263 3478	-0,7119 6002	651 2584	-0,7604 0746	718 0562
65	0,3691 7389	294 8834	-0,6468 3418	689 3279	-0,6886 0184	754 1364
70	0,3986 6223	334 0814	-0,5779 0139	735 9022	-0,6131 8820	798 8356
0,75	0,4320 7037	383 9106	-0,5043 1117	794 0563	-0,5333 0464	855 2197
80	0,4704 6143	449 0417	-0,4249 0554	868 5904	-0,4477 8267	928 0801
85	0,5153 6560	537 2485	-0,3380 4650	967 4362	-0,3549 7466	1025 3410
90	0,5690 9045	662 4617	-0,2413 0288	1104 7196	-0,2524 4056	1161 1216
95	0,6353 3662	852 3058	-0,1308 3092	1308 3092	-0,1363 2840	1363 2840
1,00	0,7205 6720		-0,0000 0000		-0,0000 0000	

-lg cos Θ = 2,9827 9246 Θ = 89°56,42'

K(q) = 8,2544 2977 K/E = 8,2543 9512

Tabelle VI

Jacobische elliptische Funktionen
dargestellt durch

$$\lg \frac{\operatorname{sn} u}{\sin x}; \qquad \lg \frac{\operatorname{cn} u}{\cos x}; \qquad \lg \operatorname{dn} u$$

Funktionen laufend nach q

von $q = 0{,}00$ bis $q = 0{,}55$ in Schritten von 0,01

für die Werte $z = \cos 2x = \cos \frac{\pi}{K} u$

von $z = -1{,}00$ bis $z = +1{,}00$

in Schritten von 0,05

Die zugehörigen Werte für

Θ und $-\lg \cos \Theta = -\lg k'$ sind in den Tafeln S. 219 und S. 220,

die Werte für K und K/E

in den Tafeln auf S. 279 und S. 280 enthalten

Table VI

Jacobi's Elliptical Funktions
based on

$$\log \frac{\operatorname{sn} u}{\sin u}; \qquad \log \frac{\operatorname{cn} u}{\cos u}; \qquad \log \operatorname{dn} u$$

as functions of q

from $q = 0{\cdot}00$ to $q = 0{\cdot}55$, with increments of 0·01

for values of $z = \cos 2x = \cos \frac{\pi}{K} u$

from $z = -1{\cdot}00$ to $z = +1{\cdot}00$, with increments of 0·05

The corresponding values of Θ and $-\log \cos \Theta = -\log k'$

are found in the tables on pages 219 and 220,

and those of K and K/E

in the tables on pages 279 and 280

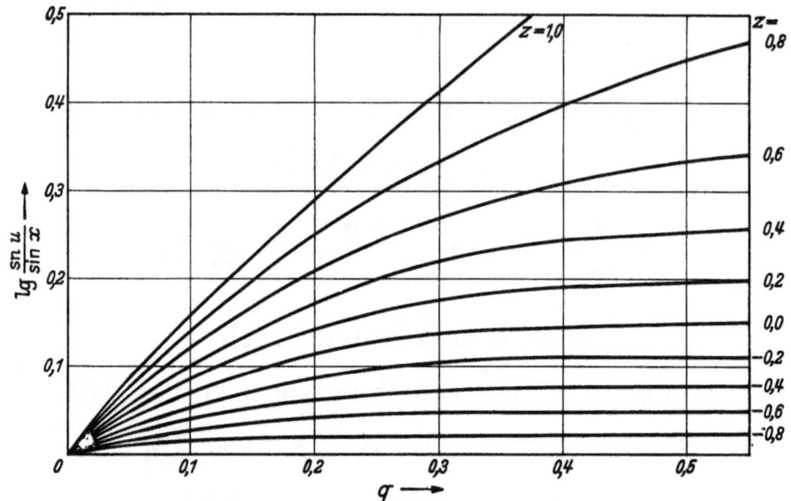

Abb. 8. $\lg \frac{\operatorname{sn} u}{\sin x}$ laufend nach q, geordnet nach z.

Fig. 8. $\log \frac{\operatorname{sn} u}{\sin x}$ as a function of q.

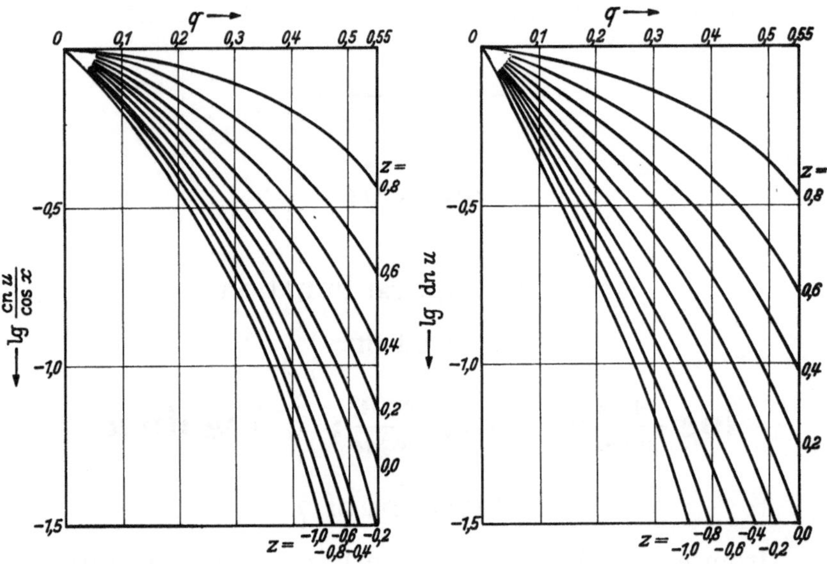

Abb. 9. $\lg \frac{\operatorname{cn} u}{\cos x}$ laufend nach q, geordnet nach z.

Fig. 9. $\log \frac{\operatorname{cn} u}{\cos x}$ as a function of q.

Abb. 10. $\lg \operatorname{dn} u$ laufend nach q, geordnet nach z.

Fig. 10. $\log \operatorname{dn} u$ as a function of q.

z = -1,00

q	-lg cos Θ	Θ	$\lg \frac{\text{cn u}}{\cos x}$	Δ	lg dn u	Δ
0,00	0,0000 0000	0°	-0,0000 0000	-175 4783	-0,0000 0000	-347 4819
01	0,0347 4819	22°36,93'	-0,0175 4783	-179 0941	-0,0347 4819	-347 7600
02	0,0695 2419	31°33,74'	-0,0354 5724	-182 8556	-0,0695 2419	-348 3166
03	0,1043 5585	38° 8,97'	-0,0537 4280	-186 7671	-0,1043 5585	-349 1529
04	0,1392 7114	43°28,61'	-0,0724 1951	-190 8341	-0,1392 7114	-350 2702
0,05	0,1742 9816	47°58,64'	-0,0915 0292	-195 0615	-0,1742 9816	-351 6706
06	0,2094 6522	51°52,61'	-0,1110 0907	-199 4553	-0,2094 6522	-353 3567
07	0,2448 0089	55°18,69'	-0,1309 5460	-204 0212	-0,2448 0089	-355 3315
08	0,2803 3404	58°22,31'	-0,1513 5672	-208 7659	-0,2803 3404	-357 5987
09	0,3160 9391	61° 7,29'	-0,1722 3331	-213 6960	-0,3160 9391	-360 1624
0,10	0,3521 1015	63°36,45'	-0,1936 0291	-218 8188	-0,3521 1015	-363 0275
11	0,3884 1290	65°51,96'	-0,2154 8479	-224 1419	-0,3884 1290	-366 1991
12	0,4250 3281	67°55,54'	-0,2378 9898	-229 6739	-0,4250 3281	-369 6834
13	0,4620 0115	69°48,57'	-0,2608 6637	-235 4230	-0,4620 0115	-373 4870
14	0,4993 4985	71°32,19'	-0,2844 0867	-241 3990	-0,4993 4985	-377 6171
0,15	0,5371 1156	73° 7,35'	-0,3085 4857	-247 6116	-0,5371 1156	-382 0818
16	0,5753 1974	74°34,86'	-0,3333 0973	-254 0714	-0,5753 1974	-386 8898
17	0,6140 0871	75°55,42'	-0,3587 1687	-260 7898	-0,6140 0872	-392 0506
18	0,6532 1378	77° 9,63'	-0,3847 9585	-267 7786	-0,6532 1378	-397 5748
19	0,6929 7125	78°18,02'	-0,4115 7371	-275 0510	-0,6929 7126	-403 4733
0,20	0,7333 1859	79°21,06'	-0,4390 7881	-282 6204	-0,7333 1859	-409 7588
21	0,7742 9447	80°19,17'	-0,4673 4085	-290 5018	-0,7742 9447	-416 4441
22	0,8159 3888	81°12,72'	-0,4963 9103	-298 7105	-0,8159 3888	-423 5436
23	0,8582 9324	82° 2,05'	-0,5262 6208	-307 2634	-0,8582 9324	-431 0728
24	0,9014 0052	82°47,47'	-0,5569 8842	-316 1786	-0,9014 0052	-439 0483
0,25	0,9453 0535	83°29,25'	-0,5886 0628	-325 4750	-0,9453 0535	-447 4882
26	0,9900 5417	84° 7,65'	-0,6211 5378	-335 1733	-0,9900 5417	-456 4118
27	1,0356 9535	84°42,90'	-0,6546 7111	-345 2955	-1,0356 9535	-465 8403
28	1,0822 7938	85°15,23'	-0,6892 0066	-355 8653	-1,0822 7938	-475 7961
29	1,1298 5898	85°44,84'	-0,7247 8719	-366 9080	-1,1298 5899	-486 3036
0,30	1,1784 8935	86°11,91'	-0,7614 7799	-378 4507	-1,1784 8935	-497 3897
31	1,2282 2832	86°36,62'	-0,7993 2306	-390 5232	-1,2282 2832	-509 0824
32	1,2791 3656	86°59,14'	-0,8383 7538	-403 1563	-1,2791 3656	-521 4128
33	1,3312 7784	87°19,62'	-0,8786 9101	-416 3847	-1,3312 7784	-534 4144
34	1,3847 1928	87°38,20'	-0,9203 2948	-430 2446	-1,3847 1928	-548 1233
0,35	1,4395 3161	87°55,02'	-0,9633 5394	-444 7757	-1,4395 3161	-562 5785
36	1,4957 8946	88°10,21'	-1,0078 3151	-460 0208	-1,4957 8946	-577 8227
37	1,5535 7173	88°23,89'	-1,0538 3359	-476 0260	-1,5535 7173	-593 9020
38	1,6129 6192	88°36,18'	-1,1014 3619	-492 8414	-1,6129 6193	-610 8662
39	1,6740 4855	88°47,18'	-1,1507 2033	-510 5218	-1,6740 4855	-628 7701
0,40	1,7369 2556	88°57,00'	-1,2017 7251		-1,7369 2556	

$\lg \frac{\text{sn u}}{\sin x} = \Theta$ lg = log, logarithm to the base 10

z = -1,00

q	-lg cos Θ	Θ	$\lg \frac{\text{cn u}}{\cos x}$	Δ	lg dn u	Δ
0,40	1,7369 2556	88°57,00'	-1,2017 7251		-1,7369 2556	
				-529 1253		-647 6727
41	1,8016 9283	89° 5,73'	-1,2546 8504		-1,8016 9283	
				-548 7165		-667 6387
42	1,8684 5670	89°13,46'	-1,3095 5669		-1,8684 5670	
				-569 3652		-688 7383
43	1,9373 3053	89°20,29'	-1,3664 9321		-1,9373 3053	
				-591 1473		-711 0486
44	2,0084 3539	89°26,28'	-1,4256 0794		-2,0084 3539	
				-614 1460		-734 6536
0,45	2,0819 0075	89°31,53'	-1,4870 2254		-2,0819 0075	
				-638 4519		-759 6454
46	2,1578 6529	89°36,10'	-1,5508 6773		-2,1578 6529	
				-664 1647		-786 1249
47	2,2364 7778	89°40,06'	-1,6172 8420		-2,2364 7778	
				-691 3931		-814 2029
48	2,3178 9807	89°43,47'	-1,6864 2351		-2,3178 9807	
				-720 2571		-844 0013
49	2,4022 9820	89°46,39'	-1,7584 4922		-2,4022 9820	
				-750 8888		-875 6545
0,50	2,4898 6365	89°48,87'	-1,8335 3810		-2,4898 6365	
				-783 4333		-909 3105
51	2,5807 9470	89°50,97'	-1,9118 8143		-2,5807 9470	
				-818 0514		-945 1331
52	2,6753 0801	89°52,74'	-1,9936 8657		-2,6753 0801	
				-854 9192		-983 3039
53	2,7736 3840	89°54,21'	-2,0791 7849		-2,7736 3840	
				-894 2415		-1024 0238
54	2,8760 4077	89°55,43'	-2,1686 0264		-2,8760 4078	
				-936 2261		-1067 5167
0,55	2,9827 9246	89°56,42'	-2,2622 2525		-2,9827 9245	

$$\lg \frac{\text{sn u}}{\sin x} = \Theta$$

z = -0,95

q	$\lg \frac{\text{sn u}}{\sin x}$	Δ	$\lg \frac{\text{cn u}}{\cos x}$	Δ	lg dn u	Δ
0,00	0,0000 0000		-0,0000 0000		-0,0000 0000	
		4 2165		-171 1750		-338 7927
01	0,0004 2165		-0,0171 1750		-0,0338 7927	
		3 9700		-174 8634		-339 0510
02	0,0008 1865		-0,0346 0384		-0,0677 8437	
		3 7330		-178 6876		-339 5679
03	0,0011 9195		-0,0524 7260		-0,1017 4116	
		3 5055		-182 6522		-340 3444
04	0,0015 4250		-0,0707 3782		-0,1357 7560	
		3 2869		-186 7621		-341 3818
0,05	0,0018 7119		-0,0894 1403		-0,1699 1378	
		3 0774		-191 0228		-342 6820
06	0,0021 7893		-0,1085 1631		-0,2041 8198	
		2 8766		-195 4397		-344 2473
07	0,0024 6659		-0,1280 6028		-0,2386 0671	
		2 6843		-200 0189		-346 0803
08	0,0027 3502		-0,1480 6217		-0,2732 1474	
		2 5005		-204 7664		-348 1842
09	0,0029 8507		-0,1685 3881		-0,3080 3316	
		2 3251		-209 6892		-350 5630
0,10	0,0032 1758		-0,1895 0773		-0,3430 8946	
		2 1577		-214 7941		-353 2208
11	0,0034 3335		-0,2109 8714		-0,3784 1154	
		1 9983		-220 0889		-356 1622
12	0,0036 3318		-0,2329 9603		-0,4140 2776	
		1 8468		-225 5815		-359 3929
13	0,0038 1786		-0,2555 5418		-0,4499 6705	
		1 7032		-231 2801		-362 9186
14	0,0039 8818		-0,2786 8219		-0,4862 5891	
		1 5668		-237 1943		-366 7459
0,15	0,0041 4486		-0,3024 0162		-0,5229 3350	

z = -0,95

q	lg $\frac{\text{sn } u}{\sin x}$	Δ	lg $\frac{\text{cn } u}{\cos x}$	Δ	lg dn u	Δ
0,15	0,0041 4486	1 4381	-0,3024 0162	-243 3334	-0,5229 3350	-370 8818
16	0,0042 8867	1 3166	-0,3267 3496	-249 7076	-0,5600 2168	-375 3342
17	0,0044 2033	1 2022	-0,3517 0572	-256 3282	-0,5975 5510	-380 1116
18	0,0045 4055	1 0948	-0,3773 3854	-263 2063	-0,6355 6626	-385 2234
19	0,0046 5003	9940	-0,4036 5917	-270 3547	-0,6740 8860	-390 6794
0,20	0,0047 4943	8999	-0,4306 9464	-277 7866	-0,7131 5654	-396 4905
21	0,0048 3942	8121	-0,4584 7330	-285 5160	-0,7528 0559	-402 6687
22	0,0049 2063	7306	-0,4870 2490	-293 5581	-0,7930 7246	-409 2264
23	0,0049 9369	6549	-0,5163 8071	-301 9290	-0,8339 9510	-416 1775
24	0,0050 5918	5850	-0,5465 7361	-310 6459	-0,8756 1285	-423 5368
0,25	0,0051 1768	5207	-0,5776 3820	-319 7272	-0,9179 6653	-431 3201
26	0,0051 6975	4616	-0,6096 1092	-329 1926	-0,9610 9854	-439 5449
27	0,0052 1591	4076	-0,6425 3018	-339 0633	-1,0050 5303	-448 2296
28	0,0052 5667	3583	-0,6764 3651	-349 3618	-1,0498 7599	-457 3945
29	0,0052 9250	3138	-0,7113 7269	-360 1124	-1,0956 1544	-467 0610
0,30	0,0053 2388	2733	-0,7473 8393	-371 3413	-1,1423 2154	-477 2526
31	0,0053 5121	2369	-0,7845 1806	-383 0762	-1,1900 4680	-487 9946
32	0,0053 7490	2045	-0,8228 2568	-395 3473	-1,2388 4626	-499 3143
33	0,0053 9535	1754	-0,8623 6041	-408 1871	-1,2887 7769	-511 2411
34	0,0054 1289	1497	-0,9031 7912	-421 6301	-1,3399 0180	-523 8070
0,35	0,0054 2786	1269	-0,9453 4213	-435 7143	-1,3922 8250	-537 0466
36	0,0054 4055	1071	-0,9889 1356	-450 4800	-1,4459 8716	-550 9975
37	0,0054 5126	897	-1,0339 6156	-465 9711	-1,5010 8691	-565 7001
38	0,0054 6023	746	-1,0805 5867	-482 2350	-1,5576 5692	-581 1987
39	0,0054 6769	616	-1,1287 8217	-499 3233	-1,6157 7679	-597 5414
0,40	0,0054 7385	506	-1,1787 1450	-517 2913	-1,6755 3093	-614 7802
41	0,0054 7891	411	-1,2304 4363	-536 1999	-1,7370 0895	-632 9719
42	0,0054 8302	332	-1,2840 6362	-556 1146	-1,8003 0614	-652 1788
43	0,0054 8634	265	-1,3396 7508	-577 1072	-1,8655 2402	-672 4684
44	0,0054 8899	209	-1,3973 8580	-599 2558	-1,9327 7086	-693 9148
0,45	0,0054 9108	165	-1,4573 1138	-622 6455	-2,0021 6234	-716 5991
46	0,0054 9273	128	-1,5195 7593	-647 3699	-2,0738 2225	-740 6099
47	0,0054 9401	98	-1,5843 1292	-673 5312	-2,1478 8324	-766 0455
48	0,0054 9499	75	-1,6516 6604	-701 2414	-2,2244 8779	-793 0124
49	0,0054 9574	55	-1,7217 9018	-730 6241	-2,3037 8903	-821 6294
0,50	0,0054 9629	42	-1,7948 5259	-761 8151	-2,3859 5197	-852 0272
51	0,0054 9671	30	-1,8710 3410	-794 9644	-2,4711 5469	-884 3498
52	0,0054 9701	22	-1,9505 3054	-830 2377	-2,5595 8967	-918 7575
53	0,0054 9723	15	-2,0335 5431	-867 8190	-2,6514 6542	-955 4278
54	0,0054 9738	11	-2,1203 3621	-907 9122	-2,7470 0820	-994 5585
0,55	0,0054 9749		-2,2111 2743		-2,8464 6405	

z = -0,90

q	$\lg \frac{\text{sn } u}{\sin x}$	Δ	$\lg \frac{\text{cn } u}{\cos x}$	Δ	lg dn u	Δ
0,00	0,0000 0000	8 4371	-0,0000 0000	-166 8674	-0,0000 0000	-330 1039
01	0,0008 4371	7 9519	-0,0166 8674	-170 6209	-0,0330 1039	-330 3442
02	0,0016 3890	7 4849	-0,0337 4883	-174 5009	-0,0660 4481	-330 8254
03	0,0023 8739	7 0358	-0,0511 9892	-178 5123	-0,0991 2735	-331 5483
04	0,0030 9097	6 6040	-0,0690 5015	-182 6601	-0,1322 8218	-332 5139
0,05	0,0037 5137	6 1895	-0,0873 1616	-186 9493	-0,1655 3357	-333 7242
06	0,0043 7032	5 7919	-0,1060 1109	-191 3854	-0,1989 0599	-335 1810
07	0,0049 4951	5 4107	-0,1251 4963	-195 9744	-0,2324 2409	-336 8870
08	0,0054 9058	5 0459	-0,1447 4707	-200 7223	-0,2661 1279	-338 8452
09	0,0059 9517	4 6973	-0,1648 1930	-205 6353	-0,2999 9731	-341 0589
0,10	0,0064 6490	4 3643	-0,1853 8283	-210 7209	-0,3341 0320	-343 5321
11	0,0069 0133	4 0471	-0,2064 5492	-215 9858	-0,3684 5641	-346 2692
12	0,0073 0604	3 7449	-0,2280 5350	-221 4384	-0,4030 8333	-349 2752
13	0,0076 8053	3 4581	-0,2501 9734	-227 0864	-0,4380 1085	-352 5553
14	0,0080 2634	3 1857	-0,2729 0598	-232 9388	-0,4732 6638	-356 1159
0,15	0,0083 4491	2 9282	-0,2961 9986	-239 0051	-0,5088 7797	-359 9632
16	0,0086 3773	2 6847	-0,3201 0037	-245 2949	-0,5448 7429	-364 1047
17	0,0089 0620	2 4551	-0,3446 2986	-251 8189	-0,5812 8476	-368 5480
18	0,0091 5171	2 2392	-0,3698 1175	-258 5885	-0,6181 3956	-373 3020
19	0,0093 7563	2 0367	-0,3956 7060	-265 6155	-0,6554 6976	-378 3756
0,20	0,0095 7930	1 8470	-0,4222 3215	-272 9129	-0,6933 0732	-383 7791
21	0,0097 6400	1 6698	-0,4495 2344	-280 4939	-0,7316 8523	-389 5234
22	0,0099 3098	1 5050	-0,4775 7283	-288 3736	-0,7706 3757	-395 6202
23	0,0100 8148	1 3518	-0,5064 1019	-296 5670	-0,8101 9959	-402 0821
24	0,0102 1666	1 2102	-0,5360 6689	-305 0912	-0,8504 0780	-408 9231
0,25	0,0103 3768	1 0793	-0,5665 7601	-313 9634	-0,8913 0011	-416 1580
26	0,0104 4561	9591	-0,5979 7235	-323 2028	-0,9329 1591	-423 8025
27	0,0105 4152	8489	-0,6302 9263	-332 8297	-0,9752 9616	-431 8745
28	0,0106 2641	7483	-0,6635 7560	-342 8659	-1,0184 8361	-440 3922
29	0,0107 0124	6568	-0,6978 6219	-353 3344	-1,0625 2283	-449 3760
0,30	0,0107 6692	5737	-0,7331 9563	-364 2602	-1,1074 6043	-458 8478
31	0,0108 2429	4990	-0,7696 2165	-375 6703	-1,1533 4521	-468 8311
32	0,0108 7419	4318	-0,8071 8868	-387 5933	-1,2002 2832	-479 3514
33	0,0109 1737	3717	-0,8459 4801	-400 0601	-1,2481 6346	-490 4364
34	0,0109 5454	3183	-0,8859 5402	-413 1041	-1,2972 0710	-502 1163
0,35	0,0109 8637	2710	-0,9272 6443	-426 7612	-1,3474 1873	-514 4231
36	0,0110 1347	2293	-0,9699 4055	-441 0700	-1,3988 6104	-527 3924
37	0,0110 3640	1929	-1,0140 4755	-456 0722	-1,4516 0028	-541 0623
38	0,0110 5569	1612	-1,0596 5477	-471 8131	-1,5057 0651	-555 4746
39	0,0110 7181	1337	-1,1068 3608	-488 3417	-1,5612 5397	-570 6744
0,40	0,0110 8518		-1,1556 7025		-1,6183 2141	

z = -0,90

q	$\lg \frac{\text{sn u}}{\sin x}$	Δ	$\lg \frac{\text{cn u}}{\cos x}$	Δ	lg dn u	Δ
0,40	0,0110 8518	1102	-1,1556 7025	-505 7106	-1,6183 2141	-586 7112
41	0,0110 9620	900	-1,2062 4131	-523 9778	-1,6769 9253	-603 6386
42	0,0111 0520	731	-1,2586 3909	-543 2052	-1,7373 5639	-621 5158
43	0,0111 1251	587	-1,3129 5961	-563 4613	-1,7995 0797	-640 4066
44	0,0111 1838	468	-1,3693 0574	-584 8199	-1,8635 4863	-660 3817
0,45	0,0111 2306	369	-1,4277 8773	-607 3618	-1,9295 8680	-681 5182
46	0,0111 2675	289	-1,4885 2391	-631 1758	-1,9977 3862	-703 9008
47	0,0111 2964	223	-1,5516 4149	-656 3583	-2,0681 2870	-727 6229
48	0,0111 3187	170	-1,6172 7732	-683 0160	-2,1408 9099	-752 7868
49	0,0111 3357	130	-1,6855 7892	-711 2648	-2,2161 6967	-779 5060
0,50	0,0111 3487	96	-1,7567 0540	-741 2343	-2,2941 2027	-807 9057
51	0,0111 3583	71	-1,8308 2883	-773 0657	-2,3749 1084	-838 1243
52	0,0111 3654	52	-1,9081 3540	-806 9157	-2,4587 2327	-870 3159
53	0,0111 3706	36	-1,9888 2697	-842 9584	-2,5457 5486	-904 6508
54	0,0111 3742	26	-2,0731 2281	-881 3863	-2,6362 1994	-941 3195
0,55	0,0111 3768		-2,1612 6144		-2,7303 5189	

z = -0,85

q	$\lg \frac{\text{sn u}}{\sin x}$	Δ	$\lg \frac{\text{cn u}}{\cos x}$	Δ	lg dn u	Δ
0,00	0,0000 0000	12 6620	-0,0000 0000	-162 5557	-0,0000 0000	-321 4153
01	0,0012 6620	11 9458	-0,0162 5557	-166 3662	-0,0321 4153	-321 6397
02	0,0024 6078	11 2557	-0,0328 9219	-170 2953	-0,0643 0550	-322 0890
03	0,0035 8635	10 5910	-0,0499 2172	-174 3474	-0,0965 1440	-322 7638
04	0,0046 4545	9 9517	-0,0673 5646	-178 5276	-0,1287 9078	-323 6653
0,05	0,0056 4062	9 3369	-0,0852 0922	-182 8404	-0,1611 5731	-324 7952
06	0,0065 7431	8 7465	-0,1034 9326	-187 2919	-0,1936 3683	-326 1555
07	0,0074 4896	8 1801	-0,1222 2245	-191 8871	-0,2262 5238	-327 7484
08	0,0082 6697	7 6372	-0,1414 1116	-196 6321	-0,2590 2722	-329 5769
09	0,0090 3069	7 1178	-0,1610 7437	-201 5334	-0,2919 8491	-331 6441
0,10	0,0097 4247	6 6214	-0,1812 2771	-206 5975	-0,3251 4932	-333 9537
11	0,0104 0461	6 1475	-0,2018 8746	-211 8314	-0,3585 4469	-336 5102
12	0,0110 1936	5 6960	-0,2230 7060	-217 2430	-0,3921 9571	-339 3179
13	0,0115 8896	5 2666	-0,2447 9490	-222 8397	-0,4261 2750	-342 3820
14	0,0121 1562	4 8586	-0,2670 7887	-228 6307	-0,4603 6570	-345 7084
0,15	0,0126 0148		-0,2899 4194		-0,4949 3654	

z = -0,85

q	$\lg \frac{\text{sn } u}{\sin x}$	Δ	$\lg \frac{\text{cn } u}{\cos x}$	Δ	lg dn u	Δ
0,15	0,0126 0148	4 4721	-0,2899 4194	-234 6245	-0,4949 3654	-349 3034
16	0,0130 4869	4 1064	-0,3134 0439	-240 8308	-0,5298 6688	-353 1734
17	0,0134 5933	3 7610	-0,3374 8747	-247 2600	-0,5651 8422	-357 3265
18	0,0138 3543	3 4359	-0,3622 1347	-253 9227	-0,6009 1687	-361 7704
19	0,0141 7902	3 1302	-0,3876 0574	-260 8307	-0,6370 9391	-366 5142
0,20	0,0144 9204	2 8436	-0,4136 8881	-267 9963	-0,6737 4533	-371 5673
21	0,0147 7640	2 5757	-0,4404 8844	-275 4326	-0,7109 0206	-376 9404
22	0,0150 3397	2 3258	-0,4680 3170	-283 1536	-0,7485 9610	-382 6444
23	0,0152 6655	2 0934	-0,4963 4706	-291 1742	-0,7868 6054	-388 6918
24	0,0154 7589	1 8778	-0,5254 6448	-299 5107	-0,8257 2972	-395 0955
0,25	0,0156 6367	1 6786	-0,5554 1555	-308 1799	-0,8652 3927	-401 8702
26	0,0158 3153	1 4950	-0,5862 3354	-317 2000	-0,9054 2629	-409 0306
27	0,0159 8103	1 3264	-0,6179 5354	-326 5906	-0,9463 2935	-416 5941
28	0,0161 1367	1 1721	-0,6506 1260	-336 3727	-0,9879 8876	-424 5782
29	0,0162 3088	1 0315	-0,6842 4987	-346 5685	-1,0304 4658	-433 0026
0,30	0,0163 3403	9037	-0,7189 0672	-357 2019	-1,0737 4684	-441 8883
31	0,0164 2440	7881	-0,7546 2691	-368 2990	-1,1179 3567	-451 2579
32	0,0165 0321	6842	-0,7914 5681	-379 8870	-1,1630 6146	-461 1366
33	0,0165 7163	5909	-0,8294 4551	-391 9958	-1,2091 7512	-471 5505
34	0,0166 3072	5076	-0,8686 4509	-404 6572	-1,2563 3017	-482 5292
0,35	0,0166 8148	4338	-0,9091 1081	-417 9056	-1,3045 8309	-494 1037
36	0,0167 2486	3685	-0,9509 0137	-431 7783	-1,3539 9346	-506 3086
37	0,0167 6171	3112	-0,9940 7920	-446 3149	-1,4046 2432	-519 1808
38	0,0167 9283	2610	-1,0387 1069	-461 5590	-1,4565 4240	-532 7606
39	0,0168 1893	2176	-1,0848 6659	-477 5571	-1,5098 1846	-547 0926
0,40	0,0168 4069	1801	-1,1326 2230	-494 3599	-1,5645 2772	-562 2241
41	0,0168 5870	1480	-1,1820 5829	-512 0226	-1,6207 5013	-578 2081
42	0,0168 7350	1206	-1,2332 6055	-530 6044	-1,6785 7094	-595 1013
43	0,0168 8556	976	-1,2863 2099	-550 1708	-1,7380 8107	-612 9669
44	0,0168 9532	781	-1,3413 3807	-570 7923	-1,7993 7776	-631 8730
0,45	0,0169 0313	621	-1,3984 1730	-592 5461	-1,8625 6506	-651 8953
46	0,0169 0934	489	-1,4576 7191	-615 5165	-1,9277 5459	-673 1159
47	0,0169 1423	380	-1,5192 2356	-639 7963	-1,9950 6618	-695 6261
48	0,0169 1803	293	-1,5832 0319	-665 4868	-2,0646 2879	-719 5258
49	0,0169 2096	223	-1,6497 5187	-692 6991	-2,1365 8137	-744 9255
0,50	0,0169 2319	169	-1,7190 2178	-721 5565	-2,2110 7392	-771 9471
51	0,0169 2488	124	-1,7911 7743	-752 1939	-2,2882 6863	-800 7257
52	0,0169 2612	92	-1,8663 9682	-784 7613	-2,3683 4120	-831 4109
53	0,0169 2704	66	-1,9448 7295	-819 4246	-2,4514 8229	-864 1693
54	0,0169 2770	46	-2,0268 1541	-856 3678	-2,5378 9922	-899 1857
0,55	0,0169 2816		-2,1124 5219		-2,6278 1779	

z = -0,80

q	$\lg \frac{\text{sn } u}{\sin x}$	Δ	$\lg \frac{\text{cn } u}{\cos x}$	Δ	lg dn u	Δ
0,00	0,0000 0000	16 8910	-0,0000 0000	-158 2398	-0,0000 0000	-312 7270
01	0,0016 8910	15 9517	-0,0158 2398	-162 0996	-0,0312 7270	-312 9373
02	0,0032 8427	15 0456	-0,0320 3394	-166 0706	-0,0625 6643	-313 3581
03	0,0047 8883	14 1718	-0,0486 4100	-170 1571	-0,0939 0224	-313 9903
04	0,0062 0601	13 3301	-0,0656 5671	-174 3641	-0,1253 0127	-314 8349
0,05	0,0075 3902	12 5201	-0,0830 9312	-178 6960	-0,1567 8476	-315 8936
06	0,0087 9103	11 7413	-0,1009 6272	-183 1581	-0,1883 7412	-317 1682
07	0,0099 6516	10 9932	-0,1192 7853	-187 7560	-0,2200 9094	-318 6610
08	0,0110 6448	10 2755	-0,1380 5413	-192 4952	-0,2519 5704	-320 3748
09	0,0120 9203	9 5880	-0,1573 0365	-197 3820	-0,2839 9452	-322 3127
0,10	0,0130 5083	8 9300	-0,1770 4185	-202 4225	-0,3162 2579	-324 4783
11	0,0139 4383	8 3014	-0,1972 8410	-207 6240	-0,3486 7362	-326 8757
12	0,0147 7397	7 7017	-0,2180 4650	-212 9935	-0,3813 6119	-329 5093
13	0,0155 4414	7 1306	-0,2393 4585	-218 5385	-0,4143 1212	-332 3843
14	0,0162 5720	6 5874	-0,2611 9970	-224 2677	-0,4475 5055	-335 5060
0,15	0,0169 1594	6 0721	-0,2836 2647	-230 1894	-0,4811 0115	-338 8808
16	0,0175 2315	5 5838	-0,3066 4541	-236 3132	-0,5149 8923	-342 5151
17	0,0180 8153	5 1223	-0,3302 7673	-242 6485	-0,5492 4074	-346 4163
18	0,0185 9376	4 6870	-0,3545 4158	-249 2063	-0,5838 8237	-350 5924
19	0,0190 6246	4 2773	-0,3794 6221	-255 9975	-0,6189 4161	-355 0518
0,20	0,0194 9019	3 8926	-0,4050 6196	-263 0340	-0,6544 4679	-359 8042
21	0,0198 7945	3 5323	-0,4313 6536	-270 3287	-0,6904 2721	-364 8595
22	0,0202 3268	3 1957	-0,4583 9823	-277 8949	-0,7269 1316	-370 2288
23	0,0205 5225	2 8821	-0,4861 8772	-285 7471	-0,7639 3604	-375 9241
24	0,0208 4046	2 5907	-0,5147 6243	-293 9010	-0,8015 2845	-381 9582
0,25	0,0210 9953	2 3211	-0,5441 5253	-302 3725	-0,8397 2427	-388 3449
26	0,0213 3164	2 0719	-0,5743 8978	-311 1799	-0,8785 5876	-395 0996
27	0,0215 3883	1 8427	-0,6055 0777	-320 3413	-0,9180 6872	-402 2385
28	0,0217 2310	1 6325	-0,6375 4190	-329 8775	-0,9582 9257	-409 7793
29	0,0218 8635	1 4403	-0,6705 2965	-339 8094	-0,9992 7050	-417 7409
0,30	0,0220 3038	1 2655	-0,7045 1059	-350 1607	-1,0410 4459	-426 1442
31	0,0221 5693	1 1070	-0,7395 2666	-360 9556	-1,0836 5901	-435 0114
32	0,0222 6763	9638	-0,7756 2222	-372 2213	-1,1271 6015	-444 3670
33	0,0223 6401	8352	-0,8128 4435	-383 9858	-1,1715 9685	-454 2371
34	0,0224 4753	7199	-0,8512 4293	-396 2801	-1,2170 2056	-464 6501
0,35	0,0225 1952	6173	-0,8908 7094	-409 1373	-1,2634 8557	-475 6372
36	0,0225 8125	5264	-0,9317 8467	-422 5929	-1,3110 4929	-487 2318
37	0,0226 3389	4463	-0,9740 4396	-436 6855	-1,3597 7247	-499 4705
38	0,0226 7852	3760	-1,0177 1251	-451 4565	-1,4097 1952	-512 3929
39	0,0227 1612	3147	-1,0628 5816	-466 9508	-1,4609 5881	-526 0424
0,40	0,0227 4759		-1,1095 5324		-1,5135 6305	

z = -0,80

q	$\lg \frac{\text{sn } u}{\sin x}$	Δ	$\lg \frac{\text{cn } u}{\cos x}$	Δ	lg dn u	Δ
0,40	0,0227 4759	2618	-1,1095 5324	-483 2174	-1,5135 6305	-540 4660
41	0,0227 7377	2160	-1,1578 7498	-500 3087	-1,5676 0965	-555 7152
42	0,0227 9537	1771	-1,2079 0585	-518 2822	-1,6231 8117	-571 8462
43	0,0228 1308	1439	-1,2597 3407	-537 2005	-1,6803 6579	-588 9202
44	0,0228 2747	1161	-1,3134 5412	-557 1313	-1,7392 5781	-607 0047
0,45	0,0228 3908	927	-1,3691 6725	-578 1488	-1,7999 5828	-626 1732
46	0,0228 4835	734	-1,4269 8213	-600 3342	-1,8625 7560	-646 5064
47	0,0228 5569	576	-1,4870 1555	-623 7763	-1,9272 2624	-668 0937
48	0,0228 6145	446	-1,5493 9318	-648 5726	-1,9940 3561	-691 0323
49	0,0228 6591	343	-1,6142 5044	-674 8301	-2,0631 3884	-715 4303
0,50	0,0228 6934	260	-1,6817 3345	-702 6670	-2,1346 8187	-741 4065
51	0,0228 7194	195	-1,7520 0015	-732 2133	-2,2088 2252	-769 0929
52	0,0228 7389	144	-1,8252 2148	-763 6131	-2,2857 3181	-798 6347
53	0,0228 7533	105	-1,9015 8279	-797 0262	-2,3655 9528	-830 1941
54	0,0228 7638	75	-1,9812 8541	-832 6295	-2,4486 1469	-863 9509
0,55	0,0228 7713		-2,0645 4836		-2,5350 0978	

z = -0,75

q	$\lg \frac{\text{sn } u}{\sin x}$	Δ	$\lg \frac{\text{cn } u}{\cos x}$	Δ	lg dn u	Δ
0,00	0,0000 0000	21 1242	-0,0000 0000	-153 9197	-0,0000 0000	-304 0391
01	0,0021 1242	19 9698	-0,0153 9197	-157 8209	-0,0304 0391	-304 2367
02	0,0041 0940	18 8545	-0,0311 7406	-161 8267	-0,0608 2758	-304 6326
03	0,0059 9485	17 7782	-0,0473 5673	-165 9413	-0,0912 9084	-305 2271
04	0,0077 7267	16 7399	-0,0639 5086	-170 1692	-0,1218 1355	-306 0216
0,05	0,0094 4666	15 7398	-0,0809 6778	-174 5151	-0,1524 1571	-307 0175
06	0,0110 2064	14 7768	-0,0984 1929	-178 9836	-0,1831 1746	-308 2168
07	0,0124 9832	13 8510	-0,1163 1765	-183 5803	-0,2139 3914	-309 6215
08	0,0138 8342	12 9618	-0,1346 7568	-188 3104	-0,2449 0129	-311 2345
09	0,0151 7960	12 1089	-0,1535 0672	-193 1798	-0,2760 2474	-313 0592
0,10	0,0163 9049	11 2919	-0,1728 2470	-198 1948	-0,3073 3066	-315 0985
11	0,0175 1968	10 5103	-0,1926 4418	-203 3618	-0,3388 4051	-317 3567
12	0,0185 7071	9 7638	-0,2129 8036	-208 6880	-0,3705 7618	-319 8384
13	0,0195 4709	9 0519	-0,2338 4916	-214 1807	-0,4025 6002	-322 5484
14	0,0204 5228	8 3743	-0,2552 6723	-219 8477	-0,4348 1486	-325 4922
0,15	0,0212 8971		-0,2772 5200		-0,4673 6408	

z = -0,75

q	$\lg \frac{\text{sn } u}{\sin x}$	Δ	$\lg \frac{\text{cn } u}{\cos x}$	Δ	lg dn u	Δ
0,15	0,0212 8971	7 7304	-0,2772 5200	-225 6977	-0,4673 6408	-328 6758
16	0,0220 6275	7 1195	-0,2998 2177	-231 7392	-0,5002 3166	-332 1058
17	0,0227 7470	6 5414	-0,3229 9569	-237 9821	-0,5334 4224	-335 7894
18	0,0234 2884	5 9953	-0,3467 9390	-244 4363	-0,5670 2118	-339 7344
19	0,0240 2837	5 4805	-0,3712 3753	-251 1128	-0,6009 9462	-343 9495
0,20	0,0245 7642	4 9964	-0,3963 4881	-258 0229	-0,6353 8957	-348 4439
21	0,0250 7606	4 5424	-0,4221 5110	-265 1790	-0,6702 3396	-353 2274
22	0,0255 3030	4 1175	-0,4486 6900	-272 5940	-0,7055 5670	-358 3113
23	0,0259 4205	3 7210	-0,4759 2840	-280 2820	-0,7413 8783	-363 7071
24	0,0263 1415	3 3520	-0,5039 5660	-288 2579	-0,7777 5854	-369 4277
0,25	0,0266 4935	3 0095	-0,5327 8239	-296 5376	-0,8147 0131	-375 4868
26	0,0269 5030	2 6928	-0,5624 3615	-305 1379	-0,8522 4999	-381 8996
27	0,0272 1958	2 4006	-0,5929 4994	-314 0773	-0,8904 3995	-388 6819
28	0,0274 5964	2 1322	-0,6243 5767	-323 3749	-0,9293 0814	-395 8515
29	0,0276 7286	1 8863	-0,6566 9516	-333 0518	-0,9688 9329	-403 4269
0,30	0,0278 6149	1 6619	-0,6900 0034	-343 1302	-1,0092 3598	-411 4291
31	0,0280 2768	1 4580	-0,7243 1336	-353 6339	-1,0503 7889	-419 8797
32	0,0281 7348	1 2733	-0,7596 7675	-364 5888	-1,0923 6686	-428 8029
33	0,0283 0081	1 1068	-0,7961 3563	-376 0221	-1,1352 4715	-438 2248
34	0,0284 1149	9574	-0,8337 3784	-387 9639	-1,1790 6963	-448 1733
0,35	0,0285 0723	8238	-0,8725 3423	-400 4457	-1,2238 8696	-458 6790
36	0,0285 8961	7052	-0,9125 7880	-413 5022	-1,2697 5486	-469 7749
37	0,0286 6013	6001	-0,9539 2902	-427 1703	-1,3167 3235	-481 4974
38	0,0287 2014	5077	-0,9966 4605	-441 4903	-1,3648 8209	-493 8850
39	0,0287 7091	4269	-1,0407 9508	-456 5052	-1,4142 7059	-506 9807
0,40	0,0288 1360	3566	-1,0864 4560	-472 2623	-1,4649 6866	-520 8307
41	0,0288 4926	2958	-1,1336 7183	-488 8125	-1,5170 5173	-535 4853
42	0,0288 7884	2436	-1,1825 5308	-506 2109	-1,5706 0026	-550 9999
43	0,0289 0320	1991	-1,2331 7417	-524 5178	-1,6257 0025	-567 4344
44	0,0289 2311	1615	-1,2856 2595	-543 7990	-1,6824 4369	-584 8549
0,45	0,0289 3926	1297	-1,3400 0585	-564 1259	-1,7409 2918	-603 3332
46	0,0289 5223	1035	-1,3964 1844	-585 5767	-1,8012 6250	-622 9485
47	0,0289 6258	816	-1,4549 7611	-608 2375	-1,8635 5735	-643 7874
48	0,0289 7074	637	-1,5157 9986	-632 2021	-1,9279 3609	-665 9454
49	0,0289 7711	493	-1,5790 2007	-657 5741	-1,9945 3063	-689 5274
0,50	0,0289 8204	377	-1,6447 7748	-684 4676	-2,0634 8337	-714 6495
51	0,0289 8581	284	-1,7132 2424	-713 0083	-2,1349 4832	-741 4393
52	0,0289 8865	212	-1,7845 2507	-743 3355	-2,2090 9225	-770 0388
53	0,0289 9077	157	-1,8588 5862	-775 6038	-2,2860 9613	-800 6048
54	0,0289 9234	113	-1,9364 1900	-809 9845	-2,3661 5661	-833 3120
0,55	0,0289 9347		-2,0174 1745		-2,4494 8781	

z = -0,70

q	$\lg \frac{\text{sn } u}{\sin x}$	Δ	$\lg \frac{\text{cn } u}{\cos x}$	Δ	lg dn u	Δ
0,00	0,0000 0000	25 3617	-0,0000 0000	-149 5954	-0,0000 0000	-295 3514
01	0,0025 3617	23 9999	-0,0149 5954	-153 5300	-0,0295 3514	-295 5381
02	0,0049 3616	22 6829	-0,0303 1254	-157 5634	-0,0590 8895	-295 9119
03	0,0072 0445	21 4103	-0,0460 6888	-161 6996	-0,0886 8014	-296 4736
04	0,0093 4548	20 1815	-0,0622 3884	-165 9428	-0,1183 2750	-297 2242
0,05	0,0113 6363	18 9962	-0,0788 3312	-170 2972	-0,1480 4992	-298 1654
06	0,0132 6325	17 8540	-0,0958 6284	-174 7676	-0,1778 6646	-299 2987
07	0,0150 4865	16 7544	-0,1133 3960	-179 3590	-0,2077 9633	-300 6267
08	0,0167 2409	15 6973	-0,1312 7550	-184 0765	-0,2378 5900	-302 1520
09	0,0182 9382	14 6820	-0,1496 8315	-188 9257	-0,2680 7420	-303 8777
0,10	0,0197 6202	13 7083	-0,1685 7572	-193 9125	-0,2984 6197	-305 8073
11	0,0211 3285	12 7758	-0,1879 6697	-199 0434	-0,3290 4270	-307 9446
12	0,0224 1043	11 8841	-0,2078 7131	-204 3248	-0,3598 3716	-310 2944
13	0,0235 9884	11 0329	-0,2283 0379	-209 7639	-0,3908 6660	-312 8615
14	0,0247 0213	10 2214	-0,2492 8018	-215 3687	-0,4221 5275	-315 6512
0,15	0,0257 2427	9 4492	-0,2708 1705	-221 1465	-0,4537 1787	-318 6698
16	0,0266 6919	8 7160	-0,2929 3170	-227 1066	-0,4855 8485	-321 9234
17	0,0275 4079	8 0209	-0,3156 4236	-233 2578	-0,5177 7719	-325 4198
18	0,0283 4288	7 3634	-0,3389 6814	-239 6099	-0,5503 1917	-329 1663
19	0,0290 7922	6 7428	-0,3629 2913	-246 1736	-0,5832 3580	-333 1716
0,20	0,0297 5350	6 1582	-0,3875 4649	-252 9595	-0,6165 5296	-337 4450
21	0,0303 6932	5 6090	-0,4128 4244	-259 9800	-0,6502 9746	-341 9964
22	0,0309 3022	5 0944	-0,4388 4044	-267 2472	-0,6844 9710	-346 8367
23	0,0314 3966	4 6130	-0,4655 6516	-274 7750	-0,7191 8077	-351 9777
24	0,0319 0096	4 1644	-0,4930 4266	-282 5775	-0,7543 7854	-357 4319
0,25	0,0323 1740	3 7474	-0,5213 0041	-290 6703	-0,7901 2173	-363 2133
26	0,0326 9214	3 3606	-0,5503 6744	-299 0698	-0,8264 4306	-369 3365
27	0,0330 2820	3 0034	-0,5802 7442	-307 7934	-0,8633 7671	-375 8177
28	0,0333 2854	2 6743	-0,6110 5376	-316 8600	-0,9009 5848	-382 6742
29	0,0335 9597	2 3722	-0,6427 3976	-326 2899	-0,9392 2590	-389 9246
0,30	0,0338 3319	2 0958	-0,6753 6875	-336 1045	-0,9782 1836	-397 5896
31	0,0340 4277	1 8439	-0,7089 7920	-346 3270	-1,0179 7732	-405 6906
32	0,0342 2716	1 6154	-0,7436 1190	-356 9820	-1,0585 4638	-414 2515
33	0,0343 8870	1 4087	-0,7793 1010	-368 0966	-1,0999 7153	-423 2980
34	0,0345 2957	1 2226	-0,8161 1976	-379 6992	-1,1423 0133	-432 8579
0,35	0,0346 5183	1 0558	-0,8540 8968	-391 8208	-1,1855 8712	-442 9613
36	0,0347 5741	9069	-0,8932 7176	-404 4946	-1,2298 8325	-453 6407
37	0,0348 4810	7750	-0,9337 2122	-417 7566	-1,2752 4732	-464 9317
38	0,0349 2560	6583	-0,9754 9688	-431 6455	-1,3217 4049	-476 8725
39	0,0349 9143	5559	-1,0186 6143	-446 2033	-1,3694 2774	-489 5052
0,40	0,0350 4702		-1,0632 8176		-1,4183 7826	

z = -0,70

q	lg $\frac{\text{sn u}}{\text{sin x}}$	Δ	lg $\frac{\text{cn u}}{\text{cos x}}$	Δ	lg dn u	Δ
0,40	0,0350 4702	4665	-1,0632 8176	-461 4754	-1,4183 7826	-502 8749
41	0,0350 9367	3887	-1,1094 2930	-477 5113	-1,4686 6575	-517 0314
42	0,0351 3254	3218	-1,1571 8043	-494 3645	-1,5203 6889	-532 0285
43	0,0351 6472	2644	-1,2066 1688	-512 0931	-1,5735 7174	-547 9250
44	0,0351 9116	2155	-1,2578 2619	-530 7608	-1,6283 6424	-564 7853
0,45	0,0352 1271	1743	-1,3109 0227	-550 4371	-1,6848 4277	-582 6796
46	0,0352 3014	1397	-1,3659 4598	-571 1975	-1,7431 1073	-601 6851
47	0,0352 4411	1110	-1,4230 6573	-593 1255	-1,8032 7924	-621 8863
48	0,0352 5521	873	-1,4823 7828	-616 3122	-1,8654 6787	-643 3758
49	0,0352 6394	680	-1,5440 0950	-640 8578	-1,9298 0545	-666 2560
0,50	0,0352 7074	523	-1,6080 9528	-666 8730	-1,9964 3105	-690 6394
51	0,0352 7597	399	-1,6747 8258	-694 4799	-2,0654 9499	-716 6501
52	0,0352 7996	300	-1,7442 3057	-723 8135	-2,1371 6000	-744 4258
53	0,0352 8296	222	-1,8166 1192	-755 0238	-2,2116 0258	-774 1187
54	0,0352 8518	163	-1,8921 1430	-788 2772	-2,2890 1445	-805 8981
0,55	0,0352 8681		-1,9709 4202		-2,3696 0426	

z = -0,65

q	lg $\frac{\text{sn u}}{\text{sin x}}$	Δ	lg $\frac{\text{cn u}}{\text{cos x}}$	Δ	lg dn u	Δ
0,00	0,0000 0000	29 6034	-0,0000 0000	-145 2669	-0,0000 0000	-286 6639
01	0,0029 6034	28 0422	-0,0145 2669	-149 2269	-0,0286 6639	-286 8411
02	0,0057 6456	26 5308	-0,0294 4938	-153 2807	-0,0573 5050	-287 1960
03	0,0084 1764	25 0685	-0,0447 7745	-157 4318	-0,0860 7010	-287 7291
04	0,0109 2449	23 6552	-0,0605 2063	-161 6843	-0,1148 4301	-288 4418
0,05	0,0132 9001	22 2902	-0,0766 8906	-166 0418	-0,1436 8719	-289 3353
06	0,0155 1903	20 9734	-0,0932 9324	-170 5093	-0,1726 2072	-290 4119
07	0,0176 1637	19 7045	-0,1103 4417	-175 0911	-0,2016 6191	-291 6733
08	0,0195 8682	18 4829	-0,1278 5328	-179 7924	-0,2308 2924	-293 1228
09	0,0214 3511	17 3085	-0,1458 3252	-184 6182	-0,2601 4152	-294 7631
0,10	0,0231 6596	16 1810	-0,1642 9434	-189 5743	-0,2896 1783	-296 5978
11	0,0247 8406	15 0998	-0,1832 5177	-194 6667	-0,3192 7761	-298 6310
12	0,0262 9404	14 0647	-0,2027 1844	-199 9019	-0,3491 4071	-300 8672
13	0,0277 0051	13 0754	-0,2227 0863	-205 2864	-0,3792 2743	-303 3111
14	0,0290 0805	12 1309	-0,2432 3727	-210 8278	-0,4095 5854	-305 9684
0,15	0,0302 2114		-0,2643 2005		-0,4401 5538	

z = -0,65

q	$\lg \frac{\text{sn } u}{\sin x}$	Δ	$\lg \frac{\text{cn } u}{\cos x}$	Δ	lg dn u	Δ
0,15	0,0302 2114	11 2313	-0,2643 2005	-216 5337	-0,4401 5538	-308 8451
16	0,0313 4427	10 3757	-0,2859 7342	-222 4124	-0,4710 3989	-311 9476
17	0,0323 8184	9 5636	-0,3082 1466	-228 4726	-0,5022 3465	-315 2831
18	0,0333 3820	8 7943	-0,3310 6192	-234 7240	-0,5337 6296	-318 8598
19	0,0342 1763	8 0670	-0,3545 3432	-241 1764	-0,5656 4894	-322 6857
0,20	0,0350 2433	7 3811	-0,3786 5196	-247 8406	-0,5979 1751	-326 7702
21	0,0357 6244	6 7354	-0,4034 3602	-254 7278	-0,6305 9453	-331 1234
22	0,0364 3598	6 1293	-0,4289 0880	-261 8507	-0,6637 0687	-335 7561
23	0,0370 4891	5 5618	-0,4550 9387	-269 2219	-0,6972 8248	-340 6798
24	0,0376 0509	5 0315	-0,4820 1606	-276 8555	-0,7313 5046	-345 9073
0,25	0,0381 0824	4 5377	-0,5097 0161	-284 7664	-0,7659 4119	-351 4523
26	0,0385 6201	4 0790	-0,5381 7825	-292 9704	-0,8010 8642	-357 3294
27	0,0389 6991	3 6542	-0,5674 7529	-301 4846	-0,8368 1936	-363 5548
28	0,0393 3533	3 2621	-0,5976 2375	-310 3272	-0,8731 7484	-370 1453
29	0,0396 6154	2 9012	-0,6286 5647	-319 5178	-0,9101 8937	-377 1199
0,30	0,0399 5166	2 5706	-0,6606 0825	-329 0771	-0,9479 0136	-384 4982
31	0,0402 0872	2 2681	-0,6935 1596	-339 0278	-0,9863 5118	-392 3024
32	0,0404 3553	1 9931	-0,7274 1874	-349 3937	-1,0255 8142	-400 5554
33	0,0406 3484	1 7436	-0,7623 5811	-360 2010	-1,0656 3696	-409 2828
34	0,0408 0920	1 5184	-0,7983 7821	-371 4771	-1,1065 6524	-418 5120
0,35	0,0409 6104	1 3157	-0,8355 2592	-383 2524	-1,1484 1644	-428 2723
36	0,0410 9261	1 1347	-0,8738 5116	-395 5588	-1,1912 4367	-438 5962
37	0,0412 0608	9731	-0,9134 0704	-408 4314	-1,2351 0329	-449 5183
38	0,0413 0339	8300	-0,9542 5018	-421 9079	-1,2800 5512	-461 0762
39	0,0413 8639	7039	-0,9964 4097	-436 0287	-1,3261 6274	-473 3109
0,40	0,0414 5678	5933	-1,0400 4384	-450 8381	-1,3734 9383	-486 2670
41	0,0415 1611	4968	-1,0851 2765	-466 3842	-1,4221 2053	-499 9926
42	0,0415 6579	4132	-1,1317 6607	-482 7187	-1,4721 1979	-514 5408
43	0,0416 0711	3413	-1,1800 3794	-499 8985	-1,5235 7387	-529 9687
44	0,0416 4124	2797	-1,2300 2779	-517 9849	-1,5765 7074	-546 3390
0,45	0,0416 6921	2275	-1,2818 2628	-537 0457	-1,6312 0464	-563 7202
46	0,0416 9196	1835	-1,3355 3085	-557 1544	-1,6875 7666	-582 1876
47	0,0417 1031	1467	-1,3912 4629	-578 3919	-1,7457 9542	-601 8229
48	0,0417 2498	1161	-1,4490 8548	-600 8468	-1,8059 7771	-622 7166
49	0,0417 3659	911	-1,5091 7016	-624 6165	-1,8682 4937	-644 9679
0,50	0,0417 4570	707	-1,5716 3181	-649 8088	-1,9327 4616	-668 6858
51	0,0417 5277	542	-1,6366 1269	-676 5423	-1,9996 1474	-693 9912
52	0,0417 5819	412	-1,7042 6692	-704 9482	-2,0690 1386	-721 0173
53	0,0417 6231	307	-1,7747 6174	-735 1726	-2,1411 1559	-749 9117
54	0,0417 6538	228	-1,8482 7900	-767 3772	-2,2161 0676	-780 8385
0,55	0,0417 6766		-1,9250 1672		-2,2941 9061	

z = -0,60

q	$\lg \frac{\text{sn } u}{\sin x}$	Δ	$\lg \frac{\text{cn } u}{\cos x}$	Δ	lg dn u	Δ
0,00	0,0000 0000	33 8493	-0,0000 0000	-140 9341	-0,0000 0000	-277 9766
01	0,0033 8493	32 0968	-0,0140 9341	-144 9116	-0,0277 9766	-278 1458
02	0,0065 9461	30 3983	-0,0285 8457	-148 9784	-0,0556 1224	-278 4842
03	0,0096 3444	28 7532	-0,0434 8241	-153 1376	-0,0834 6066	-278 9930
04	0,0125 0976	27 1613	-0,0587 9617	-157 3931	-0,1113 5996	-279 6731
0,05	0,0152 2589	25 6223	-0,0745 3548	-161 7485	-0,1393 2727	-280 5261
06	0,0177 8812	24 1360	-0,0907 1033	-166 2079	-0,1673 7988	-281 5536
07	0,0202 0172	22 7019	-0,1073 3112	-170 7758	-0,1955 3524	-282 7583
08	0,0224 7191	21 3200	-0,1244 0870	-175 4569	-0,2238 1107	-284 1428
09	0,0246 0391	19 9900	-0,1419 5439	-180 2559	-0,2522 2535	-285 7100
0,10	0,0266 0291	18 7113	-0,1599 7998	-185 1785	-0,2807 9635	-287 4637
11	0,0284 7404	17 4841	-0,1784 9783	-190 2302	-0,3095 4272	-289 4077
12	0,0302 2245	16 3075	-0,1975 2085	-195 4170	-0,3384 8349	-291 5467
13	0,0318 5320	15 1816	-0,2170 6255	-200 7457	-0,3676 3816	-293 8856
14	0,0333 7136	14 1055	-0,2371 3712	-206 2229	-0,3970 2672	-296 4297
0,15	0,0347 8191	13 0791	-0,2577 5941	-211 8563	-0,4266 6969	-299 1853
16	0,0360 8982	12 1016	-0,2789 4504	-217 6538	-0,4565 8822	-302 1587
17	0,0372 9998	11 1724	-0,3007 1042	-223 6236	-0,4868 0409	-305 3574
18	0,0384 1722	10 2910	-0,3230 7278	-229 7751	-0,5173 3983	-308 7888
19	0,0394 4632	9 4566	-0,3460 5029	-236 1179	-0,5482 1871	-312 4618
0,20	0,0403 9198	8 6681	-0,3696 6208	-242 6620	-0,5794 6489	-316 3854
21	0,0412 5879	7 9250	-0,3939 2828	-249 4190	-0,6111 0343	-320 5696
22	0,0420 5129	7 2261	-0,4188 7018	-256 4002	-0,6431 6039	-325 0252
23	0,0427 7390	6 5705	-0,4445 1020	-263 6185	-0,6756 6291	-329 7636
24	0,0434 3095	5 9569	-0,4708 7205	-271 0872	-0,7086 3927	-334 7978
0,25	0,0440 2664	5 3843	-0,4979 8077	-278 8209	-0,7421 1905	-340 1410
26	0,0445 6507	4 8514	-0,5258 6286	-286 8347	-0,7761 3315	-345 8080
27	0,0450 5021	4 3567	-0,5545 4633	-295 1455	-0,8107 1395	-351 8145
28	0,0454 8588	3 8993	-0,5840 6088	-303 7707	-0,8458 9540	-358 1777
29	0,0458 7581	3 4772	-0,6144 3795	-312 7293	-0,8817 1317	-364 9156
0,30	0,0462 2353	3 0894	-0,6457 1088	-322 0416	-0,9182 0473	-372 0483
31	0,0465 3247	2 7340	-0,6779 1504	-331 7294	-0,9554 0956	-379 5970
32	0,0468 0587	2 4098	-0,7110 8798	-341 8161	-0,9933 6926	-387 5849
33	0,0470 4685	2 1148	-0,7452 6959	-352 3267	-1,0321 2775	-396 0367
34	0,0472 5833	1 8479	-0,7805 0226	-363 2884	-1,0717 3142	-404 9795
0,35	0,0474 4312	1 6069	-0,8168 3110	-374 7302	-1,1122 2937	-414 4423
36	0,0476 0381	1 3908	-0,8543 0412	-386 6836	-1,1536 7360	-424 4563
37	0,0477 4289	1 1974	-0,8929 7248	-399 1824	-1,1961 1923	-435 0560
38	0,0478 6263	1 0255	-0,9328 9072	-412 2632	-1,2396 2483	-446 2780
39	0,0479 6518	8733	-0,9741 1704	-425 9657	-1,2842 5263	-458 1624
0,40	0,0480 5251		-1,0167 1361		-1,3300 6887	

z = -0,60

q	$\lg \frac{\text{sn } u}{\sin x}$	Δ	$\lg \frac{\text{cn } u}{\cos x}$	Δ	lg dn u	Δ
0,40	0,0480 5251	7394	-1,0167 1361	-440 3327	-1,3300 6887	-470 7525
41	0,0481 2645	6219	-1,0607 4688	-455 4110	-1,3771 4412	-484 0956
42	0,0481 8864	5199	-1,1062 8798	-471 2509	-1,4255 5368	-498 2430
43	0,0482 4063	4316	-1,1534 1307	-487 9078	-1,4753 7798	-513 2507
44	0,0482 8379	3557	-1,2022 0385	-505 4417	-1,5267 0305	-529 1796
0,45	0,0483 1936	2908	-1,2527 4802	-523 9181	-1,5796 2101	-546 0963
46	0,0483 4844	2360	-1,3051 3983	-543 4089	-1,6342 3064	-564 0739
47	0,0483 7204	1898	-1,3594 8072	-563 9925	-1,6906 3803	-583 1919
48	0,0483 9102	1513	-1,4158 7997	-585 7557	-1,7489 5722	-603 5381
49	0,0484 0615	1194	-1,4744 5554	-608 7930	-1,8093 1103	-625 2087
0,50	0,0484 1809	934	-1,5353 3484	-633 2094	-1,8718 3190	-648 3098
51	0,0484 2743	722	-1,5986 5578	-659 1206	-1,9366 6288	-672 9580
52	0,0484 3465	552	-1,6645 6784	-686 6543	-2,0039 5868	-699 2832
53	0,0484 4017	417	-1,7332 3327	-715 9527	-2,0738 8700	-727 4281
54	0,0484 4434	310	-1,8048 2854	-747 1734	-2,1466 2981	-757 5518
0,55	0,0484 4744		-1,8795 4588		-2,2223 8499	

z = -0,55

q	$\lg \frac{\text{sn } u}{\sin x}$	Δ	$\lg \frac{\text{cn } u}{\cos x}$	Δ	lg dn u	Δ
0,00	0,0000 0000	38 0994	-0,0000 0000	-136 5971	-0,0000 0000	-269 2896
01	0,0038 0994	36 1638	-0,0136 5971	-140 5840	-0,0269 2896	-269 4518
02	0,0074 2632	34 2855	-0,0277 1811	-144 6562	-0,0538 7414	-269 7765
03	0,0108 5487	32 4645	-0,0421 8373	-148 8169	-0,0808 5179	-270 2646
04	0,0141 0132	30 7004	-0,0570 6542	-153 0690	-0,1078 7825	-270 9172
0,05	0,0171 7136	28 9931	-0,0723 7232	-157 4164	-0,1349 6997	-271 7356
06	0,0200 7067	27 3423	-0,0881 1396	-161 8626	-0,1621 4353	-272 7219
07	0,0228 0490	25 7480	-0,1043 0022	-166 4121	-0,1894 1572	-273 8785
08	0,0253 7970	24 2098	-0,1209 4143	-171 0687	-0,2168 0357	-275 2079
09	0,0278 0068	22 7276	-0,1380 4830	-175 8375	-0,2443 2436	-276 7133
0,10	0,0300 7344	21 3013	-0,1556 3205	-180 7234	-0,2719 9569	-278 3983
11	0,0322 0357	19 9304	-0,1737 0439	-185 7317	-0,2998 3552	-280 2670
12	0,0341 9661	18 6147	-0,1922 7756	-190 8684	-0,3278 6222	-282 3236
13	0,0360 5808	17 3539	-0,2113 6440	-196 1392	-0,3560 9458	-284 5735
14	0,0377 9347	16 1476	-0,2309 7832	-201 5514	-0,3845 5193	-287 0218
0,15	0,0394 0823		-0,2511 3346		-0,4132 5411	

z = -0,55

q	lg $\frac{\text{sn } u}{\sin x}$	Δ	lg $\frac{\text{cn } u}{\cos x}$	Δ	lg dn u	Δ
0,15	0,0394 0823	14 9953	-0,2511 3346	-207 1116	-0,4132 5411	-289 6747
16	0,0409 0776	13 8965	-0,2718 4462	-212 8277	-0,4422 2158	-292 5387
17	0,0422 9741	12 8505	-0,2931 2739	-218 7074	-0,4714 7545	-295 6211
18	0,0435 8246	11 8569	-0,3149 9813	-224 7598	-0,5010 3756	-298 9295
19	0,0447 6815	10 9147	-0,3374 7411	-230 9942	-0,5309 3051	-302 4725
0,20	0,0458 5962	10 0231	-0,3605 7353	-237 4203	-0,5611 7776	-306 2593
21	0,0468 6193	9 1814	-0,3843 1556	-244 0490	-0,5918 0369	-310 2995
22	0,0477 8007	8 3884	-0,4087 2046	-250 8914	-0,6228 3364	-314 6042
23	0,0486 1891	7 6432	-0,4338 0960	-257 9601	-0,6542 9406	-319 1846
24	0,0493 8323	6 9443	-0,4596 0561	-265 2678	-0,6862 1252	-324 0534
0,25	0,0500 7766	6 2911	-0,4861 3239	-272 8287	-0,7186 1786	-329 2238
26	0,0507 0677	5 6818	-0,5134 1526	-280 6575	-0,7515 4024	-334 7105
27	0,0512 7495	5 1151	-0,5414 8101	-288 7703	-0,7850 1129	-340 5288
28	0,0517 8646	4 5896	-0,5703 5804	-297 1844	-0,8190 6417	-346 6957
29	0,0522 4542	4 1039	-0,6000 7648	-305 9181	-0,8537 3374	-353 2291
0,30	0,0526 5581	3 6564	-0,6306 6829	-314 9910	-0,8890 5665	-360 1487
31	0,0530 2145	3 2453	-0,6621 6739	-324 4245	-0,9250 7152	-367 4753
32	0,0533 4598	2 8691	-0,6946 0984	-334 2410	-0,9618 1905	-375 2315
33	0,0536 3289	2 5260	-0,7280 3394	-344 4653	-0,9993 4220	-383 4419
34	0,0538 8549	2 2146	-0,7624 8047	-355 1237	-1,0376 8639	-392 1327
0,35	0,0541 0695	1 9326	-0,7979 9284	-366 2442	-1,0768 9966	-401 3324
36	0,0543 0021	1 6787	-0,8346 1726	-377 8576	-1,1170 3290	-411 0716
37	0,0544 6808	1 4509	-0,8724 0302	-389 9970	-1,1581 4006	-421 3839
38	0,0546 1317	1 2475	-0,9114 0272	-402 6979	-1,2002 7845	-432 3049
39	0,0547 3792	1 0669	-0,9516 7251	-415 9989	-1,2435 0894	-443 8738
0,40	0,0548 4461	9072	-0,9932 7240	-429 9419	-1,2878 9632	-456 1330
41	0,0549 3533	7667	-1,0362 6659	-444 5722	-1,3335 0962	-469 1283
42	0,0550 1200	6439	-1,0807 2381	-459 9394	-1,3804 2245	-482 9096
43	0,0550 7639	5373	-1,1267 1775	-476 0969	-1,4287 1341	-497 5316
44	0,0551 3012	4451	-1,1743 2744	-493 1035	-1,4784 6657	-513 0532
0,45	0,0551 7463	3661	-1,2236 3779	-511 0230	-1,5297 7189	-529 5393
46	0,0552 1124	2986	-1,2747 4009	-529 9254	-1,5827 2582	-547 0607
47	0,0552 4110	2418	-1,3277 3263	-549 8876	-1,6374 3189	-565 6948
48	0,0552 6528	1940	-1,3827 2139	-570 9933	-1,6940 0137	-585 5266
49	0,0552 8468	1541	-1,4398 2072	-593 3358	-1,7525 5403	-606 6496
0,50	0,0553 0009	1214	-1,4991 5430	-617 0166	-1,8132 1899	-629 1667
51	0,0553 1223	945	-1,5608 5596	-642 1489	-1,8761 3566	-653 1911
52	0,0553 2168	729	-1,6250 7085	-668 8569	-1,9414 5477	-678 8484
53	0,0553 2897	554	-1,6919 5654	-697 2797	-2,0093 3961	-706 2775
54	0,0553 3451	417	-1,7616 8451	-727 5705	-2,0799 6736	-735 6324
0,55	0,0553 3868		-1,8344 4156		-2,1535 3060	

z = -0,50

q	$\lg \frac{\operatorname{sn} u}{\sin x}$	Δ	$\lg \frac{\operatorname{cn} u}{\cos x}$	Δ	lg dn u	Δ
0,00	0,0000 0000		-0,0000 0000		-0,0000 0000	
01	0,0042 3538	42 3538	-0,0132 2558	-132 2558	-0,0260 6028	-260 6028
02	0,0082 5969	40 2431	-0,0268 4998	-136 2440	-0,0521 3619	-260 7591
03	0,0120 7896	38 1927	-0,0408 8141	-140 3143	-0,0782 4344	-261 0725
04	0,0156 9923	36 2027	-0,0553 2831	-144 4690	-0,1043 9777	-261 5433
0,05	0,0191 2651	34 2728	-0,0701 9947	-148 7116	-0,1306 1505	-262 1728
06	0,0223 6683	32 4032	-0,0855 0398	-153 0451	-0,1569 1130	-262 9625
07	0,0254 2617	30 5934	-0,1012 5126	-157 4728	-0,1833 0274	-263 9144
08	0,0283 1052	28 8435	-0,1174 5113	-161 9987	-0,2098 0581	-265 0307
09	0,0310 2587	27 1535	-0,1341 1380	-166 6267	-0,2364 3723	-266 3142
0,10	0,0335 7818	25 5231	-0,1512 4994	-171 3614	-0,2632 1403	-267 7680
11	0,0359 7342	23 9524	-0,1688 7066	-176 2072	-0,2901 5358	-269 3955
12	0,0382 1750	22 4408	-0,1869 8761	-181 1695	-0,3172 7368	-271 2010
13	0,0403 1633	20 9883	-0,2056 1294	-186 2533	-0,3445 9256	-273 1888
14	0,0422 7583	19 5950	-0,2247 5943	-191 4649	-0,3721 2896	-275 3640
0,15	0,0441 0180	18 2597	-0,2444 4047	-196 8104	-0,3999 0214	-277 7318
16	0,0458 0009	16 9829	-0,2646 7013	-202 2966	-0,4279 3198	-280 2984
17	0,0473 7644	15 7635	-0,2854 6320	-207 9307	-0,4562 3902	-283 0704
18	0,0488 3656	14 6012	-0,3068 3526	-213 7206	-0,4848 4449	-286 0547
19	0,0501 8609	13 4953	-0,3288 0271	-219 6745	-0,5137 7042	-289 2593
0,20	0,0514 3060	12 4451	-0,3513 8286	-225 8015	-0,5430 3964	-292 6922
21	0,0525 7558	11 4498	-0,3745 9396	-232 1110	-0,5726 7593	-296 3629
22	0,0536 2643	10 5085	-0,3984 5531	-238 6135	-0,6027 0403	-300 2810
23	0,0545 8845	9 6202	-0,4229 8730	-245 3199	-0,6331 4972	-304 4569
24	0,0554 6684	8 7839	-0,4482 1148	-252 2418	-0,6640 3995	-308 9023
0,25	0,0562 6667	7 9983	-0,4741 5070	-259 3922	-0,6954 0289	-313 6294
26	0,0569 9290	7 2623	-0,5008 2913	-266 7843	-0,7272 6802	-318 6513
27	0,0576 5034	6 5744	-0,5282 7241	-274 4328	-0,7596 6624	-323 9822
28	0,0582 4368	5 9334	-0,5565 0773	-282 3532	-0,7926 3001	-329 6377
29	0,0587 7744	5 3376	-0,5855 6394	-290 5621	-0,8261 9341	-335 6340
0,30	0,0592 5600	4 7856	-0,6154 7167	-299 0773	-0,8603 9230	-341 9889
31	0,0596 8357	4 2757	-0,6462 6349	-307 9182	-0,8952 6446	-348 7216
32	0,0600 6418	3 8061	-0,6779 7400	-317 1051	-0,9308 4971	-355 8525
33	0,0604 0170	3 3752	-0,7106 4006	-326 6606	-0,9671 9009	-363 4038
34	0,0606 9983	2 9813	-0,7443 0086	-336 6080	-1,0043 3003	-371 3994
0,35	0,0609 6206	2 6223	-0,7789 9818	-346 9732	-1,0423 1653	-379 8650
36	0,0611 9170	2 2964	-0,8147 7656	-357 7838	-1,0811 9936	-388 8283
37	0,0613 9190	2 0020	-0,8516 8352	-369 0696	-1,1210 3130	-398 3194
38	0,0615 6560	1 7370	-0,8897 6980	-380 8628	-1,1618 6837	-408 3707
39	0,0617 1555	1 4995	-0,9290 8962	-393 1982	-1,2037 7008	-419 0171
0,40	0,0618 4431	1 2876	-0,9697 0094	-406 1132	-1,2467 9976	-430 2968

z = -0,50

q	$\lg \frac{\text{sn } u}{\sin x}$	Δ	$\lg \frac{\text{cn } u}{\cos x}$	Δ	lg dn u	Δ
0,40	0,0618 4431	1 0998	-0,9697 0094	-419 6489	-1,2467 9976	-442 2507
41	0,0619 5429	9337	-1,0116 6583	-433 8496	-1,2910 2483	-454 9236
42	0,0620 4766	7880	-1,0550 5079	-448 7632	-1,3365 1719	-468 3641
43	0,0621 2646	6607	-1,0999 2711	-464 4424	-1,3833 5360	-482 6249
44	0,0621 9253	5502	-1,1463 7135	-480 9444	-1,4316 1609	-497 7638
0,45	0,0622 4755	4551	-1,1944 6579	-498 3311	-1,4813 9247	-513 8433
46	0,0622 9306	3735	-1,2442 9890	-516 6714	-1,5327 7680	-530 9323
47	0,0623 3041	3040	-1,2959 6604	-536 0399	-1,5858 7003	-549 1060
48	0,0623 6081	2455	-1,3495 7003	-556 5188	-1,6407 8063	-568 4469
49	0,0623 8536	1964	-1,4052 2191	-578 1982	-1,6976 2532	-589 0455
0,50	0,0624 0500	1557	-1,4630 4173	-601 1782	-1,7565 2987	-611 0018
51	0,0624 2057	1221	-1,5231 5955	-625 5683	-1,8176 3005	-634 4255
52	0,0624 3278	949	-1,5857 1638	-651 4904	-1,8810 7260	-659 4388
53	0,0624 4227	727	-1,6508 6542	-679 0797	-1,9470 1648	-686 1760
54	0,0624 4954	552	-1,7187 7339	-708 4857	-2,0156 3408	-714 7871
0,55	0,0624 5506		-1,7896 2196		-2,0871 1279	

z = -0,45

q	$\lg \frac{\text{sn } u}{\sin x}$	Δ	$\lg \frac{\text{cn } u}{\cos x}$	Δ	lg dn u	Δ
0,00	0,0000 0000	46 6125	-0,0000 0000	-127 9103	-0,0000 0000	-251 9161
01	0,0046 6125	44 3347	-0,0127 9103	-131 8916	-0,0251 9161	-252 0678
02	0,0090 9472	42 1200	-0,0259 8019	-135 9521	-0,0503 9839	-252 3716
03	0,0133 0672	39 9681	-0,0395 7540	-140 0942	-0,0756 3555	-252 8284
04	0,0173 0353	37 8791	-0,0535 8482	-144 3204	-0,1009 1839	-253 4390
0,05	0,0210 9144	35 8531	-0,0680 1686	-148 6337	-0,1262 6229	-254 2052
06	0,0246 7675	33 8900	-0,0828 8023	-153 0374	-0,1516 8281	-255 1288
07	0,0280 6575	31 9897	-0,0981 8397	-157 5348	-0,1771 9569	-256 2120
08	0,0312 6472	30 1523	-0,1139 3745	-162 1297	-0,2028 1689	-257 4578
09	0,0342 7995	28 3780	-0,1301 5042	-166 8260	-0,2285 6267	-258 8689
0,10	0,0371 1775	26 6663	-0,1468 3302	-171 6282	-0,2544 4956	-260 4492
11	0,0397 8438	25 0174	-0,1639 9584	-176 5412	-0,2804 9448	-262 2025
12	0,0422 8612	23 4310	-0,1816 4996	-181 5699	-0,3067 1473	-264 1333
13	0,0446 2922	21 9070	-0,1998 0695	-186 7198	-0,3331 2806	-266 2465
14	0,0468 1992	20 4450	-0,2184 7893	-191 9972	-0,3597 5271	-268 5475
0,15	0,0488 6442		-0,2376 7865		-0,3866 0746	

z = -0,45

q	lg $\frac{\text{sn u}}{\text{sin x}}$	Δ	lg $\frac{\text{cn u}}{\text{cos x}}$	Δ	lg dn u	Δ
0,15	0,0488 6442	19 0448	-0,2376 7865	-197 4082	-0,3866 0746	-271 0424
16	0,0507 6890	17 7059	-0,2574 1947	-202 9597	-0,4137 1170	-273 7374
17	0,0525 3949	16 4278	-0,2777 1544	-208 6594	-0,4410 8544	-276 6396
18	0,0541 8227	15 2100	-0,2985 8138	-214 5151	-0,4687 4940	-279 7568
19	0,0557 0327	14 0517	-0,3200 3289	-220 5356	-0,4967 2508	-283 0972
0,20	0,0571 0844	12 9521	-0,3420 8645	-226 7298	-0,5250 3480	-286 6697
21	0,0584 0365	11 9106	-0,3647 5943	-233 1079	-0,5537 0177	-290 4840
22	0,0595 9471	10 9259	-0,3880 7022	-239 6803	-0,5827 5017	-294 5503
23	0,0606 8730	9 9971	-0,4120 3825	-246 4585	-0,6122 0520	-298 8802
24	0,0616 8701	9 1230	-0,4366 8410	-253 4549	-0,6420 9322	-303 4854
0,25	0,0625 9931	8 3026	-0,4620 2959	-260 6821	-0,6724 4176	-308 3789
26	0,0634 2957	7 5341	-0,4880 9780	-268 1548	-0,7032 7965	-313 5749
27	0,0641 8298	6 8164	-0,5149 1328	-275 8875	-0,7346 3714	-319 0882
28	0,0648 6462	6 1479	-0,5425 0203	-283 8968	-0,7665 4596	-324 9348
29	0,0654 7941	5 5270	-0,5708 9171	-292 1999	-0,7990 3944	-331 1324
0,30	0,0660 3211	4 9519	-0,6001 1170	-300 8156	-0,8321 5268	-337 6994
31	0,0665 2730	4 4212	-0,6301 9326	-309 7636	-0,8659 2262	-344 6559
32	0,0669 6942	3 9326	-0,6611 6962	-319 0659	-0,9003 8821	-352 0234
33	0,0673 6268	3 4848	-0,6930 7621	-328 7455	-0,9355 9055	-359 8253
34	0,0677 1116	3 0754	-0,7259 5076	-338 8274	-0,9715 7308	-368 0867
0,35	0,0680 1870	2 7027	-0,7598 3350	-349 3386	-1,0083 8175	-376 8344
36	0,0682 8897	2 3647	-0,7947 6736	-360 3080	-1,0460 6519	-386 0978
37	0,0685 2544	2 0595	-0,8307 9816	-371 7673	-1,0846 7497	-395 9084
38	0,0687 3139	1 7850	-0,8679 7489	-383 7503	-1,1242 6581	-406 3002
39	0,0689 0989	1 5393	-0,9063 4992	-396 2936	-1,1648 9583	-417 3100
0,40	0,0690 6382	1 3203	-0,9459 7928	-409 4373	-1,2066 2683	-428 9779
41	0,0691 9585	1 1261	-0,9869 2301	-423 2247	-1,2495 2462	-441 3473
42	0,0693 0846	9548	-1,0292 4548	-437 7024	-1,2936 5935	-454 4653
43	0,0694 0394	8047	-1,0730 1572	-452 9222	-1,3391 0588	-468 3833
44	0,0694 8441	6736	-1,1183 0794	-468 9394	-1,3859 4421	-483 1569
0,45	0,0695 5177	5600	-1,1652 0188	-485 8152	-1,4342 5990	-498 8472
46	0,0696 0777	4623	-1,2137 8340	-503 6162	-1,4841 4462	-515 5211
47	0,0696 5400	3786	-1,2641 4502	-522 4156	-1,5356 9673	-533 2513
48	0,0696 9186	3075	-1,3163 8658	-542 2935	-1,5890 2186	-552 1178
49	0,0697 2261	2477	-1,3706 1593	-563 3381	-1,6442 3364	-572 2088
0,50	0,0697 4738	1977	-1,4269 4974	-585 6466	-1,7014 5452	-593 6210
51	0,0697 6715	1562	-1,4855 1440	-609 3264	-1,7608 1662	-616 4612
52	0,0697 8277	1223	-1,5464 4704	-634 4960	-1,8224 6274	-640 8476
53	0,0697 9500	945	-1,6098 9664	-661 2873	-1,8865 4750	-666 9110
54	0,0698 0445	722	-1,6760 2537	-689 8463	-1,9532 3860	-694 7969
0,55	0,0698 1167		-1,7450 1000		-2,0227 1829	

z = -0,40

q	$\lg \frac{\text{sn } u}{\sin x}$	Δ	$\lg \frac{\text{cn } u}{\cos x}$	Δ	lg dn u	Δ
0,00	0,0000 0000	50 8754	-0,0000 0000	-123 5605	-0,0000 0000	-243 2296
01	0,0050 8754	48 4389	-0,0123 5605	-127 5268	-0,0243 2296	-243 3775
02	0,0099 3143	46 0674	-0,0251 0873	-131 5698	-0,0486 6071	-243 6738
03	0,0145 3817	43 7610	-0,0382 6571	-135 6917	-0,0730 2809	-244 1192
04	0,0189 1427	41 5196	-0,0518 3488	-139 8949	-0,0974 4001	-244 7147
0,05	0,0230 6623	39 3437	-0,0658 2437	-144 1819	-0,1219 1148	-245 4620
06	0,0270 0060	37 2328	-0,0802 4256	-148 5557	-0,1464 5768	-246 3628
07	0,0307 2388	35 1876	-0,0950 9813	-153 0193	-0,1710 9396	-247 4195
08	0,0342 4264	33 2078	-0,1104 0006	-157 5760	-0,1958 3591	-248 6346
09	0,0375 6342	31 2937	-0,1261 5766	-162 2298	-0,2206 9937	-250 0115
0,10	0,0406 9279	29 4452	-0,1423 8064	-166 9846	-0,2457 0052	-251 5533
11	0,0436 3731	27 6622	-0,1590 7910	-171 8449	-0,2708 5585	-253 2641
12	0,0464 0353	25 9448	-0,1762 6359	-176 8154	-0,2961 8226	-255 1485
13	0,0489 9801	24 2928	-0,1939 4513	-181 9014	-0,3216 9711	-257 2110
14	0,0514 2729	22 7061	-0,2121 3527	-187 1086	-0,3474 1821	-259 4572
0,15	0,0536 9790	21 1844	-0,2308 4613	-192 4429	-0,3733 6393	-261 8927
16	0,0558 1634	19 7271	-0,2500 9042	-197 9111	-0,3995 5320	-264 5242
17	0,0577 8905	18 3342	-0,2698 8153	-203 5201	-0,4260 0562	-267 3581
18	0,0596 2247	17 0048	-0,2902 3354	-209 2776	-0,4527 4143	-270 4025
19	0,0613 2295	15 7386	-0,3111 6130	-215 1920	-0,4797 8168	-273 6650
0,20	0,0628 9681	14 5346	-0,3326 8050	-221 2719	-0,5071 4818	-277 1548
21	0,0643 5027	13 3919	-0,3548 0769	-227 5272	-0,5348 6366	-280 8810
22	0,0656 8946	12 3101	-0,3775 6041	-233 9676	-0,5629 5176	-284 8539
23	0,0669 2047	11 2877	-0,4009 5717	-240 6046	-0,5914 3715	-289 0845
24	0,0680 4924	10 3237	-0,4250 1763	-247 4499	-0,6203 4560	-293 5846
0,25	0,0690 8161	9 4168	-0,4497 6262	-254 5160	-0,6497 0406	-298 3668
26	0,0700 2329	8 5658	-0,4752 1422	-261 8167	-0,6795 4074	-303 4447
27	0,0708 7987	7 7694	-0,5013 9589	-269 3666	-0,7098 8521	-308 8329
28	0,0716 5681	7 0255	-0,5283 3255	-277 1816	-0,7407 6850	-314 5473
29	0,0723 5936	6 3332	-0,5560 5071	-285 2784	-0,7722 2323	-320 6046
0,30	0,0729 9268	5 6904	-0,5845 7855	-293 6750	-0,8042 8369	-327 0230
31	0,0735 6172	5 0954	-0,6139 4605	-302 3914	-0,8369 8599	-333 8220
32	0,0740 7126	4 5464	-0,6441 8519	-311 4482	-0,8703 6819	-341 0227
33	0,0745 2590	4 0415	-0,6753 3001	-320 8682	-0,9044 7046	-348 6476
34	0,0749 3005	3 5788	-0,7074 1683	-330 6760	-0,9393 3522	-356 7211
0,35	0,0752 8793	3 1560	-0,7404 8443	-340 8974	-0,9750 0733	-365 2695
36	0,0756 0353	2 7715	-0,7745 7417	-351 5611	-1,0115 3428	-374 3210
37	0,0758 8068	2 4229	-0,8097 3028	-362 6979	-1,0489 6638	-383 9064
38	0,0761 2297	2 1083	-0,8460 0007	-374 3405	-1,0873 5702	-394 0585
39	0,0763 3380	1 8256	-0,8834 3412	-386 5253	-1,1267 6287	-404 8135
0,40	0,0765 1636		-0,9220 8665		-1,1672 4422	

z = -0,40

q	$\lg \frac{\text{sn } u}{\sin x}$	Δ	$\lg \frac{\text{cn } u}{\cos x}$	Δ	lg dn u	Δ
0,40	0,0765 1636	1 5727	-0,9220 8665	-399 2908	-1,1672 4422	-416 2098
41	0,0766 7363	1 3474	-0,9620 1573	-412 6796	-1,2088 6520	-428 2896
42	0,0768 0837	1 1479	-1,0032 8369	-426 7375	-1,2516 9416	-441 0989
43	0,0769 2316	9721	-1,0459 5744	-441 5144	-1,2958 0405	-454 6871
44	0,0770 2037	8180	-1,0901 0888	-457 0651	-1,3412 7276	-469 1086
0,45	0,0771 0217	6837	-1,1358 1539	-473 4489	-1,3881 8362	-484 4225
46	0,0771 7054	5676	-1,1831 6028	-490 7309	-1,4366 2587	-500 6936
47	0,0772 2730	4676	-1,2322 3337	-508 9828	-1,4866 9523	-517 9926
48	0,0772 7406	3821	-1,2831 3165	-528 2824	-1,5384 9449	-536 3971
49	0,0773 1227	3098	-1,3359 5989	-548 7162	-1,5921 3420	-555 9927
0,50	0,0773 4325	2489	-1,3908 3151	-570 3788	-1,6477 3347	-576 8732
51	0,0773 6814	1981	-1,4478 6939	-593 3751	-1,7054 2079	-599 1425
52	0,0773 8795	1562	-1,5072 0690	-617 8207	-1,7653 3504	-622 9152
53	0,0774 0357	1216	-1,5689 8897	-643 8442	-1,8276 2656	-648 3185
54	0,0774 1573	938	-1,6333 7339	-671 5878	-1,8924 5841	-675 4934
0,55	0,0774 2511		-1,7005 3217		-1,9600 0775	

z = -0,35

q	$\lg \frac{\text{sn } u}{\sin x}$	Δ	$\lg \frac{\text{cn } u}{\cos x}$	Δ	lg dn u	Δ
0,00	0,0000 0000	55 1426	-0,0000 0000	-119 2064	-0,0000 0000	-234 5432
01	0,0055 1426	52 5556	-0,0119 2064	-123 1494	-0,0234 5432	-234 6882
02	0,0107 6982	50 0352	-0,0242 3558	-127 1671	-0,0469 2314	-234 9786
03	0,0157 7334	47 5816	-0,0369 5229	-131 2616	-0,0704 2100	-235 4152
04	0,0205 3150	45 1949	-0,0500 7845	-135 4347	-0,0939 6252	-235 9989
0,05	0,0250 5099	42 8753	-0,0636 2192	-139 6890	-0,1175 6241	-236 7312
06	0,0293 3852	40 6231	-0,0775 9082	-144 0267	-0,1412 3553	-237 6143
07	0,0334 0083	38 4382	-0,0919 9349	-148 4509	-0,1649 9696	-238 6500
08	0,0372 4465	36 3212	-0,1068 3858	-152 9645	-0,1888 6196	-239 8411
09	0,0408 7677	34 2720	-0,1221 3503	-157 5711	-0,2128 4607	-241 1906
0,10	0,0443 0397	32 2907	-0,1378 9214	-162 2743	-0,2369 6513	-242 7020
11	0,0475 3304	30 3775	-0,1541 1957	-167 0782	-0,2612 3533	-244 3789
12	0,0505 7079	28 5324	-0,1708 2739	-171 9875	-0,2856 7322	-246 2260
13	0,0534 2403	26 7554	-0,1880 2614	-177 0068	-0,3102 9582	-248 2476
14	0,0560 9957	25 0461	-0,2057 2682	-182 1415	-0,3351 2058	-250 4493
0,15	0,0586 0418		-0,2239 4097		-0,3601 6551	

z = -0,35

q	$\lg \frac{\text{sn } u}{\sin x}$	Δ	$\lg \frac{\text{cn } u}{\cos x}$	Δ	lg dn u	Δ
0,15	0,0586 0418	23 4049	-0,2239 4097	-187 3975	-0,3601 6551	-252 8367
16	0,0609 4467	21 8309	-0,2426 8072	-192 7809	-0,3854 4918	-255 4157
17	0,0631 2776	20 3242	-0,2619 5881	-198 2985	-0,4109 9075	-258 1935
18	0,0651 6018	18 8841	-0,2817 8866	-203 9575	-0,4368 1010	-261 1773
19	0,0670 4859	17 5101	-0,3021 8441	-209 7661	-0,4629 2783	-264 3747
0,20	0,0687 9960	16 2016	-0,3231 6102	-215 7324	-0,4893 6530	-267 7948
21	0,0704 1976	14 9578	-0,3447 3426	-221 8659	-0,5161 4478	-271 4462
22	0,0719 1554	13 7778	-0,3669 2085	-228 1763	-0,5432 8940	-275 3393
23	0,0732 9332	12 6608	-0,3897 3848	-234 6741	-0,5708 2333	-279 4845
24	0,0745 5940	11 6053	-0,4132 0589	-241 3710	-0,5987 7178	-283 8934
0,25	0,0757 1993	10 6106	-0,4373 4299	-248 2793	-0,6271 6112	-288 5782
26	0,0767 8099	9 6752	-0,4621 7092	-255 4119	-0,6560 1894	-293 5520
27	0,0777 4851	8 7976	-0,4877 1211	-262 7833	-0,6853 7414	-298 8294
28	0,0786 2827	7 9764	-0,5139 9044	-270 4086	-0,7152 5708	-304 4255
29	0,0794 2591	7 2099	-0,5410 3130	-278 3044	-0,7456 9963	-310 3564
0,30	0,0801 4690	6 4966	-0,5688 6174	-286 4884	-0,7767 3527	-316 6400
31	0,0807 9656	5 8345	-0,5975 1058	-294 9794	-0,8083 9927	-323 2953
32	0,0813 8001	5 2221	-0,6270 0852	-303 7980	-0,8407 2880	-330 3425
33	0,0819 0222	4 6570	-0,6573 8832	-312 9664	-0,8737 6305	-337 8035
34	0,0823 6792	4 1376	-0,6886 8496	-322 5082	-0,9075 4340	-345 7022
0,35	0,0827 8168	3 6617	-0,7209 3578	-332 4490	-0,9421 1362	-354 0636
36	0,0831 4785	3 2273	-0,7541 8068	-342 8168	-0,9775 1998	-362 9157
37	0,0834 7058	2 8321	-0,7884 6236	-353 6413	-1,0138 1155	-372 2877
38	0,0837 5379	2 4741	-0,8238 2649	-364 9551	-1,0510 4032	-382 2119
39	0,0840 0120	2 1512	-0,8603 2200	-376 7928	-1,0892 6151	-392 7230
0,40	0,0842 1632	1 8612	-0,8980 0128	-389 1931	-1,1285 3381	-403 8585
41	0,0844 0244	1 6018	-0,9369 2059	-402 1967	-1,1689 1966	-415 6595
42	0,0845 6262	1 3711	-0,9771 4026	-415 8490	-1,2104 8561	-428 1700
43	0,0846 9973	1 1667	-1,0187 2516	-430 1983	-1,2533 0261	-441 4384
44	0,0848 1640	9868	-1,0617 4499	-445 2984	-1,2974 4645	-455 5174
0,45	0,0849 1508	8293	-1,1062 7483	-461 2070	-1,3429 9819	-470 4643
46	0,0849 9801	6922	-1,1523 9553	-477 9881	-1,3900 4462	-486 3417
47	0,0850 6723	5735	-1,2001 9434	-495 7110	-1,4386 7879	-503 2186
48	0,0851 2458	4717	-1,2497 6544	-514 4523	-1,4890 0065	-521 1703
49	0,0851 7175	3849	-1,3012 1067	-534 2961	-1,5411 1768	-540 2796
0,50	0,0852 1024	3112	-1,3546 4028	-555 3349	-1,5951 4564	-560 6378
51	0,0852 4136	2494	-1,4101 7377	-577 6706	-1,6512 0942	-582 3459
52	0,0852 6630	1980	-1,4679 4083	-601 4164	-1,7094 4401	-605 5148
53	0,0852 8610	1554	-1,5280 8247	-626 6975	-1,7699 9549	-630 2687
54	0,0853 0164	1208	-1,5907 5222	-653 6524	-1,8330 2236	-656 7440
0,55	0,0853 1372		-1,6561 1746		-1,8986 9676	

z = -0,30

q	$\lg \frac{\text{sn } u}{\sin x}$	Δ	$\lg \frac{\text{cn } u}{\cos x}$	Δ	lg dn u	Δ
0,00	0,0000 0000	59 4141	-0,0000 0000	-114 8481	-0,0000 0000	-225 8569
01	0,0059 4141	56 6849	-0,0114 8481	-118 7593	-0,0225 8569	-225 9998
02	0,0116 0990	54 0236	-0,0233 6074	-122 7439	-0,0451 8567	-226 2857
03	0,0170 1226	51 4302	-0,0356 3513	-126 8034	-0,0678 1424	-226 7156
04	0,0221 5528	48 9053	-0,0483 1547	-130 9394	-0,0904 8580	-227 2904
0,05	0,0270 4581	46 4488	-0,0614 0941	-135 1541	-0,1132 1484	-228 0116
06	0,0316 9069	44 0614	-0,0749 2482	-139 4497	-0,1360 1600	-228 8809
07	0,0360 9683	41 7429	-0,0888 6979	-143 8286	-0,1589 0409	-229 9007
08	0,0402 7112	39 4938	-0,1032 5265	-148 2938	-0,1818 9416	-231 0733
09	0,0442 2050	37 3145	-0,1180 8203	-152 8481	-0,2050 0149	-232 4018
0,10	0,0479 5195	35 2051	-0,1333 6684	-157 4953	-0,2282 4167	-233 8893
11	0,0514 7246	33 1656	-0,1491 1637	-162 2390	-0,2516 3060	-235 5399
12	0,0547 8902	31 1964	-0,1653 4027	-167 0833	-0,2751 8459	-237 3576
13	0,0579 0866	29 2974	-0,1820 4860	-172 0329	-0,2989 2035	-239 3468
14	0,0608 3840	27 4686	-0,1992 5189	-177 0927	-0,3228 5503	-241 5129
0,15	0,0635 8526	25 7098	-0,2169 6116	-182 2682	-0,3470 0632	-243 8613
16	0,0661 5624	24 0211	-0,2351 8798	-187 5652	-0,3713 9245	-246 3980
17	0,0685 5835	22 4020	-0,2539 4450	-192 9903	-0,3960 3225	-249 1296
18	0,0707 9855	20 8521	-0,2732 4353	-198 5502	-0,4209 4521	-252 0632
19	0,0728 8376	19 3712	-0,2930 9855	-204 2528	-0,4461 5153	-255 2064
0,20	0,0748 2088	17 9582	-0,3135 2383	-210 1059	-0,4716 7217	-258 5676
21	0,0766 1670	16 6131	-0,3345 3442	-216 1185	-0,4975 2893	-262 1556
22	0,0782 7801	15 3345	-0,3561 4627	-222 3000	-0,5237 4449	-265 9801
23	0,0798 1146	14 1220	-0,3783 7627	-228 6607	-0,5503 4250	-270 0514
24	0,0812 2366	12 9740	-0,4012 4234	-235 2117	-0,5773 4764	-274 3805
0,25	0,0825 2106	11 8898	-0,4247 6351	-241 9649	-0,6047 8569	-278 9795
26	0,0837 1004	10 8681	-0,4489 6000	-248 9328	-0,6326 8364	-283 8609
27	0,0847 9685	9 9074	-0,4738 5328	-256 1296	-0,6610 6973	-289 0388
28	0,0857 8759	9 0065	-0,4994 6624	-263 5699	-0,6899 7361	-294 5278
29	0,0866 8824	8 1634	-0,5258 2323	-271 2698	-0,7194 2639	-300 3438
0,30	0,0875 0458	7 3768	-0,5529 5021	-279 2463	-0,7494 6077	-306 5037
31	0,0882 4226	6 6449	-0,5808 7484	-287 5183	-0,7801 1114	-313 0260
32	0,0889 0675	5 9657	-0,6096 2667	-296 1053	-0,8114 1374	-319 9304
33	0,0895 0332	5 3375	-0,6392 3720	-305 0292	-0,8434 0678	-327 2380
34	0,0900 3707	4 7581	-0,6697 4012	-314 3129	-0,8761 3058	-334 9717
0,35	0,0905 1288	4 2256	-0,7011 7141	-323 9816	-0,9096 2775	-343 1562
36	0,0909 3544	3 7378	-0,7335 6957	-334 0624	-0,9439 4337	-351 8180
37	0,0913 0922	3 2927	-0,7669 7581	-344 5844	-0,9791 2517	-360 9861
38	0,0916 3849	2 8879	-0,8014 3425	-355 5793	-1,0152 2378	-370 6910
39	0,0919 2728	2 5214	-0,8369 9218	-367 0812	-1,0522 9288	-380 9669
0,40	0,0921 7942		-0,8737 0030		-1,0903 8957	

z = -0,30

q	$\lg \frac{\text{sn } u}{\sin x}$	Δ	$\lg \frac{\text{cn } u}{\cos x}$	Δ	lg dn u	Δ
0,40	0,0921 7942	2 1907	-0,8737 0030	-379 1274	-1,0903 8957	-391 8498
41	0,0923 9849	1 8940	-0,9116 1304	-391 7584	-1,1295 7455	-403 3797
42	0,0925 8789	1 6287	-0,9507 8888	-405 0176	-1,1699 1252	-415 5990
43	0,0927 5076	1 3927	-0,9912 9064	-418 9531	-1,2114 7242	-428 5551
44	0,0928 9003	1 1841	-1,0331 8595	-433 6168	-1,2543 2793	-442 2987
0,45	0,0930 0844	1 0002	-1,0765 4763	-449 0653	-1,2985 5780	-456 8853
46	0,0931 0846	8396	-1,1214 5416	-465 3609	-1,3442 4633	-472 3761
47	0,0931 9242	6996	-1,1679 9025	-482 5715	-1,3914 8394	-488 8378
48	0,0932 6238	5789	-1,2162 4740	-500 7718	-1,4403 6772	-506 3432
49	0,0933 2027	4753	-1,2663 2458	-520 0436	-1,4910 0204	-524 9732
0,50	0,0933 6780	3868	-1,3183 2894	-540 4772	-1,5434 9936	-544 8164
51	0,0934 0648	3122	-1,3723 7666	-562 1722	-1,5979 8100	-565 9704
52	0,0934 3770	2497	-1,4285 9388	-585 2388	-1,6545 7804	-588 5438
53	0,0934 6267	1974	-1,4871 1776	-609 7987	-1,7134 3242	-612 6562
54	0,0934 8241	1547	-1,5480 9763	-635 9873	-1,7746 9804	-638 4413
0,55	0,0934 9788		-1,6116 9636		-1,8385 4217	

z = -0,25

q	$\lg \frac{\text{sn } u}{\sin x}$	Δ	$\lg \frac{\text{cn } u}{\cos x}$	Δ	lg dn u	Δ
0,00	0,0000 0000	63 6898	-0,0000 0000	-110 4855	-0,0000 0000	-217 1708
01	0,0063 6898	60 8269	-0,0110 4855	-114 3566	-0,0217 1708	-217 3120
02	0,0124 5167	58 0326	-0,0224 8421	-118 3001	-0,0434 4828	-217 5948
03	0,0182 5493	55 3073	-0,0343 1422	-122 3168	-0,0652 0776	-218 0198
04	0,0237 8566	52 6512	-0,0465 4590	-126 4085	-0,0870 0974	-218 5883
0,05	0,0290 5078	50 0650	-0,0591 8675	-130 5767	-0,1088 6857	-219 3012
06	0,0340 5728	47 5486	-0,0722 4442	-134 8236	-0,1307 9869	-220 1607
07	0,0388 1214	45 1026	-0,0857 2678	-139 1512	-0,1528 1476	-221 1686
08	0,0433 2240	42 7273	-0,0996 4190	-143 5622	-0,1749 3162	-222 3275
09	0,0475 9513	40 4231	-0,1139 9812	-148 0593	-0,1971 6437	-223 6402
0,10	0,0516 3744	38 1903	-0,1288 0405	-152 6455	-0,2195 2839	-225 1099
11	0,0554 5647	36 0290	-0,1440 6860	-157 3246	-0,2420 3938	-226 7402
12	0,0590 5937	33 9396	-0,1598 0106	-162 1002	-0,2647 1340	-228 5351
13	0,0624 5333	31 9221	-0,1760 1108	-166 9766	-0,2875 6691	-230 4992
14	0,0656 4554	29 9766	-0,1927 0874	-171 9586	-0,3106 1683	-232 6373
0,15	0,0686 4320		-0,2099 0460		-0,3338 8056	

z = -0,25

q	$\lg \frac{\text{sn } u}{\sin x}$	Δ	$\lg \frac{\text{cn } u}{\cos x}$	Δ	lg dn u	Δ
0,15	0,0686 4320	28 1033	-0,2099 0460	-177 0511	-0,3338 8056	-234 9546
16	0,0714 5353	26 3017	-0,2276 0971	-182 2598	-0,3573 7602	-237 4570
17	0,0740 8370	24 5720	-0,2458 3569	-187 5908	-0,3811 2172	-240 1509
18	0,0765 4090	22 9137	-0,2645 9477	-193 0508	-0,4051 3681	-243 0431
19	0,0788 3227	21 3266	-0,2838 9985	-198 6467	-0,4294 4112	-246 1409
0,20	0,0809 6493	19 8100	-0,3037 6452	-204 3867	-0,4540 5521	-249 4525
21	0,0829 4593	18 3634	-0,3242 0319	-210 2789	-0,4790 0046	-252 9862
22	0,0847 8227	16 9860	-0,3452 3108	-216 3326	-0,5042 9908	-256 7515
23	0,0864 8087	15 6772	-0,3668 6434	-222 5575	-0,5299 7423	-260 7581
24	0,0880 4859	14 4359	-0,3891 2009	-228 9647	-0,5560 5004	-265 0170
0,25	0,0894 9218	13 2610	-0,4120 1656	-235 5651	-0,5825 5174	-269 5395
26	0,0908 1828	12 1512	-0,4355 7307	-242 3717	-0,6095 0569	-274 3378
27	0,0920 3340	11 1057	-0,4598 1024	-249 3972	-0,6369 3947	-279 4255
28	0,0931 4397	10 1226	-0,4847 4996	-256 6565	-0,6648 8202	-284 8167
29	0,0941 5623	9 2005	-0,5104 1561	-264 1650	-0,6933 6369	-290 5264
0,30	0,0950 7628	8 3380	-0,5368 3211	-271 9395	-0,7224 1633	-296 5716
31	0,0959 1008	7 5332	-0,5640 2606	-279 9978	-0,7520 7349	-302 9695
32	0,0966 6340	6 7844	-0,5920 2584	-288 3594	-0,7823 7044	-309 7393
33	0,0973 4184	6 0897	-0,6208 6178	-297 0455	-0,8133 4437	-316 9016
34	0,0979 5081	5 4470	-0,6505 6633	-306 0784	-0,8450 3453	-324 4784
0,35	0,0984 9551	4 8544	-0,6811 7417	-315 4827	-0,8774 8237	-332 4934
36	0,0989 8095	4 3098	-0,7127 2244	-325 2847	-0,9107 3171	-340 9724
37	0,0994 1193	3 8109	-0,7452 5091	-335 5130	-0,9448 2895	-349 9432
38	0,0997 9302	3 3558	-0,7788 0221	-346 1984	-0,9798 2327	-359 4358
39	0,1001 2860	2 9419	-0,8134 2205	-357 3745	-1,0157 6685	-369 4828
0,40	0,1004 2279	2 5672	-0,8491 5950	-369 0772	-1,0527 1513	-380 1193
41	0,1006 7951	2 2293	-0,8860 6722	-381 3463	-1,0907 2706	-391 3838
42	0,1009 0244	1 9261	-0,9242 0185	-394 2243	-1,1298 6544	-403 3180
43	0,1010 9505	1 6551	-0,9636 2428	-407 7579	-1,1701 9724	-415 9669
44	0,1012 6056	1 4140	-1,0044 0007	-421 9979	-1,2117 9393	-429 3804
0,45	0,1014 0196	1 2010	-1,0465 9986	-436 9996	-1,2547 3197	-443 6121
46	0,1015 2206	1 0136	-1,0902 9982	-452 8236	-1,2990 9318	-458 7213
47	0,1016 2342	8496	-1,1355 8218	-469 5364	-1,3449 6531	-474 7726
48	0,1017 0838	7071	-1,1825 3582	-487 2105	-1,3924 4257	-491 8372
49	0,1017 7909	5841	-1,2312 5687	-505 9258	-1,4416 2629	-509 9932
0,50	0,1018 3750	4787	-1,2818 4945	-525 7706	-1,4926 2561	-529 3265
51	0,1018 8537	3888	-1,3344 2651	-546 8415	-1,5455 5826	-549 9325
52	0,1019 2425	3131	-1,3891 1066	-569 2462	-1,6005 5151	-571 9160
53	0,1019 5556	2497	-1,4460 3528	-593 1030	-1,6577 4311	-595 3941
54	0,1019 8053	1970	-1,5053 4558	-618 5440	-1,7172 8252	-620 4958
0,55	0,1020 0023		-1,5671 9998		-1,7793 3210	

z = -0,20

q	$\lg \frac{\operatorname{sn} u}{\sin x}$	Δ	$\lg \frac{\operatorname{cn} u}{\cos x}$	Δ	lg dn u	Δ
0,00	0,0000 0000	67 9699	-0,0000 0000	-106 1185	-0,0000 0000	-208 4847
01	0,0067 9699	64 9815	-0,0106 1185	-109 9413	-0,0208 4847	-208 6249
02	0,0132 9514	62 0625	-0,0216 0598	-113 8354	-0,0417 1096	-208 9055
03	0,0195 0139	59 2129	-0,0329 8952	-117 8016	-0,0626 0151	-209 3274
04	0,0254 2268	56 4334	-0,0447 6968	-121 8414	-0,0835 3425	-209 8913
0,05	0,0310 6602	53 7242	-0,0569 5382	-125 9562	-0,1045 2338	-210 5987
06	0,0364 3844	51 0859	-0,0695 4944	-130 1476	-0,1255 8325	-211 4512
07	0,0415 4703	48 5187	-0,0825 6420	-134 4175	-0,1467 2837	-212 4509
08	0,0463 9890	46 0231	-0,0960 0595	-138 7683	-0,1679 7346	-213 6000
09	0,0510 0121	43 5996	-0,1098 8278	-143 2025	-0,1893 3346	-214 9013
0,10	0,0553 6117	41 2485	-0,1242 0303	-147 7228	-0,2108 2359	-216 3578
11	0,0594 8602	38 9701	-0,1389 7531	-152 3326	-0,2324 5937	-217 9732
12	0,0633 8303	36 7648	-0,1542 0857	-157 0352	-0,2542 5669	-219 7509
13	0,0670 5951	34 6327	-0,1699 1209	-161 8346	-0,2762 3178	-221 6956
14	0,0705 2278	32 5740	-0,1860 9555	-166 7355	-0,2984 0134	-223 8118
0,15	0,0737 8018	30 5889	-0,2027 6910	-171 7422	-0,3207 8252	-226 1046
16	0,0768 3907	28 6772	-0,2199 4332	-176 8602	-0,3433 9298	-228 5793
17	0,0797 0679	26 8390	-0,2376 2934	-182 0953	-0,3662 5091	-231 2425
18	0,0823 9069	25 0740	-0,2558 3887	-187 4537	-0,3893 7516	-234 1004
19	0,0848 9809	23 3819	-0,2745 8424	-192 9424	-0,4127 8520	-237 1602
0,20	0,0872 3628	21 7624	-0,2938 7848	-198 5685	-0,4365 0122	-240 4293
21	0,0894 1252	20 2148	-0,3137 3533	-204 3406	-0,4605 4415	-243 9162
22	0,0914 3400	18 7388	-0,3341 6939	-210 2669	-0,4849 3577	-247 6298
23	0,0933 0788	17 3333	-0,3551 9608	-216 3574	-0,5096 9875	-251 5794
24	0,0950 4121	15 9977	-0,3768 3182	-222 6221	-0,5348 5669	-255 7755
0,25	0,0966 4098	14 7310	-0,3990 9403	-229 0721	-0,5604 3424	-260 2289
26	0,0981 1408	13 5319	-0,4220 0124	-235 7195	-0,5864 5713	-264 9516
27	0,0994 6727	12 3996	-0,4455 7319	-242 5772	-0,6129 5229	-269 9564
28	0,1007 0723	11 3324	-0,4698 3091	-249 6591	-0,6399 4793	-275 2568
29	0,1018 4047	10 3289	-0,4947 9682	-256 9804	-0,6674 7361	-280 8676
0,30	0,1028 7336	9 3878	-0,5204 9486	-264 5572	-0,6955 6037	-286 8046
31	0,1038 1214	8 5074	-0,5469 5058	-272 4071	-0,7242 4083	-293 0849
32	0,1046 6288	7 6858	-0,5741 9129	-280 5489	-0,7535 4932	-299 7267
33	0,1054 3146	6 9212	-0,6022 4618	-289 0033	-0,7835 2199	-306 7499
34	0,1061 2358	6 2119	-0,6311 4651	-297 7921	-0,8141 9698	-314 1757
0,35	0,1067 4477	5 5556	-0,6609 2572	-306 9389	-0,8456 1455	-322 0270
36	0,1073 0033	4 9504	-0,6916 1961	-316 4699	-0,8778 1725	-330 3286
37	0,1077 9537	4 3942	-0,7232 6660	-326 4125	-0,9108 5011	-339 1077
38	0,1082 3479	3 8847	-0,7559 0785	-336 7971	-0,9447 6088	-348 3928
39	0,1086 2326	3 4198	-0,7895 8756	-347 6560	-0,9796 0016	-358 2157
0,40	0,1089 6524		-0,8243 5316		-1,0154 2173	

z = -0,20

q	$\lg \frac{\operatorname{sn} u}{\sin x}$	Δ	$\lg \frac{\operatorname{cn} u}{\cos x}$	Δ	lg dn u	Δ
0,40	0,1089 6524	2 9970	-0,8243 5316	-359 0249	-1,0154 2173	-368 6105
41	0,1092 6494	2 6142	-0,8602 5565	-370 9421	-1,0522 8278	-379 6141
42	0,1095 2636	2 2692	-0,8973 4986	-383 4492	-1,0902 4419	-391 2670
43	0,1097 5328	1 9592	-0,9356 9478	-396 5919	-1,1293 7089	-403 6130
44	0,1099 4920	1 6826	-0,9753 5397	-410 4195	-1,1697 3219	-416 7003
0,45	0,1101 1746	1 4365	-1,0163 9592	-424 9860	-1,2114 0222	-430 5808
46	0,1102 6111	1 2189	-1,0588 9452	-440 3506	-1,2544 6030	-445 3122
47	0,1103 8300	1 0277	-1,1029 2958	-456 5780	-1,2989 9152	-460 9571
48	0,1104 8577	8603	-1,1485 8738	-473 7389	-1,3450 8723	-477 5846
49	0,1105 7180	7152	-1,1959 6127	-491 9113	-1,3928 4569	-495 2703
0,50	0,1106 4332	5898	-1,2451 5240	-511 1809	-1,4423 7272	-514 0982
51	0,1107 0230	4825	-1,2962 7049	-531 6421	-1,4937 8254	-534 1603
52	0,1107 5055	3912	-1,3494 3470	-553 3993	-1,5471 9857	-555 5591
53	0,1107 8967	3141	-1,4047 7463	-576 5684	-1,6027 5448	-578 4075
54	0,1108 2108	2499	-1,4624 3147	-601 2771	-1,6605 9523	-602 8319
0,55	0,1108 4607		-1,5225 5918		-1,7208 7842	

z = -0,15

q	$\lg \frac{\operatorname{sn} u}{\sin x}$	Δ	$\lg \frac{\operatorname{cn} u}{\cos x}$	Δ	lg dn u	Δ
0,00	0,0000 0000	72 2543	-0,0000 0000	-101 7473	-0,0000 0000	-199 7987
01	0,0072 2543	69 1489	-0,0101 7473	-105 5132	-0,0199 7987	-199 9382
02	0,0141 4032	66 1133	-0,0207 2605	-109 3496	-0,0399 7369	-200 2176
03	0,0207 5165	63 1475	-0,0316 6101	-113 2575	-0,0599 9545	-200 6374
04	0,0270 6640	60 2521	-0,0429 8676	-117 2378	-0,0800 5919	-201 1986
0,05	0,0330 9161	57 4274	-0,0547 1054	-121 2917	-0,1001 7905	-201 9024
06	0,0388 3435	54 6741	-0,0668 3971	-125 4206	-0,1203 6929	-202 7504
07	0,0443 0176	51 9923	-0,0793 8177	-129 6262	-0,1406 4433	-203 7446
08	0,0495 0099	49 3828	-0,0923 4439	-133 9107	-0,1610 1879	-204 8871
09	0,0544 3927	46 8459	-0,1057 3546	-138 2760	-0,1815 0750	-206 1805
0,10	0,0591 2386	44 3820	-0,1195 6306	-142 7248	-0,2021 2555	-207 6277
11	0,0635 6206	41 9916	-0,1338 3554	-147 2602	-0,2228 8832	-209 2321
12	0,0677 6122	39 6750	-0,1485 6156	-151 8852	-0,2438 1153	-210 9972
13	0,0717 2872	37 4327	-0,1637 5008	-156 6036	-0,2649 1125	-212 9270
14	0,0754 7199	35 2645	-0,1794 1044	-161 4195	-0,2862 0395	-215 0263
0,15	0,0789 9844		-0,1955 5239		-0,3077 0658	

z = -0,15

q	$\lg \frac{\text{sn } u}{\sin x}$	Δ	$\lg \frac{\text{cn } u}{\cos x}$	Δ	lg dn u	Δ
0,15	0,0789 9844	33 1711	-0,1955 5239	-166 3371	-0,3077 0658	-217 2995
16	0,0823 1555	31 1522	-0,2121 8610	-171 3617	-0,3294 3653	-219 7521
17	0,0854 3077	29 2080	-0,2293 2227	-176 4984	-0,3514 1174	-222 3898
18	0,0883 5157	27 3383	-0,2469 7211	-181 7536	-0,3736 5072	-225 2190
19	0,0910 8540	25 5430	-0,2651 4747	-187 1334	-0,3961 7262	-228 2463
0,20	0,0936 3970	23 8216	-0,2838 6081	-192 6451	-0,4189 9725	-231 4789
21	0,0960 2186	22 1740	-0,3031 2532	-198 2964	-0,4421 4514	-234 9249
22	0,0982 3926	20 5994	-0,3229 5496	-204 0957	-0,4656 3763	-238 5924
23	0,1002 9920	19 0974	-0,3433 6453	-210 0521	-0,4894 9687	-242 4909
24	0,1022 0894	17 6671	-0,3643 6974	-216 1757	-0,5137 4596	-246 6300
0,25	0,1039 7565	16 3076	-0,3859 8731	-222 4769	-0,5384 0896	-251 0201
26	0,1056 0641	15 0180	-0,4082 3500	-228 9674	-0,5635 1097	-255 6729
27	0,1071 0821	13 7973	-0,4311 3174	-235 6597	-0,5890 7826	-260 6003
28	0,1084 8794	12 6440	-0,4546 9771	-242 5674	-0,6151 3829	-265 8156
29	0,1097 5234	11 5571	-0,4789 5445	-249 7049	-0,6417 1985	-271 3326
0,30	0,1109 0805	10 5349	-0,5039 2494	-257 0884	-0,6688 5311	-277 1668
31	0,1119 6154	9 5758	-0,5296 3378	-264 7345	-0,6965 6979	-283 3344
32	0,1129 1912	8 6785	-0,5561 0723	-272 6615	-0,7249 0323	-289 8532
33	0,1137 8697	7 8409	-0,5833 7338	-280 8898	-0,7538 8855	-296 7418
34	0,1145 7106	7 0613	-0,6114 6236	-289 4403	-0,7835 6273	-304 0212
0,35	0,1152 7719	6 3377	-0,6404 0639	-298 3363	-0,8139 6485	-311 7130
36	0,1159 1096	5 6682	-0,6702 4002	-307 6030	-0,8451 3615	-319 8416
37	0,1164 7778	5 0507	-0,7010 0032	-317 2674	-0,8771 2031	-328 4325
38	0,1169 8285	4 4828	-0,7327 2706	-327 3588	-0,9099 6356	-337 5140
39	0,1174 3113	3 9626	-0,7654 6294	-337 9089	-0,9437 1496	-347 1164
0,40	0,1178 2739	3 4878	-0,7992 5383	-348 9524	-0,9784 2660	-357 2725
41	0,1181 7617	3 0560	-0,8341 4907	-360 5266	-1,0141 5385	-368 0186
42	0,1184 8177	2 6649	-0,8702 0173	-372 6721	-1,0509 5571	-379 3932
43	0,1187 4826	2 3122	-0,9074 6894	-385 4335	-1,0888 9503	-391 4393
44	0,1189 7948	1 9956	-0,9460 1229	-398 8587	-1,1280 3896	-404 2030
0,45	0,1191 7904	1 7128	-0,9858 9816	-413 0003	-1,1684 5926	-417 7353
46	0,1193 5032	1 4613	-1,0271 9819	-427 9162	-1,2102 3279	-432 0916
47	0,1194 9645	1 2390	-1,0699 8981	-443 6690	-1,2534 4195	-447 3328
48	0,1196 2035	1 0435	-1,1143 5671	-460 3281	-1,2981 7523	-463 5259
49	0,1197 2470	8728	-1,1603 8952	-477 9689	-1,3445 2782	-480 7445
0,50	0,1198 1198	7244	-1,2081 8641	-496 6750	-1,3926 0227	-499 0699
51	0,1198 8442	5966	-1,2578 5391	-516 5385	-1,4425 0926	-518 5915
52	0,1199 4408	4871	-1,3095 0776	-537 6606	-1,4943 6841	-539 4090
53	0,1199 9279	3941	-1,3632 7382	-560 1542	-1,5483 0931	-561 6321
54	0,1200 3220	3159	-1,4192 8924	-584 1436	-1,6044 7252	-585 3832
0,55	0,1200 6379		-1,4777 0360		-1,6630 1084	

z = -0,10

q	$\lg \frac{\mathrm{sn}\,u}{\sin x}$	Δ	$\lg \frac{\mathrm{cn}\,u}{\cos x}$	Δ	lg dn u	Δ
0,00	0,0000 0000	76 5430	-0,0000 0000	-97 3717	-0,0000 0000	-191 1128
01	0,0076 5430	73 3292	-0,0097 3717	-101 0722	-0,0191 1128	-191 2519
02	0,0149 8722	70 1852	-0,0198 4439	-104 8428	-0,0382 3647	-191 5306
03	0,0220 0574	67 1113	-0,0303 2867	-108 6842	-0,0573 8953	-191 9494
04	0,0287 1687	64 1079	-0,0411 9709	-112 5971	-0,0765 8447	-192 5089
0,05	0,0351 2766	61 1753	-0,0524 5680	-116 5825	-0,0958 3536	-193 2108
06	0,0412 4519	58 3142	-0,0641 1505	-120 6417	-0,1151 5644	-194 0562
07	0,0470 7661	55 5248	-0,0761 7922	-124 7762	-0,1345 6206	-195 0469
08	0,0526 2909	52 8079	-0,0886 5684	-128 9875	-0,1540 6675	-196 1851
09	0,0579 0988	50 1639	-0,1015 5559	-133 2777	-0,1736 8526	-197 4732
0,10	0,0629 2627	47 5932	-0,1148 8336	-137 6493	-0,1934 3258	-198 9140
11	0,0676 8559	45 0962	-0,1286 4829	-142 1048	-0,2133 2398	-200 5104
12	0,0721 9521	42 6736	-0,1428 5877	-146 6471	-0,2333 7502	-202 2661
13	0,0764 6257	40 3255	-0,1575 2348	-151 2798	-0,2536 0163	-204 1848
14	0,0804 9512	38 0523	-0,1726 5146	-156 0064	-0,2740 2011	-206 2704
0,15	0,0843 0035	35 8543	-0,1882 5210	-160 8313	-0,2946 4715	-208 5281
16	0,0878 8578	33 7316	-0,2043 3523	-165 7591	-0,3154 9996	-210 9623
17	0,0912 5894	31 6843	-0,2209 1114	-170 7948	-0,3365 9619	-213 5787
18	0,0944 2737	29 7125	-0,2379 9062	-175 9442	-0,3579 5406	-216 3833
19	0,0973 9862	27 8159	-0,2555 8504	-181 2134	-0,3795 9239	-219 3822
0,20	0,1001 8021	25 9944	-0,2737 0638	-186 6092	-0,4015 3061	-222 5826
21	0,1027 7965	24 2478	-0,2923 6730	-192 1390	-0,4237 8887	-225 9918
22	0,1052 0443	22 5756	-0,3115 8120	-197 8108	-0,4463 8805	-229 6177
23	0,1074 6199	20 9771	-0,3313 6228	-203 6334	-0,4693 4982	-233 4693
24	0,1095 5970	19 4520	-0,3517 2562	-209 6164	-0,4926 9675	-237 5556
0,25	0,1115 0490	17 9994	-0,3726 8726	-215 7698	-0,5164 5231	-241 8867
26	0,1133 0484	16 6183	-0,3942 6424	-222 1052	-0,5406 4098	-246 4736
27	0;1149 6667	15 3078	-0,4164 7476	-228 6341	-0,5652 8834	-251 3277
28	0,1164 9745	14 0669	-0,4393 3817	-235 3703	-0,5904 2111	-256 4618
29	0,1179 0414	12 8943	-0,4628 7520	-242 3273	-0,6160 6729	-261 8889
0,30	0,1191 9357	11 7885	-0,4871 0793	-249 5208	-0,6422 5618	-267 6241
31	0,1203 7242	10 7484	-0,5120 6001	-256 9670	-0,6690 1859	-273 6827
32	0,1214 4726	9 7722	-0,5377 5671	-264 6840	-0,6963 8686	-280 0817
33	0,1224 2448	8 8583	-0,5642 2511	-272 6909	-0,7243 9503	-286 8394
34	0,1233 1031	8 0050	-0,5914 9420	-281 0087	-0,7530 7897	-293 9753
0,35	0,1241 1081	7 2105	-0,6195 9507	-289 6596	-0,7824 7650	-301 5108
36	0,1248 3186	6 4726	-0,6485 6103	-298 6683	-0,8126 2758	-309 4691
37	0,1254 7912	5 7896	-0,6784 2786	-308 0608	-0,8435 7449	-317 8748
38	0,1260 5808	5 1594	-0,7092 3394	-317 8661	-0,8753 6197	-326 7550
39	0,1265 7402	4 5796	-0,7410 2055	-328 1148	-0,9080 3747	-336 1395
0,40	0,1270 3198		-0,7738 3203		-0,9416 5142	

z = -0,10

q	$\lg \frac{\text{sn } u}{\sin x}$	Δ	$\lg \frac{\text{cn } u}{\cos x}$	Δ	lg dn u	Δ
0,40	0,1270 3198	4 0483	-0,7738 3203	-338 8405	-0,9416 5142	-346 0593
41	0,1274 3681	3 5630	-0,8077 1608	-350 0798	-0,9762 5735	-356 5499
42	0,1277 9311	3 1215	-0,8427 2406	-361 8719	-1,0119 1234	-367 6485
43	0,1281 0526	2 7217	-0,8789 1125	-374 2605	-1,0486 7719	-379 3966
44	0,1283 7743	2 3608	-0,9163 3730	-387 2920	-1,0866 1685	-391 8389
0,45	0,1286 1351	2 0369	-0,9550 6650	-401 0179	-1,1258 0074	-405 0247
46	0,1288 1720	1 7474	-0,9951 6829	-415 4942	-1,1663 0321	-419 0077
47	0,1289 9194	1 4899	-1,0367 1771	-430 7821	-1,2082 0398	-433 8473
48	0,1291 4093	1 2624	-1,0797 9592	-446 9486	-1,2515 8871	-449 6079
49	0,1292 6717	1 0622	-1,1244 9078	-464 0677	-1,2965 4950	-466 3616
0,50	0,1293 7339	8875	-1,1708 9755	-482 2203	-1,3431 8566	-484 1865
51	0,1294 6214	7356	-1,2191 1958	-501 4959	-1,3916 0431	-503 1703
52	0,1295 3570	6050	-1,2692 6917	-521 9931	-1,4419 2134	-523 4088
53	0,1295 9620	4930	-1,3214 6848	-543 8214	-1,4942 6222	-545 0094
54	0,1296 4550	3981	-1,3758 5062	-567 1017	-1,5487 6316	-568 0905
0,55	0,1296 8531		-1,4325 6079		-1,6055 7221	

z = -0,05

q	$\lg \frac{\text{sn } u}{\sin x}$	Δ	$\lg \frac{\text{cn } u}{\cos x}$	Δ	lg dn u	Δ
0,00	0,0000 0000	80 8360	-0,0000 0000	-92 9919	-0,0000 0000	-182 4268
01	0,0080 8360	77 5223	-0,0092 9919	-96 6183	-0,0182 4268	-182 5660
02	0,0158 3583	74 2785	-0,0189 6102	-100 3147	-0,0364 9928	-182 8443
03	0,0232 6368	71 1047	-0,0289 9249	-104 0813	-0,0547 8371	-183 2625
04	0,0303 7415	68 0012	-0,0394 0062	-107 9188	-0,0731 0996	-183 8216
0,05	0,0371 7427	64 9686	-0,0501 9250	-111 8279	-0,0914 9212	-184 5222
06	0,0436 7113	62 0073	-0,0613 7529	-115 8099	-0,1099 4434	-185 3662
07	0,0498 7186	59 1175	-0,0729 5628	-119 8658	-0,1284 8096	-186 3549
08	0,0557 8361	56 3002	-0,0849 4286	-123 9972	-0,1471 1645	-187 4904
09	0,0614 1363	53 5557	-0,0973 4258	-128 2057	-0,1658 6549	-188 7750
0,10	0,0667 6920	50 8844	-0,1101 6315	-132 4937	-0,1847 4299	-190 2111
11	0,0718 5764	48 2869	-0,1234 1252	-136 8634	-0,2037 6410	-191 8018
12	0,0766 8633	45 7636	-0,1370 9886	-141 3176	-0,2229 4428	-193 5501
13	0,0812 6269	43 3151	-0,1512 3062	-145 8593	-0,2422 9929	-195 4598
14	0,0855 9420	40 9414	-0,1658 1655	-150 4921	-0,2618 4527	-197 5345
0,15	0,0896 8834		-0,1808 6576		-0,2815 9872	

$z = -0{,}05$

q	$\lg \frac{\text{sn } u}{\sin x}$	Δ	$\lg \frac{\text{cn } u}{\cos x}$	Δ	lg dn u	Δ
0,15	0,0896 8834	38 6434	-0,1808 6576	-155 2199	-0,2815 9872	-199 7789
16	0,0935 5268	36 4206	-0,1963 8775	-160 0471	-0,3015 7661	-202 1974
17	0,0971 9474	34 2737	-0,2123 9246	-164 9784	-0,3217 9635	-204 7952
18	0,1006 2211	32 2027	-0,2288 9030	-170 0192	-0,3422 7587	-207 5778
19	0,1038 4238	30 2075	-0,2458 9222	-175 1754	-0,3630 3365	-210 5512
0,20	0,1068 6313	28 2879	-0,2634 0976	-180 4534	-0,3840 8877	-213 7221
21	0,1096 9192	26 4440	-0,2814 5510	-185 8602	-0,4054 6098	-217 0973
22	0,1123 3632	24 6751	-0,3000 4112	-191 4036	-0,4271 7071	-220 6844
23	0,1148 0383	22 9812	-0,3191 8148	-197 0920	-0,4492 3915	-224 4919
24	0,1171 0195	21 3615	-0,3388 9068	-202 9343	-0,4716 8834	-228 5281
0,25	0,1192 3810	19 8154	-0,3591 8411	-208 9407	-0,4945 4115	-232 8031
26	0,1212 1964	18 3422	-0,3800 7818	-215 1218	-0,5178 2146	-237 3267
27	0,1230 5386	16 9412	-0,4015 9036	-221 4891	-0,5415 5413	-242 1103
28	0,1247 4798	15 6111	-0,4237 3927	-228 0555	-0,5657 6516	-247 1656
29	0,1263 0909	14 3509	-0,4465 4482	-234 8347	-0,5904 8172	-252 5054
0,30	0,1277 4418	13 1596	-0,4700 2829	-241 8411	-0,6157 3226	-258 1440
31	0,1290 6014	12 0357	-0,4942 1240	-249 0911	-0,6415 4666	-264 0958
32	0,1302 6371	10 9779	-0,5191 2151	-256 6016	-0,6679 5624	-270 3774
33	0,1313 6150	9 9845	-0,5447 8167	-264 3917	-0,6949 9398	-277 0061
34	0,1323 5995	9 0540	-0,5712 2084	-272 4812	-0,7226 9459	-284 0009
0,35	0,1332 6535	8 1847	-0,5984 6896	-280 8923	-0,7510 9468	-291 3819
36	0,1340 8382	7 3746	-0,6265 5819	-289 6484	-0,7802 3287	-299 1716
37	0,1348 2128	6 6221	-0,6555 2303	-298 7751	-0,8101 5003	-307 3939
38	0,1354 8349	5 9248	-0,6854 0054	-308 3004	-0,8408 8942	-316 0747
39	0,1360 7597	5 2812	-0,7162 3058	-318 2541	-0,8724 9689	-325 2424
0,40	0,1366 0409	4 6888	-0,7480 5599	-328 6688	-0,9050 2113	-334 9277
41	0,1370 7297	4 1452	-0,7809 2287	-339 5801	-0,9385 1390	-345 1641
42	0,1374 8749	3 6488	-0,8148 8088	-351 0264	-0,9730 3031	-355 9881
43	0,1378 5237	3 1967	-0,8499 8352	-363 0495	-1,0086 2912	-367 4393
44	0,1381 7204	2 7870	-0,8862 8847	-375 6952	-1,0453 7305	-379 5615
0,45	0,1384 5074	2 4172	-0,9238 5799	-389 0131	-1,0833 2920	-392 4020
46	0,1386 9246	2 0851	-0,9627 5930	-403 0577	-1,1225 6940	-406 0131
47	0,1389 0097	1 7880	-1,0030 6507	-417 8887	-1,1631 7071	-420 4521
48	0,1390 7977	1 5238	-1,0448 5394	-433 5709	-1,2052 1592	-435 7817
49	0,1392 3215	1 2902	-1,0882 1103	-450 1764	-1,2487 9409	-452 0714
0,50	0,1393 6117	1 0848	-1,1332 2867	-467 7836	-1,2940 0123	-469 3977
51	0,1394 6965	9053	-1,1800 0703	-486 4796	-1,3409 4100	-487 8448
52	0,1395 6018	7497	-1,2286 5499	-506 3601	-1,3897 2548	-507 5063
53	0,1396 3515	6154	-1,2792 9100	-527 5313	-1,4404 7611	-528 4861
54	0,1396 9669	5007	-1,3320 4413	-550 1107	-1,4933 2472	-550 8995
0,55	0,1397 4676		-1,3870 5520		-1,5484 1467	

z = 0,00

q	$\lg \frac{\text{sn } u}{\sin x}$	Δ	$\lg \frac{\text{cn } u}{\cos x}$	Δ	lg dn u	Δ
0,00	0,0000 0000	85 1333	-0,0000 0000	-88 6077	-0,0000 0000	-173 7410
01	0,0085 1333	81 7285	-0,0088 6077	-92 1515	-0,0173 7410	-173 8800
02	0,0166 8618	78 3932	-0,0180 7592	-95 7650	-0,0347 6210	-174 1583
03	0,0245 2550	75 1279	-0,0276 5242	-99 4486	-0,0521 7793	-174 5764
04	0,0320 3829	71 9327	-0,0375 9728	-103 2024	-0,0696 3557	-175 1351
0,05	0,0392 3156	68 8080	-0,0479 1752	-107 0273	-0,0871 4908	-175 8353
06	0,0461 1236	65 7542	-0,0586 2025	-110 9241	-0,1047 3261	-176 6783
07	0,0526 8778	62 7718	-0,0697 1266	-114 8940	-0,1224 0044	-177 6658
08	0,0589 6496	59 8614	-0,0812 0206	-118 9379	-0,1401 6702	-178 7993
09	0,0649 5110	57 0234	-0,0930 9585	-123 0578	-0,1580 4695	-180 0813
0,10	0,0706 5344	54 2583	-0,1054 0163	-127 2555	-0,1760 5508	-181 5137
11	0,0760 7927	51 5665	-0,1181 2718	-131 5330	-0,1942 0645	-183 0996
12	0,0812 3592	48 9487	-0,1312 8048	-135 8930	-0,2125 1641	-184 8417
13	0,0861 3079	46 4054	-0,1448 6978	-140 3381	-0,2310 0058	-186 7435
14	0,0907 7133	43 9366	-0,1589 0359	-144 8720	-0,2496 7493	-188 8085
0,15	0,0951 6499	41 5431	-0,1733 9079	-149 4978	-0,2685 5578	-191 0409
16	0,0993 1930	39 2249	-0,1883 4057	-154 2200	-0,2876 5987	-193 4449
17	0,1032 4179	36 9823	-0,2037 6257	-159 0430	-0,3070 0436	-196 0253
18	0,1069 4002	34 8158	-0,2196 6687	-163 9716	-0,3266 0689	-198 7874
19	0,1104 2160	32 7248	-0,2360 6403	-169 0119	-0,3464 8563	-201 7367
0,20	0,1136 9408	30 7099	-0,2529 6522	-174 1695	-0,3666 5930	-204 8794
21	0,1167 6507	28 7707	-0,2703 8217	-179 4513	-0,3871 4724	-208 2220
22	0,1196 4214	26 9071	-0,2883 2730	-184 8648	-0,4079 6944	-211 7718
23	0,1223 3285	25 1187	-0,3068 1378	-190 4176	-0,4291 4662	-215 5364
24	0,1248 4472	23 4051	-0,3258 5554	-196 1190	-0,4507 0026	-219 5242
0,25	0,1271 8523	21 7661	-0,3454 6744	-201 9781	-0,4726 5268	-223 7441
26	0,1293 6184	20 2005	-0,3656 6525	-208 0053	-0,4950 2709	-228 2059
27	0,1313 8189	18 7082	-0,3864 6578	-214 2120	-0,5178 4768	-232 9201
28	0,1332 5271	17 2879	-0,4078 8698	-220 6101	-0,5411 3969	-237 8980
29	0,1349 8150	15 9388	-0,4299 4799	-227 2130	-0,5649 2949	-243 1519
0,30	0,1365 7538	14 6600	-0,4526 6929	-234 0349	-0,5892 4468	-248 6948
31	0,1380 4138	13 4499	-0,4760 7278	-241 0913	-0,6141 1416	-254 5412
32	0,1393 8637	12 3078	-0,5001 8191	-248 3987	-0,6395 6828	-260 7064
33	0,1406 1715	11 2318	-0,5250 2178	-255 9753	-0,6656 3892	-267 2072
34	0,1417 4033	10 2208	-0,5506 1931	-263 8409	-0,6923 5964	-274 0617
0,35	0,1427 6241	9 2729	-0,5770 0340	-272 0163	-0,7197 6581	-281 2892
36	0,1436 8970	8 3867	-0,6042 0503	-280 5247	-0,7478 9473	-288 9114
37	0,1445 2837	7 5603	-0,6322 5750	-289 3906	-0,7767 8587	-296 9509
38	0,1452 8440	6 7918	-0,6611 9656	-298 6413	-0,8064 8096	-305 4331
39	0,1459 6358	6 0794	-0,6910 6069	-308 3057	-0,8370 2427	-314 3851
0,40	0,1465 7152		-0,7218 9126		-0,8684 6278	

z = 0,00

q	$\lg \frac{\mathrm{sn}\,u}{\sin x}$	Δ	$\lg \frac{\mathrm{cn}\,u}{\cos x}$	Δ	lg dn u	Δ
0,40	0,1465 7152	5 4210	-0,7218 9126	-318 4154	-0,8684 6278	-323 8364
41	0,1471 1362	4 8144	-0,7537 3280	-329 0049	-0,9008 4642	-333 8193
42	0,1475 9506	4 2577	-0,7866 3329	-340 1115	-0,9342 2835	-344 3691
43	0,1480 2083	3 7484	-0,8206 4444	-351 7758	-0,9686 6526	-355 5243
44	0,1483 9567	3 2847	-0,8558 2202	-364 0422	-1,0042 1769	-367 3269
0,45	0,1487 2414	2 8639	-0,8922 2624	-376 9588	-1,0409 5038	-379 8227
46	0,1490 1053	2 4838	-0,9299 2212	-390 5786	-1,0789 3265	-393 0624
47	0,1492 5891	2 1422	-0,9689 7998	-404 9593	-1,1182 3889	-407 1014
48	0,1494 7313	1 8365	-1,0094 7591	-420 1641	-1,1589 4903	-422 0007
49	0,1496 5678	1 5646	-1,0514 9232	-436 2627	-1,2011 4910	-437 8272
0,50	0,1498 1324	1 3240	-1,0951 1859	-453 3312	-1,2449 3182	-454 6553
51	0,1499 4564	1 1123	-1,1404 5171	-471 4543	-1,2903 9735	-472 5666
52	0,1500 5687	9275	-1,1875 9714	-490 7244	-1,3376 5401	-491 6519
53	0,1501 4962	7669	-1,2366 6958	-511 2450	-1,3868 1920	-512 0119
54	0,1502 2631	6288	-1,2877 9408	-533 1296	-1,4380 2039	-533 7584
0,55	0,1502 8919		-1,3411 0704		-1,4913 9623	

z = 0,05

q	$\lg \frac{\mathrm{sn}\,u}{\sin x}$	Δ	$\lg \frac{\mathrm{cn}\,u}{\cos x}$	Δ	lg dn u	Δ
0,00	0,0000 0000	89 4350	-0,0000 0000	-84 2191	-0,0000 0000	-165 0551
01	0,0089 4350	85 9476	-0,0084 2191	-87 6717	-0,0165 0551	-165 1940
02	0,0175 3826	82 5296	-0,0171 8908	-91 1939	-0,0330 2491	-165 4724
03	0,0257 9122	79 1813	-0,0263 0847	-94 7856	-0,0495 7215	-165 8903
04	0,0337 0935	75 9027	-0,0357 8703	-98 4474	-0,0661 6118	-166 4486
0,05	0,0412 9962	72 6943	-0,0456 3177	-102 1798	-0,0828 0604	-167 1484
06	0,0485 6905	69 5563	-0,0558 4975	-105 9833	-0,0995 2088	-167 9905
07	0,0555 2468	66 4890	-0,0664 4808	-109 8590	-0,1163 1993	-168 9766
08	0,0621 7358	63 4933	-0,0774 3398	-113 8081	-0,1332 1759	-170 1083
09	0,0685 2291	60 5692	-0,0888 1479	-117 8318	-0,1502 2842	-171 3875
0,10	0,0745 7983	57 7174	-0,1005 9797	-121 9320	-0,1673 6717	-172 8163
11	0,0803 5157	54 9384	-0,1127 9117	-126 1104	-0,1846 4880	-174 3974
12	0,0858 4541	52 2326	-0,1254 0221	-130 3696	-0,2020 8854	-176 1332
13	0,0910 6867	49 6005	-0,1384 3917	-134 7122	-0,2197 0186	-178 0273
14	0,0960 2872	47 0424	-0,1519 1039	-139 1410	-0,2375 0459	-180 0824
0,15	0,1007 3296		-0,1658 2449		-0,2555 1283	

z = 0,05

q	$\lg \frac{\text{sn } u}{\sin x}$	Δ	$\lg \frac{\text{cn } u}{\cos x}$	Δ	lg dn u	Δ
0,15	0,1007 3296	44 5590	-0,1658 2449	-143 6596	-0,2555 1283	-182 3030
16	0,1051 8886	42 1504	-0,1801 9045	-148 2718	-0,2737 4313	-184 6923
17	0,1094 0390	39 8167	-0,1950 1763	-152 9817	-0,2922 1236	-187 2555
18	0,1133 8557	37 5586	-0,2103 1580	-157 7943	-0,3109 3791	-189 9970
19	0,1171 4143	35 3758	-0,2260 9523	-162 7147	-0,3299 3761	-192 9222
0,20	0,1206 7901	33 2687	-0,2423 6670	-167 7487	-0,3492 2983	-196 0366
21	0,1240 0588	31 2370	-0,2591 4157	-172 9029	-0,3688 3349	-199 3468
22	0,1271 2958	29 2809	-0,2764 3186	-178 1839	-0,3887 6817	-202 8592
23	0,1300 5767	27 3999	-0,2942 5025	-183 5998	-0,4090 5409	-206 5809
24	0,1327 9766	25 5938	-0,3126 1023	-189 1587	-0,4297 1218	-210 5202
0,25	0,1353 5704	23 8624	-0,3315 2610	-194 8697	-0,4507 6420	-214 6851
26	0,1377 4328	22 2050	-0,3510 1307	-200 7429	-0,4722 3271	-219 0851
27	0,1399 6378	20 6211	-0,3710 8736	-206 7888	-0,4941 4122	-223 7300
28	0,1420 2589	19 1100	-0,3917 6624	-213 0195	-0,5165 1422	-228 6305
29	0,1439 3689	17 6709	-0,4130 6819	-219 4472	-0,5393 7727	-233 7982
0,30	0,1457 0398	16 3028	-0,4350 1291	-226 0861	-0,5627 5709	-239 2457
31	0,1473 3426	15 0048	-0,4576 2152	-232 9508	-0,5866 8166	-244 9866
32	0,1488 3474	13 7757	-0,4809 1660	-240 0575	-0,6111 8032	-251 0354
33	0,1502 1231	12 6145	-0,5049 2235	-247 4239	-0,6362 8386	-257 4083
34	0,1514 7376	11 5195	-0,5296 6474	-255 0684	-0,6620 2469	-264 1225
0,35	0,1526 2571	10 4897	-0,5551 7158	-263 0120	-0,6884 3694	-271 1965
36	0,1536 7468	9 5233	-0,5814 7278	-271 2764	-0,7155 5659	-278 6511
37	0,1546 2701	8 6187	-0,6086 0042	-279 8861	-0,7434 2170	-286 5081
38	0,1554 8888	7 7742	-0,6365 8903	-288 8666	-0,7720 7251	-294 7916
39	0,1562 6630	6 9884	-0,6654 7569	-298 2465	-0,8015 5167	-303 5276
0,40	0,1569 6514	6 2589	-0,6953 0034	-308 0562	-0,8319 0443	-312 7450
41	0,1575 9103	5 5840	-0,7261 0596	-318 3293	-0,8631 7893	-322 4745
42	0,1581 4943	4 9617	-0,7579 3889	-329 1015	-0,8954 2638	-332 7503
43	0,1586 4560	4 3898	-0,7908 4904	-340 4126	-0,9287 0141	-343 6093
44	0,1590 8458	3 8663	-0,8248 9030	-352 3051	-0,9630 6234	-355 0921
0,45	0,1594 7121	3 3889	-0,8601 2081	-364 8262	-0,9985 7155	-367 2434
46	0,1598 1010	2 9554	-0,8966 0343	-378 0267	-1,0352 9589	-380 1118
47	0,1601 0564	2 5634	-0,9344 0610	-391 9629	-1,0733 0707	-393 7508
48	0,1603 6198	2 2108	-0,9736 0239	-406 6957	-1,1126 8215	-408 2196
49	0,1605 8306	1 8951	-1,0142 7196	-422 2929	-1,1535 0411	-423 5830
0,50	0,1607 7257	1 6140	-1,0565 0125	-438 8280	-1,1958 6241	-439 9129
51	0,1609 3397	1 3651	-1,1003 8405	-456 3830	-1,2398 5370	-457 2884
52	0,1610 7048	1 1463	-1,1460 2235	-475 0479	-1,2855 8254	-475 7975
53	0,1611 8511	9548	-1,1935 2714	-494 9222	-1,3331 6229	-495 5377
54	0,1612 8059	7888	-1,2430 1936	-516 1166	-1,3827 1606	-516 6172
0,55	0,1613 5947		-1,2946 3102		-1,4343 7778	

z = 0,10

q	$\lg \frac{\mathrm{sn}\,u}{\sin x}$	Δ	$\lg \frac{\mathrm{cn}\,u}{\cos x}$	Δ	lg dn u	Δ
0,00	0,0000 0000	93 7410	-0,0000 0000	-79 8262	-0,0000 0000	-156 3692
01	0,0093 7410	90 1798	-0,0079 8262	-83 1788	-0,0156 3692	-156 5080
02	0,0183 9208	86 6878	-0,0163 0050	-86 6008	-0,0312 8772	-156 7860
03	0,0270 6086	83 2651	-0,0249 6058	-90 0922	-0,0469 6632	-157 2036
04	0,0353 8737	79 9119	-0,0339 6980	-93 6534	-0,0626 8668	-157 7611
0,05	0,0433 7856	76 6283	-0,0433 3514	-97 2844	-0,0784 6279	-158 4599
06	0,0510 4139	73 4145	-0,0530 6358	-100 9864	-0,0943 0878	-159 3005
07	0,0583 8284	70 2707	-0,0631 6222	-104 7598	-0,1102 3883	-160 2847
08	0,0654 0991	67 1976	-0,0736 3820	-108 6057	-0,1262 6730	-161 4135
09	0,0721 2967	64 1955	-0,0844 9877	-112 5253	-0,1424 0865	-162 6893
0,10	0,0785 4922	61 2647	-0,0957 5130	-116 5204	-0,1586 7758	-164 1134
11	0,0846 7569	58 4057	-0,1074 0334	-120 5924	-0,1750 8892	-165 6887
12	0,0905 1626	55 6189	-0,1194 6258	-124 7437	-0,1916 5779	-167 4173
13	0,0960 7815	52 9050	-0,1319 3695	-128 9768	-0,2083 9952	-169 3023
14	0,1013 6865	50 2640	-0,1448 3463	-133 2943	-0,2253 2975	-171 3466
0,15	0,1063 9505	47 6968	-0,1581 6406	-137 6994	-0,2424 6441	-173 5537
16	0,1111 6473	45 2032	-0,1719 3400	-142 1959	-0,2598 1978	-175 9275
17	0,1156 8505	42 7840	-0,1861 5359	-146 7875	-0,2774 1253	-178 4719
18	0,1199 6345	40 4390	-0,2008 3234	-151 4791	-0,2952 5972	-181 1915
19	0,1240 0735	38 1689	-0,2159 8025	-156 2752	-0,3133 7887	-184 0911
0,20	0,1278 2424	35 9733	-0,2316 0777	-161 1818	-0,3317 8798	-187 1762
21	0,1314 2157	33 8528	-0,2477 2595	-166 2045	-0,3505 0560	-190 4523
22	0,1348 0685	31 8069	-0,2643 4640	-171 3503	-0,3695 5083	-193 9259
23	0,1379 8754	29 8358	-0,2814 8143	-176 6264	-0,3889 4342	-197 6035
24	0,1409 7112	27 9393	-0,2991 4407	-182 0407	-0,4087 0377	-201 4927
0,25	0,1437 6505	26 1169	-0,3173 4814	-187 6021	-0,4288 5304	-205 6015
26	0,1463 7674	24 3685	-0,3361 0835	-193 3200	-0,4494 1319	-209 9382
27	0,1488 1359	22 6935	-0,3554 4035	-199 2047	-0,4704 0701	-214 5126
28	0,1510 8294	21 0915	-0,3753 6082	-205 2674	-0,4918 5827	-219 3343
29	0,1531 9209	19 5617	-0,3958 8756	-211 5205	-0,5137 9170	-224 4147
0,30	0,1551 4826	18 1032	-0,4170 3961	-217 9770	-0,5362 3317	-229 7656
31	0,1569 5858	16 7157	-0,4388 3731	-224 6513	-0,5592 0973	-235 3997
32	0,1586 3015	15 3977	-0,4613 0244	-231 5589	-0,5827 4970	-241 3311
33	0,1601 6992	14 1484	-0,4844 5833	-238 7167	-0,6068 8281	-247 5751
34	0,1615 8476	12 9667	-0,5083 3000	-246 1430	-0,6316 4032	-254 1479
0,35	0,1628 8143	11 8512	-0,5329 4430	-253 8572	-0,6570 5511	-261 0677
36	0,1640 6655	10 8008	-0,5583 3002	-261 8811	-0,6831 6188	-268 3537
37	0,1651 4663	9 8140	-0,5845 1813	-270 2375	-0,7099 9725	-276 0271
38	0,1661 2803	8 8889	-0,6115 4188	-278 9518	-0,7375 9996	-284 1112
39	0,1670 1692	8 0246	-0,6394 3706	-288 0511	-0,7660 1108	-292 6307
0,40	0,1678 1938		-0,6682 4217		-0,7952 7415	

z = 0,10

q	$\lg \frac{\text{sn } u}{\sin x}$	Δ	$\lg \frac{\text{cn } u}{\cos x}$	Δ	lg dn u	Δ
0,40	0,1678 1938	7 2189	-0,6682 4217	-297 5650	-0,7952 7415	-301 6133
41	0,1685 4127	6 4702	-0,6979 9867	-307 5257	-0,8254 3548	-311 0887
42	0,1691 8829	5 7765	-0,7287 5124	-317 9683	-0,8565 4435	-321 0898
43	0,1697 6594	5 1361	-0,7605 4807	-328 9304	-0,8886 5333	-331 6521
44	0,1702 7955	4 5469	-0,7934 4111	-340 4539	-0,9218 1854	-342 8147
0,45	0,1707 3424	4 0067	-0,8274 8650	-352 5839	-0,9561 0001	-354 6208
46	0,1711 3491	3 5136	-0,8627 4489	-365 3697	-0,9915 6209	-367 1171
47	0,1714 8627	3 0652	-0,8992 8186	-378 8657	-1,0282 7380	-380 3556
48	0,1717 9279	2 6593	-0,9371 6843	-393 1310	-1,0663 0936	-394 3934
49	0,1720 5872	2 2939	-0,9764 8153	-408 2307	-1,1057 4870	-409 2929
0,50	0,1722 8811	1 9662	-1,0173 0460	-424 2365	-1,1466 7799	-425 1240
51	0,1724 8473	1 6744	-1,0597 2825	-441 2272	-1,1891 9039	-441 9629
52	0,1726 5217	1 4157	-1,1038 5097	-459 2901	-1,2333 8668	-459 8950
53	0,1727 9374	1 1880	-1,1497 7998	-478 5215	-1,2793 7618	-479 0144
54	0,1729 1254	9888	-1,1976 3213	-499 0280	-1,3272 7762	-499 4262
0,55	0,1730 1142		-1,2475 3493		-1,3772 2024	

z = 0,15

q	$\lg \frac{\text{sn } u}{\sin x}$	Δ	$\lg \frac{\text{cn } u}{\cos x}$	Δ	lg dn u	Δ
0,00	0,0000 0000	98 0514	-0,0000 0000	-75 4289	-0,0000 0000	-147 6832
01	0,0098 0514	94 4251	-0,0075 4289	-78 6729	-0,0147 6832	-147 8218
02	0,0192 4765	90 8679	-0,0154 1018	-81 9858	-0,0295 5050	-148 0990
03	0,0283 3444	87 3799	-0,0236 0876	-85 3679	-0,0443 6040	-148 5155
04	0,0370 7243	83 9608	-0,0321 4555	-88 8195	-0,0592 1195	-149 0716
0,05	0,0454 6851	80 6107	-0,0410 2750	-92 3408	-0,0741 1911	-149 7682
06	0,0535 2958	77 3299	-0,0502 6158	-95 9322	-0,0890 9593	-150 6063
07	0,0612 6257	74 1183	-0,0598 5480	-99 5946	-0,1041 5656	-151 5869
08	0,0686 7440	70 9764	-0,0698 1426	-103 3288	-0,1193 1525	-152 7116
09	0,0757 7204	67 9045	-0,0801 4714	-107 1361	-0,1345 8641	-153 9820
0,10	0,0825 6249	64 9029	-0,0908 6075	-111 0177	-0,1499 8461	-155 3997
11	0,0890 5278	61 9719	-0,1019 6252	-114 9755	-0,1655 2458	-156 9670
12	0,0952 4997	59 1119	-0,1134 6007	-119 0112	-0,1812 2128	-158 6863
13	0,1011 6116	56 3235	-0,1253 6119	-123 1272	-0,1970 8991	-160 5599
14	0,1067 9351	53 6068	-0,1376 7391	-127 3263	-0,2131 4590	-162 5908
0,15	0,1121 5419		-0,1504 0654		-0,2294 0498	

z = 0,15

q	$\lg \frac{\text{sn } u}{\sin x}$	Δ	$\lg \frac{\text{cn } u}{\cos x}$	Δ	lg dn u	Δ
0,15	0,1121 5419	50 9624	-0,1504 0654	-131 6112	-0,2294 0498	-164 7823
16	0,1172 5043	48 3904	-0,1635 6766	-135 9855	-0,2458 8321	-167 1377
17	0,1220 8947	45 8914	-0,1771 6621	-140 4527	-0,2625 9698	-169 6608
18	0,1266 7861	43 4654	-0,1912 1148	-145 0175	-0,2795 6306	-172 3557
19	0,1310 2515	41 1129	-0,2057 1323	-149 6842	-0,2967 9863	-175 2271
0,20	0,1351 3644	38 8338	-0,2206 8165	-154 4582	-0,3143 2134	-178 2799
21	0,1390 1982	36 6285	-0,2361 2747	-159 3452	-0,3321 4933	-181 5192
22	0,1426 8267	34 4967	-0,2520 6199	-164 3518	-0,3503 0125	-184 9512
23	0,1461 3234	32 4388	-0,2684 9717	-169 4844	-0,3687 9637	-188 5819
24	0,1493 7622	30 4543	-0,2854 4561	-174 7514	-0,3876 5456	-192 4184
0,25	0,1524 2165	28 5433	-0,3029 2075	-180 1604	-0,4068 9640	-196 4680
26	0,1552 7598	26 7055	-0,3209 3679	-185 7209	-0,4265 4320	-200 7389
27	0,1579 4653	24 9406	-0,3395 0888	-191 4427	-0,4466 1709	-205 2400
28	0,1604 4059	23 2481	-0,3586 5315	-197 3365	-0,4671 4109	-209 9805
29	0,1627 6540	21 6276	-0,3783 8680	-203 4140	-0,4881 3914	-214 9711
0,30	0,1649 2816	20 0785	-0,3987 2820	-209 6879	-0,5096 3625	-220 2228
31	0,1669 3601	18 6000	-0,4196 9699	-216 1721	-0,5316 5853	-225 7480
32	0,1687 9601	17 1915	-0,4413 1420	-222 8813	-0,5542 3333	-231 5597
33	0,1705 1516	15 8521	-0,4636 0233	-229 8316	-0,5773 8930	-237 6725
34	0,1721 0037	14 5809	-0,4865 8549	-237 0409	-0,6011 5655	-244 1022
0,35	0,1735 5846	13 3767	-0,5102 8958	-244 5277	-0,6255 6677	-250 8654
36	0,1748 9613	12 2385	-0,5347 4235	-252 3129	-0,6506 5331	-257 9812
37	0,1761 1998	11 1652	-0,5599 7364	-260 4188	-0,6764 5143	-265 4694
38	0,1772 3650	10 1552	-0,5860 1552	-268 8694	-0,7029 9837	-273 3522
39	0,1782 5202	9 2075	-0,6129 0246	-277 6912	-0,7303 3359	-281 6538
0,40	0,1791 7277	8 3201	-0,6406 7158	-286 9123	-0,7584 9897	-290 4001
41	0,1800 0478	7 4920	-0,6693 6281	-296 5641	-0,7875 3898	-299 6201
42	0,1807 5398	6 7211	-0,6990 1922	-306 6802	-0,8175 0099	-309 3451
43	0,1814 2609	6 0058	-0,7296 8724	-317 2971	-0,8484 3550	-319 6093
44	0,1820 2667	5 3444	-0,7614 1695	-328 4550	-0,8803 9643	-330 4506
0,45	0,1825 6111	4 7350	-0,7942 6245	-340 1973	-0,9134 4149	-341 9101
46	0,1830 3461	4 1753	-0,8282 8218	-352 5720	-0,9476 3250	-354 0333
47	0,1834 5214	3 6637	-0,8635 3938	-365 6311	-0,9830 3583	-366 8701
48	0,1838 1851	3 1979	-0,9001 0249	-379 4319	-1,0197 2284	-380 4754
49	0,1841 3830	2 7756	-0,9380 4568	-394 0372	-1,0577 7038	-394 9100
0,50	0,1844 1586	2 3949	-0,9774 4940	-409 5162	-1,0972 6138	-410 2406
51	0,1846 5535	2 0530	-1,0184 0102	-425 9450	-1,1382 8544	-426 5416
52	0,1848 6065	1 7484	-1,0609 9552	-443 4078	-1,1809 3960	-443 8949
53	0,1850 3549	1 4779	-1,1053 3630	-461 9976	-1,2253 2909	-462 3917
54	0,1851 8328	1 2396	-1,1515 3606	-481 8177	-1,2715 6826	-482 1335
0,55	0,1853 0724		-1,1997 1783		-1,3197 8161	

z = 0,20

q	$\lg \frac{\operatorname{sn} u}{\sin x}$	Δ	$\lg \frac{\operatorname{cn} u}{\cos x}$	Δ	lg dn u	Δ
0,00	0,0000 0000	102 3662	-0,0000 0000	-71 0273	-0,0000 0000	-138 9972
01	0,0102 3662	98 6835	-0,0071 0273	-74 1536	-0,0138 9972	-139 1351
02	0,0201 0497	95 0703	-0,0145 1809	-77 3487	-0,0278 1323	-139 4111
03	0,0296 1200	91 5257	-0,0222 5296	-80 6126	-0,0417 5434	-139 8256
04	0,0387 6457	88 0498	-0,0303 1422	-83 9455	-0,0557 3690	-140 3788
0,05	0,0475 6955	84 6425	-0,0387 0877	-87 3476	-0,0697 7478	-141 0719
06	0,0560 3380	81 3037	-0,0474 4353	-90 8196	-0,0838 8197	-141 9055
07	0,0641 6417	78 0334	-0,0565 2549	-94 3620	-0,0980 7252	-142 8806
08	0,0719 6751	74 8316	-0,0659 6169	-97 9756	-0,1123 6058	-143 9987
09	0,0794 5067	71 6988	-0,0757 5925	-101 6615	-0,1267 6045	-145 2612
0,10	0,0866 2055	68 6351	-0,0859 2540	-105 4211	-0,1412 8657	-146 6696
11	0,0934 8406	65 6406	-0,0964 6751	-109 2559	-0,1559 5353	-148 2260
12	0,1000 4812	62 7157	-0,1073 9310	-113 1677	-0,1707 7613	-149 9324
13	0,1063 1969	59 8610	-0,1187 0987	-117 1586	-0,1857 6937	-151 7914
14	0,1123 0579	57 0763	-0,1304 2573	-121 2313	-0,2009 4851	-153 8053
0,15	0,1180 1342	54 3624	-0,1425 4886	-125 3884	-0,2163 2904	-155 9773
16	0,1234 4966	51 7191	-0,1550 8770	-129 6332	-0,2319 2677	-158 3104
17	0,1286 2157	49 1472	-0,1680 5102	-133 9691	-0,2477 5781	-160 8081
18	0,1335 3629	46 6467	-0,1814 4793	-138 4003	-0,2638 3862	-163 4743
19	0,1382 0096	44 2178	-0,1952 8796	-142 9314	-0,2801 8605	-166 3133
0,20	0,1426 2274	41 8607	-0,2095 8110	-147 5671	-0,2968 1738	-169 3294
21	0,1468 0881	39 5758	-0,2243 3781	-152 3129	-0,3137 5032	-172 5279
22	0,1507 6639	37 3628	-0,2395 6910	-157 1751	-0,3310 0311	-175 9138
23	0,1545 0267	35 2220	-0,2552 8661	-162 1600	-0,3485 9449	-179 4934
24	0,1580 2487	33 1534	-0,2715 0261	-167 2752	-0,3665 4383	-183 2728
0,25	0,1613 4021	31 1568	-0,2882 3013	-172 5283	-0,3848 7111	-187 2593
26	0,1644 5589	29 2321	-0,3054 8296	-177 9283	-0,4035 9704	-191 4602
27	0,1673 7910	27 3793	-0,3232 7579	-183 4843	-0,4227 4306	-195 8839
28	0,1701 1703	25 5976	-0,3416 2422	-189 2069	-0,4423 3145	-200 5393
29	0,1726 7679	23 8872	-0,3605 4491	-195 1072	-0,4623 8538	-205 4361
0,30	0,1750 6551	22 2474	-0,3800 5563	-201 1972	-0,4829 2899	-210 5850
31	0,1772 9025	20 6778	-0,4001 7535	-207 4901	-0,5039 8749	-215 9975
32	0,1793 5803	19 1778	-0,4209 2436	-214 0004	-0,5255 8724	-221 6861
33	0,1812 7581	17 7466	-0,4423 2440	-220 7432	-0,5477 5585	-227 6645
34	0,1830 5047	16 3836	-0,4643 9872	-227 7358	-0,5705 2230	-233 9476
0,35	0,1846 8883	15 0880	-0,4871 7230	-234 9959	-0,5939 1706	-240 5516
36	0,1861 9763	13 8588	-0,5106 7189	-242 5436	-0,6179 7222	-247 4940
37	0,1875 8351	12 6952	-0,5349 2625	-250 4001	-0,6427 2162	-254 7943
38	0,1888 5303	11 5958	-0,5599 6626	-258 5887	-0,6682 0105	-262 4734
39	0,1900 1261	10 5596	-0,5858 2513	-267 1347	-0,6944 4839	-270 5544
0,40	0,1910 6857		-0,6125 3860		-0,7215 0383	

z = 0,20

q	$\lg \frac{\text{sn } u}{\sin x}$	Δ	$\lg \frac{\text{cn } u}{\cos x}$	Δ	lg dn u	Δ
0,40	0,1910 6857	9 5856	-0,6125 3860	-276 0651	-0,7215 0383	-279 0622
41	0,1920 2713	8 6720	-0,6401 4511	-285 4104	-0,7494 1005	-288 0246
42	0,1928 9433	7 8177	-0,6686 8615	-295 2021	-0,7782 1251	-297 4713
43	0,1936 7610	7 0212	-0,6982 0636	-305 4763	-0,8079 5964	-307 4356
44	0,1943 7822	6 2808	-0,7287 5399	-316 2709	-0,8387 0320	-317 9534
0,45	0,1950 0630	5 5948	-0,7603 8108	-327 6281	-0,8704 9854	-329 0645
46	0,1955 6578	4 9616	-0,7931 4389	-339 5937	-0,9034 0499	-340 8127
47	0,1960 6194	4 3792	-0,8271 0326	-352 2181	-0,9374 8626	-353 2458
48	0,1964 9986	3 8456	-0,8623 2507	-365 5564	-0,9728 1084	-366 4167
49	0,1968 8442	3 3590	-0,8988 8071	-379 6690	-1,0094 5251	-380 3842
0,50	0,1972 2032	2 9173	-0,9368 4761	-394 6225	-1,0474 9093	-395 2123
51	0,1975 1205	2 5182	-0,9763 0986	-410 4904	-1,0870 1216	-410 9728
52	0,1977 6387	2 1597	-1,0173 5890	-427 3536	-1,1281 0944	-427 7448
53	0,1979 7984	1 8393	-1,0600 9426	-445 3020	-1,1708 8392	-445 6163
54	0,1981 6377	1 5548	-1,1046 2446	-464 4350	-1,2154 4555	-464 6848
0,55	0,1983 1925		-1,1510 6796		-1,2619 1403	

z = 0,25

q	$\lg \frac{\text{sn } u}{\sin x}$	Δ	$\lg \frac{\text{cn } u}{\cos x}$	Δ	lg dn u	Δ
0,00	0,0000 0000	106 6853	-0,0000 0000	-66 6213	-0,0000 0000	-130 3111
01	0,0106 6853	102 9553	-0,0066 6213	-69 6212	-0,0130 3111	-130 4480
02	0,0209 6406	99 2948	-0,0136 2425	-72 6892	-0,0260 7591	-130 7219
03	0,0308 9354	95 7031	-0,0208 9317	-75 8257	-0,0391 4810	-131 1330
04	0,0404 6385	92 1797	-0,0284 7574	-79 0307	-0,0522 6140	-131 6819
0,05	0,0496 8182	88 7245	-0,0363 7881	-82 3044	-0,0654 2959	-132 3694
06	0,0585 5427	85 3371	-0,0446 0925	-85 6474	-0,0786 6653	-133 1960
07	0,0670 8798	82 0174	-0,0531 7399	-89 0603	-0,0919 8613	-134 1629
08	0,0752 8972	78 7653	-0,0620 8002	-92 5439	-0,1054 0242	-135 2712
09	0,0831 6625	75 5809	-0,0713 3441	-96 0991	-0,1189 2954	-136 5222
0,10	0,0907 2434	72 4644	-0,0809 4432	-99 7273	-0,1325 8176	-137 9176
11	0,0979 7078	69 4156	-0,0909 1705	-103 4299	-0,1463 7352	-139 4590
12	0,1049 1234	66 4350	-0,1012 6004	-107 2088	-0,1603 1942	-141 1482
13	0,1115 5584	63 5226	-0,1119 8092	-111 0656	-0,1744 3424	-142 9878
14	0,1179 0810	60 6786	-0,1230 8748	-115 0032	-0,1887 3302	-144 9798
0,15	0,1239 7596		-0,1345 8780		-0,2032 3100	

z = 0,25

q	lg $\frac{\text{sn u}}{\text{sin x}}$	Δ	lg $\frac{\text{cn u}}{\text{cos x}}$	Δ	lg dn u	Δ
0,15	0,1239 7596	57 9035	-0,1345 8780	-119 0240	-0,2032 3100	-147 1273
16	0,1297 6631	55 1972	-0,1464 9020	-123 1310	-0,2179 4373	-149 4327
17	0,1352 8603	52 5600	-0,1588 0330	-127 3277	-0,2328 8700	-151 8997
18	0,1405 4203	49 9924	-0,1715 3607	-131 6180	-0,2480 7697	-154 5317
19	0,1455 4127	47 4942	-0,1846 9787	-136 0058	-0,2635 3014	-157 3324
0,20	0,1502 9069	45 0658	-0,1982 9845	-140 4964	-0,2792 6338	-160 3063
21	0,1547 9727	42 7073	-0,2123 4809	-145 0944	-0,2952 9401	-163 4579
22	0,1590 6800	40 4189	-0,2268 5753	-149 8061	-0,3116 3980	-166 7921
23	0,1631 0989	38 2006	-0,2418 3814	-154 6374	-0,3283 1901	-170 3147
24	0,1669 2995	36 0523	-0,2573 0188	-159 5955	-0,3453 5048	-174 0313
0,25	0,1705 3518	33 9743	-0,2732 6143	-164 6878	-0,3627 5361	-177 9488
26	0,1739 3261	31 9663	-0,2897 3021	-169 9227	-0,3805 4849	-182 0739
27	0,1771 2924	30 0283	-0,3067 2248	-175 3091	-0,3987 5588	-186 4148
28	0,1801 3207	28 1601	-0,3242 5339	-180 8568	-0,4173 9736	-190 9794
29	0,1829 4808	26 3614	-0,3423 3907	-186 5767	-0,4364 9530	-195 7772
0,30	0,1855 8422	24 6321	-0,3609 9674	-192 4801	-0,4560 7302	-200 8181
31	0,1880 4743	22 9717	-0,3802 4475	-198 5797	-0,4761 5483	-206 1129
32	0,1903 4460	21 3799	-0,4001 0272	-204 8891	-0,4967 6612	-211 6735
33	0,1924 8259	19 8561	-0,4205 9163	-211 4232	-0,5179 3347	-217 5128
34	0,1944 6820	18 4000	-0,4417 3395	-218 1978	-0,5396 8475	-223 6449
0,35	0,1963 0820	17 0107	-0,4635 5373	-225 2308	-0,5620 4924	-230 0852
36	0,1980 0927	15 6876	-0,4860 7681	-232 5405	-0,5850 5776	-236 8503
37	0,1995 7803	14 4302	-0,5093 3086	-240 1478	-0,6087 4279	-243 9587
38	0,2010 2105	13 2375	-0,5333 4564	-248 0746	-0,6331 3866	-251 4304
39	0,2023 4480	12 1083	-0,5581 5310	-256 3455	-0,6582 8170	-259 2874
0,40	0,2035 5563	11 0421	-0,5837 8765	-264 9862	-0,6842 1044	-267 5533
41	0,2046 5984	10 0376	-0,6102 8627	-274 0254	-0,7109 6577	-276 2548
42	0,2056 6360	9 0936	-0,6376 8881	-283 4943	-0,7385 9125	-285 4204
43	0,2065 7296	8 2090	-0,6660 3824	-293 4266	-0,7671 3329	-295 0817
44	0,2073 9386	7 3825	-0,6953 8090	-303 8592	-0,7966 4146	-305 2732
0,45	0,2081 3211	6 6125	-0,7257 6682	-314 8323	-0,8271 6878	-316 0333
46	0,2087 9336	5 8977	-0,7572 5005	-326 3900	-0,8587 7211	-327 4036
47	0,2093 8313	5 2362	-0,7898 8905	-338 5807	-0,8915 1247	-339 4302
48	0,2099 0675	4 6268	-0,8237 4712	-351 4570	-0,9254 5549	-352 1642
49	0,2103 6943	4 0673	-0,8588 9282	-365 0772	-0,9606 7191	-365 6613
0,50	0,2107 7616	3 5560	-0,8954 0054	-379 5053	-0,9972 3804	-379 9840
51	0,2111 3176	3 0908	-0,9333 5107	-394 8118	-1,0352 3644	-395 2007
52	0,2114 4084	2 6700	-0,9728 3225	-411 0747	-1,0747 5651	-411 3877
53	0,2117 0784	2 2910	-1,0139 3972	-428 3801	-1,1158 9528	-428 6298
54	0,2119 3694	1 9518	-1,0567 7773	-446 8240	-1,1587 5826	-447 0209
0,55	0,2121 3212		-1,1014 6013		-1,2034 6035	

z = 0,30

q	lg $\frac{\text{sn u}}{\text{sin x}}$	Δ	lg $\frac{\text{cn u}}{\text{cos x}}$	Δ	lg dn u	Δ
0,00	0,0000 0000	111 0088	-0,0000 0000	-62 2109	-0,0000 0000	-121 6250
01	0,0111 0088	107 2404	-0,0062 2109	-65 0754	-0,0121 6250	-121 7602
02	0,0218 2492	103 5419	-0,0127 2863	-68 0073	-0,0243 3852	-122 0310
03	0,0321 7911	99 9122	-0,0195 2936	-71 0070	-0,0365 4162	-122 4372
04	0,0421 7033	96 3509	-0,0266 3006	-74 0745	-0,0487 8534	-122 9798
0,05	0,0518 0542	92 8575	-0,0340 3751	-77 2102	-0,0610 8332	-123 6590
06	0,0610 9117	89 4313	-0,0417 5853	-80 4144	-0,0734 4922	-124 4758
07	0,0700 3430	86 0721	-0,0497 9997	-83 6879	-0,0858 9680	-125 4308
08	0,0786 4151	82 7795	-0,0581 6876	-87 0316	-0,0984 3988	-126 5254
09	0,0869 1946	79 5536	-0,0668 7192	-90 4462	-0,1110 9242	-127 7607
0,10	0,0948 7482	76 3941	-0,0759 1654	-93 9330	-0,1238 6849	-129 1381
11	0,1025 1423	73 3010	-0,0853 0984	-97 4936	-0,1367 8230	-130 6592
12	0,1098 4433	70 2742	-0,0950 5920	-101 1295	-0,1498 4822	-132 3259
13	0,1168 7175	67 3139	-0,1051 7215	-104 8427	-0,1630 8081	-134 1401
14	0,1236 0314	64 4202	-0,1156 5642	-108 6357	-0,1764 9482	-136 1042
0,15	0,1300 4516	61 5931	-0,1265 1999	-112 5106	-0,1901 0524	-138 2205
16	0,1362 0447	58 8328	-0,1377 7105	-116 4707	-0,2039 2729	-140 4918
17	0,1420 8775	56 1393	-0,1494 1812	-120 5190	-0,2179 7647	-142 9210
18	0,1477 0168	53 5130	-0,1614 7002	-124 6594	-0,2322 6857	-145 5116
19	0,1530 5298	50 9536	-0,1739 3596	-128 8959	-0,2468 1973	-148 2669
0,20	0,1581 4834	48 4617	-0,1868 2555	-133 2329	-0,2616 4642	-151 1912
21	0,1629 9451	46 0371	-0,2001 4884	-137 6754	-0,2767 6554	-154 2885
22	0,1675 9822	43 6801	-0,2139 1638	-142 2289	-0,2921 9439	-157 5635
23	0,1719 6623	41 3906	-0,2281 3927	-146 8995	-0,3079 5074	-161 0214
24	0,1761 0529	39 1688	-0,2428 2922	-151 6939	-0,3240 5288	-164 6678
0,25	0,1800 2217	37 0147	-0,2579 9861	-156 6189	-0,3405 1966	-168 5088
26	0,1837 2364	34 9281	-0,2736 6050	-161 6828	-0,3573 7054	-172 5509
27	0,1872 1645	32 9092	-0,2898 2878	-166 8940	-0,3746 2563	-176 8014
28	0,1905 0737	30 9579	-0,3065 1818	-172 2618	-0,3923 0577	-181 2682
29	0,1936 0316	29 0740	-0,3237 4436	-177 7965	-0,4104 3259	-185 9600
0,30	0,1965 1056	27 2574	-0,3415 2401	-183 5091	-0,4290 2859	-190 8859
31	0,1992 3630	25 5077	-0,3598 7492	-189 4115	-0,4481 1718	-196 0564
32	0,2017 8707	23 8251	-0,3788 1607	-195 5168	-0,4677 2282	-201 4824
33	0,2041 6958	22 2088	-0,3983 6775	-201 8389	-0,4878 7106	-207 1765
34	0,2063 9046	20 6588	-0,4185 5164	-208 3934	-0,5085 8871	-213 1515
0,35	0,2084 5634	19 1745	-0,4393 9098	-215 1968	-0,5299 0386	-219 4223
36	0,2103 7379	17 7557	-0,4609 1066	-222 2668	-0,5518 4609	-226 0047
37	0,2121 4936	16 4017	-0,4831 3734	-229 6232	-0,5744 4656	-232 9159
38	0,2137 8953	15 1117	-0,5060 9966	-237 2873	-0,5977 3815	-240 1752
39	0,2153 0070	13 8857	-0,5298 2839	-245 2819	-0,6217 5567	-247 8033
0,40	0,2166 8927		-0,5543 5658		-0,6465 3600	

z = 0,30

q	$\lg \frac{\text{sn } u}{\sin x}$	Δ	$\lg \frac{\text{cn } u}{\cos x}$	Δ	lg dn u	Δ
0,40	0,2166 8927	12 7224	-0,5543 5658	-253 6320	-0,6465 3600	-255 8228
41	0,2179 6151	11 6213	-0,5797 1978	-262 3651	-0,6721 1828	-264 2590
42	0,2191 2364	10 5814	-0,6059 5629	-271 5105	-0,6985 4418	-273 1392
43	0,2201 8178	9 6020	-0,6331 0734	-281 1008	-0,7258 5810	-282 4936
44	0,2211 4198	8 6819	-0,6612 1742	-291 1710	-0,7541 0746	-292 3550
0,45	0,2220 1017	7 8200	-0,6903 3452	-301 7598	-0,7833 4296	-302 7600
46	0,2227 9217	7 0153	-0,7205 1050	-312 9092	-0,8136 1896	-313 7488
47	0,2234 9370	6 2661	-0,7518 0142	-324 6655	-0,8449 9384	-325 3651
48	0,2241 2031	5 5715	-0,7842 6797	-337 0792	-0,8775 3035	-337 6581
49	0,2246 7746	4 9297	-0,8179 7589	-350 2060	-0,9112 9616	-350 6812
0,50	0,2251 7043	4 3391	-0,8529 9649	-364 1073	-0,9463 6428	-364 4942
51	0,2256 0434	3 7982	-0,8894 0722	-378 8505	-0,9828 1370	-379 1627
52	0,2259 8416	3 3050	-0,9272 9227	-394 5105	-1,0207 2997	-394 7601
53	0,2263 1466	2 8575	-0,9667 4332	-411 1701	-1,0602 0598	-411 3676
54	0,2266 0041	2 4540	-1,0078 6033	-428 9208	-1,1013 4274	-429 0755
0,55	0,2268 4581		-1,0507 5241		-1,1442 5029	

z = 0,35

q	$\lg \frac{\text{sn } u}{\sin x}$	Δ	$\lg \frac{\text{cn } u}{\cos x}$	Δ	lg dn u	Δ
0,00	0,0000 0000	115 3368	-0,0000 0000	-57 7961	-0,0000 0000	-112 9387
01	0,0115 3368	111 5388	-0,0057 7961	-60 5162	-0,0112 9387	-113 0718
02	0,0226 8756	107 8115	-0,0118 3123	-63 3028	-0,0226 0105	-113 3381
03	0,0334 6871	104 1536	-0,0181 6151	-66 1561	-0,0339 3486	-113 7377
04	0,0438 8407	100 5641	-0,0247 7712	-69 0765	-0,0453 0863	-114 2712
0,05	0,0539 4048	97 0424	-0,0316 8477	-72 0639	-0,0567 3575	-114 9393
06	0,0636 4472	93 5875	-0,0388 9116	-75 1194	-0,0682 2968	-115 7425
07	0,0730 0347	90 1991	-0,0464 0310	-78 2433	-0,0798 0393	-116 6815
08	0,0820 2338	86 8766	-0,0542 2743	-81 4364	-0,0914 7208	-117 7576
09	0,0907 1104	83 6195	-0,0623 7107	-84 6999	-0,1032 4784	-118 9718
0,10	0,0990 7299	80 4277	-0,0708 4106	-88 0348	-0,1151 4502	-120 3255
11	0,1071 1576	77 3007	-0,0796 4454	-91 4426	-0,1271 7757	-121 8202
12	0,1148 4583	74 2384	-0,0887 8880	-94 9251	-0,1393 5959	-123 4575
13	0,1222 6967	71 2410	-0,0982 8131	-98 4839	-0,1517 0534	-125 2393
14	0,1293 9377	68 3077	-0,1081 2970	-102 1216	-0,1642 2927	-127 1678
0,15	0,1362 2454		-0,1183 4186		-0,1769 4605	

z = 0,35

q	lg $\frac{\text{sn } u}{\sin x}$	Δ	lg $\frac{\text{cn } u}{\cos x}$	Δ	lg dn u	Δ
0,15	0,1362 2454	65 4391	-0,1183 4186	-105 8404	-0,1769 4605	-129 2452
16	0,1427 6845	62 6349	-0,1289 2590	-109 6431	-0,1898 7057	-131 4740
17	0,1490 3194	59 8951	-0,1398 9021	-113 5329	-0,2030 1797	-133 8571
18	0,1550 2145	57 2196	-0,1512 4350	-117 5134	-0,2164 0368	-136 3975
19	0,1607 4341	54 6087	-0,1629 9484	-121 5885	-0,2300 4343	-139 0986
0,20	0,1662 0428	52 0623	-0,1751 5369	-125 7625	-0,2439 5329	-141 9641
21	0,1714 1051	49 5804	-0,1877 2994	-130 0400	-0,2581 4970	-144 9978
22	0,1763 6855	47 1631	-0,2007 3394	-134 4265	-0,2726 4948	-148 2043
23	0,1810 8486	44 8104	-0,2141 7659	-138 9275	-0,2874 6991	-151 5882
24	0,1855 6590	42 5223	-0,2280 6934	-143 5496	-0,3026 2873	-155 1550
0,25	0,1898 1813	40 2989	-0,2424 2430	-148 2994	-0,3181 4423	-158 9101
26	0,1938 4802	38 1402	-0,2572 5424	-153 1847	-0,3340 3524	-162 8597
27	0,1976 6204	36 0461	-0,2725 7271	-158 2132	-0,3503 2121	-167 0109
28	0,2012 6665	34 0168	-0,2883 9403	-163 3942	-0,3670 2230	-171 3706
29	0,2046 6833	32 0520	-0,3047 3345	-168 7374	-0,3841 5936	-175 9473
0,30	0,2078 7353	30 1516	-0,3216 0719	-174 2530	-0,4017 5409	-180 7496
31	0,2108 8869	28 3159	-0,3390 3249	-179 9525	-0,4198 2905	-185 7871
32	0,2137 2028	26 5445	-0,3570 2774	-185 8484	-0,4384 0776	-191 0703
33	0,2163 7473	24 8372	-0,3756 1258	-191 9538	-0,4575 1479	-196 6109
34	0,2188 5845	23 1940	-0,3948 0796	-198 2835	-0,4771 7588	-202 4211
0,35	0,2211 7785	21 6146	-0,4146 3631	-204 8531	-0,4974 1799	-208 5149
36	0,2233 3931	20 0988	-0,4351 2162	-211 6799	-0,5182 6948	-214 9071
37	0,2253 4919	18 6463	-0,4562 8961	-218 7821	-0,5397 6019	-221 6142
38	0,2272 1382	17 2569	-0,4781 6782	-226 1802	-0,5619 2161	-228 6543
39	0,2289 3951	15 9301	-0,5007 8584	-233 8959	-0,5847 8704	-236 0472
0,40	0,2305 3252	14 6656	-0,5241 7543	-241 9530	-0,6083 9176	-243 8141
41	0,2319 9908	13 4627	-0,5483 7073	-250 3773	-0,6327 7317	-251 9792
42	0,2333 4535	12 3210	-0,5734 0846	-259 1973	-0,6579 7109	-260 5683
43	0,2345 7745	11 2401	-0,5993 2819	-268 4435	-0,6840 2792	-269 6102
44	0,2357 0146	10 2190	-0,6261 7254	-278 1494	-0,7109 8894	-279 1362
0,45	0,2367 2336	9 2572	-0,6539 8748	-288 3519	-0,7389 0256	-289 1812
46	0,2376 4908	8 3538	-0,6828 2267	-299 0909	-0,7678 2068	-299 7831
47	0,2384 8446	7 5076	-0,7127 3176	-310 4107	-0,7977 9899	-310 9842
48	0,2392 3522	6 7179	-0,7437 7283	-322 3594	-0,8288 9741	-322 8311
49	0,2399 0701	5 9835	-0,7760 0877	-334 9901	-0,8611 8052	-335 3749
0,50	0,2405 0536	5 3030	-0,8095 0778	-348 3614	-0,8947 1801	-348 6727
51	0,2410 3566	4 6752	-0,8443 4392	-362 5379	-0,9295 8528	-362 7873
52	0,2415 0318	4 0984	-0,8805 9771	-377 5909	-0,9658 6401	-377 7890
53	0,2419 1302	3 5712	-0,9183 5680	-393 5998	-1,0036 4291	-393 7551
54	0,2422 7014	3 0917	-0,9577 1678	-410 6519	-1,0430 1842	-410 7727
0,55	0,2425 7931		-0,9987 8197		-1,0840 9569	

z = 0,40

q	$\lg \frac{\text{sn } u}{\sin x}$	Δ	$\lg \frac{\text{cn } u}{\cos x}$	Δ	lg dn u	Δ
0,00	0,0000 0000	119 6691	-0,0000 0000	-53 3769	-0,0000 0000	-104 2524
01	0,0119 6691	115 8507	-0,0053 3769	-55 9436	-0,0104 2524	-104 3824
02	0,0235 5198	112 1040	-0,0109 3205	-58 5755	-0,0208 6348	-104 6429
03	0,0347 6238	108 4275	-0,0167 8960	-61 2727	-0,0313 2777	-105 0336
04	0,0456 0513	104 8198	-0,0229 1687	-64 0358	-0,0418 3113	-105 5555
0,05	0,0560 8711	101 2801	-0,0293 2045	-66 8649	-0,0523 8668	-106 2086
06	0,0662 1512	97 8071	-0,0360 0694	-69 7610	-0,0630 0754	-106 9939
07	0,0759 9583	94 4002	-0,0429 8304	-72 7245	-0,0737 0693	-107 9122
08	0,0854 3585	91 0586	-0,0502 5549	-75 7562	-0,0844 9815	-108 9639
09	0,0945 4171	87 7817	-0,0578 3111	-78 8573	-0,0953 9454	-110 1510
0,10	0,1033 1988	84 5687	-0,0657 1684	-82 0291	-0,1064 0964	-111 4742
11	0,1117 7675	81 4193	-0,0739 1975	-85 2727	-0,1175 5706	-112 9349
12	0,1199 1868	78 3330	-0,0824 4702	-88 5902	-0,1288 5055	-114 5350
13	0,1277 5198	75 3096	-0,0913 0604	-91 9831	-0,1403 0405	-116 2759
14	0,1352 8294	72 3486	-0,1005 0435	-95 4538	-0,1519 3164	-118 1599
0,15	0,1425 1780	69 4498	-0,1100 4973	-99 0047	-0,1637 4763	-120 1891
16	0,1494 6278	66 6131	-0,1199 5020	-102 6385	-0,1757 6654	-122 3656
17	0,1561 2409	63 8380	-0,1302 1405	-106 3583	-0,1880 0310	-124 6925
18	0,1625 0789	61 1249	-0,1408 4988	-110 1674	-0,2004 7235	-127 1723
19	0,1686 2038	58 4731	-0,1518 6662	-114 0698	-0,2131 8958	-129 8083
0,20	0,1744 6769	55 8828	-0,1632 7360	-118 0695	-0,2261 7041	-132 6040
21	0,1800 5597	53 3538	-0,1750 8055	-122 1711	-0,2394 3081	-135 5631
22	0,1853 9135	50 8863	-0,1872 9766	-126 3796	-0,2529 8712	-138 6897
23	0,1904 7998	48 4799	-0,1999 3562	-130 7005	-0,2668 5609	-141 9883
24	0,1953 2797	46 1347	-0,2130 0567	-135 1401	-0,2810 5492	-145 4637
0,25	0,1999 4144	43 8508	-0,2265 1968	-139 7046	-0,2956 0129	-149 1215
26	0,2043 2652	41 6279	-0,2404 9014	-144 4014	-0,3105 1344	-152 9671
27	0,2084 8931	39 4664	-0,2549 3028	-149 2380	-0,3258 1015	-157 0073
28	0,2124 3595	37 3657	-0,2698 5408	-154 2231	-0,3415 1088	-161 2488
29	0,2161 7252	35 3262	-0,2852 7639	-159 3660	-0,3576 3576	-165 6991
0,30	0,2197 0514	33 3480	-0,3012 1299	-164 6762	-0,3742 0567	-170 3666
31	0,2230 3994	31 4306	-0,3176 8061	-170 1650	-0,3912 4233	-175 2604
32	0,2261 8300	29 5745	-0,3346 9711	-175 8437	-0,4087 6837	-180 3902
33	0,2291 4045	27 7794	-0,3522 8148	-181 7253	-0,4268 0739	-185 7667
34	0,2319 1839	26 0452	-0,3704 5401	-187 8234	-0,4453 8406	-191 4022
0,35	0,2345 2291	24 3720	-0,3892 3635	-194 1530	-0,4645 2428	-197 3090
36	0,2369 6011	22 7599	-0,4086 5165	-200 7303	-0,4842 5518	-203 5017
37	0,2392 3610	21 2085	-0,4287 2468	-207 5726	-0,5046 0535	-209 9956
38	0,2413 5695	19 7180	-0,4494 8194	-214 6994	-0,5256 0491	-216 8077
39	0,2433 2875	18 2882	-0,4709 5188	-222 1311	-0,5472 8568	-223 9566
0,40	0,2451 5757		-0,4931 6499		-0,5696 8134	

z = 0,40

q	$\lg \frac{\text{sn u}}{\sin x}$	Δ	$\lg \frac{\text{cn u}}{\cos x}$	Δ	lg dn u	Δ
0,40	0,2451 5757	16 9190	-0,4931 6499	-229 8902	-0,5696 8134	-231 4630
41	0,2468 4947	15 6100	-0,5161 5401	-238 0016	-0,5928 2764	-239 3489
42	0,2484 1047	14 3614	-0,5399 5417	-246 4915	-0,6167 6253	-247 6395
43	0,2498 4661	13 1727	-0,5646 0332	-255 3895	-0,6415 2648	-256 3615
44	0,2511 6388	12 0435	-0,5901 4227	-264 7270	-0,6671 6263	-265 5450
0,45	0,2523 6823	10 9737	-0,6166 1497	-274 5391	-0,6937 1713	-275 2229
46	0,2534 6560	9 9626	-0,6440 6888	-284 8637	-0,7212 3942	-285 4313
47	0,2544 6186	9 0098	-0,6725 5525	-295 7428	-0,7497 8255	-296 2103
48	0,2553 6284	8 1147	-0,7021 2953	-307 2220	-0,7794 0358	-307 6042
49	0,2561 7431	7 2765	-0,7328 5173	-319 3520	-0,8101 6400	-319 6618
0,50	0,2569 0196	6 4944	-0,7647 8693	-332 1884	-0,8421 3018	-332 4373
51	0,2575 5140	5 7674	-0,7980 0577	-345 7925	-0,8753 7391	-345 9906
52	0,2581 2814	5 0945	-0,8325 8502	-360 2325	-0,9099 7297	-360 3887
53	0,2586 3759	4 4743	-0,8686 0827	-375 5837	-0,9460 1184	-375 7053
54	0,2590 8502	3 9056	-0,9061 6664	-391 9295	-0,9835 8237	-392 0233
0,55	0,2594 7558		-0,9453 5959		-1,0227 8470	

z = 0,45

q	$\lg \frac{\text{sn u}}{\sin x}$	Δ	$\lg \frac{\text{cn u}}{\cos x}$	Δ	lg dn u	Δ
0,00	0,0000 0000	124 0058	-0,0000 0000	-48 9533	-0,0000 0000	-95 5658
01	0,0124 0058	120 1762	-0,0048 9533	-51 3575	-0,0095 5658	-95 6922
02	0,0244 1820	116 4195	-0,0100 3108	-53 8251	-0,0191 2580	-95 9450
03	0,0360 6015	112 7342	-0,0154 1359	-56 3564	-0,0287 2030	-96 3245
04	0,0473 3357	109 1186	-0,0210 4923	-58 9520	-0,0383 5275	-96 8312
0,05	0,0582 4543	105 5715	-0,0269 4443	-61 6123	-0,0480 3587	-97 4654
06	0,0688 0258	102 0914	-0,0331 0566	-64 3380	-0,0577 8241	-98 2279
07	0,0790 1172	98 6772	-0,0395 3946	-67 1297	-0,0676 0520	-99 1195
08	0,0888 7944	95 3281	-0,0462 5243	-69 9886	-0,0775 1715	-100 1409
09	0,0984 1225	92 0429	-0,0532 5129	-72 9155	-0,0875 3124	-101 2935
0,10	0,1076 1654	88 8210	-0,0605 4284	-75 9120	-0,0976 6059	-102 5783
11	0,1164 9864	85 6613	-0,0681 3404	-78 9792	-0,1079 1842	-103 9966
12	0,1250 6477	82 5634	-0,0760 3196	-82 1192	-0,1183 1808	-105 5502
13	0,1333 2111	79 5267	-0,0842 4388	-85 3335	-0,1288 7310	-107 2404
14	0,1412 7378	76 5503	-0,0927 7723	-88 6245	-0,1395 9714	-109 0696
0,15	0,1489 2881		-0,1016 3968		-0,1505 0410	

$z = 0{,}45$

q	$\lg \frac{\text{sn } u}{\sin x}$	Δ	$\lg \frac{\text{cn } u}{\cos x}$	Δ	lg dn u	Δ
0,15	0,1489 2881	73 6343	-0,1016 3968	-91 9946	-0,1505 0410	-111 0394
16	0,1562 9224	70 7775	-0,1108 3914	-95 4465	-0,1616 0804	-113 1524
17	0,1633 6999	67 9803	-0,1203 8379	-98 9832	-0,1729 2328	-115 4110
18	0,1701 6802	65 2417	-0,1302 8211	-102 6080	-0,1844 6438	-117 8179
19	0,1766 9219	62 5616	-0,1405 4291	-106 3245	-0,1962 4617	-120 3762
0,20	0,1829 4835	59 9399	-0,1511 7536	-110 1369	-0,2082 8379	-123 0891
21	0,1889 4234	57 3761	-0,1621 8905	-114 0496	-0,2205 9270	-125 9601
22	0,1946 7995	54 8701	-0,1735 9401	-118 0673	-0,2331 8871	-128 9933
23	0,2001 6696	52 4216	-0,1854 0074	-122 1955	-0,2460 8804	-132 1926
24	0,2054 0912	50 0305	-0,1976 2029	-126 4399	-0,2593 0730	-135 5630
0,25	0,2104 1217	47 6968	-0,2102 6428	-130 8068	-0,2728 6360	-139 1092
26	0,2151 8185	45 4202	-0,2233 4496	-135 3028	-0,2867 7452	-142 8369
27	0,2197 2387	43 2006	-0,2368 7524	-139 9357	-0,3010 5821	-146 7522
28	0,2240 4393	41 0380	-0,2508 6881	-144 7132	-0,3157 3343	-150 8611
29	0,2281 4773	38 9325	-0,2653 4013	-149 6443	-0,3308 1954	-155 1713
0,30	0,2320 4098	36 8839	-0,2803 0456	-154 7383	-0,3463 3667	-159 6903
31	0,2357 2937	34 8922	-0,2957 7839	-160 0055	-0,3623 0570	-164 4265
32	0,2392 1859	32 9575	-0,3117 7894	-165 4567	-0,3787 4835	-169 3895
33	0,2425 1434	31 0798	-0,3283 2461	-171 1044	-0,3956 8730	-174 5890
34	0,2456 2232	29 2593	-0,3454 3505	-176 9612	-0,4131 4620	-180 0367
0,35	0,2485 4825	27 4958	-0,3631 3117	-183 0414	-0,4311 4987	-185 7440
36	0,2512 9783	25 7899	-0,3814 3531	-189 3601	-0,4497 2427	-191 7249
37	0,2538 7682	24 1410	-0,4003 7132	-195 9340	-0,4688 9676	-197 9935
38	0,2562 9092	22 5499	-0,4199 6472	-202 7811	-0,4886 9611	-204 5661
39	0,2585 4591	21 0164	-0,4402 4283	-209 9209	-0,5091 5272	-211 4602
0,40	0,2606 4755	19 5406	-0,4612 3492	-217 3744	-0,5302 9874	-218 6947
41	0,2626 0161	18 1226	-0,4829 7236	-225 1653	-0,5521 6821	-226 2914
42	0,2644 1387	16 7629	-0,5054 8889	-233 3181	-0,5747 9735	-234 2729
43	0,2660 9016	15 4611	-0,5288 2070	-241 8607	-0,5982 2464	-242 6654
44	0,2676 3627	14 2175	-0,5530 0677	-250 8232	-0,6224 9118	-251 4968
0,45	0,2690 5802	13 0321	-0,5780 8909	-260 2381	-0,6476 4086	-260 7981
46	0,2703 6123	11 9048	-0,6041 1290	-270 1415	-0,6737 2067	-270 6038
47	0,2715 5171	10 8357	-0,6311 2705	-280 5730	-0,7007 8105	-280 9516
48	0,2726 3528	9 8243	-0,6591 8435	-291 5760	-0,7288 7621	-291 8835
49	0,2736 1771	8 8707	-0,6883 4195	-303 1979	-0,7580 6456	-303 4457
0,50	0,2745 0478	7 9743	-0,7186 6174	-315 4919	-0,7884 0913	-315 6895
51	0,2753 0221	7 1349	-0,7502 1093	-328 5157	-0,8199 7808	-328 6720
52	0,2760 1570	6 3516	-0,7830 6250	-342 3340	-0,8528 4528	-342 4562
53	0,2766 5086	5 6237	-0,8172 9590	-357 0183	-0,8870 9090	-357 1128
54	0,2772 1323	4 9506	-0,8529 9773	-372 6476	-0,9228 0218	-372 7199
0,55	0,2777 0829		-0,8902 6249		-0,9600 7417	

z = 0,50

q	$\lg \frac{\mathrm{sn}\, u}{\sin x}$	Δ	$\lg \frac{\mathrm{cn}\, u}{\cos x}$	Δ	lg dn u	Δ
0,00	0,0000 0000	128 3470	-0,0000 0000	-44 5253	-0,0000 0000	-86 8792
01	0,0128 3470	124 5151	-0,0044 5253	-46 7578	-0,0086 8792	-87 0008
02	0,0252 8621	120 7582	-0,0091 2831	-49 0515	-0,0173 8800	-87 2442
03	0,0373 6203	117 0742	-0,0140 3346	-51 4069	-0,0261 1242	-87 6096
04	0,0490 6945	113 4612	-0,0191 7415	-53 8245	-0,0348 7338	-88 0973
0,05	0,0604 1557	109 9175	-0,0245 5660	-56 3049	-0,0436 8311	-88 7081
06	0,0714 0732	106 4417	-0,0301 8709	-58 8489	-0,0525 5392	-89 4423
07	0,0820 5149	103 0320	-0,0360 7198	-61 4573	-0,0614 9815	-90 3008
08	0,0923 5469	99 6874	-0,0422 1771	-64 1310	-0,0705 2823	-91 2845
09	0,1023 2343	96 4066	-0,0486 3081	-66 8714	-0,0796 5668	-92 3945
0,10	0,1119 6409	93 1883	-0,0553 1795	-69 6796	-0,0888 9613	-93 6319
11	0,1212 8292	90 0316	-0,0622 8591	-72 5573	-0,0982 5932	-94 9981
12	0,1302 8608	86 9354	-0,0695 4164	-75 5062	-0,1077 5913	-96 4946
13	0,1389 7962	83 8990	-0,0770 9226	-78 5281	-0,1174 0859	-98 1230
14	0,1473 6952	80 9214	-0,0849 4507	-81 6255	-0,1272 2089	-99 8853
0,15	0,1554 6166	78 0019	-0,0931 0762	-84 8005	-0,1372 0942	-101 7834
16	0,1632 6185	75 1397	-0,1015 8767	-88 0558	-0,1473 8776	-103 8194
17	0,1707 7582	72 3341	-0,1103 9325	-91 3947	-0,1577 6970	-105 9958
18	0,1780 0923	69 5847	-0,1195 3272	-94 8203	-0,1683 6928	-108 3156
19	0,1849 6770	66 8908	-0,1290 1475	-98 3360	-0,1792 0084	-110 7811
0,20	0,1916 5678	64 2519	-0,1388 4835	-101 9461	-0,1902 7895	-113 3959
21	0,1980 8197	61 6674	-0,1490 4296	-105 6546	-0,2016 1854	-116 1631
22	0,2042 4871	59 1372	-0,1596 0842	-109 4665	-0,2132 3485	-119 0867
23	0,2101 6243	56 6605	-0,1705 5507	-113 3865	-0,2251 4352	-122 1704
24	0,2158 2848	54 2371	-0,1818 9372	-117 4207	-0,2373 6056	-125 4190
0,25	0,2212 5219	51 8670	-0,1936 3579	-121 5747	-0,2499 0246	-128 8370
26	0,2264 3889	49 5494	-0,2057 9326	-125 8552	-0,2627 8616	-132 4295
27	0,2313 9383	47 2845	-0,2183 7878	-130 2691	-0,2760 2911	-136 2026
28	0,2361 2228	45 0720	-0,2314 0569	-134 8244	-0,2896 4937	-140 1620
29	0,2406 2948	42 9116	-0,2448 8813	-139 5292	-0,3036 6557	-144 3148
0,30	0,2449 2064	40 8033	-0,2588 4105	-144 3924	-0,3180 9705	-148 6681
31	0,2490 0097	38 7473	-0,2732 8029	-149 4238	-0,3329 6386	-153 2299
32	0,2528 7570	36 7433	-0,2882 2267	-154 6338	-0,3482 8685	-158 0090
33	0,2565 5003	34 7914	-0,3036 8605	-160 0338	-0,3640 8775	-163 0151
34	0,2600 2917	32 8918	-0,3196 8943	-165 6360	-0,3803 8926	-168 2582
0,35	0,2633 1835	31 0445	-0,3362 5303	-171 4537	-0,3972 1508	-173 7502
36	0,2664 2280	29 2498	-0,3533 9840	-177 5013	-0,4145 9010	-179 5033
37	0,2693 4778	27 5078	-0,3711 4853	-183 7943	-0,4325 4043	-185 5313
38	0,2720 9856	25 8191	-0,3895 2796	-190 3496	-0,4510 9356	-191 8491
39	0,2746 8047	24 1835	-0,4085 6292	-197 1857	-0,4702 7847	-198 4733
0,40	0,2770 9882		-0,4282 8149		-0,4901 2580	

z = 0,50

q	$\lg \frac{\text{sn } u}{\sin x}$	Δ	$\lg \frac{\text{cn } u}{\cos x}$	Δ	lg dn u	Δ
0,40	0,2770 9882	22 6018	-0,4282 8149	-204 3223	-0,4901 2580	-205 4220
41	0,2793 5900	21 0740	-0,4487 1372	-211 7813	-0,5106 6800	-212 7151
42	0,2814 6640	19 6009	-0,4698 9185	-219 5862	-0,5319 3951	-220 3742
43	0,2834 2649	18 1825	-0,4918 5047	-227 7629	-0,5539 7693	-228 4237
44	0,2852 4474	16 8194	-0,5146 2676	-236 3397	-0,5768 1930	-236 8898
0,45	0,2869 2668	15 5122	-0,5382 6073	-245 3471	-0,6005 0828	-245 8022
46	0,2884 7790	14 2609	-0,5627 9544	-254 8190	-0,6250 8850	-255 1925
47	0,2899 0399	13 0661	-0,5882 7734	-264 7928	-0,6506 0775	-265 0968
48	0,2912 1060	11 9282	-0,6147 5662	-275 3090	-0,6771 1743	-275 5545
49	0,2924 0342	10 8472	-0,6422 8752	-286 4126	-0,7046 7288	-286 6089
0,50	0,2934 8814	9 8236	-0,6709 2878	-298 1531	-0,7333 3377	-298 3089
51	0,2944 7050	8 8573	-0,7007 4409	-310 5854	-0,7631 6466	-310 7075
52	0,2953 5623	7 9482	-0,7318 0263	-323 7702	-0,7942 3541	-323 8651
53	0,2961 5105	7 0964	-0,7641 7965	-337 7751	-0,8266 2192	-337 8478
54	0,2968 6069	6 3014	-0,7979 5716	-352 6744	-0,8604 0670	-352 7296
0,55	0,2974 9083		-0,8332 2460		-0,8956 7966	

z = 0,55

q	$\lg \frac{\text{sn } u}{\sin x}$	Δ	$\lg \frac{\text{cn } u}{\cos x}$	Δ	lg dn u	Δ
0,00	0,0000 0000	132 6925	-0,0000 0000	-40 0929	-0,0000 0000	-78 1923
01	0,0132 6925	128 8678	-0,0040 0929	-42 1444	-0,0078 1923	-78 3082
02	0,0261 5603	125 1203	-0,0082 2373	-44 2546	-0,0156 5005	-78 5401
03	0,0386 6806	121 4478	-0,0126 4919	-46 4238	-0,0235 0406	-78 8883
04	0,0508 1284	117 8481	-0,0172 9157	-48 6526	-0,0313 9289	-79 3530
0,05	0,0625 9765	114 3192	-0,0221 5683	-50 9420	-0,0393 2819	-79 9350
06	0,0740 2957	110 8593	-0,0272 5103	-53 2923	-0,0473 2169	-80 6348
07	0,0851 1550	107 4664	-0,0325 8026	-55 7051	-0,0553 8517	-81 4530
08	0,0958 6214	104 1392	-0,0381 5077	-58 1811	-0,0635 3047	-82 3908
09	0,1062 7606	100 8758	-0,0439 6888	-60 7214	-0,0717 6955	-83 4492
0,10	0,1163 6364	97 6749	-0,0500 4102	-63 3279	-0,0801 1447	-84 6291
11	0,1261 3113	94 5353	-0,0563 7381	-66 0018	-0,0885 7738	-85 9322
12	0,1355 8466	91 4553	-0,0629 7399	-68 7450	-0,0971 7060	-87 3597
13	0,1447 3019	88 4342	-0,0698 4849	-71 5596	-0,1059 0657	-88 9135
14	0,1535 7361	85 4703	-0,0770 0445	-74 4477	-0,1147 9792	-90 5953
0,15	0,1621 2064		-0,0844 4922		-0,1238 5745	

z = 0,55

q	$\lg \frac{\mathrm{sn}\, u}{\sin x}$	Δ	$\lg \frac{\mathrm{cn}\, u}{\cos x}$	Δ	lg dn u	Δ
0,15	0,1621 2064	82 5632	-0,0844 4922	-77 4118	-0,1238 5745	-92 4071
16	0,1703 7696	79 7111	-0,0921 9040	-80 4546	-0,1330 9816	-94 3510
17	0,1783 4807	76 9136	-0,1002 3586	-83 5790	-0,1425 3326	-96 4296
18	0,1860 3943	74 1697	-0,1085 9376	-86 7883	-0,1521 7622	-98 6452
19	0,1934 5640	71 4784	-0,1172 7259	-90 0862	-0,1620 4074	-101 0009
0,20	0,2006 0424	68 8389	-0,1262 8121	-93 4764	-0,1721 4083	-103 4996
21	0,2074 8813	66 2506	-0,1356 2885	-96 9632	-0,1824 9079	-106 1445
22	0,2141 1319	63 7127	-0,1453 2517	-100 5510	-0,1931 0524	-108 9394
23	0,2204 8446	61 2245	-0,1553 8027	-104 2450	-0,2039 9918	-111 8881
24	0,2266 0691	58 7856	-0,1658 0477	-108 0506	-0,2151 8799	-114 9950
0,25	0,2324 8547	56 3951	-0,1766 0983	-111 9733	-0,2266 8749	-118 2644
26	0,2381 2498	54 0530	-0,1878 0716	-116 0196	-0,2385 1393	-121 7014
27	0,2435 3028	51 7585	-0,1994 0912	-120 1964	-0,2506 8407	-125 3114
28	0,2487 0613	49 5113	-0,2114 2876	-124 5107	-0,2632 1521	-129 1004
29	0,2536 5726	47 3110	-0,2238 7983	-128 9706	-0,2761 2525	-133 0745
0,30	0,2583 8836	45 1577	-0,2367 7689	-133 5846	-0,2894 3270	-137 2410
31	0,2629 0413	43 0508	-0,2501 3535	-138 3618	-0,3031 5680	-141 6071
32	0,2672 0921	40 9905	-0,2639 7153	-143 3122	-0,3173 1751	-146 1813
33	0,2713 0826	38 9766	-0,2783 0275	-148 4465	-0,3319 3564	-150 9725
34	0,2752 0592	37 0091	-0,2931 4740	-153 7760	-0,3470 3289	-155 9906
0,35	0,2789 0683	35 0881	-0,3085 2500	-159 3136	-0,3626 3195	-161 2461
36	0,2824 1564	33 2140	-0,3244 5636	-165 0723	-0,3787 5656	-166 7511
37	0,2857 3704	31 3869	-0,3409 6359	-171 0672	-0,3954 3167	-172 5181
38	0,2888 7573	29 6070	-0,3580 7031	-177 3138	-0,4126 8348	-178 5613
39	0,2918 3643	27 8750	-0,3758 0169	-183 8294	-0,4305 3961	-184 8963
0,40	0,2946 2393	26 1911	-0,3941 8463	-190 6326	-0,4490 2924	-191 5397
41	0,2972 4304	24 5560	-0,4132 4789	-197 7436	-0,4681 8321	-198 5104
42	0,2996 9864	22 9702	-0,4330 2225	-205 1847	-0,4880 3425	-205 8286
43	0,3019 9566	21 4347	-0,4535 4072	-212 9798	-0,5086 1711	-213 5171
44	0,3041 3913	19 9496	-0,4748 3870	-221 1553	-0,5299 6882	-221 6005
0,45	0,3061 3409	18 5164	-0,4969 5423	-229 7401	-0,5521 2887	-230 1060
46	0,3079 8573	17 1352	-0,5199 2824	-238 7655	-0,5751 3947	-239 0643
47	0,3096 9925	15 8073	-0,5438 0479	-248 2663	-0,5990 4590	-248 5080
48	0,3112 7998	14 5332	-0,5686 3142	-258 2808	-0,6238 9670	-258 4747
49	0,3127 3330	13 3139	-0,5944 5950	-268 8506	-0,6497 4417	-269 0049
0,50	0,3140 6469	12 1500	-0,6213 4456	-280 0225	-0,6766 4466	-280 1438
51	0,3152 7969	11 0423	-0,6493 4681	-291 8476	-0,7046 5904	-291 9421
52	0,3163 8392	9 9915	-0,6785 3157	-304 3825	-0,7338 5325	-304 4554
53	0,3173 8307	8 9977	-0,7089 6982	-317 6910	-0,7642 9879	-317 7464
54	0,3182 8284	8 0620	-0,7407 3892	-331 8426	-0,7960 7343	-331 8842
0,55	0,3190 8904		-0,7739 2318		-0,8292 6185	

z = 0,60

q	$\lg \frac{\text{sn } u}{\sin x}$	Δ	$\lg \frac{\text{cn } u}{\cos x}$	Δ	lg dn u	Δ
0,00	0,0000 0000	137 0426	-0,0000 0000	-35 6560	-0,0000 0000	-69 5053
01	0,0137 0426	133 2341	-0,0035 6560	-37 5174	-0,0069 5053	-69 6142
02	0,0270 2767	129 5059	-0,0073 1734	-39 4341	-0,0139 1195	-69 8324
03	0,0399 7826	125 8553	-0,0112 6075	-41 4067	-0,0208 9519	-70 1599
04	0,0525 6379	122 2800	-0,0154 0142	-43 4358	-0,0279 1118	-70 5971
0,05	0,0647 9179	118 7776	-0,0197 4500	-45 5222	-0,0349 7089	-71 1445
06	0,0766 6955	115 3457	-0,0242 9722	-47 6671	-0,0420 8534	-71 8031
07	0,0882 0412	111 9825	-0,0290 6393	-49 8713	-0,0492 6565	-72 5732
08	0,0994 0237	108 6859	-0,0340 5106	-52 1360	-0,0565 2297	-73 4559
09	0,1102 7096	105 4541	-0,0392 6466	-54 4624	-0,0638 6856	-74 4525
0,10	0,1208 1637	102 2852	-0,0447 1090	-56 8524	-0,0713 1381	-75 5638
11	0,1310 4489	99 1775	-0,0503 9614	-59 3074	-0,0788 7019	-76 7913
12	0,1409 6264	96 1297	-0,0563 2688	-61 8291	-0,0865 4932	-78 1367
13	0,1505 7561	93 1399	-0,0625 0979	-64 4198	-0,0943 6299	-79 6014
14	0,1598 8960	90 2068	-0,0689 5177	-67 0819	-0,1023 2313	-81 1874
0,15	0,1689 1028	87 3290	-0,0756 5996	-69 8174	-0,1104 4187	-82 8965
16	0,1776 4318	84 5050	-0,0826 4170	-72 6295	-0,1187 3152	-84 7310
17	0,1860 9368	81 7337	-0,0899 0465	-75 5208	-0,1272 0462	-86 6933
18	0,1942 6705	79 0137	-0,0974 5673	-78 4949	-0,1358 7395	-88 7859
19	0,2021 6842	76 3440	-0,1053 0622	-81 5550	-0,1447 5254	-91 0116
0,20	0,2098 0282	73 7233	-0,1134 6172	-84 7052	-0,1538 5370	-93 3734
21	0,2171 7515	71 1506	-0,1219 3224	-87 9495	-0,1631 9104	-95 8745
22	0,2242 9021	68 6249	-0,1307 2719	-91 2924	-0,1727 7849	-98 5184
23	0,2311 5270	66 1452	-0,1398 5643	-94 7386	-0,1826 3033	-101 3092
24	0,2377 6722	63 7106	-0,1493 3029	-98 2937	-0,1927 6125	-104 2505
0,25	0,2441 3828	61 3202	-0,1591 5966	-101 9629	-0,2031 8630	-107 3472
26	0,2502 7030	58 9732	-0,1693 5595	-105 7525	-0,2139 2102	-110 6038
27	0,2561 6762	56 6690	-0,1799 3120	-109 6689	-0,2249 8140	-114 0258
28	0,2618 3452	54 4070	-0,1908 9809	-113 7192	-0,2363 8398	-117 6184
29	0,2672 7522	52 1863	-0,2022 7001	-117 9109	-0,2481 4582	-121 3881
0,30	0,2724 9385	50 0067	-0,2140 6110	-122 2520	-0,2602 8463	-125 3413
31	0,2774 9452	47 8676	-0,2262 8630	-126 7513	-0,2728 1876	-129 4854
32	0,2822 8128	45 7688	-0,2389 6143	-131 4182	-0,2857 6730	-133 8280
33	0,2868 5816	43 7100	-0,2521 0325	-136 2628	-0,2991 5010	-138 3776
34	0,2912 2916	41 6912	-0,2657 2953	-141 2959	-0,3129 8786	-143 1438
0,35	0,2953 9828	39 7119	-0,2798 5912	-146 5293	-0,3273 0224	-148 1363
36	0,2993 6947	37 7729	-0,2945 1205	-151 9756	-0,3421 1587	-153 3663
37	0,3031 4676	35 8736	-0,3097 0961	-157 6485	-0,3574 5250	-158 8459
38	0,3067 3412	34 0147	-0,3254 7446	-163 5627	-0,3733 3709	-164 5883
39	0,3101 3559	32 1967	-0,3418 3073	-169 7345	-0,3897 9592	-170 6077
0,40	0,3133 5526		-0,3588 0418		-0,4068 5669	

z = 0,60

q	$\lg \frac{\text{sn } u}{\sin x}$	Δ	$\lg \frac{\text{cn } u}{\cos x}$	Δ	lg dn u	Δ
0,40	0,3133 5526	30 4198	-0,3588 0418	-176 1809	-0,4068 5669	-176 9202
41	0,3163 9724	28 6846	-0,3764 2227	-182 9211	-0,4245 4871	-183 5431
42	0,3192 6570	26 9921	-0,3947 1438	-189 9754	-0,4429 0302	-190 4953
43	0,3219 6491	25 3428	-0,4137 1192	-197 3663	-0,4619 5255	-197 7979
44	0,3244 9919	23 7379	-0,4334 4855	-205 1184	-0,4817 3234	-205 4741
0,45	0,3268 7298	22 1783	-0,4539 6039	-213 2582	-0,5022 7975	-213 5490
46	0,3290 9081	20 6651	-0,4752 8621	-221 8150	-0,5236 3465	-222 0510
47	0,3311 5732	19 1993	-0,4974 6771	-230 8212	-0,5458 3975	-231 0110
48	0,3330 7725	17 7825	-0,5205 4983	-240 3119	-0,5689 4085	-240 4632
49	0,3348 5550	16 4156	-0,5445 8102	-250 3263	-0,5929 8717	-250 4457
0,50	0,3364 9706	15 1003	-0,5696 1365	-260 9074	-0,6180 3174	-261 0009
51	0,3380 0709	13 8375	-0,5957 0439	-272 1029	-0,6441 3183	-272 1750
52	0,3393 9084	12 6290	-0,6229 1468	-283 9655	-0,6713 4933	-284 0207
53	0,3406 5374	11 4753	-0,6513 1123	-296 5540	-0,6997 5140	-296 5957
54	0,3418 0127	10 3784	-0,6809 6663	-309 9339	-0,7294 1097	-309 9649
0,55	0,3428 3911		-0,7119 6002		-0,7604 0746	

z = 0,65

q	$\lg \frac{\text{sn } u}{\sin x}$	Δ	$\lg \frac{\text{cn } u}{\cos x}$	Δ	lg dn u	Δ
0,00	0,0000 0000	141 3970	-0,0000 0000	-31 2146	-0,0000 0000	-60 8180
01	0,0141 3970	137 6142	-0,0031 2146	-32 8767	-0,0060 8180	-60 9189
02	0,0279 0112	133 9153	-0,0064 0913	-34 5899	-0,0121 7369	-61 1207
03	0,0412 9265	130 2973	-0,0098 6812	-36 3552	-0,0182 8576	-61 4237
04	0,0543 2238	126 7575	-0,0135 0364	-38 1732	-0,0244 2813	-61 8284
0,05	0,0669 9813	123 2936	-0,0173 2096	-40 0450	-0,0306 1097	-62 3353
06	0,0793 2749	119 9025	-0,0213 2546	-41 9715	-0,0368 4450	-62 9448
07	0,0913 1774	116 5822	-0,0255 2261	-43 9537	-0,0431 3898	-63 6582
08	0,1029 7596	113 3304	-0,0299 1798	-45 9930	-0,0495 0480	-64 4759
09	0,1143 0900	110 1449	-0,0345 1728	-48 0909	-0,0559 5239	-65 3994
0,10	0,1253 2349	107 0235	-0,0393 2637	-50 2486	-0,0624 9233	-66 4296
11	0,1360 2584	103 9643	-0,0443 5123	-52 4683	-0,0691 3529	-67 5681
12	0,1464 2227	100 9653	-0,0495 9806	-54 7515	-0,0758 9210	-68 8163
13	0,1565 1880	98 0247	-0,0550 7321	-57 1006	-0,0827 7373	-70 1758
14	0,1663 2127	95 1406	-0,0607 8327	-59 5177	-0,0897 9131	-71 6487
0,15	0,1758 3533		-0,0667 3504		-0,0969 5618	

z = 0,65

q	lg $\frac{\text{sn } u}{\sin x}$	Δ	lg $\frac{\text{cn } u}{\cos x}$	Δ	lg dn u	Δ
0,15	0,1758 3533	92 3114	-0,0667 3504	-62 0055	-0,0969 5618	-73 2367
16	0,1850 6647	89 5352	-0,0729 3559	-64 5664	-0,1042 7985	-74 9422
17	0,1940 1999	86 8105	-0,0793 9223	-67 2038	-0,1117 7407	-76 7674
18	0,2027 0104	84 1358	-0,0861 1261	-69 9207	-0,1194 5081	-78 7150
19	0,2111 1462	81 5093	-0,0931 0468	-72 7207	-0,1273 2231	-80 7878
0,20	0,2192 6555	78 9297	-0,1003 7675	-75 6075	-0,1354 0109	-82 9885
21	0,2271 5852	76 3955	-0,1079 3750	-78 5852	-0,1436 9994	-85 3206
22	0,2347 9807	73 9054	-0,1157 9602	-81 6583	-0,1522 3200	-87 7876
23	0,2421 8861	71 4579	-0,1239 6185	-84 8312	-0,1610 1076	-90 3930
24	0,2493 3440	69 0518	-0,1324 4497	-88 1095	-0,1700 5006	-93 1410
0,25	0,2562 3958	66 6859	-0,1412 5592	-91 4983	-0,1793 6416	-96 0359
26	0,2629 0817	64 3591	-0,1504 0575	-95 0034	-0,1889 6775	-99 0824
27	0,2693 4408	62 0701	-0,1599 0609	-98 6313	-0,1988 7599	-102 2856
28	0,2755 5109	59 8181	-0,1697 6922	-102 3886	-0,2091 0455	-105 6507
29	0,2815 3290	57 6021	-0,1800 0808	-106 2825	-0,2196 6962	-109 1838
0,30	0,2872 9311	55 4212	-0,1906 3633	-110 3209	-0,2305 8800	-112 8913
31	0,2928 3523	53 2745	-0,2016 6842	-114 5119	-0,2418 7713	-116 7801
32	0,2981 6268	51 1617	-0,2131 1961	-118 8644	-0,2535 5514	-120 8574
33	0,3032 7885	49 0818	-0,2250 0605	-123 3879	-0,2656 4088	-125 1316
34	0,3081 8703	47 0348	-0,2373 4484	-128 0930	-0,2781 5404	-129 6114
0,35	0,3128 9051	45 0200	-0,2501 5414	-132 9904	-0,2911 1518	-134 3061
36	0,3173 9251	43 0374	-0,2634 5318	-138 0918	-0,3045 4579	-139 2265
37	0,3216 9625	41 0868	-0,2772 6236	-143 4106	-0,3184 6844	-144 3837
38	0,3258 0493	39 1684	-0,2916 0342	-148 9600	-0,3329 0681	-149 7900
39	0,3297 2177	37 2822	-0,3064 9942	-154 7553	-0,3478 8581	-155 4593
0,40	0,3334 4999	35 4288	-0,3219 7495	-160 8125	-0,3634 3174	-161 4057
41	0,3369 9287	33 6085	-0,3380 5620	-167 1492	-0,3795 7231	-167 6459
42	0,3403 5372	31 8220	-0,3547 7112	-173 7842	-0,3963 3690	-174 1976
43	0,3435 3592	30 0703	-0,3721 4954	-180 7387	-0,4137 5666	-181 0799
44	0,3465 4295	28 3541	-0,3902 2341	-188 0349	-0,4318 6465	-188 3147
0,45	0,3493 7836	26 6745	-0,4090 2690	-195 6977	-0,4506 9612	-195 9251
46	0,3520 4581	25 0332	-0,4285 9667	-203 7538	-0,4702 8863	-203 9373
47	0,3545 4913	23 4310	-0,4489 7205	-212 2333	-0,4906 8236	-212 3800
48	0,3568 9223	21 8699	-0,4701 9538	-221 1686	-0,5119 2036	-221 2847
49	0,3590 7922	20 3512	-0,4923 1224	-230 5955	-0,5340 4883	-230 6866
0,50	0,3611 1434	18 8771	-0,5153 7179	-240 5540	-0,5571 1749	-240 6247
51	0,3630 0205	17 4489	-0,5394 2719	-251 0877	-0,5811 7996	-251 1419
52	0,3647 4694	16 0691	-0,5645 3596	-262 2454	-0,6062 9415	-262 2866
53	0,3663 5385	14 7391	-0,5907 6050	-274 0814	-0,6325 2281	-274 1121
54	0,3678 2776	13 4613	-0,6181 6864	-286 6554	-0,6599 3402	-286 6782
0,55	0,3691 7389		-0,6468 3418		-0,6886 0184	

z = 0,70

q	$\lg \frac{\text{sn } u}{\sin x}$	Δ	$\lg \frac{\text{cn } u}{\cos x}$	Δ	lg dn u	Δ
0,00	0,0000 0000	145 7560	-0,0000 0000	-26 7689	-0,0000 0000	-52 1305
01	0,0145 7560	142 0081	-0,0026 7689	-28 2220	-0,0052 1305	-52 2219
02	0,0287 7641	138 3485	-0,0054 9909	-29 7217	-0,0104 3524	-52 4048
03	0,0426 1126	134 7741	-0,0084 7126	-31 2690	-0,0156 7572	-52 6792
04	0,0560 8867	131 2813	-0,0115 9816	-32 8645	-0,0209 4364	-53 0460
0,05	0,0692 1680	127 8681	-0,0148 8461	-34 5090	-0,0262 4824	-53 5052
06	0,0820 0361	124 5312	-0,0183 3551	-36 2040	-0,0315 9876	-54 0580
07	0,0944 5673	121 2677	-0,0219 5591	-37 9504	-0,0370 0456	-54 7048
08	0,1065 8350	118 0756	-0,0257 5095	-39 7494	-0,0424 7504	-55 4467
09	0,1183 9106	114 9520	-0,0297 2589	-41 6028	-0,0480 1971	-56 2847
0,10	0,1298 8626	111 8946	-0,0338 8617	-43 5119	-0,0536 4818	-57 2203
11	0,1410 7572	108 9013	-0,0382 3736	-45 4786	-0,0593 7021	-58 2544
12	0,1519 6585	105 9696	-0,0427 8522	-47 5049	-0,0651 9565	-59 3890
13	0,1625 6281	103 0976	-0,0475 3571	-49 5926	-0,0711 3455	-60 6255
14	0,1728 7257	100 2825	-0,0524 9497	-51 7445	-0,0771 9710	-61 9659
0,15	0,1829 0082	97 5232	-0,0576 6942	-53 9628	-0,0833 9369	-63 4121
16	0,1926 5314	94 8169	-0,0630 6570	-56 2504	-0,0897 3490	-64 9662
17	0,2021 3483	92 1620	-0,0686 9074	-58 6099	-0,0962 3152	-66 6309
18	0,2113 5103	89 5563	-0,0745 5173	-61 0451	-0,1028 9461	-68 4085
19	0,2203 0666	86 9981	-0,0806 5624	-63 5590	-0,1097 3546	-70 3018
0,20	0,2290 0647	84 4854	-0,0870 1214	-66 1556	-0,1167 6564	-72 3137
21	0,2374 5501	82 0165	-0,0936 2770	-68 8386	-0,1239 9701	-74 4477
22	0,2456 5666	79 5895	-0,1005 1156	-71 6125	-0,1314 4178	-76 7069
23	0,2536 1561	77 2027	-0,1076 7281	-74 4821	-0,1391 1247	-79 0951
24	0,2613 3588	74 8544	-0,1151 2102	-77 4520	-0,1470 2198	-81 6164
0,25	0,2688 2132	72 5429	-0,1228 6622	-80 5276	-0,1551 8362	-84 2750
26	0,2760 7561	70 2668	-0,1309 1898	-83 7147	-0,1636 1112	-87 0753
27	0,2831 0229	68 0243	-0,1392 9045	-87 0192	-0,1723 1865	-90 0226
28	0,2899 0472	65 8141	-0,1479 9237	-90 4475	-0,1813 2091	-93 1218
29	0,2964 8613	63 6349	-0,1570 3712	-94 0069	-0,1906 3309	-96 3790
0,30	0,3028 4962	61 4850	-0,1664 3781	-97 7042	-0,2002 7099	-99 8001
31	0,3089 9812	59 3636	-0,1762 0823	-101 5479	-0,2102 5100	-103 3918
32	0,3149 3448	57 2695	-0,1863 6302	-105 5460	-0,2205 9018	-107 1614
33	0,3206 6143	55 2014	-0,1969 1762	-109 7077	-0,2313 0632	-111 1163
34	0,3261 8157	53 1587	-0,2078 8839	-114 0427	-0,2424 1795	-115 2654
0,35	0,3314 9744	51 1405	-0,2192 9266	-118 5615	-0,2539 4449	-119 6172
36	0,3366 1149	49 1461	-0,2311 4881	-123 2750	-0,2659 0621	-124 1820
37	0,3415 2610	47 1750	-0,2434 7631	-128 1953	-0,2783 2441	-128 9703
38	0,3462 4360	45 2271	-0,2562 9584	-133 3354	-0,2912 2144	-133 9937
39	0,3507 6631	43 3019	-0,2696 2938	-138 7091	-0,3046 2081	-139 2650
0,40	0,3550 9650		-0,2835 0029		-0,3185 4731	

z = 0,70

q	$\lg \frac{\text{sn u}}{\sin x}$	Δ	$\lg \frac{\text{cn u}}{\cos x}$	Δ	lg dn u	Δ
0,40	0,3550 9650	41 3995	-0,2835 0029	-144 3313	-0,3185 4731	-144 7977
41	0,3592 3645	39 5201	-0,2979 3342	-150 2184	-0,3330 2708	-150 6073
42	0,3631 8846	37 6640	-0,3129 5526	-156 3881	-0,3480 8781	-156 7098
43	0,3669 5486	35 8319	-0,3285 9407	-162 8592	-0,3637 5879	-163 1236
44	0,3705 3805	34 0244	-0,3448 7999	-169 6529	-0,3800 7115	-169 8684
0,45	0,3739 4049	32 2426	-0,3618 4528	-176 7915	-0,3970 5799	-176 9657
46	0,3771 6475	30 4876	-0,3795 2443	-184 3000	-0,4147 5456	-184 4398
47	0,3802 1351	28 7608	-0,3979 5443	-192 2056	-0,4331 9854	-192 3166
48	0,3830 8959	27 0636	-0,4171 7499	-200 5382	-0,4524 3020	-200 6255
49	0,3857 9595	25 3982	-0,4372 2881	-209 3305	-0,4724 9275	-209 3984
0,50	0,3883 3577	23 7664	-0,4581 6186	-218 6188	-0,4934 3259	-218 6712
51	0,3907 1241	22 1702	-0,4800 2374	-228 4432	-0,5152 9971	-228 4830
52	0,3929 2943	20 6124	-0,5028 6806	-238 8480	-0,5381 4801	-238 8781
53	0,3949 9067	19 0948	-0,5267 5286	-249 8828	-0,5620 3582	-249 9051
54	0,3969 0015	17 6208	-0,5517 4114	-261 6025	-0,5870 2633	-261 6187
0,55	0,3986 6223		-0,5779 0139		-0,6131 8820	

z = 0,75

q	$\lg \frac{\text{sn u}}{\sin x}$	Δ	$\lg \frac{\text{cn u}}{\cos x}$	Δ	lg dn u	Δ
0,00	0,0000 0000	150 1194	-0,0000 0000	-22 3186	-0,0000 0000	-43 4428
01	0,0150 1194	146 4159	-0,0022 3186	-23 5535	-0,0043 4428	-43 5233
02	0,0296 5353	142 8058	-0,0045 8721	-24 8296	-0,0086 9661	-43 6841
03	0,0439 3411	139 2858	-0,0070 7017	-26 1476	-0,0130 6502	-43 9257
04	0,0578 6269	135 8524	-0,0096 8493	-27 5086	-0,0174 5759	-44 2486
0,05	0,0714 4793	132 5024	-0,0124 3579	-28 9133	-0,0218 8245	-44 6531
06	0,0846 9817	129 2332	-0,0153 2712	-30 3631	-0,0263 4776	-45 1399
07	0,0976 2149	126 0412	-0,0183 6343	-31 8590	-0,0308 6175	-45 7100
08	0,1102 2561	122 9242	-0,0215 4933	-33 4023	-0,0354 3275	-46 3641
09	0,1225 1803	119 8793	-0,0248 8956	-34 9944	-0,0400 6916	-47 1034
0,10	0,1345 0596	116 9037	-0,0283 8900	-36 6372	-0,0447 7950	-47 9290
11	0,1461 9633	113 9949	-0,0320 5272	-38 3321	-0,0495 7240	-48 8423
12	0,1575 9582	111 1504	-0,0358 8593	-40 0812	-0,0544 5663	-49 8450
13	0,1687 1086	108 3677	-0,0398 9405	-41 8866	-0,0594 4113	-50 9386
14	0,1795 4763	105 6444	-0,0440 8271	-43 7506	-0,0645 3499	-52 1249
0,15	0,1901 1207		-0,0484 5777		-0,0697 4748	

z = 0,75

q	$\lg \frac{\text{sn } u}{\sin x}$	Δ	$\lg \frac{\text{cn } u}{\cos x}$	Δ	lg dn u	Δ
0,15	0,1901 1207	102 9782	-0,0484 5777	-45 6757	-0,0697 4748	-53 4061
16	0,2004 0989	100 3666	-0,0530 2534	-47 6644	-0,0750 8809	-54 7839
17	0,2104 4655	97 8073	-0,0577 9178	-49 7199	-0,0805 6648	-56 2612
18	0,2202 2728	95 2981	-0,0627 6377	-51 8450	-0,0861 9260	-57 8404
19	0,2297 5709	92 8367	-0,0679 4827	-54 0434	-0,0919 7664	-59 5238
0,20	0,2390 4076	90 4209	-0,0733 5261	-56 3184	-0,0979 2902	-61 3150
21	0,2480 8285	88 0485	-0,0789 8445	-58 6743	-0,1040 6052	-63 2166
22	0,2568 8770	85 7173	-0,0848 5188	-61 1148	-0,1103 8218	-65 2323
23	0,2654 5943	83 4251	-0,0909 6336	-63 6447	-0,1169 0541	-67 3657
24	0,2738 0194	81 1698	-0,0973 2783	-66 2687	-0,1236 4198	-69 6206
0,25	0,2819 1892	78 9493	-0,1039 5470	-68 9918	-0,1306 0404	-72 0014
26	0,2898 1385	76 7616	-0,1108 5388	-71 8195	-0,1378 0418	-74 5123
27	0,2974 9001	74 6047	-0,1180 3583	-74 7576	-0,1452 5541	-77 1583
28	0,3049 5048	72 4765	-0,1255 1159	-77 8125	-0,1529 7124	-79 9446
29	0,3121 9813	70 3751	-0,1332 9284	-80 9904	-0,1609 6570	-82 8767
0,30	0,3192 3564	68 2989	-0,1413 9188	-84 2987	-0,1692 5337	-85 9606
31	0,3260 6553	66 2458	-0,1498 2175	-87 7447	-0,1778 4943	-89 2027
32	0,3326 9011	64 2142	-0,1585 9622	-91 3366	-0,1867 6970	-92 6099
33	0,3391 1153	62 2026	-0,1677 2988	-95 0828	-0,1960 3069	-96 1896
34	0,3453 3179	60 2094	-0,1772 3816	-98 9927	-0,2056 4965	-99 9500
0,35	0,3513 5273	58 2333	-0,1871 3743	-103 0756	-0,2156 4465	-103 8996
36	0,3571 7606	56 2727	-0,1974 4499	-107 3426	-0,2260 3461	-108 0477
37	0,3628 0333	54 3270	-0,2081 7925	-111 8045	-0,2368 3938	-112 4046
38	0,3682 3603	52 3948	-0,2193 5970	-116 4735	-0,2480 7984	-116 9812
39	0,3734 7551	50 4755	-0,2310 0705	-121 3625	-0,2597 7796	-121 7894
0,40	0,3785 2306	48 5683	-0,2431 4330	-126 4854	-0,2719 5690	-126 8421
41	0,3833 7989	46 6729	-0,2557 9184	-131 8576	-0,2846 4111	-132 1533
42	0,3880 4718	44 7890	-0,2689 7760	-137 4948	-0,2978 5644	-137 7384
43	0,3925 2608	42 9166	-0,2827 2708	-143 4150	-0,3116 3028	-143 6142
44	0,3968 1774	41 0559	-0,2970 6858	-149 6374	-0,3259 9170	-149 7987
0,45	0,4009 2333	39 2073	-0,3120 3232	-156 1824	-0,3409 7157	-156 3122
46	0,4048 4406	37 3718	-0,3276 5056	-163 0730	-0,3566 0279	-163 1764
47	0,4085 8124	35 5499	-0,3439 5786	-170 3339	-0,3729 2043	-170 4155
48	0,4121 3623	33 7433	-0,3609 9125	-177 9921	-0,3899 6198	-178 0559
49	0,4155 1056	31 9533	-0,3787 9046	-186 0778	-0,4077 6757	-186 1270
0,50	0,4187 0589	30 1819	-0,3973 9824	-194 6234	-0,4263 8027	-194 6611
51	0,4217 2408	28 4310	-0,4168 6058	-203 6654	-0,4458 4638	-203 6939
52	0,4245 6718	26 7033	-0,4372 2712	-213 2438	-0,4662 1577	-213 2650
53	0,4272 3751	25 0010	-0,4585 5150	-223 4033	-0,4875 4227	-223 4190
54	0,4297 3761	23 3276	-0,4808 9183	-234 1934	-0,5098 8417	-234 2047
0,55	0,4320 7037		-0,5043 1117		-0,5333 0464	

z = 0,80

q	$\lg \frac{\mathrm{sn}\, u}{\sin x}$	Δ	$\lg \frac{\mathrm{cn}\, u}{\cos x}$	Δ	lg dn u	Δ
0,00	0,0000 0000	154 4872	-0,0000 0000	-17 8639	-0,0000 0000	-34 7549
01	0,0154 4872	150 8377	-0,0017 8639	-18 8710	-0,0034 7549	-34 8227
02	0,0305 3249	147 2876	-0,0036 7349	-19 9130	-0,0069 5776	-34 9585
03	0,0452 6125	143 8331	-0,0056 6479	-20 9907	-0,0104 5361	-35 1626
04	0,0596 4456	140 4708	-0,0077 6386	-22 1051	-0,0139 6987	-35 4353
0,05	0,0736 9164	137 1977	-0,0099 7437	-23 2569	-0,0175 1340	-35 7770
06	0,0874 1141	134 0100	-0,0123 0006	-24 4473	-0,0210 9110	-36 1885
07	0,1008 1241	130 9050	-0,0147 4479	-25 6773	-0,0247 0995	-36 6705
08	0,1139 0291	127 8796	-0,0173 1252	-26 9484	-0,0283 7700	-37 2239
09	0,1266 9087	124 9308	-0,0200 0736	-28 2617	-0,0320 9939	-37 8497
0,10	0,1391 8395	122 0557	-0,0228 3353	-29 6192	-0,0358 8436	-38 5492
11	0,1513 8952	119 2517	-0,0257 9545	-31 0220	-0,0397 3928	-39 3234
12	0,1633 1469	116 5159	-0,0288 9765	-32 4724	-0,0436 7162	-40 1741
13	0,1749 6628	113 8457	-0,0321 4489	-33 9721	-0,0476 8903	-41 1027
14	0,1863 5085	111 2384	-0,0355 4210	-35 5236	-0,0517 9930	-42 1110
0,15	0,1974 7469	108 6913	-0,0390 9446	-37 1290	-0,0560 1040	-43 2011
16	0,2083 4382	106 2020	-0,0428 0736	-38 7908	-0,0603 3051	-44 3746
17	0,2189 6402	103 7677	-0,0466 8644	-40 5121	-0,0647 6797	-45 6344
18	0,2293 4079	101 3861	-0,0507 3765	-42 2954	-0,0693 3141	-46 9824
19	0,2394 7940	99 0544	-0,0549 6719	-44 1442	-0,0740 2965	-48 4215
0,20	0,2493 8484	96 7701	-0,0593 8161	-46 0620	-0,0788 7180	-49 9546
21	0,2590 6185	94 5309	-0,0639 8781	-48 0523	-0,0838 6726	-51 5846
22	0,2685 1494	92 3339	-0,0687 9304	-50 1191	-0,0890 2572	-53 3148
23	0,2777 4833	90 1769	-0,0738 0495	-52 2666	-0,0943 5720	-55 1487
24	0,2867 6602	88 0572	-0,0790 3161	-54 4994	-0,0998 7207	-57 0902
0,25	0,2955 7174	85 9723	-0,0844 8155	-56 8223	-0,1055 8109	-59 1433
26	0,3041 6897	83 9198	-0,0901 6378	-59 2403	-0,1114 9542	-61 3121
27	0,3125 6095	81 8972	-0,0960 8781	-61 7590	-0,1176 2663	-63 6018
28	0,3207 5067	79 9019	-0,1022 6371	-64 3843	-0,1239 8681	-66 0168
29	0,3287 4086	77 9314	-0,1087 0214	-67 1224	-0,1305 8849	-68 5628
0,30	0,3365 3400	75 9835	-0,1154 1438	-69 9800	-0,1374 4477	-71 2454
31	0,3441 3235	74 0558	-0,1224 1238	-72 9639	-0,1445 6931	-74 0710
32	0,3515 3793	72 1457	-0,1297 0877	-76 0821	-0,1519 7641	-77 0458
33	0,3587 5250	70 2513	-0,1373 1698	-79 3422	-0,1596 8099	-80 1774
34	0,3657 7763	68 3700	-0,1452 5120	-82 7532	-0,1676 9873	-83 4731
0,35	0,3726 1463	66 4999	-0,1535 2652	-86 3240	-0,1760 4604	-86 9413
36	0,3792 6462	64 6389	-0,1621 5892	-90 0645	-0,1847 4017	-90 5909
37	0,3857 2851	62 7850	-0,1711 6537	-93 9852	-0,1937 9926	-94 4315
38	0,3920 0701	60 9364	-0,1805 6389	-98 0974	-0,2032 4241	-98 4733
39	0,3981 0065	59 0916	-0,1903 7363	-102 4129	-0,2130 8974	-102 7277
0,40	0,4040 0981		-0,2006 1492		-0,2233 6251	

z = 0,80

q	lg $\frac{\text{sn u}}{\sin x}$	Δ	lg $\frac{\text{cn u}}{\cos x}$	Δ	lg dn u	Δ
0,40	0,4040 0981	57 2487	-0,2006 1492	-106 9450	-0,2233 6251	-107 2067
41	0,4097 3468	55 4065	-0,2113 0942	-111 7073	-0,2340 8318	-111 9234
42	0,4152 7533	53 5638	-0,2224 8015	-116 7151	-0,2452 7552	-116 8922
43	0,4206 3171	51 7198	-0,2341 5166	-121 9845	-0,2569 6474	-122 1284
44	0,4258 0369	49 8734	-0,2463 5011	-127 5329	-0,2691 7758	-127 6489
0,45	0,4307 9103	48 0244	-0,2591 0340	-133 3795	-0,2819 4247	-133 4723
46	0,4355 9347	46 1723	-0,2724 4135	-139 5450	-0,2952 8970	-139 6184
47	0,4402 1070	44 3174	-0,2863 9585	-146 0516	-0,3092 5154	-146 1092
48	0,4446 4244	42 4596	-0,3010 0101	-152 9244	-0,3238 6246	-152 9690
49	0,4488 8840	40 6001	-0,3162 9345	-160 1899	-0,3391 5936	-160 2242
0,50	0,4529 4841	38 7396	-0,3323 1244	-167 8780	-0,3551 8178	-167 9040
51	0,4568 2237	36 8796	-0,3491 0024	-176 0208	-0,3719 7218	-176 0402
52	0,4605 1033	35 0216	-0,3667 0232	-184 6547	-0,3895 7620	-184 6692
53	0,4640 1249	33 1680	-0,3851 6779	-193 8192	-0,4080 4312	-193 8297
54	0,4673 2929	31 3214	-0,4045 4971	-203 5583	-0,4274 2609	-203 5658
0,55	0,4704 6143		-0,4249 0554		-0,4477 8267	

z = 0,85

q	lg $\frac{\text{sn u}}{\sin x}$	Δ	lg $\frac{\text{cn u}}{\cos x}$	Δ	lg dn u	Δ
0,00	0,0000 0000	158 8596	-0,0000 0000	-13 4046	-0,0000 0000	-26 0666
01	0,0158 8596	155 2735	-0,0013 4046	-14 1745	-0,0026 0666	-26 1203
02	0,0314 1331	151 7937	-0,0027 5791	-14 9720	-0,0052 1869	-26 2277
03	0,0465 9268	148 4163	-0,0042 5511	-15 7980	-0,0078 4146	-26 3891
04	0,0614 3431	145 1379	-0,0058 3491	-16 6532	-0,0104 8037	-26 6048
0,05	0,0759 4810	141 9547	-0,0075 0023	-17 5384	-0,0131 4085	-26 8753
06	0,0901 4357	138 8636	-0,0092 5407	-18 4548	-0,0158 2838	-27 2013
07	0,1040 2993	135 8613	-0,0110 9955	-19 4030	-0,0185 4851	-27 5831
08	0,1176 1606	132 9447	-0,0130 3985	-20 3846	-0,0213 0682	-28 0218
09	0,1309 1053	130 1107	-0,0150 7831	-21 4006	-0,0241 0900	-28 5184
0,10	0,1439 2160	127 3564	-0,0172 1837	-22 4523	-0,0269 6084	-29 0737
11	0,1566 5724	124 6787	-0,0194 6360	-23 5414	-0,0298 6821	-29 6889
12	0,1691 2511	122 0749	-0,0218 1774	-24 6696	-0,0328 3710	-30 3656
13	0,1813 3260	119 5422	-0,0242 8470	-25 8383	-0,0358 7366	-31 1049
14	0,1932 8682	117 0778	-0,0268 6853	-27 0501	-0,0389 8415	-31 9087
0,15	0,2049 9460		-0,0295 7354		-0,0421 7502	

z = 0,85

q	$\lg \frac{\text{sn } u}{\sin x}$	Δ	$\lg \frac{\text{cn } u}{\cos x}$	Δ	lg dn u	Δ
0,15	0,2049 9460	114 6788	-0,0295 7354	-28 3064	-0,0421 7502	-32 7785
16	0,2164 6248	112 3427	-0,0324 0418	-29 6099	-0,0454 5287	-33 7163
17	0,2276 9675	110 0665	-0,0353 6517	-30 9631	-0,0488 2450	-34 7241
18	0,2387 0340	107 8477	-0,0384 6148	-32 3685	-0,0522 9691	-35 8044
19	0,2494 8817	105 6835	-0,0416 9833	-33 8290	-0,0558 7735	-36 9592
0,20	0,2600 5652	103 5710	-0,0450 8123	-35 3478	-0,0595 7327	-38 1914
21	0,2704 1362	101 5078	-0,0486 1601	-36 9280	-0,0633 9241	-39 5037
22	0,2805 6440	99 4908	-0,0523 0881	-38 5734	-0,0673 4278	-40 8992
23	0,2905 1348	97 5175	-0,0561 6615	-40 2876	-0,0714 3270	-42 3810
24	0,3002 6523	95 5849	-0,0601 9491	-42 0750	-0,0756 7080	-43 9528
0,25	0,3098 2372	93 6903	-0,0644 0241	-43 9395	-0,0800 6608	-45 6181
26	0,3191 9275	91 8306	-0,0687 9636	-45 8861	-0,0846 2789	-47 3811
27	0,3283 7581	90 0035	-0,0733 8497	-47 9198	-0,0893 6600	-49 2462
28	0,3373 7616	88 2055	-0,0781 7695	-50 0458	-0,0942 9062	-51 2178
29	0,3461 9671	86 4342	-0,0831 8153	-52 2696	-0,0994 1240	-53 3011
0,30	0,3548 4013	84 6862	-0,0884 0849	-54 5977	-0,1047 4251	-55 5014
31	0,3633 0875	82 9591	-0,0938 6826	-57 0362	-0,1102 9265	-57 8244
32	0,3716 0466	81 2494	-0,0995 7188	-59 5922	-0,1160 7509	-60 2764
33	0,3797 2960	79 5549	-0,1055 3110	-62 2729	-0,1221 0273	-62 8638
34	0,3876 8509	77 8720	-0,1117 5839	-65 0865	-0,1283 8911	-65 5941
0,35	0,3954 7229	76 1980	-0,1182 6704	-68 0410	-0,1349 4852	-68 4748
36	0,4030 9209	74 5303	-0,1250 7114	-71 1456	-0,1417 9600	-71 5141
37	0,4105 4512	72 8658	-0,1321 8570	-74 4101	-0,1489 4741	-74 7212
38	0,4178 3170	71 2017	-0,1396 2671	-77 8444	-0,1564 1953	-78 1056
39	0,4249 5187	69 5355	-0,1474 1115	-81 4600	-0,1642 3009	-81 6776
0,40	0,4319 0542	67 8642	-0,1555 5715	-85 2685	-0,1723 9785	-85 4485
41	0,4386 9184	66 1855	-0,1640 8400	-89 2826	-0,1809 4270	-89 4306
42	0,4453 1039	64 4969	-0,1730 1226	-93 5164	-0,1898 8576	-93 6370
43	0,4517 6008	62 7960	-0,1823 6390	-97 9842	-0,1992 4946	-98 0817
44	0,4580 3968	61 0808	-0,1921 6232	-102 7024	-0,2090 5763	-102 7806
0,45	0,4641 4776	59 3492	-0,2024 3256	-107 6881	-0,2193 3569	-107 7502
46	0,4700 8268	57 5994	-0,2132 0137	-112 9600	-0,2301 1071	-113 0089
47	0,4758 4262	55 8298	-0,2244 9737	-118 5388	-0,2414 1160	-118 5768
48	0,4814 2560	54 0391	-0,2363 5125	-124 4462	-0,2532 6928	-124 4755
49	0,4868 2951	52 2263	-0,2487 9587	-130 7067	-0,2657 1683	-130 7290
0,50	0,4920 5214	50 3906	-0,2618 6654	-137 3466	-0,2787 8973	-137 3634
51	0,4970 9120	48 5318	-0,2756 0120	-144 3949	-0,2925 2607	-144 4074
52	0,5019 4438	46 6497	-0,2900 4069	-151 8838	-0,3069 6681	-151 8930
53	0,5066 0935	44 7447	-0,3052 2907	-159 8479	-0,3221 5611	-159 8545
54	0,5110 8382	42 8178	-0,3212 1386	-168 3264	-0,3381 4156	-168 3310
0,55	0,5153 6560		-0,3380 4650		-0,3549 7466	

z = 0,90

q	$\lg \frac{\text{sn } u}{\sin x}$	Δ	$\lg \frac{\text{cn } u}{\cos x}$	Δ	lg dn u	Δ
0,00	0,0000 0000	163 2364	-0,0000 0000	-8 9409	-0,0000 0000	-17 3781
01	0,0163 2364	159 7235	-0,0008 9409	-9 4639	-0,0017 3781	-17 4157
02	0,0322 9599	156 3245	-0,0018 4048	-10 0063	-0,0034 7938	-17 4912
03	0,0479 2844	153 0359	-0,0028 4111	-10 5689	-0,0052 2850	-17 6046
04	0,0632 3203	149 8539	-0,0038 9800	-11 1522	-0,0069 8896	-17 7562
0,05	0,0782 1742	146 7748	-0,0050 1322	-11 7569	-0,0087 6458	-17 9465
06	0,0928 9490	143 7956	-0,0061 8891	-12 3838	-0,0105 5923	-18 1757
07	0,1072 7446	140 9126	-0,0074 2729	-13 0338	-0,0123 7680	-18 4445
08	0,1213 6572	138 1229	-0,0087 3067	-13 7076	-0,0142 2125	-18 7535
09	0,1351 7801	135 4236	-0,0101 0143	-14 4063	-0,0160 9660	-19 1036
0,10	0,1487 2037	132 8113	-0,0115 4206	-15 1310	-0,0180 0696	-19 4953
11	0,1620 0150	130 2833	-0,0130 5516	-15 8828	-0,0199 5649	-19 9299
12	0,1750 2983	127 8368	-0,0146 4344	-16 6633	-0,0219 4948	-20 4083
13	0,1878 1351	125 4690	-0,0163 0977	-17 4736	-0,0239 9031	-20 9316
14	0,2003 6041	123 1769	-0,0180 5713	-18 3155	-0,0260 8347	-21 5012
0,15	0,2126 7810	120 9582	-0,0198 8868	-19 1904	-0,0282 3359	-22 1186
16	0,2247 7392	118 8098	-0,0218 0772	-20 1005	-0,0304 4545	-22 7851
17	0,2366 5490	116 7291	-0,0238 1777	-21 0474	-0,0327 2396	-23 5026
18	0,2483 2781	114 7135	-0,0259 2251	-22 0335	-0,0350 7422	-24 2728
19	0,2597 9916	112 7601	-0,0281 2586	-23 0612	-0,0375 0150	-25 0977
0,20	0,2710 7517	110 8663	-0,0304 3198	-24 1326	-0,0400 1127	-25 9797
21	0,2821 6180	109 0294	-0,0328 4524	-25 2509	-0,0426 0924	-26 9207
22	0,2930 6474	107 2466	-0,0353 7033	-26 4185	-0,0453 0131	-27 9234
23	0,3037 8940	105 5151	-0,0380 1218	-27 6387	-0,0480 9365	-28 9907
24	0,3143 4091	103 8320	-0,0407 7605	-28 9151	-0,0509 9272	-30 1252
0,25	0,3247 2411	102 1945	-0,0436 6756	-30 2509	-0,0540 0524	-31 3303
26	0,3349 4356	100 5997	-0,0466 9265	-31 6502	-0,0571 3827	-32 6092
27	0,3450 0353	99 0447	-0,0498 5767	-33 1169	-0,0603 9919	-33 9658
28	0,3549 0800	97 5264	-0,0531 6936	-34 6556	-0,0637 9577	-35 4039
29	0,3646 6064	96 0417	-0,0566 3492	-36 2709	-0,0673 3616	-36 9276
0,30	0,3742 6481	94 5875	-0,0602 6201	-37 9681	-0,0710 2892	-38 5419
31	0,3837 2356	93 1607	-0,0640 5882	-39 7523	-0,0748 8311	-40 2513
32	0,3930 3963	91 7582	-0,0680 3405	-41 6296	-0,0789 0824	-42 0615
33	0,4022 1545	90 3763	-0,0721 9701	-43 6062	-0,0831 1439	-43 9779
34	0,4112 5308	89 0121	-0,0765 5763	-45 6888	-0,0875 1218	-46 0071
0,35	0,4201 5429	87 6619	-0,0811 2651	-47 8845	-0,0921 1289	-48 1553
36	0,4289 2048	86 3225	-0,0859 1496	-50 2009	-0,0969 2842	-50 4304
37	0,4375 5273	84 9902	-0,0909 3505	-52 6468	-0,1019 7146	-52 8396
38	0,4460 5175	83 6614	-0,0961 9973	-55 2305	-0,1072 5542	-55 3916
39	0,4544 1789	82 3327	-0,1017 2278	-57 9619	-0,1127 9458	-58 0957
0,40	0,4626 5116		-0,1075 1897		-0,1186 0415	

z = 0,90

q	$\lg \frac{\text{sn u}}{\sin x}$	Δ	$\lg \frac{\text{cn u}}{\cos x}$	Δ	lg dn u	Δ
0,40	0,4626 5116	81 0005	-0,1075 1897	-60 8514	-0,1186 0415	-60 9615
41	0,4707 5121	79 6610	-0,1136 0411	-63 9099	-0,1247 0030	-64 0000
42	0,4787 1731	78 3105	-0,1199 9510	-67 1496	-0,1311 0030	-67 2226
43	0,4865 4836	76 9453	-0,1267 1006	-70 5833	-0,1378 2256	-70 6420
44	0,4942 4289	75 5618	-0,1337 6839	-74 2251	-0,1448 8676	-74 2720
0,45	0,5017 9907	74 1563	-0,1411 9090	-78 0903	-0,1523 1396	-78 1272
46	0,5092 1470	72 7251	-0,1489 9993	-82 1951	-0,1601 2668	-82 2240
47	0,5164 8721	71 2646	-0,1572 1944	-86 5577	-0,1683 4908	-86 5800
48	0,5236 1367	69 7709	-0,1658 7521	-91 1975	-0,1770 0708	-91 2145
49	0,5305 9076	68 2411	-0,1749 9496	-96 1355	-0,1861 2853	-96 1485
0,50	0,5374 1487	66 6714	-0,1846 0851	-101 3952	-0,1957 4338	-101 4048
51	0,5440 8201	65 0587	-0,1947 4803	-107 0017	-0,2058 8386	-107 0088
52	0,5505 8788	63 4001	-0,2054 4820	-112 9828	-0,2165 8474	-112 9880
53	0,5569 2789	61 6924	-0,2167 4648	-119 3694	-0,2278 8354	-119 3730
54	0,5630 9713	59 9332	-0,2286 8342	-126 1946	-0,2398 2084	-126 1972
0,55	0,5690 9045		-0,2413 0288		-0,2524 4056	

z = 0,95

q	$\lg \frac{\text{sn u}}{\sin x}$	Δ	$\lg \frac{\text{cn u}}{\cos x}$	Δ	lg dn u	Δ
0,00	0,0000 0000	167 6178	-0,0000 0000	-4 4727	-0,0000 0000	-8 6892
01	0,0167 6178	164 1875	-0,0004 4727	-4 7391	-0,0008 6892	-8 7090
02	0,0331 8053	160 8803	-0,0009 2118	-5 0157	-0,0017 3982	-8 7488
03	0,0492 6856	157 6922	-0,0014 2275	-5 3030	-0,0026 1470	-8 8084
04	0,0650 3778	154 6197	-0,0019 5305	-5 6014	-0,0034 9554	-8 8884
0,05	0,0804 9975	151 6592	-0,0025 1319	-5 9112	-0,0043 8438	-8 9885
06	0,0956 6567	148 8076	-0,0031 0431	-6 2328	-0,0052 8323	-9 1095
07	0,1105 4643	146 0614	-0,0037 2759	-6 5670	-0,0061 9418	-9 2513
08	0,1251 5257	143 4178	-0,0043 8429	-6 9139	-0,0071 1931	-9 4144
09	0,1394 9435	140 8738	-0,0050 7568	-7 2744	-0,0080 6075	-9 5995
0,10	0,1535 8173	138 4266	-0,0058 0312	-7 6490	-0,0090 2070	-9 8067
11	0,1674 2439	136 0734	-0,0065 6802	-8 0385	-0,0100 0137	-10 0368
12	0,1810 3173	133 8115	-0,0073 7187	-8 4437	-0,0110 0505	-10 2905
13	0,1944 1288	131 6384	-0,0082 1624	-8 8652	-0,0120 3410	-10 5684
14	0,2075 7672	129 5515	-0,0091 0276	-9 3044	-0,0130 9094	-10 8712
0,15	0,2205 3187		-0,0100 3320		-0,0141 7806	

z = 0,95

q	$\lg \frac{\mathrm{sn}\,u}{\sin x}$	Δ	$\lg \frac{\mathrm{cn}\,u}{\cos x}$	Δ	lg dn u	Δ
0,15	0,2205 3187	127 5485	-0,0100 3320	-9 7619	-0,0141 7806	-11 2001
16	0,2332 8672	125 6266	-0,0110 0939	-10 2390	-0,0152 9807	-11 5555
17	0,2458 4938	123 7835	-0,0120 3329	-10 7367	-0,0164 5362	-11 9390
18	0,2582 2773	122 0171	-0,0131 0696	-11 2567	-0,0176 4752	-12 3513
19	0,2704 2944	120 3246	-0,0142 3263	-11 8000	-0,0188 8265	-12 7941
0,20	0,2824 6190	118 7040	-0,0154 1263	-12 3683	-0,0201 6206	-13 2682
21	0,2943 3230	117 1526	-0,0166 4946	-12 9633	-0,0214 8888	-13 7754
22	0,3060 4756	115 6683	-0,0179 4579	-13 5866	-0,0228 6642	-14 3172
23	0,3176 1439	114 2485	-0,0193 0445	-14 2404	-0,0242 9814	-14 8953
24	0,3290 3924	112 8908	-0,0207 2849	-14 9266	-0,0257 8767	-15 5115
0,25	0,3403 2832	111 5930	-0,0222 2115	-15 6473	-0,0273 3882	-16 1682
26	0,3514 8762	110 3523	-0,0237 8588	-16 4054	-0,0289 5564	-16 8668
27	0,3625 2285	109 1664	-0,0254 2642	-17 2030	-0,0306 4232	-17 6107
28	0,3734 3949	108 0326	-0,0271 4672	-18 0432	-0,0324 0339	-18 4015
29	0,3842 4275	106 9486	-0,0289 5104	-18 9290	-0,0342 4354	-19 2427
0,30	0,3949 3761	105 9113	-0,0308 4394	-19 8637	-0,0361 6781	-20 1371
31	0,4055 2874	104 9184	-0,0328 3031	-20 8508	-0,0381 8152	-21 0877
32	0,4160 2058	103 9670	-0,0349 1539	-21 8942	-0,0402 9029	-22 0986
33	0,4264 1728	103 0540	-0,0371 0481	-22 9979	-0,0425 0015	-23 1734
34	0,4367 2268	102 1769	-0,0394 0460	-24 1665	-0,0448 1749	-24 3162
0,35	0,4469 4037	101 3323	-0,0418 2125	-25 4049	-0,0472 4911	-25 5319
36	0,4570 7360	100 5175	-0,0443 6174	-26 7183	-0,0498 0230	-26 8253
37	0,4671 2535	99 7290	-0,0470 3357	-28 1121	-0,0524 8483	-28 2018
38	0,4770 9825	98 9637	-0,0498 4478	-29 5929	-0,0553 0501	-29 6675
39	0,4869 9462	98 2181	-0,0528 0407	-31 1671	-0,0582 7176	-31 2287
0,40	0,4968 1643	97 4889	-0,0559 2078	-32 8420	-0,0613 9463	-32 8926
41	0,5065 6532	96 7720	-0,0592 0498	-34 6256	-0,0646 8389	-34 6666
42	0,5162 4252	96 0642	-0,0626 6754	-36 5263	-0,0681 5055	-36 5596
43	0,5258 4894	95 3612	-0,0663 2017	-38 5537	-0,0718 0651	-38 5802
44	0,5353 8506	94 6591	-0,0701 7554	-40 7179	-0,0756 6453	-40 7388
0,45	0,5448 5097	93 9532	-0,0742 4733	-43 0298	-0,0797 3841	-43 0463
46	0,5542 4629	93 2403	-0,0785 5031	-45 5022	-0,0840 4304	-45 5150
47	0,5635 7032	92 5143	-0,0831 0053	-48 1476	-0,0885 9454	-48 1574
48	0,5728 2175	91 7710	-0,0879 1529	-50 9815	-0,0934 1028	-50 9890
49	0,5819 9885	91 0053	-0,0930 1344	-54 0194	-0,0985 0918	-54 0250
0,50	0,5910 9938	90 2121	-0,0984 1538	-57 2793	-0,1039 1168	-57 2834
51	0,6001 2059	89 3854	-0,1041 4331	-60 7803	-0,1096 4002	-60 7833
52	0,6090 5913	88 5198	-0,1102 2134	-64 5441	-0,1157 1835	-64 5463
53	0,6179 1111	87 6088	-0,1166 7575	-68 5945	-0,1221 7298	-68 5960
54	0,6266 7199	86 6463	-0,1235 3520	-72 9572	-0,1290 3258	-72 9582
0,55	0,6353 3662		-0,1308 3092		-0,1363 2840	

z = 1,00

q	$\lg \frac{\text{sn } u}{\sin x}$	Δ	K(q)	Δ	K/E	Δ
0,00	0,0000 0000	172 0036	1,5707 9633	634 6023	1,0000 0000	815 6708
01	0,0172 0036	168 6659	1,6342 5656	647 1779	1,0815 6708	845 6279
02	0,0340 6695	165 4611	1,6989 7435	659 7780	1,1661 2987	873 3794
03	0,0506 1306	162 3857	1,7649 5215	672 4205	1,2534 6781	898 7943
04	0,0668 5163	159 4361	1,8321 9420	685 1255	1,3433 4724	921 7984
0,05	0,0827 9524	156 6091	1,9007 0675	697 9136	1,4355 2708	942 3707
06	0,0984 5615	153 9014	1,9704 9811	710 8079	1,5297 6415	960 5471
07	0,1138 4629	151 3103	2,0415 7890	723 8318	1,6258 1886	976 4128
08	0,1289 7732	148 8328	2,1139 6208	737 0120	1,7234 6014	990 0998
09	0,1438 6060	146 4665	2,1876 6328	750 3749	1,8224 7012	1001 7814
0,10	0,1585 0725	144 2087	2,2627 0077	763 9494	1,9226 4826	1011 6616
11	0,1729 2812	142 0571	2,3390 9571	777 7660	2,0238 1442	1019 9729
12	0,1871 3383	140 0096	2,4168 7231	791 8565	2,1258 1171	1026 9644
13	0,2011 3479	138 0639	2,4960 5796	806 2543	2,2285 0815	1032 8966
14	0,2149 4118	136 2181	2,5766 8339	820 9944	2,3317 9781	1038 0357
0,15	0,2285 6299	134 4702	2,6587 8283	836 1139	2,4356 0138	1042 6448
16	0,2420 1001	132 8184	2,7423 9422	851 6508	2,5398 6586	1046 9822
17	0,2552 9185	131 2608	2,8275 5930	867 6455	2,6445 6408	1051 2947
18	0,2684 1793	129 7962	2,9143 2385	884 1401	2,7496 9355	1055 8171
19	0,2813 9755	128 4224	3,0027 3786	901 1788	2,8552 7526	1060 7673
0,20	0,2942 3979	127 1383	3,0928 5574	918 8068	2,9613 5199	1066 3472
21	0,3069 5362	125 9423	3,1847 3642	937 0727	3,0679 8671	1072 7411
22	0,3195 4785	124 8331	3,2784 4369	956 0262	3,1752 6082	1080 1157
23	0,3320 3116	123 8094	3,3740 4631	975 7205	3,2832 7239	1088 6218
24	0,3444 1210	122 8698	3,4716 1836	996 2093	3,3921 3457	1098 3928
0,25	0,3566 9908	122 0132	3,5712 3929	1017 5515	3,5019 7385	1109 5492
26	0,3689 0040	121 2385	3,6729 9444	1039 8067	3,6129 2877	1122 1978
27	0,3810 2425	120 5447	3,7769 7511	1063 0390	3,7251 4855	1136 4339
28	0,3930 7872	119 9307	3,8832 7901	1087 3143	3,8387 9194	1152 3438
29	0,4050 7179	119 3958	3,9920 1044	1112 7040	3,9540 2632	1170 0059
0,30	0,4170 1137	118 9388	4,1032 8084	1139 2820	4,0710 2691	1189 4923
31	0,4289 0525	118 5593	4,2172 0904	1167 1266	4,1899 7614	1210 8716
32	0,4407 6118	118 2565	4,3339 2170	1196 3214	4,3110 6330	1234 2098
33	0,4525 8683	118 0298	4,4535 5384	1226 9553	4,4344 8428	1259 5719
34	0,4643 8981	117 8787	4,5762 4937	1259 1221	4,5604 4147	1287 0247
0,35	0,4761 7768	117 8027	4,7021 6158	1292 9220	4,6891 4394	1316 6374
36	0,4879 5795	117 8020	4,8314 5378	1328 4626	4,8208 0768	1348 4833
37	0,4997 3815	117 8759	4,9643 0004	1365 8590	4,9556 5601	1382 6419
38	0,5115 2574	118 0246	5,1008 8594	1405 2344	5,0939 2020	1419 2006
39	0,5233 2820	118 2485	5,2414 0938	1446 7219	5,2358 4026	1458 2548
0,40	0,5351 5305		5,3860 8157		5,3816 6574	

$\lg \frac{\text{cn } u}{\cos x} = \Theta$ $\qquad$ $\lg \text{dn } u = \Theta$

z = 1,00

q	$\lg \frac{\text{sn } u}{\sin x}$	Δ	K(q)	Δ	K/E	Δ
0,40	0,5351 5305	118 5475	5,3860 8157	1490 4644	5,3816 6574	1499 9122
41	0,5470 0780	118 9221	5,5351 2801	1536 6172	5,5316 5696	1544 2915
42	0,5589 0001	119 3731	5,6887 8973	1585 3476	5,6860 8611	1591 5266
43	0,5708 3732	119 9013	5,8473 2449	1636 8377	5,8452 3877	1641 7666
44	0,5828 2745	120 5076	6,0110 0826	1691 2857	6,0094 1543	1695 1790
0,45	0,5948 7821	121 1935	6,1801 3683	1748 9071	6,1789 3333	1751 9502
46	0,6069 9756	121 9603	6,3550 2754	1809 9380	6,3541 2835	1812 2917
47	0,6191 9359	122 8097	6,5360 2134	1874 6366	6,5353 5752	1876 4356
48	0,6314 7456	123 7442	6,7234 8500	1943 2859	6,7230 0108	1944 6441
49	0,6438 4898	124 7657	6,9178 1359	2016 1972	6,9174 6549	2017 2094
0,50	0,6563 2555	125 8772	7,1194 3331	2093 7136	7,1191 8643	2094 4575
51	0,6689 1327	127 0817	7,3288 0467	2176 2134	7,3286 3218	2176 7524
52	0,6816 2144	128 3828	7,5464 2601	2264 1158	7,5463 0742	2264 5000
53	0,6944 5972	129 7842	7,7728 3759	2357 8849	7,7727 5742	2358 1544
54	0,7074 3814	131 2906	8,0086 2608	2458 0369	8,0085 7286	2458 2226
0,55	0,7205 6720		8,2544 2977		8,2543 9512	

$\lg \frac{\text{cn } u}{\cos x} = \Theta$ $\qquad$ $\lg \text{dn } u = \Theta$

Tabelle VII

Tafeln für die Umrechnung zwischen dem Legendreschen Modul Θ und dem Jacobischen Parameter q mit Werten für

$$\frac{1}{1-q};\quad K;\quad \frac{K}{E}$$

in Abhängigkeit von $-\lg\cos\Theta = -\lg k'$

für $-\lg k'$ von 0,000 bis 3,000 in Schritten von 0,005

Table VII

Conversion tables for Legendre's Modulus Θ and Jacobi's Parameter q with Values of

$$\frac{1}{1-q};\quad K;\quad \frac{K}{E}$$

as functions of $-\log\cos\Theta = -\log k'$,

when $-\log k'$ increases from 0·000 to 3·000 with increments of 0·005

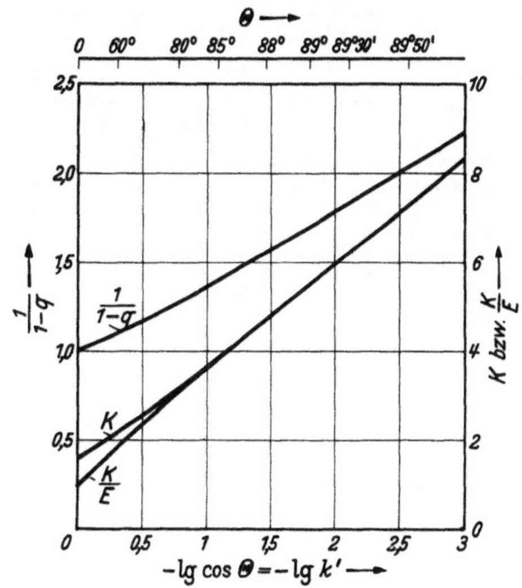

Abb. 11. Zur Umrechnung zwischen Θ und q
K = vollständiges elliptisches Integral erster Gattung
E = vollständiges elliptisches Integral zweiter Gattung

Fig. 11. Conversion from Θ to q
K = complete elliptical integral, first kind
E = complete elliptical integral, second kind

-lg k'	$\frac{1}{1-q}$	Δ	K(q)	Δ	K/E	Δ
0,000	1,0000 0000	+14 4119	1,5707 9633	+90 5521	1,0000 0000	+115 4594
05	1,0014 4119	14 4532	1,5798 5154	90 8110	1,0115 4594	116 1143
10	1,0028 8651	14 4945	1,5889 3264	91 0681	1,0231 5737	116 7616
15	1,0043 3596	14 5357	1,5980 3945	91 3239	1,0348 3353	117 4007
20	1,0057 8953	14 5770	1,6071 7184	91 5781	1,0465 7360	118 0319
0,025	1,0072 4723	14 6180	1,6163 2965	91 8307	1,0583 7679	118 6548
30	1,0087 0903	14 6590	1,6255 1272	92 0818	1,0702 4227	119 2692
35	1,0101 7493	14 7001	1,6347 2090	92 3313	1,0821 6919	119 8754
40	1,0116 4494	14 7409	1,6439 5403	92 5792	1,0941 5673	120 4728
45	1,0131 1903	14 7817	1,6532 1195	92 8257	1,1062 0401	121 0616
0,050	1,0145 9720	14 8224	1,6624 9452	93 0704	1,1183 1017	121 6415
55	1,0160 7944	14 8632	1,6718 0156	93 3136	1,1304 7432	122 2127
60	1,0175 6576	14 9037	1,6811 3292	93 5552	1,1426 9559	122 7747
65	1,0190 5613	14 9442	1,6904 8844	93 7951	1,1549 7306	123 3278
70	1,0205 5055	14 9846	1,6998 6795	94 0336	1,1673 0584	123 8717
0,075	1,0220 4901	15 0250	1,7092 7131	94 2702	1,1796 9301	124 4062
80	1,0235 5151	15 0652	1,7186 9833	94 5054	1,1921 3363	124 9316
85	1,0250 5803	15 1054	1,7281 4887	94 7388	1,2046 2679	125 4474
90	1,0265 6857	15 1455	1,7376 2275	94 9706	1,2171 7153	125 9540
95	1,0280 8312	15 1855	1,7471 1981	95 2009	1,2297 6693	126 4509
0,100	1,0296 0167	15 2254	1,7566 3990	95 4293	1,2424 1202	126 9382
05	1,0311 2421	15 2651	1,7661 8283	95 6562	1,2551 0584	127 4160
10	1,0326 5072	15 3049	1,7757 4845	95 8815	1,2678 4744	127 8841
15	1,0341 8121	15 3445	1,7853 3660	96 1050	1,2806 3585	128 3426
20	1,0357 1566	15 3840	1,7949 4710	96 3268	1,2934 7011	128 7912
0,125	1,0372 5406	15 4235	1,8045 7978	96 5470	1,3063 4923	129 2300
30	1,0387 9641	15 4628	1,8142 3448	96 7656	1,3192 7223	129 6592
35	1,0403 4269	15 5020	1,8239 1104	96 9824	1,3322 3815	130 0785
40	1,0418 9289	15 5411	1,8336 0928	97 1976	1,3452 4600	130 4880
45	1,0434 4700	15 5801	1,8433 2904	97 4110	1,3582 9480	130 8876
0,150	1,0450 0501	15 6190	1,8530 7014	97 6228	1,3713 8356	131 2774
55	1,0465 6691	15 6579	1,8628 3242	97 8329	1,3845 1130	131 6573
60	1,0481 3270	15 6965	1,8726 1571	98 0414	1,3976 7703	132 0275
65	1,0497 0235	15 7351	1,8824 1985	98 2480	1,4108 7978	132 3877
70	1,0512 7586	15 7736	1,8922 4465	98 4530	1,4241 1855	132 7382
0,175	1,0528 5322	15 8120	1,9020 8995	98 6564	1,4373 9237	133 0789
80	1,0544 3442	15 8502	1,9119 5559	98 8580	1,4507 0026	133 4098
85	1,0560 1944	15 8883	1,9218 4139	99 0579	1,4640 4124	133 7310
90	1,0576 0827	15 9264	1,9317 4718	99 2561	1,4774 1434	134 0424
95	1,0592 0091	15 9643	1,9416 7279	99 4528	1,4908 1858	134 3442
0,200	1,0607 9734		1,9516 1807		1,5042 5300	

$-\lg k' = -\lg \cos \Theta$

-lg k'	$\frac{1}{1-q}$	Δ	K(q)	Δ	K/E	Δ
0,200	1,0607 9734	+16 0021	1,9516 1807	+99 6475	1,5042 5300	+134 6363
05	1,0623 9755	16 0397	1,9615 8282	99 8407	1,5177 1663	134 9188
10	1,0640 0152	16 0773	1,9715 6689	100 0322	1,5312 0851	135 1919
15	1,0656 0925	16 1147	1,9815 7011	100 2219	1,5447 2770	135 4553
20	1,0672 2072	16 1521	1,9915 9230	100 4100	1,5582 7323	135 7095
0,225	1,0688 3593	16 1892	2,0016 3330	100 5964	1,5718 4418	135 9541
30	1,0704 5485	16 2262	2,0116 9294	100 7811	1,5854 3959	136 1895
35	1,0720 7747	16 2633	2,0217 7105	100 9641	1,5990 5854	136 4156
40	1,0737 0380	16 3000	2,0318 6746	101 1456	1,6127 0010	136 6326
45	1,0753 3380	16 3367	2,0419 8202	101 3251	1,6263 6336	136 8405
0,250	1,0769 6747	16 3732	2,0521 1453	101 5032	1,6400 4741	137 0394
55	1,0786 0479	16 4097	2,0622 6485	101 6795	1,6537 5135	137 2292
60	1,0802 4576	16 4460	2,0724 3280	101 8541	1,6674 7427	137 4103
65	1,0818 9036	16 4821	2,0826 1821	102 0271	1,6812 1530	137 5826
70	1,0835 3857	16 5182	2,0928 2092	102 1985	1,6949 7356	137 7462
0,275	1,0851 9039	16 5541	2,1030 4077	102 3681	1,7087 4818	137 9013
80	1,0868 4580	16 5898	2,1132 7758	102 5362	1,7225 3831	138 0477
85	1,0885 0478	16 6255	2,1235 3120	102 7025	1,7363 4308	138 1860
90	1,0901 6733	16 6610	2,1338 0145	102 8673	1,7501 6168	138 3158
95	1,0918 3343	16 6963	2,1440 8818	103 0304	1,7639 9326	138 4374
0,300	1,0935 0306	16 7316	2,1543 9122	103 1918	1,7778 3700	138 5511
05	1,0951 7622	16 7666	2,1647 1040	103 3517	1,7916 9211	138 6566
10	1,0968 5288	16 8016	2,1750 4557	103 5100	1,8055 5777	138 7544
15	1,0985 3304	16 8365	2,1853 9657	103 6665	1,8194 3321	138 8443
20	1,1002 1669	16 8711	2,1957 6322	103 8216	1,8333 1764	138 9267
0,325	1,1019 0380	16 9056	2,2061 4538	103 9750	1,8472 1031	139 0015
30	1,1035 9436	16 9400	2,2165 4288	104 1268	1,8611 1046	139 0689
35	1,1052 8836	16 9742	2,2269 5556	104 2770	1,8750 1735	139 1290
40	1,1069 8578	17 0084	2,2373 8326	104 4256	1,8889 3025	139 1818
45	1,1086 8662	17 0424	2,2478 2582	104 5727	1,9028 4843	139 2278
0,350	1,1103 9086	17 0761	2,2582 8309	104 7183	1,9167 7121	139 2666
55	1,1120 9847	17 1099	2,2687 5492	104 8622	1,9306 9787	139 2987
60	1,1138 0946	17 1433	2,2792 4114	105 0045	1,9446 2774	139 3241
65	1,1155 2379	17 1768	2,2897 4159	105 1454	1,9585 6015	139 3429
70	1,1172 4147	17 2100	2,3002 5613	105 2848	1,9724 9444	139 3554
0,375	1,1189 6247	17 2431	2,3107 8461	105 4225	1,9864 2998	139 3613
80	1,1206 8678	17 2761	2,3213 2686	105 5587	2,0003 6611	139 3612
85	1,1224 1439	17 3089	2,3318 8273	105 6935	2,0143 0223	139 3550
90	1,1241 4528	17 3415	2,3424 5208	105 8268	2,0282 3773	139 3428
95	1,1258 7943	17 3741	2,3530 3476	105 9585	2,0421 7201	139 3248
0,400	1,1276 1684		2,3636 3061		2,0561 0449	

$- \lg k' = -\lg \cos \Theta$

-lg k'	$\frac{1}{1-q}$	Δ	K(q)	Δ	K/E	Δ
0,400	1,1276 1684	+17 4064	2,3636 3061	+106 0888	2,0561 0449	+139 3011
05	1,1293 5748	17 4386	2,3742 3949	106 2176	2,0700 3460	139 2719
10	1,1311 0134	17 4708	2,3848 6125	106 3449	2,0839 6179	139 2372
15	1,1328 4842	17 5026	2,3954 9574	106 4707	2,0978 8551	139 1971
20	1,1345 9868	17 5344	2,4061 4281	106 5951	2,1118 0522	139 1519
0,425	1,1363 5212	17 5660	2,4168 0232	106 7181	2,1257 2041	139 1017
30	1,1381 0872	17 5975	2,4274 7413	106 8397	2,1396 3058	139 0465
35	1,1398 6847	17 6289	2,4381 5810	106 9597	2,1535 3523	138 9864
40	1,1416 3136	17 6600	2,4488 5407	107 0785	2,1674 3387	138 9217
45	1,1433 9736	17 6910	2,4595 6192	107 1957	2,1813 2604	138 8524
0,450	1,1451 6646	17 7219	2,4702 8149	107 3116	2,1952 1128	138 7786
55	1,1469 3865	17 7527	2,4810 1265	107 4261	2,2090 8914	138 7006
60	1,1487 1392	17 7832	2,4917 5526	107 5393	2,2229 5920	138 6184
65	1,1504 9224	17 8136	2,5025 0919	107 6510	2,2368 2104	138 5320
70	1,1522 7360	17 8439	2,5132 7429	107 7615	2,2506 7424	138 4418
0,475	1,1540 5799	17 8740	2,5240 5044	107 8705	2,2645 1842	138 3474
80	1,1558 4539	17 9040	2,5348 3749	107 9783	2,2783 5316	138 2497
85	1,1576 3579	17 9339	2,5456 3532	108 0846	2,2921 7813	138 1482
90	1,1594 2918	17 9634	2,5564 4378	108 1898	2,3059 9295	138 0433
95	1,1612 2552	17 9931	2,5672 6276	108 2935	2,3197 9728	137 9348
0,500	1,1630 2483	18 0224	2,5780 9211	108 3961	2,3335 9076	137 8233
05	1,1648 2707	18 0516	2,5889 3172	108 4972	2,3473 7309	137 7085
10	1,1666 3223	18 0806	2,5997 8144	108 5972	2,3611 4394	137 5908
15	1,1684 4029	18 1096	2,6106 4116	108 6959	2,3749 0302	137 4699
20	1,1702 5125	18 1384	2,6215 1075	108 7933	2,3886 5001	137 3464
0,525	1,1720 6509	18 1669	2,6323 9008	108 8895	2,4023 8465	137 2202
30	1,1738 8178	18 1954	2,6432 7903	108 9844	2,4161 0667	137 0912
35	1,1757 0132	18 2238	2,6541 7747	109 0782	2,4298 1579	136 9599
40	1,1775 2370	18 2519	2,6650 8529	109 1707	2,4435 1178	136 8260
45	1,1793 4889	18 2799	2,6760 0236	109 2620	2,4571 9438	136 6900
0,550	1,1811 7688	18 3077	2,6869 2856	109 3521	2,4708 6338	136 5516
55	1,1830 0765	18 3355	2,6978 6377	109 4411	2,4845 1854	136 4113
60	1,1848 4120	18 3631	2,7088 0788	109 5289	2,4981 5967	136 2688
65	1,1866 7751	18 3904	2,7197 6077	109 6155	2,5117 8655	136 1245
70	1,1885 1655	18 4177	2,7307 2232	109 7010	2,5253 9900	135 9783
0,575	1,1903 5832	18 4448	2,7416 9242	109 7853	2,5389 9683	135 8304
80	1,1922 0280	18 4718	2,7526 7095	109 8686	2,5525 7987	135 6809
85	1,1940 4998	18 4986	2,7636 5781	109 9507	2,5661 4796	135 5298
90	1,1958 9984	18 5253	2,7746 5288	110 0317	2,5797 0094	135 3773
95	1,1977 5237	18 5518	2,7856 5605	110 1116	2,5932 3867	135 2234
0,600	1,1996 0755		2,7966 6721		2,6067 6101	

+ lg k' = -lg cos Θ

-lg k'	$\frac{1}{1-q}$	Δ	K(q)	Δ	K/E	Δ
0,600	1,1996 0755	+18 5781	2,7966 6721	+110 1905	2,6067 6101	+135 0682
05	1,2014 6536	18 6044	2,8076 8626	110 2681	2,6202 6783	134 9117
10	1,2033 2580	18 6305	2,8187 1307	110 3449	2,6337 5900	134 7542
15	1,2051 8885	18 6563	2,8297 4756	110 4206	2,6472 3442	134 5956
20	1,2070 5448	18 6822	2,8407 8962	110 4951	2,6606 9398	134 4360
0,625	1,2089 2270	18 7078	2,8518 3913	110 5688	2,6741 3758	134 2755
30	1,2107 9348	18 7332	2,8628 9601	110 6413	2,6875 6513	134 1142
35	1,2126 6680	18 7586	2,8739 6014	110 7129	2,7009 7655	133 9522
40	1,2145 4266	18 7839	2,8850 3143	110 7834	2,7143 7177	133 7894
45	1,2164 2105	18 8088	2,8961 0977	110 8531	2,7277 5071	133 6261
0,650	1,2183 0193	18 8338	2,9071 9508	110 9216	2,7411 1332	133 4621
55	1,2201 8531	18 8585	2,9182 8724	110 9892	2,7544 5953	133 2978
60	1,2220 7116	18 8831	2,9293 8616	111 0560	2,7677 8931	133 1330
65	1,2239 5947	18 9076	2,9404 9176	111 1216	2,7811 0261	132 9679
70	1,2258 5023	18 9319	2,9516 0392	111 1865	2,7943 9940	132 8024
0,675	1,2277 4342	18 9562	2,9627 2257	111 2503	2,8076 7964	132 6367
80	1,2296 3904	18 9801	2,9738 4760	111 3134	2,8209 4331	132 4709
85	1,2315 3705	19 0041	2,9849 7894	111 3753	2,8341 9040	132 3049
90	1,2334 3746	19 0278	2,9961 1647	111 4365	2,8474 2089	132 1389
95	1,2353 4024	19 0514	3,0072 6012	111 4969	2,8606 3478	131 9729
0,700	1,2372 4538	19 0749	3,0184 0981	111 5562	2,8738 3207	131 8069
05	1,2391 5287	19 0983	3,0295 6543	111 6147	2,8870 1276	131 6410
10	1,2410 6270	19 1214	3,0407 2690	111 6725	2,9001 7686	131 4753
15	1,2429 7484	19 1446	3,0518 9415	111 7293	2,9133 2439	131 3097
20	1,2448 8930	19 1674	3,0630 6708	111 7853	2,9264 5536	131 1444
0,725	1,2468 0604	19 1902	3,0742 4561	111 8405	2,9395 6980	130 9794
30	1,2487 2506	19 2128	3,0854 2966	111 8949	2,9526 6774	130 8146
35	1,2506 4634	19 2354	3,0966 1915	111 9484	2,9657 4920	130 6503
40	1,2525 6988	19 2577	3,1078 1399	112 0013	2,9788 1423	130 4864
45	1,2544 9565	19 2800	3,1190 1412	112 0532	2,9918 6287	130 3230
0,750	1,2564 2365	19 3020	3,1302 1944	112 1044	3,0048 9517	130 1599
55	1,2583 5385	19 3241	3,1414 2988	112 1549	3,0179 1116	129 9975
60	1,2602 8626	19 3458	3,1526 4537	112 2046	3,0309 1091	129 8355
65	1,2622 2084	19 3676	3,1638 6583	112 2535	3,0438 9446	129 6743
70	1,2641 5760	19 3891	3,1750 9118	112 3017	3,0568 6189	129 5136
0,775	1,2660 9651	19 4105	3,1863 2135	112 3492	3,0698 1325	129 3536
80	1,2680 3756	19 4318	3,1975 5627	112 3960	3,0827 4861	129 1942
85	1,2699 8074	19 4530	3,2087 9587	112 4419	3,0956 6803	129 0356
90	1,2719 2604	19 4740	3,2200 4006	112 4874	3,1085 7159	128 8778
95	1,2738 7344	19 4950	3,2312 8880	112 5320	3,1214 5937	128 7207
0,800	1,2758 2294		3,2425 4200		3,1343 3144	

$-\lg k' = -\lg \cos \Theta$

-lg k'	$\frac{1}{1-q}$	Δ	K(q)	Δ	K/E	Δ
0,800	1,2758 2294	+19 5157	3,2425 4200	+112 5759	3,1343 3144	+128 5645
05	1,2777 7451	19 5363	3,2537 9959	112 6193	3,1471 8789	128 4090
10	1,2797 2814	19 5568	3,2650 6152	112 6618	3,1600 2879	128 2544
15	1,2816 8382	19 5773	3,2763 2770	112 7038	3,1728 5423	128 1007
20	1,2836 4155	19 5975	3,2875 9808	112 7452	3,1856 6430	127 9479
0,825	1,2856 0130	19 6176	3,2988 7260	112 7858	3,1984 5909	127 7960
30	1,2875 6306	19 6376	3,3101 5118	112 8258	3,2112 3869	127 6450
35	1,2895 2682	19 6575	3,3214 3376	112 8653	3,2240 0319	127 4951
40	1,2914 9257	19 6773	3,3327 2029	112 9041	3,2367 5270	127 3460
45	1,2934 6030	19 6969	3,3440 1070	112 9422	3,2494 8730	127 1980
0,850	1,2954 2999	19 7164	3,3553 0492	112 9798	3,2622 0710	127 0510
55	1,2974 0163	19 7357	3,3666 0290	113 0169	3,2749 1220	126 9050
60	1,2993 7520	19 7550	3,3779 0459	113 0532	3,2876 0270	126 7601
65	1,3013 5070	19 7742	3,3892 0991	113 0891	3,3002 7871	126 6162
70	1,3033 2812	19 7932	3,4005 1882	113 1244	3,3129 4033	126 4734
0,875	1,3053 0744	19 8120	3,4118 3126	113 1591	3,3255 8767	126 3317
80	1,3072 8864	19 8309	3,4231 4717	113 1932	3,3382 2084	126 1911
85	1,3092 7173	19 8495	3,4344 6649	113 2268	3,3508 3995	126 0515
90	1,3112 5668	19 8680	3,4457 8917	113 2599	3,3634 4510	125 9131
95	1,3132 4348	19 8864	3,4571 1516	113 2925	3,3760 3641	125 7758
0,900	1,3152 3212	19 9047	3,4684 4441	113 3245	3,3886 1399	125 6397
05	1,3172 2259	19 9229	3,4797 7686	113 3559	3,4011 7796	125 5046
10	1,3192 1488	19 9410	3,4911 1245	113 3870	3,4137 2842	125 3708
15	1,3212 0898	19 9589	3,5024 5115	113 4175	3,4262 6550	125 2381
20	1,3232 0487	19 9768	3,5137 9290	113 4475	3,4387 8931	125 1066
0,925	1,3252 0255	19 9944	3,5251 3765	113 4770	3,4512 9997	124 9761
30	1,3272 0199	20 0121	3,5364 8535	113 5060	3,4637 9758	124 8470
35	1,3292 0320	20 0296	3,5478 3595	113 5346	3,4762 8228	124 7189
40	1,3312 0616	20 0469	3,5591 8941	113 5627	3,4887 5417	124 5921
45	1,3332 1085	20 0642	3,5705 4568	113 5903	3,5012 1338	124 4664
0,950	1,3352 1727	20 0814	3,5819 0471	113 6175	3,5136 6002	124 3419
55	1,3372 2541	20 0984	3,5932 6646	113 6442	3,5260 9421	124 2187
60	1,3392 3525	20 1153	3,6046 3088	113 6705	3,5385 1608	124 0965
65	1,3412 4678	20 1321	3,6159 9793	113 6964	3,5509 2573	123 9757
70	1,3432 5999	20 1489	3,6273 6757	113 7218	3,5633 2330	123 8559
0,975	1,3452 7488	20 1655	3,6387 3975	113 7469	3,5757 0889	123 7374
80	1,3472 9143	20 1819	3,6501 1444	113 7714	3,5880 8263	123 6201
85	1,3493 0962	20 1984	3,6614 9158	113 7956	3,6004 4464	123 5039
90	1,3513 2946	20 2146	3,6728 7114	113 8194	3,6127 9503	123 3890
95	1,3533 5092	20 2309	3,6842 5308	113 8428	3,6251 3393	123 2753
1,000	1,3553 7401		3,6956 3736		3,6374 6146	

$-\lg k' = -\lg \cos \Theta$

-lg k'	$\frac{1}{1-q}$	Δ	K(q)	Δ	K/E	Δ
1,000	1,3553 7401		3,6956 3736		3,6374 6146	
05	1,3573 9870	+20 2469	3,7070 2394	+113 8658	3,6497 7773	+123 1627
10	1,3594 2498	20 2628	3,7184 1278	113 8884	3,6620 8286	123 0513
15	1,3614 5286	20 2788	3,7298 0385	113 9107	3,6743 7697	122 9411
20	1,3634 8230	20 2944	3,7411 9710	113 9325	3,6866 6018	122 8321
1,025	1,3655 1332	20 3102	3,7525 9250	113 9540	3,6989 3261	122 7243
30	1,3675 4589	20 3257	3,7639 9001	113 9751	3,7111 9437	122 6176
35	1,3695 8001	20 3412	3,7753 8960	113 9959	3,7234 4559	122 5122
40	1,3716 1566	20 3565	3,7867 9124	114 0164	3,7356 8637	122 4078
45	1,3736 5284	20 3718	3,7981 9488	114 0364	3,7479 1683	122 3046
1,050	1,3756 9153	20 3869	3,8096 0049	114 0561	3,7601 3710	122 2027
55	1,3777 3173	20 4020	3,8210 0805	114 0756	3,7723 4729	122 1019
60	1,3797 7342	20 4169	3,8324 1751	114 0946	3,7845 4750	122 0021
65	1,3818 1660	20 4318	3,8438 2885	114 1134	3,7967 3786	121 9036
70	1,3838 6126	20 4466	3,8552 4203	114 1318	3,8089 1848	121 8062
1,075	1,3859 0738	20 4612	3,8666 5702	114 1499	3,8210 8947	121 7099
80	1,3879 5496	20 4758	3,8780 7379	114 1677	3,8332 5094	121 6147
85	1,3900 0399	20 4903	3,8894 9231	114 1852	3,8454 0301	121 5207
90	1,3920 5446	20 5047	3,9009 1255	114 2024	3,8575 4579	121 4278
95	1,3941 0636	20 5190	3,9123 3448	114 2193	3,8696 7939	121 3360
1,100	1,3961 5967	20 5331	3,9237 5807	114 2359	3,8818 0392	121 2453
05	1,3982 1440	20 5473	3,9351 8329	114 2522	3,8939 1949	121 1557
10	1,4002 7053	20 5613	3,9466 1012	114 2683	3,9060 2620	121 0671
15	1,4023 2805	20 5752	3,9580 3852	114 2840	3,9181 2418	120 9798
20	1,4043 8695	20 5890	3,9694 6847	114 2995	3,9302 1351	120 8933
1,125	1,4064 4723	20 6028	3,9808 9994	114 3147	3,9422 9431	120 8080
30	1,4085 0887	20 6164	3,9923 3291	114 3297	3,9543 6669	120 7238
35	1,4105 7186	20 6299	4,0037 6735	114 3444	3,9664 3074	120 6405
40	1,4126 3621	20 6435	4,0152 0323	114 3588	3,9784 8659	120 5585
45	1,4147 0189	20 6568	4,0266 4053	114 3730	3,9905 3431	120 4772
1,150	1,4167 6890	20 6701	4,0380 7922	114 3869	4,0025 7404	120 3973
55	1,4188 3724	20 6834	4,0495 1928	114 4006	4,0146 0585	120 3181
60	1,4209 0688	20 6964	4,0609 6069	114 4141	4,0266 2985	120 2400
65	1,4229 7783	20 7095	4,0724 0342	114 4273	4,0386 4615	120 1630
70	1,4250 5008	20 7225	4,0838 4745	114 4403	4,0506 5485	120 0870
1,175	1,4271 2361	20 7353	4,0952 9275	114 4530	4,0626 5603	120 0118
80	1,4291 9842	20 7481	4,1067 3931	114 4656	4,0746 4980	119 9377
85	1,4312 7450	20 7608	4,1181 8710	114 4779	4,0866 3626	119 8646
90	1,4333 5185	20 7735	4,1296 3610	114 4900	4,0986 1550	119 7924
95	1,4354 3044	20 7859	4,1410 8628	114 5018	4,1105 8762	119 7212
1,200	1,4375 1029	20 7985	4,1525 3763	114 5135	4,1225 5271	119 6509

$-\lg k' = -\lg\cos\Theta$

-lg k'	$\frac{1}{1-q}$	Δ	K(q)	Δ	K/E	Δ
1,200	1,4375 1029	+20 8108	4,1525 3763	+114 5250	4,1225 5271	+119 5815
05	1,4395 9137	20 8231	4,1639 9013	114 5362	4,1345 1086	119 5131
10	1,4416 7368	20 8353	4,1754 4375	114 5473	4,1464 6217	119 4456
15	1,4437 5721	20 8474	4,1868 9848	114 5582	4,1584 0673	119 3790
20	1,4458 4195	20 8595	4,1983 5430	114 5688	4,1703 4463	119 3134
1,225	1,4479 2790	20 8715	4,2098 1118	114 5793	4,1822 7597	119 2485
30	1,4500 1505	20 8834	4,2212 6911	114 5895	4,1942 0082	119 1845
35	1,4521 0339	20 8952	4,2327 2806	114 5997	4,2061 1927	119 1215
40	1,4541 9291	20 9070	4,2441 8803	114 6096	4,2180 3142	119 0594
45	1,4562 8361	20 9186	4,2556 4899	114 6194	4,2299 3736	118 9979
1,250	1,4583 7547	20 9302	4,2671 1093	114 6289	4,2418 3715	118 9375
55	1,4604 6849	20 9418	4,2785 7382	114 6383	4,2537 3090	118 8779
60	1,4625 6267	20 9532	4,2900 3765	114 6476	4,2656 1869	118 8190
65	1,4646 5799	20 9645	4,3015 0241	114 6566	4,2775 0059	118 7610
70	1,4667 5444	20 9759	4,3129 6807	114 6655	4,2893 7669	118 7038
1,275	1,4688 5203	20 9871	4,3244 3462	114 6742	4,3012 4707	118 6474
80	1,4709 5074	20 9982	4,3359 0204	114 6828	4,3131 1181	118 5919
85	1,4730 5056	21 0094	4,3473 7032	114 6913	4,3249 7100	118 5370
90	1,4751 5150	21 0203	4,3588 3945	114 6995	4,3368 2470	118 4830
95	1,4772 5353	21 0313	4,3703 0940	114 7077	4,3486 7300	118 4297
1,300	1,4793 5666	21 0421	4,3817 8017	114 7156	4,3605 1597	118 3772
05	1,4814 6087	21 0530	4,3932 5173	114 7234	4,3723 5369	118 3255
10	1,4835 6617	21 0637	4,4047 2407	114 7311	4,3841 8624	118 2744
15	1,4856 7254	21 0743	4,4161 9718	114 7387	4,3960 1368	118 2241
20	1,4877 7997	21 0850	4,4276 7105	114 7461	4,4078 3609	118 1747
1,325	1,4898 8847	21 0954	4,4391 4566	114 7534	4,4196 5356	118 1257
30	1,4919 9801	21 1060	4,4506 2100	114 7605	4,4314 6613	118 0777
35	1,4941 0861	21 1163	4,4620 9705	114 7675	4,4432 7390	118 0301
40	1,4962 2024	21 1266	4,4735 7380	114 7744	4,4550 7691	117 9835
45	1,4983 3290	21 1369	4,4850 5124	114 7812	4,4668 7526	117 9374
1,350	1,5004 4659	21 1471	4,4965 2936	114 7877	4,4786 6900	117 8921
55	1,5025 6130	21 1572	4,5080 0813	114 7943	4,4904 5821	117 8473
60	1,5046 7702	21 1673	4,5194 8756	114 8007	4,5022 4294	117 8032
65	1,5067 9375	21 1773	4,5309 6763	114 8070	4,5140 2326	117 7599
70	1,5089 1148	21 1872	4,5424 4833	114 8131	4,5257 9925	117 7171
1,375	1,5110 3020	21 1971	4,5539 2964	114 8191	4,5375 7096	117 6749
80	1,5131 4991	21 2069	4,5654 1155	114 8251	4,5493 3845	117 6335
85	1,5152 7060	21 2167	4,5768 9406	114 8309	4,5611 0180	117 5925
90	1,5173 9227	21 2264	4,5883 7715	114 8367	4,5728 6105	117 5523
95	1,5195 1491	21 2359	4,5998 6082	114 8422	4,5846 1628	117 5127
1,400	1,5216 3850		4,6113 4504		4,5963 6755	

$-\lg k' = -\lg \cos \Theta$

-lg k'	$\frac{1}{1-q}$	Δ	K(q)	Δ	K/E	Δ
1,400	1,5216 3850	+21 2456	4,6113 4504	+114 8477	4,5963 6755	+117 4736
05	1,5237 6306	21 2550	4,6228 2981	114 8532	4,6081 1491	117 4350
10	1,5258 8856	21 2645	4,6343 1513	114 8584	4,6198 5841	117 3973
15	1,5280 1501	21 2739	4,6458 0097	114 8637	4,6315 9814	117 3598
20	1,5301 4240	21 2832	4,6572 8734	114 8687	4,6433 3412	117 3231
1,425	1,5322 7072	21 2924	4,6687 7421	114 8738	4,6550 6643	117 2870
30	1,5343 9996	21 3017	4,6802 6159	114 8787	4,6667 9513	117 2512
35	1,5365 3013	21 3108	4,6917 4946	114 8835	4,6785 2025	117 2161
40	1,5386 6121	21 3200	4,7032 3781	114 8883	4,6902 4186	117 1816
45	1,5407 9321	21 3289	4,7147 2664	114 8929	4,7019 6002	117 1475
1,450	1,5429 2610	21 3380	4,7262 1593	114 8974	4,7136 7477	117 1140
55	1,5450 5990	21 3468	4,7377 0567	114 9020	4,7253 8617	117 0808
60	1,5471 9458	21 3557	4,7491 9587	114 9063	4,7370 9425	117 0488
65	1,5493 3015	21 3646	4,7606 8650	114 9107	4,7487 9913	117 0165
70	1,5514 6661	21 3733	4,7721 7757	114 9148	4,7605 0078	116 9850
1,475	1,5536 0394	21 3820	4,7836 6905	114 9191	4,7721 9928	116 9540
80	1,5557 4214	21 3907	4,7951 6096	114 9230	4,7838 9468	116 9236
85	1,5578 8121	21 3992	4,8066 5326	114 9271	4,7955 8704	116 8934
90	1,5600 2113	21 4078	4,8181 4597	114 9310	4,8072 7638	116 8638
95	1,5621 6191	21 4163	4,8296 3907	114 9349	4,8189 6276	116 8348
1,500	1,5643 0354	21 4247	4,8411 3256	114 9386	4,8306 4624	116 8061
05	1,5664 4601	21 4331	4,8526 2642	114 9424	4,8423 2685	116 7778
10	1,5685 8932	21 4414	4,8641 2066	114 9459	4,8540 0463	116 7501
15	1,5707 3346	21 4497	4,8756 1525	114 9496	4,8656 7964	116 7228
20	1,5728 7843	21 4580	4,8871 1021	114 9530	4,8773 5192	116 6958
1,525	1,5750 2423	21 4662	4,8986 0551	114 9565	4,8890 2150	116 6694
30	1,5771 7085	21 4742	4,9101 0116	114 9598	4,9006 8844	116 6433
35	1,5793 1827	21 4823	4,9215 9714	114 9631	4,9123 5277	116 6177
40	1,5814 6650	21 4904	4,9330 9345	114 9664	4,9240 1454	116 5924
45	1,5836 1554	21 4984	4,9445 9009	114 9695	4,9356 7378	116 5677
1,550	1,5857 6538	21 5062	4,9560 8704	114 9727	4,9473 3055	116 5431
55	1,5879 1600	21 5142	4,9675 8431	114 9757	4,9589 8486	116 5191
60	1,5900 6742	21 5220	4,9790 8188	114 9787	4,9706 3677	116 4955
65	1,5922 1962	21 5298	4,9905 7975	114 9817	4,9822 8632	116 4721
70	1,5943 7260	21 5375	5,0020 7792	114 9846	4,9939 3353	116 4492
1,575	1,5965 2635	21 5452	5,0135 7638	114 9874	5,0055 7845	116 4267
80	1,5986 8087	21 5529	5,0250 7512	114 9901	5,0172 2112	116 4045
85	1,6008 3616	21 5604	5,0365 7413	114 9929	5,0288 6157	116 3827
90	1,6029 9220	21 5680	5,0480 7342	114 9956	5,0404 9984	116 3613
95	1,6051 4900	21 5756	5,0595 7298	114 9982	5,0521 3597	116 3400
1,600	1,6073 0656		5,0710 7280		5,0637 6997	

- lg k' = -lg cos Θ

$-\lg k'$	$\frac{1}{1-q}$	Δ	K(q)	Δ	K/E	Δ
1,600	1,6073 0656	+21 5829	5,0710 7280	+115 0007	5,0637 6997	+116 3193
05	1,6094 6485	21 5904	5,0825 7287	115 0033	5,0754 0190	116 2989
10	1,6116 2389	21 5978	5,0940 7320	115 0057	5,0870 3179	116 2787
15	1,6137 8367	21 6051	5,1055 7377	115 0082	5,0986 5966	116 2589
20	1,6159 4418	21 6124	5,1170 7459	115 0106	5,1102 8555	116 2395
1,625	1,6181 0542	21 6196	5,1285 7565	115 0129	5,1219 0950	116 2204
30	1,6202 6738	21 6268	5,1400 7694	115 0152	5,1335 3154	116 2014
35	1,6224 3006	21 6340	5,1515 7846	115 0174	5,1451 5168	116 1830
40	1,6245 9346	21 6411	5,1630 8020	115 0196	5,1567 6998	116 1647
45	1,6267 5757	21 6481	5,1745 8216	115 0218	5,1683 8645	116 1468
1,650	1,6289 2238	21 6552	5,1860 8434	115 0240	5,1800 0113	116 1292
55	1,6310 8790	21 6622	5,1975 8674	115 0259	5,1916 1405	116 1118
60	1,6332 5412	21 6691	5,2090 8933	115 0281	5,2032 2523	116 0948
65	1,6354 2103	21 6760	5,2205 9214	115 0300	5,2148 3471	116 0780
70	1,6375 8863	21 6829	5,2320 9514	115 0320	5,2264 4251	116 0615
1,675	1,6397 5692	21 6897	5,2435 9834	115 0339	5,2380 4866	116 0453
80	1,6419 2589	21 6964	5,2551 0173	115 0358	5,2496 5319	116 0293
85	1,6440 9553	21 7032	5,2666 0531	115 0377	5,2612 5612	116 0136
90	1,6462 6585	21 7099	5,2781 0908	115 0394	5,2728 5748	115 9982
95	1,6484 3684	21 7166	5,2896 1302	115 0413	5,2844 5730	115 9830
1,700	1,6506 0850	21 7232	5,3011 1715	115 0429	5,2960 5560	115 9681
05	1,6527 8082	21 7297	5,3126 2144	115 0447	5,3076 5241	115 9534
10	1,6549 5379	21 7364	5,3241 2591	115 0464	5,3192 4775	115 9390
15	1,6571 2743	21 7428	5,3356 3055	115 0480	5,3308 4165	115 9248
20	1,6593 0171	21 7492	5,3471 3535	115 0496	5,3424 3413	115 9108
1,725	1,6614 7663	21 7557	5,3586 4031	115 0512	5,3540 2521	115 8971
30	1,6636 5220	21 7621	5,3701 4543	115 0528	5,3656 1492	115 8836
35	1,6658 2841	21 7685	5,3816 5071	115 0543	5,3772 0328	115 8704
40	1,6680 0526	21 7747	5,3931 5614	115 0557	5,3887 9032	115 8573
45	1,6701 8273	21 7811	5,4046 6171	115 0572	5,4003 7605	115 8445
1,750	1,6723 6084	21 7873	5,4161 6743	115 0587	5,4119 6050	115 8319
55	1,6745 3957	21 7935	5,4276 7330	115 0601	5,4235 4369	115 8195
60	1,6767 1892	21 7996	5,4391 7931	115 0614	5,4351 2564	115 8073
65	1,6788 9888	21 8058	5,4506 8545	115 0628	5,4467 0637	115 7953
70	1,6810 7946	21 8119	5,4621 9173	115 0641	5,4582 8590	115 7836
1,775	1,6832 6065	21 8180	5,4736 9814	115 0654	5,4698 6426	115 7719
80	1,6854 4245	21 8240	5,4852 0468	115 0667	5,4814 4145	115 7607
85	1,6876 2485	21 8300	5,4967 1135	115 0680	5,4930 1752	115 7494
90	1,6898 0785	21 8359	5,5082 1815	115 0691	5,5045 9246	115 7384
95	1,6919 9144	21 8419	5,5197 2506	115 0704	5,5161 6630	115 7276
1,800	1,6941 7563		5,5312 3210		5,5277 3906	

$-\lg k' = -\lg \cos \Theta$

-lg k'	$\frac{1}{1-q}$	Δ	K(q)	Δ	K/E	Δ
1,800	1,6941 7563	+21 8478	5,5312 3210	+115 0715	5,5277 3906	+115 7170
05	1,6963 6041	21 8536	5,5427 3925	115 0727	5,5393 1076	115 7065
10	1,6985 4577	21 8594	5,5542 4652	115 0738	5,5508 8141	115 6963
15	1,7007 3171	21 8653	5,5657 5390	115 0750	5,5624 5104	115 6860
20	1,7029 1824	21 8710	5,5772 6140	115 0760	5,5740 1964	115 6764
1,825	1,7051 0534	21 8767	5,5887 6900	115 0771	5,5855 8728	115 6664
30	1,7072 9301	21 8824	5,6002 7671	115 0781	5,5971 5392	115 6570
35	1,7094 8125	21 8881	5,6117 8452	115 0791	5,6087 1962	115 6475
40	1,7116 7006	21 8937	5,6232 9243	115 0802	5,6202 8437	115 6382
45	1,7138 5943	21 8993	5,6348 0045	115 0811	5,6318 4819	115 6291
1,850	1,7160 4936	21 9049	5,6463 0856	115 0821	5,6434 1110	115 6202
55	1,7182 3985	21 9104	5,6578 1677	115 0831	5,6549 7312	115 6115
60	1,7204 3089	21 9159	5,6693 2508	115 0839	5,6665 3427	115 6027
65	1,7226 2248	21 9214	5,6808 3347	115 0849	5,6780 9454	115 5943
70	1,7248 1462	21 9268	5,6923 4196	115 0858	5,6896 5397	115 5860
1,875	1,7270 0730	21 9322	5,7038 5054	115 0867	5,7012 1257	115 5777
80	1,7292 0052	21 9376	5,7153 5921	115 0875	5,7127 7034	115 5698
85	1,7313 9428	21 9430	5,7268 6796	115 0883	5,7243 2732	115 5617
90	1,7335 8858	21 9483	5,7383 7679	115 0892	5,7358 8349	115 5540
95	1,7357 8341	21 9535	5,7498 8571	115 0899	5,7474 3889	115 5463
1,900	1,7379 7876	21 9589	5,7613 9470	115 0908	5,7589 9352	115 5389
05	1,7401 7465	21 9641	5,7729 0378	115 0915	5,7705 4741	115 5314
10	1,7423 7106	21 9692	5,7844 1293	115 0923	5,7821 0055	115 5243
15	1,7445 6798	21 9745	5,7959 2216	115 0931	5,7936 5298	115 5170
20	1,7467 6543	21 9795	5,8074 3147	115 0938	5,8052 0468	115 5101
1,925	1,7489 6338	21 9847	5,8189 4085	115 0944	5,8167 5569	115 5032
30	1,7511 6185	21 9899	5,8304 5029	115 0952	5,8283 0601	115 4964
35	1,7533 6084	21 9948	5,8419 5981	115 0959	5,8398 5565	115 4898
40	1,7555 6032	21 9999	5,8534 6940	115 0966	5,8514 0463	115 4833
45	1,7577 6031	22 0049	5,8649 7906	115 0972	5,8629 5296	115 4768
1,950	1,7599 6080	22 0099	5,8764 8878	115 0978	5,8745 0064	115 4706
55	1,7621 6179	22 0148	5,8879 9856	115 0985	5,8860 4770	115 4643
60	1,7643 6327	22 0197	5,8995 0841	115 0991	5,8975 9413	115 4583
65	1,7665 6524	22 0247	5,9110 1832	115 0997	5,9091 3996	115 4523
70	1,7687 6771	22 0295	5,9225 2829	115 1004	5,9206 8519	115 4465
1,975	1,7709 7066	22 0343	5,9340 3833	115 1009	5,9322 2984	115 4406
80	1,7731 7409	22 0392	5,9455 4842	115 1014	5,9437 7390	115 4350
85	1,7753 7801	22 0440	5,9570 5856	115 1021	5,9553 1740	115 4295
90	1,7775 8241	22 0487	5,9685 6877	115 1026	5,9668 6035	115 4240
95	1,7797 8728	22 0535	5,9800 7903	115 1031	5,9784 0275	115 4186
2,000	1,7819 9263		5,9915 8934		5,9899 4461	

- lg k' = -lg cos Θ

-lg k'	$\frac{1}{1-q}$	Δ	K(q)	Δ	K/E	Δ
2,000	1,7819 9263	+22 0581	5,9915 8934	+115 1037	5,9899 4461	+115 4133
05	1,7841 9844	22 0629	6,0030 9971	115 1041	6,0014 8594	115 4082
10	1,7864 0473	22 0675	6,0146 1012	115 1047	6,0130 2676	115 4030
15	1,7886 1148	22 0722	6,0261 2059	115 1052	6,0245 6706	115 3980
20	1,7908 1870	22 0768	6,0376 3111	115 1057	6,0361 0686	115 3932
2,025	1,7930 2638	22 0814	6,0491 4168	115 1061	6,0476 4618	115 3883
30	1,7952 3452	22 0859	6,0606 5229	115 1067	6,0591 8501	115 3836
35	1,7974 4311	22 0905	6,0721 6296	115 1070	6,0707 2337	115 3789
40	1,7996 5216	22 0950	6,0836 7366	115 1076	6,0822 6126	115 3743
45	1,8018 6166	22 0994	6,0951 8442	115 1079	6,0937 9869	115 3699
2,050	1,8040 7160	22 1040	6,1066 9521	115 1084	6,1053 3568	115 3654
55	1,8062 8200	22 1083	6,1182 0605	115 1089	6,1168 7222	115 3611
60	1,8084 9283	22 1129	6,1297 1694	115 1092	6,1284 0833	115 3569
65	1,8107 0412	22 1171	6,1412 2786	115 1097	6,1399 4402	115 3527
70	1,8129 1583	22 1216	6,1527 3883	115 1100	6,1514 7929	115 3485
2,075	1,8151 2799	22 1259	6,1642 4983	115 1105	6,1630 1414	115 3446
80	1,8173 4058	22 1303	6,1757 6088	115 1108	6,1745 4860	115 3405
85	1,8195 5361	22 1346	6,1872 7196	115 1112	6,1860 8265	115 3367
90	1,8217 6707	22 1388	6,1987 8308	115 1115	6,1976 1632	115 3329
95	1,8239 8095	22 1431	6,2102 9423	115 1120	6,2091 4961	115 3291
2,100	1,8261 9526	22 1473	6,2218 0543	115 1122	6,2206 8252	115 3254
05	1,8284 0999	22 1516	6,2333 1665	115 1127	6,2322 1506	115 3218
10	1,8306 2515	22 1557	6,2448 2792	115 1129	6,2437 4724	115 3183
15	1,8328 4072	22 1599	6,2563 3921	115 1133	6,2552 7907	115 3147
20	1,8350 5671	22 1641	6,2678 5054	115 1137	6,2668 1054	115 3113
2,125	1,8372 7312	22 1682	6,2793 6191	115 1139	6,2783 4167	115 3080
30	1,8394 8994	22 1722	6,2908 7330	115 1142	6,2898 7247	115 3047
35	1,8417 0716	22 1764	6,3023 8472	115 1146	6,3014 0294	115 3014
40	1,8439 2480	22 1804	6,3138 9618	115 1149	6,3129 3308	115 2983
45	1,8461 4284	22 1845	6,3254 0767	115 1151	6,3244 6291	115 2951
2,150	1,8483 6129	22 1885	6,3369 1918	115 1155	6,3359 9242	115 2919
55	1,8505 8014	22 1925	6,3484 3073	115 1157	6,3475 2161	115 2891
60	1,8527 9939	22 1965	6,3599 4230	115 1160	6,3590 5052	115 2860
65	1,8550 1904	22 2004	6,3714 5390	115 1163	6,3705 7912	115 2832
70	1,8572 3908	22 2044	6,3829 6553	115 1165	6,3821 0744	115 2802
2,175	1,8594 5952	22 2083	6,3944 7718	115 1168	6,3936 3546	115 2775
80	1,8616 8035	22 2121	6,4059 8886	115 1170	6,4051 6321	115 2747
85	1,8639 0156	22 2161	6,4175 0056	115 1174	6,4166 9068	115 2720
90	1,8661 2317	22 2199	6,4290 1230	115 1175	6,4282 1788	115 2694
95	1,8683 4516	22 2238	6,4405 2405	115 1178	6,4397 4482	115 2668
2,200	1,8705 6754		6,4520 3583		6,4512 7150	

$- \lg k' = -\lg \cos \Theta$

-lg k'	$\frac{1}{1-q}$	Δ	K(q)	Δ	K/E	Δ
2,200	1,8705 6754	+22 2276	6,4520 3583	+115 1180	6,4512 7150	+115 2641
05	1,8727 9030	22 2314	6,4635 4763	115 1183	6,4627 9791	115 2617
10	1,8750 1344	22 2352	6,4750 5946	115 1184	6,4743 2408	115 2592
15	1,8772 3696	22 2389	6,4865 7130	115 1187	6,4858 5000	115 2568
20	1,8794 6085	22 2427	6,4980 8317	115 1190	6,4973 7568	115 2544
2,225	1,8816 8512	22 2463	6,5095 9507	115 1191	6,5089 0112	115 2521
30	1,8839 0975	22 2502	6,5211 0698	115 1193	6,5204 2633	115 2498
35	1,8861 3477	22 2538	6,5326 1891	115 1196	6,5319 5131	115 2475
40	1,8883 6015	22 2574	6,5441 3087	115 1197	6,5434 7606	115 2453
45	1,8905 8589	22 2611	6,5556 4284	115 1199	6,5550 0059	115 2431
2,250	1,8928 1200	22 2648	6,5671 5483	115 1202	6,5665 2490	115 2410
55	1,8950 3848	22 2683	6,5786 6685	115 1203	6,5780 4900	115 2389
60	1,8972 6531	22 2719	6,5901 7888	115 1205	6,5895 7289	115 2369
65	1,8994 9250	22 2756	6,6016 9093	115 1206	6,6010 9658	115 2349
70	1,9017 2006	22 2790	6,6132 0299	115 1209	6,6126 2007	115 2329
2,275	1,9039 4796	22 2827	6,6247 1508	115 1210	6,6241 4336	115 2309
80	1,9061 7623	22 2861	6,6362 2718	115 1212	6,6356 6645	115 2290
85	1,9084 0484	22 2897	6,6477 3930	115 1214	6,6471 8935	115 2271
90	1,9106 3381	22 2931	6,6592 5144	115 1215	6,6587 1206	115 2253
95	1,9128 6312	22 2966	6,6707 6359	115 1217	6,6702 3459	115 2236
2,300	1,9150 9278	22 3001	6,6822 7576	115 1218	6,6817 5695	115 2217
05	1,9173 2279	22 3034	6,6937 8794	115 1220	6,6932 7912	115 2200
10	1,9195 5313	22 3070	6,7053 0014	115 1222	6,7048 0112	115 2183
15	1,9217 8383	22 3103	6,7168 1236	115 1222	6,7163 2295	115 2166
20	1,9240 1486	22 3137	6,7283 2458	115 1225	6,7278 4461	115 2150
2,325	1,9262 4623	22 3171	6,7398 3683	115 1225	6,7393 6611	115 2133
30	1,9284 7794	22 3204	6,7513 4908	115 1228	6,7508 8744	115 2118
35	1,9307 0998	22 3238	6,7628 6136	115 1228	6,7624 0862	115 2102
40	1,9329 4236	22 3271	6,7743 7364	115 1230	6,7739 2964	115 2087
45	1,9351 7507	22 3304	6,7858 8594	115 1231	6,7854 5051	115 2072
2,350	1,9374 0811	22 3337	6,7973 9825	115 1232	6,7969 7123	115 2057
55	1,9396 4148	22 3369	6,8089 1057	115 1234	6,8084 9180	115 2043
60	1,9418 7517	22 3402	6,8204 2291	115 1235	6,8200 1223	115 2029
65	1,9441 0919	22 3435	6,8319 3526	115 1236	6,8315 3252	115 2014
70	1,9463 4354	22 3467	6,8434 4762	115 1237	6,8430 5266	115 2001
2,375	1,9485 7821	22 3499	6,8549 5999	115 1238	6,8545 7267	115 1988
80	1,9508 1320	22 3531	6,8664 7237	115 1239	6,8660 9255	115 1974
85	1,9530 4851	22 3562	6,8779 8476	115 1241	6,8776 1229	115 1962
90	1,9552 8413	22 3595	6,8894 9717	115 1241	6,8891 3191	115 1949
95	1,9575 2008	22 3625	6,9010 0958	115 1243	6,9006 5140	115 1936
2,400	1,9597 5633		6,9125 2201		6,9121 7076	

$-\lg k' = -\lg\cos\Theta$

-lg k'	$\frac{1}{1-q}$	Δ	K(q)	Δ	K/E	Δ
2,400	1,9597 5633	+22 3658	6,9125 2201	+115 1244	6,9121 7076	+115 1925
05	1,9619 9291	22 3688	6,9240 3445	115 1244	6,9236 9001	115 1912
10	1,9642 2979	22 3719	6,9355 4689	115 1246	6,9352 0913	115 1900
15	1,9664 6698	22 3751	6,9470 5935	115 1247	6,9467 2813	115 1889
20	1,9687 0449	22 3780	6,9585 7182	115 1247	6,9582 4702	115 1878
2,425	1,9709 4229	22 3812	6,9700 8429	115 1249	6,9697 6580	115 1866
30	1,9731 8041	22 3842	6,9815 9678	115 1249	6,9812 8446	115 1856
35	1,9754 1883	22 3872	6,9931 0927	115 1251	6,9928 0302	115 1845
40	1,9776 5755	22 3902	7,0046 2178	115 1251	7,0043 2147	115 1835
45	1,9798 9657	22 3933	7,0161 3429	115 1252	7,0158 3982	115 1824
2,450	1,9821 3590	22 3962	7,0276 4681	115 1253	7,0273 5806	115 1814
55	1,9843 7552	22 3992	7,0391 5934	115 1254	7,0388 7620	115 1805
60	1,9866 1544	22 4022	7,0506 7188	115 1254	7,0503 9425	115 1794
65	1,9888 5566	22 4051	7,0621 8442	115 1256	7,0619 1219	115 1785
70	1,9910 9617	22 4081	7,0736 9698	115 1256	7,0734 3004	115 1775
2,475	1,9933 3698	22 4109	7,0852 0954	115 1256	7,0849 4779	115 1766
80	1,9955 7807	22 4139	7,0967 2210	115 1258	7,0964 6545	115 1758
85	1,9978 1946	22 4167	7,1082 3468	115 1258	7,1079 8303	115 1748
90	2,0000 6113	22 4197	7,1197 4726	115 1259	7,1195 0051	115 1739
95	2,0023 0310	22 4225	7,1312 5985	115 1260	7,1310 1790	115 1732
2,500	2,0045 4535	22 4253	7,1427 7245	115 1260	7,1425 3522	115 1723
05	2,0067 8788	22 4282	7,1542 8505	115 1262	7,1540 5245	115 1714
10	2,0090 3070	22 4310	7,1657 9767	115 1261	7,1655 6959	115 1707
15	2,0112 7380	22 4338	7,1773 1028	115 1263	7,1770 8666	115 1699
20	2,0135 1718	22 4367	7,1888 2291	115 1263	7,1886 0365	115 1690
2,525	2,0157 6085	22 4393	7,2003 3554	115 1263	7,2001 2055	115 1683
30	2,0180 0478	22 4422	7,2118 4817	115 1264	7,2116 3738	115 1676
35	2,0202 4900	22 4449	7,2233 6081	115 1265	7,2231 5414	115 1669
40	2,0224 9349	22 4477	7,2348 7346	115 1266	7,2346 7083	115 1661
45	2,0247 3826	22 4505	7,2463 8612	115 1266	7,2461 8744	115 1654
2,550	2,0269 8331	22 4531	7,2578 9878	115 1266	7,2577 0398	115 1647
55	2,0292 2862	22 4558	7,2694 1144	115 1267	7,2692 2045	115 1641
60	2,0314 7420	22 4585	7,2809 2411	115 1268	7,2807 3686	115 1633
65	2,0337 2005	22 4612	7,2924 3679	115 1268	7,2922 5319	115 1628
70	2,0359 6617	22 4639	7,3039 4947	115 1268	7,3037 6947	115 1620
2,575	2,0382 1256	22 4666	7,3154 6215	115 1269	7,3152 8567	115 1614
80	2,0404 5922	22 4692	7,3269 7484	115 1270	7,3268 0181	115 1609
85	2,0427 0614	22 4719	7,3384 8754	115 1270	7,3383 1790	115 1602
90	2,0449 5333	22 4744	7,3500 0024	115 1271	7,3498 3392	115 1596
95	2,0472 0077	22 4771	7,3615 1295	115 1271	7,3613 4988	115 1591
2,600	2,0494 4848		7,3730 2566		7,3728 6579	

$-\lg k' = -\lg\cos\Theta$

-lg k'	$\frac{1}{1-q}$	Δ	K(q)	Δ	K/E	Δ
2,600	2,0494 4848	+22 4796	7,3730 2566	+115 1271	7,3728 6579	+115 1585
05	2,0516 9644	22 4823	7,3845 3837	115 1272	7,3843 8164	115 1579
10	2,0539 4467	22 4848	7,3960 5109	115 1272	7,3958 9743	115 1574
15	2,0561 9315	22 4874	7,4075 6381	115 1273	7,4074 1317	115 1567
20	2,0584 4189	22 4900	7,4190 7654	115 1273	7,4189 2884	115 1563
2,625	2,0606 9089	22 4924	7,4305 8927	115 1274	7,4304 4447	115 1558
30	2,0629 4013	22 4951	7,4421 0201	115 1274	7,4419 6005	115 1552
35	2,0651 8964	22 4975	7,4536 1475	115 1274	7,4534 7557	115 1548
40	2,0674 3939	22 5001	7,4651 2749	115 1275	7,4649 9105	115 1543
45	2,0696 8940	22 5025	7,4766 4024	115 1275	7,4765 0648	115 1538
2,650	2,0719 3965	22 5051	7,4881 5299	115 1275	7,4880 2186	115 1533
55	2,0741 9016	22 5074	7,4996 6574	115 1276	7,4995 3719	115 1528
60	2,0764 4090	22 5100	7,5111 7850	115 1276	7,5110 5247	115 1524
65	2,0786 9190	22 5124	7,5226 9126	115 1277	7,5225 6771	115 1520
70	2,0809 4314	22 5149	7,5342 0403	115 1276	7,5340 8291	115 1515
2,675	2,0831 9463	22 5173	7,5457 1679	115 1278	7,5455 9806	115 1510
80	2,0854 4636	22 5197	7,5572 2957	115 1277	7,5571 1316	115 1507
85	2,0876 9833	22 5221	7,5687 4234	115 1278	7,5686 2823	115 1502
90	2,0899 5054	22 5245	7,5802 5512	115 1278	7,5801 4325	115 1499
95	2,0922 0299	22 5269	7,5917 6790	115 1278	7,5916 5824	115 1494
2,700	2,0944 5568	22 5293	7,6032 8068	115 1279	7,6031 7318	115 1490
05	2,0967 0861	22 5316	7,6147 9347	115 1279	7,6146 8808	115 1487
10	2,0989 6177	22 5341	7,6263 0626	115 1279	7,6262 0295	115 1483
15	2,1012 1518	22 5363	7,6378 1905	115 1280	7,6377 1778	115 1479
20	2,1034 6881	22 5387	7,6493 3185	115 1280	7,6492 3257	115 1476
2,725	2,1057 2268	22 5410	7,6608 4465	115 1280	7,6607 4733	115 1471
30	2,1079 7678	22 5433	7,6723 5745	115 1280	7,6722 6204	115 1469
35	2,1102 3111	22 5457	7,6838 7025	115 1281	7,6837 7673	115 1465
40	2,1124 8568	22 5479	7,6953 8306	115 1281	7,6952 9138	115 1462
45	2,1147 4047	22 5502	7,7068 9587	115 1281	7,7068 0600	115 1459
2,750	2,1169 9549	22 5525	7,7184 0868	115 1281	7,7183 2059	115 1455
55	2,1192 5074	22 5547	7,7299 2149	115 1282	7,7298 3514	115 1452
60	2,1215 0621	22 5571	7,7414 3431	115 1282	7,7413 4966	115 1449
65	2,1237 6192	22 5592	7,7529 4713	115 1282	7,7528 6415	115 1446
70	2,1260 1784	22 5615	7,7644 5995	115 1282	7,7643 7861	115 1443
2,775	2,1282 7399	22 5637	7,7759 7277	115 1282	7,7758 9304	115 1440
80	2,1305 3036	22 5660	7,7874 8559	115 1283	7,7874 0744	115 1437
85	2,1327 8696	22 5681	7,7989 9842	115 1283	7,7989 2181	115 1435
90	2,1350 4377	22 5704	7,8105 1125	115 1283	7,8104 3616	115 1432
95	2,1373 0081	22 5725	7,8220 2408	115 1283	7,8219 5048	115 1428
2,800	2,1395 5806		7,8335 3691		7,8334 6476	

- lg k' = -lg cos Θ

-lgk'	$\frac{1}{1-q}$	Δ	K(q)	Δ	K/E	Δ
2,800	2,1395 5806		7,8335 3691		7,8334 6476	
05	2,1418 1554	+22 5748	7,8450 4975	+115 1284	7,8449 7903	+115 1427
10	2,1440 7322	22 5768	7,8565 6258	115 1283	7,8564 9326	115 1423
15	2,1463 3113	22 5791	7,8680 7542	115 1284	7,8680 0747	115 1421
20	2,1485 8925	22 5812	7,8795 8826	115 1284	7,8795 2166	115 1419
2,825	2,1508 4758	22 5833	7,8911 0111	115 1285	7,8910 3582	115 1416
30	2,1531 0612	22 5854	7,9026 1395	115 1284	7,9025 4996	115 1414
35	2,1553 6489	22 5877	7,9141 2680	115 1285	7,9140 6407	115 1411
40	2,1576 2385	22 5896	7,9256 3964	115 1284	7,9255 7816	115 1409
45	2,1598 8303	22 5918	7,9371 5249	115 1285	7,9370 9223	115 1407
2,850	2,1621 4243	22 5940	7,9486 6534	115 1285	7,9486 0628	115 1405
55	2,1644 0203	22 5960	7,9601 7819	115 1285	7,9601 2030	115 1402
60	2,1666 6184	22 5981	7,9716 9105	115 1286	7,9716 3430	115 1400
65	2,1689 2185	22 6001	7,9832 0390	115 1285	7,9831 4828	115 1398
70	2,1711 8207	22 6022	7,9947 1676	115 1286	7,9946 6224	115 1396
2,875	2,1734 4250	22 6043	8,0062 2962	115 1286	8,0061 7618	115 1394
80	2,1757 0313	22 6063	8,0177 4248	115 1286	8,0176 9011	115 1393
85	2,1779 6396	22 6083	8,0292 5534	115 1286	8,0292 0401	115 1390
90	2,1802 2500	22 6104	8,0407 6820	115 1286	8,0407 1789	115 1388
95	2,1824 8624	22 6124	8,0522 8106	115 1286	8,0522 3175	115 1386
2,900	2,1847 4768	22 6144	8,0637 9393	115 1287	8,0637 4560	115 1385
05	2,1870 0933	22 6165	8,0753 0680	115 1287	8,0752 5943	115 1383
10	2,1892 7117	22 6184	8,0868 1966	115 1286	8,0867 7323	115 1380
15	2,1915 3320	22 6203	8,0983 3253	115 1287	8,0982 8703	115 1380
20	2,1937 9544	22 6224	8,1098 4540	115 1287	8,1098 0080	115 1377
2,925	2,1960 5787	22 6243	8,1213 5827	115 1287	8,1213 1456	115 1376
30	2,1983 2050	22 6263	8,1328 7115	115 1288	8,1328 2830	115 1374
35	2,2005 8333	22 6283	8,1443 8402	115 1287	8,1443 4203	115 1373
40	2,2028 4634	22 6301	8,1558 9689	115 1287	8,1558 5574	115 1371
45	2,2051 0956	22 6322	8,1674 0977	115 1288	8,1673 6943	115 1369
2,950	2,2073 7296	22 6340	8,1789 2264	115 1287	8,1788 8311	115 1368
55	2,2096 3656	22 6360	8,1904 3552	115 1288	8,1903 9677	115 1366
60	2,2119 0035	22 6379	8,2019 4840	115 1288	8,2019 1043	115 1366
65	2,2141 6434	22 6399	8,2134 6128	115 1288	8,2134 2407	115 1364
70	2,2164 2851	22 6417	8,2249 7416	115 1288	8,2249 3768	115 1361
2,975	2,2186 9267	22 6436	8,2364 8704	115 1288	8,2364 5130	115 1362
80	2,2209 5741	22 6454	8,2479 9993	115 1289	8,2479 6489	115 1359
85	2,2232 2214	22 6473	8,2595 1281	115 1288	8,2594 7847	115 1358
90	2,2254 8707	22 6493	8,2710 2569	115 1288	8,2709 9204	115 1357
95	2,2277 5218	22 6511	8,2825 3858	115 1289	8,2825 0560	115 1356
3,000	2,2300 1747	22 6529	8,2940 5146	115 1288	8,2940 1914	115 1354

$- \lg k' = -\lg \cos \Theta$